低渗透油田开发技术与管理

郝世彦 张 林 雷晓岚 等编著

石油工业出版社

内 容 提 要

本书针对低渗透油田的开发，从油藏工程、钻井工程、采油工程和地面工程四个方面总结了相关的管理制度、技术规范、操作规程、质量标准，并吸收了近年来低渗透油田开发的实践成果和工作经验。

本书适合低渗透油藏开发的科研技术人员和管理人员参考。

图书在版编目（CIP）数据

低渗透油田开发技术与管理/郝世彦等编著．—北京：石油工业出版社，2012.7
ISBN 978-7-5021-9025-5

Ⅰ．低⋯ Ⅱ．郝⋯ Ⅲ．低渗透油层—油田开发
Ⅳ．TE348

中国版本图书馆 CIP 数据核字（2012）第 076419 号

出版发行：石油工业出版社
（北京安定门外安华里2区1号　100011）
网　　址：www.petropub.com.cn
编辑部：（010）64523562　发行部：（010）64523620
经　　销：全国新华书店
印　　刷：北京晨旭印刷厂

2012年7月第1版　2012年7月第1次印刷
787×1092 毫米　开本：1/16　印张：40.75
字数：1040 千字　印数：1—5000 册

定价：160.00 元
（如出现印装质量问题，我社发行部负责调换）
版权所有，翻印必究

《低渗透油田开发技术与管理》
编 委 会

主　　任：王香增

副 主 任：雷晓岚　郝世彦

主　　编：郝世彦　张　林　雷晓岚

编　　委：刘立平　秦玉英　樊万红　赵晨虹　陈根生
　　　　　钟光键　安亚峰　高新奎　闫凤平　俞忠宝
　　　　　樊平天　童长兵　叶政钦　李星红　朱德维
　　　　　张文忠　康立明　孙子杰　于　波　王廷辉
　　　　　梁文天　魏　斌　刘向东　杨温海　田景隆

编写人员：
　　　　　胡国祥　王宝军　张声涛　林利飞　高玉洲
　　　　　金永辉　王新庆　郭春芬　李小平　黄红兵
　　　　　张兴涛　王迪东　陈　锐　余海棠　冯　跃
　　　　　孔玉霞　刘艳梅　马绒利　贾　磊　阳晓辉
　　　　　杨　红　刘景峰　王江涛　邢　强　程　锐
　　　　　牛　敏　薛金泉　张行东　吴　颖　白步平
　　　　　许　燕　王新利　张恒昌　高万阳　高　毅
　　　　　负玉平　欧阳华劲

序

近年来，随着全球石油需求量的持续增长和中高渗透油气资源的不断减少，低渗透油气资源的探明及开发比重日益增长，并呈现出良好的发展势头。世界范围内，已探明的油气田，低渗透资源量占区域总资源量的20%~60%。

我国的低渗透油田广为分布，典型的如鄂尔多斯盆地中生界油田、吉林油田、大庆外围油田、青海油田等。目前我国低渗透气资源可采储量占到总可采储量的1/3以上，近20年来低渗透油气资源探明储量也占到新增储量的70%以上。因此，今后20年乃至更长时间内，低渗透油田的高效开发将是我们共同面对的主要课题。

低渗透油田主要特点表现为低孔、低渗，同时也往往表现为低压、低产，需要进行人工增产改造。而注水过程中又易造成局部井的高压与高产。所以低渗透油田开发技术与管理不仅有与中高渗透油田相似的一面，也有自身独特的特点。

本书编者都是一些长期从事低渗透油田开发的技术与管理人员，他们结合生产实际，广泛查阅文献，集思广益，汇编形成了这本适用于低渗透油田开发的技术与管理参考书，较为系统全面地归纳了低渗透油田开发涉及的油藏、钻井、采油、地面工程等相关制度及技术规范，注重理论性、系统性和实用性。相信该书的问世将对低渗透油田的高效开发提供有益的参考和借鉴。

中国工程院院士

2012年7月

前　言

　　为建立一套适用于低渗透油田开发的技术与管理规范，符合现代油藏经营管理理念和油田开发理论的配套技术管理制度，使低渗透油田的开发工作更加科学和规范，特编写此书。

　　《低渗透油田开发技术与管理》包括油藏工程、钻井工程、采油工程和地面工程四个部分。

　　本书编写过程中主要参考了国家行业规范、中国石油《油田开发管理纲要》，以及国内外各石油公司的管理制度、技术规范、操作规程、质量标准，并大量借鉴和吸收了近年来低渗透油田开发的实践成果和工作经验。在编委会同志们三年多的辛勤努力下，本书得以面世，期望能为低渗透油田的开发管理起到参考和借鉴作用。

　　本书编写过程中得到众多知名专家和油田技术与管理工作者的大力支持和指导，在此一并表示感谢！

　　由于编者水平有限，加之这些年低渗透油田开发技术与管理理论不断提升，书中难免存在不足或谬误之处，敬请各位专业人士在实践中予以检验、指正，并帮助补充完善。

本书编委会
2012 年 6 月

目　　录

第一篇　油藏工程技术与管理

总　则 ··· 3
第一章　油藏评价 ··· 4
　第一节　油藏评价的目的和任务 ··· 4
　第二节　油藏评价总体部署 ·· 5
　第三节　技术经济评价内容 ·· 8
　第四节　油藏评价部署方案要取全取准的资料 ··· 14
　第五节　开发先导试验要求 ·· 16
　第六节　油藏描述主要内容 ·· 17
　第七节　开发可行性研究 ··· 23
　第八节　注　解 ·· 23
第二章　油藏工程整体方案编制 ·· 24
　第一节　油田开发方案编制的目的和原则 ··· 24
　第二节　油田开发方案编制的内容及要求 ··· 25
　第三节　油藏工程方案编制的技术要求 ·· 39
　第四节　油藏工程整体方案编制与审批程序 ·· 46
　第五节　注　解 ·· 46
第三章　油藏工程方案实施与跟踪 ··· 47
第四章　开发动态监测管理 ·· 48
　第一节　各个开发阶段动态监测方案制定依据 ··· 48
　第二节　油田开发动态监测的主要内容 ·· 48
　第三节　油田监测方案设计原则 ··· 51
　第四节　动态监测费用比例 ·· 52
　第五节　油田开发动态监测方案编制周期及审批程序 ······························· 52
　第六节　注　解 ·· 52
第五章　开发过程管理 ·· 54
　第一节　油田开发过程中油藏工程管理的主要任务 ··································· 54

第二节	注水开发油田在不同含水期需着重搞好的调控措施	55
第三节	水驱油田年度调控指标	55
第四节	月（季）度生产动态分析主要内容	56
第五节	年度油藏动态分析主要内容	57
第六节	油田开发阶段分析主要内容	64
第七节	生产能力核定及产能核销的基本原则与审批程序	70
第八节	报废井的申报内容及审批程序	70
第九节	开发调整应达到指标	71
第十节	油藏工程中长期规划及年度计划编制要求	72
第十一节	各种方案、动态监测资料、开发数据、报告和图件归档管理工作	72
第十二节	注解	72

第六章 二次采油提高采收率 … 73

第一节	改善二次采油提高采收率主要内容	73
第二节	油田开发调整的时机确定	73
第三节	开发调整原则	73
第四节	开发调整方案编制主要内容	74
第五节	油田开发调整方案实施后，评价和考核的主要指标	76
第六节	零散调整井的布井原则	76
第七节	区块治理的主要内容	76
第八节	油田开发调整方案报告编写要求	77
第九节	油田开发调整方案基本附图及附表	78
第十节	油田开发调整方案审批程序	78

第七章 三次采油提高采收率 … 79

第一节	三次采油提高原油采收率方法筛选依据	79
第二节	三次采油室内实验	79
第三节	三次采油方法先导性矿场试验要求	80
第四节	三次采油方法工业性矿场试验要求	80
第五节	三次采油方法工业化推广方案编制内容	80
第六节	动态跟踪分析及调整工作主要内容	83
第七节	先导性及工业性矿场试验和工业化推广应用项目审查审批程序	83

第八章 健康、安全、环境（HSE）管理规定 … 83

第一节	总体原则	83
第二节	健康与安全	84
第三节	环境管理	85

第二篇　钻井工程技术与管理

总　则	89
第一章　钻井工程投资内容及概算方法	89
第一节　钻井投资概算内容	89
第二节　钻井投资概算方法	94
第二章　钻井油层保护	97
第一节　钻完井过程中的油层伤害机理	97
第二节　钻井过程中油层保护方法	100
第三章　钻井设计管理	102
第一节　探井钻井设计的内容、规范及要求	102
第二节　开发井钻井设计主要内容、规范及要求	134
第三节　钻井设计审批程序	140
第四章　固井设计管理	140
第五章　钻井质量管理	150
第一节　常用钻机基本配置	150
第二节　钻井现场要求和钻井监督	160
第三节　钻井质量控制程序	175
第四节　定向井质量控制程序	175
第五节　钻井取心质量控制	179
第六节　钻井过程各阶段的地质录井要求	181
第七节　地质化验分析质量要求	206
第八节　固井质量验收要求	209
第九节　完井资料验收管理	210
第六章　井控	216
第一节　井控设计	216
第二节　地层流体的侵入与检测	217
第三节　井控装置	220
第四节　地层流体侵入控制	225
第五节　钻井井控日常设备的检查和维护	229
第六节　井控培训	230
第七节　井控管理制度	232
第七章　测井管理	234
第一节　测井设计	234
第二节　测井仪器的刻度与校验	238

第三节	测井原始资料的验收和质量评定	246
第四节	测井资料的处理与解释	263
第五节	测井出图规定	272
第六节	安全与环保要求	276

第八章 完井验收 278

第一节	固井质量要求	278
第二节	井口装置的规定	282
第三节	钻井完井验收规则	282

第九章 钻井工程 HSE 284

第一节	钻井工程技术服务承包商 HSE 管理基本要求	284
第二节	钻井 HSE 管理	287

附录1	×××油田××油井完井交接书	298
附录2	钻井工程综合评价表	302
附录3	几种常见岩石、矿物质和流体参数表	303

第三篇 采油工程技术与管理

总 则 307

第一章 采油工程方案与设计 307

第一节	采油工程方案设计的依据和基础	307
第二节	采油工程方案设计主要内容	307
第三节	采油工程方案设计规范	308
第四节	采油工程方案编制及审批程序	349
第五节	采油工程方案实施效果评估	350
第六节	单井设计的主要内容及规范	350
第七节	单井设计的编制及审批程序	369

第二章 完井、试油与试采管理 369

第一节	完井管理相关要求或指标	369
第二节	试油技术要求	370
第三节	施工与监督要求	374
第四节	试油试采资料管理要求	374
第五节	试油试采主要技术指标	383

第三章 采油工程生产过程管理 383

第一节	生产过程管理的目标	383
第二节	中长期规划和年度计划编制主要内容	383

  第三节 抽油机井管理要求 384
  第四节 注水井管理要求 398
  第五节 压裂措施管理要求 402
  第六节 酸化措施管理要求 402
  第七节 防砂措施管理要求 403
  第八节 堵水调剖措施管理要求 403
  第九节 大修管理要求 403
  第十节 储层保护及工作液管理要求 405
  第十一节 试井管理要求 405

第四章 质量控制 406
  第一节 质量控制的内容及意义 406
  第二节 施工单位资质、准入审核与考评 406
  第三节 施工作业质量跟踪与监督要求 409
  第四节 定期检查和不定期抽查内容及要求 411
  第五节 测试仪器仪表性能要求 411

第五章 采油工程 HSE 管理要求 412
  第一节 采油工程 HSE 管理基本要求 412
  第二节 试油 HSE 管理要求 413
  第三节 堵水调剖 HSE 要求 428
  第四节 修井作业 HSE 要求 429
  第五节 井下作业井控细则 432

第四篇 地面工程技术与管理

总 则 449
第一章 油田地面工程设计技术规定 449
  第一节 油田注水工程设计技术规定 449
  第二节 油田污水处理设计规定 454
  第三节 油田集输设计规定 458
第二章 油田地面工程建设前期工作管理规定 499
  第一节 油田地面工程项目规划设计单位选用方式及选用原则 499
  第二节 油田开发地面工程概念方案编制规定 499
  第三节 油田地面工程项目可行性研究报告编制规定 500
  第四节 油田地面工程初步设计编制规定 500
第三章 油田地面工程实施管理 500

第一节　工程设计、施工、监理、检测等参建单位的选用原则……………… 500
　第二节　工程开工须具备的条件…………………………………………… 501
　第三节　工程质量标准及管理规定………………………………………… 501
　第四节　工程资料档案管理规定及要求…………………………………… 502
　第五节　项目所在建设单位的施工管理职责及管理要求………………… 510

第四章　油田地面工程投产试运管理………………………………………… 512
　第一节　油田地面建设项目竣工投产方案编制规定……………………… 512
　第二节　组织准备、物质准备、技术准备、外部条件准备和人员培训…… 512
　第三节　投产试运行应急预案的编制……………………………………… 513
　第四节　投产试运行程序和工作组织……………………………………… 515
　第五节　项目投料试运行…………………………………………………… 515

第五章　油田地面生产系统运行控制………………………………………… 519
　第一节　油井集油运行控制规定…………………………………………… 519
　第二节　原油接转运行控制规定…………………………………………… 519
　第三节　原油脱水运行控制规定…………………………………………… 519
　第四节　原油储运系统运行控制规定……………………………………… 519
　第五节　伴生气系统运行控制规定………………………………………… 520
　第六节　水处理系统运行控制规定………………………………………… 520
　第七节　注水系统运行控制规定…………………………………………… 520

第六章　老油田地面工程改造管理…………………………………………… 521
　第一节　老油田地面工程改造范围界定及投资管理……………………… 521
　第二节　老油田地面工程改造项目竣工验收……………………………… 521
　第三节　老油田地面工程改造项目实施效果评价………………………… 522

附录1　油田地面工程项目可行性研究报告编制规定………………………… 523
　第一节　油田地面工程项目可行性研究报告编制内容…………………… 524
　第二节　油田地面工程项目可行性研究报告编制细则…………………… 533

附录2　开发项目后评价报告编制细则………………………………………… 615
　第一节　前期工作评价……………………………………………………… 617
　第二节　地质油气藏工程评价……………………………………………… 619
　第三节　钻井工程评价……………………………………………………… 621
　第四节　采油（气）工程评价……………………………………………… 623
　第五节　地面工程评价……………………………………………………… 625
　第六节　生产运行评价……………………………………………………… 629
　第七节　投资与经济效益评价……………………………………………… 633
　第八节　影响与持续性评价………………………………………………… 637
　第九节　综合后评价………………………………………………………… 638

第一篇

油藏工程技术与管理

总 则

（1）油藏工程管理是为实现油藏开发经济收益最大或使油藏得以最大经济地开发而采取的有效措施，即充分运用先进科学技术，以最小的人力投入，最小的资本投资，最低的作业成本，根据当时当地法律和政策以及油藏的地质条件，制订投产次序与合理采油速度等开发技术政策，保持较长时间的稳产高产，最大限度地提高油藏开发的经济效益。

按油藏开发特征，明确油藏工程管理任务，为充分发挥各级职能部门在油藏工程管理中的作用，把握油藏特征，提高油藏开发技术与管理措施的针对性和有效性，充分利用和保护油气资源，科学、合理和高效地开发油田，加强对油藏工程管理工作的宏观调控，规范油藏工程管理各项工作，提高油田开发整体水平，而制订了"油藏工程技术与管理"。

（2）在油藏评价和油田开发过程中，深化油藏认识，把握油藏开发趋势，搞好油藏工程方案设计和实施，做好动态监测和跟踪调整工作，预测和控制油藏开发动态，研究采油过程中油藏内部油气水的运动规律及控制办法，提高采收率，确保油藏高效合理开发。

油藏工程管理主要内容为：

①油藏评价与开发可行性研究；
②油藏工程整体方案编制；
③油藏工程设计方案的实施与跟踪；
④油藏开发动态监测管理；
⑤油藏开发动态分析与控制；
⑥油藏开发过程管理；
⑦提高采收率。

（3）以油藏工程理论为指导，结合地质、钻井工艺、采油工艺、油层物理、油田化学、渗流力学、数值模拟原理及方法、测井、油藏开采动态研究方法及工艺技术等多方面理论知识，充分发挥各学科的协同优势，大力推广应用新工艺、新技术，使油藏达到较高的经济采收率。

油田开发系统各部分，包括油藏工程、钻井工程、采油工程和地面建设工程等，都要从油藏地质特点和地区经济条件出发，精心设计，选择先进实用的配套工艺技术，保证油田在经济有效的技术方案指导下开发。

图1-0-1 油藏工程管理模式

油田开发过程中，要把油藏研究贯穿于始终，及时准确地掌握油藏动态，依据油藏所处开发阶段的特点，制订合理的调整控制措

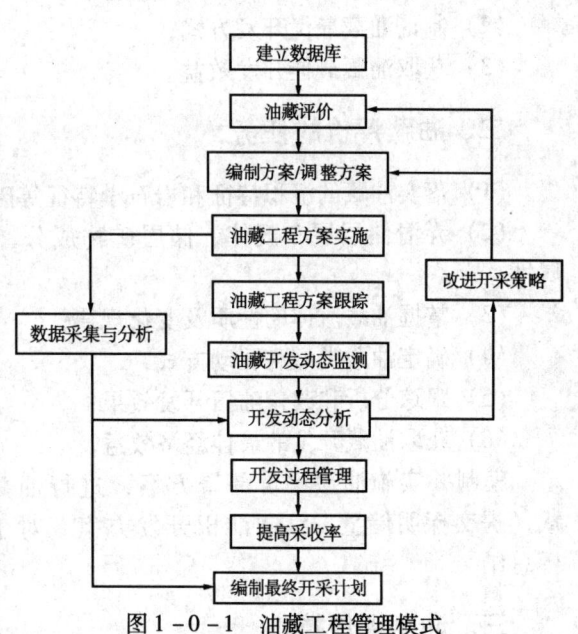

施，保持油田开发系统的有效性。

积极开发新油田，保持原油产量的稳定增长，同时积极改善老油田的稳产状况，实现油田开发生产的良性循环。依靠科学技术进步，努力提高油田开发技术和装备的现代化程度。加强科学研究和新技术开发准备工作，逐步提高生产效益和资源利用程度，提高油田开发水平。

（4）"油藏工程技术与管理"适用于低渗透油田股份有限公司及所属各采油厂的油田开发工作。油藏工程管理模式如图1-0-1所示。

第一章 油藏评价

第一节 油藏评价的目的和任务

一、油藏评价的目的

油藏评价是在油藏描述基础上，对油藏作出综合评价。根据经济全球化发展的需要，油藏评价应贯穿于油田勘探开发的全过程，即勘探阶段进行油藏早期评价，油田投入开发后进行油藏跟踪评价，油田开发结束后期进行油藏后评价，形成油藏评价一体化技术。因此油藏评价的目的是：

（1）构建油藏静态及动态地质模型；
（2）制订油藏最优开发方式；
（3）获取油藏最佳开发效益。

二、油藏评价的任务

（1）落实油藏的沉积特征和岩石学特征等因素，以及它们对油田开发的影响；
（2）弄清储层展布规律、储层矿物成分、储层性质、孔隙结构和原始含油饱和度等属性；
（3）掌握油藏流体的性质及变化规律；
（4）确定油藏类型和驱动方式；
（5）跟踪分析和改善油田开发效果；
（6）获取油藏开发的最佳经济效益。

编制并实施油藏评价部署方案，进行油藏经济评价。对于具有经济开发价值的油藏，提交探明储量，编制油田开发方案；对于不具备提交探明储量的油藏评价结果进行总结。

三、油藏评价技术

油藏评价是一项综合性的研究工作，涉及到多个技术领域，运用的主要技术如下：

（1）构造解释技术；
（2）油藏描述技术；
（3）油藏工程技术；
（4）经济评价技术。

四、油藏评价区块的优选

在预探阶段所录取资料和已取得的认识及研究成果基础上，确定优选评价原则和依据，对有利区块进行排序，优选出评价区块。

第二节　油藏评价总体部署

一、总体部署原则

在优选的评价区块内以最经济的工作量获得最佳的评价效果。油藏评价一般程序如图1-1-1所示。

二、油藏部署方案主要内容

根据油藏地质认识成果，确定油藏评价部署方案的依据，提出评价区油藏评价部署要解决的主要问题，满足申报探明储量和编制开发方案所需的录取资料要求，落实评价工作量、工作进度、投资和预期评价成果。主要内容如下：

（1）评价目标概况；
（2）油藏评价部署；
（3）油田开发概念方案；
（4）技术经济评价；
（5）经济评价及风险分析；
（6）工程要求；
（7）实施要求。

图1-1-1　油藏评价程序

三、评价目标概况

以现代勘探开发技术与计算机技术为手段，多学科相结合，对油藏的各种动态及静态特征、动态规律和经济效果进行综合描述，主要包括：

（1）预探简况；
（2）已录取的基础资料；
（3）控制储量；

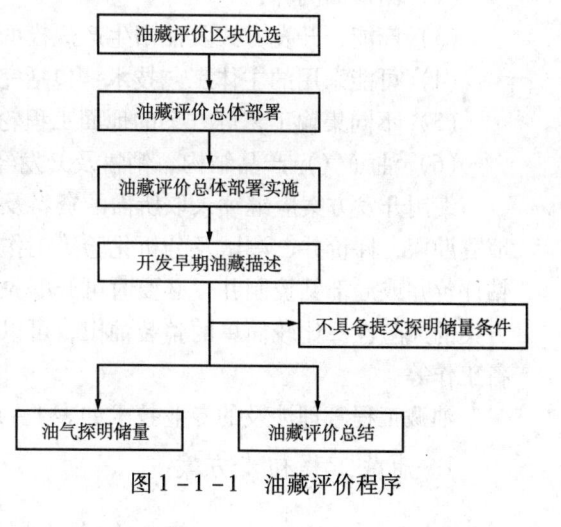

(4) 预探阶段取得的认识及成果。

四、油藏评价部署

(1) 遵循整体部署、分批实施和及时调整的原则。不同类型油藏应有不同的侧重点。要根据油藏地质特征（构造、储层、流体性质、油藏类型、概念地质模型及探明储量估算、产能分析等）论述油藏评价部署的依据，提出油藏评价部署解决的主要问题、评价工作量及工作进度、评价投资和预期评价成果。

(2) 实施要求应提出油藏评价部署方案实施前应做的工作、部署方案工作量安排及具体实施要求、部署方案进度安排及出现问题的应对措施。

五、油田开发概念方案

油气构造上第一口探井见到工业油流后，油田开发人员就应参与早期油藏评价。统筹各项开发准备工作，着手编制油田开发概念设计。

油田开发概念设计应重点研究下列项目：

(1) 油藏类型：包括构造、储层、驱动类型、流体性质等的初步认识；
(2) 储量的测算；
(3) 产能、开发方式及油田生产规模的预测；
(4) 可能采用的主体工艺技术：包括完井工艺、油层改造、开采工艺；
(5) 不同集输工艺等方案的地面工程轮廓设计；
(6) 油（气）产品结构、销售及开发经济效益的初步预测和评价。

编制开发方案应继续录取所需的资料及各项准备工作。为计算探明储量应提出补充做的地震勘探、评价井、测试及分析化验等工作。地质情况比较复杂或面积较大的油田，应分批钻评价井或局部钻控制井，必要时可开辟先导试验区，以取得对油藏的正确认识，减少总体方案的风险性。比较简单的整装油田，可以根据概念设计进行水、电、路以及通信建设的准备工作等。

油藏工程管理涉及的专业技术如表 1-1-1 所示。

1. 油藏工程初步方案

表 1-1-1 油藏工程管理涉及的专业技术

地球物理	地球化学	地质学	油藏工程	采油工程	钻井与完井工程	经济评价	数据库
三维地震	原油色谱分析	岩心描述	测井分析	增产措施	水平井	方案评价	数据库管理
层间分析	—	薄片分析	不稳定试井	垂直管流模拟	分支井	方案优选	数据库应用
垂直地震剖面	—	显微分析	常规岩心分析	地面管流模拟	完井技术	极限分析	软件平台
多元地震	—	X射线衍射	CT扫描	节点分析	—	效益评价	—
横波测井	—	同位素	核磁共振	—	—	—	—
—	—	沉积相	流体物性分析	—	—	—	—

续表

地球物理	地球化学	地质学	油藏工程	采油工程	钻井与完井工程	经济评价	数据库
—	—	成岩模型	流体曲线分析	—	—	—	—
—	—	三维地质模型	递减曲线分析	—	—	—	—
—	—	遥感技术	物质平衡分析	—	—	—	—
—	—	随机模拟	流管模型	—	—	—	—
—	—	地质统计学	油藏数值模拟	—	—	—	—
—	—	—	ERO 技术	—	—	—	—
—	—	—	专家系统	—	—	—	—
—	—	—	神经网络	—	—	—	—

油藏工程初步方案应根据评价目标区的地质特征和已有的初步认识，提出油井产能、开发方式及油田生产规模的预测。

2. 钻井工艺主体方案

（1）根据井的性质、采油工艺和地层情况，设计合理的井身结构及套管尺寸。

（2）合理设计钻井液性质、钻开油层方式及保护油层技术。

（3）套管防腐技术要确保油井寿命。

（4）固井质量要确保封隔地下的油、气、水层，使之不互相窜通，按井的性质确定水泥上返高度。

（5）依据油层及流体性质确定完井方式和油层打开程度。

（6）射孔完成的井要合理选择射入深度、孔径和孔密。

（7）确定改善井底完善程度和提高产能的措施。

（8）确定投产管柱及油管尺寸。

3. 采油工程主体方案

依据井深、流体性质、流压及产能等选用适宜的采油方式和有关开采的参数。

（1）依据开发设计确定的人工补充油藏能量的方式。确定注入量、注入压力和注入剂性质。依据注入量要求确定注入压力。限制注入压力的因素有注入泵的压力规范、井口装置及井身质量、油层破裂压力等。重视注入剂性质与油层的配伍性，防止伤害油层，降低油层的注入能力。

（2）对以下工艺及设备进行选择：
①预测的井口压力；
②机械采油设备和装置的配套；
③增产、增注技术的选择及装备；
④清蜡、防蜡、防砂、防盐、防垢、防腐技术的方法及装备；
⑤井下采油工艺和注水工艺及其配套工具、装备、仪器、仪表的技术要求；
⑥监测工艺方法及配套装备。

（3）要合理设计生产井的投产方式和注入井的投注方式。
（4）要进行不同采油工艺方案经济效益分析。

4. 地面工程主体方案

地面工程主体方案要提出可能采用的地面工程初步设计。要求地面工程设计进行规划性部署，为正式方案编制进行技术准备。

重点提出下列工艺及装置的性能要求：
（1）油、气、水分离计量方法；
（2）油、气集输与轻烃回收；
（3）注入剂质量和注入系统；
（4）地面管线保温、绝缘和防腐；
（5）环境保护。

5. 开发投资估算

计算总投资、盈利率、基建投资效果、利润投资比、还本期、作业费与产值比、净现值及成本等；对油藏工程、采油工程和地面建设方案进行总体优化，择优推荐采用方案。包括：
（1）开发井投资估算；
（2）地面建设投资估算。

第三节 技术经济评价内容

一、储量评价

我国目前油气储量分类分级的方法如图 1-1-2 和表 1-1-2 所示。

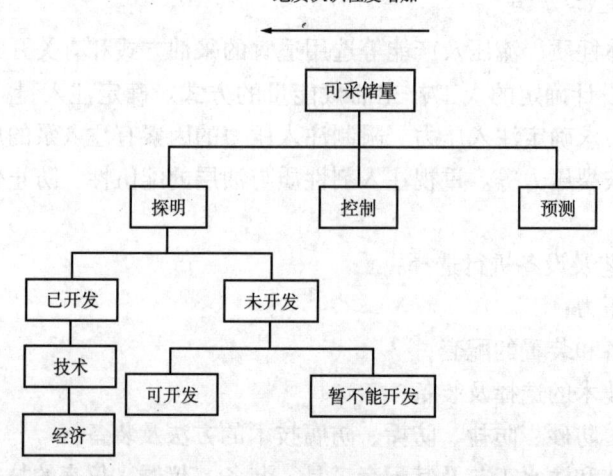

图 1-1-2 石油可采储量分级分类图

表1-1-2　油气储量分类分级表

探明储量			控制储量	预测储量
已开发探明储量（Ⅰ类）	未开发探明储量（Ⅱ类）	基本探明储量（Ⅲ类）		

1. 确定储量参数

计算油藏的探明地质储量或控制地质储量。容积法计算储量公式：

$$N = 100 \cdot A_o \cdot h \cdot \phi(1 - S_{Wi}) \cdot \rho_o / B_{oi} \qquad (1-1-1)$$

式中　N——石油地质储量，10^4t；

　　　A_o——含油面积，km²；

　　　h——平均有效厚度，m；

　　　ϕ——平均有效孔隙度；

　　　S_{Wi}——平均原始含水率；

　　　ρ_o——平均地面原油密度，t/m³；

　　　B_{oi}——平均原始原油体积系数。

2. 确定可采储量

$$N_R = (Q_i - Q_a)/D_i \qquad (1-1-2)$$

式中　D_i——开始递减时的瞬时递减率，L/a；

　　　Q_i——递减初期年产油量，10^4t/a；

　　　Q_a——油藏的废弃产油量，10^4t/a。

3. 技术可采储量

技术可采储量是指依靠在现有井网工艺技术条件下，获得的总产油量。水驱油藏一般为驱动油藏开采到技术废弃产量时的累计产油量。

4. 经济可采储量

经济可采储量是指在现有井网和工艺技术条件下，能从油藏获得的最大经济产油量。

1）经济可采储量计算方法

经济可采储量计算方法是采用投入产出平衡的基本经济原理，根据油藏地质评价、油藏工程评价和油藏地面工程评价提供的技术参数与经济参数，编制出该油藏的现金流通表，计算该油藏在累计净现值大于零，而年净现金流等于零年份时的累计产油量。对新开发油藏来说，此产量是该油藏的经济可采储量；对已开发的油藏来说，则是剩余经济可采储量。

2）经济可采储量计算步骤

（1）确定技术参数。

①油藏地质参数。

油藏地质参数包括含油面积、地质储量、油层物性、油气物性及埋藏深度等。

②油藏工程参数。

油藏工程参数包括开发基建规模开发方式、开采方式、钻井工艺、采油工艺及地面建设工艺。提供开发或调整方案，预测开发指标（各年产油量、天然气量、产水量、注水量和技术可采储量)。

③油藏地面工程参数。

油藏地面工程参数包括地面建设油气集输及相应配套工程投资定额指标。

(2) 确定经济参数。

①开发时间。

确定基础年、新油藏开发建设期及开发生产期等。

②价格。

原油、天然气和轻烃的销售价格。

③各种税金及附加。

根据现行税收政策要求采用油田实际每吨油交纳的税金及附加测算。

④原油商品率取油田实际值。

⑤基本折旧方法。

⑥已开发油田固定资产净值。

固定资产净值一般采用折旧的方法进行计算。

⑦基准收益率(贴现率)取12%。

⑧开发投资价格指数取6%，不考虑因物价影响的操作费与油价上涨。

⑨国家的特殊政策。

5. 确定储量的类别

主要根据单位面积储量、千米产油量、每米产能、采收率及投资回收期等5项标准进行分类。

二、产能评价

(1) 确定单井产油量、产水量、生产压差、采油指数、气油比、含水率；
(2) 产量及压力递减情况；
(3) 酸化压裂等改造油层措施的效果；
(4) 油田整体产能规模。

三、工程评价

(1) 确定油藏的驱动能量与可能的开发方式。

①油藏弹性采收率：

$$E_{rb} = \frac{C_t \cdot \Delta p_b}{C_o \cdot \Delta p_b + 1} \tag{1-1-3}$$

式中 E_{rb}——弹性采收率，小数；

C_t——综合压缩系数，MPa^{-1}；

C_o——地层原油的压缩系数，MPa^{-1}；

Δp——地饱压差，MPa。

②溶解气驱采收率：

$$E_R = 0.2126 \left(\frac{\phi(1-S_{wi})}{B_{ob}}\right)^{0.1611} \times \left(\frac{K}{\mu_{ob}}\right)^{0.0979} \times (S_{wi})^{0.3722} \times \left(\frac{p_b}{p_a}\right)^{0.1741} \quad (1-1-4)$$

式中 E_R——溶解气驱采收率；

ϕ——地层孔隙度；

S_{wi}——地层束缚水饱和度；

B_{ob}——饱和压力下的原油体积系数；

μ_{ob}——饱和压力下的地层原油黏度，mPa·s；

K——地层平均绝对渗透率，mD；

p_b——饱和压力，MPa；

p_a——油田开发结束时的地层废弃压力，MPa。

(2) 可能采用的开发层系与井网系统。

(3) 可能采用的钻井工艺（水平井、欠平衡钻井、复杂结构井）、完井工艺和采油工艺技术。

四、经济评价

1. 油藏开发指标经济可行性预测

经济评价的目的是判断油藏评价部署方案的经济可行性。

根据油藏地质资料初选布井方案，设计各种生产方式的对比方案。各种方案都要通过油藏数值模拟计算，并用数值模拟方法，以年为时间步长预测各方案开采10年以上的平均单井产油量、全油田年产油量、综合含水、年注入量及最终采收率（表1-1-3）等开发指标。

表1-1-3 油藏采收率范围表

	驱动类型	采收率，%
1	液体和岩石弹性	0.02~0.05
2	溶解气驱	0.12~0.25
3	气顶驱	0.20~0.40
4	重力驱	0.50~0.70
5	边水驱	0.35~0.60
6	底水驱	0.20~0.60
7	注水驱	0.25~0.60

2. 经济效益预测与评价

在预测开发指标基础上，计算各方案的最终盈利、净现金流量、总投资估算，对经济效益进行初步预测和评价（万吨产能所需投资、采油成本、投资回收期、采油速度、稳产年限与最终采收率），分析影响经济效益的敏感因素。经过综合评价油田各开发方案的技术指标，筛选出最佳方案。

3. 投资项目评价指标计算及风险评估

经济评价应按低渗透油田股份有限公司要求计算投资项目评价指标，并对可能出现的风险开展评估。

1) 投资的估算

(1) 勘探投资的计算。

勘探投资按实际情况进行计算,如果难以计算可按照提取的储量使用费进行计算。

(2) 开发投资。

开发投资包括钻井工程投资、地面建设工程投资、采油工程投资以及固定资产投资建设期利息和流动资金。开发投资用下列方法进行计算。

①钻井工程投资估算:

该投资是指油气田开发建设期所钻开发井的投资钻井工程投资(钻开发井数平均完钻井深×平均每米进尺成本)。

②采油工程投资估算:

包括采油井油管费、下油管费、射孔费、投产投注费和其他采油工程费等。

③地面建设工程投资估算:

包括油气集输工程投资、系统工程投资和公用工程投资。其计算方法依据油田开发建设方案提出的工程量由设计部门提供投资估算,在油田开发初期评价阶段采用钻井工程投资、地面建设工程投资和采油工程投资分别占开发总投资的比例系数进行估算。

④固定资产投资建设期利息的计算:

已开发老油藏建设期利息为零。新油藏为简化计算,假定借款发生在当年年中使用计算,其后年份按全年计算。

⑤流动资金的计算:

流动资金按固定资产原值的1%计算。

2) 操作费的计算

(1) 与采油井有关的费用计算。

①材料费:

根据油藏单井定额或实际发生值进行测算。

②生产人员工资及福利费:

按油藏生产工人人数和人均年工资水平进行测算。

③井下作业费:

井下作业费:采油井井数×单井平均年作业次数。

④测井、试井费:

按单井测井试井费定额或实际发生值进行测算。

⑤修理费:

根据单井修理费定额或实际发生值进行测算。

(2) 与注水量有关的费用计算。

注水费按该油藏年注水量和单位注水费(包括注水井折旧、水费、动力费、劳务费等)进行测算。

(3) 与产液量有关的费用计算。

油、气处理费按每生产一吨液所摊派的油气处理费用进行测算。

（4）与产油量有关的费用计算。

①燃料费：

按年产油气量与吨油所消耗的燃料费定额或实际发生值进行测算。

②热采费：

用每吨原油所摊派的热采费用进行测算。

③轻烃回收费：

按轻烃回收数量和单位轻烃回收费进行测算。

④油田维护费的计算：

可按每吨原油提取的油田维护费进行测算。

⑤其他开采费用：

根据基础年实际财务进行测算。

（5）开采成本的计算。

开采成本包括操作费、折旧费和储量使用费。

①折旧费的计算：

按规定提取的折旧。

②储量使用费的计算：

可按每吨原油所提取的储量使用费进行测算。

（6）三项费用的计算。

①管理费用的计算：

此费用简化为两项，一项为矿产资源补偿费，一项为矿产资源补偿费以外的其他管理费用。资源补偿费按销售收入的1%计取。其他管理费为油田其他管理费用定额与总定员乘积。

②财务费用的计算：

按各油田基础年实际财务进行测算。

③销售费用的计算：

按销售收入0.2%~0.5%测算销售费用。

④销售税金及附加的计算：

销售税金及附加包括增值税（或营业税）、城市维护建设税、教育费附加和资源税。按各油田基础年实际交纳的税金进行测算。

⑤所得税的计算：

按企业利润总额的33%的统一税率征收企业所得税。

五、风险分析

主要是针对评价项目中存在的不确定因素进行风险分析，提出推荐方案在储量资源、产能、技术、经济、健康、安全和环保等方面存在的问题和可能出现的主要风险，并提出应对措施。

六、工程要求

采用先进适用且可操作的技术，完成钻井、录井、测井及试油试采等评价工作。

七、油藏评价部署方案实施要求

（1）实施要求应提出油藏评价部署方案实施前要做的工作、部署方案工作量安排及具体实施要求、部署方案进度安排及出现问题的应对措施。

（2）对于不具备整体探明条件但地下或地面又相互联系的油田或区块群，应首先编制总体油藏评价部署方案，指导分区块或油田的油藏评价部署方案的编制。

（3）按照油藏评价总体部署要求进行资料录取。

（4）在油藏评价部署方案实施过程中，要严格执行运行安排，分步实施，滚动评价。对经技术经济评价确有开发价值的项目要加快评价速度，加大评价工作力度。及时终止没有开发价值的项目，并编制油藏终止评价报告上报低渗透油田股份有限公司。

（5）凡是列入年度计划的油藏评价项目，油藏评价部署方案审查纪要和基础数据、工作量安排以及主要指标要报油田公司备案，依此作为考核的依据。

（6）油藏评价项目实施后第一年，所属各采油厂必须对实施效果进行评估。评估指标包括新增探明储量、评价成本、评价井成功率、安全及环保等。

八、油藏评价部署方案的管理和审批程序

（1）预期探明储量大于 $500 \times 10^4 t$ 或虽预期探明储量小于 $500 \times 10^4 t$，但对低渗透油田公司具有重大意义的油藏评价项目的评价部署方案由所在各采油厂预审，并报油田公司审批。

（2）其他项目由所在采油厂审批。在油藏评价部署方案审批过程中，应进行油藏评价部署方案编制水平评估。

第四节　油藏评价部署方案要取全取准的资料

一、区域背景资料

构造特征、沉积环境、油气生成、运移和成藏条件等资料。

二、地震资料

（1）要满足储层构造解释和可能产油气层的追踪预测，并尽可能为油气水边界解释、储层参数场分布预测提供相关信息。

（2）复杂油田必须做三维地震，并视油藏复杂程度再具体制订。

（3）对于目前不适于部署常规三维区域（特殊黄土塬及其他复杂地表条件地区），视具体情况确定地震资料录取要求。

三、储层资料

区域及评价区的储层地质资料。

四、钻井取心及录井资料

（1）岩心、岩屑、气测、荧光、地化及钻井液等录井资料。

（2）钻井取心部署要满足储层评价的要求，一个含油构造带或大中型油藏，为确定油层厚度，至少要有一口全含油井段的系统取心井。

（3）为确定原始含油饱和度，至少有一二口井系统密闭取心或油基钻井液取心。每口评价井都要进行岩屑录井。

（4）资料录取要求根据低渗透油田股份公司有关规范安排，特殊情况可增加其他录井内容。

五、测井资料

（1）应根据取心井区地层情况、储层改造要求、取心和其他录井资料，确定相应的测井系列。

（2）测井系列应满足孔隙度、含油（气、水）饱和度、储层解释及薄层划分的需要。裂缝、孔洞及复杂岩性储层要进行特殊测井，选择的测井系列要能有效地划分出渗透层、裂缝段、隔层或其他特殊岩层，并有效地解释出储层物性参数。

六、试井、试油及试采资料

为满足储层产能预测的需要，对于油气显示层段及解释的油气层都要进行中途测试或完井测试；获得工业油流层段要进行油气层测试；低产油气层，在采取改造措施前后要进行相关测试。

具体要求是：

（1）在评价井的不同含油层段要进行地层压力和产能测试，并进行井下流体取样，取得原始状态下地层压力、温度、流体性质资料，油、气、水资料及油气藏边界资料等。

（2）要根据含油井段长度、油层发育情况和储层条件确定系统试油试采方案。在试采过程中要取得稳定产量、含水及地层压力等资料，必要时要进行系统试井，以确定有效厚度界限及油井的稳定产能。

（3）对于依托老油田且新增探明地质储量规模小于 50×10^4 t 的油藏，可根据实际情况合理录取试油、测试及试采等资料。

七、室内实验资料

油藏评价阶段要选择不同部位的储层岩心和流体样品，进行室内实验分析，取全取准室内实验资料，掌握储层物理性质和流体的物理及化学性质。

1. 岩心分析资料

（1）常规岩心分析：孔隙度（ϕ）、含油饱和度（S_o）、渗透率（K）、粒度（岩石颗粒大小）、岩石矿物（石英、长石及岩屑）及胶结物成分含量等。

（2）孔隙结构分析：铸体薄片、扫描电镜图片等。

（3）特殊岩心分析：毛管压力、润湿性、相对渗透率曲线、压缩系数等。

毛管压力计算公式：

$$p_c = 2\sigma\cos\theta/r$$

其中，p_c，毛管压力；σ，两相流体界面张力；θ，接触角；r，毛细管半径。

（4）其他分析：根据储层特点和开发需要，安排岩矿热容、导热系数、传导率、阳离子交换能力等分析内容。

2. 流体分析资料

（1）原油分析：

① 常规物性分析：密度（g/cm³）、黏度（不同温度下，mPa·s）、凝固点、含蜡量、含胶量、含硫量、酸值等。

② 特殊分析：原油组分、微量元素分析等。

③ 原油流变性。

（2）地层水分析：

① 矿化度、氯离子（Cl^-）、钙离子（Ca^{2+}）、镁离子（Mg^{2+}）等6项离子分析。

② 特殊分析：根据油田开发需要确定。

（3）天然气分析：

① 常规组成分析：密度、组分等。

② 平衡常数分析。

（4）储层饱和压力及原始气油比等分析。

3. 储层开发评价实验

（1）常规开发驱油评价实验。

（2）特殊评价实验：

① 岩石力学参数测定。

② 全直径岩心三轴应力实验（井壁稳定性等）。

③ 大型三维物理模型驱油实验等。

4. 储层敏感性实验

盐敏、水敏及酸敏实验，并结合储层和流体特点选做碱敏、速敏、压敏、热敏等实验。

八、经济评价所需的财务及生产动态资料

用其他地质、地球物理、地球化学、测井、油藏工程和数学地质等多种方法及技术取得的资料。

第五节　开发先导试验要求

根据油田开发方式和开发部署工作的需要，在有代表性的部位和层系进行开发先导试验。以取得对油藏开发的正确认识，减少风险性。开发先导试验要注意做好以下几项工作：

（1）认真编制开发先导试验方案，严格按照试验方案要求进行实施。

（2）重视试验区各项监测资料的录取工作。

（3）应用油藏数值模拟或常规油藏工程方法进行跟踪分析，指导试验正常进行。
（4）大力采用新工艺、新技术。针对油藏特点开展技术攻关，形成配套技术。
（5）试验结束后认真编写开发先导试验总结报告。

第六节　油藏描述主要内容

一、油层划分与对比

（1）按照储层细分和对比的原则及方法，划分出合理的细分和对比单元。并结合新增的油藏静态和动态资料检验对比单元划分的准确性。

（2）主要含油层段的综合柱状图、对比标志特征图（表）、地层对比剖面图。

二、储层构造特征描述

构造的类型、形态、倾角、闭合高度、闭合面积以及圈闭纵向叠合情况等。

三、沉积微相描述

1. 沉积相标志

1）岩石相及组合

通过岩心详细观察，根据岩性组合特征、沉积旋回特征、沉积结构、沉积构造特征及其他相标志，建立沉积相模式。

2）测井相

依据岩心组合与测井曲线之间的对应关系，建立各类微相的测井响应模式。

2. 单井相分析

研究沉积岩相与自然伽马、声波时差、岩石密度、补偿中子、电阻率及倾角测井等测井信息的对应关系，建立地质相与测井相关系。

3. 沉积相剖面与平面划分及不同沉积相带特征描述

以区域沉积特征为指导，以岩石相与测井相为基础，在层序地层格架内研究目的层段单井相与地震反射波组特征之间的对应关系，并采用地震属性分析及地震波形分类等技术建立地震相，通过地质、测井、地震相结合，描述三维空间中的沉积相带展布规律，编制沉积微相展布图。

四、地应力及裂缝描述（裂缝油藏重点描述）

1. 地应力

描述地应力状况，包括最大主应力和最小主应力方向和大小。

2. 裂缝描述

结合以前对裂缝的认识，分组系描述裂缝性与产状及其空间分布、密度（间距）、开度等。

五、储层微观孔隙结构

1. 孔隙类型

描述薄片、铸体及电镜观察到的储层孔喉情况，参考成因机制，确定储层孔隙类型（原生孔、次生孔、混杂孔隙类型等），并描述不同孔隙类型的特征。

2. 喉道类型

确定对储层储集和渗流起主导作用的喉道类型并描述其特征。

3. 孔隙结构特征参数

描述各类储层的毛管压力曲线特征，确定其孔隙结构特征参数，主要包括：排驱压力（MPa）、中值压力（MPa）、最大孔喉半径（μm）、孔喉半径中值（μm）、喉道半径中值（μm）、相对分选系数、孔喉体积比、平均孔喉直径比等。

4. 储层分类

以渗透率为主对孔隙结构特征参数进行相关分析，确定分类标准，并对孔隙结构和储层进行分类，描述各类储层的物性及孔喉特征。

5. 储层黏土矿物分布特征

确定出储层黏土矿物的主要类型及含量，描述其在储层中的分布特征。

6. 储层敏感性分析

描述储层的敏感性特征（水敏、酸敏、速敏、盐敏）。

六、储层物性及非均质性

1. 储层物性

（1）描述储层的孔隙度、渗透率的大小及分布特征。

（2）孔隙度分布直方图、渗透率分布直方图、孔隙度与渗透率的关系曲线。

2. 储层宏观非均质性

1）层内非均质性

描述砂层内渗透率在垂向上的差异，确定其非均质特征参数（渗透率非均质系数、变异系数、渗透率级差及突进系数等）。划分层内夹层的成因类型，描述夹层分布特征及其对储层分隔和连通性的影响。

（1）渗透率级差。

分析样品中最大值与最小值之比：

$$K_g = K_{max}/K_{min}$$

（2）非均质系数。

分析样品中最大值与平均值之比：

$$K_f = K_{max}/\bar{K}$$

（3）变异系数。

分析样品值的均方差与平均值之比。

$$K_v = \frac{\sqrt{\sum_{i=1}^{n}(K_i - \bar{K})^2/(n-1)}}{\bar{K}} \qquad (1-1-5)$$

式中　K_v——渗透率变异系数；

　　　K_{max}——最大渗透率值；

　　　K_{min}——最小渗透率值；

　　　$\bar{K}$——平均渗透率值；

　　　K_i——单个样品渗透率值；

　　　n——样品个数。

2）层间非均质性

根据储层隔层分布特征和非均质特征参数（厚度、变异系数、渗透率级差及突进系数等）综合描述储层层间非均质性。

3）平面非均质性

描述储层砂体在平面上的分布形态、规模及连续性，储层孔隙度和渗透率的平面非均质特征，并根据动态资料验证其正确性。

七、夹层发育特征

描述隔层和夹层的岩性、厚度分布、渗透性、水敏性，以及隔层和夹层在开发中的作用。

八、层综合评价

依据储层厚度、孔隙度、渗透率、砂体连续性及平均喉道半径等主要评价参数，以及分类指标和辅助参数，对储层进行综合评价和分类。

九、储层流体分布及性质

1．原 油 性 质

1）原油化学组成

描述原油化学组成中饱和烃等的百分含量。

2）地面原油物理性质

描述地面原油密度、黏度、凝固点、析蜡温度、蜡熔点、闪点、馏分，以及其相对分子质量、含蜡量、含胶质量、含沥青质量、含硫量、机械杂质、含水率和热值。

3）地层原油物理性质

描述地层原油双相密度、黏度、一次脱气和多次脱气气油比、双相体积系数、饱和压力、压缩系数、溶解系数、热膨胀系数和收缩率。

4）原油的流变性

描述原油的牛顿流体及非牛顿流体特征。

5）原油黏温特征

描述在不同温度条件下原油黏度的变化。

6）原油性质分类

依据不同层组储层原油的化学组成和原油的物理性质进行分类。

2. 地层水性质

1）地层水化学性质及分类

描述地层水中的重碳酸根离子、碳酸根离子、硫酸根离子、氯离子、钾离子、钠离子、钙离子、镁离子等离子的成分及其当量百分含量。微量元素的成分及其百分含量。描述共生矿床溴、碘、锤、硼、钾的百分含量。确定重碳酸钠、硫酸钠、氯化钙或氯化镁等地层水水型。

2）地层水物理性质

描述地层水的密度、黏度、矿化度、硬度、浊度、酸碱度、氧化—还原性质，以及温度、压缩系数、体积系数、电阻率、溶解气体组分及含量、细菌种类及含量、有机成分、界面张力等物理性质。

3. 流体纵向分布

根据油气水组合关系，纵向上要划分出不同的油气水系统。在每套油气水组合系统中，要确定出气层段、油气同层段、纯油层段、油水同层段和水层段的界面位置和油气柱高度。描述含油饱和度在同一地区同一油气水系统中不同含油、气、水层段的变化特征。

1）流体性质纵向变化

描述每套油气水组合系统中从上到下不同含油、含气、含水层段的原油、天然气和地层水性质的变化特征。

2）开发过程中流体分布和流体性质的纵向变化

油田在开发过程中，对水驱油藏要描述油层水淹状况以及油气水界面的变化处是否形成次生气顶；描述原油、天然气和地层水性质的变化和差异。

4. 流体横向分布和流体性质变化

1）流体横向分布

描述每套油气水组合系统中横向上纯气区、油气过渡带、纯油区、油水过渡带和纯水区的分布范围及其原始含油饱和度的分布特征。

2）流体性质横向变化

描述每套油气水组合系统中各区的原油、天然气和地层水性质的变化特征。

3）开发过程中流体分布相流体性质的横向变化

油田在开发过程中，要描述底水、边水、注入水横向推进状况，及相应的原油、天然气和地层水性质的变化相差异。

5. 基本图幅

（1）含油、含水层段原始含油饱和度纵向分布图；

（2）含油、含水层段原油物理性质主要参数纵向分布图；

（3）含油、含水区原始含油饱和度平面分布图；

（4）层组原油主要组分平面分布图；

（5）层组地面原油物理性质主要参数平面分布图；

（6）层组天然气物理性质主要参数分布图；

（7）水淹区和未水淹区原油物理性质主要参数平面分布图；

（8）地面原油牛顿流体及非牛顿流体的判别曲线；

（9）流体性质（黏度、密度、体积系数）与温度的关系曲线；

（10）流体性质（黏度、密度、体积系数）与压力的关系曲线。

6. 基本数据表

（1）含油、含水层段原始含油饱和度数据表；

（2）原油化学组成汇总表；

（3）地面原油物理性质汇总表；

（4）高压物性分析数据汇总表；

（5）地层水化学成分汇总表；

（6）地层水物理性质汇总表；

（7）流体性质（黏度、密度、体积系数）随压力温度变化的数据表；

（8）水淹层原油化学组分及其物理性质汇总表；

（9）水淹层采出水化学组分汇总表。

十、渗流物理特征

（1）岩石表面润湿性：依据岩样润湿性实验结果确定其表面润湿性。

（2）相对渗透率：描述各类储层的相对渗透率曲线，确定其特征参数，主要包括：束缚水饱和度、残余油饱和度、驱油效率、油水及油气共渗区等。

（3）毛管压力。

（4）储层敏感性。

（5）驱油效率：是指在某一时间，被水驱或其他驱替剂驱替的油层体积内，采出的油量与原始含油量之比，它反映了注水开发油田的水洗油程度。确定各类储层的驱油效率和残余油饱和度。驱油效率计算一般用地下油法和地面水法。

①地下油法：

$$\eta_o = (1 - S_{wi} - S_{or})/(1 - S_{wi}) \times 100\% \qquad (1-1-6)$$

式中　η_o——地下油法计算驱油效率值，%；

S_{wi}——束缚水饱和度，小数；

S_{or}——不密闭样品校正后的含油饱和度，小数。

②地面水法：

$$\eta_o = (S_{wj} - S_{wi})/(1 - S_{wi}) \qquad (1-1-7)$$

式中，S_{wj}为样品校正后的含水饱和度，%。

在分析油层水洗状况和剩余油分布规律时，以地下油法计算驱油效率为主，参考地面水法计算的驱油效率。

十一、油气水层识别标准

选择合适的测井参数，结合岩心观察、分析化验、地层测试及试油资料，建立油气水层解释图版，解释油气水层。

十二、求取储层参数

按照单井测井资料数字处理流程，与岩心分析资料、油层有效厚度下限及试油资料相结合，进行岩性、电性、物性和含油性四性关系研究，在此基础上确定有效厚度下限标准，建立有效厚度物性、电性图版及测井解释有效孔隙度和含油饱和度方法，求取有效厚度、有效孔隙度、含油饱和度与泥质含量等参数。

十三、油藏温度及压力系统

1. 温度系统

及时测定油气层温度，计算地层温度梯度，并分析地温变化特点。确定油藏油层和水层温度及温度梯度，描述油藏温度系统。

2. 压力系统

取全取准油气层压力资料，获得准确的原始地层压力资料。利用高压物性资料获取原始饱和压力，结合电缆地层测试（RFT）资料了解压力梯度变化，查清压力系统。确定油、水层压力及压力系数和压力梯度等，描述油藏压力系统，并计算地层破裂压力。

十四、驱动能量和驱动类型

1. 驱动能量

描述油藏的驱动能量，包括弹性能量，溶解气能量，气顶能量以及边、底水能量大小。

2. 驱动类型

描述油藏流体驱动机理和驱动类型。

十五、静态三维地质模型

建立一个描述构造、储层及流体空间分布的静态三维地质模型，按照油藏规模和砂组规模建立有效厚度、有效孔隙度、渗透率及含油饱和度等储层参数在三维空间上的变化和分布模型，为计算地质储量和油藏数值模拟提供依据。

十六、油藏数值模拟

1. 地质储量拟合

在静态地质模型网格化后形成的数值模拟地质模型的基础上，拟合地质储量。拟合精度要求达到小层或单砂体，储量拟合误差不大于1%。

2. 生产历史拟合

（1）油藏数值模拟生产历史拟合的开发指标主要包括，产量及累计产量、含水、气油比、压力。生产历史拟合时间以月为拟合单位，也可根据油藏开采历史长短或实际需要选择日或年为时间单位（图1-1-3）。

（2）生产历史拟合既要拟合产量及累计产量、含水、气油比、压力等开发指标的实际值，还要充分反映开采动态历史的变化状况和趋势。

（3）生产历史拟合要求到单井、单层，各单井主要开发指标的拟合误差不大于3%。

3. 剩余油量化及分布

在油藏数值模拟生产历史拟合后，形成储层剩余油空间量化分布场。

十七、预测地质模型

（1）静态地质模型经过油藏数值模拟生产历史拟合修正后，即形成了油藏预测地质模型，该模型是进行开发调整和综合治理方案开发指标预测和未来开发效果评价的基础。

（2）充分利用已有的动静态资料，对油藏特征做出新的认识和评价，建立概念三维地质模型（构造格架模型、油藏属性模型），通过油藏数值模拟量化剩余油分布，进行趋势预测和敏感性分析，为开发可行性研究提供经济技术指标。

（3）以油藏评价过程中取得的资料为基础，并结合开发先导试验结果，编制油藏工程方案。

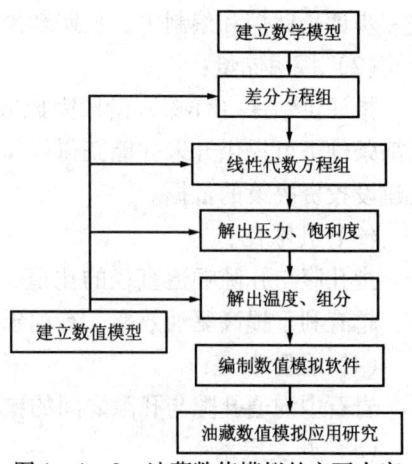

图1-1-3 油藏数值模拟的主要内容

第七节 开发可行性研究

进行早期油藏评价和开发可行性初步研究，着重研究该油藏近期投入开发在经济技术上的可行性。在油藏评价工作中建立的三维地质模型是油藏数值模拟的重要依据，通过数值模拟，进行趋势预测和敏感性分析。

开发可行性研究的主要内容包括：
（1）进行油藏描述，建立初步的地质模型；
（2）计算评价区的探明地质储量和预测可采储量；
（3）提出规划性的开发部署；
（4）对开发方式和采油工程设施提出建议；
（5）估算可能达到的生产规模并做出经济效益评价。

第八节 注 解

（1）控制储量：

指预探阶段完成后，在一口以上探井中获得工业油（气）流，初步查明了圈闭形态，确定了油（气）藏类型和储层沉积类型，大体搞清了含油面积、油（气）层厚度，评价了储层产能大小和油（气）质量，在此基础上计算的地质储量称控制储量。控制储量可作为进一步评价钻探和编制中、长期勘探规划的依据。

（2）探明储量：

指评价钻探（详探）阶段完成或基本完成后计算的地质储量。探明储量是现代技术和经济条件下可提供开采并能获得经济效益的可靠储量，是编制油（气）开发方案和油田开发建设投资决策的依据。

（3）孔喉比：

指孔腹与孔隙喉道直径的比值，它是反映孔隙与喉道交替变化特征的参数。孔喉比越小，越有利于提高驱油效率，有利于提高油田的最终采收率。

（4）孔隙喉道：

岩石中沟通孔隙与孔隙之间的狭小通道称为孔隙喉道。

（5）开发层系：

在多油层油田中，把地质特征相近的若干油层组合在一起，单独用一套注采系统进行开发，这套油层叫开发层系。

（6）开发井网：

指开发井在油（气）田上分布与排列形式。

（7）采油指数：

指单位采油压差下油井的日产量。

（8）束缚水饱和度：

存在于储层的岩石颗粒表面、孔缝以及微毛管孔道中不流动的水称为束缚水。束缚水在储层中所占的孔隙体积与储层总体积之比称为束缚水饱和度。

（9）残余油饱和度：

经各种驱替作用后，仍然不能采出而残留于油层孔隙中的原油所占油层孔隙体积的百分比。

第二章　油藏工程整体方案编制

第一节　油田开发方案编制的目的和原则

一、油田开发方案编制的目的

（1）油田开发是一项投资巨大、风险很强的工作，因此油田开发方案优劣直接影响着油田开发效益的好坏。

（2）油田开发方案是油田开发的纲领性文件，油田开发方案是技术密集性系统工程，任何疏漏，都会带来不可挽回的损失。因此，必须制定一个科学、合理、系统的油藏开发方案，作为油田开发高效、合理的指导性文件。

二、油田开发方案编制的原则

油田开发方案是决定石油从油层流向生产井底过程的条件的综合规划。油田开发方案的不同，则油田的产量、总采收率和开发油田所需要的投资和维护费用不同，也就是说带来的效果不同。为了在一个较长的时期内实现高产稳产，在编制油田开发方案时，应遵循以下原则：

（1）以经济效益为中心，充分利用油气资源，尽量采用高效驱油方式，保证获得较高的采收率。

（2）油田稳产时间长，且在尽可能高的产量水平上稳产。

（3）积极采用先进技术，提高油田开发水平，达到最高的经济效果。也就是说，用最少的人力、物力和财力消耗采出所需要的石油。

（4）油田开发方案设计必须以油藏地质模型为基础，进行油藏工程、钻井工程、采油工程、地面建设工程的总体设计，保证整个油田开发系统的高效益。

第二节　油田开发方案编制的内容及要求

一、油田开发方案总论内容及要求

1. 油田开发方案总论内容

（1）油田地理与自然条件概况；

（2）矿权情况；

（3）区域地质与勘探简史；

（4）开发方案结论等。

2. 油田开发方案总论要求

（1）油田地理与自然条件应包括油田地理位置和油田所处范围内对油田开发工程建设有影响的自然地理、交通、环境、气象及地震等情况。

（2）矿权情况应包括该地区探矿权和采矿权审批情况、采矿许可证复印件和相应图幅（带拐点坐标）。

二、油田地质研究内容及要求

1. 油田地质研究内容

油田勘探开发准备到一定程度后，就应该开始对探井和评价井取得的各种资料，结合物探的研究成果，开展构造、断层、储层及流体性质等研究，重新认识油层的分布状况以及油层的性质和油、水的特性。

主要研究内容包括：

（1）油田的构造特点和油气水分布规律；

（2）油田含油砂岩在地下的分布状况及其变化特点；

(3) 油田的油气储量和储量分布状况；
(4) 油气水在油层中的运动规律及生产特点；
(5) 流体性质、渗流特性、压力和温度；
(6) 驱动能量和驱动类型、油藏类型、地质建模。

2. 油田地质研究要求

(1) 油田的构造形态，倾角大小，断层性质及分布状况，含油面积大小，是否有边水、底水、层间水、气顶、夹层气以及水动力学系统的研究等。

(2) 通过大量的地层对比工作，细致地研究每个最小含油单元——油砂体的分布状况和油层性质，找出油层在纵向和横向上的变化规律，既油层的厚度、物性、含油饱和度，以及原油的相对密度、黏度及组成等在纵向和横向上的变化规律。

(3) 通过试油、试采，了解油田和油井的生产特点及油气水在油层中的运动规律。为此，必须掌握产量、压力和油层性质关系，不同性质的油层（高、中、低渗）的层间干扰情况，天然水驱动能量的活跃程度等，为确定开发方式、层系划分及油井工作制度等提供依据。

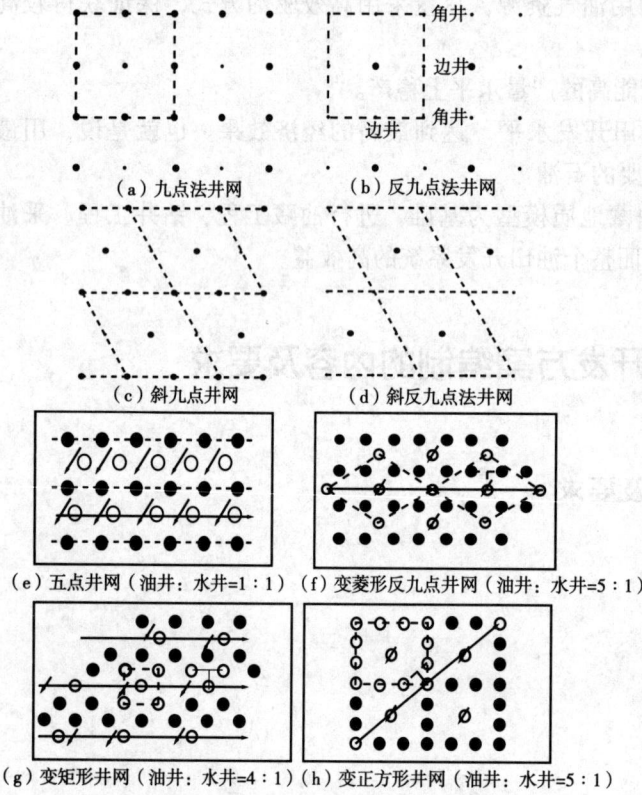

(a) 九点法井网　　(b) 反九点法井网
(c) 斜九点井网　　(d) 斜反九点法井网
(e) 五点井网（油井：水井=1:1）　(f) 变菱形反九点井网（油井：水井=5:1）
(g) 变矩形井网（油井：水井=4:1）　(h) 变正方形井网（油井：水井=5:1）

图 1-2-1　低渗透油藏采用主要井网模式

三、油藏工程设计内容及要求

1. 油藏工程设计内容

(1) 油田地质；
(2) 开发原则；
(3) 开发方式；
(4) 开发层系、井网（图1-2-1、图1-2-2、表1-2-1）和注采系统；
(5) 监测系统；
(6) 指标预测；
(7) 经济评价；
(8) 多方案的经济比选及综合优选；
(9) 实施要求。

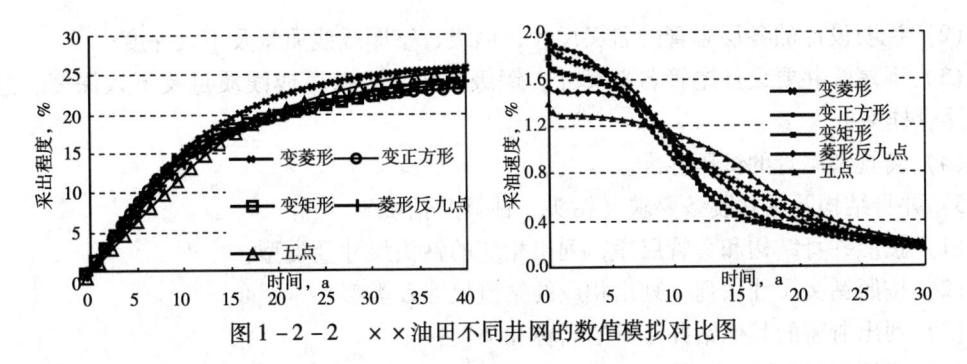

图 1-2-2　××油田不同井网的数值模拟对比图

2. 油藏工程设计要求

表 1-2-1　不同面积井网的井网参数

井网	生产井与注水井比例	钻井井网要求
四点	1：2	等边三角形
五点	1：1	正方形
七点	2：1	等边三角形
歪七点	2：1	正方形
九点	3：1	正方形

（1）油藏工程方案应以油田或区块为单元进行编制；
（2）根据油田探井、评价井和控制井的试采情况以及先导试验区的生产情况，评价油藏天然能量的大小，选择合理的开采方式；
（3）针对多油层的层间差异，划分合理的开发层系；
（4）保证油井尽可能多地控制住油田储量，满足一定的开采速度，选择合适的井网部署；
（5）编制不同的开采方式、不同开发层系及不同井网部署的多套开发方案，通过油藏工程方法和油藏数值模拟进行开发指标预测，结合不同的开发方案经济评价，优选最佳的开发方案；
（6）油藏工程方案要进行压力系统、驱动方式、油井产能和采油速度的论证，合理利用天然及人工补充的能量，充分发挥油井生产能力。

四、钻井工程设计内容及要求

1. 钻井工程设计内容

1）钻前准备
根据油田所在地区的地理环境和自然条件、国家及地区环境保护要求，结合油田钻井工程特点，编写油田钻前准备方案（井数、井间距、钻前的地面工程、供水、供电、防污、排污、防冻、保温等）。

2）已钻井基本情况分析
3）破裂压力及坍塌压力预测
4）套管设计
（1）设计原则（包括所采用的安全系数）；

（2）说明设计的各层套管的名义尺寸、钢级、壁厚或线质量及下入深度；

（3）下尾管井要设计尾管名义尺寸、钢级、扣型、壁厚或线质量及下入深度、悬挂方式及尾管挂深；

（4）套管和尾管的试压标准。

5）井身结构及钻井装备要求（钻头、钻具及钻机）

（1）按照井身结构和套管层序，列出相应的钻头尺寸及类型；

（2）按照钻头尺寸系列，列出相应的钻铤尺寸及类型；

（3）列出所需的其他钻井工具的名称和类型；

（4）根据实际需要和可能，选择一种或几种钻机类型；

（5）应标明钻井井口和井控等设备的型号及压力等级。

6）钻井液

（1）各井段钻井液选择原则；

（2）选择的钻井液类型及性能要求；

（3）钻井液的排放、回收或处理的措施和要求。

7）井控设计

8）钻井工艺要求及油气层保护要求

9）录井要求及固井完井设计

（1）对各层套管的固井方式；

（2）主要井段的封固要求；

（3）采用的水泥浆类型及性能。

10）健康、安全与环境要求和钻井周期设计及钻井工程投资概算

2. 钻井工程设计要求

（1）根据油藏地下情况、构造特点、油层分布特点和开发层系要求，确定钻井先后次序。尽快形成单元、区块完善的井网。

（2）对饱和压力高的油藏要先钻注水井排液转注。对复杂岩性油藏，在基础井网完钻后，经过油层对比研究，尽快确定或调整注采井别，特殊情况下要针对油藏出现的新情况，调整钻井部署，或调整采用水平井、大位移斜井等技术措施。

（3）在钻井过程中要根据油藏地层层序，接触关系，岩性组合特征，岩性标准层，地层厚度，生储盖组合条件，所处油藏构造位置，区域油、气、水层资料，相邻井的钻时、钻井液、气测等资料，不断分析总结，摸索调整出适合本油藏开发的钻井液和完井液，并根据油层、相邻地层以及钻井液特点，选定测井系列。

（4）结合井别、钻遇油层情况及井深，设计合理的井身结构和完井方式。

五、完井工程设计内容

1. 射孔工艺

（1）射孔液类型和性能；

（2）分层射孔各项参数（射孔枪型、弹型、孔密、孔径、相位、穿深、药性、负压值）

及其选择依据和效果预测；

(3) 射孔方式和射孔工艺。

2. 生产管柱

(1) 选择的依据和各类型井的生产管柱及井下工具；

(2) 生产管柱示意图，标明主要工具名称、类型、尺寸及深度。

3. 完井设备及地面设备

应说明所需的井下工具、防喷器组、防砂设备、井下抽油设备、诱喷设备、钢丝作业设备、射孔设备、油管四通和采油树等。

4. 完井工期

包括动复员时间、各工序所需工日、合计工日和平均单井工日。

5. 完井费用估算

(1) 动复员费用；

(2) 完井工程费用；

(3) 完井材料费用；

(4) 间接费用（管理费、设计费、监督费、保险费、不可预见费用等）。

六、采油工程设计内容及要求

1. 采油工程设计内容

1）油管柱

按单井配产、配注、工艺措施和动态监测的要求，根据油水井压力系统分析、垂直管流计算、安全系数及油管柱受力分析结果，选择油管尺寸、材质、壁厚及连接螺纹类型。

2）采油方式

(1) 应根据油井生产能力选择最佳采油方式——自喷采油方式或机械采油方式。选择自喷开采，停喷后在多种机械采油方式中，选择最佳方式，明确其工作要求。

(2) 自喷采油包括设计自喷生产管柱（分采、合采），不同开发阶段油井自喷预测产量，油井井口压力、井底流压和井口温度计算，停喷预测分析。

(3) 人工举升设计包括，有杆泵采油的抽油机、泵、抽油杆选择，电潜泵机组选择，螺杆泵机组选择，气举阀级数和深度设计及机组选型，水力射流泵和水力活塞机组和动力液选择。

(4) 根据油藏流体性质，选择其他采油方式。

3）注入工艺和参数优化设计

(1) 注水水源和水质（水中固相含量及直径、铁离子含量、滤膜系数、细菌含量、溶解氧含量、游离CO_2含量、硫化物含量、腐蚀速率及其特殊要求）。

(2) 描述注水井预处理措施，如排液、洗井（用清水或活性水、热水）、注入黏土稳定剂，注入润湿反转剂，压裂或者酸化增注等措施。

4）油水井压裂设计

(1) 压裂层位及压裂深度。
(2) 压裂液体系优选。
(3) 支撑剂筛选和用量。
(4) 施工参数（砂量、排量、砂比、前置液量）。
(5) 压裂工艺管柱结构。

5）油水井酸化设计
(1) 酸液及各种添加剂配方筛选和用量。
(2) 酸化方式选择及相应酸化工艺参数。
(3) 酸化处理的层位及半径。
(4) 酸化工艺管柱结构设计。

6）防砂工艺
(1) 防砂方式包括出砂预测和防砂方式（砾石充填防砂、各类筛管及衬管防砂、化学防砂及特殊防砂）。
(2) 防砂设计。
①砾石充填防砂设计。
a. 有代表性的地层砂粒径中值及地层砂不均匀度；
b. 砾石目数及质量；
c. 筛管缝隙及尺寸；
d. 携砂液性能；
e. 砾石防砂施工工艺及要求；
f. 砾石充填防砂管柱结构。
②各类筛管、衬管防砂设计。
a. 间隙或孔隙；
b. 封隔器及其工具类型。
③化学防砂设计。
a. 化学固砂剂配方体系；
b. 充填砾石类型、目数、质量要求；
c. 化学防砂作业设计（固砂范围、携砂液、砾石用量）；
c. 施工工艺和管柱示意图。

7）修井
(1) 预测修井内容及频率。
(2) 修井机类型及主要参数。

8）其他采油方式
(1) 油井清蜡、防蜡。
确定清蜡、防蜡方法和工艺参数。
(2) 油水井防腐。
确定油水井防腐方法和工艺参数。
(3) 油水井防垢。

确定油水井防垢方法和工艺参数。

（4）注水井配注和调剖设计。

确定注水井配注和调剖方式和工艺参数。

9）采油工程投资概算

（1）采油作业费；

（2）修井作业费；

（3）设备材料费；

（4）安全环境保护费；

（5）生产管理费；

（6）其他必要的费用。

10）油层保护

（1）根据油层岩性、物性及黏土矿物分析结果，提出在钻井过程中对油层的保护措施和技术方案；

（2）根据对油层可能的伤害，对固井要采取防漏和防窜等保护措施，提出完井作业时对油层的保护措施；

（3）根据储层伤害实验的结论，简述完井液配方、射孔参数，说明在压裂、酸化、注水、注气防砂、检泵、气举及大修等井下作业所采取的各项保护油层措施。

2. 采油工程设计要求

（1）采油工程要根据最佳的油藏工程设计要求，针对油层特点及配产要求，选择合理的生产方式。

（2）注入工艺要根据油层天然能量大小、油层破裂压力大小确定合理的注入压力，优选泵型及配套注入工艺。

（3）在采油和注入生产过程中，注意加强油层保护，尤其是注入剂与油层流体配伍性研究、敏感性研究、措施施工液与油层配伍性研究，不断提高油层措施改造的效果。

（4）同时还要提出井下采油工艺、注入工艺及配套工具、装置、仪器、仪表的技术要求，提出测取抽油井与防砂井的产液剖面等资料相应的采油工艺技术。

（5）设计要与钻井及地面工程相结合，在经济上进行多方案比选并综合优化，采用先进实用、安全可靠及经济可行的采油工程技术。

七、地面建设工程设计内容及要求

1. 地面建设工程设计内容

1）地理位置及环境条件

（1）地理位置。

油田和工程地点的位置、行政归属、经纬度和平面坐标，说明邻近参照物的方位和距离。

（2）自然环境。

影响开发工程投资、工程建设及安全环境保护的自然条件。

（3）地形地貌。

油田所在地的海拔、地形起伏、地形高差、坡度、坡向等。
(4) 工程地质。
①工程地质类型、特征及区块划分，岩土类别及分布情况，土层结构；
②油田所在地区地质断裂带及其分布、走向、控制区域和近代活动等；
③油田范围地震基本烈度；
④气象条件；
相对湿度，大气压，气温，降水类型及强度分布情况，风速及风向，其他灾害性气象天气。
⑤社会环境。
行政区、城市、村镇、民族情况、人口密度和分布，以及劳动力资料情况；地方建设和规划情况；铁路、公路、水运情况；地方电网供给能力、线路容量、变电站的分布、电压等级等现状和发展规划情况；地方通信网和企业通信网的组织实施情况。

2) 建设规模和总体布局
(1) 油气储量和开发方案要点。
①油田基本情况；
②各个级别的油田的油气储量；
③油气藏开发方案；
④分年度的油气生产指标；
⑤流体性质；
⑥地下和井口压力、温度变化；
⑦井网部署等涉及开发工程建设的主要技术参数。
(2) 建设规模。
油气的生产、处理、储存和外输能力，对污水和注水的处理能力，以及设施的设计寿命。
(3) 产品质量指标。
①原油的含水量、硫含量、盐含量等指标；
②液化石油气的指标，轻油的技术指标。
(4) 总体布局。
总体方案组成、布局，总体布局图，平面布置和立面布置方案，以及主要设备表。

3) 油气集输系统
(1) 集输规模。
简述预测的原油的分年度的产量、累计产量和生产年限。
(2) 集输工艺。
简述原油的储存和集输工艺，提出工艺方案和主要工程量（包括设备和集输管线数量）。
(3) 原油稳定。
原油稳定的原则、原油组分及原油稳定深度。列出原油实沸点蒸馏数据及原油轻组分分析表，根据产品规格及产量，进行多方案比较，优选原油稳定方案。
(4) 油气储运系统。
简述油库选址条件，主要功能指标（处理能力、操作弹性、产品质量、产品功率、消耗指标、排放量），运作条件，主要工艺流程及平面布置，设施和设备型号、规格和数量，安全环境保护要求以及功用设施，原油外输，油气管道。

(5) 含油污水处理系统。

确定合理的含油污水处理规模及应达到水质指标；提出油田含油污水处理工艺，绘制污水处理工艺流程图；说明处理后污水的利用方案及其合理流向；说明推荐方案的主要工程量，包括主要设备材料的规格和数量。

4）注水系统

(1) 规模和主要参数。

应说明注水规模、压力和水质等。

(2) 注水方案。

注水水源，注水工艺。

(3) 主要工程量。

列出推荐方案的主要工程量，包括主要设备及材料的规格和数量。

5）其他增产措施

根据油田的具体特点，按照开发方案的要求，提出需要的其他增产措施的规模、工艺、设备、平面布局、工程量和实施方案等要求。

6）供排水及消防系统

(1) 供水系统。

供水规模，水源，水处理工艺，输配水管网，主要工程量，消防站。

(2) 排水系统。

排水规模，排水管网，主要工程量。

(3) 防洪排涝系统。

(4) 供电系统。

电源，供电方式，供配电网络，输变电，主要工程量及设备材料。

(5) 通信系统。

通信需求，通信方式，主要设备及工程量。

(6) 仪表及自控系统。

自动控制原则，系统方案，仪表类型及主要工作量。

(7) 供热和暖通系统。

供热，采暖和通风，主要工作量和技术指标。

(8) 道路系统。

道路布局，路面、桥涵。

7）辅助生产及生产设备管理

(1) 生产维修工程。

生产维修构想、服务范围及设计原则，以及维修系统的规模和布局，主要设备配置、占地面积和建筑面积。

(2) 生产组织管理设施。

根据生产采用的体制及用工制度，测算人员数量，简述生产生活设施选址的原则和依据，所依托的地方设施及占地面积等，需新建的建筑物面积及主要工程量并绘制基地地理位置图。

（3）费用估算。

费用估算的内容、方法以及主要指标，对费用估算结果按单项工程和综合费用汇总列表说明。

8）项目组织管理和生产作业

（1）生产管理机构。

机构设置，管理体制，组织形式，工作制度。

（2）生产作业。

组织机构，重要岗位工作描述，生产技术管理要点（油井、注水井、修井、生产流程、安全环境保护等），项目实施计划。

9）职业卫生、安全与环境保护

（1）职业卫生基本情况、影响因素及职业卫生费用估算。

（2）主要危险及有害因素描述。

分阶段描述油田开发建设、生产作业和废弃等各个阶段中的重要危险源，以及现在的危险有害因素。

（3）安全风险应急对策及保障。

（4）事故及危害应急预案。

（5）环境保护要求。

（6）环境保护措施。

（7）环境保护费用估算。

2. 地面工程设计要求

（1）地面建设工程要根据油藏工程设计和采油工程要求，设计出能满足油、气、水计量精度，能满足地层注入剂要求的地面配套设施。

（2）地面工程方案设计必须以经济效益为中心，应用先进适用的配套技术，按照"高效、低耗、安全、环保"的原则，对新油田地面工程及系统配套工程建设进行多方案的技术经济比选及综合优化。

（3）地面工程方案设计要注意确定合理的建设规模，以提高地面工程建设的投资效益。

八、开发方案的实施

1. 钻井工程

（1）钻井工程实施中应加强现场监督，按照开钻验收、工程实施、完井验收三个阶段进行规范化管理。

（2）按照钻井设计的钻井顺序实施，优先实施骨架井并强化随钻分析，确保钻井成功率。

（3）钻井地质设计中必须优先考虑地层压力及伴生气组分等，做好防喷及防中毒等防范措施。

（4）方案设计全，分析取心井要求油层段"穿鞋戴帽"，岩心收获率在95%以上，并进行精细的现场观察描述。取心时要及时通知低渗透油田股份有限公司研究院等相关部门，确保化验分析资料的录取。

（5）严格控制井眼轨迹。

（6）搞好油层保护。

（7）提高固井质量，一次固井合格率大于95%，严格控制钻井进尺。

（8）完井方式采用套管固井，射孔完井。

（9）为保证钻井施工安全、固井质量合格和保护套管，要根据需要对相关的注水井采取短期停注或降压措施。

（10）在地层压力水平较高的地区钻井和作业要采取井控措施。

2. 录井工程

（1）目的层执行地质录井，目的层以外实施观察录井。

（2）特殊工艺井，如水平井、欠平衡井及分支井执行地质录井；特殊要求根据地质需要安排，如取心、全烃、地化录井、快速色谱等。

（3）地质设计：经与勘探部协商确定，以井场为单元，第一口井执行低渗透油田股份有限公司现行标准设计，作为总地质设计，其余井在标准设计基础上简化执行。

（4）完井资料简化：以井场为单元，提交一套完井地质资料，完井资料上交内容以合同条件明确的内容为准执行，其中，即第一口井执行现有标准，其余井内容作为附件出现。

3. 测井工程

应按照先进、适用、有效和经济的原则，制订资料录取要求。测井系列应包括必测项目和选测项目。

1）测井系列必测项目

（1）开发井：

① 表套底—井底：比例尺1：500，测井项目为井径（CAL）、自然伽马（GR）、自然电位（SP）及连斜。

② 井底—录井后确定的目的层段以上100m，比例尺1：200，测井项目为双感应（DIL）—八侧向（LL_8）、声波时差（AC）、井径（CAL）、自然伽马（GR）、自然电位（SP）及连斜。

③目的层确定：以低渗透油田股份有限公司审核确认的坐标发放一览表确定的目的层为准。

（2）开发骨架井：

常规系列基础上，加测密度曲线（DEN）。

（3）具备预探及评价性质的开发井：

①预探：在简化系列基础上，加测4m电阻率、补偿密度（FDC）及补偿中子曲线（CNL）。

②评价：在简化系列基础上，加测4m电阻率及补偿密度曲线（FDC）。

2）特殊测井

根据地质需要，按低渗透油田股份有限公司油藏开发方案资料录取要求执行。

三样测井统一明确为变密度、自然伽马及磁定位曲线。

4. 射孔

要根据油藏工程方案和开发井完钻后的新认识，编制射孔方案，确定射孔层位、位置及厚度，要保持上下隔层的完整性；确保油田注采系统的合理性，并按方案要求取全取准各项资料。

（1）射开油层中上部，依隔层状况，油井射开程度40%~80%，注水井射开程度大于80%。

（2）射孔要避开钙质夹层及泥质含量较高的井段，并对注水井今后分注留足分隔器位置；为了保护套管，连续射孔不得超过6m，并避开接箍射孔。

（3）射孔前用活性水或KCl溶液洗井。

5. 完井

要根据采油工程方案做好完井工作，主要内容为：储层保护、完井方式、射孔工艺和投产方式。

6. 压裂、试油、试排

（1）研究适合储层特点且与井网形式相匹配的增产措施方式及措施规模，努力提高单井产量，降低油井含水率；

（2）位于边部且有效厚度较小的井及电测解释可疑油水层必须试油，其余井排液；

（3）油水井排液严格执行《采油工程方案》；

（4）排液结束后必须冲砂、探砂面及洗井后方可投产；

（5）试油按方案设计取高压物性，测压力恢复曲线，并测准原始地层压力；

（6）做好H_2S和CO等有毒有害气体的预防工作及紧急预案。

7. 地面工程

（1）地面工程实施包括施工图设计、工程开工、工程实施和投产试运行。严格按照施工图施工，加强施工质量监督管理、工程监理管理及施工变更的管理，着重抓好施工进度、质量及成本控制。

（2）地面工程建设严格履行基本建设程序。主要包括：前期准备、工程实施、投产试运和竣工验收。在总体规划的前提下分期建设，采用"实用、有效、节能、经济、相对成熟、流程简短"的新工艺新技术，充分考虑近期与远期的结合和扩展，工程设计既能满足当前生产运行，又可兼顾后期的系统配套，减少重复建设工作量，工程实施、投产试运和竣工验收，实行规范化管理。

8. 资料录取

必须取全取准各项开发数据，全面掌握储层流体特征及微观分布规律。

9. 动态监测

建立油藏开发监测系统，及时跟踪现场生产动态，调整开发技术政策。

10. 投产与投注

（1）新井投产与投注前要求测地层压力。

（2）全面实行超前注水，优先建设投注水井，累计注水量达到方案设计指标后，采油井方可投产。

（3）严格执行低渗透油田股份有限公司油田注入水标准，保证注入水与地层流体的配伍性，杂质微粒不堵塞油层。

（4）注水井投注前必须用气化水洗井。投注后，每年 1/3 的注水井测吸水指示曲线。

（5）低渗透油藏为了保持地层压力，要求超前注水。

（6）做好老区地面注水系统和水源供给能力的调查，以便完善系统设施，扩充水源，确保及时投注。

11. 生产管理

（1）应用节点分析，优选抽油参数；

（2）搞好防蜡、防垢和防气，提高泵效及油井免修期；

（3）取全取准各项动态资料，及时进行综合分析；

（4）录取溶解气气体组合百分含量，特别是 H_2S 和 CO 的含量。

12. 降低成本管理

（1）通过市场化运作，吸引社会力量，整合社会资源，优先选择经济技术力量雄厚、业绩表现优良且具有相应资质的队伍作为主力队伍保障，建立长期合作关系，实现快速建产。

（2）通过市场化招标，建立竞争机制，通过规模化采购需求，选择质优价廉的服务商，引导施工单位建立相对集中的后勤保障，实施大力外协，建立长期合作关系，降低开发成本。

（3）具体制定投资控制措施，全面实行地质、工程、经营和管理一体化，突出源头把关，过程控制，落实每个环节都可以控制投资的理念。

九、经济评价

1. 投资估算

1）投资估算依据

（1）国家及有关部门颁布的法律、法规和标准；

（2）企业或相关行业的工程额定及相关规定；

（3）设备及材料的询问价资料或以往工程的采办价格资料；

（4）设备清单及工程量表；

（5）工程项目实施的进度计划。

2）价格选取

考虑主要设备和材料的价格，钢结构预制或加工的价格，安装设计工程、施工作业和机具的价格。

3）投资估算项目划分

对投资估算项目可以按建设总投资、固定资产投资方向调节税、价差预备案、建设期贷款利息及流动资金等进行分类和划分。

4）建设项目投资

包括勘探费、开发费及弃置费。

5）勘探开发投资

已发生勘探投资和未来预计发生的勘探投资、开发建设、研究、生产准备，以及前期研究费用。

6）钻采工程投资

钻井投资（开发井的钻前准备费、动迁费、钻完井费用、测井和测试费用）；采油工程投资（采油设备、投产措施费、分项估算投资）。

7）油田地面开发工程设施投资

油田工程设施投资（油气集输工程、自控工程、通信工程、给排水工程、供电工程、供热和暖通、维修、总体运输及建筑工程等，包括设备购置费、安装工程费、建筑工程费等）。

8）操作费用估算

9）弃置费、价差预备费及固定资产投资方向调节税

10）建设期利息及流动资金

2. 经济评价

1）经济评价依据

（1）采用国家有关部门的规定或油气田开发合同规定的模式进行；

（2）坚持以经济效益为核心，以及费用与效益计算口径相一致原则；

（3）遵照国家有关部门颁布的经济评价方法，结合油气田开发特点，选用合理的经济评价参数，采用动态的计算方式进行评价；

（4）采用以当时国内外市场价为基础的预测价，在建设期和生产期内均考虑物价上涨因素；

（5）以人民币为计算货币，但要注明其中的外汇数额；

（6）以年为计算单位，采用年末法；

（7）基础数据（建设期和生产期、建设项目总投资、操作费、折旧、油气产量和油气价格、资金筹措、经济评价参数）。

2）经济评价指标

（1）基本评价指标。

内部收益率、净现值、投资回收期和桶油成本。

（2）辅助指标。

投资利润及投资利税率。

3）不确定性分析

（1）应对产量、油气价格、投资及操作费等因素进行不确定因素和敏感性因素分析计算。

（2）分别计算项目内部收益率为所要求的临界值时的产量、价格、投资、操作费的数值，表明项目的承受能力。

4）经济评价报表

包括基础数据表、经济评价指标汇总表、基本评价报表、辅助报表。总体开发方案经济评价结论提出改善项目经济效益的方法和建议。

5）经济评价要求

（1）必须按照费用与效益一致的原则，科学合理地进行费用与效益的估算，评价相应的经济指标，进行相关分析并得出经济评价结论。

（2）要以油藏工程方案为基础，结合钻井工程方案、采油工程方案及地面工程方案配套形成2~3个方案，进行投资估算与经济评价。

（3）方案比选的主要指标为净现值，也可采用多指标综合比选。

（4）使用数值模拟方法，以年为单位计算各方案的平均单井日产油量、全油田年产油量、综合含水率、最大排液量、年注水量及油田最终采收率等开发指标。

（5）计算各方案的最终盈利、净现金流量及利润投资比，建成万吨产能投资，还本期和经济生命期，采油成本，总投资和总费用，分析影响经济效益的敏感因素和敏感度。

（6）综合评价各方案的技术经济指标，筛选出最佳方案。

第三节 油藏工程方案编制的技术要求

一、预测油田（或区块）建设规模、层系及类型

结合油藏（或区块）地理位置和油藏（或区块）所处范围内对油藏开发工程建设有影响的自然地理、交通、环境、气象、地震等情况来预测油藏（或区块）建设规模。

根据当时当地政策、法律和油田的地质条件，制定储量动用、投产次序及合理采油速度等开发技术政策。

根据油层厚度、渗透率级差、油气水性质、井段的长度、隔层条件、储量大小等论证层系和油藏类型划分的必要性和可行性。

按油藏类型（中高渗透率砂岩油藏、低渗透率砂岩油藏）选择合适的开发模式。对于特殊类型油藏（特低渗、复杂岩性油藏等）要做好配套技术研究和可行性论证。

（1）根据储层沉积特征和发育规模，所设计的开发井网要具有较高的水驱储量控制程度。

（2）要充分考虑储层砂体形状及裂缝发育情况等，确定井网几何形态、注采井排方向和井排距。

①注采井距的确定受单井产量、经济效益及最终采收率的影响。注采井距的选择最终应综合经济效益和能否建立有效驱替压力系统。若要注采井主流线中点处的油流动，则驱动压力梯度必须大于该点处的启动压力梯度。

实际油藏的注采井连线为主流线，主流线中点处渗流速度最小，压力梯度亦相应最小，压力梯度为：

$$\frac{\mathrm{d}p}{\mathrm{d}r} = \frac{p_\mathrm{H} - p_\mathrm{wf}}{\ln \dfrac{d}{r_\mathrm{w}}} \cdot \frac{2}{d} \qquad (1-2-1)$$

式中 p_H——注水井井底流压，MPa；

p_wf——采油井井底流压，MPa；

d——注采井距，m；

r_w——井筒半径。

若要中点处的油流动，则驱动压力梯度必须大于该点处的启动压力梯度，则可计算出给定注采压差和油层渗透率条件下的极限注采井距，即：

$$\frac{p_\mathrm{H} - p_\mathrm{wf}}{\ln \dfrac{d}{r_\mathrm{w}}} \cdot \frac{2}{d} \geq \lambda$$

在注采压力一定的情况下,注采井距越小,驱替压力梯度越大,剖面动用程度越高。

②低渗透油田开发井网的排距主要根据油藏基质岩块渗透率的大小决定。假设 X 方向为主应力方向,且主向渗透率与侧向渗透率:$K_x/K_y = m$,则最大排距:

$$\left. \begin{array}{l} \dfrac{p_H - p_{wf}}{\ln \dfrac{2b}{r_w}} \cdot \dfrac{2}{2b} = \lambda_1 = 0.0608 K_y^{-1.1522} \\ \\ \dfrac{p_H - p_{wf}}{\ln \dfrac{a}{r_w}} \cdot \dfrac{2}{a} = \lambda_2 = 0.0608 K_x^{-1.1522} \\ \\ \dfrac{a}{b} = R \end{array} \right\} \qquad \dfrac{2}{R} \times \dfrac{2.9957 + \ln b}{\ln R + \ln b + 2.3026} = m^{-1.1522}$$

(3) 积极采用新技术,如水平井及特殊结构井技术等。

(4) 井网部署要有利于后期调整(图1-2-3、图1-2-4)。

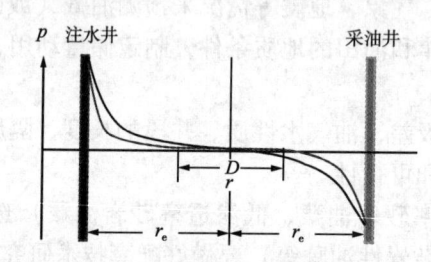

图1-2-3 ××油田注—采压力剖面分布

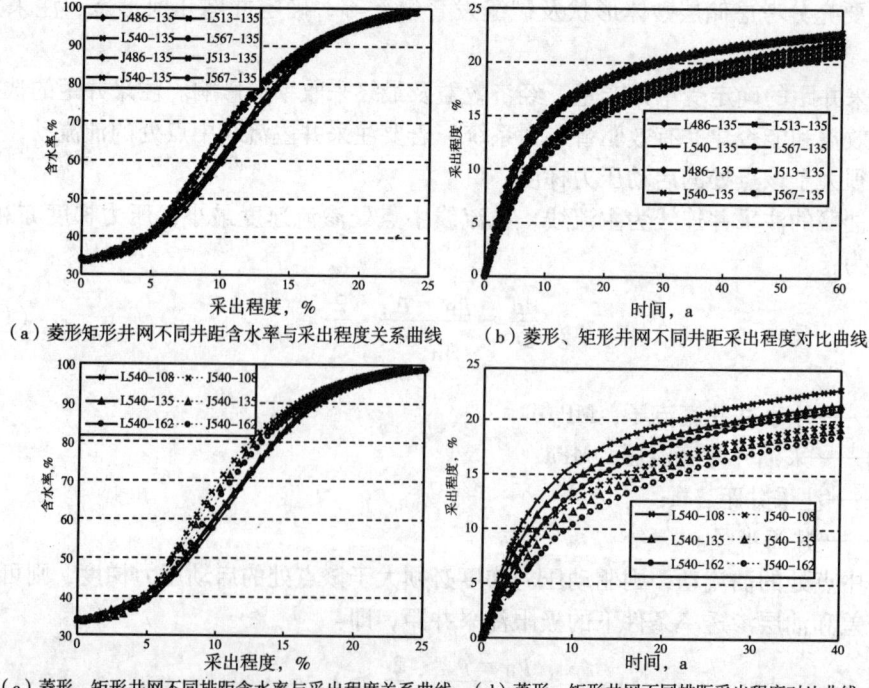

(a) 菱形矩形井网不同井距含水率与采出程度关系曲线
(b) 菱形、矩形井网不同井距采出程度对比曲线
(c) 菱形、矩形井网不同排距含水率与采出程度关系曲线
(d) 菱形、矩形井网不同排距采出程度对比曲线

图1-2-4 ××油田某区块不同井网排距含水率与采出程度关系曲线

①井网密度必须满足一定采油速度的要求；
②井网密度必须保证足够的单井控制储量；
③注采井距必须满足一定的驱替压力梯度；
④井距必须与人工压裂裂缝缝长相匹配；
⑤能够建立有效的驱替压力系统；
⑥井网具有较好的灵活性，便于后期调整提高最终采收率；
⑦增加油水井比例，降低早期投资。
生产井数由下式确定：

生产井数 =（采油速度×地质储量）/（365×采油时率×单井产量）

根据开发原则和地质特点确定是否需要划分层系。开发层系、布井方式和井网密度的论证必须适应油藏地质特点和流体性质，充分动用油藏储量，使油井多向受效，波及体积大，经济效益好。层系组合必须符合下述原则：

（1）同一层系内油层的流体性质、压力系统和油水边界应比较接近；

（2）一个独立的开发层系应具备一定的地质储量，满足一定的采油速度，达到较好的经济效益；

（3）各开发层系间必须具备良好的隔层，以防止注水开发时层间水窜。

二、油藏特征描述内容及要求

（1）区域地质背景：构造位置及发育简史，地层层序及沉积类型。

（2）细分油层组，描述其岩性及分布状态。

（3）划分沉积相带，描述沉积类型、砂体形态及砂体分布状况等。

（4）分层组描述储集埋藏深度、储层总厚度、砂岩净厚度及有效厚度；单层层数，分布状况，单层砂岩厚度及有效厚度等。

（5）分层组描述储层性质。
①岩性描述包括岩石组成、结构及裂缝发育特征；
②物性描述包括有效孔隙度、渗透率、原始含油饱和度、压缩系数及导热系数；
③非均质性描述包括层间非均质性、平面非均质性及层内非均质性。

a. 平面非均质性指平面上储层的孔隙度和渗透率变化较大，尤其是储层的渗透率。渗透率在平面上的分布受到沉积微相的控制。

b. 层间非均质性表现为砂体之间物性的差异，尽管不同的砂体具有相同的沉积相带，但不同沉积时间单元的水动力条件、沉积物的成分及沉积规模都有较大的差异，成岩作用的结果不同，导致砂体之间储层储集性能的不同。

c. 层内非均质性为同一砂层内由于沉积和成岩等作用的影响，使储层物性及孔隙结构特征发生变化，导致储层物性的不均一性。

（6）描述储层的微观孔隙结构，包括孔隙类型，孔喉形态；黏土矿物组成、含量及分布。

（7）描述隔层或夹层的岩性、厚度分布、渗透性、水敏性及隔层或夹层在开发中的作用。

①隔层的岩性及物性标准；
②隔层在剖面上的分布；
③隔层的厚度及其在平面上的变化；
④隔层的分隔性、渗透性、膨胀性及裂缝发育情况。

（8）依据储层厚度、孔隙度、渗透性、砂体连续性及平均喉道半径等主要评价参数，分类指标及辅助参数对储层进行综合评价和分类。

三、油藏基础特征描述内容及要求

1. 流体分布

（1）分区块分层系的油气水分布特点。
（2）油气界面和油水界面以及油、气、水分布的控制因素。
（3）确定含油、含气以及含水饱和度。

2. 流体性质

（1）分析原油的组分、密度、黏度、凝固点、含蜡量、含硫量、析蜡温度、蜡熔点、胶质沥青质含量和地层原油的高压物性及流变性等特性。
（2）地层水性质：主要描述其组分、水型、硬度、矿化度及电阻率等。

3. 渗流物理特性

（1）测定油层岩石润湿性、界面张力、油水相对渗透率及毛管压力曲线。
（2）计算水驱油效率。

4. 油藏天然能量

（1）统计油层的原始地层压力、压力系数、压力梯度、温度及温度梯度。
（2）确定边水、底水及气顶的活跃程度。

四、油田地质模型、地质储量内容及要求

1. 地质模型

（1）利用一口或几口探井和评价井的地震及测井资料便可对油藏做出基本正确的描述，建立起油藏概念模型，以后随着开发程度的加深还要进行中期油藏描述和精细油藏描述，建立油藏地质模型。主要分为：①构造地层情况；②流体分布及性质。

（2）油藏工程方案应以地质模型为依据，对重点油藏或开发单元开展油藏数值模拟，预测各种方案的15年开发指标及最终采收率。对于复杂油藏要用常规油藏工程方法预测10年开发指标及最终采收率。

2. 地质储量

油藏储量是油藏开发的物质基础，因此必须算清全油田的储量、各油层组的储量、各小层及油砂体的储量，还要摸清楚储量在油田的顶部、腰部及边部的分布状况。

五、油藏工程设计技术要求

油藏工程设计要认真分析油藏天然驱动方式和驱动能量大小，论证利用天然能量开发的

可行性；需要人工补充能量的油藏，要论证补充能量的方式和时机，并要认真分析气驱或水驱开采方式的可行性，进行技术经济指标的对比，确定经济有效的开发方式。具体要求是：

（1）大、中型砂岩油藏一般不具备充分的天然水驱条件，必须适时注水，保持油藏能量开采；不允许油藏压力低于饱和压力。对具有特高渗透层和厚油层的油藏要研究相应措施。

（2）低渗透砂岩油藏，应保持较高的压力水平开采，建立较大的注采压差。对特低渗透油藏要研究油藏裂缝系统及地应力分布，建立有效驱动体系，对于低压油藏要采用超前注水技术。要在技术经济论证的基础上采取低污染的钻井完井措施，早期压裂改造油层，提高单井产量。具备注水和注气条件的油藏，要保持油藏压力开采。

（3）边底水能量充足的油藏，应尽量利用天然能量开采，研究合理的采油速度和生产压差，制定切实可行的防止底水锥进和边水舌进的措施，要论证射孔底界位置。

（4）裂缝型油藏，应研究裂缝发育及地应力分布。需要实施人工注水的油藏，要研究注采井排方向与裂缝方位的合理匹配关系，要考虑沿裂缝走向部署注水井，掌握合适的注水强度，防止水窜。

（5）高凝油、高含蜡及析蜡温度高的油藏，采用注水开发时，必须注意保持油层温度和井筒温度，采油井要注意控制井底压力，防止井底附近大量脱气，采用注水开发时，注水井应在投注前采取预处理措施，防止井筒附近油层析蜡。

油藏工程方案设计要着重做好油藏生产能力预测。油藏生产能力指方案设计井全面投产后，在既定生产条件下的稳定年产量。具体要求是：

（1）要充分考虑储层物性和流体性质对产能的影响，分析储层物性（特别是渗透率、饱和度、孔隙度）和流体物理性质（特别是地面、地下原油黏度）；挥发油和凝析气应做相图分析。

（2）依据测试、试油、试井、试采及先导性矿场试验等资料，确定在人工补充能量方式下的分层系和单井产能。

（3）依据先导性矿场试验及室内实验资料，研究确定各类油层吸水能力。

油藏工程方案中应进行多个方案设计，所设计方案必须在开发方式、层系组合及井网井距等重大部署方面有显著特点，结果有较大差别，并与钻采工程及地面工程设计相结合，整体优化，确保推荐方案技术经济指标的先进性。

努力提高油藏工程方案设计质量，保证所设计的主要开发指标有较高的符合程度。方案实施后与开发方案设计相比实际实施井数及工作制度等应有可比性，其考核指标要求为：

（1）产能到位率：≥85%；
（2）初期平均含水率符合率：85%；
（3）水驱控制储量符合率：85%。

六、油藏动态监测系统要求

1. 精心选井选层

相对于全油田的油水井井数和规模，动态监测工作量是有限的，为了使监测资料更具代表性，更能反映油田开发的实际情况，做到监测工作有的放矢，在制定计划时对井、层及开发动态均要进行精细核实，确保监测工作的有效性。

2. 制定监测运行计划

（1）结合油田生产情况，针对各监测项目特点，以点面结合、突出重点为原则，要做到一般区块与典型区块相结合，固定井点与非固定井点相结合。

（2）对监测计划按区块、开采层位及监测时间排出全年监测工作运行大表，把每月的监测计划纳入各采油厂生产运行计划进行安排，确保月度监测计划的顺利完成。

3. 建立动态监测管理网络体系

为了实现对监测过程的全面监控，保证测试质量，建立以主管厂领导为组长，地质所和作业区主管领导为副组长，地质所和作业区相关技术人员为成员的动态监测项目组，对重点监测项目实行方案设计与论证、过程监督与把关及结果验收与审核等监测流程与制度，确保监测资料的准确可靠。

4. 积极引进推广监测新工艺及新技术

引进开展新工艺新技术试验，对符合油田生产实际，对能有效解决油田开发矛盾提供依据的监测技术进行大力推广应用，加大监测资料的应用力度，使动态监测工作真正起到为油田开发服务的目的。

七、油藏工程方案实施要求

（1）油藏工程方案经审查批准后，钻井、完井、射孔、测井、试井、开采工艺、地面建设、油藏地质、开发研究以及生产协调部门，都要按方案的要求制定本部门具体实施细则，严格执行。

（2）油藏工程方案实施中发现原方案与油藏实际不符而要进行修改时，必须按原设计，经审批部门同意后方可更改，任何人不得自行改变。

（3）必须进行配套建设以及方案要求人工补充能量的油藏，要在确定的注水时间之前半年建好注水装置。

（4）要依据油藏地下情况确定钻井先后次序。要尽快形成单元和区块完善的井网。饱和压力高的油藏要先钻注水井排液转注。复杂岩性油藏要在开发井基本钻完后，经过油层对比研究，尽快确定注采井别。

（5）要根据油藏工程设计和开发井完钻后的新认识，编制射孔方案，整体或分区块射孔投产。

（6）按油藏工程方案要求取全取准资料，所有开发井必须求得分层孔、渗、饱等储层参数。要及时分析开发井新资料，不断修改地质模型。

（7）油藏工程方案全部实施一年后，要重新核算地质储量和可采储量；修改开发指标，并以此安排生产。

（8）为顺利取得动态监测资料，所有测产液剖面的动态监测井，一律下7in套管。

（9）为保证钻井施工安全和固井质量合格，在油田老区钻调整井时，可根据需要对相关的注水井采取短期停注或排放降压措施。

八、开发地质设计附图和附表要求

开发地质设计需要以下附图和附表：

1. 主要附图

(1) 油田地理位置图；
(2) 油田地貌图；
(3) 油田区域地质构造图；
(4) 储层综合柱状剖面图；
(5) 构造图；
(6) 勘探成果图；
(7) 含油面积图；
(8) 油藏纵横剖面图；
(9) 沉积相带图；
(10) 小层平面图；
(11) 油层厚度、孔隙度及渗透率等值线图；
(12) 岩心及岩心上特殊地质现象照片；
(13) 含油产状荧光照片；
(14) 岩心薄片鉴定照片；
(15) 电镜扫描照片；
(16) 毛管压力曲线；
(17) 孔隙度及渗透率频率分布及累积分布曲线；
(18) 原油物性等值图；
(19) 原油高压物性曲线；
(20) 原油黏温曲线；
(21) 相对渗透率曲线；
(22) 无因次产液能力和产油能力曲线；
(23) 压力与深度关系曲线；
(24) 井温曲线。

2. 油藏工程设计附图

(1) 试井曲线；
(2) 试采曲线；
(3) 试验区综合开采曲线；
(4) 吸入能力曲线；
(5) 各种方案单井控制地质储量及可采储量关系曲线；
(6) 各种方案与水驱控制程度关系曲线；
(7) 各种开发方案的动态特征预测曲线；
(8) 推荐方案的开发指标预测曲线；
(9) 经济效益分析曲线；
(10) 推荐方案的设计井位图。

3. 基础附表

(1) 钻探成果与取心统计表；

（2）地层分层数据表；
（3）构造断层要素表；
（4）油层厚度统计表；
（5）试油成果表；
（6）DST 或 RFT 测试数据表；
（7）试采成果表；
（8）油层物性统计表；
（9）PVT 分析数据表；
（10）油、气、水分析成果表。

第四节　油藏工程整体方案编制与审批程序

油藏工程整体方案和计划每年各编制一次，各个采油厂组织编制和审批，报低渗透油田股份有限公司备案。在油藏工程整体方案审批过程中，应进行油藏工程整体方案编制水平评估。

凡报低渗透油田股份有限公司审批的油藏工程整体方案，都须经有关技术部门咨询。

第五节　注　　解

（1）压力系数：
指实测地层压力与同深度静水压力之比值。
（2）驱动方式：
油藏开采时，驱使石油流向井底的动力来源和方式。
（3）采油速度：
年产油量与地质储量的比值。
（4）破裂压力：
指油层岩石开始产生裂缝时的井底压力。
（5）吸水指示曲线：
注水压力与注水量的关系曲线。
（6）井排距：
排距是指行列井网注水方式各注、采井排之间的垂直距离。井距泛指各井之间的距离。
（7）动态监测：
指运用测量、测试、试井、测井、密闭取心、分析化验等手段和方法，获取油（气）藏开发过程中静态与动态资料。

第三章 油藏工程方案实施与跟踪

（1）油田产能建设阶段，油藏工程方案实施与跟踪的主要工作是：
①进行跟井对比；
②补充录取资料；
③完善地质模型；
④及时调整开发方案部署；
⑤调整注采井别；
⑥编制射孔方案；
⑦按方案实施要求进行投产。

（2）在钻开发井跟踪分析中，要根据地质研究发现的构造变化、储层分布异常或油气水分布变化新情况，提出补充录取资料的要求及钻井次序的调整建议。补充录取资料应纳入产能建设计划。主要内容包括：
①测井系列的调整或局部增加测井项目；
②补充开发井录井及取心等资料；
③需进行中途测试的井位和井段；
④增加试油及试采资料。

（3）钻遇油层与原地质模型局部有较大变化时，应及时对原方案设计进行局部调整；有重大变化时，应终止原方案实施，并按原方案的审批程序进行审批。

（4）射孔完井方案编制应保证注采关系完善，充分考虑开发层系顶底界控制、避射层段、气顶、边底水的控制及隔层处理等。并依据储层特征，设计合理的注采射孔层位、位置和厚度，使得注采同层。

（5）根据油田开发方案要求和实施情况，制订详细的生产井和注水井投产程序和实施要求。主要内容包括：
①注入井的转注时机。依据开发方案要求提出生产井的投产顺序，注入井排液和转注安排。
②制订注入井和生产井的配产配注方案。

（6）油田开发方案实施后3年内，按照有关标准对方案进行后评估，评价方案符合程度。评估中应根据开发技术政策（储量动用范围、开发层系划分、开发方式、井网、采油速率、压力保持水平以及所采用的采油工艺技术等）、工艺技术及地面工程（油层保护、原油集输工艺、注入工艺、动态监测）适应性、开发指标完成情况（稳产期开发指标）及合理性、开发效果综合评价及生产资料，重新核定油田地质参数，修改完善地质模型，进行5~10年油田开发指标预测，要根据评价结果修正油田开发指标，作为油田开发过程管理的重要依据。

第四章 开发动态监测管理

第一节 各个开发阶段动态监测方案制定依据

油田开发动态监测要按照"系统、准确、实用"的原则，以满足油田开发和分析油田各个开发阶段动态特征及其内在规律的需要为目的，制定动态监测方案：

（1）低含水期（含水率小于20%），重点监测油藏压力、分层段注水量、生产井见水时间及分层含水率，以便于采取措施防止单层突进和局部舌进。

（2）中含水期（含水率20%~60%），重点监测分层含水及变化，为分析平面和层间矛盾，进行开发调整提供依据。

（3）高含水期（含水率60%~90%）和特高含水期（含水率大于90%），重点以寻找剩余油相对富集区为目的，在搞好油层动用状况监测的同时，应加强对含油饱和度变化的监测，为制定挖潜措施提供依据。

（4）采用三次采油等技术开采的油藏，重点要监测注入剂的性能和平面、层间波及状况，油井含水及产量变化情况。

（5）要积极采用国内外先进监测技术，努力降低监测成本，不断提高动态监测技术水平。

第二节 油田开发动态监测的主要内容

油藏开发动态监测是油藏开发的基础，是分析油藏开发效果，制定调整措施的依据。在油藏开发和管理过程中，为了及时、准确和系统地录取开发动态资料，建立油藏开发监测系统十分重要，油藏动态开发监测主要包括以下几部分内容。

一、地层压力与温度监测

1. 采油井地层压力与温度监测

采油井地层压力与温度检测每年测试2次，时间间隔5~6个月，其中至少有一口井的测试时间要达到三个月。应对不同类型的油藏确定监测井数，一般规定如下：

（1）整装大油藏，选采油井井数30%以上。

（2）低渗透油藏（渗透率小于50mD），选开井数10%~15%。

（3）出砂严重油藏，选开井数10%~20%。

（4）底水油藏，要在含油带、底水区选1~5口井，其要达到测地层压力与温度总井数的15%~20%。

（5）50口井以下的小油田，选开井数的5%左右。

2. 注水井地层压力与温度监测

注水井地层压力与温度监测每年测试2次，时间间隔5~6个月，其中至少有一口井的测试时间要达到三个月。应针对不同类型油藏确定监测井数，一般规定如下：

（1）整装大油藏，选开井数50%以上的注水井测地层压力与温度，固定5%的注水井测压降曲线，选1~5口注水井测地层分层压力。

（2）低渗透油藏，选开井数10%~15%的注水井测地层压力与温度，固定2%的注水井测压降曲线，非注水区选开井数的3%，每年测一次。

（3）注水开发的底水油藏，要在底水区选1~5口井，其要达到测地层压力与温度总井数的15%~20%，固定3%注水井测压降曲线。

（4）注水开发试验区按方案要求进行，开发试验区注水井地层压力与温度监测井数比例的确定按照要求另行安排。

（5）注水区域与非注水区域的采油井每2个月测一次动液面，必要时可用其他方法验证。注水前，计划注水区域与非注水区域必须测试压力及动液面。

二、注水井吸水剖面监测

注水井吸水剖面监测是指对注水井射开注水的各注水油层吸水状况进行监测。

（1）整装大油藏选注水井开井数50%以上的井作为测吸水剖面井。

（2）出砂严重的油藏，井口压力在35MPa以上的低渗透油藏，选30%的注水井作为测吸水剖面井，每年测一次，时间间隔不少于8个月。其余的注水井，凡管柱正常的，在2~3年内都测一次吸水剖面。

（3）新投注的注水井或增加与改变注水层位的井，试配前要测吸水剖面，正常注水三个月后，测试吸水剖面。

（4）开发试验区注水井，吸水剖面监测按方案的要求安排，选5%的井测试产液剖面，每年测试一次，时间间隔不少于8个月。

（5）单层注水的，选30%~40%的井作为测试吸水剖面井，每年监测一次，时间间隔不少于8个月，其余的井，在2~3年内都要测试一次，根据动态分析的要求可增加10%；多层注水的井，每年测一次。

三、注水井注入剖面监测

（1）低渗油藏选取注水井开井数30%以上的井每年测注水剖面一次。

（2）低渗透砂岩油藏，正常生产的分层注水井每一年分层测试一次，测试率达到分层注水井开井数的85%以上。复杂断块油藏可适当降低监测比例。

四、采油井产液剖面监测

产液剖面监测是指对采油井射开生产的各油层分层产液状况进行监测。

（1）低渗、特低渗油田根据分层注水状况，每年安排5%~10%的井进行产液剖面测试，时间间隔不少于8个月，了解产层注采对应及油井分层产出状况。

（2）井况复杂的老油田可以适当降低比例。

五、流体性质监测

流体性质监测是指对油井产出液（包括原油，地层水，天然气），注水井注入水以及油层状况下油、气、水的化学性质和流体性质及组分等进行监测。

1. 采油井流体性质监测

选采油井开井数10%的井作为固定监测井。在井口取样，进行油、气、水性质全面分析。每年取样一次，时间间隔不少于8个月。新投产油井半年后进行一次油、气、水性质全面分析。试验区油、气、水性质全面分析，按试验方案的特别要求安排。

2. 注入水性质监测

选注水井开井数5%的井作为水质监测井。建立从供水源、注水站、污水站、配水间和注水井井口的水质监测系统，每个月分析一次含铁、杂质、污水含油，其余项目每年分析一次，时间间隔不少于8个月。

3. 高压物性监测

新油藏投产初期，选采油井开井数5%~10%进行高压物性取样。在不同开发阶段，根据油田动态情况，选择一定数量的采油井进行高压物性取样。

六、井下技术状况监测

（1）建立套管防护检测系统，进行时间推移测井，监测套管井径及质量变化情况。套管状况、固井质量、射孔质量及套管外窜槽等井身结构状况监测井总数不低于油水井总数的5%。

（2）对油田开发过程中套管腐蚀及破损的规律要进行研究，每年应安排1~2口井，进行套管技术状况时间推移测井。

（3）分层配产及配注井作业施工后对每级封隔器（管柱）进行验封，验封率为100%。分层配产及配注层段变化的井下作业施工后，要对井下工具深度进行检查，检查率达50%。

（4）重大增产措施井，在措施前后应测压力恢复曲线。

七、储层物性和产层参数监测

（1）根据油藏研究及调整方案需要，在不同开发阶段应钻密闭取心井，在加密井中部署1~5口取心井，认识油层水淹及水洗状况并分析剩余油饱和度。

（2）同时选取普通取心井，以分析研究开发过程中孔隙度、渗透率及孔隙结构和润湿性的变化。

（3）在距采油井适当距离上，打1~3口取心井，监测水力压裂裂缝方位及延伸情况。

（4）固定1~5口油井，进行比能谱测井、中子寿命测井及示踪剂监测等工作量，监测含油饱和度变化。

八、油水和油气界面监测

（1）气顶和底水油藏选1~5口井监测油水及油气界面移动情况。每年2次，时间间隔

5~6个月。

（2）同时要有10%左右的井每年测压力恢复，分析油层参数变化。重点区块要进行碳氧比测井，研究剩余油分布情况，做PVT测试，了解流体性质变化。

九、含油饱和度监测

根据油藏研究及调整方案需要，在不同开发阶段应钻密闭取心井，认识油层水淹及水洗状况并分析剩余油饱和度。同时选取普通取心井，以分析研究开发过程中孔隙度、渗透率及孔隙结构和润湿性的变化。每年应安排一定比例的碳氧比能谱测井、中子寿命测井及示踪剂监测等工作量，监测含油饱和度变化。

十、产量监测

油、气、水产量要以单井计量为基础，计量误差不得超过5%，要采用连续计量方法。油、水井计量参照原《低渗透油矿管理局油、水井计量有关规定》执行。

第三节 油田监测方案设计原则

油田开发动态监测应按开发单元设计监测方案和编制年度监测计划。从低渗透油田股份有限公司的实际需要出发，突出地质目的，使动态监测工作能真正为油田生产服务。油田监测方案应按以下原则进行设计：

（1）要根据油藏类型和开发特点，以满足油藏开发动态分析为原则，针对不同油田开发阶段，监测井点数比例、取资料内容、取资料密度和间隔应有所区别。每年动态监测工作量和要求，要分季落实，检查上报。通过监测，为油田稳油控水及增储上产提供分析依据。

（2）监测井点按开发区块的层序均匀布置，必须有代表性，保证监测资料能够反映油藏的真实情况。

（3）要采取一般区块同重点区块典型解剖相结合的方法重点区块内要进行加密测试，定期监测，系统检查。

（4）采用固定与非固定的方法，新区块和新层系投入开发，要相应增加监测井点。

（5）监测系统中各种测试方法及测试手段要综合部署，合理安排。

（6）监测井点的部署，井口及井下技术状况要符合监测要求，在构造位置、岩性及开采特点上具有代表性。时间阶段上应具有连续性，在监测方式上应具有同一性，在测试成果上应具有可对比性。针对不同类型油田的开发特点，确定监测井及相关的监测内容为便于分析和对比，一经选定不得任意变动。

（7）生产井的产液量、产油量和产气量，以及注入井的注入量应以单井为监测单元。产油量应以井口取样分析的含水率计算，油气产量计量误差小于10%，特殊油气藏或零散、低产井的计量误差可适当放宽；注入井注入量计量误差小于5%。

第四节 动态监测费用比例

加大动态监测资金投入力度,确保动态监测工作顺利完成。动态监测计划要纳入各采油厂年度生产计划,其费用从操作成本中列支。一般情况下,油田动态监测费用应占操作成本的3%~5%。当油田需进行整体开发调整或三次采油等重大技术措施时,应根据需要增加监测工作量和相关费用。

第五节 油田开发动态监测方案编制周期及审批程序

油田开发动态监测方案和计划每年各编制一次,各个采油厂组织编制和审批,报低渗透油田股份有限公司备案。

第六节 注 解

(1) 比能谱测井：
利用元素碳和氧对快中子的非弹性散射截面的差别及放出的伽马射线能量的差别来确定剩余油饱和度的测井方法。

(2) 中子寿命测井：
通过测量油层的热中子浮获截面来确定剩余油饱和度的测井方法。

(3) 示踪剂监测：
利用同位素悬浮液测定注水井吸水剖面的一种方法。

油田开发动态监测工作中常用表格见表1-4-1~表1-4-3。

表1-4-1 ××年动态监测完成情况统计表

指标	压力测试				吸水剖面	工程测井	剩余油饱和度	井间示踪剂	水驱前缘	油井系统试井	水井指示曲线	干扰试井	分层压力测试		流体性质	水井调配测试	合计
	油井			水井									油井	水井			
	小计	小计	定点	非定点													
年计划口/井次																		

续表

指标	压力测试			吸水剖面	工程测井	剩余油饱和度	井间示踪剂	水驱前缘	油井系统试井	水井指示曲线	干扰试井	分层压力测试		流体性质	水井调配测试	合计
	小计	油井		水井									油井	水井			
		小计	定点	非定点													
1—11月完成口/井次																	
完成率%																	
全年完成井数口/井次																	
年完成率%																	

表1-4-2 ××年动态监测项目及井数预计表

区块	层位	测压			吸水剖面	工程测井	剩余油饱和度	井间示踪	干扰试井	水驱前缘	系统试井		分层压力测试		分注调配	流体性质	毛管压力测试	过套管电阻率剩余油饱和度测井	合计
		油井定点	油井非定点	水井							油井	水井	油井	水井					

表1-4-3　××年××油田动态监测费用一览表

序号	项目	总井次	外协井次	单价，万元	合计，万元
1	压力测试				
2	吸水剖面				
3	工程测井				
4	剩余油				
5	干扰试井				
6	井间示踪剂				
7	水驱前缘				
8	系统试井				
9	油水井分层压力测试				
10	井下分注井验封、测试、调配				
11	毛管压力测试				
12	过套管电阻率剩余油饱和度测井				
13	水井指示曲线				
14	流体性质				
	合计				

第五章　开发过程管理

第一节　油田开发过程中油藏工程管理的主要任务

（1）实现油藏工程方案和调整方案确定的技术经济指标和油藏经营管理目标，完成年度工作计划和生产经营指标。

（2）开展油藏动态监测、油田动态跟踪分析和阶段性精细油藏描述工作。

（3）搞好油田注采调整和综合治理，实现油藏调控指标。

（4）依靠精细管理，优化调整措施，控制生产操作成本，提高经济效益，实现油藏经营管理目标。

（5）按照健康、安全及环境管理的要求，组织生产运行、增产措施及维护性生产作业。

（6）根据设备管理的规定，做好开发设备及设施的配备、使用、保养、维修、更新和改造等工作。

（7）确保各种油田生产设施安全平稳运行，搞好伴生气管理，控制原油成本，节能降耗，完成年度生产计划及经营指标。

第二节 注水开发油田在不同含水期需着重搞好的调控措施

为取得较好的阶段技术经济效益，对注水开发油田在不同含水期，着重搞好以下调控措施：

一、低含水期（含水率小于20%）

该阶段油田开发动态特点是注水见效和主力油层发挥作用。其主要工作要努力控制注入水均匀推进，防止单层突进和局部舌进，提高无水期和低含水期采收率。

二、中含水期（含水率20%~60%）

该阶段主力油层普遍见水，部分油层水淹，层间和平面矛盾加剧，含水上升较快。其主要工作是搞好层间产量接替和平面注采强度调整，扩大注入水的波及体积，确保油田高产稳产。

三、高含水期（含水率60%~90%）

1. 高含水前期（含水率60%~80%）

该时期主力油层产量处于递减状态。主要工作是搞好油田开发层系、井网、注采系统调整及其他挖潜措施，增加可采储量，有条件的油田要采取提高排液量措施，尽量提高高峰期采出程度。

2. 高含水后期（含水率80%~90%）

该时期各类油层普遍水淹，剩余油分布分散，产量处于总递减状态。主要工作是搞好精细油藏描述，开展改善二次采油和三次采油，延缓产量递减速度，提高采收率。

四、特高含水期（含水率大于90%）

该阶段储层剩余油高度分散，主要工作是努力提高注水利用率，控制生产成本；开展精细油藏描述，进一步采取改善二次采油和三次采油提高采收率技术，进行精细挖潜，使低渗透油藏经济有效开采期。

第三节 水驱油田年度调控指标

在水驱油田开发过程中要通过有效的调整和控制，不断改善开发效果。水驱油田年度调控指标主要包括：

一、含水上升率

每采出1%的地质储量含水率的上升值叫含水上升率。它是评价油田开发效果的重要指标。含水上升率越小，油田开发效果越好，可按下式计算：

$$F_W = \frac{\Delta f_w}{\Delta R} \qquad (1-5-1)$$

式中 F_W——含水上升率，%；

Δf_w——阶段末期与阶段初期含水上升率之差；

ΔR——阶段末期与阶段初期采出程度之差。

应根据有代表性的相渗透率曲线或水驱曲线来确定，各开发阶段含水上升率不超过理论值。

二、自然递减率和综合递减率

根据油藏类型和所处的开发阶段确定递减率控制指标。

三、剩余可采储量采油速度

剩余可采储量采油速度控制在6%左右。

四、油藏压力系统

水驱油田高饱和油藏地层压力应保持在饱和压力以上，低渗及低压油藏地层压力一般保持在原始地层压力以上，注水压力不超过油层破裂压力，油井井底流动压力要满足抽油泵有较高的泵效。

五、注采比

水驱开发油田原则上保持注采平衡，中高渗透油田年注采比要达到1.0左右，低渗透油藏年注采比要控制在1~1.5。

第四节 月（季）度生产动态分析主要内容

月（季）度生产动态分析主要是应用开发动态资料，对油藏产量变化进行分析，目前油藏的压力、含油气比变化对生产趋势的影响，以及保持高产、稳产和改善生产形势所采取的基本措施，分析的主要内容包括：

（1）月（季）度原油生产计划完成情况。

（2）月（季）度主要开发指标（产油量、产液量、含水、含水上升率、注水量、注采比、地层压力、递减率等）变化情况，与上一个月（季）度或预测的生产曲线进行对比，分析变化原因，提出下一步调整措施。

（3）产量构成、老井的自然递减和综合递减与上一个月（季）度或预测曲线的相应值进行对比，分析产量构成和递减的变化趋势和原因，提出措施意见。

（4）注水状况分析，分析月（季）度注水量、注采比及分层注水合格率等变化情况及对生产形势的影响，提出改善注水状况的措施意见。

（5）分析综合含水和产水量的变化及原因，提出控制油田含水上升速度的措施意见。

（6）分析主要增产措施效果，延长油田有效期。

半年除了分析以上几项内容外，还要全面分析总结半年来油藏地下形势和突出的变化，提出下半年的调整意见。

第五节　年度油藏动态分析主要内容

全面系统地进行年度油藏动态分析，搞清油藏动态变化，是编制好下一年配产配注方案和调整部署的可靠依据。因此，加强年度油藏动态分析工作，提高油藏动态分析水平，是不断改善油藏开发效果的保证。

一、油藏动态分析所需资料

1. 油藏研究图件

油藏动态分析中需要以下油藏研究图件：

（1）油藏开发地质综合图；

（2）油层栅状图；

（3）油砂体有效厚度等值图，油砂体有效渗透率等值线图；

（4）油、水相对渗透率曲线；

（5）孔隙度分布与毛管压力关系曲线；

（6）渗透率分布曲线；

（7）原油物性特征曲线。

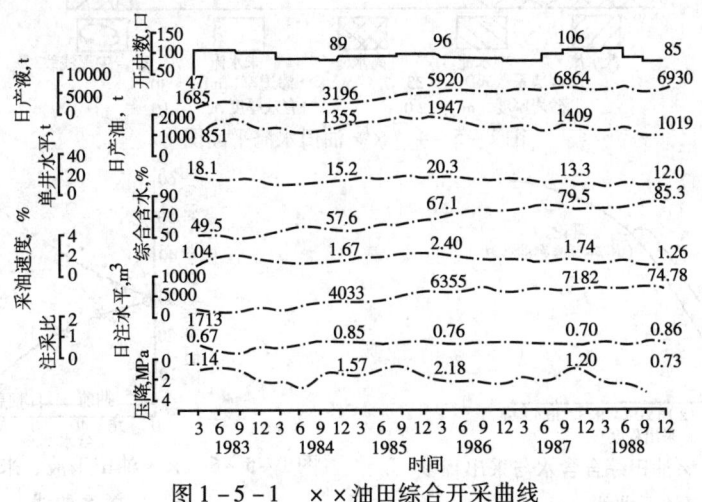

图1-5-1　××油田综合开采曲线

2. 开发动态数据及图件 油藏动态分析中应具备的开发动态数据及图件见图1-5-1~图1-5-12。

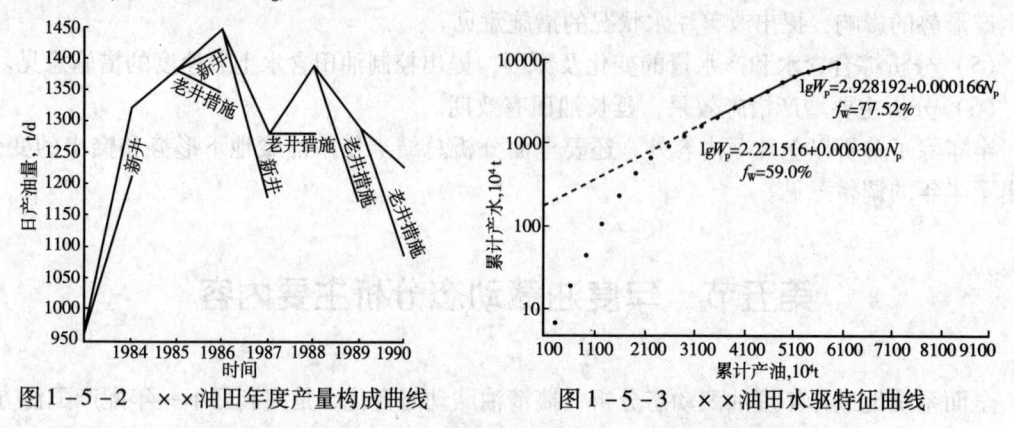

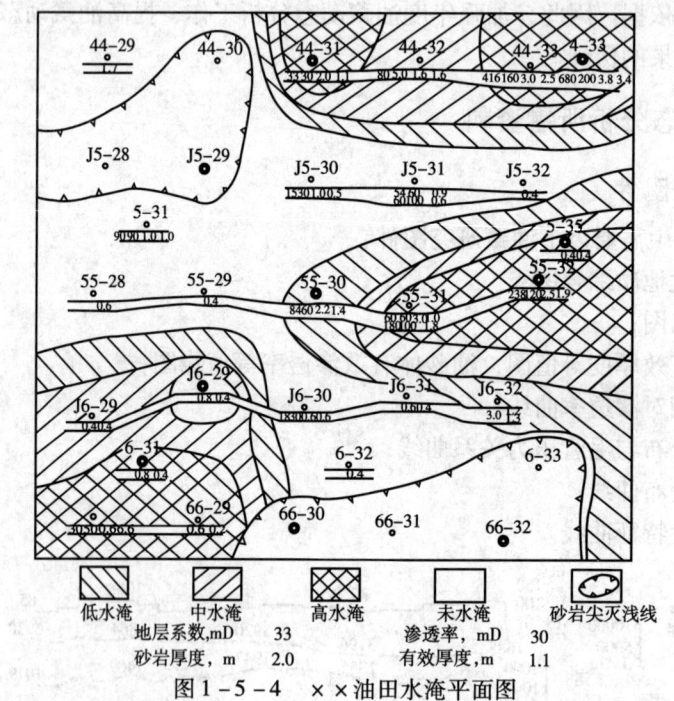

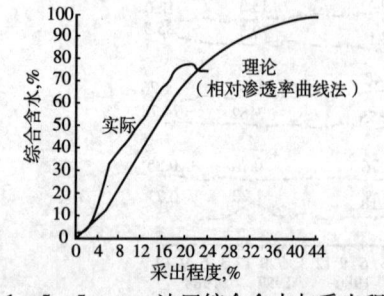

图1-5-2 ××油田年度产量构成曲线

图1-5-3 ××油田水驱特征曲线

$lgW_p=2.928192+0.000166N_p$
$f_W=77.52\%$

$lgW_p=2.221516+0.000300N_p$
$f_W=59.0\%$

图1-5-4 ××油田水淹平面图

| 低水淹 | 中水淹 | 高水淹 | 未水淹 | 砂岩尖灭浅线 |

地层系数,mD　33　　渗透率,mD　30
砂岩厚度,m　2.0　　有效厚度,m　1.1

图1-5-5 ××油田综合含水与采出程度关系曲线

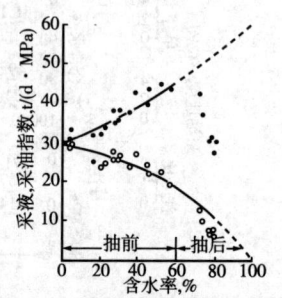

图1-5-6 ××油田采液、采油指数与含水率关系曲线

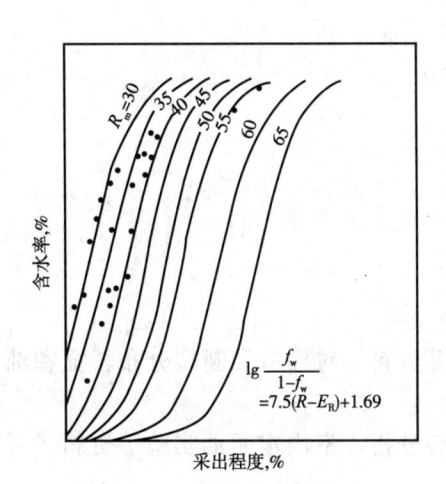

图 1-5-7 含水率与采出程度关系曲线

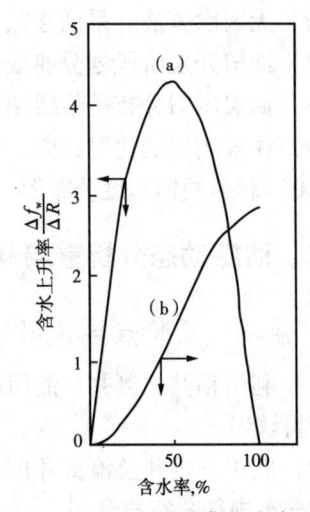

图 1-5-8 水驱油藏含水率变化曲线

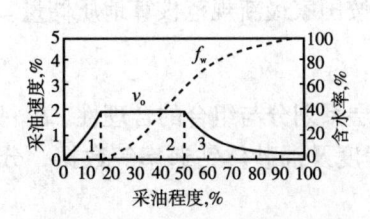

图 1-5-9 油田开发模式图

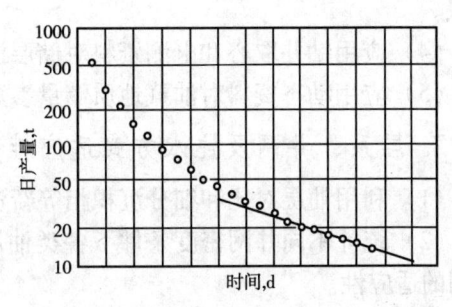

图 1-5-10 指数递减规律曲线

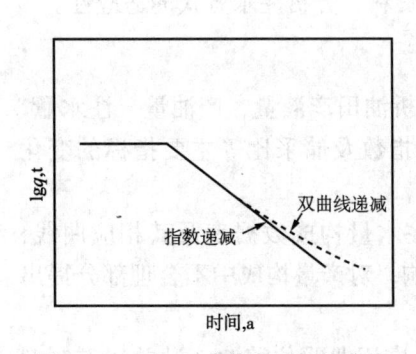

图 1-5-11 双曲线递减规律曲线

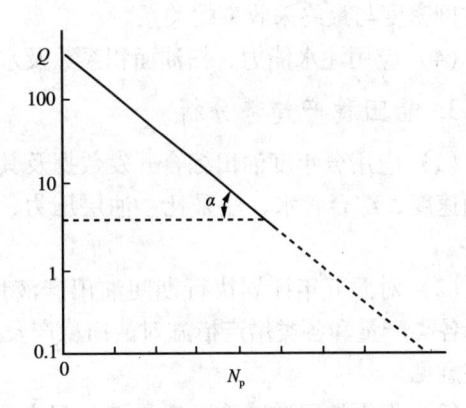

图 1-5-12 递减规律的产量和累计产量关系图

（1）油田年度生产运行数据及其曲线；
（2）油田综合开发数据及其曲线；
（3）油田产量构成数据、曲线或图；
（4）油田递减率对比数据及其曲线；
（5）油田注采压力系统数据及其曲线；

（6）无因次采液、采油指数与含水关系曲线；
（7）油田开发阶段划分曲线；
（8）油层压力分布等值线图；
（9）注采剖面变化对比图；
（10）剩余油饱和度分布图，剩余储量分布图。

二、油藏动态分析重点分析内容

1. 油藏地质特点再认识

（1）利用钻井、测井、油田动态及开发地震等资料，对构造和断裂分布特征和油藏类型进行再认识。

（2）应用开发井及检查井的钻井、测井及岩心分析，室内水驱油实验等资料，对储层性质及分布规律进行再认识。

（3）应用油田动态、不稳定试井及井间干扰实验等资料，对油藏水动力系统进行再认识。

（4）应用钻井取心和电测资料对储层沉积相进行再认识。

（5）应用动态资料对油藏地质储量参数进行再认识，按国家最新规范核算地质储量。

2. 层系、井网及注水方式适应性分析

（1）利用油层对比和细分沉积相等新资料分析各开发层系划分与组合的合理性。

（2）统计不同井网密度条件下各类油层的水驱控制程度及油砂体钻遇率等数据，分析井网的适应性。

（3）依据油层水驱控制程度、油层动用程度、注入水纵向和平面波及系数等资料，分析井网密度与最终采收率的关系。

（4）应用注水能力、扫油面积系数及水驱控制程度等资料，分析注水方式的适应性。

3. 油田稳产趋势分析

（1）应用分年度油田综合开发数据及其相应曲线，分析油田产液量、产油量、注水量、采油速度、综合含水、注采比、油层压力、存水率、水驱指数及储采比等主要指标的变化趋势。

（2）对照五年计划执行期间油田产液量、产油量和注水量构成数据表及其相应曲线，分析各类产量和各类增产措施对油田稳产及控制递减的影响，对产量构成中不合理部分提出调整意见。

（3）根据油田递减阶段产量随时间变化的开发数据，应用曲线位移法、试差法、典型曲线拟合法、水驱曲线法或二元回归分析等方法，分析油田递减规律和递减类型，预测油田产量变化。

4. 油层能量保持与利用状况分析

（1）分析边（底）水水侵速度与压力和压降以及与水侵系数和水侵量大小的关系；对弹性驱、溶解气驱及气顶驱开发的油田，分析相应驱动能量大小及可利用程度。

（2）对于注水开发的油田，分析油田注采比变化与油层压力水平的关系和油藏目前所处开发阶段合理的压力剖面、注水压差和采油压差（或动液面及泵合理沉没度）。

（3）根据油田稳产期限、采油速度、预期采收率及不同开采条件和不同开采阶段的要求，确定油层压力保持的合理界限；分析地层能量利用是否合理，提出改善措施意见。

5. 储量动用及剩余油分布状况分析

（1）分析调整和重大措施（压裂、补孔、改变开采方式、整体调剖、堵水等）前后油藏储量动用状况的变化。

（2）应用不同井网密度下油层连通状况的分类统计资料，分析井网控制程度对储量的动用和剩余油分布的影响。

（3）应用油井和水井的油层连通资料，分析不同密度的注采井网或不同注水方式下水驱控制程度及其变化。

（4）应用注入、产出剖面，C/O 测试，井间剩余油饱和度监测，检查井密闭取心，新钻井的水淹层解释，分层测试及数值模拟等资料，分析注入水纵向及平面的波及和水洗状况，评价储量动用和剩余油分布。

（5）应用常规测井系列，建立岩性、物性、含油性、电性关系图版及公式，确定油层原始油、剩余油及残余油饱和度的数值。利用原始油，剩余油及残余油饱和度（或单储系数）曲线重叠法确定剩余油分布。

（6）对于水驱油田，应用水驱曲线分析水驱动用储量及其变化。

6. 驱油效率分析

（1）应用常规取心和密闭取心岩心含油分析及天然岩心驱油试验等资料，分析不同类型油藏驱油效率。

（2）对于水驱油田，应用驱替曲线及其公式系列对驱油效率进行预测。

（3）应用油藏工程方法计算水驱波及体积、水驱指数及存水率等数据，分析水驱油效率。

7. 油层性质和流体性质变化及其对油田开发效果影响的分析

（1）应用检查密闭取心岩心润湿性测定或油层岩心室内冲刷润湿性定时测定等成果，分析岩石润湿性在油田开发过程中的变化情况，以及对两相渗透率曲线和最终采收率的影响。

（2）应用检查井密闭取心岩心退出效率测试或室内水驱油实验岩样测试的渗透率、孔隙度、滞后毛管压力曲线、电镜扫描和矿物成分等资料，分析油田开发过程中储层孔隙度、孔隙结构、渗透率、黏土矿物成分的变化，以及对油田开发效果的影响。

（3）分析油田开发过程中油、气、水性质变化及其对开发效果的影响。

8. 油田可采储量及采收率分析

（1）油田开发初期及中、后期可采储量的标定按 SY/T 5367—2010 的规定执行。

（2）油田技术可采储量及经济可采储量，根据油田驱动类型分阶段定期标定。

（3）分析下列因素对油田可采储量及采收率的影响：

①油藏物性：渗透率、孔隙度、含油饱和度、油藏面积及形态、储层空间结构、油层多层及非均质性；

②流体性质：原油黏度、体积系数、油层温度等；

③岩石与流体相关的特性：油水过渡带大小、驱动类型、润湿性、孔隙结构特征；

④开采方法及其工艺技术：开采方式、驱动能量、井网密度、压力系统、驱油效率；

⑤经济因素：地理条件、气候条件、原材料及原油价格变化。

(4) 分析油田调整及大型措施前后可采储量的变化，并提出增加可采储量和提高采收率的措施意见。

9. 分析新投产区块和整体综合调整区块的效果

要严格按照新区开发方案各项指标（产油速度、生产压差、注采比），分析检查当年投产的新区块的开发效果。对井网、层系及注采系统综合调整的区块，按开发调整方案规定的指标，分项对比其效果，要用经验公式及水驱特征曲线等，分析调整前后可采储量的采收率的增加幅度，还要按调整井（新井）和老井分别统计分析调整效果。

10. 油田开发经济效益分析

(1) 分析单位产能建设投资、投资效果、投资回收期、投资收益率及成本利润率等指标变化。

(2) 分析不同开发阶段采油成本和措施成本变化及措施成本占采油成本的比例。

(3) 根据油田剩余可采储量、产能建设投资、采油操作费、原油价格及投资回收期等指标，分析油田不同开发阶段井网密度极限和合理的井网密度。

(4) 依据采液指数、生产压差、井网密度、工艺技术水平、地面管网设施及经济界限等因素，分析油田最大产液量。

(5) 依据工艺技术和经济条件，分析油田合理的极限含水率。根据高含水油井产值及能量消耗，确定高含水井关井界限。

(6) 依据油藏驱动类型、采油方式、油水井技术状况及经济条件等因素，分析油藏废弃产量及废弃压力的合理界限。

11. 分析一年来油田开发上突出的重要变化

分析油藏产量的大幅度递减、暴性水淹或套管成片损坏等情况，还要分析开发效果好或差的典型区块。

12. 编写开发一年来的评价意见

总结油田开发重点工作（精细油藏描述、老区产能建设重大开发试验、区块综合治理等）进展情况，用一年来的实际生产资料、理论曲线资料和预测曲线等，进行分析对比，对一年来的开发形势、油藏调整及各种措施效果进行分析评价。在此基础上，要用油藏工程方法和计算机专用程序，对下一年或若干年的开发总趋势进行预测分析，并编制第二年的配产配注意见和生产曲线，同时要根据油藏的开采现状，为完成明年的各项生产任务提出主要的措施意见。

三、阶段开发分析

要根据油田开发过程中所反映出来的问题，进行油藏专题分析研究，为制定不同开发阶段的技术政策界限，进行综合调整，编制开发规划提供依据。

一般情况下，下面三个时期都要进行阶段分析：
(1) 五年计划的末期；
(2) 油田进行大的调整前（包括开采方式的转变）；
(3) 油田稳产阶段结束，开始进入递减阶段。

阶段开发分析，要在年度开发动态分析基础上，着重分析下述内容：

1. 要分析油藏注采系统的适应性

油田在注采开发过程中，从低含水期向高含水期发展，自喷开采向抽油开采转化，对原注采系统的有效性及适应程度要分析研究，并不断进行调整。

2. 要对储量动用状况及潜力进行分析研究

要分析和研究各类油层及其不同部位的动用状况（包括吸水和出油状况）和剩余油的分布，找出平面上和纵向上的潜力。分析现有的驱动方式及驱替剂的适应性，研究进一步提高可采储量和采收率的措施。

3. 对阶段的重大调整和增产措施效果的分析

对开发阶段内所进行的重要调整，如：层系、井网及注采系统的调整，开采方式的调整，配产配注的调整，以及所采取的主要增产措施，如：压裂、酸化、卡堵水、放大压差等进行总结，分析其对增加产量、提高储量动用程度及改善开发效果的作用。

4. 对现有工艺技术适应程度的分析评价

为不断提高各类油层的动用程度，提高注水的波及体积及驱油效率，不断增加可采储量，提高采收率，对现有的注采工艺技术的适应性要进行分析，并要不断开展新的注采工艺技术的试验研究，积极推广新工艺新技术，以适应油田开发的需要。

5. 要分析开发经济效益

在阶段开发分析的基础上，要对开发效果进行经济效益分析，要从阶段内累计产油量、总投资额、采油成本、投资收益率、投资效果及投资回收期等经济指标，对此评价油田开发效果和经济效益。

6. 要对油藏总的潜力进行评价

根据不同地区油藏的开采现况和潜力分布，首先对现井网及工艺条件下所能达到的可采储量和最终采收率，同理论计算和经验公式计算所确定的可采储量和最终采收率对比，分析增加可采储量，提高采收率的潜力；其次要对油藏储量未动用或动用差的状况（包括平面上和纵向上的）进行分析评价；还要在研究不同含水期的油藏最大合理产液量界限的基础上，确定提高产液量的潜力及相应的挖潜措施。

7. 要应用油藏数值模拟预测开发指标

每个阶段必须用数值模拟的方法进行开发历史拟合，预测今后动态的变化趋势，并对主要开发指标绘制出预测曲线。以上分析内容主要适合砂岩油田，其他类型油田参照以上分析内容，结合本油田特点进行动态分析。

四、生产运行曲线

要用生产运行曲线组织生产。

（1）在认真分析油田动态及预测的基础上，考虑改善油田开发状况，结合全年工作安排，编制生产运行曲线。

（2）生产运行预测曲线主要参数要根据"五定"的指标和具体工作安排确定。五定是：定可采储量和最终采收率，定采油速度和稳产时间，定含水上升率和产液量，定压力保持水平和注水量，定主要措施和工作量。

（3）生产运行曲线包括三张曲线图：

①月产量构成曲线。

由三条曲线组成：老井日产水平、措施井日增产水平、新井日产水平。

②月生产综合曲线。

由四条曲线组成：日产油水平、日产液水平、日注水平、综合含水。

③月老井递减曲线。

由两条曲线组成：自然递减曲线、综合递减曲线。

第六节　油田开发阶段分析主要内容

油田开发阶段分析的目的是为了掌握油田开发过程中动态变化的特点及趋势，为制定油田年度生产计划和编制油田开发长远规划提供依据，增加可采储量，提高油田开发水平和总体效益。在五年计划期末和重大开发调整前，必须进行油田开发阶段分析，其主要内容包括：

一、油水井单井动态分析

1. 需要准备的资料

（1）静态资料：井号、开采层位、砂层数据、油层数据、油层物性、油层油气水性质、单井控制储量、断层、裂缝资料等；

（2）生产数据：生产层位、射孔数据、压裂数据、压裂裂缝监测成果、工作制度、油水井综合记录、油水井月度数据、压力资料、液面资料、示功图、作业资料、分层测试资料、系统试井资料等，以及相邻生产井和注水井的有关资料；

（3）曲线：单井采油曲线、注水曲线、电测曲线、吸水剖面曲线、产液剖面曲线、注水指示曲线等；

（4）图和表：油砂体数据表、油砂体平面图、构造井位图、油水井油层连通图、油井生产数据表、注水井生产数据表、油水井措施前后对比表，以及根据动态分析需要绘制的各种数据表及图幅；

（5）工程情况：包括钻井、固井、井身结构、井筒状况、地面流程等资料。

2. 单井动态分析的基本内容

（1）分析生产井的产油量变化情况。

油井日产油量的变化一般有以下三种情况：

①产量平稳型：是指油井在较长时间内，日产油量波动幅度不大，基本稳定在一个水平上。当产量平稳时应及时总结工作制度、合理压差、注采比及管井经验，尽力低渗透其稳产期。

②产量递减型：此时应及时分析变化原因，提出解决问题的措施。

③产量递增型：在未改变工作制度、未射开新层位以及未进行增产措施情况下，油井产量逐渐上升为递增。说明油井已见到注水效果，也说明注入水已向油井推进，如果控制不当，会造成油井过早含水或过早水淹。应及时分析变化原因，提出解决问题的措施。

（2）分析地层压力。

油井压力的高低是反映油井生产能力大小的一个重要指标。地层压力的分析主要包括以下两个方面内容：

①分析目前地层压力、总压差及地饱压差的变化。

现场应定期测地层压力。对于依靠天然能量开发的油田，目前地层压力总是低于原始地层压力。此时要合理使用地层能量，使地层压力不能下降过快过大。如果地层压力降到饱和压力附近时，地层中的油气将分离，使油的渗透率降低，从而降低采收率。因此应确定合理的工作制度，使流压下降尽量缓慢。对于注水开发的油田，目前地层压力往往保持在原始地层压力附近。当总压差为正值时，说明注入量大于采出量，目前地层压力超过了原始地层压力。在这种情况下，应控制注水量，保持注采平衡。当总压差为负值时，说明注入量小于采出量，产生地下亏空，使目前地层压力低于原始地层压力。对于目前地层压力远远低于原始地层压力的井，应该使注采比大于1，使地层压力逐渐恢复到原始地层压力附近。

②分析流动压力、流饱压差、生产压差、套压和油压变化原因。

现场应定期测流动压力。依靠天然能量开发的油田，随着油层压力的下降，流压也将下降。当流压降到低于饱和压力时，油气在井下过早分离，造成气油比上升，油流上升困难，产量下降。因此应及时调整工作制度，使流压下降尽量缓慢。注水开发的油田，由于保持地层压力稳定，流压也就比较稳定。一旦流压发生变化，如流压上升，流压梯度也上升，而油压、套压下降，就可能是油井见水。因为原油见水，使井筒内液柱的密度增加，使流压及梯度上升，井口剩余压力下降。这时应加强含水分析，测试找出出水层位，判断来水方向，调整工作制度和注采关系，尽量延长油田低含水期。

（3）分析油井含水变化，分析水源，分析见水层位。

油井含水率的变化可分为4类：含水稳定、含水上升、含水下降及暴性水淹。根据分析出的变化原因及时采取合理对策。

（4）分析气油比。

气油比反映每采出一吨原油所消耗的气量。注水开发的油田生产气油比不能超过原始气油比太多。若气油比太高，表明地下原油性质发生了变化，流动条件变差。应分析发生变化原因，提出解决办法。

（5）分析水井注水压力及日注水量的变化原因，分析吸水剖面的变化原因，提出合理的调整措施。

二、注采井组动态分析

1. 需要准备的资料

注采井组动态分析是在单井动态分析的基础上，以注水井为中心，分析研究周围油井和注水井之间的注采反应特征。除了准备与注采井组相关的所有油水井的单井动态分析所用的资料之外，还需准备井组生产数据表、注采井组综合开发曲线、示踪剂测试资料、水驱前缘测试资料、井组注采比、油水井之间的排列方式和井距以及油水井连通情况等资料。

2. 注采井组动态分析内容

注采井组动态分析的主要内容是在单井动态分析的基础上，以注水井为中心，联系周围油井和注水井，将注采井组的各项指标进行对比（指所分析某阶段的阶段初与阶段末的各项指标），分析指标变化原因，总结注采井组存在的问题，提出调整措施。对比的内容一般包括：日注水量、日配注量、注水压力、日产液量、日产油量、含水率、动液面、注采比及流体性质等。具体分析研究以下问题：

（1）分析各油井和各小层产量、压力及含水变化的情况和原因；
（2）分析注采平衡，分析水线推进情况；
（3）分析井组连通情况及水驱动用情况；
（4）分析注水是否见效，产量是上升、下降还是稳定；
（5）分析本井组与周围油井及注水井的关系。

通过分析，提出对井组进行合理的动态配产配注，把调整措施落实到井以及落实到层上，力求收到好的效果。

三、油田（区块）生产动态分析

1. 需要准备的资料

（1）油田地质资料，包括如下6项：

①构造井位图、小层平面图、分层岩相图、油层剖面图、连通图和钻井测井图；

②油层物理性质，即孔隙度、渗透率、含油饱和度、原始地层压力、油层温度和泥质含量等；

③油、气、水流体性质，即密度、黏度、含蜡、含硫、凝固点，天然气组分，地层水矿化度，氯离子含量，高压物性资料；

④油水界面和油气界面；

⑤油层有效厚度；

⑥有关油层连通性和非均质性的资料。

（2）油水井生产动态资料，包括油气水产量、压力、井口及井下温度、动液面、含水、气油比、注水量、注水压力、吸水剖面、产出剖面、示踪剂测试资料及水驱前缘测试资料等。这些资料要整理、加工并编绘成曲线。

（3）工程情况，包括钻井、固井、井身结构、井筒状况及地面流程等。

2. 已经历开发阶段的动态特点、演化趋势及开发效果评价

（1）注水状况分析。

①分析注水量、吸水能力变化及其对油田生产形势的影响，提出改善注水状况的有效措施；

②分析分层配水的合理性，不断提高分层注水合格率；

③搞清见水层位及来水方向；

④分析注水见效情况，不断改善注水效果。

（2）油层压力状况分析。

①分析油层压力、流动压力、总压降变化趋势及其对生产的影响。

②分析油层压力与注水量和注采比的关系。不断调整注水量，使油层压力维持在较高的位置上。

③搞清各类油层压力水平，减小层间压力差异，使各类油层充分发挥作用。

（3）含水率变化分析。

①分析综合含水、产水量变化趋势及变化原因，提出控制含水上升的有效措施；

②分析含水上升与注采比、采油速度、总压降等关系，确定其合理界限；

③分析注入水单层突进、平面舌进、边水指进及底水锥进对含水上升的影响。

（4）油田生产能力变化。

①分析油井利用率、生产时率变化及其对油田生产的影响；

②分析自然递减率变化及其对油田生产能力的影响；

③分析投产区块及调整区块对生产能力的影响。

3. 油藏地质特点的再认识

（1）利用钻井、测井及油田动态等资料，对构造和油藏类型再认识。

（2）应用开发井及检查井的钻井和测井岩心分析以及室内水驱油实验等资料，对储层性质及分布规律再认识。

（3）应用油田动态、不稳定试井及井间干扰试井等资料，对油藏水动力系统进行再认识。

（4）应用钻井取心和电测资料对储层沉积相再认识。

（5）应用动态资料对油藏地质储量参数再认识，核算地质储量。

4. 开发层系、井网及注采系统适应性分析

（1）利用油层对比及细分沉积相等资料分析各开发层系划分与组合的合理性。

（2）统计不同井网密度条件下各类油层的水驱控制程度，油砂体钻遇率，分析井网的适应性。

（3）依据油层水驱控制程度，油层动用程度，注入水纵向和平面波及系数等资料，分析井网密度与最终采收率的关系。

（4）应用注水能力，扫油面积系数，水驱控制程度等资料，分析注水方式的适应性。

反九点系统的注水量：

$$i = \frac{(0.1178 KK_{ro} h \Delta p_{ic})}{\mu_o [(1+R)/(2+R)] \times (\ln(d/r_w) - 0.1183]} \quad (1-5-2)$$

式中　Δp_{ic}——注水井与角井的流压差；
　　　R——角井与边井的产量比；
　　　μ_o——油的黏度；
　　　K_{ro}——油的相对渗透率；
　　　K——岩石的绝对渗透率；
　　　h——油层厚度；
　　　d——油井到水井距离；
　　　r_w——水驱半径。

5. 油层性质、流体性质变化及其对油田开发效果影响的分析

（1）应用检查密闭取心岩心润湿性测定或油层岩心室内冲刷润湿性定时测定等成果，分析岩石润湿性在油田开发过程中的变化情况，以及对两相渗透率曲线和最终采收率的影响。

（2）应用检查井密闭取心岩心退出效率测试或室内水驱油实验岩样测试的渗透率、孔隙度、滞后毛管压力曲线、电镜扫描和矿物成分等资料，分析油田开发过程中储层孔隙度、孔隙结构、渗透率和黏土矿物成分的变化，以及对油田开发效果的影响。

（3）分析油田开发过程中油、气、水性质变化及其对开发效果的影响。

6. 储量动用和剩余油分布状况分析及油藏潜力评价

（1）分析调整及重大措施（压裂、补孔、改变开采方式、整体调剖、堵水等）前后油藏储量动用状况的变化。

（2）应用不同井网密度下油层连通状况的分类统计，分析井网控制程度对储量的动用和剩余油分布的影响。

（3）应用油井和水井的油层连通资料，分析不同密度的注采井网或不同注水方式下水驱控制程度及其变化。

（4）应用注入、产出剖面，C/O测试，井间剩余油饱和度监测，检查密闭取心，新钻井的水淹层解释，分层测试，数值模拟等资料，分析注入水纵向及平面的波及和水洗状况，评价储量动用和剩余油分布。

（5）应用常规测井系列，建立岩性、物性、含油性、电性关系图版及公式，确定油层原始油、剩余油、残余油饱和度的数值。利用原始油、剩余油、残余油饱和度（或单储系数）曲线重叠法确定剩余油分布。

（6）对于水驱油田，应用水驱曲线分析水驱动用储量及其变化。

7. 油田可采储量及采收率

（1）油田开发初期及中后期可采储量的标定按 SY/T 5367—2010 的规定执行。

（2）油田技术可采储量及经济可采储量，根据水驱动类型分阶段定期标定。

（3）分析下列因素对油田可采储量及采收率的影响。

①油藏物性：渗透率、孔隙度、含油饱和度、油藏面积及形态、储层空间结构、油层多层及均质性；

②流体性质：原油黏度、体积系数、油层温度等；

③岩石与流体相关的特性：油水过渡带大小、驱动类型、润湿性、孔隙结构特征；

④开采方法及其工艺技术：开采方式、驱动能量、井网密度、压力系统、驱油效率；

⑤经济因素：地理条件、气候条件、原材料及原油价格变化。

（4）分析油田调整及大型措施前后可采储量的变化，并提出增加可采储量和提高采收率的措施意见。

8. 开发经济效益分析

（1）分析单位产能建设投资、投资效果、投资回收期、投资收益率及成本利润率等指标变化。

（2）分析不同开发阶段采油成本和措施成本变化及措施成本占采油成本的比例。

（3）根据油田剩余可采储量、产能建设投资、采油操作费、原油价格及投资回收期等指标，分析油田不同开发阶段井网密度极限和合理的井网密度。

（4）依据采液指数、生产压差、井网密度、工艺技术水平、地面管网设施及经济界限等因素分析油田最大产液量。

（5）依据工艺技术和经济条件，分析油田合理的极限含水率。根据高含水油井产值及能量消耗，确定高含水井关井界限。

（6）依据油藏驱动类型、采油方式、油水井技术状况及经济条件等因素，分析油藏废弃产量及废弃压力的合理界限。

9. 油藏稳产趋势分析

（1）根据油田递减阶段产量随时间变化的开发数据，应用曲线位移法、典型曲线拟合法、水驱曲线法或二元回归分析等方法，分析油田递减规律，预测油田产量变化。

（2）对照五年计划执行期间油田产液量、产油量和注水量构成数据表及其相应曲线，分析各类产量和各类增产措施对油田稳产及控制递减的影响，对产量构成中不合理部分提出修改意见。

（3）根据分年度油田综合开发数据及其相应曲线，分析油田产液量、产油量、注水量、采油速度、综合含水、注采比、油层压力、含水率、水驱指数及储采比等主要指标的变化趋势。

根据注采平衡原理，投产初期注水井日配注量公式为：

$$Q_w = (1000MN_oQ_o) \times (B_o/B_w) \times [S_w/(1-S_w)]/N_w\rho_o \quad (1-5-3)$$

式中 Q_w——注水井日配注量，m^3/d；

M——注采比；

N_o——采油井数；

Q_o——采油井日采油量，t/d；

B_o——原油体积系数；

B_w——水的体积系数；

S_w——采油井初期含水率；

N_w——注水井数；

ρ_o——地面原油的密度，kg/m^3。

10. 驱油效率分析

（1）应用常规取心和密闭取心岩心含油分析及天然岩心驱油试验等资料，分析不同类型油藏驱油效率。

（2）对于水驱油田，应用驱替曲线及其公式系统对驱油效率进行预测。

（3）应用油藏工程方法计算水驱波及体积、水驱指数及含水率等数据，分析水驱油效率。

11. 油藏能量保持与利用状况分析

（1）分析边水和底水水侵速度与压力和压降以及水侵系数和水侵量的大小的关系；对弹性驱和溶解气驱，分析相应驱动能量大小及可利用程度。

（2）对于注水开发的油田，分析油田注采比变化与油层压力水平的关系和油藏目前所处开发阶段合理的压力剖面，注水压差和采油压差（或动液面及泵合理沉没度）。

（3）根据油田稳产期限、采油速度、预期采收率及不同开采条件和不同开采阶段的要求，确定油层压力保持的合理界限；分析地层能量是否合理，提出改善措施意见。

第七节　生产能力核定及产能核销的基本原则与审批程序

在油田开发过程中，要根据油田生产动态的变化，适时核定生产能力，对应核减的生产能力要及时核销。油田原油生产能力的核销必须要有论证，每年进行一次，并报低渗透油田股份有限公司审批。产能核销的基本原则为：

（1）油田建设期及投产三年内未进行后评估不予核销生产能力。

（2）新油田投产后，油藏条件与开发方案设计均无重大变化，而未达到开发方案指标的油田不予核销生产能力，应分析原因，落实改善开发效果的措施。

（3）确因油藏地质条件复杂，开发方案设计时对油藏和产能认识不够清楚而造成方案实施效果差，开发指标确实达不到方案要求的油田，须经评估审核后，按照实际生产能力进行核销。

（4）老油田进入递减阶段后，可根据油田的递减规律，结合油田产量综合递减率分析，逐年核销生产能力。

第八节　报废井的申报内容及审批程序

一、报废井的申报内容

由于地质或工程原因，开发井已不能维持油气生产或达到经济极限产量的，要申请报废。各类井的报废要填写申请报告，详述报废原因。

经济极限产量是指油井在目前技术及经济条件下，达到投入产出平衡时的产油量。对于已投产的油井，无论能否收回初期投资，只要经营活动产生的现金流量大于零，则油井就具有继续开采的价值，因此，油井的经济极限产量与经营活动产生的现金流量有关，是油井经营活动产生现金流量表中年度现金流等于零时刻的产油量。

经济极限产量计算公式：
$$Q_{OD} = Q_L(1 - f_{WD}) = Q_L C_1 + C_2 N_J \quad (1-5-4)$$
单井经济极限产量计算公式：
$$Q_{OJ} = Q_{LJ} C_1 + C_2 \quad (1-5-5)$$

式中 f_{WD}——经济极限含水，%；

C_1、C_2——与经济参数有关的常量；

Q_{OD}——经济极限产量，10^4 t/a；

Q_{OJ}——单井经济极限产量，10^4 t/a；

Q_{LJ}——单井产液量，10^4 t/a。

二、报废井审批程序

（1）油井和水井的报废要严格审查，首先要考虑井的综合利用，如改变井别或地热利用等。

（2）确无利用价值的井方可申请报废，由各个采油厂预审，报低渗透油田股份有限公司业务主管部门审批。

（3）在勘探、评价及开发过程中，落空井及废弃井等报废井，必须全部井段水泥封固，封固质量良好。

（4）井报废后必须进行弃置处理，做好健康、安全与环境工作。

第九节 开发调整应达到指标

在油田开发过程中，通过开发调整，使各类油藏应达到以下指标：

（1）水驱储量控制程度。

①中高渗透油藏（空气渗透率大于50mD）一般要达到80%，特高含水期达到90%以上；

②低渗透油藏（空气渗透率小于50mD）达到70%以上。

（2）水驱储量动用程度。

①中高渗透油藏一般要达到70%，特高含水期达到80%以上；

②低渗透油藏达到60%以上。

（3）可采储量采出程度。

①中高渗透油藏低含水期末达到15%~20%，中含水期末达到30%~40%，高含水期末达到70%左右，特高含水期再采出可采储量30%左右；

②低渗透油藏低含水期末达到20%~30%，中含水期末达到50%~60%，高含水期末达到80%以上。

（4）采收率。

①中高渗透率砂岩油藏采收率不低于35%；

②低渗透率油藏采收率不低于25%；

③特低渗透率油藏（空气渗透率小于10mD）采收率不低于20%。

第十节　油藏工程中长期规划及年度计划编制要求

（1）油藏工程中长期规划及年度计划是油田开发中长期发展规划和年度生产计划的基础，要以低渗透油田股份有限公司长期发展规划和年度计划为依据进行编制。

（2）油藏工程中长期规划编制，应以阶段性开发动态分析为基础。主要包括潜力分析、分年度产能及措施工作量安排、产量及开发指标预测、经济效益评价与风险分析。

（3）年度计划主要内容包括：年度产量安排、产能建设安排、措施工作量安排、主要开发指标安排、现场试验和油藏动态监测安排。

（4）油藏工程中长期规划及年度计划要在低渗透油田股份公司统一组织下，由各个采油厂编制报低渗透油田股份公司审批。

第十一节　各种方案、动态监测资料、开发数据、报告和图件归档管理工作

（1）要重视油藏工程管理中各项资料的管理工作。

（2）根据低渗透油田股份有限公司有关档案管理规定制定相应管理办法，做好各种方案、动态监测资料、开发数据、报告和图件及岩心的归档管理工作。

（3）特别要做好涉及国家和低渗透油田股份有限公司商业秘密的规划计划、开发部署、科技成果、储量和财务数据等资料的保密工作。

（4）集中统一保管好资料，维护资料的完整，发挥资料的作用，为经济建设服务。

（5）保管人员按资料交接清单，做到帐、物、卡相符，整理质量符合要求。

（6）资料归档后按低渗透油田股份有限公司颁布标准，柜架分组排放，由上到下，由外向里，由左到右按照保管号依次排放。

（7）已归档资料，经常检查有无丢失、磨损、发潮和虫蚀等现象。否则要及时采取补救措施，延长低渗透资料使用寿命。

（8）资料库要经常保持卫生，做到室内清洁、美观，空气流通，每月全面清扫一次。

第十二节　注　解

（1）存水率：

未采出的累计注水量与累计注水量比值，也叫净注率。它是衡量注入水利用率的指标，存水率越高，注入水的利用率越高。计算公式为：

$$w_f = \frac{w_i - w_p}{w_i} \times 100\% \qquad (1-5-6)$$

式中　w_f——存水率，%；

w_i——累计注水量，m^3；
w_p——累计产水量，m^3。

（2）注采比：

注入剂的地下体积与采出物的地下体积之比。

（3）扫油面积系数：

单层井组水淹面积与该层井组控制面积之比。是衡量油层平面水淹状况的指标，扫油面积系数愈大，采收率愈高。

（4）累计注水量，累计产水量：

从开始注水到目前为止注入油层的总水量称累计注水量，从油层中采出的总水量称累计产水量。也可以表示某一阶段注入油层的总水量。

第六章 二次采油提高采收率

第一节 改善二次采油提高采收率主要内容

（1）油田开发调整；
（2）区块治理措施搞清剩余油分布；
（3）完善注采系统，改变液流方向，尽可能扩大注入水波及体积；
（4）采用先进的堵水及调驱技术，减少低效和无效水循环，提高注水利用率；
（5）采用水平井及侧钻井等复杂结构井技术，在剩余油富集区打"高效调整井"，提高水驱采收率等。

第二节 油田开发调整的时机确定

发现由于原开发方案设计不符合油藏实际情况，开发层系、井网及注采系统不适应开发阶段变化的需要，导致井网对储量控制程度低，注采关系不协调，开发指标明显变差并与原开发方案设计指标存在较大差距时，应及时进行油田开发调整。调整前，要录取好所需的资料，开展专题研究和必要的先导性试验，编制开发调整方案。

第三节 开发调整原则

（1）调整后能获得较高经济效益，即少投入，多产出；
（2）调整后能提高油田可采储量和最终采收率，充分、合理地利用国家天然资源；

(3) 调整后可缓解油田目前开采中的矛盾,改善油田开发效果和提高管理水平;
(4) 调整后的开发部署与原井网油水井相协调;
(5) 调整的对象应具有供调整的物质基础和调整条件。

第四节 开发调整方案编制主要内容

(1) 分析油藏分层工作状况,评价开发效果。
(2) 利用开采历史资料,对地质模型进行再认识和修改,描述各类油砂体的厚度分布。
(3) 提高储量动用,逐步完善和形成保持油藏稳产的注采系统和压力系统。
(4) 油藏数值模拟拟合开采过程和预测开发效果,与钻采工程及地面工程设计相结合,整体优化,确保推荐方案技术经济指标的先进性。
(5) 经济技术指标的计算和分析,优选方案。
①主要开发指标分析;
②层系、注采井网及开发方式适应性分析;
③采收率及可采储量计算;
④存在的主要问题及潜力分析;
当流速小于 5dm/mPa·s 时,最终采收率与井网密度的经验公式为:

$$E_R = 0.4015e^{-0.10148S} \quad (1-6-1)$$

式中 E_R——采收率,%;
S——井网密度,口/km²。
⑤极限井网密度(图1-6-1)。

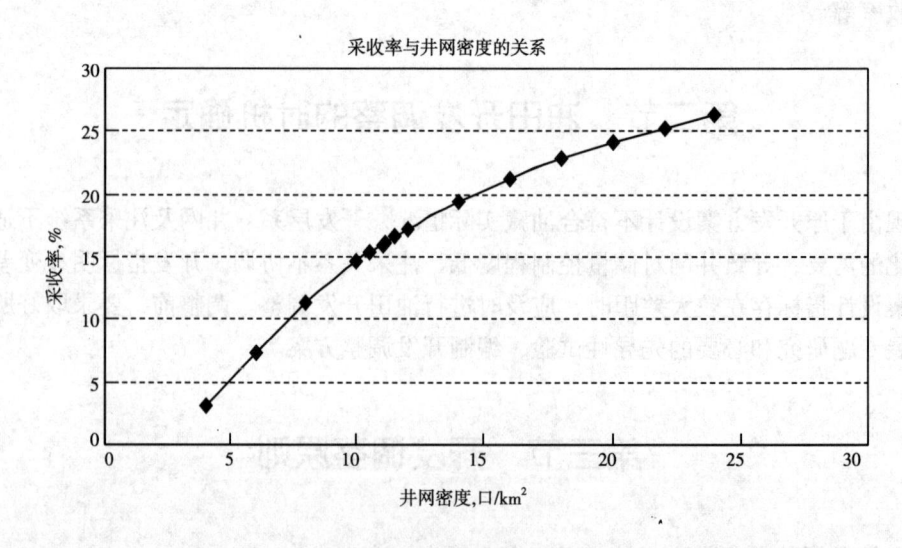

图1-6-1 长庆油田某区块采收率与井网密度关系

根据在开发评价期内单位面积总投资和盈利持平的原理,可得到经济极限井网密度计算公式:

$$f_{\min} = \frac{d_o \cdot (p_o - p_{co}) \cdot N_A \cdot E_R}{(ID + IB)(1 + R)^{T/2}} \quad (1-6-2)$$

式中 $f_{\min}$——经济极限井网密度,口/km²;
N_A——储量丰度,10^4 t/km²;
E_R——原油采收率,小数;
R——投资贷款利率,小数;
d_o——原油商品率,小数;
p_o——原油售价,元/t;
p_{co}——原油操作成本,元/t;
ID——平均单井钻井投资,万元/口;
IB——平均单井地面建设投资,万元/口;
T——井投入开发评价年限,a。

(6) 开发调整方案部署。

调整目的及调整对象选择,开发调整原则,层系及井网调整方案部署。主要包括对钻井、测井、固井及完井提出质量要求,投产程序及监测系统部署等。

①开发调整层系的划分和组合。

a. 各开发层系应具有一定的可采储量,以保证调整井具有经济效益。

b. 在满足各套层系具有经济效益的条件下,控制单井射开油层数、油层厚度和渗透率级差,减小层间干扰。

c. 将油水边界、压力系统、油层沉积类型和原油性质比较接近的油层组合在一套开发层系内。

d. 要求各调整层系间有良好的隔层。

②调整井井距的确定。

a. 确保具有经济效益的单井控制可采储量。

b. 注采井距要适应油层分布特点,使水驱控制程度达到80%以上。

c. 注采井距要适应油层的渗流条件,使储量动用程度达到70%以上。

d. 能控制开发调整区的产量递减或提高采油速度。

e. 调整井的布置要考虑为后期的进一步调整留有余地。

③调整井网注水方式的确定。

a. 研究各种注水方式对砂体分布特征的适应性,保证有完整的注采关系,要求做到多层多向得到水驱。

b. 研究采液指数与吸水指数的变化趋势。

c. 压力水平和不断提高采液量的需要。

④方案优选。

确保合理的注采井数比,使注采系统能满足保持油层在部署调整方案时,至少提出三种方案,并应用数值模拟和经济分析方法进行指标对比,或应用"油田开发总体设计最优控制法"进行井网的优选，确定最佳方案作为推荐方案。按推荐方案提供调整井的设计井位及坐标。

（7）保证调整方案实施效果的方案实施要求。

油田开发调整方案实施后，要按要求取全取准各项动态监测资料，及时分析调整后的动态变化，并进行数值模拟跟踪拟合预测。年度要对调整效果进行全面分析评价，发现动态变化与原方案预测结果差异较大时，应尽快搞清原因，提出进一步整改调整意见。

第五节　油田开发调整方案实施后，评价和考核的主要指标

油田开发调整方案实施后，评价和考核的主要指标有：
（1）单井初期日产量符合率：　　≥80%；
（2）单井初期含水符合率：　　　≥80%；
（3）产能到位率：　　　　　　　≥90%；
（4）新增可采储量预测误差：　　≤10%。

第六节　零散调整井的布井原则

（1）在原开发井网下，为完善注采系统或单井挖潜需打的零散调整井，应以增加可采储量为原则。

（2）一个区块内有3口（含3口）以上的调整井，要做简要调整方案；一个区块内有2口（含2口）以上的调整井，需要有单井设计。

（3）单井设计必须论证调整效果，并进行经济评价，达到低渗透油田股份有限公司目标收益的项目，方可列入零散井计划。

第七节　区块治理的主要内容

区块治理是除打调整井以外，所有提高水驱采收率的油藏工程和采油工艺措施。要以年度动态分析和精细油藏描述成果为基础，以先进的工艺技术为手段，编制区块治理方案。其主要内容包括：

（1）动态分析及效果评价，要以井组为单元进行动态分析（井组注采完善程度、油层动用状况、油层能量保持及利用状况等）。

（2）区块主要开发指标（产量、采油速度、地层压力、储量动用程度、含水等）变化，存在的主要问题及潜力。

（3）综合治理方案部署。

①主要治理工作部署及措施工作量；
②开发指标预测；
③经济效益评价；
④实施进度安排。

第八节　油田开发调整方案报告编写要求

油田开发调整方案报告主要内容及要求：
（1）调整区开发简史。
①调整区原方案设计要点介绍；
②历次调整介绍；
③开发现状。
（2）调整区地质特征。
①调整区地质概况；
②调整区地质再认识。
（3）开发调整依据。
①调整区目前存在的问题；
②调整区目前剩余油分布特征；
③调整区调整对象的特征；
④调整的可行性。
（4）调整井网的部署。
①调整的原则、方法和对象；
②开发层系、井网和注水方式；
③调整井井号命名的说明。
（5）调整效果的预测。
①调整区开发指标预测；
②调整区经济指标预测；
③调整前后开发效果对比。
（6）调整方案的实施要求。
①实施钻井要求；
②完井质量要求；
③测井系列要求；
④调整井投产工艺技术要求；
⑤采油工程设备要求；
⑥动态监测系统部署要求；
⑦地面工程建设要求。

第九节　油田开发调整方案基本附图及附表

油田开发调整方案基本附图及附表：
（1）附图：
①调整区位置分布图；
②调整区构造井位图；
③储层综合柱状图，
④不同沉积类型油层小层平面图；
⑤主要井排油层剖面图；
⑥密闭取心井水淹状况柱状图；
⑦剩余油分布图；
⑧隔层分布图；
⑨油层压力分布图；
⑩井况分布图；
⑪调整井布井示意图；
⑫数值模拟计算地质模型示意图。
（2）曲线：
①原井网综合开采曲线；
②各开发层系采出程度与含水关系曲线；
③水驱特征曲线；
④不出油厚度与射开油层数及射开油层厚度；
⑤含水与采液指数、采油指数、含水上升率；
⑥增产措施效果变化曲线；
⑦不同油层相对渗透率曲线，毛管压力曲线；
⑧调整方案开发指标预测曲线。
（3）基本附表应能反映出下列内容：
原方案井网要素、调整区目前开发指标、分层吸水和出油状况、密闭取心井油层水淹状况、调整前后水驱控制程度、油层层组划分结果、油田储量复算情况、流体性质、储层特征、剩余油分类和数量、调整井目的层预测厚度、调整井的产能、调整方案的逐年开发指标和经济指标以及调整方案实施安排等。

第十节　油田开发调整方案审批程序

油田开发调整方案审批程序与油田开发方案相同。油田开发调整方案由各采油厂组织编制和预审，报低渗透油田股份有限公司审批后，纳入年度生产计划。

第七章　三次采油提高采收率

第一节　三次采油提高原油采收率方法筛选依据

三次采油提高原油采收率方法筛选的任务是针对油藏条件对三次采油方法进行评价优选。主要内容包括：

（1）对油藏的地质特征及流体性质进行评价，搞清油层的非均质性、原油和地层水的性质、油层温度及矿化度等。

（2）对油田的水驱开发状况进行详尽分析和开发效果评价，搞清剩余油分布，水驱前后油层物性的变化等。

（3）依据对多种提高采收率方法的机理分析、油藏具体条件适应性研究及化学剂来源，优选出最适合该油田的提高采收率方法。

第二节　三次采油室内实验

三次采油提高采收率的室内实验，是指在三次采油方法筛选的基础上，针对油藏条件开展的室内驱油机理研究、优化驱油体系配方实验、物理模拟驱油实验等，利用数值模拟技术，结合物理模拟结果，进行所筛选方法的驱油机理及配方优化等模拟研究，提出可行性研究报告（表1-7-1）。

表1-7-1　建议的三次采油方法筛选标准

	三次采油方法	蒸汽驱	层内燃烧	烃混相	CO_2混相	表面活性剂	聚合物水驱	碱水驱
原油	黏度，mPa·s	>50	>20	<5	10	<20	<100	<100
	相对密度	>0.9	>0.83	<0.87	<0.87	—	<0.95	<0.95
	酸值，mgKOH/g	—	—	—	—	—	—	>0.2
	矿化物，mg/L	—	—	—	—	<5000	<100000	—
地层水	硬度，mg/L	—	—	—	—	<1000	<1000	<100
	饱和度，%	<50	<65	<60	<60	<75	<50	<60
	深度，m	65~1500	150~1500	>1500	>1000	—	—	—
	温度，℃	—	—	—	<120	<90	<90	<90

续表

三次采油方法		蒸汽驱	层内燃烧	烃混相	CO_2混相	表面活性剂	聚合物水驱	碱水驱
储油层	含油孔隙度，Φs_0	>0.1	>0.1	>0.05	>0.05	—	—	—
	有效厚度，m	>6	3~15	<15	3~15	—	—	—
	渗透率 mD	>100	>100	>5	>5	>50	>50	>50
	渗透率变异系数	—	—	—	—	<0.75	>0.6	—

第三节　三次采油方法先导性矿场试验要求

对有应用前景的三次采油方法应进行先导性矿场试验。

（1）选择的试验区的油藏条件和开发状况应具有代表性，并有一定面积和生产规模，使试验所取得的资料具有指导性。

（2）要求在地质及生产条件相对独立的开发单元内进行试验，要使外界影响减小到最低程度，保证试验结果具有真实性。

（3）要考虑交通方便，位置适中，有利地面建设等条件，以促进试验顺利通过。

第四节　三次采油方法工业性矿场试验要求

试验区的井网井距、层系组合和注入方式要达到工业化推广应用的标准，并要有较多的井数，以利于工业化效果评价。三次采油工业性矿场试验是在先导性矿场试验成功的基础上开展的多井组工业性矿场试验。试验区的井网井距、层系组合和注入方式要达到工业化推广应用的标准，并要有较多的井数，以利于工业化效果评价。

第五节　三次采油方法工业化推广方案编制内容

三次采油方法工业化推广是一项系统工程，必须做到精心设计、精细施工、精细管理。工业化推广方案编制的主要内容应包括：

一、油藏描述

（1）概况；

概述油田或区块的地理位置、油藏构造形态、油藏圈闭类型与分布范围、油气地质储量和可采储量；

（2）细分沉积相研究；

(3) 储层物性;
(4) 储层非均质性;
(5) 储层孔隙结构;
(6) 流体性质。
①描述地面原油密度、黏度、酸值、凝固点、闪点、含蜡量、烃、非烃、沥青质及 PVT 参数;研究原油的流变特性;
②描述天然气相对密度、组分及含量;
③描述地层水、注入水及采出水的水型、硬度、pH 值、矿化度及细菌含量等。

二、水驱开发状况分析

1. 区块基本情况

描述区块投入开发时间、方式及井下技术状况。

2. 开采现状分析

1) 注入能力

分析单井及区块的注入量、注入压力、注采比、吸水强度、吸水指数及其变化规律;研究油层吸水剖面、分层吸水能力及其变化规律。

2) 产液能力

分析单井及区块的日产液量、日产油量、累计产液、累计产油、含水率及其变化、地层压力、流动压力状况;分层的产量、含水及压力状况;产液强度及产液指数、产液剖面、分层产液能力及其变化。

3) 注采井间连通状况

利用干扰试井、井间示踪技术、地层测试及生产动态资料,分析往来井间连通状况、流体运动规律、波及体积及油层非均质性。

4) 剩余油分布

利用新钻井水淹层测井解释资料、密闭取心检查井岩心分析资料、生产测试资料及数值模拟方法等,研究分析油层水驱动用状况及剩余油分布;搞清油层的水淹特点、剩余油成因及类型,做出油层纵向上和平面上水淹状况及剩余油分布图。

5) 水驱效率

三、化学驱方法筛选及效果评价

1. 化学驱方法初筛选

把具体区块的主要油层参数与提高油田采收率方法的筛选标准相对照,能满足筛选标准的方法,初步定为适合该区块的化学驱方法。进行化学驱方法筛选还应考虑剩余油成因及其存在形式,以确定最适合的化学驱方法。

2. 效果预测

(1) 用提高采收率预测模型分别列所选化学驱方法进行驱油效果预测。
(2) 按下列要求建立地质模型。
①地质模型应模拟到小层;

②输入油层深度、有效厚度、孔隙度、渗透率、束缚水饱和度、残余油饱和度、油水相对渗透率曲线；

③输入井网面积、注采速度、注采井数、注入驱油段塞组成、特性参数及用量；

（3）进行水驱历史拟合，主要拟合对应开采年限下的采出程度及综合含水，并获得采用化学驱方法的初始条件。

参数调整应遵循下列要求：

①油层孔隙度、渗透率、油水饱和度调整应符合地质特征；

②调整后的相对渗透率曲线不能改变原来的基本特征；

③渗透率变异系数调整幅度小于0.1；

④在水驱历史拟合的基础上进行水驱效果预测，预测的水驱最终采收率应与标定相符。

⑤在水驱历史拟合的基础上进行化学驱方法效果预测，用综合含水95%及98%时的开采指标与水驱预测结果进行对比，主要指标为：

a. 总增产油量、阶段增产油量；

b. 提高采收率幅度；

c. 每吨油耗水量；

d. 化学剂利用率（增产吨油所需化学剂费用）；

e. 阶段采油速度。

3. 经济可行性评价

（1）输入经济评价用参数，包括各种化学剂及油气价格、生产成本、投资、税收、折旧费。

（2）利用经济评价软件，采用增量分析法对化学驱效果进行经济评价。分析化学驱项目比水驱项目所增加的那部分油产量的销售收入和需要增加的投资及成本费用，计算并分析其增量效益和增量评价指标。

（3）经济可行性评价主要指标如下：

①税后财务内部收益率大于12%为可行；

②税后财务净现值大于零为可行；

③税后的投资回收期小于6年为可行。

4. 优选最佳化学驱方法

根据上述技术评价和经济评价结果，结合当前的工艺技术及原料来源等条件进行综合分析开采指标好、增油潜力大和经济效益高的方法为最佳化学驱方法，并用于矿场试验。

四、可行性报告编写

1. 报告文字内容

（1）概况；

（2）油藏描述；

（3）水驱开发状况分析；

（4）化学驱方法筛选及效果评价；

（5）经济可行性评价；

（6）最佳化学驱方法确定；

（7）下步工作建议。
2. 报告的主要图件
（1）构造井位图；
（2）油藏描述有关图件；
（3）水驱开发状况有关图件；
（4）化学驱效果预测有关图件；
（5）经济评价敏感性分析图；
（6）敏感性分析图。

第六节　动态跟踪分析及调整工作主要内容

做好动态跟踪分析及调整工作。主要内容包括：
（1）对剖面非均质性严重的注入井（存在高渗透条带和大孔道）及时进行深部调剖。
（2）根据注入剖面资料，对层间差异大的井及时进行分层注入。
（3）对注采能力低的井，及时采取改造措施，提高注采能力。
（4）根据平面上各井点含水、产液量和化学剂采出浓度的不均衡状况，调整各井组注入浓度和注入速度，尽可能减小井组间的差异。

第七节　先导性及工业性矿场试验和工业化推广应用项目审查审批程序

（1）三次采油先导性矿场试验方案、工业性矿场试验方案及工业化推广方案实施，必须严格按照方案设计要求进行，加强方案实施过程中的监督和管理。对注入剂的质量和注入参数进行监测和控制，以保证注入质量。
（2）凡是列入低渗透油田股份有限公司生产及科技项目管理的三次采油先导性矿场试验、工业性矿场试验和工业化推广应用项目，必须严格方案审查程序，报低渗透油田股份有限公司审批后方可实施。

第八章　健康、安全、环境（HSE）管理规定

第一节　总体原则

（1）油田开发全过程必须实行健康、安全与环境体系（HSE）管理。贯彻"安全第一、

预防为主"的安全生产方针，从源头控制健康、安全与环境的风险，做到健康、安全、环境保护设施与主体工程同时设计，同时施工，同时投产。

（2）遵守作业者有关健康、安全与环境保护的规定。

（3）维护健康，创造安全舒适的生产和生活环境。

（4）HSE 管理坚持"以人为本、预防为主、防治结合"原则。

（5）建立管理机构是实施 HSE 管理工作的组织保障，建立监督、检查、评审制度。

（6）将 HSE 管理工作贯穿于整个钻采作业施工过程中，使风险减至最低程度。

第二节 健康与安全

（1）油田开发应贯彻执行《安全生产法》、《职业病防治法》、《消防法》、《道路交通安全法》、《环境保护法》等法律。预防、控制和消除职业危害，保护员工健康。落实安全生产责任制和环境保护责任制，杜绝重特大事故的发生。针对可能影响社会公共安全的项目，制定切实可行的安全预防措施，加强与地方政府的沟通，并对公众进行必要的宣传教育。

（2）按照国家职业卫生法规和标准的要求，定期监测工作场所职业危害因素。按规定对劳动卫生防护设施效果进行鉴定和评价。对从事接触职业危害作业的岗位和员工，要配备符合国家卫生标准的防护设备或防护措施，定期进行职业健康监护，建立《职业卫生档案》。

（3）按照国家规定开展劳动安全卫生评价和环境影响评价，实行全员安全生产合同和承包商安全生产合同管理。严格执行安全生产操作规程；对工业动火、动土、高空作业和进入有限空间等施工作业，必须严格执行有关作业安全许可制度。

（4）新技术推广和重大技术改造项目必须考虑健康、安全与环境因素，要事先进行论证及实验。对于有可能造成较大危害的项目，要有针对性地制定风险削减措施和事故预防措施，严格控制使用范围。

（5）经常进行宣传、教育与培训，包括员工的健康、安全与环境意识培养，提高专业技能和自救互助水平。

（6）进行危害与影响的评价与风险管理，应采取风险削减措施，包括预防事故、控制事故、降低事故的影响以及善后措施部分。

（7）职业病防护措施与医治制度。

（8）制定切实可行和符合现场实际的事故应急预案，各类安全警示标识规范齐全，撤离及逃生路线明确，并要开展经常性的事故应急救援演练活动。

（9）施工现场坚实、平整、清洁、无积水，便于行人和车辆出入，平面布置符合消防、安全与环保要求。

（10）为作业者提供必要的劳动防护用品等物质资源和技术资源，现场作业机械及设备安装牢固，材料和器材摆放整齐，电器线路符合防火防爆要求。

第三节　环境管理

（1）对危险化学品（民用爆炸品、易燃物品、有毒物品、腐蚀物品等）及放射性物品和微生物制品的采购、运输、储存、使用和废弃，必须按国家有关规定进行，并办理审批手续。

（2）针对可能的安全生产事故、环境污染事故、自然灾害和恐怖破坏须制定应急处理预案，定期训练演习。应急预案应该保证能够有准备、有步骤及合理有序地处理事故，有效地控制损失。

（3）健全环境保护制度，完善环境监测体系。油田开发要推行"清洁生产"，做到污染物达标排放，防止破坏生态环境。油田废弃要妥善处理可能的隐患，恢复地貌。

①挖好排污渠及钻井液池，钻井液池做防渗处理，含油和含酸碱污水集中回收，不随意排放，以防钻井液或油水溢出井场污染农田及河流。

②钻井液池及沉砂池也要有防渗措施，保证不渗漏。

③钻井过程中严格按照低渗透油田股份有限公司的要求实施，保证固井质量，保护地下水资源。

④完井后将钻屑及钻完井液进行无害化处理，恢复井场原貌。

⑤试油、压裂和修井作业时，应配备污油、含油污水和含酸碱污水回收储罐及防渗布等防污染相关措施，严防工作液体渗漏或外溢。

⑥投产投注后井场按环保要求进行标准化建设，并进行植被恢复。

（4）凡在国家和省及地区政府划定的风景名胜区、自然保护区和水源地进行施工作业，必须预先征得有关政府主管部门同意，并开展环境影响和消减措施研究。

第二篇

钻井工程技术与管理

现代工程力学与管理

总 则

为了规范钻井工程管理,满足油田勘探开发需要,保证钻井工程质量,促进钻井技术提高,特制定"钻井工程技术与管理"。

钻井工程管理主要内容包括:钻井工程投资内容及概算方法、钻井设计管理、钻井过程管理、钻井与地质监督管理、钻井资料与信息化管理、工程技术研究与应用,以及健康、安全与环境管理。

钻井工程管理在勘探阶段应以发现及保护油气层为主,在开发阶段应以保护油气层、提高单井产量及提高采收率为主要目的。

钻井方式过程中应强化安全生产,树立安全第一、预防为主、以人为本的理念,各项活动应符合健康、安全与环境(HSE)管理体系的有关规定。

第一章 钻井工程投资内容及概算方法

第一节 钻井投资概算内容

一、钻井工程投资概算内容

钻井工程投资概算内容见表 2-1-1。

表 2-1-1 钻井工程投资概算内容

项 目	单位	预算金额	备 注
1. 探区临时工程	元		
(1) 井位、道路勘察、设计费	元		
(2) 道路修建费	元		
(3) 临建工程费	元		
(4) 供水工程费	元		
(5) 土地征(租)用费	元		
(6) 井场通讯	元		
(7) 其他费用	元		

续表

项　　目	单位	预算金额	备　注
2. 钻前工程	元		
（1）井场、住地修建费	元		
（2）井场、住地电器拆安	元		
（3）钻井设备、住地动复员及安装	元		
（4）钻具检测、搬迁	元		
（5）野营房摊销	元		
（6）井位复查费	元		
（7）其他	元		
3. 钻井工程	元		
1）材料	元		
（1）钻头	元		
（2）钻井液	元		
（3）钻具摊销	元		
（4）柴油	元		
（5）机油	元		
（6）其他材料	元		
2）井队人员工资及附加	元		
3）井队直接费			
（1）设备折旧费	元		
（2）井控设备摊销或租赁费	元		
（3）运输费	元		
（4）水、电费	元		
（5）维修费	元		
（6）保温费	元		
（7）固控设备摊销	元		
（8）劳保及保险费	元		
（9）福利费	元		
（10）其他费用	元		
4. 环境保护费	元		
（1）污水处理设备折旧费	元		
（2）污水处理材料费	元		
（3）残酸、残液处理材料费	元		
（4）废钻井液、岩屑处理费	元		

续表

项　　目	单位	预算金额	备　注
（5）环保监测费	元		
（6）环境评价费	元		
（7）地貌复原费	元		
（8）其他费用	元		
5. 录井费用	元		
（1）综合录井费用	元		
（2）地化录井费用	元		
（3）地质分析化验费	元		
6. 测井费用	元		
（1）测井费用	元		
（2）地震测井费	元		
7. 中途测试费	元		
8. 固井工程	元		
1）套管及附件	元		
（1）表层	元		
（2）技套	元		
（3）油层	元		
（4）附件	元		
（5）套管检、试、供、送	元		
2）水泥及水泥外加剂	元		
（1）水泥	元		
（2）水泥外加剂	元		
3）固井作业费	元		
（1）表层	元		
（2）技套	元		
（3）油层	元		
（4）试压费	元		
9. 工程设计费	元		
（1）地质设计费	元		
（2）工程设计费	元		
（3）固井设计费	元		
（4）其他设计费	元		

续表

项　目	单位	预算金额	备　注
10. 施工管理费	元		
（1）甲方管理费	元		
（2）油气田分（子）公司管理费	元		
（3）乙方管理费	元		
11. 专用设备、工具租赁费	元		
12. 特殊钻井工艺服务费	元		
13. 风险费	元		
14. 税金	元		
15. 利润	元		
钻井工程预算投资	元		
综合单位造价	元/m		
井队直接投资	元/m		

二、钻井工程投资预算汇总明细内容

钻井工程投资预算汇总明细内容见表2–1–2。

表2–1–2　钻井工程投资预算汇总明细表

序号	项　目	预算金额，元	备注
1	探区临时工程		
2	钻前准备工程		
3	钻井工程		
4	环境保护费		
5	录井费用		
6	测井费用		
7	中途测试费		
8	固井工程		
9	工程设计费		
10	施工管理费		
11	专用设备、工具租赁费		
12	特殊钻井工艺服务费		
13	风险费		
14	税金		
15	利润		
	总投资费		

三、主要材料消耗

主要材料消耗统计表见表 2-1-3。

表 2-1-3　主要材料消耗统计表

序号	材料名称	型号规格	单位	数量	金额，元 单价	金额，元 总价	备注
1	钻头						
2	钻井液材料						
3	固井材料						
4	油料						
5	套管						
6	套管附件						

第二节　钻井投资概算方法

钻井工程费用在石油天然气勘探开发全部投资中占很大比重。为了完成油气生产任务，必须进行钻井投资概算。

一、钻井费用分类概算

1. 与钻井作业时间相关的费用

这部分费用的特点是费用与时间密切相关，随时间的变化而变化，属此类的费用有：
（1）钻机等固定资产的折旧费用，有关人员的工资及其附加油料、水电及其他材料的日常消耗费用。
（2）后勤服务费用，包括运输和机修等与该井相关的后勤系统提供的直接服务费用。
（3）租用工具的租金。
（4）管理费用。

2. 与井身结构相关的费用

这部分费用与地质油藏等方面情况密切相关，一旦根据地质油藏等方面作出井身结构设计，这部分费用便基本随之确定，又可分为两类：
（1）只与井身结构有关，不受钻井作业时间的影响的费用。
①固井费用；
包括套管等管材费用，水泥浆材料及固井作业费用等。
②钻前准备费用；
③录井及其他技术服务费用；
④地层测试费用及测井费用；
⑤完井设备及井口设备费用。
（2）与井身结构有关同时又受钻井作业时间影响的费用。
①钻头费用；
②钻井液费用。

二、钻井工程各项作业费用概算方法

1. 与时间相关的费用的概算

与时间相关的这部分费用，其特点是与时间成正比关系，比例关系即单位时间的费用，用 q（元/d）表示，则：

$$C_t = q \times t \tag{2-1-1}$$

式中　C_t——与时间相关的费用；
　　　q——单位时间（每天）费用；
　　　t——时间长度。

1) 单位时间费用 q 值的计算

这部分费用主要包括钻机等固定资产的折旧费，油料和水电等其他材料的日常消耗，有关人员的工资及附加，此外还包括后勤服务及管理费用，租用工具的日租金等。对于一定型号的钻机，在同一地区物价起伏不太大时这部分费用基本固定，可以通过该区块统计资料求得日费用 q 之值。

2) 钻井作业时间的计算

一口井的建井周期由以下几个部分组成：纯钻井时间、起下钻时间、井下复杂情况所耗时间、固井时间（包括防喷器安装与调试）、定向等特殊作业时间、完井时间、钻机搬迁时间以及气候恶劣地区天气损失时间。

通过钻速方程等理论模式计算钻井时间和各项作业费用非常繁琐，也与实际误差太大。一般采用类比统计法，具体做法为：把该地区已钻井各项作业时间分别通过平均或加权平均化运算求出该区块各项作业的标准工期，然后结合本井情况求出该井各项作业的预期工期。

(1) 对于与进尺密切相关的作业时间，如钻进时间等，有：

$$T_i = \sum_{i=1}^{n}\left[\left(\frac{\sum_{j=1}^{m}(t_{ij}/M_{ij})}{m}\right) \times M_i\right] \quad (2-1-2)$$

式中 M_{ij}、t_{ij}——分别为统计的第 j 口已钻井的第 i 种尺寸的井眼及所消耗时间；

n、m——分别为井眼尺寸的变化数目及所统计的已钻井的数目；

M_i——被预测井的第 i 种尺寸井眼的进尺。

(2) 对于与进尺不直接相关的各项作业时间，有：

$$T_2 = \sum_{i=1}^{n}\sum_{j=1}^{m} a_{ij} t_{ij} \quad (2-1-3)$$

式中 t_{ij}——第 j 口已钻井第 i 项作业所消耗时间；

a_{ij}——加权运算中的权数；

n、m——此类作业的数目及所统计的已钻井数目。

(3) 预计建井周期。

各项预期工期之和即为设计井的预计建井周期。

3) 与时间相关的费用的计算

求得 q 和 t 以后，即可由式 (2-1-1) 得出与时间相关的这部分费用。

石油天然气钻井工程的很多单项工程费用都是由项目时间乘以单位时间费用得出的，若以此作费用预测，则时间预测是费用预测的前提。另外，钻井工程时间预测还可以为计划安排提供参考，对技术设备或设计方法的效果作评价比较。

2. 与井身结构相关费用的概算

这部分费用可表示为：

$$C_p = \int(L, P, \cdots) \quad (2-1-4)$$

式中 C_p——与井身结构相关的费用；

L——井眼测深；

P——井身剖面结构情况。

虽然与井身结构相关的这部分费用 C_p 不能通过完整的数学表达式算出,但根据有关资料完成井身结构设计后,这类费用便随之确定,具体算法如下:

1)固井费用的计算

根据井身结构设计,可得到该井所需的各种尺寸、规格的管材数量;同时由井眼尺寸、套管下深及水泥返高等数据,求得水泥材料及各种添加剂需求量。参考服务价目表,固井作业费用亦随之定出,这样固井费用可表示为:

$$C_1 = \sum_{i=1}^{n} P_i L_i + \sum_{j=1}^{m} P_{j1} Q_j + C_{11} \qquad (2-1-5)$$

式中 C_1——固井总费用;

P_i,L_i——分别为第 i 种规格管材的单价与长度;

P_{j1},Q_j——分别为第 j 种物品(水泥添加剂)的单价与数量;

C_{11}——固井作业费用。

2)钻前准备费(包括钻机搬迁费)、测井费及地层测试费的计算

根据井身结构选取钻机型号等,再由地面等方面情况确定钻前准备费用 C_{sps};根据地质设计等有关资料确定地层测试及测井费用 $C_{wl,wt}$。则以上两项费用之和:

$$C_2 = C_{sps} + C_{wl,wt}$$

3)完井设备费用与井口设备费用的计算

根据地层和油气层情况,确定完井类型,再由完井段的长度(如水平井水平段长,直井的油层厚度等)确定完井设备的类型及数量,从而计算出完井设备费用 C_{wc}。

井口设备费用 C_{wh} 由套管的数量和尺寸以及油管尺寸和承压要求等来确定。一旦井身结构确定,这部分费用基本确定。则两项费用之和:

$$C_3 = C_{wh} + C_{wc}$$

4)钻头费用与钻井液材料费用计算

对于这两种费用,首先应根据地质情况与井身结构,估算出钻头及钻井液材料的需求量。然后根据该井预计工期的异常情况等对上述两项费用作适当的调整(一般地,如果该区块没有复杂地层,建井周期比较正常,可不作调整),计算式如下:

$$C_4 = \left(\sum_{i=1}^{n} P_i Q_i \pm C_{41}\right) + \left(\sum_{j=1}^{m} P_{j2} n_j \pm C_{42}\right) \qquad (2-1-6)$$

式中 C_4——钻井液及钻头费用;

P_i,Q_i——各种钻井液材料的单价及数量;

P_{j2},n_j——分别为各种型号的钻头的单价与数量;

C_{41},C_{42}——分别为钻井液材料及钻头的费用调整项。

3. 不可预见费用的概算

这部分费用是前两种费用之和乘以一意外风险百分数得到,风险百分数的值可视地质、工艺、设备及人员经验等情况而定。

$$C_N = (C_t + C_p) \cdot X \qquad (2-1-7)$$

式中 C_N——不可预见费用;

C_t——与时间相关费用；
C_p——与井身结构相关费用；
X——风险百分数。

第二章　钻井油层保护

　　油气层保护的关键和先决条件，就是正确了解和掌握油气层伤害的机理，但由于油气层的伤害因素极其复杂，要做到这一点是相当困难的。

　　在某些情况下，不同的伤害机理往往表现出非常相似的伤害特征和结果，如果没有确切了解油气层伤害机理，采取的伤害解除措施往往达不到预期的目的，甚至会加剧油气层伤害的程度。

第一节　钻完井过程中的油层伤害机理

　　造成油气层伤害的因素，主要有入井液与储层性质不配伍以及入井液的液柱压力超过油气层地层压力两种。

一、钻完井过程油层伤害表现

　　（1）钻井液与完井液等外来流体中的固相颗粒和储层中原有的疏松颗粒经外力作用产生运移，将岩石的孔隙和孔喉直接堵塞。

　　（2）外来流体中的水分引起储层的黏土矿物水化膨胀，使孔隙、孔喉变小，油气流动受阻。

　　（3）外来流体与储层中流体发生物理化学作用，生成难溶的无机盐类以及有机沉淀物或形成高黏度的乳状液，堵塞油藏岩石孔隙，增加油气流动阻力。

　　（4）外来流体中的滤液侵入储层，引起储层的润湿反转，降低油气的相对渗透率，并影响原油的采收率。

二、钻完井过程中油层伤害机理分析

1. 储层敏感性伤害机理

1）水敏伤害机理

　　水敏性是岩石与外来水接触后，其中的黏土矿物发生膨胀水化、分散脱落及运移，导致地层渗透率降低的现象。水敏性伤害是各种伤害类型中最复杂和最主要的一种。

　　产生水敏性伤害的原因是：一方面是由于膨胀性黏土遇水膨胀，减少了油层的孔隙喉道，另一方面是一些非膨胀性矿物遇水产生分散脱落，释放微粒，并且微粒跟随流体运移而

堵塞孔隙通道。最易产生水化膨胀的黏土矿物有蒙皂石、伊利石、绿泥石—蒙皂石等混层矿物。

由于蒙皂石的晶体构造，使其具有较大的阳离子交换能力和较高晶层底面水化能力。在钻开油层之前，黏土矿物与地层水达到平衡状态，打开油层后，外来流体随之进入油层，当进入油层的化学成分和矿化度与其不配伍时，岩石中的黏土矿物便能在其外表或单元晶层间吸附大量水分子，使其体积发生膨胀。而且，黏土分子结构内吸附的水量可受交换阳离子数的控制。因此，不同种类的蒙皂石黏土膨胀能力也不同，钠蒙皂石具有最强的膨胀性，可膨胀到原来体积的10倍以上，而钙蒙皂石则只有中等膨胀能力。

高岭石、伊利石等非膨胀矿物，在与阳离子浓度较低或者有反絮凝粒子的水接触时，原有的絮凝平衡状态遭到破坏，使黏土颗粒产生分散，从砂粒表面脱落下来。这些微粒随流体在油层孔隙内运移，同样也破坏储层。同时膨胀性黏土矿物遇水膨胀引起的物理不稳定性也促进了分散运移的产生，产生的机理是一种电化学反应，使储层中固有的颗粒脱落，随流体发生运移，在孔隙通道中形成"桥堵"或"寻状"堆积而阻拦流体流动。黏土膨胀和分散运移的最终结果都会造成油气层渗透率的伤害。

水敏性还与岩石的孔隙结构有关，如果岩石平均喉道半径小，喉道迂曲度高，会加剧水敏性伤害程度。钻开油层之前，黏土矿物与地层水呈稳定状态，当盐水化学成分改变或降低时，就可能破坏这种平衡而引起黏土膨胀。膨胀后的黏土使孔隙和喉道减小或堵塞，降低储层渗透率。一般来说，淡水对水敏地层最为不利。

2）盐度敏感性伤害机理

盐度是指钻井液中无机电解质含量。盐度的变化对地层渗透率的影响十分复杂，一方面，盐度下降引起黏土矿物的水化膨胀；另一方面，盐度的变化影响微粒的表面电性，影响微粒与介质之间的作用力，从而影响微粒的沉积、分散及运移；同时，储层中发生的离子交换及化学反应会使储层中水的盐度发生变化，酸碱度与盐度之间也存在协同效应。渗透率随盐度下降发生的变化是以上多种因素综合作用的结果。

3）酸敏和碱敏的伤害机理

酸敏是指储层中碳酸盐矿物在酸化时所引起的敏感效应。这是由于酸化时地层矿物释放出的铝和铁的氢氧化物沉淀引起的。

在使用盐酸时，初始反应并不直接产生沉淀物，但反应产物之间的二次反应将产生难溶的沉淀物，主要为硅酸盐、硅铝酸盐、氢氧化物和硫化物，还有可能产生碳酸钙等无机垢。

在使用土酸时，由于土酸对砂岩中的碳酸盐矿物的溶解能力更强，将产生比盐酸酸化更多的酸敏性离子，故土酸的酸敏效应更为严重。其主要的二次沉淀物有氟硅酸盐、氟铝酸盐、氢氧化物和氟化钙等。储层中的黏土矿物是引起土酸酸敏的主要原因。

碱敏伤害是指碱性工作液进入地层后与地层中的碱敏性矿物及地层流体发生反应而导致地层渗透率下降的现象。碱敏性评价的主要目的在于了解施工过程中对地层所用的碱性工作液是否对地层发生伤害及伤害的程度，并找出产生碱敏的临界pH值，以此为依据设计合理的施工工艺。

地层水一般呈中性或碱性，而多数钻井液、完井液、固井水泥浆、射孔液及压裂液一般呈中性或碱性（pH值9~13）。当高pH值的流体进入地层后，将造成油层中的黏土矿物和硅质胶结的结构破坏，主要是黏土矿物解理和胶结物溶解后释放微粒，从而伤害油层。另外，在碱性条件下，Ca^{2+}、Mg^{2+} 等二价离子易生成沉淀物，以结垢的形式造成储层堵塞伤害。

当然，储层的敏感性伤害不止这些，以上分析的仅是钻井过程中可能遇到的三种情况。以上的敏感性伤害并不是在钻井过程中都会出现，这要视储层的性质而定，有可能出现一种或几种都出现。

2. 固相颗粒堵塞伤害机理

固相颗粒堵塞主要有以下几方面的堵塞机理：

（1）表面过滤堵塞，即地层起到了一个砂质过滤器的作用，此机理也称为外滤饼形成的机理。

（2）深部堵塞机理，也称为内滤饼形成的机理、单孔隙堵塞机理或逐步驱扫机理。在钻井和完井等作业过程中常常通过迅速形成致密的外滤饼，防止滤液大量侵入地层造成伤害。入井液中固相颗粒达到一定的程度，颗粒半径达到一定的程度时，这些颗粒就会被滞留在储层表面孔隙开口处，形成堵塞。

部分颗粒粒径级配关系合适时，也会在储层内部形成内滤饼堵塞。当入井液中的固相颗粒含量较低时，侵入储层的颗粒可能对某个或某些孔喉造成堵塞，这种堵塞基本不造成较大的渗透率伤害，但是可能对剩余油的分布及驱油效率有影响。外来固相颗粒在储层中的运移距离是有限的，即使是非常小的颗粒，也会在某一喉道处被捕获。

3. 化学结垢储层伤害机理

化学结垢储层伤害是指由于储层孔隙流体的渗流破坏了原来孔隙流体中的化学平衡，产生各种化学反应，形成难溶沉淀物聚集堵塞孔道所造成的储层渗透率下降。一般来说，钻井过程中造成结垢伤害的可能性不大，但如果入井添加剂使用不当，也有可能造成结垢伤害。结垢伤害是油田开发生产中不可避免的问题，结垢对油田的伤害问题随着油田产水的增加而显得日益明显。

三、钻井液对储层的伤害机理

1. 外来流体中固相颗粒对储层伤害分析

由于工艺和成本的原因，目前钻开油层的钻井液除特殊井外，大量使用的仍是以膨润土为原料配制的水基钻井液，而钻井液中固体颗粒基本上是由黏土颗粒和固体加重材料两部分组成，黏土颗粒粒径一般小于 $30\mu m$，重晶石的部颁标准细度要求是通过 325 目筛，筛余不大于 5%，即 95% 以上的颗粒粒径是小于 $40\mu m$ 的。

（1）当颗粒直径小于 1/5~1/3 孔隙半径时，颗粒不会镶嵌在孔隙中，随液体侵入油层，只会因为悬浮液的吸附而造成堵塞；

（2）当颗粒直径大于 3/5 孔喉直径时，侵入深度极浅，只限地层表面；

（3）当颗粒直径大于 1/3 孔喉直径而小于 1/2 孔喉直径时，颗粒镶嵌在孔喉中造成堵塞的机会最多。

2. 储层内部微粒运移造成的伤害分析

（1）分散型处理剂较不分散处理剂引起的泥岩膨胀，危害地层孔隙更严重些；

（2）钻井液滤液引起的泥页岩水化膨胀，较分散型处理剂严重；

（3）随着时间的增加，水化膨胀更严重。

3. 与储层流体不配伍造成的伤害

由于钻井液所含的处理剂成分很复杂，与地层水相遇时可能发生化学反应，生成沉淀物，造成储层孔隙堵塞而伤害储层。试验结果表明：

（1）处理剂溶液与地层水生成化学沉淀物会对储层孔隙造成堵塞，详见表 2-2-1；

（2）在处理剂溶液质量分数相同的情况下，溶液与地层水生成沉淀物，它对储层的伤害与沉淀物颗粒的大小有关，在颗粒大小相近时沉淀量越大，堵塞越严重；

（3）化学沉淀堵塞与地层孔隙大小无关；

（4）化学沉淀物颗粒越大对储层的堵塞越严重；

（5）化学沉淀对储层的伤害与地层的渗透率无关。

表 2-2-1　处理剂溶液与地层水生成化学沉淀物对储层造成的伤害分析

反应物	处理剂溶液的质量分数 %	地层水矿化度，mg/L	储层孔隙半径，μm	10kg 地层水生成的化学沉淀物，kg	λ %	沉淀颗粒情况
CPD + $CaCl_2$ 型	0.1	75360	15	0.0899	34.74	较大片
80A51 + $NaHCO_3$ 型	0.1	85366	15	0.0138	14.15	颗粒状沉淀
SMK + Na_2SO_4 型	0.1	9436	15	0.0167	17.28	较细
SMC + $MgCl_2$ 型	0.1	43781	5	0.0170	20.29	较细
SMC + $CaCl_2$ 型	0.1	8872	5	0.0186	24.42	较细
CPD + Na_2SO_4 型	0.1	1445	5	0.0235	44.88	较细

注：表中 λ 为地层水生成化学沉淀物质量百分比数，CPD 为抗盐抗钙处理剂，SMK 为磺化栲胶，SMC 为磺化褐煤，80A51 为降失水剂。

第二节　钻井过程中油层保护方法

一、防止滤液对黏土颗粒的伤害措施

为了预防和减轻黏土矿物对储层的伤害，最重要的一点是在钻开油气层之前对储层岩心进行分析，弄清储层中黏土矿物的类型和分布状况，然后选取合适的钻井液体系。一般的预防措施见表 2-2-2。

表 2-2-2　各种常见矿物伤害储层的防护措施

黏土类型	主要伤害方式	应避免的钻井液体系或条件	采用体系或条件	措施
蒙皂石	水化膨胀	淡水体系	抑制性盐水体系	屏蔽暂堵，加黏土稳定剂
伊利石	缩小孔道	淡水体系	抑制性盐水体系	屏蔽暂堵，加黏土稳定剂
绿泥石	生成 Fe(OH)$_3$ 沉淀	pH > 3.5 体系	低 pH 值体系	屏蔽暂堵，加铁的螯合物
高岭石	微粒运移	流速高、压差大	密度合适，钻速较低	屏蔽暂堵，加黏土稳定剂

二、防止滤液与储层流体不配伍性措施

1. 无机垢的防护措施

在室内对地层水和进入储层的各种工作液进行定量化学分析，同时对储层岩石的矿物组成作必要的分析，并根据储层的温度压力等因素，判断结垢的可能性和垢的类型，然后有针对性地使用处理剂和防垢剂。

2. 化学沉淀引起伤害的防护措施

避免铁的沉淀物生成，施工前需清除罐和管道中的铁锈，必要时在工作液体中加入适量还原剂，使溶液中不存在游离的铁离子，同时应注意控制工作液体中各种无机离子的浓度，阻止与地层水中的矿化物质生成沉淀。

三、防止固相颗粒侵入的措施

正压差钻井条件下的保护油气层措施对于固相伤害，可采用以下措施：
（1）控制压差，减小钻井液密度，做到近平衡钻进；
（2）使用清洁盐水做钻井液和完井液，固相颗粒堵塞作用会更小；
（3）降低固相含量，采用低固相或无固相钻井液，消除固相伤害源；
（4）物化封堵和射孔/酸化相结合，选择暂堵型钻井液或硅酸盐钻井液等，阻隔固相伤害源；
（5）形成可清除的泥饼，如含酶泥饼、含破胶剂的泥饼、油溶性泥饼，分解固相伤害源；
（6）极度超平衡射孔新技术，采用射孔与压裂解堵增产联作技术，突破固相伤害源。

对于液相伤害，可采用以下措施：
（1）屏蔽暂堵技术，在工程允许的条件下尽量降低钻井液滤失量，减少滤液的伤害深度和程度；
（2）提高滤液的抑制性，如各种强抑制性钻井液，包括盐水和饱和盐水钻井液、硅酸盐钻井液、有机盐钻井液、正电胶钻井液、聚合醇钻井液、油基钻井液及合成基钻井液等；
（3）加入表面活性物质，降低油水表/界面张力，降低或消除乳化堵塞、润湿性改变、水锁和贾敏效应伤害。

四、防止微粒运移的措施

（1）使用抑制性处理剂和低 pH 值（7~8）的钻井液，控制黏土膨胀及分散运移。

(2) 防止滤液与储层流体不配伍性措施。

①无机垢的防护措施：在室内对地层水和进入储层的各种工作液进行定量化学分析，同时对储层岩石的矿物组成作必要的分析，并根据储层的温度压力等因素，判断结垢的可能性和垢的类型，然后有针对性地使用处理剂和防垢剂。

②化学沉淀引起伤害的防护措施：避免铁的沉淀物生成，施工前需清除罐和管道中的铁锈，必要时在工作液体中加入适量还原剂，使溶液中不存在游离的铁离子，同时应注意控制工作液体中各种无机离子的浓度，阻止与地层水中的矿化物质生成沉淀。

五、防止水泥浆对油层伤害的措施

（1）改善水泥浆性能，使 API 失水小于 50mL。

（2）使用水外加剂改善水泥浆的性能，如降失水剂、膨胀剂和缓凝剂等。

（3）合理压差固井。水泥浆在位替过程中，井眼与套管环形空间液柱总压力略大于地层孔隙压力，不发生漏失和油、气、水窜通。

（4）提高水泥浆顶替效率。在注水泥和顶替泥浆过程中，钻井液能否被顶替干净是注水泥作业成功的关键。

（5）采用低密度水泥固井技术。低密度水泥固井可以降低套管外液柱压力，从而降低水泥浆液柱压力与地层孔隙压力差，有利于油层保护。

第三章　钻井设计管理

钻井设计是钻井施工的重要依据，包括钻井地质设计和钻井工程设计。钻井设计应与钻井工程方案确定的原则相一致。

第一节　探井钻井设计的内容、规范及要求

一、探井设计主要内容

1. 探井地质设计的主要内容

探井钻井地质设计的主要内容应包括：井区自然状况、基本数据、区域地质简介、设计依据及钻探目的、设计地层剖面及预计油气层和特殊层位置、工程技术要求、资料录取要求、地球物理测井要求、试油（中途测试）要求、设计及施工变更、上交资料要求以及钻井地质设计附件和附图。

2. 探井工程设计的主要内容

探井钻井工程设计的主要内容应包括：设计依据、技术指标及质量要求、井下复杂情况

提示、地层岩石可钻性分级及地层压力预测、井身结构设计、钻机选型及钻井主要设备优选、钻具组合设计、钻井液设计、钻头及钻井参数设计、井控设计、取心设计、地层孔隙压力监测、地层漏失试验、中途测试技术要求、测井技术要求、油气层保护设计、固井设计、新工艺与新技术应用设计、各次开钻或分井段施工重点要求、完井设计、弃井要求、健康安全环境管理、生产信息及完井提交资料、钻井施工设计要求、特殊施工作业要求、邻区与邻井资料分析、钻井进度计划等。

二、探井钻井设计规范及要求

1. 探井钻井地质设计规范及要求

1）井区自然状况

（1）地理简况。
①地理环境；
②交通及通讯。

（2）气象、水文及海况。

（3）灾害性地理地质现象。

2）基本数据

探井钻井地质设计基本数据表见表2-3-1。

表2-3-1 探井钻井地质设计基本数据表

基本数据	勘探项目								
	井号			井别			井型		
	地理位置								
	构造位置								
	测线位置	二维							
		三维							
	大地坐标 m	X			经纬度	东经			
		Y				北纬			
	地面海拔，m				磁偏角，(°)				
	设计井深			完钻层位		目的层			
	井位水深 m	高潮		水域位置					
		低潮							
靶心数据	设计分层			靶点设计					
	层位	设计靶点垂深 m	靶点	测线位置	靶心坐标，m		靶区半径 m	靶心方位 (°)	靶心距 m
					X	Y			

3）区域地质简介
（1）构造概况。
①区域构造背景（概况）；
②构造基本特征；
③钻探圈闭特征；
④圈闭要素（表2-3-2）。

表2-3-2 圈闭要素表

层位	圈闭类型	闭合面积 km²	闭合线海拔 m	闭合幅度 m	高点埋藏深度 m	可靠程度

（2）地层概况。
①地层序列及岩性简述；
②标准层；
③本地区的其他特殊情况。
（3）生、储油层分析及封（堵）盖条件。
①烃源岩；
②储层；
③盖层（封堵层）；
④生、储、盖层组合分析。
（4）邻井钻探成果。
邻井录井、测井及试油（中途测试）成果。
（5）圈闭地质条件分析。
①圈闭有效性简析；
②圈闭资源量估算。
（6）地质风险分析。
4）设计依据及钻探目的
（1）设计依据。
①油（气）田分公司井位批复文件（及文件编号）；
②主要目的层构造图；
③岩性地层圈闭图（岩性地层圈闭提供）；
④断面分析图（定向井提供）；
⑤过井主测线、联络线及连井任意线地震解释剖面；
⑥过井主测线及连井任意线地震地质解释剖面；
⑦井位论证书及设计数据表；
⑧邻井实钻资料。

（2）钻探目的。
（3）完钻层位及原则，完井方法。
①完钻层位；
②完钻原则；
③完井方法；
（4）钻探要求。
①对进行欠平衡钻井的具体要求；
②先期完成的具体要求；
③其他特殊要求。
5）设计地层剖面及预计油气层和特殊层位置
（1）地层分层。
地质分层数据表见表2-3-3。

表2-3-3 地层分层数据表

地层				设计地层			地层产状		故障提示
界	系	统	组	段	岩性	底界深度，m	厚度，m	倾向，(°)	倾角，(°)	
断点位置及断距										

注：故障提示为根据地层特点，分段对钻井施工中可能钻遇的垮塌、漏失、缩径及高压等情况的井段提示预警。

（2）分组和段岩性简述。
①按地层分层自上而下叙述各地质时代的岩性、厚度、产状及分层特性。
②按钻井工程施工需要，分段叙述可能钻遇的断层、漏层、超压层位置和井段等。
③膏岩、盐岩层、火成岩、煤层及砾岩等特殊岩性层段的厚度和位置及各种矿物组成和胶结特点等。
（3）油气层和特殊层简述。
①预计油气层和特殊层的埋深及厚度（表2-3-4）。

表2-3-4 预计油、气、水层显示层段表

层位	井段，m	显示类别	邻井显示（简述及地层）	流体性质分析

②浅层气分布情况。
③与钻井施工相关的其他矿产及特殊层情况。

6）工程要求

（1）地层压力。

①邻井实测压力成果。

邻井产层实测压力表见表2-3-5。邻井钻井实例孔隙压力表见表2-3-6。邻井破裂压力试验见表2-3-7。

表2-3-5　邻井产层实测压力

井　号	层　位	产层中部深度 m	地层压力 MPa	压力梯度 MPa/100m	地层压力系数	备　注

表2-3-6　邻井钻井实测孔隙压力

××井				××井			
地层	井深 m	"D"指数	孔隙压力梯度 MPa/100m	地层	井深 m	"D"指数	孔隙压力梯度 MPa/100m

表2-3-7　邻井破裂压力试验（碳酸盐岩地层做承压实验）

井号	层位	套管鞋深度 m	钻井液密度 g/cm³	破裂压力 MPa	备注

②压力预测曲线（图2-3-1）。

图2-3-1　地层压力预测曲线

(2) 邻井实钻钻井液使用情况（表2-3-8）。

表2-3-8 邻井钻井液使用情况统计表

井号	层位	井段, m	钻井液类型	密度, g/cm³	漏斗黏度, s

(3) 邻井测温情况（表2-3-9）。

表2-3-9 邻井测温成果表

井号	层位	井深 m	测温情况 日期	测温情况 温度,℃	备注

(4) 钻井液类型及性能使用原则。
钻井液基本性能要求见表2-3-10。
①钻井液类型与体系要求；
②特殊情况及特殊岩性段处理要求；
③保护油气层要求；
④目的层钻井液性能要求；
⑤全井钻井液体系要求。

表2-3-10 钻井液基本性能要求

井 段, m	密度, g/cm³	漏斗黏度, s	失水, mL	备 注

(5) 井身质量要求。
①直井。
直井井身质量要求见表2-3-11。

表2-3-11 井斜、水平位移允许范围

井深 m	井斜 (°)	全角变化率 (°)/30 m	水平位移 m	井径扩大率 %	井斜测量间距 m

②定向井

定向井井身质量及井眼轨迹要求见表2-3-12。

表2-3-12 井身质量及井眼轨迹要求

井深，m	全角变化率，(°)/30 m	井径扩大率，%	靶心距，m	井眼轨迹符合率，%

（6）套管程序及固井质量要求。

对完井套管（套管完井的为油层套管，先期完井的为最后一层技术套管）提出技术要求。具体项目有：

①套管直径；

②套管下深：油气层底以下深度；

③阻流环位置：油气层底以下深度；

④固井水泥返深：油气层顶以上深度（或水泥封固井段不能小于多少米）。若有高压气层，水泥则返至地面。

7）资料录取要求

（1）岩屑录井。

①录井间距要求；

②特殊取样要求。

（2）综合录井。

①钻时及气测录井要求；

仪器要求、录井项目要求及录井间距要求。

②钻井参数；

录井项目要求。

③气体参数；

录井项目要求。

④钻井液参数。

（3）循环观察（地质观察）。

①异常情况录井；

②其他特殊需求。

（4）钻井取心。

①钻井取心目的及原则（表2-3-13）。

②钻井取心要求。

表2-3-13 钻井取心设计表

层位	设计井段，m	取心进尺，m	收获率，%	取心原则

(5) 井壁取心（表2-3-14）。

表2-3-14 井壁取心设计表

层　位	设计井段，m	取心颗数	取心目的	取心原则

(6) 钻井液录井。
①录井项目和间距；
②取样要求；
③槽面观察。
(7) 荧光录井。
①常规分析；
②定量分析（QFT）。
(8) 地化录井。
(9) 酸解烃和罐装气。
(10) 碳酸盐岩分析。
①泥页岩密度；
②地层漏失量；
③压力检测（dc指数）；
④特殊录井要求；
⑤化验分析选送样品要求。
岩心、岩屑选样原则，分析化验项目及样品选取密度和规格。
8）地球物理测井
(1) 原则及要求。
①探井一般要测全常规测井的9条曲线；
②探井测井项目应考虑压裂设计等工程应用的需要；
③根据实际情况必须及时测井，主要油气显示层钻开后10天内必须进行测井作业；
④地震测井要求。
(2) 测井内容。
测井项目表见表2-3-15。

表2-3-15 测井项目表

序号	测量井段，m	比　例	测井内容	目　的	备注

9) 试油（中途测试）
(1) 试油（中途测试）原则。
(2) 试油（中途测试）要求。
在钻达预计试油层段后，根据试油原则确定要进行试油（中途测试）的，须拟定具体试油（中途测试）方案，作为本设计的补充件，一并存档。试油设计要求见表2-3-16。

表2-3-16 试油设计要求

层　位	试油井段 m	试油目的	试油方法	主要要求

10) 设计及施工变更
(1) 设计变更程序。
在钻井施工过程中必须严格执行钻井地质设计要求，因地质原因与设计有较大出入需要变更设计时，必须及时修改设计，审批后交乙方实施。
(2) 目标井位变更程序
由于工程原因无法实现原设计地质目标，应及时进行补充设计，说明目标井位移动原因及移动后的坐标。钻井工程设计也要相应调整，指导钻井施工。
11) 上交资料要求
12) 钻井地质设计附件及附图
(1) 附件。
油（气）田公司井位批复文件（及文件编号）。
(2) 附图。
①主要目的层构造图；
②岩性及地层分析图件（岩性圈闭要提供过井岩性反演剖面）；
③断面分析图（定向井提供）；
④过井主测线、联络线及连井任意线地震解释剖面；
⑤过井主测线及连井任意线地震地质解释剖面；
⑥地质预告柱状剖面图；
⑦交通及地理位置图。

2. 探井工程设计规范
1) 设计依据
钻井工程设计依据：某井钻井地质设计；邻区及邻井实钻资料；有关技术规范及技术法规。
(1) 构造名称。
(2) 地理及环境资料。
①井口坐标；

②磁偏角、磁倾角及磁场强度；
③地面海拔；
④构造位置；
⑤地理位置；
⑥气象资料（在预计施工期内，本地区的风向、风力、气温和大风雪、汛期等情况）；
⑦地形地貌及交通情况。
（3）地质要求。
①钻井目的；
②设计井深；
③井别及井型；
④靶点坐标；
靶点坐标登记表见表2–3–17。

表2–3–17 靶点坐标登记表

目标	垂深 m	靶点坐标，m	
		X	Y
1			
2			
…			
井底			

⑤水平井靶点坐标；
水平井靶点坐标登记表见表2–3–18。

表2–3–18 水平井靶点坐标登记表

靶点	垂深 m	靶点坐标，m	
		X	Y
入靶点			
终靶点			

⑥目的层位；
⑦完钻层位及完钻原则；
⑧完井方法。
（4）地质分层及油气水层（表2–3–19）。

表2–3–19 地质分层及油气水层表

地质分层			深度 m	岩性剖面	岩性描述	地层		浅气层、高压油、气、水层，断层等复杂情况提示
界	系	统	组				倾角，(°)	走向，(°)	

111

(5) 储层简要描述（表2-3-20）。

表2-3-20　储层简要描述表

地层	井段，m	储层类型	岩性简要描述	储层物性

2）技术指标及质量要求
(1) 井身质量要求。
①直井井身质量要求（表2-3-21）。

表2-3-21　直井井身质量要求参数表

井深 m	井斜 (°)	全角变化率 (°)/30m	水平位移 m	井径扩大率 %	井斜测量间距要求

(1) 全井最大全角变化率（°）/30m：
(2) 井底水平位移（m）：　　　　　　　闭合方位［(°)］：

②定向井井眼轨迹质量要求（表2-3-22）。

表2-3-22　定向井井眼轨迹质量要求参数表

井段 m	测斜间距 m	井眼轨迹质量要求			
			目标一	目标二	…	井底
		垂深，m				
		方位，(°)				
		位移，m				
		靶区半径，m				

注：(1) 直井段：_____m，井斜不大于_____(°)
　　　位移不大于_____m。
　(2) 最大全角变化率不大于_____(°)/30m。
　(3) 全角变化率连续三点不大于_____(°)/30m。
　(4) 最大井径扩大率不大于_____%。
　(5) 其他要求：

(2) 固井质量要求（表2-3-23）。

表2-3-23 固井质量要求参数表

开钻次数	钻头尺寸 mm	井段 m	套管尺寸 mm	套管下深 m	水泥封固井段 m	人工井底深度 m	测井项目	固井质量要求
一开								
二开								
三开								
四开								
…								

(3) 钻井取心质量要求（表2-3-24）。

表2-3-24 钻井取心质量要求参数表

层 位	取心方法	取心井段，m	取心进尺，m	岩心直径，mm	收获率，%	取心目的

全井设计取心_____m，其中机动取心_____m，收获率不低于_____%

全井设计井壁取心_____颗，取心收获率不低于_____%

(4) 录取资料要求。

①地质、钻井液及录井要求（表2-3-25）。

表2-3-25 地质、钻井液及录井要求参数表

岩屑录井		气测录井		钻井液密度、黏度测定	
井段 m	间隔距离 取样一次 m	井段 m	间隔距离 取样一次 m	井段 m	间隔时间 取样一次 h

荧光录井		钻时录井		Cl^-、Ca^{2+}离子测定	
井段 m	间隔距离 湿干照 m	井段 m	连续测量	井段 m	间隔时间 测量一次 h

(1) 钻时加快或油气侵时、连续测量密度、黏度，并每1~2循环周测一次全套性能。

(2) 打开油气层后，每次下钻到底，每_____min测量密度、黏度，观察后效反应。

(3) 循环观察。

(4) 工程对综合录井要求：悬重、钻压、转速、扭矩、泵压、排量、钻井液量、钻井液出口温度、钻井液出口密度要连续测量，发现其中一项有异常要及时通知钻井监督。

②地球物理测井（表2-3-26）。

表2-3-26 地球物理测井要求表

内容 名称	测量井段, m	测井项目	比例尺	对钻井作业要求
中途对比电测				
完井全套电测				
特殊测井				
钻开油气层后，＿＿＿天内必须进行综合测井				

③中途测试要求（表2-3-27）。

表2-3-27 中途测试要求表

层位	井段, m	测试目的	测试方法	对钻井作业要求
测试原则：				

3）工程设计

(1) 井下复杂情况提示（表2-3-28）。

表2-3-28 井下复杂情况提示表

地质分层	井深, m	复杂情况提示	备注

(2) 地层可钻性分级及地层压力预测。

①地层可钻性分级预测（表2-3-29）。

表2-3-29 地层可钻性分级预测表

地层 系	地层 组	井深 m	主要岩性	可钻性级别	备注

②地层压力预测（表2-3-30）。

表2-3-30 地层压力预测表

深度 m	孔隙压力 MPa	孔隙压力梯度 MPa/100m	破裂压力 MPa	破裂压力梯度 MPa/100m	坍塌压力 MPa	坍塌压力梯度 MPa/100m

③地层孔隙压力、破裂压力和坍塌压力预测图（图2-3-2）。

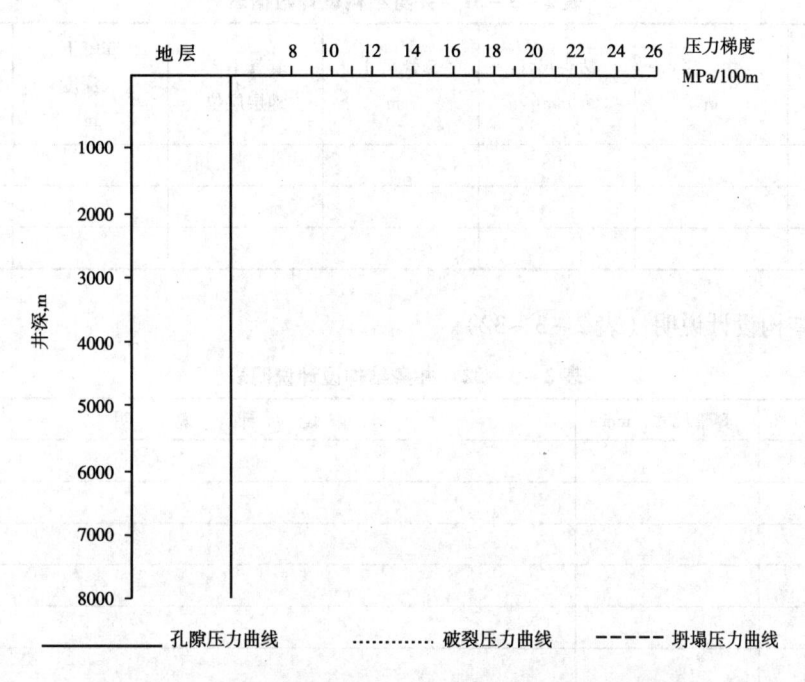

图2-3-2 地层孔隙压力、破裂压力和坍塌压力预测图

（3）井身结构。

①井身结构示意图（图2-3-3）。

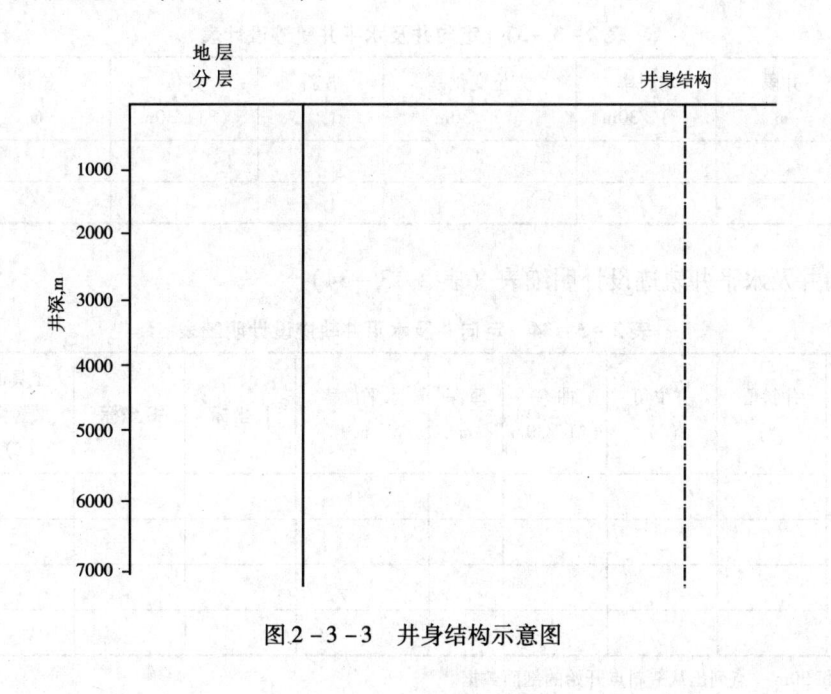

图2-3-3 井身结构示意图

②井身结构设计数据表（表2-3-31）。

表2-3-31 井身结构设计数据表

开钻次序	井深 m	钻头尺寸 mm	套管尺寸 mm	套管下入地层层位	套管下入深度 m	环空水泥浆返深 m

③井身结构设计说明（表2-3-32）。

表2-3-32 井身结构设计说明表

开钻次序	套管尺寸，mm	设 计 说 明
一开前圆井		
一 开		
二 开		
三 开		
四 开		
…		
其他说明：		

④定向井及水平井轨迹设计（表2-3-33）。

表2-3-33 定向井及水平井轨迹设计表

井深 m	井段 m	增斜率 (°)/30m	方位变化率 (°)/30m	井斜 (°)	方位 (°)/30m	位移 m	垂深 m

⑤定向井及水平井轨迹设计明细表（表2-3-34）。

表2-3-34 定向井及水平井轨迹设计明细表

序号	井深 m	井斜角 (°)	方位角 (°)	曲率 (°)/30m	垂深 m	水平位移 m	N坐标	E坐标	工具面装置角 (°)	工具面方位角 (°)
1										
2										
3										
…										

注：要求按每30m一点列出从造斜点开始的剖面数据。

⑥定向井及水平井井眼轨迹垂直投影示意图。
⑦定向井及水平井井眼轨迹水平投影示意图。
⑧定向井及水平井井眼轨迹三维示意图。
⑨定向井及水平井防碰计算表（表2-3-35）。

表2-3-35 定向井及水平井防碰计算表

序号	垂深 m	设计井			参考邻井			空间距离 m	计算误差 m	备注
		井深 m	位移 m	视方位 (°)	井深 m	位移 m	视方位 (°)			

⑩定向井及水平井防碰扫描图。
（4）钻机选型及钻井主要设备（表2-3-36）。

表2-3-36 钻机选型及钻井主要设备表

序号	名称		型号	规格	数量	备注
1	钻机					
2	井架					底座高度
3	提升系统	绞车				
		天车				
		游动滑车				
		大钩				
		水龙头				
4	顶部驱动装置					
5	转盘					
6	循环系统配置	钻井泵1#				
		钻井泵2#				
		钻井泵3#				
		钻井液罐				含储备罐
		搅拌器				
7	普通钻机动力系统	柴油机1#				
		柴油机2#				
		柴油机3#				
		柴油机4#				
		柴油机5#				

续表

序号	名 称		型号	规 格	数量	备 注
8	电动钻机动力系统	发电机				
		柴油机				
		直流电机				
		SCR 房				
		电机控制中心				
		主变压器				
9	发电机组	发电机 1#				
		发电机 2#				
		发电机 3#				
		MCC 房				
10	钻机控制系统	自动压风机				
		电动压风机				
		气源净化装置				
		刹车系统				
		辅助刹车				
11	固控系统	震动筛 1#				
		震动筛 2#				
		震动筛 3#				
		除砂器				
		除泥器				
		离心机				
		除气器				
12	加重装置	加重漏斗				
		电动加重泵				
		气动下水泥装置				

续表

序号	名 称		型号	规格	数量	备注
13	井控系统	环形防喷器				
		双闸板防喷器				
		单闸板防喷器				
		四 通				
		控制装置				
		节流管汇				
		压井管汇				
		气体分离器				
14	仪器仪表	钻井参数仪表				含死绳固定器
		测斜仪				
		测斜绞车				
15		液压大钳				
16	欠平衡钻井装备	井口控制	旋转头			
			旋转头控制箱			
		⋯				

注：上述设备为油田公司推荐设备，凡能满足施工载荷的钻机类型均可经有关部门审核后使用。

(5) 钻具组合。

①钻具组合（表2-3-37）。

表2-3-37 钻具组合表

开钻次序	井眼尺寸, mm	钻进井段, m	钻具组合
一 开			
二 开			
三 开			

续表

开钻次序	井眼尺寸，mm	钻进井段，m	钻具组合
四开			
…			

注：上述组合为油田公司推荐组合，施工单位可根据现场实际情况优化组合。

②钻具组合强度校核（表2-3-38）。

表2-3-38 钻具组合强度校核表

井眼尺寸 mm	井段 m	钻井液密度 g/cm³	钻具参数					累计重量 kN	安全系数		
			钻具名称	钢级	外径 mm	内径 mm	长度 m	重量 kN		抗拉	抗挤	抗拉余量 kN

③各次开钻钻具强度校核图（图2-3-4）。

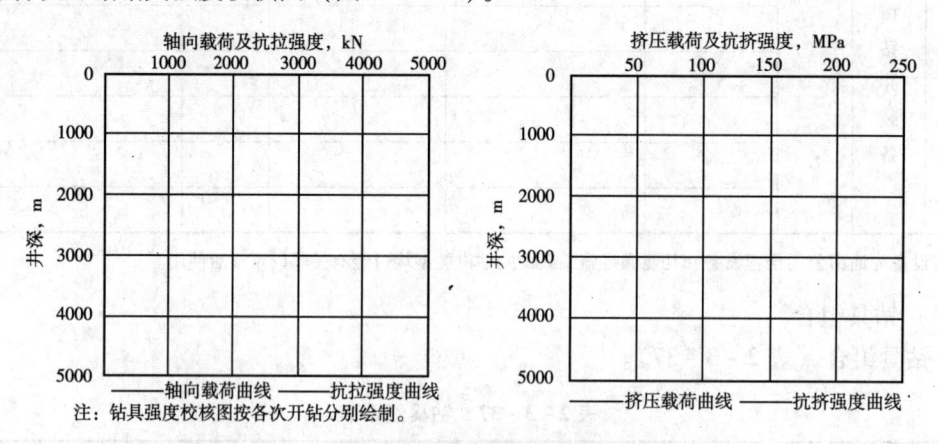

注：钻具强度校核图按各次开钻分别绘制。

图2-3-4 各次开钻钻具强度校核图

④专用工具及测量仪表

专用工具及测量仪器见表2-3-39～表2-3-41。

表2-3-39 定向井、水平井井下专用工具及仪器表

名称	规格	型号	数量	备注

表 2-3-40　欠平衡钻井专用工具表

名　称	规　格	型　号	数　量	备　注

表 2-3-41　常用打捞工具

名　称	规　格	型　号	数　量	备　注

（6）钻井液。

①钻井液完井液设计（表 2-3-42）。

表 2-3-42　钻井液完井液设计表

开钻次序	井段 m	常规性能							流变参数				总固含 %	膨润土含量 %
^	^	密度 g/cm³	漏斗黏度 s	API失水 mL	泥饼 mm	pH值	含砂 %	HTHP失水 mL	摩阻系数	静切力,Pa		塑性黏度 mPa·s	动切力 Pa	n值	K值	^	^
^	^	^	^	^	^	^	^	^	^	初切	终切	^	^	^	^	^	^
类型		配　方						处 理 方 法 与 维 护								

注：按开钻次序或分井段逐一设计。

②钻井液材料用量设计（表 2-3-43）。

表 2-3-43　钻井液材料用量设计表

开钻次序		一开	二开	三开	四开	五开
钻头尺寸,mm						
井段,m						
井筒容积,m³						
钻井液用量,m³						
储备钻井液	密度,g/cm³					
^	体积,m³					
材料名称		用　量,m³					合计,m³

注：储备加重料列入材料名称栏中。

(7) 钻头及钻井参数设计。

①钻头设计（表2-3-44）

表2-3-44 钻头设计表

序号	尺寸，mm	型号	钻进井段，m	进尺，m	纯钻时间，h	机械钻速，m/h

注：上述钻头型号为油田公司推荐的型号，施工单位可根据现场应用情况进行优选，保证安全、优质和快速。

②钻井参数设计（表2-3-45）。

表2-3-45 钻井参数设计表

开钻次序	钻头序号	层位	井段 m	喷嘴组合 mm	钻井液性能			钻进参数			水力参数							
					密度 g/cm³	PV mPa·s	YP Pa	钻压 kN	转速 r/min	排量 L/s	立管压力 MPa	钻头压降 MPa	环空压耗 MPa	冲击力 N	喷射速度 m/s	钻头水功率 kW	比水功率 W/mm²	上返速度 m/s	功率利用率 %
一开																			
…																			

(8) 井控设计。

①各次开钻井口装置示意图（包括套管头的尺寸及型号）。

a. 一开井口装置示意图（圆井的深度要考虑各次的套管头安装高度）。

b. 二开井口装置示意图。

c. 三开井口装置示意图。

d. 四开井口装置示意图。

e. 节流管汇及压井管汇示意图。

②各次开钻试压要求。

a. 各次开钻井口装置试压要求（表2-3-46）。

表2-3-46 各次开钻井口装置试压要求表

开钻次数	井控装置名称	型号	试压要求			
			介质	压力，MPa	时间，min	允许压降，MPa
二开						

续表

开钻次数	井控装置名称	型号	试压要求			
			介质	压力,MPa	时间,min	允许压降,MPa
三开						
...						

b. 各次开钻套管试压要求（表2－3－47）。

表2－3－47　各次开钻套管试压要求表

开钻次数	套管尺寸 mm	试压介质	试压压力 MPa	试压时间 min	允许压降 MPa

③井控要求。

a. 井控设备安装要求。

b. 井控培训要求。

c. 井控演习要求。

d. 井控岗位要求。

e. 加重钻井液储备和加重料要求按钻井液设计部分要求执行。

f. 低泵冲实验和油气上窜速度测定要求。

g. 中途测试与测井井控要求。

h. 井控主要措施。

（9）欠平衡钻井设计。

①欠平衡施工参数设计（表2－3－48）。

表2－3－48　欠平衡施工参数设计表

井段 m	地层孔隙压力 MPa	井口控制压力 MPa	欠压值 MPa	钻井流体类型	钻井流体密度 g/cm³

②欠平衡钻井地面流程及装置示意图。

③欠平衡钻井井口装置示意图。

④欠平衡钻井施工技术措施。

（10）取心设计。

①取心井段及工具（表2-3-49）。

表2-3-49　取心井段及工具设计表

层位	取心井段 m	取心进尺 m	岩心直径 mm	取心工具型号×数量	取心钻头类型×外径×内径

注：上表中取心工具及钻头为油田公司推荐的，施工单位可根据有关标准和现场实际选择。

②取心钻具组合及钻进参数设计（表2-3-50）。

表2-3-50　取心钻具组合及钻进参数设计

序号	井段，m	钻具组合	钻进参数		
			钻压 kN	转速 r/min	排量 L/s

注：上表中取心钻具组合及钻进参数为油田公司推荐的，施工单位可根据现场实际优化组合。

③取心技术措施。

④地层孔隙压力监测（表2-3-51）。

表2-3-51　地层孔隙压力监测表

监测井段，m	监测方法	监测要求
	dc指数法	
	……	

（11）地层漏失试验。

①试漏层位。

②试漏程序。

③数据采集。

④试漏结果。

（12）中途测试技术要求。

（13）测井技术要求。

（14）油气层保护设计。

①储层物性分析。

②储层敏感性分析。

③油气层保护措施要求。

（15）固井设计。

①固井施工主要技术难点。

②固井主要工艺要求。

a. 水泥体系。

b. 水泥返高。

c. 水泥石强度要求。

d. 水泥浆主要性能参数：密度、滤失量等。

e. 固井施工队伍作详细的固井设计。

③套管柱设计（表2-3-52）。

表2-3-52　套管柱设计表

套管程序	井段 m	规范 尺寸 mm	规范 扣型	长度 m	钢级	壁厚 mm	质量 每米质量 kg/m	质量 段质量 t	质量 累计质量 t	抗外挤 最大载荷 MPa	抗外挤 安全系数	抗内压 最大载荷 MPa	抗内压 安全系数	抗拉 最大载荷 kN	抗拉 安全系数
表层套管															
技术套管（1）															
技术套管（2）															
……															
生产套管															

说明：（1）抗挤、抗内压计算方法。

（2）高压气井要按气密封和腐蚀环境要求设计。

④各层次套管强度校核图（图2-3-5）。

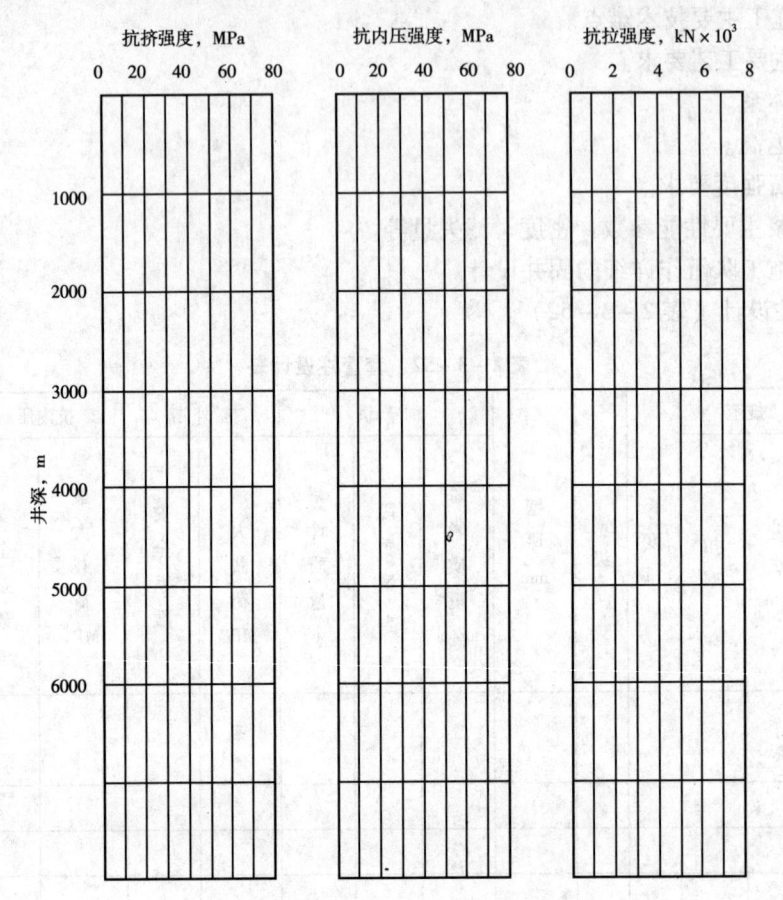

------ 套管强度线　　　---- 设计强度线

注：按各层次套管分别作出强度校核图

图2-3-5　套管强度校核图

⑤各层次套管串结构数据表（表2-3-53）。

表2-3-53　各层次套管串结构数据表

套管程序	井深 m	套管 下深，m	套管串结构 （套管钢级、壁厚、长度，浮鞋、浮箍、分级箍、悬挂器等位置）
表层套管			
技术套管（1）			
技术套管（2）			
……			
生产套管			

⑥套管扶正器安放要求（表2-3-54）。

表2-3-54 套管扶正器安放要求表

套管程序	套管尺寸 mm	钻头尺寸 mm	井段 m	扶正器型号	扶正器间距 m	扶正器数量
表层套管						
技术套管（1）						
技术套管（2）						
……						
生产套管						

⑦水泥浆配方及性能（表2-3-55）。

表2-3-55 水泥浆配方及性能表

套管程序		表层套管	技术套管（1）	技术套管（2）	……	生产套管
配　　方						
试验条件						
密度，g/cm³						
稠化时间，min						
API滤失量，mL						
自由水，mL/250mL						
流变性能	塑性黏度，mPa·s					
	动切力，Pa					
	n值					
	K值					
抗压强度 MPa/__h						

注：现场施工前根据实际情况要作复核试验。

⑧前置液配方及性能。

⑨各层次套管固井主要附件（表2-3-56）。

表2-3-56 各层次套管固井主要附件表

名称	尺寸, mm	型号	壁厚, mm	钢级	数量, 只	备注
浮鞋						
浮箍						
扶正器						含备用
……						

注：套管固井主要附件（分级箍、悬挂器、内管柱插管、插座等）按套管层次分别列出。

⑩水泥用量（表2-3-57）。

表2-3-57 水泥用量设计表

套管程序	套管尺寸 mm	钻头尺寸 mm	理论环空容积 m³	水泥浆返深 m	水泥塞面深度 m	水泥等级	注水泥量（附加%）t
表层套管							
技术套管							
生产套管							

⑪外加剂用量（含前置液）（表2-3-58）。

表2-3-58 外加剂用量设计表

材料名称 \ 数量, t \ 套管层次	表层套管	技术套管(1)	技术套管(2)	……	生产套管	合计 t

(16) 各次开钻或分井段施工重点要求。

(17) 完井设计。

①套管头规范

②完井要求

③完井井口装置示意图

(18) 弃井要求。

①井口处理要求。

②井下处理要求。

（19）钻井进度计划。

①钻井施工计划表（表2-3-59）。

表2-3-59 钻井施工计划表

开钻次数	钻头尺寸 mm	井段 m	施工项目 内容	时间 d	累计时间 d
一开			钻进、辅助		
			电测、固井、装井口等		
二开			钻进、辅助		
			中途测试		
			电测、固井、装井口等		
三开			钻进、辅助		
			中途测试		
			电测、固井、装井口等		

②钻井进度计划表（表2-3-60）。

表2-3-60 钻井进度计划表

井身结构示意图	层位	井深，m	计划施工项目	计划作业时间，d

4）健康、安全与环境管理

（1）基本要求。

①施工单位应遵守国家及当地政府有关健康、安全与环境保护法律法规等相关文件的规定。

②施工单位严格按石油天然气钻井健康、安全与环境管理体系指南 SY/T 6283—1997 行业标准执行。

（2）健康、安全与环境管理体系要求。

①单井安全与环保风险分析；

②施工单位必须按规定编制 HSE 执行文件，并制定井喷失控及重大环保事故的应急预案；

③施工单位必须按"两书一表"等具体要求进行 HSE 的例行检查和演练；

④施工单位必须配备污染防治设施，做到污染物达标排放。

（3）关键岗位配置要求（表2-3-61）。

表2-3-61 关键岗位配置要求表

岗位	文化程度	工作年限	持证资质	备　注

（4）健康管理要求。

关键岗位配置、健康管理、劳保用品发放、钻井队医疗器械和药品配置、饮食管理、营地卫生、员工的身体健康检查、有毒药品及化学处理剂的管理等要求。

（5）安全管理要求。

①安全标志牌的要求（位置、标识等）；

②设备的安全检查与维护；

a. 钻井设备安装技术、正确操作和维护按 SY/T 5526—1992 标准执行。（该标准于 2005 年 7 月 26 日废止。——编者）

b. 开钻验收项目及要求按 SY/T 5954—2004 标准执行。

c. 猫头及钢丝绳的安全要求按 SY/T 6228—1996 标准中 10.5 和 10.6 款执行。（该标准于 2011 年 5 月 1 日已作废，现行标准 SY/T 6228—2010。——编者）

③易燃易爆物品的管理要求；

④井场灭火器材和防火安全要求；

a. 井场灭火器材的配备按 SY 5876—93 标准中 3.1 款执行。（该标准于 2008 年 3 月 1 日已作废，替代标准为 SY 5974—2007。——编者）

b. 各种灭火器的使用方法和日期，应放位置要明确标识。

⑤井场动火安全要求；

防火安全要求按 SY/T 6228—1996 标准中第 8 章执行。

⑥井喷预防和应急措施；

a. 井控装置组合按设计执行。

b. 井控装置安装和维护按 SY/T 5967—1994 标准执行。（该标准被 SY/T 5964—2003 代替。——编者）

c. 地层破裂压力测定按 SY 5430—1992 标准执行。（该标准于 2010 年 5 月 1 日作废，替代标准为 SY/T 5623—2009。——编者）

d. 井控技术管理措施按 SY/T 6426—2005 标准执行。

e. 其他要求。

⑦营地安全要求；

a. 烟火报警器的设置；

b. 按规定配套一定数量的灭火器；

c. 用电设备的安全装置要求；

d. 防火安全管理制度。

（6）环境管理要求。

①钻井作业期间环境管理要求；

a. 废水和废泥浆的处理要求；
b. 钻屑的处理要求；
c. 噪声控制要求；
d. 钻井材料和油料的管理要求；
e. 保护地下水源的技术措施。
②钻井作业完成后环境管理要求；
③营地环境保护要求。
5）生产信息及完井提交资料
（1）生产信息类。
①钻井工程日、月报表；
②钻井液日、月报表；
③钻井参数仪记录卡；
④指重表卡；
⑤井控记录；
⑥钻具记录；
⑦钻头使用记录；
⑧钻井液处理记录；
⑨测斜记录；
⑩固井施工现场记录；
⑪固井参数仪记录卡；
⑫取心记录；
⑬录井工程参数记录。
以上信息按甲方要求按时提交。
（2）完井提交资料。
①钻井井史（纸介质和磁介质）；
②钻井施工设计（纸介质和磁介质）；
③各次固井施工设计及总结（纸介质和磁介质）；
④全井钻井技术总结（纸介质和磁介质）；
⑤复杂情况处理记录及总结（纸介质和磁介质）；
⑥事故处理记录及总结（纸介质和磁介质）；
⑦钻井液技术总结（纸介质和磁介质）；
⑧综合录井记录（纸介质和磁介质）；
⑨电子多点测斜数据、试压记录；
⑩特殊施工作业设计及总结（纸介质和磁介质）；
⑪完井交井验收报告。
6）附则
（1）钻井施工设计要求。
施工作业单位依据钻井工程设计详细地作出钻井施工设计，报油田公司备案。

(2) 特殊施工作业要求。

特殊施工作业（中途测试、固井注水泥施工等）根据钻井工程设计要求，施工作业单位要作出单项施工设计，报请油田公司审批。

7) 附件

(1) 邻区邻井资料分析。

(2) 邻区邻井已钻井情况。

①复杂情况及事故（表2-3-62）。

表2-3-62 复杂情况及事故统计表

井号	开钻日期	完井日期	井段 m	钻井液主要性能			复杂情况及事故（井斜、井漏、井涌、卡钻等）	损失时间 h	油气水显示
				体系	密度 g/cm³	漏斗黏度 s			

②井身结构示意图及分析。

③钻井周期（表2-3-63）。

表2-3-63 钻井周期统计表

井号	完钻井深 m	完钻层	钻井周期 d	钻机台月 台月	钻机月速 m/(台·月)	平均机械钻速 m/h	纯钻时间 h	生产时间		非生产时间	
								时间 h	时效 %	时间 h	时效 %

(3) 邻区邻井地层可钻性分级。

①钻头使用情况（表2-3-64）。

表2-3-64 钻头使用情况统计表

井号	钻头尺寸 mm	钻头型号	使用井段 m	地层层位	进尺 m	纯钻时间 h	机械钻速 m/h	钻进参数				钻井液		使用情况分析
								钻压 kN	转速 r/min	泵压 MPa	排量 L/s	密度 g/cm³	漏斗黏度 s	

②岩石可钻性分级（表2-3-65）。

表2-3-65 岩石可钻性分级表

×××井			×××井			×××井		
井段 m	测井资料处理的可钻性级别	岩石可钻性测定的级别		井段 m	测井资料处理的可钻性级别	岩石可钻性测定的级别		井段 m	测井资料处理的可钻性测定的级别	岩石可钻性测定的级别	
		牙轮	PDC			牙轮	PDC			牙轮	PDC

(4) 邻区邻井地层压力。

①试油测压情况（表2-3-66）。

表2-3-66 试油测压情况统计表

井号	层位	井段，m	测试方法	流体	测压日期	压力梯度，MPa/100m

②地层孔隙压力（表2-3-67）。

表2-3-67 地层孔隙压力统计表

×××井			×××井			×××井		
地层	井深 m	孔隙压力梯度 MPa/100m	地层	井深 m	孔隙压力梯度 MPa/100m	地层	井深 m	孔隙压力梯度 MPa/100m

③破裂压力试验情况（表2-3-68）。

表2-3-68 破裂压力试验情况统计表

井号	层位	井深，m	套管鞋深度，m	钻井液密度，g/cm³	压力梯度，MPa/100m

④地层破裂压力（表2-3-69）。

表2-3-69 地层破裂压力统计表

×××井			×××井			×××井		
地层	井深 m	破裂压力梯度 MPa/100m	地层	井深 m	破裂压力梯度 MPa/100m	地层	井深 m	破裂压力梯度 MPa/100m

⑤地层坍塌压力（表2-3-70）。

表2-3-70 地层坍塌压力统计表

井号	地层	井深 m	测井资料法计算坍塌压力梯度 MPa/100m	岩心实验法						坍塌压力梯度 MPa/100m
^	^	^	^	最大水平地应力 σ_H MPa	最小水平地应力 σ_h MPa	水平地应力方向 (°)	C MPa	Φ (°)	^

注：上述方法有岩心的井作室内实验进行验证。

⑥邻井测温情况（表2-3-71）。

表2-3-71 邻井测温情况统计表

井 号	层位	井深，m	测试方法	测温日期	温度，℃	地温梯度，℃/100m

（5）邻区邻井已钻井地层岩石矿物组分及储层油气水层物性（表2-3-72）。

表2-3-72 邻区邻井已钻井地层岩石矿物组分及储层油气水层物性统计表

井号	地层分层	底界深度 m	分层厚度 m	地层岩石矿物组分							黏土矿物相对含量，%					储层油气水层物性	H_2S，CO_2含量 %
				非黏土矿物，%							黏土矿物相对含量，%						
				石英	长石	方解石	白云岩	盐	膏	其他	S蒙皂石	I伊利石	K高岭石	C绿泥石	I/S	C/S		

三、探井设计要求

1. 探井钻井设计前提要求

探井钻井设计应以保证实现地质任务为前提，充分考虑录井、测井、中途测试、完井及试油试采等方面的需要。

2. 探井设计原则要求

探井钻井工程设计应体现安全第一的原则。主要目的层段设计有利于发现和保护油气层；非目的层段设计应主要考虑满足钻井工程施工作业和降低成本的需要。

3. 探井设计先进性要求

探井钻井工程设计应采用国内外成熟适用的先进技术，确保钻井目的的实现。

第二节 开发井钻井设计主要内容、规范及要求

一、开发井钻井设计的主要内容

1. 开发井钻井地质设计的主要内容

开发井钻井地质设计的主要内容应包括：井区自然状况、基本数据、区域地质简介、设计依据及钻井目的、设计地层剖面及预计油气层和特殊层位置、工程技术要求、录井要求、地球物理测井要求、设计及施工变更、提交资料要求以及钻井地质设计附件和附图。

2. 开发井钻井工程设计的主要内容

开发井钻井工程设计的主要内容应包括：设计依据、技术指标及质量要求、井下复杂情况提示、地层岩石可钻性分级及地层压力预测、井身结构设计、钻机选型及钻井主要设备优选、钻具组合设计、钻井液设计、钻头及钻井参数设计、井控设计、取心设计、地层孔隙压力监测、地层漏失试验、油气层保护设计、固井设计、各次开钻或分井段施工重点要求、完井设计、弃井要求、健康安全与环境管理、生产信息及完井提交资料、钻井施工设计要求、特殊施工作业要求、邻井资料分析及钻井施工进度计划等。

同一区块井身结构相似的一批开发井，在区块钻井设计的前提下，单井钻井设计可以简化。

二、开发井设计规范

1. 设计依据及钻探目的

1）设计依据

（1）依据_____项目组下发的_____井钻井要求；
（2）依据低渗透油田公司下发的《钻井工程管理规范》；
（3）依据《低渗透油田公司_____油田产能建设地质方案》，以及有关技术规范及技术法规。

2）邻井资料

依据邻井有关资料，第四系深度以现场卡取为准。

3）钻探目的

滚动建产，扩大该区块油藏规模。

2. 设计井周边环境

3. 地质要求（表2-3-73）

表2-3-73　　××井设计要求

井　号			井　别	
钻井顺序		前拖距离	井　型	
地理位置				
构造位置				
井口坐标	纵坐标（X）		设计位移	
	横坐标（Y）		设计方位	
地面海拔			大门方向	
中靶坐标	纵坐标（X）		靶心半径	
	横坐标（Y）			
中靶垂深			磁偏角	
靶心海拔			设计井深	
目的层			完钻层位	
完钻原则				
完井方式				

4. 设计井地质分层、油气显示及复杂情况提示

1）复杂情况提示

防塌层位、防漏层位、防油气水侵、井涌、井喷层位以及防卡层位见设计分层数据表（表2-3-74）。预计油层位置表见表2-3-75。

表2-3-74 设计分层数据表

层位	设计分层，m		岩性	故障提示
	本井	（邻井）		

表2-3-75 预计油层位置

层位	预计油层位置，m	邻井资料		
		井号	井段，m	解释结果

2）钻遇含有毒有害气体层段，气体组分含量预测及安全管理要求

在施工过程中应严格执行SY/T 5087—2003《含硫油气井安全钻井推荐做法》（该标准于2005年5月1日作废，替代标准为SY/T 5087—2005。——编者），做好相应的安全应急措施，防止意外事故发生。进入目的层段之前，录井队应提示钻井队联系项目组取得一氧化碳和硫化氢等有毒有害气体和地层压力实时资料，并做好一氧化碳和硫化氢等有毒有害气体的防范措施，严格落实井控管理制度。

5. 地层压力及温度

1）地层孔隙压力

邻井注水井和采油井动态数据表分别见表2-3-76及表2-3-77。已钻井实测地层孔隙压力成果表见表2-3-78。

表2-3-76 邻井注水井动态数据表

序号	井号	井口注压，MPa	日注水量，m³	测压日期	油层中深，m	静压，MPa	备注

表 2-3-77　邻井采油井动态数据表

序号	井号	日产液量，m³	含水，%	测压日期	油层中深，m	静压，MPa	压力系数

表 2-3-78　已钻井实测地层孔隙压力成果表

井号	层位	油层中部深度，m	地层压力，MPa	压力系数	备注

表 2-3-79 为油层平均原始地层压力预测表。施工过程中应随时做好井控工作，以防出现异常高压或异常低压层，确保施工的安全进行。开钻前，现场调研周边注水井分布情况，及时采取停注等相应措施，提早预防因注水引起的压力异常给施工带来的不利影响，同时做好防喷防涌等井控工作，确保施工安全。预测原始地层压力数据可能小于实时地层压力，进入目的层前要取得实时地层压力数据，请联系项目组。要求钻井队制定好井控措施，提前调整钻井液性能，周围有两个井距有注水井时，并提示钻井方请示项目组关停注水井。

表 2-3-79　地层压力预测

井号	层位	设计井深，m	原始地层压力，MPa	压力系数	复杂提示

2）地层破裂压力

邻井实测破裂压力数据表见表 2-3-80。

表 2-3-80　邻井实测破裂压力数据表

井号	层位	井段，m	破裂压力，MPa	破裂压力梯度，MPa/100m

3）地层温度
4）钻井液密度设计（表 2-3-81）

表 2-3-81　钻井液密度设计

井号	层位	井段，m	常规性能				
			密度，g/cm³	漏斗黏度，s	失水，mL/min	泥饼，mm	pH 值

注：油层以上井段采用无固相、低固相次生有机阳离子聚合物无毒钻井液体系，进入油层前 50m 停止加入大分子聚合物。

5）井身结构及完井质量要求（表 2-3-82、表 2-3-83）

表 2-3-82 井身结构要求表

井号	表层套管			油层套管		
	钻头外径 mm×m	套管外径 mm×m	水泥返深 m	钻头外径 mm×m	套管外径 mm×m	水泥返深,m

表 2-3-83 完井质量要求表

井号	完井要求		封固质量要求	
	井口装置	试压	井段,m	封固质量

6. 资料录取要求

参见表 2-3-84 及表 2-3-85。

表 2-3-84 资料录取要求

井号	层位	录井项目、井段、间距及质量					
		井段	岩屑	钻时	钻井液	荧光	备注

表 2-3-85 地球物理测井

序号	名称	井段	比例尺	项目及要求
1	完钻电测			
2	三样测井			

7. 邻井停注泄压要求

1) 注水井钻关方案

(1) 钻关距离：注水井钻关距离为____ m。

(2) 钻关时间：开钻前符合钻井关井井口恢复压力要求。

(3) 钻井关井井口恢复压力要求：明确不同范围内的注水井关井时间和恢复压力。

(4) 转注时间：依据地下情况具体确定。

2) 采油井钻关方案

(1) 采油井关井范围：为防止钻井液进入采油井，保护油气层，保证油井附近的新钻井封固质量，50m 范围内的采油井全部关井。

(2) 采油井关井时间：采油井关井时间为钻开油层前至固井后48h。

8. 附表及附图（井位图及地面环境描述示意图）

9. 井控设计

要求要认真贯彻落实石油行业《钻井井控技术规程》（SY/T 6426—2005）、《低渗透油田石油与天然气钻井井控实施细则》、《含硫化氢油气井安全钻井推荐作法》（SY/T 5087—2005）等有关规定。重点强调如下几个方面：

（1）井控要有应急预案，严格执行《井喷失控事故应急预案》。

（2）表层套管除满足封堵黄土层和水层之外，还应满足井控的基本要求。即表层套管应满足以下两个条件：①表套下深≥____ m；②进入石板层____ m以上，坐于砂岩井段。

（3）表层套管必须全井段纯水泥封固，固表层预留____ m以上水泥塞。

（4）进入油层前50m对上部地层进行承压能力试验，严格按钻井液设计执行。

（5）二开前井口必须安装21MPa或更高压力等级的单闸板封井器和节流管汇，并按有关规定试压及安装。

（6）立足一次井控，有专用灌浆管线。储备足够的加重材料；相关设备和仪器运转正常，并具有防爆功能。

（7）钻开油气层前由工程技术人员、钻井液及地质技术人员向全队职工进行技术交底，明确井控技术要求。

（8）钻开油气层前，加强地层对比，采用dc指数法和气测资料等对地层压力进行随钻监测，及时提出地质预报。钻井液密度在地层压力基础上附加$0.05 \sim 0.10 \text{g/cm}^3$。

（9）在进入油、气、水层前，调整钻井液性能必须通知司钻及坐岗人员和地质人员，以免因调整钻井液性能而掩盖溢流的某些显示。

（10）坚持坐岗制度，做到每15min观察一次钻井液返出量的变化和钻井液池液面增减情况，做好观察记录。

三、开发井设计要求

（1）开发钻井设计应贯彻和执行有关健康、安全与环境管理标准和规范，应有明确的健康、安全与环境保护要求。

（2）开发井钻井设计应结合油气藏特征优选水平井或分支井等钻井方式，保证钻井质量，提高油气田产量，满足油气田高效开发的要求。

（3）为了做好钻井工程设计，必须开展地层孔隙压力、坍塌压力及破裂压力（或漏失压力）预测基础研究，实现钻井液、水泥浆密度以及井身结构优化设计。井身结构设计应执行以下原则：

①满足井控要求，浅气层应用套管封住。
②表层套管应有效保护地表水源。
③在地下矿产采掘区钻井，井筒与采掘坑道、矿井通道之间的距离不小于100m，套管下深应封住开采层并超过开采段100m。
④有效保护储层。
⑤同一裸眼井段尽量避免不同的压力系统，防止出现复杂情况和发生事故。

⑥超深井、复杂井以及地层压力不清的井，套管设计时要留有一层备用套管的余地。

⑦含硫化氢和二氧化碳等有害气体和高压气井的油层套管及有害气体含量高的技术套管，其材质和螺纹应符合相应的技术要求。

（4）钻井工程设计应在接到钻井地质设计后7~15个工作日内完成。

第三节 钻井设计审批程序

（1）探井由油田公司勘探开发部门编写，生产井由施工方进行钻井设计书编写，各采油厂提供资料和技术协助。

（2）钻井设计完成后应分别由低渗透油田各采油厂勘探开发部门、钻井工程管理部门和安全环保部门审核批准。

（3）在油气田勘探开发建设中必须维护钻井设计的严肃性。钻井设计执行过程中若确需调整，调整后的钻井设计应报相应管理部门审核和主管领导批准，审批后方可实施。在紧急情况下现场技术人员可以采取应急措施，但应及时上报相应管理部门。

（4）低渗透油田钻井管理部门根据钻井设计的符合情况进行考核。钻井设计人员应进行设计后的跟踪，不断优化钻井工艺技术，以提高钻井设计的合理性和准确性。

（5）钻井设计主要考核内容：主要包括钻井周期符合程度、地层孔隙压力预测精度、井身结构合理性、钻井液体系与地层匹配性。

全年开发井钻井设计符合率不低于95%。

第四章 固井设计管理

一、设计依据

固井工程设计依据：地质设计、钻井工程设计及实钻资料和相关石油行业标准。

1. 地质和地理资料

（1）设计井深、井别及井型；

（2）构造名称；

（3）地理位置；

（4）地质分层（表2-4-1）；

表2-4-1 地质分层数据表

地质年代	分层	底界深度，m	层厚度，m	主要岩性描述

(5) 油、气、水 (盐水) 显示及盐 (膏) 岩层位置 (表2-4-2)。

表2-4-2 油、气、水显示及盐岩层位置数据表

	层 位	顶界深, m	厚度, m	孔隙压力, MPa	渗透率, mD	备注
油						
气						
水						

	层 位	顶界深, m	厚度, m	蠕变系数	备注
盐岩层					
膏盐层					
其他					

2. 钻井资料

(1) 井深、开钻次序及套管层次；
(2) 井身结构 (表2-4-3)；

表2-4-3 井身结构数据表

套管程序	井眼尺寸 mm	井深 m	套管尺寸 mm	套管下深 m	阻流环位置 m	水泥返深 m
表层套管						
技术套管						
技术套管						
技术套管						
生产套管						
尾 管						

(3) 完钻时钻井液性能（表 2-4-4）;

表 2-4-4　完钻时钻井液性能表

密度 g/cm³	漏斗黏度 s	滤失量, mL 0.7 MPa	滤失量, mL 3.5 MPa	泥饼 mm	摩擦系数	切力, Pa 10s	切力, Pa 10min	含砂 %	固相含量 %	总矿化度 mg/L	氯离子含量 mg/L	pH	出口温度 ℃

(4) 钻井泵参数（表 2-4-5）;

表 2-4-5　钻井泵参数表

泵号	型号	缸径, mm	冲数, 次/min	排量, L/s	泵压, MPa
1					
…					

(5) 井身质量;
①主要数据（表 2-4-6）;

表 2-4-6　井身质量主要数据表

最大井斜全角变化率 (°)/25m	井底水平位移 m	井斜角度 最大, (°)	井斜角度 井深, m	井斜角度 方位, (°)

②井斜数据（表 2-4-7）;

表 2-4-7　井斜数据表

井深, m	井斜角度, (°)	方位角度, (°)	全角变化率, (°)/25m

③井径数据（表 2-4-8）。

表 2-4-8　井径数据表

序号	井段, m 自	井段, m 至	井径 mm	序号	井段, m 自	井段, m 至	井径 mm
平均井径扩大率: %		最大井径: mm			最小井径: mm		

（6）钻井复杂情况描述。

起下钻遇阻、遇卡与落物，井塌与漏失、溢流、井涌、井喷、油气上窜速度及其他。

二、套管柱设计

1. 套管柱强度设计条件

套管柱强度设计表见表 2-4-9。

表 2-4-9 套管柱强度设计表

套管尺寸 mm	螺纹类型	套管下深 m	钻井液密度 g/cm³	下一层套管 深度 m	下一层套管 钻井液密度 g/cm³	漏失面深度 m

2. 套管柱强度设计结果

套管柱强度设计结果表见表 2-4-10。

表 2-4-10 套管柱强度设计结果表

序号	井段 m 自	井段 m 至	段长 m	壁厚 mm	钢级	螺纹类型	单位重 kg/m	重量, kN 段重	重量, kN 累重	安全系数 抗挤	安全系数 抗拉	安全系数 抗内压

3. 套管串结构

套管串结构表见表 2-4-11。

表 2-4-11 套管串结构表

序号	名称	长度, m	井深, m	累计长度, m

4. 分级箍、套管外封隔器和尾管悬挂器等井下工具强度性能参数

分级箍等井下工具强度性能参数表见表 2-4-12。

表 2-4-12 分级箍等井下工具强度性能参数表

井下工具名称	型号	螺纹类型	性能参数
分级箍			
套管外封隔器			
尾管悬挂器			

5. 扶正器安放位置和数量

扶正器安放位置和数量表见表2-4-13。

表2-4-13 扶正器安放位置和数量表

序号	井段,m 自	井段,m 至	扶正器规格	扶正器数量	序号	井段,m 自	井段,m 至	扶正器规格	扶正器数量

共计下入扶正器数量： 个

三、水泥浆设计

1. 水泥浆配方及性能

水泥浆配方及性能设计表见表2-4-14。

表2-4-14 水泥浆配方及性能设计表

水泥浆配方1：			
密度,g/cm³		样品来源：	
造浆率,m³/t			
需水量,L/kg			
试验结果			
稠化时间（h:min）：		黏度计读数	抗压强度,MPa
100BC：		300r/min	24h：
		200r/min	48h：
6.9MPa滤失量,mL/30min		100r/min	
自由水,%		60r/min	
倾斜45°自由水,%		30r/min	
		20r/min	n,
稠化时间试验条件		10r/min	K, Pa·s^n
升温时间		6r/min	PV, mPa·s
初始压力	初始温度	3r/min	YP, Pa
最终压力	最终温度	试验现象：	

续表

水泥浆配方2：				
密度，g/cm³		样品来源：		
造浆率，m³/t				
需水量，L/kg				
试验结果				
稠化时间（h:min）：		黏度计读数		抗压强度，MPa
100BC：		300r/min		24h：
		200r/min		48h：
6.9MPa滤失量，mL/30min		100r/min		
自由水,%		60r/min		
倾斜45°自由水,%		30r/min		
		20r/min		n
稠化时间试验条件		10r/min		K, Pa·s^n
升温时间		6r/min		PV, mPa·s
初始压力	初始温度	3r/min		YP, Pa
最终压力	最终温度	试验现象：		

2. 前置液设计

（1）冲洗液和隔离液配方及性能（表2-4-15）。

表2-4-15 冲洗液和隔离液配方及性能表

冲洗液配方：			隔离液配方：		
密度，g/cm³			密度，g/cm³		
黏度计读数：			黏度计读数：		
300r/min		200r/min	300r/min		200r/min
100r/min		60r/min	100r/min		60r/min
30r/min		20r/min	30r/min		20r/min
10r/min		6r/min	10r/min		6r/min
3r/min			3r/min		
n			n		
K, Pa·s^n			K, Pa·s^n		
PV, mPa·s			PV, mPa·s		
YP, Pa			YP, Pa		
试验现象：			试验现象：		

（2）水泥浆与钻井液和隔离液相容性实验（表2-4-16）。

表2-4-16 水泥浆与钻井液和隔离液相容性实验表

混合流体 （体积百分数）	试验温度 ℃	黏度计刻度盘读数，r/min							塑性黏度 mPa·s	屈服值 Pa
		300	200	100	60	30	6	3		
95%水泥浆+5%隔离液										
75%水泥浆+25%隔离液										
50%水泥浆+50%隔离液										
25%水泥浆+75%隔离液										
5%水泥浆+95%隔离液										
5%水泥浆+95%钻井液										
25%水泥浆+75%钻井液										
50%水泥浆+50%钻井液										
75%水泥浆+25%钻井液										
95%水泥浆+5%钻井液										

四、注水泥设计

1. 水泥用量设计

水泥用量设计表见表2-4-17。

表2-4-17 水泥用量设计表

序号	井段，m		单位环容 L/m	累计环容 L
	自	至		
水泥塞量，L				
水泥量，t（附加　　％）				
用水量，m³				

2. 替浆量计算

替浆量计算表见表2-4-18。

表2-4-18 替浆量计算表

序号	井段，m	单位管内容积，L/m	累计管内容积，L
钻井液压缩系数	%	替浆量，m³	

3. 注入流体数量、施工排量及时间

注入流体数量、施工排量及时间设计表见表2-4-19。

表2-4-19 注入流体数量、施工排量及时间设计表

流体序号	流体类型	密度 g/cm³	数量 m³	环空液面位置 m	时间 min	注入排量 m³/min
1	钻井液					
2	冲洗液1					
3	隔离液					
4	冲洗液2					
5	压胶塞1					
6	水泥浆1					
7	水泥浆2					
8	压胶塞2					
9	顶替液1					
10	顶替液2					
11	顶替液3					
…	……					
	碰压					
	总计时间,min					

五、技术措施

（1）井眼准备；
（2）下套管；
（3）注水泥；
（4）候凝及胶结测井；
（5）其他。

六、固井主要设备和材料

1. 固井主要设备

固井主要设备表见表2-4-20。

表2-4-20 固井主要设备表

名称	型号及规格	数量
钻井泵		

续表

名称		型号及规格	数量
水泥车	注水泥		
	供水		
	替浆		
	其他		
灰罐（车）			
压风机车			
流量计（仪器）车			
管汇车			
水罐			
水泥化验车			
其他			

2. 固井材料

固井材料设计表见表2-4-21。

表2-4-21 固井材料设计表

序号	名称	规格、型号	数量
1	套管（1）外径，mm		
	套管（2）外径，mm		
	套管（3）外径，mm		
	短套管（1）		
	短套管（2）		
2	水泥（1）		
	水泥（2）		
	水泥（3）		

续表

序号	名称	规格、型号	数量
3	外加剂（1）		
	外加剂（2）		
	外加剂（3）		
	……		
4	扶正器（1）		
	扶正器（2）		
	扶正器（3）		
5	浮鞋		
6	浮箍		
7	承托环		
8	碰压塞		
9	套管螺纹密封脂		
10	套管螺纹胶		
11	套管头（1）		
	套管头（2）		
12	分级箍		
13	重力塞		
14	上胶塞		
15	下胶塞		
16	套管外封隔器		
17	尾管悬挂器		
18	尾管送入工具		
19	预应力地锚		

七、固井作业提交资料要求

1. 固井施工前提交的资料
（1）水泥浆试验报告单（纸介质）；
（2）固井作业施工单（纸介质）。

2. 固井施工完成后提交的资料
以下资料在施工结束后15天内提交甲方工程管理部门：
（1）固井施工现场记录单（纸介质）；
（2）固井参数仪记录卡（纸介质）；
（3）固井施工总结（磁、纸介质）。

第五章 钻井质量管理

第一节 常用钻机基本配置

一、概述

根据使用工况、成本和运输条件的不同，石油钻机可采用电驱动、柴油机驱动或复合驱动等型式，其驱动方式可采用单独驱动、统驱动或分组驱动。合理的选择驱动型式和传动方式是提高钻井效率必不可少的条件。根据可钻深度和最大钩载，国内常用钻机可分为 ZJ15/900、ZJ30/1700、ZJ40/2250、ZJ40/31500、ZJ70/4500 等几种型号；根据动力及驱动方式，可分为 F（机电复合动力驱动）、D（电机驱动）、DB（交流变频电机驱动）、LDB（链条并车交流变频电机驱动）和 JDB（皮带并车交流变频电机驱动）等类型。

二、ZJ15/900 钻机

1. 基本参数

（1）最大钩载：900kN。
（2）推荐钻井深度：
外径 114mm 钻杆：800~1500m；
外径 127mm 钻杆：700~1250m。
（3）绞车额定功率：300~450kW。
（4）钻井钢丝绳直径：26mm。
（5）最大快绳拉力：135kN。
（6）提升系统绳系：4×5。
（7）转盘开口直径：444.5mm 或 520.7mm。
（8）钻井泵台数：1 台。
（9）单井钻井泵最大输入功率：≥596kW（800hp）。
（10）井架形式：K 型或 K 型伸缩式。
（11）底座型：橇装式或升举式。
（12）钻台高度：≥4.5m。
（13）主动力功率：10000~1500kW。
（14）辅助发电机功率：300kW。

2. ZJ15/900DB 钻机简述

钻机采用柴油发电机组作主动力，发出的 400V/600V/50Hz（60Hz）交流电经 VFD 变为频率可调的交流电。通过交流变频电动机分别驱动绞车、转盘和钻井泵;绞车由交流变频电动机通过齿轮传动箱减速后驱动其工作,刹车为液压盘式刹车与主电机能耗制动组合;转盘由交流变频电动机通过万向轴驱动;钻井泵由交流变频电动机通过皮带或链条驱动;电传动控制系统采用交流变频(VFD)传动;井架为液缸起升二节伸缩式;底座为液缸升举式或橇装式。钻机基本配置清单见表2-5-1。

表2-5-1 ZJ15/900DB 钻机基本配置清单

序号	基本配置	数量	单位
1	天车:符合 GB/T 19190 的规定,最大钩载 900kN,主滑轮4个,快绳滑轮1个,适合钢丝绳直径 26mm,辅助滑轮3个。包括天车架、栏杆、缓冲梁及防护网等	1	套
2	游车:符合 GB/T 19190 的规定,最大钩载 900kN,滑轮4个,适合钢丝绳直径 26mm	1	套
3	大钩:符合 GB/T 19190 的规定,最大钩载 1350kN	1	套
4	两用水龙头:符合 GB/T 19190 的规定,最大钩载 1350kN,最高转速 300r/min,最大工作压力 35MPa,带风动旋扣器,鹅颈管与水龙带连接采用活接头连接	1	套
5	井架:符合 GB/T 19190 的规定,K 型,有效高度 31m,最大钩载 900kN;二层台容量:ϕ114mm 钻杆,19m 立根 1500m	1	套
6	登梯助力机构	1	套
7	钻工防坠落装置	1	套
8	二层台逃生装置	1	套
9	底座:符合 SY/T 5250 的规定,垂直升举式或橇装式底座,钻台面高 4.5m,净空高≥3.2m,转盘梁最大钩载 900kN,立根盒容量:ϕ114mm 钻杆,19m 立根 1500m,立根盒载荷 500kN	1	套
10	防喷器安装系统和设备	1	套
11	转盘:符合 GB/T 17744 的规定,开口直径 444.5mm 或 520.7mm,包括方瓦	1	套
12	转盘驱动装置:通过万向轴连接电机和转盘	1	套
13	绞车:最大输入功率 300~450kW,适用钢丝绳直径 26mm,开槽滚筒,无极变量,最大快绳拉力 135kN,刹车为液压盘式刹车与主电机能耗制动结合	1	套
14	液压盘刹系统:盘式刹车由执行机构、液压站和操作系统等组成	1	套
15	气源及气源净化系统:包括2台空压机,1台干燥机及控制阀和管线,布置在主发或辅发电房内	1	套
16	空气系统:包括气管线、阀件等	1	套
17	管线槽	1	套
18	井口机械化工具:组合液压站,钻杆动力钳,上、卸扣液压猫头	1	套
19	司钻控制房:集钻机机、电、液、钻井仪表系统控制与显示于一体,实现钻机的整体监测与控制,布置有工业电视监控等	1	套
20	交流变频控制系统:包括 VFD 和 MCC 系统及房体,其中 VFD 系统的输入电压为 600V,频率 50Hz,输出电压 600V,频率 0~140Hz 可调	1	套
21	猫道	1	套

续表

序号	基本配置	数量	单位
22	钻杆排放架	1	套
23	钻井泵组：由交流变频电机驱动。钻井泵：输入功率596kW（800hp），通过皮带或链条传动	1	套
24	钻井液循环管汇：103mm（通径）×35MPa，单立管，单通道，包括由钻井泵排出口至水龙头入口的全部管汇	1	套
25	柴油发电机组：发电机组容量1250~2000kV·A，功率因数0.7/0.8，电压600V/400V，频率50Hz	1	套
26	钻井钢丝绳：符合SY/T 5170的规定，直径26mm，6×19S+IWRC+EIPS，交互捻，旋向应与绞车第一层缠绳旋向相反	1000	m
27	快绳排绳器	1	套
28	气动绞车：提升拉力50kN，2台；提升拉力5kN，1台		
29	死绳固定器：含传感器、指重表	1	套
30	死绳稳定器	1	套
31	钻井仪表	1	套
32	井场标准电路：满足井场交流用电并符合GB 3836的规定	1	套
33	固控系统：震动筛、除砂器、除气器、除泥器、搅拌器、砂泵等，总容积约75m³	1	套
34	倒绳器	1	套
35	工业电视监控系统	1	套
36	井场通讯系统	1	套
37	交流变频电机：绞车、转盘、钻井泵各一台	3	台
38	供油系统	1	套
39	供水系统	1	套
40	随机工具：移动干油站、千斤顶、随机维修工具等	1	套
41	钻井工具		
(1)	5¼in 滚子补心：四方驱动	1	套
(2)	防喷罩	1	套
(3)	钻头盒		
(4)	转盘防滑垫		
(5)	充氮设备	1	套
(6)	1350kN 吊环	1	付
(7)	卡瓦	按需	
(8)	安全卡瓦	按需	
(9)	B型吊钳	2	把
(10)	吊卡	按需	

三、ZJ30/1700 钻机

1. 基本参数

（1）最大钩载：1700kN。

（2）推荐钻井深度：

外径114mm 钻杆：1600~3000m；

外径127mm 钻杆：1500~2500m。

（3）绞车额定功率：400~600kW。

（4）钻井钢丝绳直径：29mm。

（5）最大快绳拉力：210kN。

（6）提升系统绳系：5×6。

（7）转盘开口直径：520.7mm 或 689.5mm。

（8）钻井泵台数：1台。

（9）单井钻井泵最大输入功率：≥969kW（1300hp）。

（10）井架形式：K 型或 K 型伸缩式。

（11）底座型：橇装式或升举式。

（12）钻台高度：6m，5m，4.5m。

（13）主动力机组功率：1200~2500kW。

（14）辅助发电机功率：300kW。

2. ZJ30/1700LDB 钻机简述

钻机为机电复合驱动绞车，钻井泵采用液力传动链条并车方案。由2台柴油机分别与液力偶合正车减速箱组成动力机组，机组动力通过多轴整体链条箱并车后，分别驱动1台钻井泵和绞车；井场供电采用柴油发电机组（或网电）供电。转盘由交流变频电机通过减速箱驱动，无级调速，绞车内变速。主刹车为液压盘式刹车，辅助刹为电磁涡流刹车。井架为 K 形，底座为橇装式。钻机基本配置清单见表2-5-2。

表2-5-2　ZJ30/1700 钻机基本配置清单

序号	基本配置	数量	单位
1	天车：符合 GB/T 19190 的规定，最大钩载1700kN，主滑轮5个，快绳滑轮1个，适合钢丝绳直径29mm，辅助滑轮4个，起重架一套	1	套
2	游车：符合 GB/T 19190 的规定，最大钩载1700kN，滑轮5个，适合钢丝绳直径29mm	1	套
3	大钩：符合 GB/T 19190 的规定，最大钩载1700kN	1	套
4	两用水龙头：符合 GB/T 19190 的规定，最大钩载1700kN，最高转速300r/min，最大工作压力35MPa，带风动旋扣器，鹅颈管与水龙带连接采用活接头连接	1	套
5	井架：符合 GB/T 19190 的规定，K 型或 K 型二节式伸缩井架，最大钩载1700kN；二层台容量：114mm 钻杆，28m 立根3000m	1	套
6	登梯助力机构	1	套

续表

序号	基本配置	数量	单位
7	钻工防坠落装置	1	套
8	二层台逃生装置	1	套
9	底座：符合 SY/T 5250 的规定，垂直升举式或橇装式底座，钻台面高 6/5/3.3m，净空高 5/4.3/2.6m，转盘梁最大钩载 1700kN。立根盒容量：ϕ114mm 钻杆，28m 立根 3000m，立根盒载荷 950kN	1	套
10	防喷器安装系统和设备	1	套
11	转盘：符合 GB/T 17744 的规定，开口直径 520.7mm 或 698.5mm，最高转速 300r/min	1	套
12	转盘驱动装置：通过链条或齿轮减速箱，用万向轴连接电机和转盘	1	套
13	绞车：最大输入功率 400~600kW，适用钢丝绳直径 29mm，开槽滚筒，多挡内变速，最大快绳拉力 210kN，主刹车为液压盘式刹车，辅助刹车为电磁涡流刹车	1	套
14	液压盘刹系统：盘式刹车由执行机构，液压站和操作系统等组成	1	套
15	气源及气源净化系统：包括 2 台空压机，1 台干燥机、一个储气罐及控制阀和管线，布置在主发或辅发电房内	1	套
16	空气系统：包括气管线、阀件等	1	套
17	管线槽	1	套
18	井口机械化工具：组合液压站，钻杆动力钳，上、卸扣液压猫头	1	套
19	司钻控制房：统一布局气控、电控、液控系统操作台、钻井参数显示仪、电子数控防碰装置及工业监控等；附设司钻偏房一套	1	套
20	交流变频控制系统：包括 VFD 和 MCC 系统及房体，其中 VFD 系统的输入电压为 600V，频率 50Hz，输出电压 600V，频率 0~140Hz 可调	1	套
21	猫道	1	套
22	钻杆排放架	1	套
23	钻井泵组：钻井泵输入功率 969kW（1300hp），由并车箱通过万向轴输入动力	1	套
24	钻井液循环管汇：103mm（通径）×35MPa，单立管，包括由钻井泵排出口至水龙头入口的全部管汇	1	套
25	柴油发电机组：发电机组 2 台或 3 台，辅助发电机 300kW		
26	钻井钢丝绳：符合 SY/T 5170 的规定，直径 29mm，6×19S+IWRC+EIPS，交互捻，旋向应与绞车第一层缠绳旋向相反	1000	m
27	快绳排绳器	1	套
28	气动绞车：提升拉力 50kN，2 台；提升拉力 5kN，1 台		
29	死绳固定器：含传感器，指重表	1	套
30	死绳稳定器	1	套
31	钻井仪表：一体化或独立钻井仪表，包括大钩悬重、钻压、泵冲、转盘转速、扭矩、立压、泥浆返回量、吊钳扭矩	1	套

续表

序号	基本配置	数量	单位
32	井场标准电路：满足井场交流用电并符合 GB 3836 的规定	1	套
33	固控系统：震动筛、除砂器、除气器、除泥器、搅拌器、砂泵等，总容积约 150m^3	1	套
34	倒绳器	1	套
35	工业电视监控系统	1	套
36	井场通讯系统	1	套
37	交流变频电机：转盘交流变频电机一台	3	台
38	供油系统	1	套
39	供水系统	1	套
40	随机工具：移动干油站、千斤顶、随机维修工具等	1	套
41	钻井工具		
(1)	5¼in 滚子补心：四方驱动	1	套
(2)	防喷罩	1	套
(3)	钻头盒		
(4)	转盘防滑垫		
(5)	充氮设备	1	套
(6)	2250kN 吊环	1	付
(7)	卡瓦	按需	
(8)	安全卡瓦	按需	
(9)	B 型吊钳	2	把
(10)	吊卡	按需	

四、ZJ40/2250 钻机

1. 基本参数

（1）最大钩载：2250kN。

（2）推荐钻井深度：

外径 114mm 钻杆：2500～4000m；

外径 127mm 钻杆：2000～3000m。

（3）绞车额定功率：700～1400kW。

（4）钻井钢丝绳直径：32mm。

（5）最大快绳拉力：280kN。

（6）提升系统绳系：5×6。

（7）转盘开口直径：698.5mm。

（8）钻井泵台数：2 台。

（9）单台钻井泵功率：≥745kW（1000hp）。

（10）井架形式：K型或K型套装式。

（11）底座型：橇装式或双升式或旋升式。

（12）钻台高度：6m或7.5m。

（13）主动力机组功率：2400~3500kW。

（14）辅助发电机功率：300kW；

2. ZJ40/2250D钻机简述

钻机采用柴油发电机组作主动力，发出的600V/50Hz交流电经VFD整流后变为0~750V直流电，分别驱动绞车、转盘和钻井泵的直流电动机，绞车由2台电机驱动，主刹车为液压盘式刹车，辅助刹车为电磁涡流刹车（或气动椎盘刹车），转盘由1台电机独立驱动（也可由绞车电机联合驱动）。2台钻井泵各为电机驱动，电传动系统可采用一对二（或一对一）控制方式，AC—SCR—DC传动；井架为K型；底座为双升式或旋升式。

3. ZJ40/2250DB钻机简述

钻机采用柴油发电机组作主动力，发出的600V/50Hz交流电经VFD控制单元变为频率可调的交流电，分别驱动绞车、转盘和钻井泵的交流变频电动机。绞车由2台电机驱动，刹车为液压盘式刹车与电机能耗制动组合，转盘由1台电机独立驱动。2台钻井泵各由电机驱动，电传动系统可采用一对一控制方式，井架为K型；底座为双升式或旋升式。

4. ZJ40/2250LDB钻机简述

绞车及钻井泵采用液力传动，链条并车方案。由柴油机各自与液力偶合减速箱组成动力机组，机组动力通过多轴整体链条箱并车后分别驱动钻井泵和绞车。采用柴油发电机组为转盘400kW交流变频电机供电，通过链条箱驱动，无级调速；绞车刹车方式为液压盘式刹车，辅助刹车为电磁涡流刹车；井架为K型；底座为橇装式或旋升式。

5. ZJ40/2250JDB钻机简述

绞车和钻井泵采用机械传动，皮带并车方案。由柴油机各自与正车减速箱组成动力机组，机组动力通过皮带并车后，分别驱动钻井泵和绞车。采用柴油发电机组为转盘400kW交流变频电机供电，通过链条箱驱动，无级调速，绞车刹车方式为液压盘式刹车，辅助刹车为电磁涡流刹车；井架为K型；底座为橇装式或旋升式。钻机基本配置清单见表2-5-3。

表2-5-3　ZJ40/2250钻机基本配置清单

序号	基本配置	数量	单位
1	天车：符合GB/T 19190的规定，最大钩载2250kN，主滑轮5个，快绳滑轮1个，适合钢丝绳直径32mm，辅助滑轮1个，起重架1套	1	套
2	游车：符合GB/T 19190的规定，最大钩载2250kN，滑轮5个，适合钢丝绳直径32mm	1	套
3	大钩：符合GB/T 19190的规定，最大钩载2250kN	1	套
4	两用水龙头：符合GB/T 19190的规定，最大钩载2250kN，最高转速：300r/min，最大工作压力35MPa，带风动旋扣器，鹅颈管与水龙带连接采用活接头连接	1	套

续表

序号	基本配置	数量	单位
5	井架：符合 GB/T 19190 的规定，K 型，最大钩载 2250kN，二层台容量：ϕ114mm 钻杆，28m 立根 4000m	1	套
6	登梯助力机构	1	套
7	钻工防坠落装置	1	套
8	二层台逃生装置	1	套
9	套管扶正台	1	套
10	底座：符合 SY/T 5250 的规定，旋升式或双升式底座，钻台面高 6m，净空高 4.6m，转盘梁最大钩载 3150kN。立根盒容量：ϕ114mm 钻杆，28m 立根 4000m，立根盒载荷 1200kN	1	套
11	防喷器安装系统和设备	1	套
12	转盘：符合 GB/T 17744 的规定，开口直径 698.5mm，最高转速 300r/min，最大负荷 4500kN	1	套
13	转盘驱动装置：一台电机通过万向轴、转盘驱动箱驱动转盘	1	套
14	绞车：最大输入功率 735kW，适用钢丝绳直径 32mm，开槽滚筒，多挡内变速，最大快绳拉力 280kN，主刹车为液压盘式刹车，辅助刹车为电磁涡流刹车	1	套
15	液压盘刹系统：盘式刹车由执行机构、液压站和操作系统等组成	1	套
16	气源及气源净化系统：包括 2 台空压机，1 台冷启动机，1 台干燥机、一个储气罐及控制阀和管线，布置在主发或辅发电房内	1	套
17	空气系统：包括气管线、阀件等	1	套
18	管线槽	1	套
19	井口机械化工具：组合液压站，钻杆动力钳，上、卸扣液压猫头	1	套
20	司钻控制房：统一布局气控、电控、液控系统操作台，钻井参数显示仪，电子数控防碰装置及工业监控等，附设司钻偏房一套	1	套
21	交流变频控制系统：包括 VFD 和 MCC 系统及房体，其中 VFD 系统的输入电压为 600V，频率 50Hz，输出电压 600V，频率 0~140Hz 可调	1	套
22	猫道	1	套
23	钻杆排放架	1	套
24	钻井泵组：2 台钻井泵，单泵输入功率 969kW（1300hp），由电机或柴油机驱动	1	套
25	钻井液循环管汇：103mm（通径）×35MPa，双立管，双通道，包括由钻井泵排出口至水龙头入口的全部管汇	1	套
26	柴油发电机组：发电机组 3 台，辅助发电机 400kW	1	套
27	钻井钢丝绳：符合 SY/T 5170 的规定，直径 32mm，6×19S+IWRC+EIPS，交互捻，旋向应与绞车第一层缠绳旋向相反	1000	m
28	快绳排绳器	1	套
29	气动绞车：提升拉力 50kN，2 台；提升拉力 5kN，1 台		
30	死绳固定器：含传感器，指重表	1	套

续表

序号	基本配置	数量	单位
31	死绳稳定器	1	套
32	钻井仪表：一体化或独立式钻井仪表，包括大钩悬重、钻压、泵冲、转盘转速、扭矩、立压、泥浆返回量、吊钳扭矩	1	套
33	井场标准电路：满足井场交流用电并符合 GB 3836 的规定	1	套
34	固控系统：震动筛、除砂器、除气器、除泥器、搅拌器、砂泵等，总容积约 200m^3	1	套
35	倒绳器	1	套
36	工业电视监控系统	1	套
37	井场通讯系统	1	套
38	交流变频电机：绞车2台，转盘1台，钻井泵2台	3	台
39	供油系统	1	套
40	供水系统	1	套
41	随机工具：移动干油站、千斤顶、随机维修工具等	1	套
42	钻井工具		
(1)	5¼in 滚子补心：四方驱动	1	套
(2)	防喷罩	1	套
(3)	钻头盒及盒座	1	套
(4)	浮动式小鼠洞卡钳	1	付
(5)	转盘防滑垫		
(6)	充气机	1	套
(7)	2250kN 吊环	1	付
(8)	卡瓦	按需	
(9)	安全卡瓦	按需	
(10)	B 型吊钳	2	把
(11)	吊卡	按需	

四、ZJ50/3150 钻机

1. 基本参数

（1）最大钩载：3150kN。

（2）推荐钻井深度：

外径 114mm 钻杆：3500~5000m；

外径 127mm 钻杆：2800~4500m。

（3）绞车额定功率：1100~1600kW。

（4）钻井钢丝绳直径：35mm。

（5）最大快绳拉力：350kN。

（6）提升系统绳系：6×7。

（7）转盘开口直径：698.5mm 或 952.5mm。
（8）钻井泵台数：2 台或 3 台。
（9）单台钻井泵功率：≥969kW（1300hp）。
（10）井架形式：K 型。
（11）底座型：橇装式或双升式或旋升式。
（12）钻台高度：7.5m 或 9m。
（13）主动力机组功率：3000~4500kW。
（14）辅助发电机功率：300kW。

2. ZJ50/3150D 钻机总体简述

钻机采用 3 台柴油发电机组作主动力，发出的 600V/50Hz 交流电经 SCR 整流后变为 0~750V 直流电，分别驱动绞车、转盘和钻井泵的直流电动机；绞车由 2 台电机驱动；主刹车为液压盘式刹车，辅助刹车为电磁涡流刹车；转盘由 1 台电机驱动（或与绞车联合驱动）；钻井泵各由 1 台电机驱动；电传动系统可采用一对二（或一对一）控制方式，AC—SCR—DC 传动；井架为 K 型；底座为双升式或旋升式。

3. ZJ50/3150DB 钻机总体简述

钻机采用 3 台柴油发电机组作主动力，发出 600V/50Hz 的交流电，经 VFD 控制单元后馈变为频率可调的交流电，分别驱动绞车、转盘和钻井泵的交流变频电动机；绞车由 2 台电机驱动，刹车方式为液压盘式刹车与主电机能耗制动组合；转盘由 1 台电机驱动；3 台钻井泵各由 1 台电机驱动。电传动系统采用一对一控制方式，AC—DC—AC 传动；井架为 K 型；底座为双升式或旋升式。

4. ZJ50/3150LDB 钻机总体简述

钻机为机电复合驱动绞车及钻井泵，采用液力传动链条并车，由 3 台柴油机分别与液力偶合正车减速箱组成动力机组，机组动力通过多轴整体链条箱并车后，分别驱动 2 台钻井泵和绞车；采用两台柴油发电机组。转盘由交流变频电机通过一挡链条箱驱动，无级调速，绞车内变速；刹车方式：液压盘刹＋电磁涡流刹车；井架为 K 形；底座前台为旋升式或橇装式。

五、ZJ70/4500 钻机

1. 基本参数

（1）最大钩载：4500kN。
（2）推荐钻井深度：
外径 114mm 钻杆：4500~7000m；
外径 127mm 钻杆：4000~6000m。
（3）绞车额定功率：1400~2000kW。
（4）钻井钢丝绳直径：38mm。
（5）最大快绳拉力：485kN。
（6）提升系统绳系：6×7。
（7）转盘开口直径：952.5mm。

（8）钻井泵台数：2台或3台。

（9）单台钻井泵功率：1193kW（1600hp）。

（10）井架形式：K型。

（11）底座型：双升式或旋升式。

（12）钻台高度：7.5m或9m。

（13）主动力机组功率：4000~5500kW。

（14）辅助发电机功率：300kW。

2. ZJ70/4500D钻机简述

钻机采用柴油发电机组作主动力，发出的600V/50Hz交流电经SCR整流后变为0~750V直流电，分别驱动绞车、转盘和钻井泵的直流电动机；绞车由2台直流电机驱动，内变速，主刹车为液压盘式刹车，辅助刹车为电磁涡流刹车；转盘由1台电机驱动（或与绞车联合驱动）；每台钻井泵各由2台直流电机驱动，电传动系统可采用一对二（或一对一）控制方式，AC—SCR—DC传动；井架为K型；底座为双升式或旋升式。

3. ZJ70/4500DB钻机简述

钻机采用柴油发电机组作主动力，发出的600V/50Hz交流电经VFD变频控制后变为频率可调的交流电，分别驱动绞车、转盘和钻井泵的交流变频电动机；绞车由2台电动机驱动，刹车方式为液压盘式与主电机能耗制动结合，转盘由1台电动机驱动，每台钻井泵由1台或2台电动机驱动。电传动系统采用一对一控制方式，AC—DC—AC传动；井架为K型；底座为双升式或旋升式。

4. ZJ70/4500LDB钻机简述

钻机为机电复合驱动，绞车和钻井泵采用液力传动链条并车方案，由3台柴油机分别与液力偶合正车减速箱组成动力机组，机组动力通过多轴整体链条箱并车后，分别驱动2台钻井泵和绞车。采用2台或3台柴油发电机组供电，转盘由一台600kW/400V交流变频电动机通过齿轮箱驱动，无级调速，绞车内变速；主刹车采用盘式刹车，辅助刹车采用电磁涡流刹车。井架K形，底座前高后低，前台为旋升式，后台为箱块式。

第二节 钻井现场要求和钻井监督

一、井场安全要求

1. 公路

（1）通往井场的道路（包括沙漠、森林、草原、海滩等无道路的地区），为钻探施工项目修筑的简易道路应满足在建井到完井及试油整个周期内，达到路面平整，其路基（桥梁）承载量、路宽及坡度应满足运送钻井设备与物资的车辆和钻井特殊作业车辆的安全行驶要求，其弯度及会车点的设置间距要充分考虑这些车辆的安全通过性。

（2）进入井场的公路宜选择在井架大门前（或前偏左、前偏右）。

（3）公路沿线两侧伸入路面及横跨公路的构筑物的限高，从路面标高到建筑物的净高不得低于井场5m。

2. 井场

（1）井场地面。

①井场地面应有足够的抗压强度。场面平整，中间略高于四周，排水良好。在经受各种车辆和自然因素作用下，不发生过大的变形。

②井场周围排水设施要畅通，钻井液大土池和废液池周围要有截水沟，防止自然水浸入，防止塌方。

③基础平面应高于井场面 1~2m，并应排水畅通。

④油、气放喷管线的安装要求应符合 SY/T 6426—2005 的相关规定。

⑤井场应配备足够的钻井液储备池（罐），池（罐）应做到不垮、不漏、不渗。

⑥井场有毒物品应单独储存，设有明显标志区别，并有专人保管和发放。

⑦在平原、森林和耕地处的井场完井后应按规定运走废液，填埋泥浆池，恢复地貌。

（2）井场各类设备基础，应设置在地基承载力较大的挖方上。无论挖地基或人工处理地基，其地基承载能力不得小于 0.2MPa。

（3）各类钻机设备基础，应根据钻机设备的载荷和地基的承载力，决定基础的结构和形式。

（4）井场的有效使用面积不小于表 2-5-4 的要求（不包括活动住房、其他建筑电力线、通讯线及井场外管线等井场附属设施的占地面积）。

表 2-5-4　井场的有效使用面积

钻机级别	井场面积，m²	长度，m	宽度，m
20 及以下钻机	6400	80	80
30	8100	90	90
40	10000	100	100
50	11025	105	105
70 及以上钻机	12100	110	110

（5）井场布置应考虑当地季风的风频及风向。尽量把井场出口设置到上风处。

（6）井场设备应根据地形条件和钻机类型合理布置，利于防爆和操作与管理。

（7）井场、钻台、油罐区、机房、泵房、危险品仓库、净化系统、远程控制系统及电气设备等处应有明显的安全标志牌，并应悬挂牢固。在井场入口、井架、钻台及循环系统等处设置风向标。井场安全通道应畅通。

（8）石油钻井专用管材摆放在专用支架上，高度不得超过三层，各层边缘用绳系牢或专用装置设施固定牢，排列整齐，支架稳固。

（9）井场值班房、发电房、锅炉房、材料房及消防器材房等设施应摆放整齐，内外清洁。

（10）井场场地应平整干净，无积水和油污。废料分类堆放，道路畅通，行走方便。

（11）地处山区及河滩的井场，在雨季汛期应制定防洪措施。

（12）安全间距。

①油气井井口距高压线及其他永久性设施应不小于 75m；距民宅应不小于 100m；距铁

路、高速公路应不小于 200m；距学校和医院及大型油库等人口密集、高危场所应不小于 500m。

②值班房、发电房、库房及化验室等工作房及油罐区距井口不小于 30m，发电房与油罐区相距不小于 20m，锅炉房在井口下风方向距井口不小于 50m。

③在草原、苇塘及林区钻井时，井场周围应有防火墙或隔离带，隔离带宽度不小于 20m。

（13）消防。

①井场应配备 100L 泡沫灭火器（或干粉灭火器）2 个，8kg 干粉灭火器 10 个，5kg 二氧化碳灭火器 2 个，消防斧 2 把，防火锹 6 把，消防桶 8 只，防火砂 4m³，20m 长消防水龙带 4 根，φ9mm 直流水枪 2 支。这些器材均应整齐清洁摆放在消防房内。机房配备 8kg 二氧化碳灭火器 3 只，发电房配备 8kg 二氧化碳灭火器 2 只。在野营房区也应配备一定数量的消防器材。

②消防器材由专人挂牌管理，定期维护保养，不应挪为它用，消防器材摆放处，应保持通道畅通，取用方便，悬挂牢靠。

③井场内不应吸烟。井场动火严格按 SY/T 5858—2004 中的安全规定执行。

④在探井、高压井和气井的施工中，立管至钻井泵的供水管线上宜有合格的消防管线接口。

⑤井场火源及易燃易爆物源的安全防护应符合 SY/T 5225—2005 中的要求。

（14）大门绷绳。

①绷绳坑距井口 30~35m，坑长 1.5m，宽 1.5m，坑深 2m，坑木直径 250mm×1m（或用钢筋混凝土的地锚），并用石块和土夯实。

②绷绳应用直径 19mm 的钢丝绳组成，长 40~45m，绷绳应固定牢固，死滑轮封口拴牢。

二、钻井设备的安装与拆卸

1. 设备安装质量要求

1）井架及底座安装质量要求

（1）井架底座的上平面水平偏差应小于 3mm。

（2）塔形井架底座组装后 4 个柱角的顶板应在同一平面内，平面度公差为 5mm，对角线尺寸差小于 10mm。

（3）井架立柱组装后的直线公差不大于 0.5:1000。

（4）井口导管预埋时应垂直，井架底座中心对井眼中心的同轴度偏差应小于 10mm。

（5）转盘中心与天车中心的同轴度偏差应小于 20mm。

（6）转盘平面对天车至井眼轴心线的垂直度偏差应小于 3mm。

（7）绷绳抗拉强度应大于绷绳载荷的 2.5 倍，锚固力不小于 100kN。

2）传动系统安装技术要求

（1）传动系统底座的平面度公差应小于 3mm。

（2）采用万向轴连接时，安装误差：其法兰端面平面度小于 1mm，柴油机万向轴倾斜度为 3°~50°，钻井泵万向轴倾斜度为 50°~80°。

（3）采用法兰连接时，平行度安装误差小于 1mm，同轴度安装误差小于 0.5mm。

(4) 采用带传动和链传动时，两传动轮应在同一垂直平面内，带传动平行度安装误差小于3mm，链传动同轴度安装误差小于2mm。

(5) 单根三角胶带的张紧度按两皮带轮的中心距下垂尺寸来计算，每米小于15mm，测力应垂直两皮带轮的中心，力的大小应符合表2-5-5的规定。

表2-5-5 三角胶带的测量力

三角胶带型号	A	B	C	D	E
测量力，N	25	30	75	135	180

(6) 单根链条的张紧度按两链轮间链条的下垂尺寸计算，水平传动链条应小于两链轮间切线长度的2%~3%，爬坡链条应小于切线长度的2%。

(7) 采用气离合器连接时，同轴度误差为1.0~1.5mm，未充气离合器间隙为2~3mm。

(8) 绞车的刹车毂与刹车块的间隙应均匀，通常为6mm。

3) 循环系统安装质量技术要求

(1) 钻井泵应安装在同一水平面上，平面偏差为3mm。

(2) 钻井泵吸入管径应大于泵液力端吸入管尺寸，吸入管应安装过滤器、挡板阀和缓冲器。

(3) 高压管汇应进行刚性固定。

(4) 水龙带与井架之间应有足够的距离，并应采取防止水龙带打扭的措施，水龙带与立管相接部分要有正常的弯曲半径，水龙带的最小弯曲半径应符合表2-5-6规定。

表2-5-6 水龙带的最小弯曲半径

水龙带内孔直径，mm	50	63.5~76.2	90
最小弯曲半径，mm	900	1200	1390

4) 钻井仪表固定

钻井仪表固定应有避震和减振措施，其安装位置不得妨碍司钻观察井口操作视线。

5) 供给系统安装质量技术要求

(1) 油罐和水罐位置应有适当压头，储油罐的进出口应安装流量计。

(2) 油、气、水输送管线安装后应用空气进行试压，试验压力为其输送压力的1.25倍，稳压3min，不应有渗漏。

2. 钻台设备及辅助设备的安装要求

1) 游动系统的安装

游动滑车的螺栓和销子齐全紧固，护罩完好无损。

(1) 大钩钩身和钩口锁销应操作灵活，大钩耳环保险销齐全，安全可靠。

(2) 大钩的其他技术要求应符合SY/T 5527—2001的规定。（此标准于2010年8月20日已废止。——编者）

(3) 吊环无变形和裂纹，保险绳用直径13mm钢丝绳绕三圈，卡三只绳卡。

2) 水龙头及风动旋扣短节

（1）鹅颈管法兰盘密封面平整光滑。
（2）提环销锁紧块完好紧固。
（3）各活动部位转动灵活，无渗漏。
（4）水龙带宜采用直径13mm的钢丝绳缠绕好作保险绳，绳扣间距一般为0.8m，两端分别固定在水龙头提梁上和立管弯管上。
（5）风动旋扣短节的风动马达固定应牢固。旋扣短节的外壳用直径13mm的钢丝绳与水龙头外壳连接牢。

3）小绞车、防爆电动葫芦和气动绞车

小绞车四角紧固和平稳，刹车可靠，且采用有防脱功能的吊钩（如双片反向式），并用绳卡卡牢，防爆电动葫芦应有防水及防触电措施。起重钢丝绳应采用直径16mm的钢丝绳，不打结，无断丝和锈蚀，50kN滑轮开口，应采用钢丝绳缠绕2圈拴牢。电（液、气）动绞车的安装应牢固平稳，刹车可靠，采用有防脱功能的吊钩。电动绞车应有防水和防触电等措施。

4）大钳

大钳的钳尾销应齐全牢固，小销应穿开口销，大销与小销穿好后应加穿保险销。B型大钳的吊绳用直径3mm钢丝绳，悬挂大钳的滑车的公称载荷应不小于30kN。滑车固定用直径13mm的钢丝绳绕两圈卡牢。大钳尾绳用直径22mm的钢丝绳固定于尾绳桩上。

液气大钳的吊绳用直径16mm的钢丝绳，两端各卡3只绳卡。液气大钳移送气缸固定牢固，各连接销应穿开口销，高低调节灵敏，使用方便。悬挂液气大钳的滑车的公称载荷应不小于50kN。

5）防碰天车

气动防碰天车上的引绳采用直径6mm钢丝绳，上端固定牢固，下端用开口销连接，松紧合适。不扭，不打结，不与井架和电线摩擦，工作时总离合器和高低速同时放气，1s内将滚筒刹死。

机械防碰天车灵敏，制动快。重砣用直径13mm的钢丝绳悬吊于钻台下，距地面不应小于2m。防碰天车挡绳与天车滑轮的距离应符合设计要求。

6）气控设备

（1）气控台仪表齐全，灵敏可靠。
（2）气路管线排列规整，各种阀件工作性能好，冬季时保温。
（3）绞车检修、保养或测井时，应切断气源或停掉动力，总离合器手柄应固定好并挂牌，有专人看护。

7）钻台工具配备及其他

钻台清洁，设备和工具见本色，摆放整齐，花纹钢板完好。钻杆盒固定螺栓按规定上齐全，固定牢固。

指重表和记录仪读数准确灵敏，工作正常。传压器及其传压管线不渗漏。

3. 钻井泵、管汇及水龙带的安装要求

1）钻井泵的安装

（1）钻井泵找平和找正后，泵与联动机之间用顶杠顶好并锁紧，转动部位应采用全封闭护罩固定牢固无破损。

（2）钻井泵的弹簧式安全阀应垂直安装，并戴好护帽。定期检查安全阀，不应将安全阀堵死或拆掉。

（3）钻井泵安全阀杆灵活无阻卡。剪销式安全阀销钉应按钻井泵缸套额定压力选用并穿在规定的位置上；弹簧式安全阀应将其开启压力调至钻井泵缸套额定压力的105%~110%范围内。

钻井泵安全阀泄压管宜采用直径75mm的无缝钢管制作，其出口应通往钻井液池或钻井液罐，出口弯管角度应大于120°，两端应采取保险措施。

（4）预压式空气包应配压力表，空气包应充装氮气或空气，不应充装氧气或可燃气体，充装压力为钻井泵工作压力的1/3。

（5）拉杆箱内不得有阻碍物。

（6）检修钻井泵时应先关闭断气阀，后在钻台控制钻井泵的气开关上挂"有人检修"的警示牌。

（7）泵压力表清洁，读数准确；从机房和泵房应均能看到读数。

2）地面高低压管汇安装

（1）高低压阀门组应安装在水泥基础上。

（2）地面高压管线应安装在水泥基础上，基础间隔4~5m，用地脚螺栓上牢。

（3）高压软管的两端用直径不小于16mm的钢丝绳缠绕后与相连接的硬管线接头卡固，或使用专用软管卡卡固。

（4）高低压阀门螺栓紧固，手轮齐全，开关灵活，无渗漏。

3）立管及水龙带安装

（1）立管应上吊下垫，不应将弯头直接挂在井架拉筋上。用花篮螺栓及直径19mm的钢丝绳套绕两圈将立管吊挂在井架横拉筋上，弯管要正对井口，立管下部坐于水泥基础上。

（2）立管中间用不少于4只直径20mm"U"形螺栓紧固，立管与井架间应垫方木或专用立管固定胶块。

（3）"A"形井架的立管在各段井架对接的同时上紧活接头，水龙带在立井架前与立管连接好，用棕绳捆绑在井架上。

（4）立管压力表宜安装在离钻台面1~2m高处，表盘朝向以便于司钻观察为宜。压力表清洁、完好。

4）高低压管汇安装

高低压管汇及阀组按施工标准打3个基础，用地脚螺栓卡牢，正常工作时不跳不刺不漏。高压和低压阀门开关灵活，齐全完好。

4. 钻井液净化设备的安装要求

（1）钻井液罐的安装应以井口为基准，或以2号钻井泵为基准，确保钻井液罐及高架槽有1:100的坡度，钻井液罐上应铺设用于巡回检查的网状钢板通道，通道内无杂物，护栏齐全，紧固，不松动。

（2）高架槽宜有支架支撑，支架应摆在稳固平整的地面上。

（3）振动筛至钻台及钻井液罐应安装0.8m宽的人行通道，靠钻井液池两侧应安装1.05~1.20m高的护栏。

(4) 钻井液净化设备的电器应由持证电工安装，电动机的接线牢固，绝缘可靠。

(5) 安装在钻井液罐上的除泥器、除砂器、除气器、离心机及混合漏斗应与钻井液罐可靠地固定，传动及转动部位护罩齐全完好。振动筛找平和找正后，应用压板固定。

(6) 上、下钻井液罐组的梯子不少于3个。

(7) 振动筛安装牢固，传动部分护罩齐全完好。

(8) 除砂器砂泵底座固定牢靠，运转正常，皮带齐全，松紧合适，护罩完好，固定牢靠。仪表灵敏准确。连接管线及旋流器管线不泄漏，设备清洁。

(9) 除泥器的电动机接线牢靠，绝缘良好，运转正常，设备清洁。

(10) 除气器固定牢靠，运转正常，设备清洁。

(11) 搅拌器内加隔板，机座固定牢靠，外壳无腐蚀，靠背轮连接可靠，设备清洁。

5. 电气系统的安装要求

电气系统的安装应由持证电工安装。

1) 移动式发电房

(1) 移动式发电房应符合 GB/T 2819—1995 中的有关规定。

(2) 发电房应用耐火等级不低于四级的材料建造，内外清洁无油污。

(3) 发电机组固定可靠，运转平稳，仪表齐全、灵敏、准确，工作正常。

(4) 发电机外壳应接地，接地电阻应不大于 4Ω。

2) 井场电气线路的安装

井场距井口 30m 以内的电气系统的所有电气设备（如电机、开关、照明灯具、仪器仪表、电器线路以及接插件、各种电动工具等）应符合防爆要求。

(1) 井场主电路宜采用 YCW 型防油橡套电缆，照明电路宜采用 YZ 型电缆。

(2) 钻台、机房、净化系统、井控装置的电器设备及照明灯具应分设开关控制。远程控制台及探照灯应设专线。

(3) 井场至水源处的电源线路应架设在专用电杆上，高度不低于 3m，并设漏电断路器控制；电缆线应有防止与金属摩擦的措施。

(4) 配电房输出的主电路电缆应由井场后部绕过，敷设在距地面 200mm 高的金属电缆桥架内；过路地段应套有电缆保护钢管；钻井液罐及振动筛内侧应焊接电缆桥架和电缆穿线钢管。井场电路若需架空时，应分路架设在专用电杆上，高度不低于 3m；距柴油机、井架绷绳不小于 2.5m；供电线路不应通过油罐上空。

(5) 电缆敷设位置应考虑避免电缆受到腐蚀和机械损伤。

(6) 电气设备均应保护接地（接零），其接地电阻不超过 4Ω。

(7) 钻台、井架、机泵房及钻井液循环系统的电气设备及照明器具应符合防爆要求。

3) 配电柜

配电柜金属构架应接地，接地电阻不宜超过 10Ω。前地面应设置绝缘胶垫。

6. 井场照明

1) 照明电源

(1) 井场照明负荷应符合 GB 50034—2004 的规定。

(2) 照明线路应装符合技术要求的漏电保护开关。
(3) 井控系统照明电源及探照灯电源应从配电室控制屏处设置专线。
(4) 移动照明电源的输入与输出电路应实行电路上的隔离。

2) 照明电压
(1) 照明灯的端电压应符合 GB 50034—2004 的规定。
(2) 移动照明电压应符合 GB 50034—2004 的规定。

3) 照明线路
(1) 井场照明电路应采用橡套电缆。
(2) 单相回路的零火线截面应相同。三相四线制的工作零线和保护零线的截面不小于相线的 1/2。
(3) 井场场地照明线路宜采用 YZ2×2mm² 电缆。
(4) 井架照明电路宜采用 YZ2×2.5mm² 电缆。钻台和井架二层平台以上应分路供电，分支照明电路宜采用 YZ2×1.5mm² 电缆敷设；电缆与井架摩擦处应有防磨措施。
(5) 机房及钻井液循环罐照明电路应采用耐油橡套电缆敷设，应有电缆槽或电缆穿线管，电缆槽或电缆穿线管应有一定的机械强度，可敷设在罐顶或外侧及机房底座内侧。专用接线箱或防爆接插件要有防水措施。
(6) 各照明电缆分支应经防爆接线盒或防爆接线箱压接，支路与分支做线路搭接时应做结扣绕接和高压绝缘处理。

4) 灯具
(1) 距离井口半径 30m 内的照明应采用防爆灯具和防爆开关。井场用照明配备防爆灯具型号和数量见表 2-5-7。

表 2-5-7 井场用房照明配备防爆灯具型号和数量

用房类型	型号	数量，只/间	用房类型	型号	数量，只/间
发电房	dB2~dB200	2	值班房	dB2~dB200	1
地质房	dB2~dB200	1	材料房	dB2~dB200	1
锅炉房	dB2~dB200	2			
气测房	dB2~dB200	1			
井控房	dB2~dB200	1			

注：在不降低防爆等级时，可采用其他防爆灯具，但不低于所代替防爆灯具的照度。

(2) 机房、泵房及钻井液循环罐上的照明灯具应高于工作面（罐顶）1.8m 以上，其他部位灯具安装应高于地面 2.5m 以上。
(3) 灯具固定位置应符合施工要求，固定牢靠。

7. 设备颜色

1) 井架及天车颜色
塔式井架及底座应为灰色。自升式井架底座应为银白色，井架体中部应为红色，两端应为白色。钻台偏房应为银白色。天车应为红色，天车顶部应设发红光的防爆标灯。

2) 钻井设备及附属设施颜色

（1）游动滑车应为黄黑相间斜条纹，斜条纹应右斜角度为45°，黑黄斜条纹宽度各为200mm；大钩和水龙头应为黄色；绞车、转盘及链条护罩应为天蓝色；指重表应为红色。

（2）气（电）动绞车应为黄色，液动大钳、B型大钳应为红色，大钳液控箱应为黄色，力钻杆旋扣器应为红色。

3）机泵设备颜色

柴油机组应为黄色，钻井泵应为天蓝色，裸露旋转部位、空气包、安全阀及泄压管应为红色。

4）发电设备颜色

（1）发电机组应为黄色。

（2）配电盘应为白色。

5）气控系统颜色

压风机、储气罐、干燥器及气管线应为银白色。

6）井控装置的颜色

井控装置、管汇及其附属设施应为红色。

7）钻井液管汇颜色

钻井液管汇系统的高、低压管线和阀门手轮应为红色，阀门体应为黄色。

8）净化系统及相应设备颜色

（1）固控装置应为黄色。

（2）循环罐和土粉、加重剂、散装水泥储存罐应为灰色。

（3）搅拌器减速箱及电机护罩应为黄色。

9）柴油罐、机油罐、水罐及相应设备颜色

（1）柴油罐、机油罐、油管线应为黄色。

（2）柴油泵及电机应为灰色。

（3）水罐、水泵及水管线应为绿色。

10）活动房颜色

井控房及消防工具房应为红色，锅炉房应为灰色，其余房应为白色。

三、钻井岗位操作的安全管理

1. 井场联络信号

（1）钻台、机房、泵房、井架二层台间的提示信号见表2-5-8。

表2-5-8　钻台、机房、泵房、井架二层台间的提示信号

联络对象	声音信号
钻台—井架二层台	用敲击钻具的方式联络
钻台—泵房	气笛一长声，音长2~3s
钻台—机房	气笛二长声，音长2~3s
机房—泵房	气笛一短声，音长小于1s
钻台紧急呼叫	连续短音

(2) 井架二层台与钻台岗位间指挥信号见表 2-5-9。

表 2-5-9　井架二层台与钻台岗位间指挥信号

操作内容	声音信号	手势信号
上提	敲击钻具一次	手心向上，单臂向上摆动
下放	连续敲击钻具二次	手心向下，单臂向下摆动
停止	连续敲击钻具三次	手心向下，单臂平摆
紧急停止	连续短促敲击钻具	

(3) 钻台与泵房、机房之间指挥信号见表 2-5-10。

表 2-5-10　钻台与泵房、机房之间指挥信号

操作内容	手势信号
开启 1 号钻井泵	举单臂过头顶，伸食指
开启 2 号钻井泵	举单臂过头顶，伸食指和中指
开双泵	双臂握拳举过头顶
停 1 号钻井泵	伸出食指顶住另一只手掌心，并举过头顶
停 2 号钻井泵	伸出分开的食指、中指顶住另一只手掌心，并举过头顶
停双泵	双臂交叉高举过头顶
打开回水闸门	伸开五指，右臂向下逆时针划圆，划圆半径大于20cm
关闭回水闸门	伸开五指，右臂向下顺时针划圆，划圆半径大于20cm

(4) 井控信号见表 2-5-11。

表 2-5-11　井控信号

操作内容	声音信号、手势信号（在钻台上，面对远程控制台）
溢流警报信号	鸣气笛 15~30s
打开液动放喷阀（节流阀）	左臂向左平伸
关环形防喷器	双臂向两侧平举呈直线，五指呈半弧状，然后同时向上摆，合拢于头顶
关半封闸板	双臂向两侧平举呈一直线，五指伸开，手心向前然后同时前平摆，合拢于胸前
关闭液动放喷阀（节流阀）	左臂平伸，右手向下顺时针划平圆
打开环形防喷器	手掌伸开，掌心向外，双臂侧上方高举展开
打开半封闸板	手掌伸开，掌心向外，双臂胸前平举展开

紧急集合信号：需要紧急集合时应按应急方案中的规定发出紧急集合信号。

2. 岗位操作的安全管理

(1) 施工现场 HSE 组织机构健全，各项规章制度、岗位职责和操作规程齐全。

（2）根据施工作业工况和环境情况变化进行风险识别和评价，制定安全措施与应急控制预案。

（3）按照 HSE 管理要求，严格施工作业 HSE 管理，定期组织 HSE 会议、培训和演练等，并作详细记录。

（4）进入井场应按规定穿戴好防护用品。

（5）加强岗位巡回检查制度，不应串岗、脱岗及酒后上岗。

（6）上岗人员应经过相关安全资质培训合格，持证上岗。

（7）新员工应经过公司、队、生产班组三级安全教育，考试合格并签师徒合同后才能上岗操作。

（8）发生事故或险情后应及时上报，并分析事故或险情原因，采取措施，有效处理，并严肃追究事故责任者。

（9）安全生产管理机构健全；队、班组坚持安全活动；防喷、防冻、防火防爆、防硫化氢及防机械伤害事故等措施齐全落实；安全记录齐全、准确。

（10）处理卡钻事故时，应用钢丝绳捆牢大钩，销好转盘大方瓦和方补心销子，拴好方补心保险绳。

（11）任何人不应随同重物或游动系统升降。

（12）不应使用钢丝绳拉猫头。

（13）进入注水泥、压井、酸化压裂及测试等高压作业时，非工作人员不应进入高压区。

（14）"A"型井架起放应有专人指挥。风力大于6级、雾天和夜间视线不清时不应进行起放。

（15）油田公司、钻井公司及井队应定期或不定期地期抽调专业人员组织安全生产检查。

（16）其他详见本书第二部分第九章《钻井工程 HSE》。

四、钻进及辅助作业

1. 一开钻进

一开钻进是指埋设导管后，下表层套管前的第一次钻进。

（1）导管鞋应坐在硬地层上，对松软地层下加深导管。

（2）用动力钻具钻鼠洞时要专人指挥。

（3）大鼠洞的位置和斜度要有利于方钻杆的顺利起下。

（4）鼠洞管下入后应用土埋好，地面涂水泥。

（5）鼠洞的位置、鼠洞管的斜度与出露钻台高度，应有利于方钻杆的起放和摘挂水龙头操作方便。

（6）第一次钻进井眼要直，入井钻具应符合 SY/T 5369—1994 要求的质量标准。

（7）第一次钻井开始，控制钻压不大于钻挺柱质量的 60%。

（8）钻进中应根据井下情况变化和地面设备与仪表采集的信息变化分析判断，及时采取相应措施，实现安全钻进。

2. 再次钻进

再次钻进指封固表层套管后的各次钻进。

（1）再次钻进前应先安装好井口装置并找正天车、转盘和井口中心，固定牢固。

（2）钻完固井水泥塞，再次恢复钻进，应对套管采取保护措施。

①在钻挺未出套管鞋前，钻压不大于钻挺质量的60%，转盘速度采用低转速。

②技术套管下入较深及再次钻进井段较长的井，应采取保护套管的措施。

（3）钻具组合应满足钻井工程设计要求，符合 SY/T 5172—2007 有关规定。

（4）易缩径的软地层使用 PDC 钻头和喷射钻头，应根据实际情况，每次钻进进尺不大于500m应进行短程起下钻，起出钻具长度应超过新钻进井段，以防缩径卡钻。

（5）钻井液的选择。

①对长段泥岩地层，应进行矿物组分分析，并依此选择具有相应抑制性的钻井液体系。

②钻井液应进行净化处理，按钻井设计要求控制固相含量。固控设备配备应有振动筛、除砂器、离心机和除泥器（或清洁器）。

③钻井液性能应满足油层保护、录井、测井和测试要求。

（6）安全钻达下技术（油层）套管深度后，应根据钻井设计要求，及时进行测及固井等其他作业。

3. 钻水泥塞

（1）钻水泥塞宜用铣齿牙轮钻头，可采用加重钻杆或加 1~2 柱钻挺。

（2）钻水泥塞的钻井液应具有抗钙污染性能。

（3）钻水泥塞出套管鞋后，应根据钻井设计要求，进行套管鞋地层破裂压力试验。

4. 取心

（1）取心前的准备：

①取心前由相关专业人员向钻井队交底，钻井队应清楚取心的要求、依据、井深、段长、岩性、取心工具结构及检查要求，执行好取心技术措施。

②取心钻头的直径，应与全面钻进的钻头尺寸相匹配，如因条件限制，要用小直径取心钻头，其小井眼段长应小于50m。

③起下钻阻卡井段，应采用划眼通井等措施消除阻卡，不能采用取心钻头划眼。

④凡固井后即需取心的井，应把井底处理干净后，才能进行取心作业。

⑤处理好钻井液，保持其性能稳定，能保证井眼畅通，无垮塌，无沉砂，能顺利下钻到井底。

⑥检查好钻井设备。

⑦送井前应对外筒进行探伤、测厚和全面检查并填写取心工具卡片。

⑧取心工具在装卸过程中，要防止摔弯或碰扁。

（2）取心工具入井前应符合以下要求：

①内外岩心筒无伤痕，每节（约9m）弯曲度不大于4mm。

②内筒转动灵活，每次启用取心工具前悬挂总成均要卸开清洗干净，加足黄油；每次换取心钻头下井前应调整好轴向间隙。

③止回阀应排液畅通，密封可靠。

④分水接头水眼应畅通。各部分螺纹应完好无损，组装时应上紧扣，上扣扭矩按表 2 –

5-12 推荐值执行。

表 2-5-12 取心筒上扣扭矩推荐值

外筒直径×内筒直径，mm×mm	扭矩，N·m
121×93	6000~7000
133×101	8000~9000
146×114	10000~12000
172×36	12000~30000
180×144	13000~16000
194×153	26000~31000

⑤内岩心筒的内径至少大于取心钻头内径5~6mm。卡箍的自由状态内径比取心钻头内径小2~3mm。上下滑动灵活，滑动距离应符合设计要求。卡板岩心爪的通径要大于取心钻头内径3~4mm。

⑥经全部检查合格后，丈量外筒全长、内筒长、卡箍自由内径、钻头外径及岩心进口直径等主要尺寸，方能组装。

⑦取心工具上、下钻台，应两端悬吊，操作平稳，并包捆好钻头。

⑧吊到井口后，检查岩心爪底端与钻头台肩之间的纵向间隙，内岩心筒转动灵活。

（3）取心筒出入井时，应卡安全卡瓦。

（4）起下钻操作平稳，不能猛提、猛放或猛刹。无液压大钳的钻井队，应按吊钳松扣、旋绳卸扣进行操作。

（5）取心钻进要求：

①取心井段应按设计要求和现场地质监督指令执行。

②取心钻进的参数配合，应根据不同规范的工具具体制定。

③取心工具下到距井底1m时，先用较大排量循环钻井液冲洗井底，再以轻压、慢转树心0.3~0.5m后，逐步加够正常钻压钻进；割心起钻后，如井下留有余心，下次取心钻进前应套心。

④取心钻进，应事先调整好方入，尽量避免中途接单根，送钻力求均匀平稳，防止溜钻，发现蹩钻、跳钻或钻时明显增高，分析原因及时处理，原因不明应起钻检查。

⑤取心作业时，因意外情况应上提钻具时，应先割断岩心，上提钻具；如遇溢流井喷，按井控要求处理。

⑥树心、取心钻进、割心、套心和起钻作业，均应由正副司钻操作。

（6）如钻遇燧石或夹有黄铁矿地层时，应停止取心钻进，改下牙轮钻头钻过后再恢复取心作业。

（7）取心工具外筒上宜加稳定器。

5. 气体监测

（1）可燃气体监测仪采用固定式。固定可燃气体监测仪应由专业人员进行安装调试。还应配备便携式的可燃气体和硫化氢监测仪。

（2）固定式可燃气体监测仪探头应安装在钻台上和振动筛等位置。

（3）可燃气体监测仪报警浓度的设置：可燃气体监测仪第一级报警浓度值设在可燃气体爆炸下限的25%，第二级报警浓度值设在可燃气体爆炸下限的50%。

（4）现场应连续24h监测可燃气体的浓度变化。

（5）可燃气体监测仪一年鉴定一次，校验应由有资质的机构进行。

（6）可燃气体监测仪性能测试时，对满量程响应时间、报警响应时间和报警精度几个参数应进行精确测量。达标后方可投入使用。

（7）可燃气体监测仪在使用过程中宜每周用标准气样测定一次，在钻进前用标准气样强行测定一次，标准气样应在指定的使用期限内。

（8）可燃气体监测仪用标准气样测定时，应有现场监督，测定记录上应有测定人员和现场监督的签字。

（9）钻井硫化氢气体监测仪器的安装和使用按 SY/T 5087—2005 的规定执行，校验按 SY/T 6277—2005 的规定执行。

五、钻井监督

钻井监督代表低渗透油田公司按照钻井设计和承包合同以及技术规范、标准和条例，对钻井承包单位的钻井实施全过程的监督，对钻井工程的安全、质量、进度和成本负责。

钻井工程监督内容：

1. 施工前的检查验收

（1）对钻井承包单位人员、设备、工具及安全防护设施进行检查，监督钻井承包单位搞好各工序实施前的检查验收工作。

（2）验收井控装置配套及安装。

（3）进行各次开钻检查验收，验收结论由验收单位负责人签字。

（4）监督钻井承包单位按设计安装封井器，封井器安装质量及施压要符合设计及现场要求。

2. 现场生产管理

（1）每项作业施工前，根据地质和钻井设计等要求以及设备、人员和井下的具体情况下达作业指令。

（2）重点施工作业，监督必须亲自在现场监督把关。

（3）按时并准确汇报现场生产情况。

（4）及时报告施工中出现的新情况新问题，提出和参与制定解决措施，重要问题需征得主管部门同意后监督实施；紧急情况下可实施后汇报。

（5）根据现场施工进度，分阶段提前对钻井承包单位提出 HSE 和工程质量的具体要求以及保证措施。

（6）监督钻井承包单位使用符合质量要求的材料，掌握主要材料消耗情况。

（7）协调甲、乙、丙方关系，搞好协作配合。

3. 技术管理工作

（1）监督安装、开钻、钻进、中间完井、中途测试及完井作业的施工技术管理工作。

（2）以工程设计为依据，根据地层和井下情况，充分利用综合录井的有关数据及图表，掌握井下动态，优选钻井参数，制定防范措施，在保证安全、质量和进度的原则下，降低钻井成本。

（3）因地下或其他原因需要修改或补充设计时，需向设计部门提供现场有关数据，并监督执行审批后的修改或补充设计。

（4）为提高工程进度、质量和效益，根据现场实际情况，积极组织使用新技术新工艺。

（5）抓好资料管理，按设计要求取全取准各项地质和工程资料。

（6）井身质量的监控。

①监督钻井承包单位按规定测量井斜，超过标准必须采取措施。

②对于定向井和水平井，严格监控井身轨迹符合设计要求，确保完全中靶。

（7）净化设备及钻井液仪器。

①监督钻井承包单位按设计安装固控设备，钻井中设备运转率必须达到设计和满足现场要求。

②振动筛布目数要根据地层可钻性、井深和钻井液类型的变化进行更换。

③钻井液测量仪器按科学打井标准配套齐全，有校验合格证。

（8）钻井液。

①监督检查各井段钻井液体系及性能是否达到设计要求，并根据地层岩性的变化，优选与之配伍的钻井液体系和性能参数。

②钻进中因井底地层压力异常，钻井液密度不适应井下情况，需要超出设计范围，应立即向主管部门汇报，必要时可采取果断措施。

③监督检查钻进液药品的质量及用量符合设计要求。

（9）在下套管和固井施工中，钻井监督在现场检查以下工作：

①参加固井协作会，审查固井设计。

②落实下套管前检查验收批准制度，下套管前的检查按照 GB/T 19830—2005 的要求进行。

③下套管作业程序中的监督按照 SY/T 5412—1996 中的要求进行。（现行标准为 SY/T 5412—2005。——编者）

④注水泥作业监督按照 SY/T 5374.1—2006 中的要求进行。

⑤监督钻井承包单位在进行下一项工序作业之前，保证水泥浆候凝时间符合设计要求。

⑥监督钻井承包单位按照 SY/T 5374.1—2006 要求进行套管试压。

⑦井口质量严格按 SY/T 6592—2004 要求执行，有特殊要求的井按设计执行。

4. 监督检查油气层保护工作

（1）监督执行打开油气层前的申报检查验收制度。

（2）检查油气层保护措施的落实。

（3）对钻井承包单位 HSE 进行监督

①监督钻井承包单位搞好防喷、防火及防污等措施的落实；遇有紧急情况时，协助钻井承包单位及时处理并上报主管部门。

②监督落实井控制度，重点搞好一次井控，落实坐岗制度、防喷演习制度以及加重材料和加重钻井液的储备。

③安全防护设施及消防器材要配备齐全，灵活好用。

④井场内电器和电路必须防爆，导线要固定好，不得裸露。搭铁、互相摩擦。
⑤对钻井承包单位违反设计和违章作业等不安全隐患有权制止并令其整改。

5. 工程质量验收

（1）固井完井质量按 SY/T 6592—2004 验收。
（2）井身质量管理按 SY/T 5088—2008 验收。
（3）取心质量管理按 SY/T 5593—1993 验收。
（4）资料验收要达到齐全、准确、整洁。
（5）有特殊要求的井按照设计或合同规定验收。
（6）根据合同完成工程质量验收和资料录取情况，签署支付承包合同费用意见。
（7）填写监督日志。钻井完井总结报告于完井后及时上报。

第三节　钻井质量控制程序

钻井质量控制程序参见图 2-5-1。

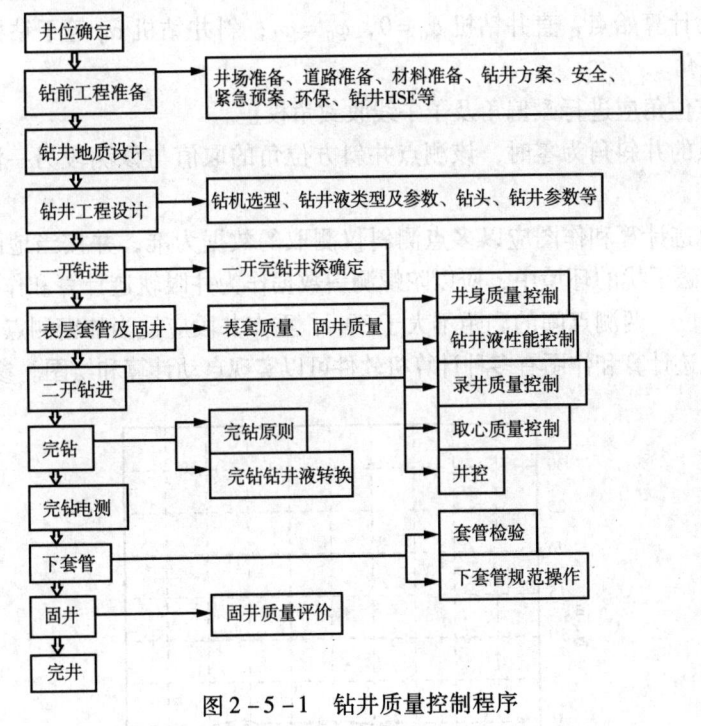

图 2-5-1　钻井质量控制程序

第四节　定向井质量控制程序

一般来说，所有钻井都是定向钻井，直井是最简便的定向井。

一、定向井和水平井轨道设计原则及设计条件

1. 轨道设计原则

（1）满足勘探开发的要求；
（2）满足下井管柱强度的要求；
（3）选择形状简单，易于施工的轨道；
（4）设计参数的选取，应考虑到地质构造和工具特性等因素的影响。

2. 轨道设计条件

地质设计给定的井口坐标和各靶点坐标，以及对轨道设计的要求。

二、定向井和水平井轨迹计算及井身轨迹绘图

对轨迹计算作以下规定：

（1）测点自上而下编号，$i=1，2，3，\cdots$。
（2）测段自上而下编号，$i=1，2，3，\cdots$。第 i 个测段指第 $i-1$ 个测点与第 i 个测点之间的测段。
（3）井口为计算始点，直井钻机 $\alpha_0=0$，$\varphi_0=\varphi_1$；斜井钻机 α_0 等于钻机导斜角，φ_0 等于钻机导斜方位角。
（4）井斜方位角应进行磁偏角及子午线收敛角校正。
（5）当测点的井斜角为零时，该测点井斜方位角的取值与该测段另一测点的井斜方位角相等。
（6）井眼轨迹计算和作图应以多点测斜仪测取的数据为准，并按当地的地理位置校正磁方位角。在有磁干扰的环境中，应以陀螺测斜数据作为井眼轨迹计算和作图的依据。斜井段测量井斜、方位，两测点间的测距不大于 30m，重点井段应适当加密测点。
（7）井眼轨迹计算和作图有多种计算机软件可以实现自动计算和绘图。参见图 2-5-2~图 2-5-4。

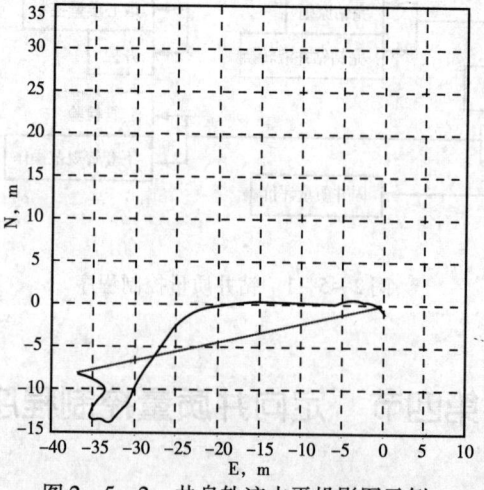

图 2-5-2 井身轨迹水平投影图示例

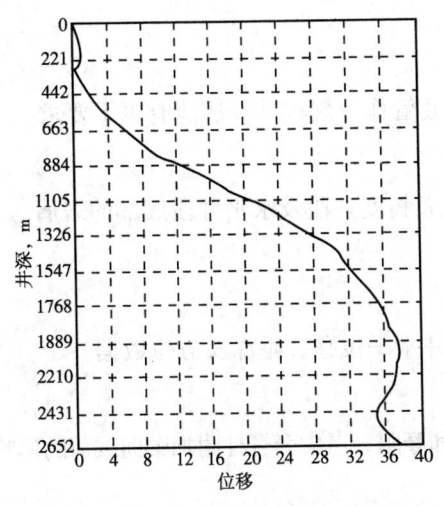

图 2-5-3　井身轨迹垂直投影图示例

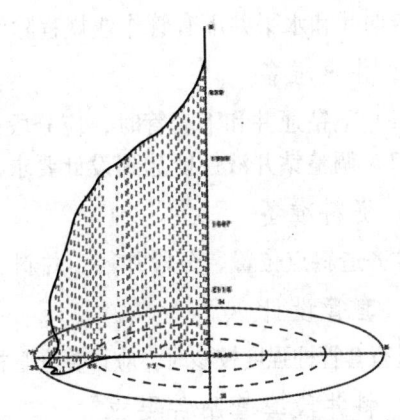

图 2-5-4　井身轨迹三维投影图示例

三、定向井和水平井中靶半径要求

水平井靶区半径表及靶区偏移限定值分别参见表 2-5-13 和表 2-5-14。

表 2-5-13　水平井靶区半径表

测量井深 MD m	靶区半径, m	
	探井	开发井
$0 < MD \leqslant 1000$	30	20
$1000 < MD \leqslant 1500$	40	30
$1500 < MD \leqslant 2000$	50	40
$2000 < MD \leqslant 2500$	65	50
$2500 < MD \leqslant 3000$	80	65
$3000 < MD \leqslant 4000$	120	90
$4000 < MD \leqslant 5000$	165	130
$5000 < MD \leqslant 6000$	215	180

表 2-5-14　水平井靶区偏移限定值

水平段长, m	纵偏移, m	横偏移, m
0~500	2	10
500~1000	2	15
>1000	2	20

四、最大井斜变化率

常规定向井和丛式井的最大井眼曲率应不超过 5°/30m。如连续三个测点的井眼曲率超过 5°/30m 为不合格。

五、定向井和水平井下套管特殊要求

定向井和水平井下套管作业规程除满足直井下套管作业规程外，还应有以下要求：

1. 井眼准备

（1）下钻通井和下套管时，应分段循环，清除大斜度井段及水平井段底部的岩屑。

（2）调整钻井液性能达到设计要求。

2. 资料准备

收齐造斜点位置、分段井径、井斜、方位、全井水平位移、垂深及方位数据。

3. 套管设计

进行套管柱强度校核时，应计算套管柱弯曲应力和摩阻，考虑套管柱附加轴向载荷的影响。

4. 斜井段套管附件要求

技术套管内斜井段应安放磙子扶正器，对于地层坚硬和井眼规则的裸眼井段也宜安放磙子扶正器。水平井段必须安装自动复位式浮箍（浮鞋）。

六、定向井施工的安全措施

定向井特别是高难度的定向井，井斜角大水平位移长，井眼的形状复杂，因此，在钻进过程中，必须制订出相应的安全措施，预防发生井下复杂情况和井下事故。

1. 预防压差卡钻

在定向钻井中，斜靠在井壁上的钻具与井壁的接触面积大，作用在井壁上的正压力也增大，因而钻具与井壁间的摩擦力增大，采用润滑性能优良的钻井液是预防压差卡钻的一项重要措施。

（1）加入润滑剂使泥饼摩擦系数小于0.2。

（2）采用混油钻井液。

（3）下套管及电测之前加1.5%~2%的固体润滑剂，保证顺利施工。

2. 预防键槽卡钻

定向井在钻井和起下钻过程中，钻具长时间拉磨碰撞井壁，容易形成键槽。预防键槽卡钻是定向钻井又一重要安全措施。

（1）在井眼曲率大的井段，定期下入键槽破坏器，破坏键槽。

（2）认真记录起下钻遇阻遇卡位置，结合测斜资料分析，判断键槽位置，提前破坏处理。

3. 其他类型的卡钻及预防

（1）钻具组合变换时，应严格控制下放速度，遇阻不得硬压。用刚性小的钻具组合钻出的井眼，改换刚性强的钻具组合以前，应先用刚性适中的钻具组合通井划眼后，再下入刚性强的钻具组合。

（2）定向井应有良好的净化系统，至少配备三级净化装置。钻井液含砂量不大于0.5%。

（3）控制钻井液屈服值不小于6Pa，提高携屑能力，保持井眼干净，以利加快钻井速度和防止砂卡。

第五节　钻井取心质量控制

一、术语

1. 岩心收获率

实际取出岩心长与该次取心进尺之比的百分数。

1) 单筒岩心收获率计算

$$Y_D = \frac{L_D}{M_D} \times 100\% \qquad (2-5-1)$$

式中　Y_D——单筒岩心收获率,%；
　　　L_D——单筒岩心长度,m；
　　　M_D——单筒取心进尺,m。

2) 单井岩心收获率计算

$$Y_\Sigma = \frac{\sum_{i=1}^{n} L_{Di}}{\sum_{i=1}^{n} M_{Di}} \times 100\% \qquad (2-5-2)$$

式中　Y_Σ——累计岩心收获率,%；
　　　$\sum_{i=1}^{n} L_{Di}$——累计岩心长度,m；
　　　$\sum_{i=1}^{n} M_{Di}$——累计取心进尺,m；

岩心长和取心进尺的取值范围,一律取小数点后两位。

2. 岩心密闭率

岩心密闭、微浸块数之和与岩心取样总块数之比的百分数。

3. 岩心保压率

地面实测岩心压力与井底液柱计算压力之比的百分数。

4. 岩心定向成功率

岩心有刻痕标记的定向成功点数与总定向点数之比的百分数。

5. 散碎地层

岩层松散破碎,胶结成岩差,岩心不易成形的地层。

6. 一般地层

散碎地层以外的其他地层。

二、取心质量指标

1. 收获率质量指标

收获率质量指标表见表2-5-15。

表 2-5-15 收获率质量指标表

取心类型		项目	指标	
			一般地层	散碎地层
常规取心		收获率,%	≥90	≥50
特殊取心	密闭取心	收获率,%	≥90	≥50
		密闭率,%	≥80	≥50
	保压取心	收获率,%	≥80	≥50
		保压率,%	≥80	≥80
		密闭率,%	≥70	≥40
	定向取心	收获率,%	≥80	≥50
		定向成功率,%	≥80	

2. 密闭级别规定

密闭级别表见表 2-5-16。

表 2-5-16 密闭级别表

密闭级别	1kg 岩心中钻井液滤液侵入量,mL
密闭级	≤1
微侵级	1~3.34
全侵级	>3.34

3. 岩心密闭率计算

$$M = \frac{N_W + N_M}{N_z} \times 100\% \quad (2-5-3)$$

式中 M——岩心密闭率,%;
N_M——被检验岩心样品中密闭级的样品数,块;
N_W——被检验岩心样品中微浸级的样品数,块;
N_z——被检验岩心样品的总数,块。

每筒岩心距顶 0.3m 和距底 0.3m 不检验密闭程度。

4. 岩心保压率计算

$$B = \frac{p_c}{p_n} \times 100\% \quad (2-5-4)$$

式中 B——岩心保压率,%;
p_c——地面实测岩心压力,MPa;
p_n——井底液柱计算压力,MPa。

5. 井底液柱压力计算

井底液柱压力按式(2-5-5)计算:

$$p_a = 9.81 \times 10^{-8} \rho H \tag{2-5-5}$$

式中 p_a——井底液柱压力，MPa；

ρ——钻井液密度，g/cm³；

H——液柱垂直高度（井深），m。

6. 地面岩心压力测量

岩心筒起出井口后，将岩心筒放置在专用车间虎钳架上，卸掉测压接头丝堵，将压力传感器安装到密封接头丝堵处。

压力传感器另一端接到压力记录仪接头处。

将压力记录仪充压到井底液柱压力值。

卸开岩心筒单向阀，使岩心筒保持的压力经传感器进入压力记录仪显示器，显示器读出的压力值即为地面岩心压力。

7. 岩心定向成功率

岩心定向成功率按式（2-5-6）计算：

$$D = \frac{K_N}{K} \times 100\% \tag{2-5-6}$$

式中 D——岩心定向成功率，%；

K_N——岩心有刻痕标记的定向成功的点数；

K——取心钻进中总定向点数。

第六节 钻井过程各阶段的地质录井要求

一、录井队钻前地质准备

1. 队伍准备

根据录井项目的不同，录井队人员配备也不尽相同。地质监督要根据录井的需要，检查录井队伍资质和人员数量、技术素质及安全生产资质是否满足录井的需要。

（1）录井队必须具备录井资质，具备录井所要求的全部设备，对录井人员的学历和录井资历等都有明确的要求。该资质应该由油田公司勘探开发管理部门按照一定的标准和程序颁发。

（2）探井录井队人员数量必须满足正常录井生产和倒休的要求，一般来说，探井录井队每队需至少配备4名地质采集工，1名仪器工程师，1名地质工程师，正副录井队长各1人。其中，正副录井队长可以是专职，也可由录井工程师或地质工程师兼任，但必须熟悉地质及录井仪器相关业务，能够对所有录井资料的质量和完井资料质量负责。如果录井项目较多或有特殊要求，录井队人员应适当增加。

（3）录井队人员还必须经过专门的安全资质培训，并具有有效的相关资质证书，如井控、HSE 培训和上岗培训证书等。在可能钻遇 H_2S 气体的地区施工，录井人员应参加有毒有害气体防护培训，并取得资质证书。

2. 技术准备

上井前录井队要领取钻井地质设计书。钻井地质设计是油气勘探开发部署意图的具体体现，在钻探过程中，钻井地质设计是录井工作的标准性文件。因此，录井队必须做好以下技术准备工作：

（1）明确工区所在的地理位置和构造位置，了解工区地层、构造、地层压力及含油气情况，并收集有关资料。了解邻井施工过程中曾经出现过的井下复杂情况、处理经过及经验教训等。

（2）根据地质设计的内容和要求，通过认真的分析和研究，找准录井工作的重点和难点，共同制定出全井的录井措施。

3. 仪器准备

上井前，录井队仪器工程师收集与仪器安装和各项资料录取有关的钻机参数及系统初始化参数。同时，对仪器进行全面调试，使之达到录井技术指标，并由设备检验部门签发合格证书。

4. 材料准备

上井前，录井队必须准备好录井所必须的各种材料。根据设计书的录井要求，做好仪器和地质录井所需的备件和消耗材料。

5. 设备安装与调试

录井设备运抵井场后，录井队长应积极协调钻井队配合录井要求的电源，一般要求供电电压是380V和220V，上下波动范围不能超过20V；频率是50Hz，上下波动范围不能超过2Hz。

录井设备的安装应满足下列要求：录井房（包括仪器房和地质房）应安放在井场振动筛一侧，离井口距离一般应在30~50m；气管线等外部管线和电缆线的架设高度不得低于1.8m；原则上电源线与各种信号线应分开架设，以避免信号干扰；录井房必须设有良好的接地线；各种传感器的安装应严格按有关安装规程或技术手册的要求进行。

另外，还应注意取样条件是否满足录井需要，如：架空槽的坡度应在3°~5°，振动筛下应能放置取样盆，具备符合录井要求的缓冲罐，具备清洗砂样用的符合标准的水源条件，照明应满足夜间取样和观察槽面油气显示的要求，能够同时晾晒30包以上的砂样台，地质房、仪器房、砂样台以及取样地点之间应方便通行等。

录井仪器安装完以后，录井人员应按综合录井仪操作规程的具体要求立即对仪器进行全面的校准和调试，使之达到正常录井的指标要求，地质监督应对仪器较准情况积极进行监督、检查和验收，仪器校准资料应作为上交资料进行保存。

仪器调试和校准好后，正式录井之前应进行试录井，一般要求正式录井前50~100m进行试录井，试录井的有关技术要求与正式录井相同。但设计要求二开录井的井，不进行试录井工作。

6. 地质预告和地质交底

开钻前，有时要求是在二开以前，录井队地质工程师应根据地质设计的要求做好地质预告工作。一般要求地质工程师应做好三个图件：过井剖面图、井区构造图和地质预告图。

地质交底是地质监督和地质工程师在开钻前所必须完成的一项重要工作。因为钻井是一项必须由多个施工方共同参与，密切协作才能完成的系统工作，开钻前，地质监督和地质工程师必须向参与钻井的施工单位传达地质设计的精神、要点和施工过程中应密切注意的关键环节。

地质交底前，地质监督和地质工程师要广泛收集地层、构造和油气水资料，以及邻井或邻区钻井过程中所遇到的复杂情况和处理经过及结果等。地质交底时，地质、录井、钻井液、钻井以及其他有关施工方的关键技术人员或行政负责人必须参加。地质交底的内容主要包括：本区的勘探形势及开发概况；本井的钻探目的和任务；取资料的具体要求、保障措施和需要各方合作的工作内容；邻井或邻区情况；本井预测情况，包括地层、构造、油气水显示及可能出现的复杂情况等；取心要求及原则，完钻原则等。

最后，开钻前地质监督应对有关工作就如下内容作最后检查验收：录井仪器、井场条件及人员是否达到取资料的要求；录井施工措施是否制定，是否科学合理，易于操作；安全与防护措施是否制定，是否得当，具体包括有人身安全保护应急措施、井涌或井喷情况下的应急措施、防止自然灾害应急措施、消防措施及防毒措施等。

二、正常钻进阶段的地质录井要求

1. 一开钻进

1）数据收集

开钻日期，一开钻头，一开钻井液性能，第一次完钻井深，表层套管长度，钢级，下深，联入，补心高度，固井水泥级别、牌号、用量以及其他工程资料等。

2）钻具管理

录井现场井口地质负责人应把钻具管理列为全井重点工作之一来抓，保证钻具丈量、计算和井深准确无误。

钻具管理以工程数据为准，录井队人员必须对入井钻具及场地钻具进行复查核对。

建立准确的钻具管理记录，做到三对口（工程、地质、场地）、五清楚（钻具组合、钻具总长、方入、井深和下接单根）。每次下钻入井钻具必须有钻具记录。

每次起下钻时录井队当班人员必须与工程人员进行出入井钻具核对工作，倒换和变动钻具后，录井队当班人员必须做好钻具倒换记录。

钻井中钻具不清不得钻进。

每次接单根时必须校对井深。实际井深与综合录井仪（或气测深度面板）读数误差不得超过 $0.1m$，与钻时录井仪误差不得超过 $0.2m$。井深取值保留到小数点后 2 位，完钻井深取整数。

3）钻井液性能监测

密度、黏度、失水量、氯离子含量（点/m）等。

2. 二开正常钻进阶段的地质录井要求

1）钻具管理（同前）

2）钻井液性能监测

密度、黏度、失水量、氯离子含量（点/m）等。

3）钻井工程简况及钻井参数等收集记录

4）钻时录井

（1）井深：准确丈量钻具，做到五清楚（钻具组合、钻具总长、方入、井深和下接单根）、三对口（工程、地质、场地）、一复查（全面复查钻具），严把倒换关，确保井深准确无误，深度取值保留到小数点后2位（完钻井深取整数）。

（2）误差：钻井时仪器记录深度与单根深度误差小于0.2m，每根校正一次。

（3）单位：常用"min/m"表示，取整数（特殊井段可缩小计时间距）。

（4）仪器：综合录井仪、气测录井仪、钻时录井仪等。

5）岩屑录井

岩屑是系统了解井下地层、岩性及油气显示的直观资料，影响岩屑真实性的因素较多，要注意识别真假岩屑。岩屑录井中为了达到去伪存真的目的，要求钻井做到"四不打钻"，即：小排量不打钻（钻井液上返速度不得小于0.7m/s），钻井液性能不合要求不打钻，震动筛不正常不打钻，停电不打钻。同时还必须抓好以下主要工作：

（1）取样井段：满足资料录取要求，取值整米，单位为"m"。

（2）取样密度（间距）：根据（地质设计）资料录取要求，不同的井段可有不同的录井间距，遇特殊情况，需要调整录井间距的，必须经请示汇报批准后，方可执行。

（3）迟到时间：及时准确地进行迟到时间的实测、理论计算和校正，做到准确及符合实际，确保岩屑的代表性。迟到时间测定要求见表2-5-17。

表2-5-17 迟到时间测定要求表

井段，m	迟到时间测定要求
<1500	实测一次，每500m计算一次
1500~2500	每500m测定一次，每200m计算一次
2500~3000	每200m测定一次，每100m计算一次
>3000	每100m测定一次，每50m计算一次

①井深不大于1000m，实测不成功时可采用理论计算法求取迟到时间。

②在目的层前200m开始，每100m测定一次，每50m计算一次。

③进入预计油层前50m，必须实测迟到时间，同理论计算值相比较，分析误差及原因，校正迟到时间。

（4）样品数（质）量：每次取样干后，数（质）量不得少于500g，区域探井及重点探井要求系统取样的井段取双样，500g用于现场描述挑样用，另500g装箱保存。

（5）取样位置：在确保取样精度的前题下，根据实际确定捞样位置，每口井必须统一在同一位置取样。

（6）取样方法：

①严格按捞砂时间定点取样，严禁随意捞取。

②取样时要严密注意槽池内的油气显示情况。

③每次取样后，必须将捞样处的余砂清理干净，保证新样的存储；样品数量少时，全部

捞取，数量多时，采用二分、四分法在砂堆上从顶到底取样。

④正常情况下，每次起钻前，必须取完已钻井段岩样，大于录井间距四分之一以上的零头砂样也要捞取。若遇特别情况，起钻前无法取全的岩样，下钻后应补捞，但这种岩屑质量太差，应加说明。

（7）清洗岩屑：

①清洗方法要因岩性而定，以不漏掉和不破坏岩屑为原则。

②正确的洗样方法是，充分显露岩石的本色，防止含油砂岩、疏松砂岩、沥青块、煤屑、石膏、盐岩及造浆泥岩等易水解或易溶岩类被冲散流失。可将岩样初步冲洗后，观察是否是造浆地层，若发现造浆岩性，将岩样分两半，一半简单冲洗，另一半洗净。若遇极疏松易碎岩层和造浆地层以及易水溶水解岩层，必须漂洗，如岩盐、软石膏等。

③洗样用水要保持清洁，严禁油污，严禁高温。

④注意嗅油气味，观察含油岩屑的有关情况。

（8）荧光直照：

①为了及时发现油气显示，岩屑洗净后，必须立即进行荧光湿照和滴照。肉眼不能鉴定含油级别的储层岩样要浸泡定级。

②通过荧光直照发现的荧光真岩屑，要按规定标准选样，做系列对比及含油特征观察。

③岩屑晾干后还要进行荧光直照，称为干照，以搞清其颜色含量等变化。

（9）烘晒岩屑：

①环境条件允许，最好让岩屑自然晾干，避免直晒。

②自然晾干来不及时，须烘烤的，要保证岩屑不被烘烤过度而变质，烘烤温度应控制在 90~110℃为宜，显示层岩屑控制在 80℃以下，最好用抽风机吹干。

（10）岩屑描述（专用表格表 2-5-18）：

表 2-5-18 岩屑描述记录表

序号	层位	井深，m 自	井深，m 至	岩性定名	岩性描述	荧光 颜色	荧光 级别	荧光 定量	热解结果

①描述方法。

挑选真样逐包定名，分段描述。

岩性鉴定要注意干湿结合分辨颜色，对浅层松散岩屑要干描和轧碎描述结合，系统观察认准岩性，审视准确挑选岩样，反复比较分层定名，从上至下逐层描述。

不能定论的东西要注明疑点和问题。

岩屑失真段，主要内容描述后，要注明其失真程度及井段，进行原因分析，用井壁取心资料及时校正和补充。

②描述内容。

按深度分井段、层位、厚度及岩性定名（颜色、含油级别、岩性）进行描述。

含油级别（表2-5-19）按富含油、油斑、油迹、荧光、含气描述。

表2-5-19 孔隙性地层含油岩屑级别划分表

含油级别	含油岩屑占定名岩屑百分含量,%	含油产状	油脂感	油味
富含油	>40	含油较饱满、较均匀，有不含油的斑块、条带	油脂感较强，染手	原油味较浓
油斑	5~40	含油不饱满，多呈斑块状、条带状含油	油脂感较弱，可染手	原油味较淡
油迹	0~5	含油极不均匀，含油部分呈星点状或线状分布	无油脂感，不染手	能够闻到原油味
荧光	0	肉眼看不见含油，荧光滴照见显示	无油脂感，不染手	一般闻不到原油味

此外，包括：颜色，矿物成分，结构，构造，胶结物，化石及含有物，物理化学性质，油气显示情况。

③绘制岩屑录井草图（图2-5-5、图2-5-6）。

图2-5-5 ×××井岩屑录井草图

1:500

绘图单位：　　　　　　　　　　　　　　　　　　绘图人：　　　　年　月　日

层位	钻时曲线 min/m	含油岩屑占定名岩屑含量,%	井深 m	颜色	岩性剖面	层理构造及含有物	取心井段	气测曲线		备注
								全烃	重烃	

图2-5-6 ×××井油层段岩屑录井草图

1:200

绘图单位：　　　　　　　　　　　　　　　　　　绘图人：　　　　年　月　日

层位	钻时曲线 min/m	含油岩屑占定名岩屑含量%	井深 m	颜色	岩性剖面	层理构造及含有物	取心井段	气测曲线		备注
								全烃	重烃	

6）钻井取心

（1）取心钻进中应该注意的事项。

①准确丈量方入，保证取心进尺和井段无误；下钻到底，取心钻进前丈量方入；取心钻

进结束，割心前丈量方入；取心前后方入的丈量应在同一钻压条件下进行丈量。

②一般取心钻进中，应加密为0.20m记钻时。

③取心钻进过程中，应照常进行捞样及其他录井工作。

④取心钻进过程中，不能随意上提下放钻具，以防损坏岩心，降低收获率，同时杜绝超长磨心。

⑤取心起钻时，应努力做到平稳操作，严禁转盘卸扣或猛提猛刹，防止岩心脱卡，使之掉入井内；整个起钻过程中，应严密注意井下动静，观察记录井口及槽面油气显示情况。

（2）岩心出筒、整理、丈量与保管。

①岩心出筒，地质人员必须在场，按岗位分工各司其责，同工程人员一起做好岩心出筒工作。

②钻头一出转盘面，立即用钻头盒子盖住井口，以防止岩心掉入井内。

③丈量"底空"和"顶空"。

④运用专门工具将岩心依次取出岩心筒，排好顺序，标识清楚。

⑤按岩心断裂茬口及磨损关系，做最紧密衔接安放好后，丈量岩心长度，计算收获率。

⑥岩心出筒过程中，注意观察油气水显示情况。

a. 取心钻头一出井口，要立即观察从钻头内流出来的钻井液中的油气显示情况和特征，注意油气味。

b. 边出筒边观察油气在岩心表面的外渗显示情况，注意油气味。

c. 凡含油气岩心，若在现场取孔渗饱化验分析样，岩心出筒擦净表面入盒，确认岩心次序无误时，立即按规定选样。

d. 送化验室选样用的岩心，不能清洗，出筒后应立即擦净表面钻井液，纸包蜡封，装塑料袋，做好标签，选样过程中要特别注意观察剖开新鲜面的含油气分布与岩性变化的关系。

e. 选样后的岩心要边清洗边做浸水试验，观察油气水显示特征，必要时应依次剖开观察，同时进行滴水试验，鉴定含油岩，特别是砂岩类含油岩的含水程度，完成现场油气试验。反复观察，做好观察记录。

f. 荧光直照、滴照及取样做系列对比。

（3）采集样品。

①采样由录井小队负责，按设计选取。取样长度视分析项目而定，一般5~10cm，取样部位要在留下的一半相对部位标记清楚；若全段取走，应以取相应长度竹、木等物顶替并标注。

②所选样品要有代表性，杜绝一块样品有明显的岩性差异。

③填写采样清单一式两份，一份随样送到化验室，一份保存，现场核对清楚。

（4）选样清洗后的岩心要正确编号、整理、描述并装箱妥善保存。

岩心编号要求：每块岩心在外表中部用白漆涂一块4cm×2cm的方块，用黑色笔写上井号及岩心编号，编号个位数为0或5的还要在右下角写上底部井深（图2-5-7），干后再在上面涂一层清漆。

图中，"2"代表取心次数，"35"代表本块岩心编号，"56"代表本次取心总块数。

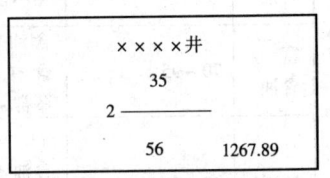

××××井	
35	
2 ———	
56	1267.89

图2-5-7 岩心编号格式

（5）岩心描述（表2-5-20）。

表2-5-20 钻井取心描述记录

钻井取心描述记录										
第___次取心 井段：___~___m 进尺：___m 岩心长：___m 收获率：___% 层位：___										
含油气情况：饱含油___m；富含油___m；油浸___m；油斑___m；油迹___m；荧光___m；含气___m；含油气岩心长度___m										
岩心编号	磨损情况	长度，m		岩样编号	岩样长度距顶位置	岩性定名	岩性、缝洞及含油气描述	荧 光			热解结果
^	^	分段	累计	^	^	^	^	面积	颜色	级别	定量	^

①一般要求：按筒描述、记录，两筒之间应另起页；每筒取心描述前应对岩心出筒情况、岩性及含油性进行综述。

②表头：本表顶端取心次数、井段、进尺、心长、收获率、层位及含油气情况等数据只在本次取心描述记录的首页填写，除取心次数填写自然数，收获率保留1位小数外，其他数据均保留2位小数。

③岩心编号：以每筒岩心为单位按单块编号（单块长度不得超过20cm），编号以带分数形式表示，整数部分代表取心次数，分母代表本筒岩心总块数，分子代表单块编号。

④磨损情况：用"～～数字"表示磨光面，其中"数字"表示磨光面距顶深度；用"△"表示破碎情况，其中"△"、"△△"、"△△△"分别表示岩心破碎轻微、中等和严重。

⑤累计长度：岩心单块分段底界深至本筒顶界的距离，数据保留2位小数。

⑥岩样编号（岩样长度/距顶位置）：全井取心选送样品统一编号，以下带分数形式表示，整数部分表示岩样的系统编号（按井深顺序从1开始，用正整数连续编写），分母表示岩样顶距顶深度，分子表示岩样的长度。

⑦岩性定名：按颜色、含油级别（表2-5-21）及岩性进行定名。

表2-5-21 孔隙性地层含油岩心含油级别划分表

含油级别	含油面积占岩石总面积百分比，%	含油饱满程度	颜色	油脂感	油味	滴水试验
饱含油	>95	含油饱满、均匀，局部见不含油的斑块、条带	棕、棕褐、深棕、深褐、黑褐色，看不见岩石本色	油脂感强，染手	原油味浓	呈圆珠状，不渗
富含油	70~95	含油较饱满、较均匀，含有不含油的斑块、条带	棕、浅棕、黄棕、棕黄色，不含油部见岩石本色	油脂感较强，染手	原油味较浓	呈圆珠状，不渗
油浸	40~70	含油不饱满，含油呈条带状、斑块状	浅棕、黄灰、棕灰色，含油部分看不见岩石本色	油脂感弱，可染手	原油味较淡	含油部分滴水呈半珠状不渗—缓渗

续表

含油级别	含油面积占岩石总面积百分比,%	含油饱满程度	颜色	油脂感	油味	滴水试验
油斑	5~40	不均匀分布含油不饱满,不均匀,多呈斑块状、条带状含油	多呈岩石本色	油脂感很弱,可染手	原油味很淡	含油部分滴水呈半珠状缓渗
油迹	0~5	含油极不均匀,含油部分呈星点状或线状分布	为岩石本色	无油脂感,不染手	能够闻到原油味	滴水一般缓渗—速渗
荧光	0	肉眼看不见含油	为岩石本色或微黄色	无油脂感,不染手	一般闻不到原油味	滴水一般缓渗—速渗

⑧岩性及含油气水描述。

分层原则：一般岩性，厚度不小于0.1m，颜色、岩性、结构、构造、含有物及油气水产状等有变化的层，均应分层描述；小于0.1m 的层，作条带或薄夹层描述，不再分层。

厚度小于0.1m、大于或等于0.05m 的特殊层，如油气层、化石层及有地层对比意义的标志层，均应分层描述，厚度小于0.05m 的冲刷及下陷切割构造和岩性、颜色突变面，两筒岩心衔接面及磨光面上下岩性有变化均应分层描述。

描述内容：岩性定名、颜色、矿物成分、结构、构造及缝洞、含有物、地层倾角与接触关系、物理化学性质、含油气情况、含气试验情况，对含油气变化情况进行二次描述。

  a. 泥岩：质地，硬度，含有物及其分布情况。
  b. 煤层：质地，光泽，含有物及其分布情况，可燃情况。
  c. 油页岩：质地，含有物及其分布情况，页理发育情况，燃烧情况。
  d. 介形虫层：胶结物及胶结情况，含有物，介形虫个体发育情况。
  e. 砂岩：矿物成分、粒度变化、磨圆、胶结物及胶结程度等结构，构造，含有物，物理化学性质，接触关系，油气性描述，对含油气变化情况进行二次描述（油浸及其以上含油级别进行含油变化情况的二次描述）。
  f. 砾岩：砾石成分，砾石颜色在3种以上时要描述各颜色以哪种颜色为主，哪种颜色次之，哪种颜色微量，分选、磨圆、胶结物及胶结程度等结构，构造，含有物，物理化学性质，接触关系，油气性描述，对含油气变化情况进行二次描述（油浸及其以上含油级别进行含油变化情况的二次描述）。
  g. 碳酸盐岩：定名主要依据岩石中碳酸盐矿物的种类，次要依据岩石中的其他物质成分。着重突出岩石的缝洞发育特征，与岩石储集油气性能有关的结构及构造特征。
  h. 火成岩、变质岩：以肉眼观察为主，结合现场薄片镜下观察内容进行描述。矿物成分、粒度变化、构造、缝洞、含有物、物理化学性质、倾角与接触关系、油气性描述，对含油气变化情况进行二次描述。

i. 缝洞：岩心表面每米（m）有多少条（个）缝（洞）、长度（直径）、缝宽、充填物、产状。

说明：裂缝按每米多少条统计，厚度不足1m的可折算至每米多少条，单位为"条/m"；孔洞统计要改变以前的统计方法，也是按每米多少个统计，方法是：在岩心柱面上选具有代表性的区域用鲜色铅笔先画一条长度为1m的线条，然后数一数该线条所通过的孔洞个数，厚度不足1m的，按折合成每米多少个，单位为"个/m"。

j. 含油气岩心描述要充分结合出筒显示及整理过程中的观察记录，综合叙述其含油气特征，准确定级。

k. 含水试验及级别的划分：分速渗、微渗、缓渗和不渗4级，和以前的珠状、半球状、慢扩散及扩散相对应，但以现行级别为准，不再使用原级别。

l. 荧光：填写荧光干照的荧光面积（荧光面积占总面积的百分比），荧光干照颜色，荧光系列对比级别，荧光定量值（滴照荧光不填写，在描述中详细记录）。

（6）岩心照相。

岩心照相为岩心描述的补充内容，主要用作甲方不在现场的技术人员对所取岩心能够及时了解的手段。岩心照相要力求及时、准确，能够充分表现现场岩心的表观特征。一般每岩性段至少有一张数码照片。

（7）绘制岩心录井草图（图2－5－8）。

图2－5－8　×××井岩心录井草图

1∶100

绘图单位：　　　　　　　　　　　　　绘图人：　　　　　　　年　月　日

层位	钻时曲线 min/m	井深 m	岩心 井段 次数		破碎带位置	样品岩心磨光面位置	颜色	岩性剖面	层理构造及含有物	气测曲线		备注
			心长 m	进尺 m 收获率 %						全烃		
										C1		

7）井壁取心

（1）井壁取心原则。

①凡岩屑严重失真，地层岩性不清的井段均可进行井壁取心。

②凡应该钻井取心而错过了取心机会的井段，都应该进行井壁取心。

③油气层段钻井取心收获率太低，岩屑代表性又差，油气层情况不清时，要进行井壁取心。

④录井无显示，测井为可疑层以上或参照井为油气层的相应井段要井壁取心。

⑤判断不准或需要落实的特殊岩性段要进行井壁取心。

⑥井壁取心要确保重点层段；为解决同类问题，要重视选代表层取心。

（2）井壁取心质量要求。

①取心密度依设计或实际需要而定。通常情况下，应以完成地质目的为准，重点层应加密，取出岩心必须是具有代表性的岩石。

②井壁取心的岩心实物直径不得小于17mm，岩心长度不得小于15mm，深度误差不大于0.2m。条件具备，尽可能采用大直径井壁取心。每颗井壁取心在数量上应保证满足识别、分析及化验用。若因泥饼过厚或枪弹打（钻）取井壁太少，不能满足要求时，必须重取。岩性出乎预料时，要校正电缆，重取。

③井壁取心出井后，要有效保证岩心的正常顺序，避免颠倒。及时按出枪顺序由上而下系统编号并贴好标签，准确定名描述。及时观察描述油气水显示，选样送化验室。及时整理装盒妥善保存。岩性定名必须在井壁取心后一天内通知测井单位。

④井壁取心数量不得少于设计要求，收获率应达到70%以上。

⑤预计的取心岩性，应占总颗数的70%以上。

⑥确保岩心真实，严防污染。要求所用工具容器必须干净无污染。

⑦填写井壁取心清单一式两份，一份附井壁取心盒内，一份留录井小队附入原始记录中。岩心实物，现场及时观察描述完后，要及时送有关单位使用。

⑧井壁取心出井后，按顺序正确编号，贴好标签，准确定名，认真及时观察描述油气水显示及各种岩性特征并及时送化验室。

（3）井壁取心描述记录。

①表头：取心时间为井壁取心施工起止时间（从井壁取心仪器下井开始至井壁取心仪器起出井口），取心方式分常规和旋转两种。

②序号：从1开始，用正整数连续填写。

③层位：对应于深度的实际层位。

④井深：按由深至浅的顺序填写，单位"m"，保留一位小数。

⑤岩性定名：按颜色、含油级别及岩性进行定名；井壁取心含油级别只定含油、荧光和含气三个级别。

⑥岩性描述：简述岩石的物性，重点描述含油气情况，特殊岩性要结合镜下描述内容。

⑦荧光：填写荧光湿照的荧光面积（荧光面积占总面积的百分比）、荧光湿照颜色、荧光系列对比级别及荧光定量值。

8）荧光录井

（1）荧光测定的原则。

岩屑和岩心（钻井取心和井壁取心）都要及时进行荧光测定（表2-5-22）。

表2-5-22 荧光录井记录表

编号	日期		井深 m	岩性	系列对比	荧光显示	分析人	检查人	备注
	月	日							

（2）荧光录井中必须注意的事项。

一口井乃至一个地区必须使用同种有机溶剂。记录当地非油气荧光与油气荧光颜色的差异，通过有机溶剂试验，排除矿物岩性荧光和人为污染发光。必要时需做钻井液荧光分析。

(3) 荧光录井密度要求与操作要领。

①按录井间距，所录取的岩屑要逐包及时进行湿照、干照和滴照。岩心也要及时湿照、干照和滴照。

②湿照、干照和滴照。

a. 岩屑湿、干照必须逐包全部直照观察，严禁部分取样直照；

b. 岩屑滴照是在普照的基础上，逐包挑样点滴；

c. 岩心要进行湿照，滴照按岩性分段挑样进行；

d. 井壁取心滴照逐颗取样。

③油质与荧光颜色。

a. 油质好：发光颜色强，呈亮黄、金黄或棕黄色；

b. 油质差：发光颜色较暗，呈褐色、棕褐色；

c. 若油气层含水或水层含油，石油经地下水作用变稠加重，颜色较暗，岩样有干枯或湿水感觉，无油脂感或因含油不均，荧光呈现斑块状；

d. 人为油污，即成品油荧光一般较浅，呈浅紫、淡兰、兰色；

e. 矿物发光无溶解现象，以点滴法区别。

④岩样浸泡系列对比定级。

a. 区域探井及预探井录井井段储层和评价井及重点开发井目的层段中的储层均应逐层（厚度大于5m的按上中下分段）挑样进行有机溶剂浸泡系列对比定级；

b. 浸泡定级样品取1g，轻质油或天然气区应取2g，粉碎，有机溶剂浸泡，用量为5mL（或2.5mL），并用适量水封堵，贴好标签，浸泡时间不得少于8h，最多不超过24h，进行系列对比；

c. 系列对比中，只有当溶液中的沥青浓度非常小的情况下，发光强度与沥青的含量浓度成正比，当浓度达到一定极限时，会出现消光现象，观察对比时一定要特别注意。

⑤点滴分析。

a. 将磨碎的样品粒放在准备好的滤纸上，并在样品上点1~2滴有机溶液，待溶液挥发，滤纸上便可留下各种形态与色调的斑痕，在荧光灯下观察，可定性地确定沥青含量与性质；

b. 含烃类多的油质发天兰色或微紫—天兰色斑点；

c. 胶质发黄色或黄—褐色斑点；

d. 沥青质发黑—褐黑色斑点；

e. 沥青质由少到多，斑痕从点状—细带状—不均匀斑块—均匀斑块。

9) 气测录井

(1) 目的。

气测录井是气相色谱分析方法检测钻井液从井底返到井口所携带上来的烃类气体而寻找地下油气藏的方法。快速色谱是随着钻井同时进行的录井技术，能及时测得储层中的烃含量浓度，为我们及时了解地层变化及含油气性变化提供即时信息。气测录井是所有录井中最直接的和最有效的录井方法，只要进行录井都应录取气体资料，以确保油气层的发现。

快速色谱气测在录井中发现油气显示不存在任何问题，因为在储层的气测异常值通常是非储层的数倍甚至更高。而通过对测得的烃组分进行综合分析，可以评价判断储层流体性质和含量，可以定性甚至定量地判断储层的性质。

（2）资料录取要求

①必须齐全准确地录取资料。

a. 气测值：包括全量（烃）和组分；

b. 组分：包括各组烃类百分含量、非烃类百分含量；

c. 钻时及相关资料，如放空井段等；

d. 随钻及后效测量时应及时进行现场真空蒸馏分析。

②及时发现气测异常，判断钻遇的油气显示层的真伪。

③及时收集影响气测异常的非地质因素，整理油气显示层段的资料。

（3）仪器精度要求（表2-5-23）。

表2-5-23 气测仪器精度要求表

检测项目	全烃/全量	组分	硫化氢	二氧化碳
检测仪器类型	氢火焰/热导	氢火焰/热导	吸附	TCD
最小检知浓度,%	<0.01	<0.005	<0.0001	<0.20
测量范围	0.001%~100%	0.001%~100%	0.0001%~0.01%	0.20%~100%
基线	±1% fs/h	±1% fs/h	±1% fs/h	±1% fs/h
重复性误差,%	±5	±5	5	3
环境温度,℃	0~40	0~40	-40~50	-40~50
响应时间, s	—	—	1	1
噪声, mV	<0.5	<0.5	<0.5	<0.5

注：fs为满量程。

（4）测量项目、密度（间距）及要求。

①测量项目（依据目前现有设备测量能力）。

包括全量（烃）、甲烷、乙烷、丙烷、异丁烷、正丁烷、异戊烷、正戊烷，探井应加测二氧化碳、氢气和硫化氢。

②测量间距。

全量（烃）、组分连续测量（快速色谱组分分析30s记录一个测量点）。

③测量数据要求。

a. 全烃和色谱分析要求保留记录原图（长图）；

b. 数据库中保留时间数据和深度数据；

c. 原图上要求标注仪器校验、开停泵、起下钻、接单根和钻井液密度及处理情况。

（5）后效气测（地质循环、下钻和完井气测）参见表2-5-24。

表 2-5-24 后效显示统计表

序号	井深 m	钻头位置 m	静止时间 h	气测起始值/高峰值,%					时间 起始 高峰	钻井液性能变化				槽面显示		上窜速度 m/h	归位井段 m
				全烃	C1	C2	C3	iC4	nC4		密度 g/cm³	漏斗黏度 s	氯离子含量 mg/L	油花 %	气泡 %	池面上涨 m³		

①目的。

后效气测是为钻井液与地层流体压差的变化引起的烃类显示的需要而进行的气测录井,力求尽快发现井下烃类流体。

②要求。

a. 进行后效气测时,应循环 2 周以上;

b. 钻遇气体显示后,每次起下钻均应进行循环(后效)气测录井,循环钻井液时应记录时间、井深、钻具下入深度、钻井液静止时间、循环一周时间、开停泵时间、排量、泵压、油花气泡及气测的延续时间和变化;

c. 连续检测烃类组分和非烃类气体的含量;

d. 计算油气层深度、油气上窜速度(后效测量要求排量均匀、泵压稳定)。

(6) 全脱分析(VMS)取样要求(表 2-5-25)。

表 2-5-25 钻井液全脱分析记录

序号	层位	井深 m	取样时间	钻井液量 mL	脱气量 mL	C1 %	C2 %	C3 %	iC4 %	nC4 %	iC5 %	nC5 %	现场数据		密度 g/cm³	漏斗黏度,s	备注
													ΣC mL/L	C1 mL/L			

①一般情况下,2000m 前每 24h 至少做 1~2 个样品,2000m 后按深度间距 50~100m 取样分析,目的层 20m 做一个样品,(目的层前 200m 开始按目的层要求取样分析);

②当气测出现异常,应取样分析,厚度大于 3m 的层取样不少于 3 个(500mL)样品;

③循环气测时,除异常段取样外,还应取基值样;

④特殊情况或仪器故障时,必须每米取样补充缺少资料;

⑤必须在脱气前取样;

⑥分析时取 250mL 样品,使其真空度不小于 0.08MPa;

⑦加热至沸腾,加热时间同仪器要求时间一致,注样量大于定量管容积;

⑧要取满瓶(取样量大于 500mL),瓶口要密封好,取样瓶清洁无污染,贴好标签。

(7) 标准气样的要求。

①标准气样必须是合格产品;

②标准气样必须在有效期内使用;

③同一口井必须使用同一批标样。

(8) 其他资料收集。

①钻时及其相关资料，如放空井段与时间等；

②及时收集油气显示层段的岩性等资料；

③及时收集影响气测异常的非地质因素。

(9) 解释评价内容和要求。

①解释评价方法的选取。

a. 解释评价应选择与本井所在地区及构造相适宜的解释方法；

b. 解释评价宜采用多方法综合评价。

②储集岩解释评价内容。

a. 原油性质应填写解释的原油类型（轻质油、中质油、重质油）；

b. 解释结论一般划分为：油层、油水同层、含油水层、水层、差油层或干层。

③解释评价要求。

a. 分层应依据测井资料、地质资料、综合录井或气测录井资料综合确定，其井段和厚度应采用归位后的数据；

b. 解释数据应选取分层井段中具有代表性的分析数据。

(10) 气测录井完井总结报告的编写。

①编写的内容和要求。

a. 前言；

简述该井井别、地理位置、构造位置、设计井深、目的层、有关承包商、设计录井要求等基本情况。

b. 仪器工作情况和资料录取情况；

c. 气测异常层解释评价；

应简述全井储集岩层气测录井解释的总层数和总厚度，并分地层层段简述解释的储集岩层层数和厚度。

分层综述：包括井段，厚度，岩性及含油级别，气测特征（全烃量、组分量、组分变化特征），解释结论。

d. 结论与建议。

结论应阐明全井综合分析和解释得出的概括性结论及油气显示特征等，并预测该地区的含油气远景。建议应提供试油（气）层位和井段。

②附图和附表。

全井气测数据表及成果表，气测录井综合图。

(11) 资料上交。

①油井完钻后 3 天内上交气测现场初步解释成果。

②完井后 30 天内提交全井气测资料（电子档应包括 0.2m 气测数据表），解释图件、成果表和解释报告。

10) 地化录井

地化学录井技术（简称地化录井）是把传统的有机和无机地球化学与石油地质、油藏工程紧密结合起来,采用现代的地球化学分析测试技术,并综合各种油田现场资料,直接以储层及烃源岩为研究对象,对地层中与油气密切相关的烃信息(如:烃含量、组成、烃分布特征等)进行研究,进而解释储层,评价烃源岩的一种方法。

(1) 仪器设备。

①油气显示评价仪。

a. 仪器灵敏度要求:基线漂移≤25μV/30min,最小检测量≥0.01mg/g;

b. 仪器稳定性要求:热解烃 S_2、最高热解温度 T_{max} 符合标样要求。

②油气组分综合评价仪。

a. 仪器灵敏度要求:基线漂移≤25μV/30min;

b. 不间断稳压电源(≥3kW);

c. 氢气发生器(氢气发生量:≥200mL/min);

d. 空气压缩机(空气发生量:≥1000mL/min);

e. 电子天平:感量1mg。电子天平须经县级以上政府计量行政部门所属或授权的计量鉴定机构进行检定。

(2) 试剂与材料。

①蒸馏水:二级;

②二氧化碳吸附剂:分析纯;

③氢氧化钠(NaOH):分析纯;

④5A 分子筛:分析纯;

⑤活性炭;

⑥硅胶;

⑦氮气:纯度不低于99.99%。

(3) 仪器校(检)验。

①岩石油气显示评价仪的校验。

a. 校验的标准物质。

以国家技术监督局标准以及发布的国家二级岩石热解标准物质作为岩石热解标样;也可以此标准物质标定本单位的管理标样,作为质量监控。

b. 校验要求。

ⅰ. 称取的标样重量:100mg+1mg;

ⅱ. 标准物质校验前,仪器应连续稳定运行30min 以上;

ⅲ. 标准物质校验前,应先进行空白分析;

ⅳ. 每次标准物质校验过程应连续完成,不应间断;

ⅴ. 每次标样样品校验过程中不得更换操作人员;

ⅵ. 同一种标准物质的校验应不少于3 次。

②油气组分综合评价仪的检验。

a. 启动油气组分综合评价仪,并与计算机联机;

b. 在软件控制面板的主机工作状态栏显示"就绪"后,进行柱箱温度设定;空白运行1~2 周期,保证无残留;

c. 设定柱箱初始温度为100℃，空坩埚运行1周期，运行30min以上；
d. 测试仪器的基线噪声与漂移，基线噪声与漂移不允许超过25μV/30min。
(4) 仪器校验周期和校验要求。
①校验周期。
a. 油气显示评价仪器在投入使用前，应进行三种以上标准物质的校验；
b. 正常使用情况下，油气显示评价仪每年应进行一次三种以上标准物质的校验；
c. 大修后的仪器应及时进行校（检）验；
d. 调整仪器的技术参数应及时进行校（检）验；
e. 仪器长途搬运，投入使用前应将仪器校（检）验。
②校验要求。
油气显示评价仪在分析前应进行三种以上标准物质的校验，油气组分综合评价应进行基线检验和样品分析，校验精密度（重复性）和准确度（再现性）应符合本规程样品分析质量要求的相关规定。
③校验记录。
标准物质的校验图谱至少应标明分析次数、分析日期、标准物质名称及操作者。每次标准物质校验时间和结果应填写在仪器技术档案中，并予以保存。
(5) 资料采集与解释。
①资料采集。
a. 取样分析间距。
现场和试验室的取样分析项目和间距应符合设计、合同和甲方要求；在设计、合同和甲方无规定要求时，应符合以下规定：
　ⅰ. 岩屑：储集岩层每2m至少应有一点取样分析，遇油气显示应加密到1点/m；
　ⅱ. 钻井岩心：储集岩层每0.20m应有一点取样分析，尽可能与饱和度取样井深一致，每块样品最小不低于10g；
　ⅲ. 井壁取心：逐颗取双样进行分析。
b. 挑样记录和样品的包装、标识。
　ⅰ. 标题应该写本井的井名；
　ⅱ. 日期应填写日历日期；
　ⅲ. 序号按先后顺序填写取样编号，数字编号间隔为1；
　ⅳ. 井深应填写取样编号对应的实际取样深度，单位为"m"；岩屑和井壁取心样品井深数值修约区间为0.01；
　ⅴ. 岩性应填写样品的岩石综合定名，但含油级别应不参与定名；
　ⅵ. 应填写样品类型，指岩屑、岩心和井壁取心；
　ⅶ. 挑取样品应及时填写地球化学录井选样记录表；
　ⅷ. 用于实验室分析的样品应包装完好，并标明井号、取样井深及样品类型；
　ⅸ. 岩心样品装入取样瓶，密封；
　ⅹ. 岩屑样品装入取样瓶，密封。
c. 分析图谱。

分析图谱应用计算机打印，每个样品分析图谱应标明取样井号、井深及样重；空白分析和标样分析处应盖有相应的标注（表2-5-26）。

表2-5-26 热解分析记录表

序号	井深 m	岩性	样品类型	采样时间	分析时间	S_0, mg/g	S_1, mg/g	S_2, mg/g	T_{max}, ℃	有机碳	分析结论	分析人	备注

②解释评价内容和要求。

a. 解释评价方法的选取。

ⅰ. 解释评价应选择与本井所在地区、构造相适宜的解释方法；

ⅱ. 解释评价宜采用多方法综合评价，但也可采用单一方法。

b. 储集岩解释评价内容。

ⅰ. 原油性质应填写解释的原油类型（轻质油、中质油、重质油）；

ⅱ. 解释结论一般划分为：油层、油水同层、含油水层、水层、差油层或干层。

c. 解释评价要求。

ⅰ. 分层应依据测井资料、地质资料、综合录井或气测录井资料综合确定，其井段和厚度应采用归位后的数据；

ⅱ. 解释数据应选取分层井段中具有代表性的分析数据。

(6) 地球化学录井完井总结报告的编写。

①编写的内容和要求；

a. 前言。

简述该井井别、地理位置、构造位置、设计井深、目的层、有关承包商及设计录井要求等基本情况。

b. 仪器工作情况和资料录取情况。

ⅰ. 仪器工作情况；

ⅱ. 资料录取情况。

c. 储集岩层解释评价。

应简述全井储集岩层地球化学录井解释评价的总层数和总厚度，并分地层层段简述解释评价的储集岩层层数和厚度。包括：分层综述，井段，厚度，岩性及含油级别，地球化学特征（烃指标、最大裂解温度、烃分布特征），原油性质，解释结论。

d. 结论与建议。

结论应阐明全井综合分析和解释得出的概括性结论及油气显示特征等，并预测该地区的含油气远景。建议应提供试油（气）层位和井段。

②附图和附表；

a. 储集岩层地球化学录井挑样记录；

b. 储集岩层地球化学热解分析记录；

c. 储集岩层地球化学录井评价表；

d. 解释评价标准：解释评价图版和表以及标准图谱；

e. 文字报告中提及的其他附图和附表，如特征分析图谱等。
③完井资料上交；
④原始分析图谱：储集岩油气显示评价仪分析谱图和储集岩油气组分综合评价仪分析谱图；
⑤分析数据表：储集岩油气显示评价仪分析及油气组分综合评价仪分析的数据表；
⑥地球化学录井完井总结报告；
⑦数据盘；
⑧完井资料应在完钻30天内上交。

11）工程录井

工程录井是综合录井作业的重要组成部分，它和其他录井共同组成现场数据的全部，是监测钻井施工必要手段。工程录井主要分为两类，即录井观察和传感器采集；传感器采集又分为钻井液和钻井施工。

（1）钻井液参数。
①传感器种类：密度、体积、排量、电导率、温度、泵冲、压力；
②人工测量参数：密度、流变性能、滤失量、含砂量、酸碱度、氯离子含量；
③钻井液传感器精度要求（表2-5-27）；

表2-5-27 钻井液传感器精度要求表

种类	灵敏度	重复性	精度	分辨率
泵冲	1冲	—	±1冲	1冲
体积	5mm（液面变化）	—	±5mm（液面变化）	5mm（液面变化）
密度	0.01	±5%	±0.01	0.01
温度	0.5℃	±5%	±0.25%fs	0.1%fs
电导率	5ms/cm	±5%	±5%fs	1ms/cm

④传感器安装位置及要求。
a. 钻井液出口传感器；
b. 出口流量计：尽量靠近导管出口；
c. 钻井液出口密度、温度及电导率传感器应安装在震动筛之前；
d. 钻井液入口传感器安装在钻井液泵入口附近；
e. 体积传感器垂直安放在各种钻井液罐（池），位置应远离搅拌器，液面基本平稳处；
f. 泵压传感器：安装在高压管汇的立管上；
g. 套管（环行空间）压力传感器：安装在防喷四通或放喷管汇上；传感器转换器自由端应向上，以确保压力准确；
h. 钻井液泵冲数传感器，安装在活塞拉杆上或传动轴端上。

（2）钻井参数。

钻井参数是钻井工况的反映，参数的采集和应用是提高钻井效益和安全施工的必要手段，因此参数的采集至关重要，钻井过程中及时处理和应用这些数据是必须的也是可行的。这些数据分为两类即传感器记录的和人工记录的。

①钻井参数传感器的种类（表2-5-28）。

表2-5-28 钻井参数传感器的精度要求

	灵敏度	重复性	精度	分辨率
绞车	—	—	单根≤20cm	≤1周/12冲
大钩负荷（压力）	0.05%fs	±5	±0.5%fs	±0.1%fs
扭矩（电）	0.01%fs	±5	±0.1%fs	0.5mV
扭矩（机械）	0.5%fs	±5	±0.5%fs	±10.1%fs
转数	1转	±1转	1转	1转

a. 大钩负荷传感器；
b. 转盘转速传感器；
c. 转盘扭矩传感器：分机械和电扭矩两种；
d. 井深传感器：分液位和绞车两种，目前大部分使用绞车传感器。

②传感器检查要求。

每周或每次起下钻检查一次，发现问题及时整改，填表。

（3）硫化氢检测要求。

仪器探头安装在钻井液导管出口、平台甲板、钻台司钻位置、钻井液池处，共4支。每3个月校验一次；用化学或半导体探头进行监测，监测最小值为1mg/L。

12）压力录井

（1）目的和内容。

压力录井是石油钻井的重要手段，其录井的参数是确保安全施工的依据。压力录井的方法可分为钻前预测、钻进中监测与检测和钻开压力异常带监测三类。要求为相关人员提供地层超压和欠压实情况，钻进过程中及时提供反映井下压力变化参数的动态。

（2）压力预测方法。

压力预测有三种方法：一是利用地震的层速度，预计井下的欠压实地层，来分析压力异常层的深度和压力；二是利用已钻井测井的声速资料，分析欠压实地层的位置，推断设计井压力异常带的深度和压力；三是利用已钻井的实测压力数据来预测设计井的压力梯度和压力异常带。

实钻中的检测是压力录井的开始，应通过钻井过程中实测地层孔隙压力、泥（页）岩体积密度和岩石可钻性分析，来确定压力异常带的存在和压力范围。

①泥（页）岩体积密度（表2-5-29）。

泥（页）岩密度求地层欠压实状况，泥（页）岩密度的减低，证实异常压力的存在，预测压力异常地层的位置。

表2-5-29 泥（页）岩密度测定记录

序号	井深，m	层位	岩性	测量值			分析时间	分析人
				L1	L2	密度，g/cm³		

②可钻性指数。

岩石的可钻性用相关的公式计算"dc"指数或"Sigma"指数，分析欠压实地层的存在，预计欠压层的位置，为钻开欠压层作好技术准备。另外，也可以用标准化钻速法，取得岩石可钻性指数。

$$dc = \frac{\lg(\frac{3.282}{NT})}{\lg(\frac{0.0684W}{D})} \times \frac{\rho_n}{\rho_m} \qquad (2-5-7)$$

式中　N——转盘转速，r/min；

　　　T——钻时，min/m；

　　　D——钻头直径，mm；

　　　W——钻压，kN；

　　　ρ_m——正常压力层段地层水密度，g/cm³；

　　　ρ_n——实际使用的钻井液密度，g/cm³。

钻井过程中实测地层孔隙压力，方法有两种：一是利用地层重复测试（电缆或钻杆）的实测压力数据；二是利用井涌关井时得到的套管和立管压力数据求得。下完套管以后做破裂压力实验可以获得钻井液的密度窗口。

13）特殊条件下的地质录井

（1）井漏。

发生井漏时，应观察记录如下情况：

①漏失井段、层位、岩性、起止时间、漏失量、漏失钻井液的性能，以及漏失前后的泵压、排量和钻井液性能体积的变化及井筒内的"静止液面"；

②井口返出情况，返出量，有无油气水显示和放空现象；

③井漏处理情况，堵漏的时间，堵漏的材料类型，泵入数量，堵漏时钻井液的性能，有无返出物等；

④井漏的原因分析（地质因素、工程因素和人为因素等）。

（2）井涌及井喷。

发生井涌或井喷时，应观察记录如下情况：

①井涌或井喷的井深、层位、岩性、起止时间和喷势，并及时取样；

②井涌或井喷过程中的喷高或射程，含油气水情况和气体组分的变化情况，泵压和钻井液性能的变化情况；

③压井过程、时间、钻具位置、压井液数量和性能；

④井涌或井喷原因分析，如异常压力的出现，放空井涌，起钻抽汲等。

（3）油基钻井液钻井。

油基钻井液钻井是常用的一种保护油气层或特殊地层的钻井方法，多用于生产井，用于保护油层或者是处理特殊岩性的钻井作业。录井作业的施工差异主要在气体、热解和荧光方面，只有紧紧依靠这些参数来分析油基钻井液下的录井资料，为此要求钻井用油必须和井下原油有较大的差异，一般使用柴油做连续相，而且做到：

①钻进前必须充分循环，得到一个稳定的气体基值（背景数据），新的显示会叠加在基值之上；

②热解分析也必须是先做基值（背景数据）分析，以此来区分显示的真伪；

③荧光分析必须使用二维定量荧光分析，它可根据图谱来区分显示。

三、中途测试的地质录井工作

1. 中途测试的提出

中途测试是油气勘探中，科学地认识地下情况，及时准确评价油气层的重要手段。当探井钻遇良好油气显示层、明显的气测异常段、大量漏失段、钻时明显加快或放空井段等，由现场地质录井小队及时整理油气显示资料，根据地质设计中规定的中途测试原则和要求，提出测试意见，报油田公司审核批准后实施。

2. 中途测试作业程序

确定了中途测试的探井，由勘探单位选定测试方式，下达中途测试任务书或按地质设计要求的中途测试层数，由测试单位设计上报批准后执行；具体施工作业由测试单位或测井单位主持承担，钻井队协作。现场录井地质小队应按要求，齐全准确地收集中途测试中应该录取的全部测试资料数据。

3. 齐全准确录取测试资料

1）测试前应该收集准备的现场资料数据

井号、施工单位、油气田或构造位置、地理位置、坐标、井深、井身结构、补心海拔、测试层位及井段、电测解释层段及解释结果、产层纯厚度、产层平均孔隙度、油气显示、人工井底、射孔数据。

2）测试现场应及时收集的资料数据

（1）压井液：类型、密度、黏度、失水、泥饼、氯离子含量、pH值、循环深度、循环时间。

（2）加垫数据：类型、数量、密度、高度、折算压力、氯离子含量、pH值。

（3）下井工具：名称、规格及型号、长度、下入深度、外径、内径、井底油嘴规格。

（4）流动测试：测试日期、坐封时间、流动时间及显示、井口压力、井口油嘴及更换时间、流出液体类型、液体数量、地面流动时间、流量包括油气水、二次关井时间、解封时间。

（5）回收液：液体名称、数量、密度、黏度、氯离子含量、pH值、反循环方式及时间。

（6）取样器放样：放样地点、放样压力、油样量、天然气量、水量、钻井液量、密度、黏度、氯离子含量、pH值、气油比。

（7）下井仪表：压力计编号（最大量程、下入深度、位置或内或外、时钟编号、时钟量程、温度计量程、记录最高温度。

3）地面油气水性质取样分析数据

（1）原油分析：密度、黏度、凝固点、含水、含盐、含硫、初馏点、馏分、含蜡。

（2）天然气分析：密度、组分、临界温度、临界压力。

（3）地层水分析：密度、pH值、各种离子含量包括6项、总矿化度、水型。

4）地层气油水性质

（1）原油：饱和压力、地层原油黏度、体积系数、压缩系数、溶解系数、地层原油密度、原始气油比。

（2）天然气：黏度、体积系数、压缩系数、压缩修正系数。

（3）地层水：黏度、体积系数、压缩系数。

5）资料处理数据

（1）卡片阅读及压力换算数据：卡片号、压力计号、压力换算系数、压力换算常数、时钟编号及量程、时钟实际走速、测试井底温度、基本点信号、时间、对应井底压力、时间对数值、关井时间对应的恢复压差值。

（2）曲线图幅绘制：原始卡片复印图、压力曲线展开图、初关井曲线图、终关井曲线图及其他曲线图。

（3）计算参数：产量，测试产量包括油产量、气产量、水产量、累计产量，理论产量包括油产量、气产量、水产量。压力，实测地层静压力、初关井外推最大压力、终关井外推最大压力、终流动压力、平均流动压力、稳定流动压力。地层井下情况参数，直线段的斜率、产能系数、流动系数、有效渗透率、堵塞比、估计堵塞比、堵塞引起的压力降、表皮系数、井的有效半径、实测产油指数、理论产油指数、研究半径、井到异常点距离、压力梯度以及用其他方法计算的参数。

4. 取准测试资料的标准

1）产量

产量是油气层评价的关键参数之一。若求产不准，不但影响产量数值本身的大小，更直接影响其他地层参数计算的准确性。因此，必须准确实测产量。

（1）裸眼自喷测试：地面自喷测量视稳定流量1h以上，每10min测量一次流量，其波动在10%以内为合格；未安装分离器时，应做脱气试验，并从流量中扣除脱气影响。完井测试按常规试油气标准执行。

（2）非自喷测试：严格控制终流动时间，防止液面静止才关井；管柱内产出的流体，应严格控制；反循环于计量器中，待天然气充分分离后，精确计量各种液体的数量；产量根据回收液体计算平均产量，或根据流动曲线计算瞬间平均产量。

2）压力

由压力计按时记录上卡。其压力曲线是整个测试的缩影，是地层特征记载，是参数计算与油气层评价的基础，必须准确可靠。

（1）油气层压力。

①初关井实测稳定压力必须是初关井恢复压力在15min以上，压力不再上升的读数。

②初关井压力恢复曲线外推最大压力值必须保证霍纳曲线上有4个以上点在直线上才算外推。

③若以上两条件均不具备时，采用终关井压力恢复曲线外推最大压力值。其求法和初关井要求一样，但应注意边界影响，使用要谨慎。

（2）流动压力。

①自喷求产时，要取与产量对应的稳定流动压力值。

②非自喷时，流动压力随流动时间的增长而逐渐增长。因此，取平均产量时，流动压力应取平均值。若采用流动曲线计算产量时，应取对应于所取产量的流动压力值。

(3) 压力恢复曲线。

①测量仪表正常，关井压力恢复曲线为光滑曲线。关井时间必须保证出现 4 个以上点的稳定直线段。

②压力曲线的分割间距保证分析作图的需要。初关井压力恢复曲线分割间距为 5~10min，均匀分割以保证分割点在 10 个以上。终关井压力恢复曲线分割间距分为几个阶段，1~9min 以每 1min 一个点；9~30min，每 3min 一个点；30~60min 每 5min 一个点；60~120min 每 10min 一个点；如果关井时间大于 120min，可根据情况适当选择间距。

3) 流体性质

(1) 地面油气水性质。

①原油：自喷流动或反循环时，取代表性原油样 3 个按分析要求进行分析。若取样器放样时应取原油样品 1 个，按分析要求分析，其分析数据选值，在正常情况下应取取样器取样分析数值。

②天然气：测试时应连续测量天然气密度，待其密度稳定时取气样 3 个，按分析要求分析取值。若油中溶解气，取样器放样时应取气样 1 个，按分析要求分析取值。

③地层水：回收产出液取水样 3 个，按水分析要求分析。在取样器放样时应取水样 1 个，按分析要求分析。正常情况下应取取样器取样分析数值。

(2) 地层条件下的油气水性质。

①有条件，应取样进行高压物性分析，直接取得地层流体，包括油气水的性质参数。

②按参考文献提供的曲线图版，估算地层流体性质，但必须取准下列数据：气油比，即取样器应取得地层条件下的样品，放样时应严格准确计量各种流体数量；地面原油密度，应取取样器采样分析数据；地层温度与压力，必须测取准确；天然气密度与组分参数，分析测取数据一定要可靠可信。

4) 温度

(1) 油气层温度必须是在油气层静止平衡状态时测得的最高温度数值。

(2) 地层测试目前所用的是最高温度计。测试时必须同时下两支最高温度计。两支记录温度值除深度影响外，应保持一致，其误差不得大于温度误差，取最大温度值。

(3) 测试管柱设计，应将温度计置于油气层位置，直接测量油气层温度。

5) 数值取舍

(1) 因为工具仪表及文献资料多是英制单位，所以，在录取和整理资料中应一律使用英制单位。但最终成果必须换算成法定标准单位。

(2) 成果数据取值。

①产量数据：英制单位取整数，小数第 1 位四舍五入。换法定单位后，$20m^3/d$ 内取小数第 1 位，为第 2 位小数四舍五入；大于 $20m^3/d$ 取整数，小数第 1 位四舍五入。

②压力数据：英制取整数，小数第 1 位四舍五入；法定标准单位取 1 位小数，为第 2 位小数四舍五入。

③温度数据：均取整数，小数第 1 位四舍五入。

④地层参数：渗透率、流动系数、地层系数、气油比、研究半径以及到异常点距离等均取整数，小数第1位四舍五入。堵塞比、估算堵塞比、表皮系数及流动系数比等均取1位小数，小数第2位四舍五入。压力梯度、产油指数取2位小数，小数第3位四舍五入。

5. 中途测试总结报告

（1）报告内容。

①中途测试现场报告，全面详细记录整个测试过程，是第一性测试成果报告单。它应通过录取的成果数据作出初步测试估价。

②中途测试成果报告，包括现场报告内容，重点是突出评价参数和分析意见。它应通过大量测试评价参数，对测试层作出正确估算与评价，为下步勘探开发提供依据。

（2）《中途测试总结报告》是完井总结单项报告之一，地质录井小队将测试成果编入《完井地质总结报告》之中。

四、完钻电测中的地质录井工作

（1）测井队到达现场时，录井队技术员应向测井队详细提供井况、井身结构及地层、油气显示、岩心柱状图（1：200）等资料，按《钻井地质设计书》要求认真填写测井通知单。

（2）测井队人员在测井过程中要及时将测井质量情况通知现场录井人员，离开井场前向录井人员提供实际的测井项目、仪器型号、测井时间、井段和比例等资料，在现场提交初步解释意见及回放曲线。

（3）测井过程中，录井队技术员必须在现场同测井人员一起，对录井中有显示层及可疑层进行分析讨论。

（4）测井施工结束后，测井人员按有关规定及时向录井人员提供测井成果资料。

五、下套管，固井阶段的地质录井要求

1. 完井方法的确定

测井前录井人员向甲方项目组详细汇报现场油气显示资料，由甲方项目组根据油气显示情况及测井解释，决定是否下套管。

2. 下套管

（1）由甲方项目组通知钻井施工单位套管下至井深、短套管位置、水泥上返高度、人工井底及下套管注意事项等（表2-5-30）。

表2-5-30 套管数据表

序号	产地	钢级	螺纹型式	壁厚 mm	尺寸 mm	长度 m	累计长度 m	下深 m	序号	产地	钢级	螺纹型式	壁厚 mm	尺寸 mm	长度 m	累计长度 m	下深 m

（2）现场录井人员按照甲方项目组下套管通知要求，提出主要油气层避开套管接箍井深，并了解套管规格质量等情况，协助工程人员丈量、编排及核对套管，与工程对口建立套管记录。

3. 固井

固井时应注意记录：注水泥起止时间，注入水泥牌号和数量，注水泥时的水泥浆密度，替清水（钻井液）量及起止时间，碰压与试压时间及结果。

4. 固井质量检查

测三样结束后应注意收集记录：测井项目、仪器型号、测井时间、井段和比例、固井质量等资料。

第七节　地质化验分析质量要求

一、化验分析概述

（1）化验分析技术是应用于储层评价及油气资源评价系统工程中重要的基础工程之一。要想对每一口井和每一个油气藏及每一个油气盆地的沉积发育史、成岩特点、生储盖层性质及油气储量等作出定性及定量的全面完整的评价，必须取得多方面的大量的地质化验分析资料数据。同时，这些资料数据又是保护和改造油气藏的基础资料，是钻井、完井、修井、油气开采及增产措施等一系列工程设计的不可缺少的重要依据。

（2）钻探地质化验分析作业包括从样品选取到出成果报告的全过程。一般情况下，都是由现场地质录井小队根据各类探井化验分析规定和地质设计规定，按照标准选样品，送化验室分析化验。

①应努力创造现场条件，尽可能围绕岩性描述及油气水判别开展薄片鉴定等井口化验分析工作。

②密闭取心时包括饱和度等特殊化验分析样品，化验室应派人到现场配合地质录井小队及时采集标准样品。化验室人员未到现场井队不得取心。

（3）分析化验成果上报要及时。

（4）钻探地质化验分析样品主要是岩屑、岩心（包括井壁取心）及油气水样等。

二、试样选取

1. 岩心取样

（1）岩心出筒后应尽快擦净其表面的钻井液。选采样品要尽量取用不受钻井液及其滤液影响的部分。

（2）斧劈或切割剖开岩心，一半现场保存备详细观察描述，一半作选样用。注意，尽量保存同一侧的岩心。

（3）现场采取的油水饱和度等样品，应该在包装称量后立即放入煤油中封存，并尽快送化验室。

（4）现场不具备及时采取饱和度等特种样品时，应立即封蜡或冷冻后送化验室。

2. 区域探井和重点探井分析化验项目

区域探井和重点探井分析化验项目参见表 2-5-31。

表 2 – 5 – 31　区域探井和重点探井分析化验项目（共 5 类 55 项）

分析化验报告	分析化验项目	分析化验要求
岩石矿物鉴定报告	薄片、铸体薄片、重矿物、差热、图像分析、阴极发光、包裹体、荧光薄片、电镜扫描	全井系统进行选送样，建立地球物理、化学、古生物、岩性、储层物性和含油气水性等标准剖面
油层物性分析报告	孔隙度、渗透率、粒度、含油饱和度、碳酸盐含量、泥质含量、压汞	
古生物分析报告	介形虫、孢粉、轮藻、牙形石、大化石	
生油指标鉴定报告	氯仿沥青"A"、三价铁、发光沥青"B"、有机碳、还原硫、族组分、烃类、元素、组分、生油母质类型、成熟度	
油气水分析化验资料	地面原油性质：相对密度、黏度、凝固点、含蜡量、胶质和沥青质含量、初馏点、馏分含水、含砂、含盐量、^{13}C； 天然气性质：相对密度、组分、碳同位素^{13}C、临界温度、临界压力、凝析油含量； 地层水性质：密度、六项离子含量、总矿化度、水型、微量元素、环烷烃含量、酸碱度	

3. 岩心和岩屑选样密度要求及规格

岩心和岩屑选样密度要求及规格参见表 2 – 5 – 32。

表 2 – 5 – 32　岩心和岩屑选样密度要求及规格表

项目	样品密度及规格	选样要点
偏光薄片	岩心：一般探井按储层段采样，每段 2~6 块。系统取心井 1 块/m，密闭取心井 1 块/m，样品不少于 50g； 岩屑：储层及特殊岩性层，厚度小于 5m 的每层 1 包，大于 5m 的层，每 5m 选样 1 包，样重不少于 1g，岩屑直径大于 3mm	目的层储层、疑难岩性
荧光薄片	取样密度同偏光薄片	荧光薄片应视含油产状及性质选取缝洞发育的样品，油气显示层、可疑层必做，其他根据需要做
粒度	岩心：油层、水层和干层 1 块/m，样重不少于 40g	
介形虫轮藻腹足类	岩心：每单层取样 1 块，大于 2m 的单层于顶、底和中部各取 1 块，样重不少于 50g； 岩屑：每 10~30m 取样 1 块，样重不少于 30g	主要选取暗色泥质岩类和灰质岩类，也可选取灰质砂岩或含灰质较多的砂质岩类，选取岩心样品时，应逐层逐块观察，凡见化石部位均应取样
孢粉、藻类（包括孢粉颜色）	密度一般为 30m 取样 1 块，每个样品所代表的井段长度小于 10m。样重：岩心不少于 50g；岩屑及暗色泥岩不少于 20g，紫色泥岩不少于 30g，石灰岩和石膏泥岩不少于 50g，煤及碳质页岩不少于 10g	可做混合样，造浆泥岩不予分析
牙形石	每 10m 取样 1 个，样质量 500~1000g	

续表

项目	样品密度及规格	选样要点
微量元素光谱分析	岩石样品重量为2~5g，原油样品不少于200g	混合样和钻井液污染样及含水、含泥砂样不予分析
有机碳热解	生油岩：每隔25m井段取1包暗色泥质岩屑，样重不少于5g；储层：根据层厚，每米取样，样品数量不少于2g	生油岩：选纯暗色泥岩样品；储层：选取代表性好的岩屑
抽提及全分析	岩屑：每100~150m取样一次，应集中在10m井段内选取，样重不少于250g；岩心：视岩性变化适当加密	选取具有代表性的纯暗色泥岩样品，煤样只挑10~15g，碳质泥岩及油页岩只挑50g左右
铸体	只做油气显示及裂缝发育段岩心样品，砂岩2~5块/同一岩性段，均质程度较差的非碎屑岩可酌情加密，样品规格：2cm×2cm×0.5cm	每块岩心上必须附一样品标签，与样品清单相一致，裂缝样品按不同裂缝级别每层选样
压汞	只做岩心样品，含油、含气的储层每层不少于2~5块，均质程度较差的非碎屑岩可酌情加密，但应小于物性分析密度。样品规格：2.5cm×2.5cm小圆柱体或直径大于3cm，长度3cm	先做岩心描述，后选具有代表性的样品
孔隙度、渗透率、含油（水）饱和度	岩心：油探井砂岩储层含油段孔、渗分析8块/m，含水饱和度分析4块/m。不含油孔、渗分析2块/m。含油层上下不含油部位应选1~2块样品，以便分析对比。样品规格：全直径岩心，长度和直径要求大于7~9cm；非全直径岩心，长度和直径要求大于4cm	含油岩心禁止用水冲洗，将钻井液擦拭干净以后，立即密封及时送化验室分析

4. 油气水取样要求

油气水取样要求参见表2-5-33。

表2-5-33 油气水取样要求

分析项目	样品	用途	取样间距，个/层	取样量，mL	取样原则
物理化学性质	水样	了解地层水性质	1	500~1000	取样瓶洗净，无污染，取样后立即加盖密封闭避光，及时送样
	油样	了解原油性质	1~2	1000~2000	无污染，及时
	气样	了解天然气性质	2~3	>500	及时
高压物性分析	油气样	了解地层条件下的油气性质（如饱和压力、溶解气油比、地层油密度和黏度、溶解系数、体积系数、压缩系数、收缩率等）	1个/层原油性质相同层段	在地层条件下1000~2000	井下取样时，饱和压力要低于取样压力，不能在取样时已脱气，使样品能真正代表地层条件下的状态

三、注意事项

(1) 上述分析项目根据设计要求要做全，不具备化验条件及其他有关分析项目可外送。

(2) 所有分析项目的选样部位应有代表性，并尽可能相邻近。每个岩样岩性要单一，不许一个岩样有两种岩性。

(3) 钻取渗透率等分析专用岩样柱塞时，杜绝用清水，应该使用地层水或煤油作钻取液。同时，岩样端面处理中应避免切削的岩屑粉堵塞端面孔喉。

(4) 岩心应作完整柱面，剖开面或选择有丰富地质意义的断面侧面作彩色和荧光照相。

第八节 固井质量验收要求

一、水泥返深（或高）、水泥塞高度和人工井底的规定

(1) 设计水泥返深应在油气层顶界以上 150m；

(2) 为了保证套管鞋封固质量，油层套管采用双塞固井时，阻流环距套管鞋长度不少于 10m，技术套管（或先期完成井）一般为 20m，套管鞋位置尽量靠近井底；

(3) 油气层底界距人工井底（管内水泥面）不少于 15m。

二、水泥环质量鉴定

(1) 水泥环质量鉴定应以声幅（CBL）为准，声幅测井要求测至水泥面以上 5 个稳定的接箍讯号，讯号明显。控制自由套管声幅值在 8~12cm（横向比幅 50mV/cm，即 400~600mV），而在百分之百套管与水泥胶结井段声幅值接近零线，曲线平直，不能出现 2mm 负值。测量前后幅度误差不超过 ±10%，测速不超过 2000m/h。凡水泥浆返至地面的井和尾管井，测声幅前在同尺寸套管内确定钻井液声幅值。

(2) 声幅相对值在 15% 以内为优等，一般 30% 为合格。对低密度水泥，声幅值暂定 40% 合格。

(3) 经声幅测井其质量不能明确鉴定是否符合设计要求时，可用变密度（VDL）等其他方法鉴定。

(4) 正常声幅测井应在注水泥后 24~48h 内进行，特殊井（尾管、分接箍、长封固段、缓凝水泥等）声幅测井时间依具体情况而定。

(5) 声幅曲线必须测至最低油气层底界以下 10m。

(6) 油层套管固井，水泥环声幅质量鉴定，主要针对封隔油气层段部。

三、套管柱试压

套管柱试压参见表 2-5-34 和表 2-5-35。

表 2-5-34　表层套管试压

套管规范，in	试压标准，MPa	允许下降，MPa/30min
10¾~13⅜	8.0~10.0	0.5

表 2-5-35　油井、注水井及气井套管试压（一般情况）

套管规范，in	试压标准，MPa 油井	试压标准，MPa 注水井	试压标准，MPa 气井	允许下降 MPa/30min
5~7⅝	15.0	15~20	≥20	0.5
8⅝~9⅝	10.0	12.0	≥15	0.5

第九节　完井资料验收管理

一、完井资料的上交要求

1. 资料上交项目
1) 原始记录
(1) 钻井地质设计（含改变设计审批意见书）；
(2) 录井综合记录；
(3) 岩屑描述记岩录；
(4) 钻井取心描述记录；
(5) 井壁取心描述记录；
(6) 套管记录；
(7) 热解分析记录（地化）；
(8) 油气组分综合评价数据报告（地化）；
(9) 荧光定量分析记录（定量荧光）；
(10) 钻井液全脱分析记录（综合录井、快速色谱）；
(11) 碳酸盐岩缝洞统计表（综合录井）；
(12) 地层压力监测数据表（综合录井）；
(13) 地温梯度数据表（综合录井）；
(14) 后效气检测记录（综合录井、快速色谱）；
(15) 碳酸盐含量分析记录（综合录井）；
(16) 泥（页）岩密度分析记录（综合录井）；
(17) 综合录井仪记录（综合录井）；
(18) 气测数据表（综合录井、快速色谱）。
2) 完井资料

（1）录井报告。

①文字部分（探井、天然气开发井按照规范要求的章节编写，油田开发井只写前言部分）；

②附表部分；

a. 基本数据表；

b. 录井资料统计表；

c. 油气显示统计表（一、二）；

d. 钻井液性能分段统计表；

e. 测井项目统计表；

f. 钻井取心统计表；

g. 井壁取心统计表；

h. 分析化验样品统计表；

i. 气测综合解释成果表；

j. 井斜数据表。

③附图部分。

报告内附图：

a. 井斜水平投影图（附在报告内井斜数据表后）；

b. 井斜垂直投影图（附在报告内井斜数据表后）；

c. 井眼轨迹三维图（附在报告内井斜数据表后）。

报告外附图：

a. 录井综合图（1:500）；

b. 岩心录井综合图（1:100）。

（2）分析化验成果。

（3）综合录井实时刻录光盘（按时间和深度记录，含气测、工程参数、dc 指数及钻井液等文件）。

（4）快速色谱录井总结报告及综合图（快速色谱）。

（5）地化录井总结报告及综合图（地化）。

（6）荧光定量录井总结报告及综合图（定量荧光）。

3）原始图幅

（1）地化分析图谱（热解分析、气相色谱分析）；

（2）色谱记录长图（快速色谱）；

（3）荧光定量分析图谱（定量荧光）。

4）实物资料

（1）岩屑；

（2）岩心；

（3）岩屑实物剖面（参数井、区域探井目的层段）。

5）电子文档资料

（1）现场所有采集资料及完井资料均要求保存电子文档；

（2）低渗透油田公司《勘探与生产信息数据库·地质专业数据库》电子文档。

6）其他不归档资料项目（资料性记录及图幅）

除上述上交资料以外的其他资料均由录井队负责收集和保管，地质技术研究所及录井工程项目部负责检查验收，并根据现场生产所需灵活使用。要求非上交资料保存一年以上，具体项目如下：

（1）原始记录。

①现场QHSE交接检查记录；

②钻时记录；

③荧光记录；

④迟到时间记录；

⑤钻具记录；

⑥钻井液记录；

⑦综合录井仪标定记录；

⑧岩屑录井油气显示统计表；

⑨钻井取心油气显示统计表；

⑩气测异常显示统计表。

（2）原始图幅。

①随钻岩屑录井图（1:500）；

②随钻岩心录井图（1:100）。

2. 资料上交要求

1）原始资料

（1）录井队在石油开发井完井后5天内将资料上交油田公司项目部。

（2）录井队在气井及探井完井后10天内将资料上交油田公司项目部。

2）实物资料

实物资料在完井后一月之内交到甲方指定库房，库房管理人员根据录井管理部门出具的岩心岩屑等上交清单验收实物资料并出具交接单。

3）完井资料

在完井后30天内将全部资料汇交到油田公司各有关部门。

二、完井资料验收程序及制度

1. 审查验收的程序

（1）地质师全面自检自查（第一级审查）。

对实物资料是否齐全准确进行检查；对各项综合录井原始地质资料进行全面核查，包括全井原始地质资料及数据盘等。

（2）录井工程师（含录井队长）全面自检自查（第一级审查），对上交的所有综合录井完井报告及数据盘进行全面细致的检查。

（3）现场地质监督审查（第二级审查）。

地质监督对地质师和录井工程师提交的各项原始资料、文字总结报告及图表等进行全面的详查。

（4）录井技术管理人员检查验收（第三级审查）。

对录井工程师完成的综合录井各项原始资料、完井报告、数据盘及文字报告进行全面的检查验收，根据综合录井完井审查验收的质量标准，提交综合录井完井资料验收意见。

（5）业务主管单位专业技术人员检查验收（第三级审查）。

对地质师完成的综合录井原始地质资料进行全面检查验收，根据原始地质资料审查验收质量标准，提交原始地质资料验收意见。

（6）录井数据、录井资料及录井资料光盘上交档案馆前的审查。

综合录井完井报告、综合录井原始地质资料及综合录井实时绘图资料在基地按要求分册装订完毕，录井资料及录井数据光盘刻录完毕，光盘标签按规定要求填写完毕。填写单井档案上交清单，然后送录井技术管理部门，由录井技术管理部门负责人审核合格后，上交档案馆和有关单位。

2. 地质资料审查验收质量标准

1）一类（优秀）资料标准

（1）按地质设计和上级指令录取各项地质原始资料，圆满地完成地质任务。

（2）资料齐全率100%，资料取准率100%，按设计要求取全取准各项地质、录井、测井及分析化验资料，无漏取、漏测及丢失资料现象。

（3）油气显示发现率100%，各段油气显示均有原始记录，数据对口，VMS资料齐全，解释图版准确，油气层解释依据充分。

（4）钻井取心层位卡准率100%，按设计和上级要求取全取准岩心。

（5）岩屑代表性强，数量足（500g至1000g），能反映地层剖面真实情况，岩性定名准确，描述内容齐全，符合岩屑描述的规定。

（6）剖面符合率：岩屑剖面与综合解释剖面吻合性好，非目的层剖面符合率达85%以上，目的层剖面符合率达95%以上，非目的层误差小于3个取资料点距，目的层误差小于2个取资料点距（测井与录井资料深度的系统误差不包括在内）。

（7）数据差错率：各项原始资料、完井资料及图幅数据差错率小于3‰。

（8）各项原始记录填写符合有关规定，内容必须齐全准确，字迹清晰工整，装订成本成册。

（9）各项原始资料包括（岩心、岩屑、壁心、实物剖面）齐全准确，保管妥善。

（10）钻杆测试，电缆测试或原钻机试油，按测试要求取全取准各项资料数据，详细记录各种油气显示现象，工序清楚，计量准确，取样及时并有测试结论。

（11）各项原始记录必须由值班人亲自填写，地质监督审核签名。

2）二类（良好）资料标准

（1）按地质设计和上级指令录取各项地质资料，较好地完成地质任务。

（2）资料齐全率100%，按设计要求取全了各项地质、录井、测井及分析化验资料，无漏取、漏测及丢失资料现象，资料取准率在95%以上。

（3）油气显示发现率100%，对所钻井段不漏任何油气显示，对各段油气显示性质记录清楚，有原始记录，全脱资料齐全，解释图版准确，油气层解释依据较为充分。

（4）按地质设计和上级要求基本取准钻井取心层位，取心层位卡准率不低于85%。

（5）岩屑代表性强，数量足（500g至1000g），能反映地层剖面真实情况，但岩性描述内容不齐全，不够准确。

（6）岩屑剖面与综合解释剖面吻合性较好，非目的层剖面符合率达到80%以上，目的层剖面符合率不低于85%，非目的层和目的层误差小于3个取资料点距（测井与录井资料深度的系统误差不包括在内）。

（7）各项原始资料、完井资料及图幅数据差错率小于5‰。

（8）各项原始记录填写符合有关规定，内容齐全准确，字迹清晰工整，装订成本成册。

（9）各项原始资料包括（岩心、岩屑、壁心、实物剖面）齐全准确，保管妥善。

（10）钻杆测试，电缆测试或原钻机试油，按测试要求取全取准各项资料数据，详细记录各种油气显示现象，工序清楚，计量准确，取样及时并有测试结论。

（11）各项原始记录必须由值班人亲自填写，地质监督审核签名。

3）三类（不合格）资料标准

（1）凡达不到二类（良好）资料标准，均属三类（不合格）资料。

（2）凡有下列项目之一者，为三类（不合格）资料。

①漏掉油气显示；

②打掉取心层位或油气层段；

③漏掉或丢掉地质资料；

④伪造原始资料。

（3）三类（不合格）原始资料必须整改达到二类（良好）资料标准方能上交。

3. 综合录井资料审查验收质量标准

1）一类（优秀）资料标准

（1）按照合同要求，圆满地完成了综合录井任务。

（2）资料齐全率、准确率均达到100%，按照合同要求，取全取准了各项录井资料。

（3）油气显示发现率100%，各段油气显示均有原始记录，数据对口，并有综合分析判断结论。

（4）完井资料数据差错率：各项原始资料和整理编写的录井完井资料、报告、数据及图表等数据差错率小于3‰。

（5）工程事故预报率100%。

（6）工程事故预报准确率100%。

（7）综合录井完井资料整理、总结和解释规范化。各项资料打印工整，字迹清晰，装订符合规范要求。

（8）完井地质资料必须达到一类（优秀）资料标准。

2）二类（良好）资料标准

（1）按照合同要求，较好地完成了综合录井任务。

（2）资料齐全率100%，按照合同要求，取全取准了各项录井资料。无漏取、漏测及丢失资料现象，资料取准率在95%以上。

（3）油气显示发现率100%，所钻井段不漏任何油气显示，对各段油气显示性质记录清楚，油气层解释依据较为充分。

（4）完井资料数据差错率：各项原始资料和整理编写的录井完井资料、报告、数据及图表等数据差错率小于5‰。

（5）工程事故预报率90%以上。

（6）工程事故预报准确率85%以上。

（7）综合录井完井资料的整理、总结和解释规范化。各项资料打印工整，字迹清晰，装订符合规范要求。

（8）完井地质资料必须达到二类（良好）资料标准以上。

3）三类（不合格）资料标准

（1）达不到二类（良好）资料标准者，属三类（不合格）资料。

（2）凡有下列情况之一者，为三类（不合格）资料。

①漏掉油气显示；

②漏掉或丢失录井地质资料；

③伪造原始资料。

（3）三类（不合格）资料必须整改达到二类资料标准方能上交。

4. 地化录井资料审查验收质量标准

1）一类（优秀）资料标准

（1）达到设计目的，圆满地完成了地化录井任务。

（2）资料齐全率、准确率均达到100%，按照设计要求，取全取准了各项地化录井资料，无漏取及丢失资料现象。

（3）现场挑样正确，能真实代表本包的岩性，油气显示层选准率100%，储层选准率大于95%，其他岩性选准率不低于90%。

（4）仪器性能良好，分析数据可靠。

（5）数据差错率：各项原始表格与地化录井报告中的资料、数据和图幅等对口性好，数据差错率小于3‰。

（6）各项原始记录填写规范，内容齐全、准确，字迹清晰工整，成本成册。

（7）地化综合文字报告按要求格式编写，且图表数据齐全，文章语言精练，观点明确，条理清晰，逻辑性强，对生油层评价及油气层解释依据充分。上交资料及时。

2）二类（良好）资料标准

（1）基本达到设计目的，较好地完成了地化录井任务。

（2）资料齐全，无漏取、漏分析及丢失资料现象。

（3）现场挑样较准确，储层选准率不低于90%，其他岩性选准率不低于85%。

（4）仪器工作正常，挑样称样基本准确，分析数据可靠。

（5）数据差错率：各项原始资料与综合文字报告、数据和图幅等数据差错率小于5‰。

（6）地化综合文字报告按要求格式编写，且内容齐全，图表数据对口，条理基本清晰，对生油层及油气层的分析判断较准确。

（7）各项原始记录与报告成本成册，装订规范，上交及时。

3）三类（不合格）资料标准

（1）凡达不到二类（良好）资料标准，为三类（不合格）资料。
（2）凡有漏取、漏分析、丢失或伪造原始资料的，为三类（不合格）资料。

第六章　井　　控

当钻遇油气层时，如果井底压力低于地层压力，地层流体就会进入井眼。大量地层流体进入井眼后，就有可能产生井涌或井喷，甚至着火等，酿成重大事故。因此，在钻井过程中，采取有效措施进行油气井压力控制是钻井安全的一个极其重要的环节。

井控技术是保证石油天然气钻井安全的关键技术。做好井控工作，既有利于发现和保护油气层，又可有效地防止井喷、井喷失控及着火事故的发生，实现钻井安全生产。

井喷失控是性质严重的事故，是损失巨大的灾难性事故。一旦发生井喷失控，将打乱正常的生产秩序，使油气资源受到严重破坏，还易酿成火灾，造成人员伤亡，设备破坏，环境污染甚至油气井报废。

井控工作是一项系统工程。勘探、开发、钻井、技术监督、安全、环保、物资、装备、计划、财务以及职工培训等部门必须十分重视，各项工作必须有组织地协调进行。

第一节　井 控 设 计

一、井控设计要求

（1）掌握全井段的地层孔隙压力、地层破裂压力及浅气层的有关资料以及注采井地层压力动态和邻井资料。对可能含硫化氢的油气井，应对其层位、埋藏深度及含量进行预测。

（2）满足井控要求的钻前工程及合理的井场布置。井场布置应满足放喷管线的安装要求。

（3）适合地层特性的钻井液体系及钻井液密度，以及合理的加重钻井液及加重材料储备。

（4）合理的井身结构。

（5）选择满足井控作业需要的井控装备，并明确井控装备配套、安装和试压要求。

（6）根据井的类型制定井控技术措施，并制定相应的应急预案。

（7）设计中应有地层破裂压力试验及低泵冲试验的要求。

（8）对井场周围一定范围内的居民住宅、学校、医院、道路及厂矿（包括开采地下资源的矿业单位）等进行勘查并在地质设计中标注说明。在钻井工程设计中应明确相应的井控措施。

（9）钻井必须装防喷器。对允许不装防喷器的区域应由设计部门和钻井作业方共同提出论证报告。

（10）含 H_2S 和 CO 等有害气体和高压气井的生产套管，有害气体含量较高的复杂井技术套管，其材质和丝扣应符合相应的技术要求，且水泥必须返到地面。

（11）井身结构设计中，套管与套管下深应满足井控要求。原则上同一裸眼井段不应有两个以上压力梯度相差大的油气水层。新区块第一口预探井的井身结构设计要留有余地。

①油井表层套管必须打穿上部疏松地层，进入硬地层 30～50m，对于油层压力较高的井，表层套管要适当加深。

②表层套管必须固井，且水泥封固良好。

③有浅气层的井，应将表层套管下至浅气层顶部，装好防喷器再打开浅气层。

（12）天然气井或装防喷器的油井，下套管固井后，在钻出套管鞋进入第一个砂层时，用低泵冲做地层破裂压力试验，并做出压力与排量关系曲线。算出地层破裂压力值和当量钻井液密度。注意试验最高压力不得高于以下情况的任何一种：

①井口设备的额定工作压力；

②套管最小抗内压强度的 80%。

二、钻井液设计

（1）钻井液体系的确定原则是有利于发现和保护油气层，有利于提高机械钻速，保持井壁稳定、井下安全和经济的原则。

（2）钻井液密度的确定是在考虑井壁稳定和地层破裂压力的情况下，以裸眼井段的最高地层压力梯度为基准，再增加一个附加值。附加值可按下列两种原则之一确定，油井为 0.05～0.10g/cm^3；气井为 0.07～0.15g/cm^3；或油井为 1.5～3.5MPa，气井为 3.0～5.0MPa。

在具体选择附加值时应综合考虑地层孔隙压力预测精度、油气水层的埋藏深度及井控装置配套情况。

含硫油气井在进入目的层后钻井液密度附加值要选用上限值即油井为 0.10/cm^3 或 3.5MPa；气井为 0.15g/cm^3 或 5.0MPa。

（3）严格执行钻井液密度设计。未征得相关部门的同意，不得修改设计钻井液密度。但发现地层压力异常时或发现溢流、井涌或井漏时应关井及时调整钻井液密度或压井，同时向有关部门汇报。

第二节 地层流体的侵入与检测

一、地层流体的分类及侵入原因

（1）地层流体包括油、气、水，其中气可为天然气、二氧化碳或硫化氢等。水可为淡水或盐水等。

（2）对渗透性或裂缝性地层，当井内有效压力小于地层压力（负压差）时，在负压差作用下，地层流体会侵入井眼。即在井眼环空裸眼中任一位置，如果环空流体压力低于该处地层压力时，地层流体均可进入井眼。例如对于同一裸眼中存在多压力层系情况，尽管井底压力有可能大于地层压力，但如果上部钻井液柱压力小于相应层位地层压力，则该处地层流体仍有可能进入井眼。造成地层流体进入井眼的原因有多种，主要为：

①钻井液密度低。

钻井液密度设计过低或钻井过程中钻井液处理不当。

②环空钻井液液柱降低。

起钻时补灌钻井液不足或井眼发生漏失。

③起钻抽汲。

在钻井液循环或静止情况下，井底压力大于地层压力，而提钻产生抽汲后则井底压力小于地层压力。

④停止循环。

循环情况下井底压力大于或等于地层压力，停止循环后，则井底压力小于地层压力。

二、地层流体侵入的影响因素

1. 井底压力与地层压力之差地层流体侵入的影响

在同样条件下，井底压力与地层压力负压差越大，则地层流体侵入量越大。

2. 钻井液循环与不循环情况下地层流体的侵入

井内钻井液在循环情况下，井底有效压力大于不循环时的井底压力，井底有效压力与地层压力之间的负压差相对较小，因而在循环情况下地层流体侵入量较少，对于一定的地层流体侵入量，当钻井液循环时，侵入的流体很快被循环上升的钻井液所携带，所以在环空的截面上，侵入流体所占的面积与环空横截面积之比（截面含气率）相对（不循环时）较小，易于井控处理。

3. 关井情况下地层流体的侵入

关井后，随着地层流体侵入，井口立压与套压增加，相应井底压力也增加，井底压力与地层压力负压差减少。根据油气藏渗流理论，则地层流体侵入量减少。

4. 不同地层情况下的地层流体的侵入

对于渗透性地层＋裂缝性地层及溶洞，其油气渗流规律不同。高压高渗地层地层流体侵入量大，高压且比较发育的裂缝性地层及溶洞，其气体侵入量会更大。

三、地层流体侵入检测

钻井中（欠平衡压力钻井除外）一般不允许地层流体侵入井眼。比如，当地层盐水侵入井眼后，将污染钻井液，很容易导致井壁不稳定。如果气体侵入井眼，则将会带来井涌与井喷，有时会酿成重大事故，造成重大人、财、物损失。要想减少或避免由于地层流体侵入带来的损失，及早检测地层流体侵入是非常重要的。

1. 地层流体侵入井眼征兆

1）钻时加快

正常钻进时，井底压力一般大于地层压力。当钻遇高压地层时，如果不及时调整钻井液密度，则会出现要么井底压力与地层压力正压差减少，要么出现井压力小于地层压力，这些都会使钻时加块，有时还会出现憋跳钻或钻进放空现象。因此，钻时加快往往是判断钻遇异常高压地层的早期征兆之一。

2）钻井液池液面增高

地层流体侵入井眼后，钻井液池液面自然会升高。地层流体如果侵入缓慢，钻井液池液面也会缓缓增加。当地层流体侵入量大时，则不仅钻井液池液面增加迅速，同时，在井口返出钻井液槽上也可观察到液面上升。

3）钻井液返出流量增加

原则上，只要地层流体侵入井眼，钻井液返出流量将会增加。但实际上只有地层流体侵入量较大时，钻井液返出量才有明显变化。

4）返出钻井液温度增高

对于异常高压地层，一般地温较高。加之环空循环速度也加快，使钻井液温度在循环中散失变小，结果在井口可以发现返出钻井液温度增高。

5）返出钻井液密度变低

油气水侵入井眼，均会使环空钻井液密度变低。

6）返出钻井液电导率变化

对于油气侵入井眼，一般情况下钻井液电导率变低，但若是盐水侵入井眼，则会使钻井液电导率变高，且有时非常高。

7）返出钻井液黏度变化

气侵情况下，返出钻井液黏度一般增加。

8）循环压力下降

油气水侵入井眼后，使环空钻井液密度降低，钻柱内钻井液液柱压力高于环空液柱压力，在其压差作用下，使泵压降低，泵速加快。

9）地面油气显示

对于油气侵入情况，如果油气侵入量大，当油气循环到地面时，将会出现井涌或井喷。如果油气侵入量不大，则从返出钻井液槽及钻井液池中，可以看见油花与气泡。通过气测仪，也可以测出气体组分。

10）大钩负荷增大

当油气水侵入井眼后，由于钻井液密度降低，则对井内钻柱的浮力减少，致使大钩负荷增大。但这是在油气水侵入比较严重情况下才会出现。

2. 地层流体侵入井眼的检测方法

1）钻井液池液面检测法

目前多使用综合工程录井中的超声波液位检测仪对钻井池液面进行监测。

2）返出钻井液流量检测方法

目前使用钻井液流量传感器对出井流量进行监测。

3）声波气侵早期检测技术

鉴于声波在气液两相流中传播速度明显低于在纯钻井液中的速度，则可以利用声波法早期检测气侵。在钻井泵出口装一声波发生器，在钻井液返出口装一声波接收器，测量声波传播时间差。

三种地层流体检测方法各有特点。但对于气侵情况，由于当气体上升至环空中部时，气体体积膨胀还较少，因此钻井液池体积及返出钻井液流量变化较小，对应这两种检测方法很难早期检测。而利用声波法则可以及早地检测到气侵。

第三节 井控装置

一、井控装置配套原则

（1）防喷器、四通、节流、压井管汇及防喷管线的压力级别，原则上应大于相应井段最高地层压力。

（2）防喷器的通径级别，一是比套管尺寸大，二是所装防喷器与四通的通径一致。

二、井控基本装置配套标准

（1）气田开发井井控装置基本配套标准。

①井口装置从下到上为：FSP28-35 四通+2FZ28-35 双闸板防喷器（图2-6-1）。但预测 H_2S 含量大于 $20mg/m^3$ 时及古生界有异常高压气层的井需安装环形防喷器。

②井口两侧接双翼节流管汇、压井管汇及放喷管线。

③钻柱内防喷工具为钻具回压阀和方钻杆下旋塞，装环形封井器则必须装方钻杆上旋塞。

④控制设备为远程控制台和司钻控制台。

（2）天然气探井及区域探井井控装置配套标准。

①井口装置从下到上为：

a. FSP35-35 四通+2FZ35-35 双闸板防喷器+FH35-35 防喷器［图2-6-2（a）］。

b. FSP35-70 四通+2FZ35-70 双闸板防喷器+FZ35-70 单闸板防喷器+FH35-35 防喷器［图2-6-2（b）］。

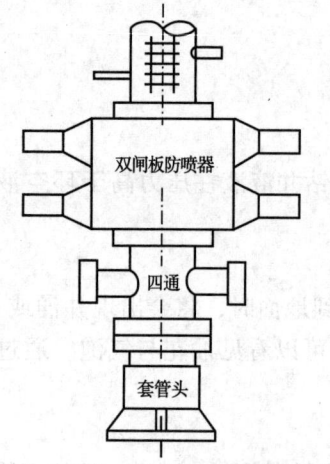

图2-6-1 气田开发井井控装置

②井口两侧接双翼节流管汇、压井管汇及放喷管线。

③钻柱内防喷工具为钻具回压阀和方钻杆上下旋塞。

④控制设备为远程控制台和司钻控制台。

（3）预测高含硫和高产高压井还应配备剪切闸板防喷器，其安装位置在钻井设计中确定。

（4）油井分为Ⅰ、Ⅱ、Ⅲ类，分别安装不同的井口装置。

①Ⅰ类油井：

a. 油层压力异常的调整更新井、扩边井及先注先采区块的油井；

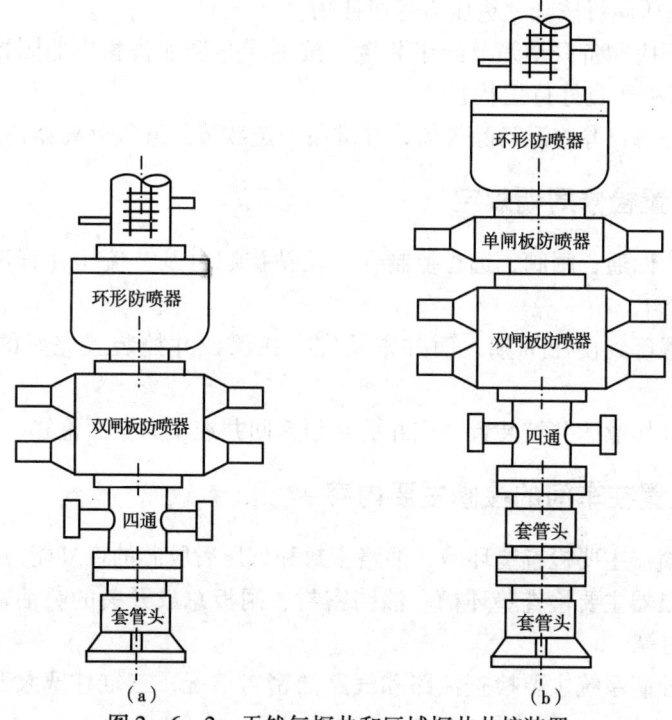

图2-6-2 天然气探井和区域探井井控装置

b. 有浅气层的油井；
c. 油层压力异常或油层压力不清的探井；
d. 注水区块的漏失井。

Ⅰ类油井井控装置配套标准：
a. 井口安装21MPa的单闸板防喷器；
b. 钻柱内防喷工具为钻具回压阀和方钻杆下旋塞；
c. 配单翼节流管汇和压井管汇；
d. 控制设备配远程液压控制台。

②Ⅱ类油井：
a. 调整更新井、扩边井及先注后采区块的油井但油层压力正常；
b. 气油比较高区块的开发井、注水井及探井和评价井。

Ⅱ类油井井控装置配套标准：
a. 安装简易井口控制装置；
b. 钻柱内防喷工具为钻具回压阀和方钻杆下旋塞；
c. 配简易压井、节流管汇。

③Ⅲ类油井：
产能建设的开发井、注水井以及油田范围内的探井和评价井，且油层压力正常，可以不装防喷器，但井口必须留出适当高度完好的表层套管接箍，一旦出现险情，可以卸下井口导管后装底法兰和防喷器。

（5）钻柱内防喷工具必须按相应的钻具组合结构进行配套。其中旋塞阀与防喷装置的压力级别一致，回压阀可按降一级压力等级使用。

（6）每口井还应配备振动筛及配浆装置。按不同井型配备相应的固控设备，并经常维护保养，使其随时处于良好待用状态。

（7）天然气井每口井应配备除气器，并准备一定数量的液气分离器备用。

三、井控装置检修周期规定

（1）防喷器、四通、闸阀、远程控制台、司钻控制台及节流压井管汇等装置，现场使用或存放不超过半年。

（2）井控装置已到使用周期，而井未钻完，在保证井控装置完好的基础上可延期到完井。

（3）实施压井作业的井控装置，完井后必须返回井控车间全面检修。

四、井控装置在车间的检修主要内容

（1）环形防喷器主要检查垫环槽、油路密封和试压后胶芯的恢复能力等。

（2）闸板防喷器主要检查垫环槽、油路密封、闸板总成开关的灵活性以及闸板总成能否完全退入腔室内等。

（3）防喷器控制系统主要检查油路和气路的密封情况，三缸柱塞泵和气动泵的工作情况等。

（4）节流压井管汇主要检查液动及手动节流阀的阀芯和阀座，各手动平板阀的开关力矩，压力表灵敏情况等。

五、井控装置的安装时机

设计要求安装防喷器的油气井，二开前必须安装好井控装置。

六、井控装置的安装标准

（1）表层（技术）套管下完，井口先找正再固井。套管与转盘中心偏差：天然气井不大于3mm，油井不大于5mm。

（2）底法兰丝扣洗净后涂上专用密封脂并上紧；底法兰下用水泥填补，固牢。

（3）顶法兰用40mm厚的专用法兰，顶、底法兰内径应比防喷器通径小20mm左右。

（4）各法兰螺栓齐全，对称上紧，钢圈上平，螺栓两端公扣均露出。

（5）井口用四根ϕ16mm钢丝绳和导链或者紧绳器对角对称拉紧。

（6）闸板防喷器的半封闸板安装手动锁紧装置，并挂牌标明锁紧和解锁的旋转方向和到位的圈数。

（7）在任何施工阶段中，防喷器半封闸板芯子必须与使用的钻杆和套管尺寸相符。

（8）防喷器上面装挡泥伞，保持清洁。

七、井控管汇及放喷管线的安装标准

（1）四通两侧各有两个平板阀，紧靠四通的平板阀应处于常开状态，靠外的手动或液

动平板阀应接出井架底座以外。

（2）气井防喷管线必须使用高压防硫厚壁管线。防喷管线不能现场焊接，不能交叉，不能用由壬连接。

（3）节流压井管汇、控制闸门及防喷管线压力等级应与防喷器相匹配。

（4）气井放喷管线应装两条，油井放喷管线可先装一条。放喷管线布局要考虑当地风向的影响以及居民区、道路及各种设施的情况，气井接出井口75m以远，油井接出井口50m以远。

含硫气井放喷管线应接出井口100m以远且两条放喷管线的夹角为90°~180°。

（5）放喷管线用 ϕ127mm 钻杆，简易井口放喷管线可用 ϕ89mm 钻杆，放喷管线不允许现场焊接。

（6）放喷管线一般情况下要求安装平直，如遇特殊情况管线需要转弯时，要采用铸钢弯头，其角度大于120°或用整体铸（锻）钢弯头，放喷管线每隔10~15m、转弯处及管线端口，要用水泥基墩、地脚螺栓或卡子固定，放喷管线端口使用双卡固定。使用整体铸（锻）钢弯头时，其两侧要用卡子固定。

（7）钻井液回收管线出口应接至1#循环罐并固定牢靠；拐弯处必须使用角度大于120°的铸钢弯头，内径不小于70mm，拐弯处必须固定牢靠。

（8）压井管汇与节流管汇装在井架的两侧。

（9）使用抗震压力表，量程必须满足现场使用要求，压力表下必须有高压控制闸门，必须用螺纹或双面法兰钻孔固定，压力表支管不能焊在防喷管线上。

（10）放喷管线试压10MPa，稳压10min，以不渗漏为合格。放喷管线拆装后，也要及时进行试压。

（11）放喷管线应采取防堵措施，保证管线畅通。

（12）井场应配备自动点火装置，备用手动点火器具。

八、井控装置的试压

1. 井控装置必须试压的情况

井控装置的试压是检验其技术性能的重要手段，下列情况必须进行试压检查：

（1）井控装置从井控车间运往现场前；

（2）现场组合安装后；

（3）表层套管及技术套管固井后；

（4）拆开检修或重新更换零部件后；

（5）进行特殊作业前。

2. 井控装置试压要求及内容

（1）对所有的防喷器、节流管汇和压井管汇及阀件均要逐一试压，节流阀不作密封试验。

（2）全套井控装置在井控车间用清水试压。环形防喷器封钻杆试压到额定工作压力，闸板防喷器、节流管汇和压井管汇试压到额定工作压力。

(3) 全套井控装置在现场安装好后，试验压力应在不超过套管抗内压强度80%的前提下，环形防喷器封闭钻杆试压到额定工作压力的70%，闸板防喷器、四通、压井管汇、防喷管汇和节流管汇（节流阀前）试压到额定工作压力；节流阀后的节流管汇的密封试压，按较其额定工作压力低一个压力等级试压。

以上各项试压，稳压时间均不小于10min，密封部位无渗漏为合格（允许压降参考值不大于0.7MPa）。

(4) 钻开油气层后，每次起下钻要对闸板防喷器开关活动一次。每天活动一次井口及节流、压井管汇系统中的所有阀门，并记录待查。

九、井控装置及管线的防冻保温工作

(1) 远程控制台及液控节流阀控制箱采用低凝抗磨液压油，防止低温凝结或稠化影响开关防喷器和液压阀的操作。

(2) 远程控制台贮能器胶囊的工作温度在-10~70℃范围，如低于-10℃胶囊会脆裂破损，因此冬季远程控制台活动房内要进行保温。

(3) 防喷器、防喷管汇、节流管汇和压井管汇以及放喷管线的防冻保温有以下几种方法：

①排空液体。

a. 把防喷管汇、节流管汇和压井管汇以及放喷管线，从井口向两边按一定坡度进行安装，以便排除管内积液。

b. 用压缩空气将防喷管汇、节流管汇和压井管汇以及放喷管线内的残留液体吹净。

②充入防冻液体。

将防喷管汇、节流管汇和压井管汇内钻井液排掉，再用防冻液或柴油充满以备防冻。

③用暖气或电热带随管汇走向缠绕进行防冻保温。

十、液压控制系统

防喷器控制系统的控制能力应满足控制对象的数量及开关要求，并且备用一个控制对象。

(1) 远程控制台一般摆放在面对钻台的左侧，距井口不小于25m的专用活动房内，并在周围保持2m以上的行人通道，与放喷管线有5m以上的距离，司钻控制台摆在司钻操作台附近。

(2) 远程控制台使用防爆电器，电源从发电房单独接出，气源是专线供给。

(3) 远程控制台待命状态时，油面高于油标下限100~150mm，预充氮气压力7MPa，储能器压力为17.5~21MPa，管汇及控制环形防喷器的压力为10.5MPa。

(4) 远程控制台控制全封闸板的换向阀手柄用限位装置控制在中位，其他三位四通换向阀手柄的倒向与防喷器及液动放喷阀的开关状态一致。

(5) 司钻控制台气源专线供给，气源压力为0.65~1.0MPa。司钻控制台显示的压力值与远程控制台压力表压力值的误差不超过1MPa。

十一、其他要求

（1）所有井控装置及配件必须使用经认证具有资格的生产厂家生产的有合格证的产品，否则不允许使用。

（2）钻井队根据井控需要配备钻具内防喷工具，包括方钻杆上、下旋塞，箭形回压阀等。

①各钻井公司负责内防喷工具的管理，定期对内防喷工具进行检查、功能试验和试压，并填写检查、试验和试压记录，出具合格证。

②钻井队负责内防喷工具的现场安装、使用和维护。

③旋塞阀在现场每起下一趟钻开关活动一次。钻井队要填写内防喷工具使用跟踪卡片，记录使用时间和使用情况。

（3）井控装置由钻井公司井控车间或委托井控设备管理维护的专业公司负责管理和维修。井控装置的安装、维护和保养由钻井队负责。钻井队技术员负责日常管理。司钻控制台的操作及检查由司钻负责。远控房的操作及检查由副司钻负责。防喷器的维护及检查由井架工负责。上下旋塞、回压阀及开关工具的保管和操作由内钳工负责。节流管汇、防喷器管汇及放喷管线的维护及检查由外钳工负责。压井管汇的维护及检查由场地工负责。

（4）所有井控装置必须落实岗位责任制和交接班巡回检查制，并填写保养和检查记录。

第四节　地层流体侵入控制

一、井涌关井程序

当发现有井涌征兆时，应该迅速关井，然后检查关井压力。关井越早、越快，地层流体侵入就越少，井控也就越容易。对于有的井，可能存在井眼不稳定情况，这种情况下如果对地层不熟悉，井控没有把握，害怕卡钻而不关井求取地层压力是错误的。反之，如果对地层熟悉，井涌速度不高，进来的地层流体对井壁伤害较小（盐水进入井眼对井壁伤害较大），井控有把握，也可以将钻头提到套管鞋后再关井求取地层压力。但原则首先是安全压井，其次是避免卡钻。

1. 硬关井

发现井涌后，在节流阀关闭的情况下关闭防喷器。本方法关井最迅速，地层流体侵入井眼最少。但在防喷器关闭期间，由于环空流体由流动突然变为静止，对井口装置将产生水击作用。其水击波又会反作用于整个环空，也作用于套管鞋处及裸眼地层。严重时，可能伤害井口装置，并有可能压漏套管鞋处地层及下部裸眼地层。

硬关井适应下列情况：

（1）井口井涌速度不高；

（2）盐水侵入量越大，井壁越不稳定，故尽可能采用本方法；

（3）井口装置能够承受较大压力。

2. 软关井

发现井涌后，先打开节流阀，再关闭防喷器。本方法对井口装置及环空水击作用最小，但由于其关井时间长，地层流体侵入量也最大，额外增加的地层流体也会对井口装置及地层有附加压力，也会给压井带来困难。

3. 半软关井

发现井涌后，先适当打开节流阀，再关闭防喷器。本方法特点介于硬关井与软关井之间。

半软关井适应下列情况：
（1）井口井涌速度较高；
（2）井口装置承压较低。

4. 关井步骤

（1）钻进中发生井涌时的关井步骤。
①发出信号，停转盘，停泵；
②上提方钻杆；
③适当打开节流阀；
④关防喷器。先关环形，再关闸板，下同；
⑤关节流阀，试关井，注意地面及井下压力条件允许方可最终关闭节流阀；
⑥及时向队长或钻井技术人员报告；
⑦认真观察，准确记录立管和套管压力及钻井液池增减量。

（2）起下钻杆中发生井涌时的关井步骤。
①发出信号并停止起下钻作业；
②抢接回压阀，或投钻具止回阀；
③适当打开节流阀；
④关防喷器；
⑤关节流阀，试关井；
⑥尽快向队长或钻井技术人员报告；
⑦认真观察/准确记录立管和套管压力及钻井液池增减量。

（3）起下钻铤中发生井涌时的关井步骤。
①发出信号，抢接回压阀，或投钻具止回阀；
②抢接钻杆；
③以下步骤同上。

（4）空井发生井涌时的关井步骤。
①发出信号；
②适当打开节流阀；
③先关环形防喷器，再关全封闸板防喷器；
④关节流阀，试关井；（打开环形防喷器）
⑤以下步骤同上。

以上为井控过程中常用的关井步骤，属于半软关井方法，具体情况可以具体分析并采用相应措施。

二、压井方法的选择

现代井控技术的压井方法为工程师法、司钻法及边循环边加重法三种方法。选择哪种方法，根据各油田或压井工程师的习惯确定。需考虑的几个问题是：完成整个压井作业所需的时间，由溢流引起的井口套压值，压井方法本身在实施时的复杂程度，压井作用于地层的井口压力。是否会造成地下井喷，应根据每口井的具体情况和上述4种因素综合考虑，优选出最佳方法。

1. 影响压井方法的因素

1）溢流类型

①气体：气体溢流通常比任何其他类型的溢流更剧烈，因为气体进入井筒的速度快，气体是导致高套压的主要原因，气体会沿井筒向上运移，气体在接近井口时会膨胀，长时间关井形成地下井喷，易燃易爆，可能会有 H_2S 或 CO_2 等有毒气体。

②油：可能含有伴生气。

③盐水：破坏钻井液性能，易引起井壁垮塌。

④淡水：破坏钻井液性能，极易引起井壁垮塌。

2）溢流量

进入井内的溢流量，是在整个压井过程中对套压起支配作用的变量。溢流量越大，压井过程中最高套压值越高。

3）压井钻井液密度增量的影响

压井钻井液密度增量，是非常重要的参数，应根据关井后求到的立压值和原钻井液密度来确定。此值不宜过高，也不宜过低，应该为压井结束时刚好平衡地层压力。因为压井钻井液密度与原钻井时钻井液密度的增量，对压井时套压值的变化有一定的影响。增量较小时，压井后期，气体到达井口时的套压值比初始关井套压值高；增量大时，压井后期，气体到达井口时，套压值比初始关井套压值低。这是因为所需的高液柱压力抑制了气体膨胀的结果。一般来说，压井钻井液密度与原钻井液密度增量大于 0.18g/mL 时，压井过程中最高套压值通常都小于初始关井的套压值。

如果用较低密度（比计算所需密度低）的钻井液压井，为了平衡井底压力，套压将比用计算所需密度钻井液压井循环时要高，而且作用于井底的当量密度也大，增加了地层破裂的可能性。

反过来，如果用大于计算所需密度的钻井液压井，也不会使套压值降低，作用于井底的当量密度值会相应增加，也同样增加了地层破裂的可能性。

因此在选择压井钻井液密度时，应当采用根据计算所需的钻井液密度。不宜偏低，也不宜偏高。待井压住后继续循环时，再适当提高钻井液密度。使其达到规定的附加值，不要在实施压井作业时就将附加密度考虑进去。

4）井眼几何形状变化的影响

通常深井钻井时，经常会出现井眼上大下小，钻具尺寸也是上大下小的情况。在井底时，同样的溢流量可能占有较长的垂直空间，从而引起较高的套压值；而压井时当溢流被泵至较大的环形空间时，垂直高度减小，从而使整个泥浆柱的高度增加，必须使套压值降低。因此在制定压井方案，计算压井曲线时，应根据不同的钻具内外径及套管内径井段来计算不同阶段的压力变化值，用以正确指导压井作业。

在充分分析掌握（估计、判断）溢流类型、溢流量、发生溢流地层的孔隙压力和井眼几何形状之后，按照工程师法、司钻法及边循环边加重法制定压井方案，计算压井施工作业的立压和套压曲线，并根据当时井场所储备的加重钻井液和加重料数量，根据前面所讲的完成压井作业所需的时间、由溢流引起的井口套压值、压井方法的难易程度和是否会引起地下井喷四个方面因素，优选出最佳的压井方法，来实施压井作业。

总之，发生溢流以后，应迅速判断溢流类型、溢流量、地层压力所需压井钻井液密度和数量，选择最佳的压井方案，尽快实施压井作业。这样可以避免或防止压井作业中出现复杂情况和事故，并能使井尽快恢复正常作业。

2. 地下井喷的压井方法

地下井喷的压井方法不同于常规井喷，没有一个适用于大多数井的压井方法，应在充分了解情况后拟定多种压井方法。

（1）地下井喷的原因；
（2）漏失层与自喷层的位置和两者之间的距离；
（3）地层压力；
（4）漏失压力；
（5）所拟压井方法的局限性。

压井主要方法有以下几种：

（1）在漏层以上注入低密度钻井液，漏层以下注入高密度钻井液。使得漏层以上的钻井液液柱压力不会造成漏层漏失，上下两段钻井液液柱压力之和可以平衡（具有适当附加压力）溢流层的地层压力。

这种方法成败的关键在于准确掌握漏失层的漏失压力和溢流层的地层压力，注入加重钻井液结束时，上部较轻钻井液在经过溢流层的浸入之后，其液柱压力与下部加重钻井液液柱压力之和能压稳溢流层，而又不使漏失层发生井漏。所以往往先要准备三倍于井筒容积的适应漏失层的钻井液，在适当控制套压条件下循环，使得既不发生井漏，又能将溢流流体基本循环出井口，而且地层流体不象刚开始发生溢流时那样迅速流入井筒。在这个时候注入事先计算好的加重钻井液（密度和数量），待井压住之后，再在漏失井段注水泥，将漏失层封死，然后调整钻井液性能逐步恢复正常钻进。

（2）在溢层以上打重晶石塞，使其形成一个类似桥塞一样的段塞，封隔溢流层与上部井眼的通道。待将上部井眼处理正常，且能承受溢流层的地层压力之后，再钻掉重晶石塞。

（3）用桥堵或柴油膨润土浆堵漏等方法，将漏失层堵住以后，再用等密度钻井液循环压井方法处理溢流层。

无论采用哪种方法，处理伴有地下井喷的溢流非常复杂，成功率也不高，往往是这种方法不行，再用另一种方法，耗费大量的人力、物力和财力，而且会给环境造成严重的污染，对资源造成重大损失。因此无论在进行井身结构设计，还是发生溢流、关井后，采用压井方法时，都应注意避免发生地下井喷。

第五节　钻井井控日常设备的检查和维护

一、井控车间对井控装置的定期保养与检查

(1) 橡胶密封件应保存在空调房内，更换闸板时现装橡胶件，不宜先装好密封件后长期存放。

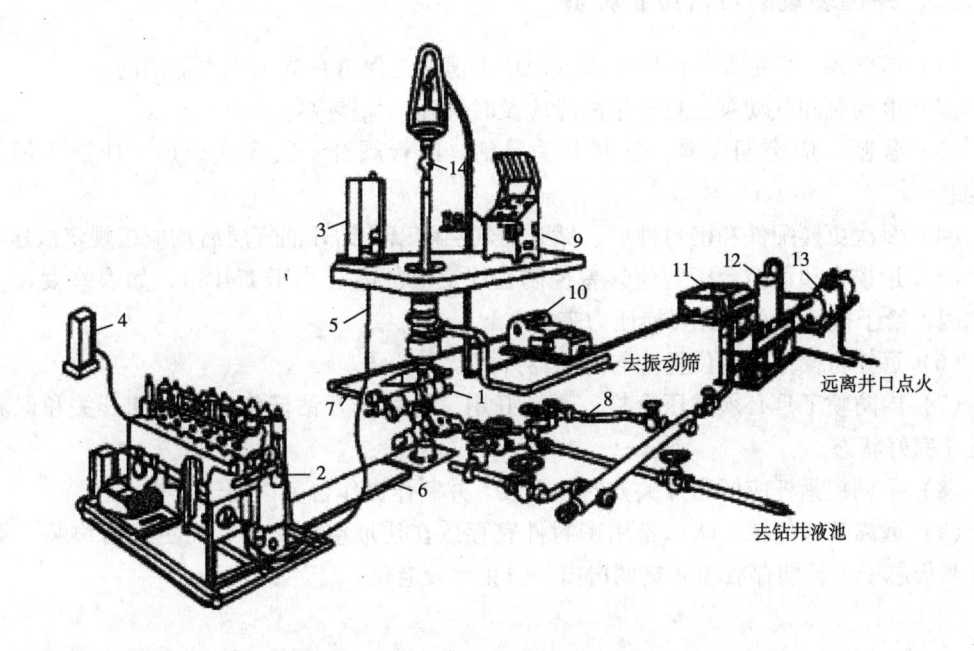

图 2-6-3　井控设备概况示意图

1—井口防喷器组；2—蓄能器装置；3—遥控装置；4—辅助遥控装置；5—气管束；6—管排架；7—压井管汇；8—节流管汇；9—节流管汇液控箱；10—钻井泵；11—钻井液罐；12—钻井液气体分离器；13—真空除气器；14—方钻杆上球阀

(2) 对闸板防喷器，特别使用时间较长的闸板防喷器，要做低压试验，试压值为 0.7~2.1MPa（100~300psi）。检查防喷器在低压状态下能否正常工作。

(3) 检查电动泵和气动泵是否能正常工作。

(4) 检查储能器氮气压力。

(5) 检查储能器油品是否起泡，起泡严重的油不能用作井控装置的液压油（标准规定应使用 10 号航空液压油）。

(6) 检查各法兰螺栓是否为标准螺栓。

(7) 检查闸门是否灵活好用（一只手不用太使劲即可开关闸板）。

二、井控装置安装要求

（1）各闸门按标准挂牌。
（2）检查放喷管线的长度，清除固定出口处的障碍物。
（3）液压管线密封且耐火，井口联接必须使用高压耐火管线。
（4）远控台必须接专用电源线。
（5）内控管线及放喷管线不得现场焊接。
（6）司钻操作台应安装专用溢流报警喇叭。

三、井控装置的日常维护保养

（1）储能器、管汇及环形防喷器气源压力值始终保持在规定压力范围内。
（2）电动泵和气动泵一旦发生故障应及时修理，保持完好。
（3）各闸门应定期保养，使其开关灵活。闸板阀开、关到底以后，应随手回 1/4～1/2 圈。
（4）每次更换配件和密封件后、钻开油气层前以及钻开油气层后均应按规定试压。
（5）远控台和司控台压力值误差控制在规定范围内（小于 1MPa），如误差太大，应查明原因，给予排除，必要时要换压力表。
（6）远控台操作手柄位置应与防喷器开关状态一致。
（7）内防喷工具必须试压合格，灵活好用，特别是方钻杆旋塞应定期开关和保养，使其处于完好状态。
（8）手动锁紧杆应标明开关方向和圈数，并制作操作台，以便于操作。
（9）远离基地的钻井队，备用密封件宜存放在住地空调房内，需更换时再装，不宜安装在闸板芯子上长期存放在非空调房内，防止橡胶老化。

第六节 井控培训

一、井控操作证制度的管理

（1）应持证人员包括钻井各工序操作人员，井场其他项目工作人员，钻井承包商，监督以及其他上井工作或检查人员，钻井公司井控设备车间工作和管理人员，工程设计人员，油田公司有关领导。
（2）钻井队伍井控操作证制度的落实由甲方工程技术管理部门监督执行。
（3）凡在低渗透油田施工的钻井队伍，必须持有低渗透油田认可的井控操作合格证，严禁无证上岗。井控应持证人员的培训、考核和发证由低渗透油田指定井控培训站负责。
（4）井控培训部门在对钻井队伍应持证人员培训考核后，应向甲方工程技术管理部门上报考核成绩、发证人员名单及考核未合格吊销井控操作合格证人员名单等相关培训资料，便于备案审查。

（5）凡没有取得井控操作合格证而在井控操作中造成事故者要加重处罚。

（6）井控培训单位必须经低渗透油田集团公司批准、授权后，才具有颁发井控操作合格证的资格；井控培训教师必须取得低渗透油田集团公司认可的井控培训教师合格证，才能参与井控培训。

（7）井控培训要求：
①初次持证培训时间要达到 8 天（49 学时）以上；
②井控复审培训时间要达到 4 天（25 学时）以上；
③实践操作必须保证 1 天以上。

（8）采用脱产集中培训的方式。受训人员要集中到井控培训站或承担钻井井控培训的单位进行系统培训。施工现场的井控培训可以作为提高人员操作技能的帮促手段，不能依此发证。

（9）必须对理论和实践操作同时考核，考核合格后才能发证。

（10）井控操作合格证有效期为两年，每两年进行一次复审培训，考试合格者重新发给井控操作合格证或在原证上由主考人签字，主考单位盖章认可，不合格者，应吊销井控操作合格证。

二、井控技术培训内容要求

1. 井控工艺

（1）井控及相关的概念；
（2）井喷和井喷失控的原因及危害；
（3）井下各种压力的概念及其相互关系；
（4）溢流的主要原因、预防与检测；
（5）关井方法与程序；
（6）常用压井方法的原理及参数计算；
（7）H_2S 及 CO 的防护和欠平衡钻井知识；
（8）井控应急预案；
（9）井喷案例分析。

2. 井控装置

（1）各种防喷器的结构、原理、性能、规范、操作方法、维护方法和注意事项。
（2）防喷器控制系统的组成、作用、工作原理、常用类型、主要部件和正常工作时的工况。
（3）节流管汇及压井管汇的组成、功用、主要技术参数、主要阀件、液动节流管汇与液控箱。
（4）各种内防喷工具的结构、原理、性能、规范、操作方法、维护方法和注意事项。

3. 其他有关井控规定和标准

三、井控培训对象及要求

（1）对钻井队工人（包括井控坐岗工）及固井技术人员、现场地质录井人员、钻井液技术人员的培训，要以能及时发现溢流，正确实施关井操作程序，及时关井，会对井控装置进行安装、使用、日常维护和保养为重点。

（2）对钻井队技术人员以及欠平衡钻井、取心、定向井（水平井）等专业技术人员的培训，要以正确判断溢流、正确关井、计算压井参数、掌握压井程序、实施压井作业、正确判断井控装置故障及具有实施井喷及井喷失控处理能力为重点。

（3）对井控车间技术人员和现场服务人员的培训，要以懂井控装置的结构及工作原理，会安装调试，能正确判断和排除故障为重点。

（4）对油田公司和钻井承包商主管钻井生产的领导和其他指挥人员、负责钻井现场生产的生产管理人员、工程技术人员和现场监督的培训，要以井控工作的全面监督管理、复杂情况下的二次控制及组织处理井喷失控事故为重点。

（5）对钻井工程和地质设计人员、井位踏看和钻前施工人员、现场安全管理和监督人员的井控技术培训，要以井控基本知识和相关井控管理规定及标准的学习理解为重点。

第七节　井控管理制度

一、井控分级责任制度

（1）井控工作是钻井安全工作的重要组成部分，各油气田分公司主管生产和技术工作的领导是井控工作的第一责任人。

（2）各钻井公司、钻井队及井控车间应成立相应的井控领导小组，并负责本单位的井控工作。

（3）各级负责人按谁主管谁负责的原则，应恪尽职守，做到有职、有权、有责。

（4）油田公司每年定期或不定期联合组织若干次井控工作大检查，督促井控岗位责任制的落实。要求各钻井公司每季度进行一次井控工作检查，及时发现和解决井控工作存在的问题，杜绝井喷事故的发生。

二、井控设备的安装、检修、试压及现场服务制度

（1）低渗透油田要求在本油田区块施工的各钻井公司要有专门机构负责井控装备的管理、维修和定期现场检查工作，并规定其职责范围和管理制度。钻井队在用井控装备的管理和操作应落实专人负责，并明确岗位责任。

（2）各钻井公司井控车间负责井控装备的安装、检修、试压、循检服务以及制定装备和工具配套计划。

（3）井控车间应建立分级责任、保养维修责任、巡检回访、定期回收检验、资料管理、

质量负责和培训等各项管理制度，不断提高管理、维修和服务水平。

（4）钻井队应定岗、定人和定时对井控装备和工具进行检查维修保养，并认真填写保养检查记录。

（5）井控管理人员和井控车间巡检人员应及时发现和处理井控装备存在的问题，确保井控装备随时处于正常工作状态。

（6）井控车间每月的井控装备使用动态和巡检报告等及时上报各钻井公司主管部门，并报油田公司主管部门备案。

（7）采油（气）井口装置等井控装备必须经检验和试压合格后方能上井安装使用；采油（气）井口装置在井上组装后，还必须整体试压，合格后方可投入使用。

三、钻开油气层的申报和审批制度

钻开油气层前在油气田规定的时间内，钻井队应在自检自查的基础上，提出钻开油气层申请，交各钻井公司和油气田分公司相关部门审批。

接到钻井队申请后，由钻井公司和油气田分公司相关部门有关人员组成检查验收小组，按油气田规定的检查验收标准进行检查。检查合格并经检查小组人员在检查验收书上签字、批准后，方可钻开油气层。检查不合格，发出整改通知书限期整改。

未经检查验收就钻开油气层的钻井队，按有关规定给予处罚。

四、防喷演习制度

钻井队应组织作业班按钻进、起下钻杆、起下钻铤和空井发生溢流的4种工况，分岗位按程序定期进行防喷演习。

钻开油气层前，必须进行防喷演习，演习不合格不得打开油气层。

作业前每月不少于一次不同工况的防喷演习，并做好防喷演习记录。演习记录包括：班组、时间、工况、讲评及组织演习人等。

五、坐岗制度

进入油气层前100m开始坐岗。

凡坐岗人员上岗前必须经钻井队技术人员技术培训。

坐岗记录包括时间、工况、井深、起下立柱数、钻井液灌入量、钻井液增减量、原因分析、记录人及值班干部验收签字等内容。

发现溢流、井漏及油气显示等异常情况，应立即报告司钻。

六、钻井队干部24h值班制度

（1）进入油气层前100m开始，钻井队干部必须在生产作业区坚持24h值班，值班干部应挂牌或有明显标志，并认真填写值班干部交接班记录。

（2）值班干部应检查监督井控岗位执行及制度落实情况，发现问题立即督促整改。井控装备试压、防喷演习、处理溢流、井喷、井下复杂等情况，值班干部必须在场组织指挥。

七、井喷事故逐级汇报制度

（1）一旦发生井喷或井喷失控应有专人收集资料，资料要准确。
（2）发生井喷必须2h内上报到油田主管领导，井喷失控24h内上报到集团公司有关部门。
（3）发生井喷后，随时保持各级通信联络畅通无阻，并有专人值班。
（4）对汇报不及时或隐瞒井喷事故的，要追究领导责任。

八、井控例会制度

（1）钻井队每周召开一次以井控为主的安全会议。进入目的层前100m开始，值班干部和司钻必须在班前班后会上布置、检查并讲评井控工作。
（2）低渗透油田公司各采油厂每半年联合召开一次井控例会，总结、协调和布置井控工作。
（3）低渗透油田公司市场管理部和勘探与生产部每年联合召开一次井控工作会议。

第七章 测井管理

第一节 测井设计

一、测井系列选择

按照地质设计要求和当年勘探开发区块的岩性特征及构造特征等情况，有相关部门或项目组组织相关测井技术人员讨论确定油气勘探、评价及开发井的测井内容。

测井系列的选择原则：先进、适用、有效。测井系列必须满足单井地层评价与油气层定性、定量评价的需要。根据勘探开发的目的，在综合分析地层岩性、储层特征及井眼条件的基础上，必须考虑以下因素：

（1）能够准确划分地层岩性，计算物性，确定储层含油性及储层的有效厚度；
（2）在同一区块或同一油藏测井系列应相对统一，便于多井对比；
（3）尽可能减少或克服井眼环境，如井眼大小、钻井液性能、围岩等对数据采集的影响，并能反映储层侵入特征；
（4）对于重点井可以根据钻井和取心等情况或地质要求选测成像测井系列，如核磁共振、微电阻率扫描成像及偶极声波测井；
（5）测井仪器对地层及井筒环境的适应性。

每一种测井仪器都有其特定的适应范围与测量条件，并受井筒环境、温度和压力等多种因素的制约。如感应和侧向测井系列因其测量原理不同，对测井条件的要求也不同，要使测井条件符合仪器的特性和性能指标才能获得优质的曲线。一般在地层电阻率较大时（大于 $20\Omega \cdot m$）或地层电阻率与钻井液比值大于 250 时，首先考虑侧向测井，在盐水钻井液中电阻率测井系列首选侧向测井。油井测井系列见表 2-7-1。

表 2-7-1　油井裸眼井测井系列

测井类别	裸眼井测井系列	固井质量检查
	油探井、评价井、油田开发井	
标准测井	双感应—八侧向或阵列感应、井径、声波时差、自然伽马、自然电位、连续井斜	声幅—变密度
综合测井	自然伽马、自然电位、双感应—八侧向或阵列感应、井径、补偿中子、补偿密度、声波时差	磁定位 自然伽马

一些成像测井项目，如核磁共振及声电成像等探测深度较浅，对井眼环境要求较高。大井眼或井径不规则容易引起测量结果失真，如果井眼垮塌严重，难以获得真实的测井信息，则不考虑特殊测井项目。核磁共振测井时井筒里不能有铁屑或其他铁质性物体。

二、测井设计

1. 设计原则

（1）按照地质设计要求，各项目组安排相关的测井工作人员做好每年的总体测井设计和重点井的单井测井设计。

（2）在下列情况下，应编制书面的测井作业设计文件：

①用户有明确的要求；

②相关的文件有明确的要求；

③新测井项目或工艺的应用；

④现有的技术文件及作业文件不能对作业过程进行有效控制；

⑤特殊作业项目、方式、条件及高危险测井作业。

（3）编制测井作业设计文件可针对一个测井项目、一次测井作业、一口井或一个区块的测井作业。依据地质设计和钻井设计，并结合实际钻井情况进行测井作业设计。

（4）测井设计必须由主管部门的负责人审核，重点井的测井设计需要上报公司领导审批。

2. 测井作业设计的内容及一般要求

1）设计依据

（1）基础数据，主要包含以下内容：

井名（井号），井别（探井、评价井、开发井等），井型（直井、定向井、水平井等），井位地理位置。

（2）地质数据和资料，主要包含以下内容：

钻探目的，钻井地质要求，地质分层、目的层岩性及油气显示等资料。

（3）钻井工程数据，主要包含以下内容：

井身结构数据（图或表），井身剖面数据（图或表），钻井液参数，套管及固井方面的有关数据和要求，实际钻井过程中出现的复杂情况。

（4）邻井及有关测井、地质、试油、采油等数据。

（5）测井项目及相关的要求，主要包含以下内容：

测井系列，测井项目，测量井段，深度比例，现场提供资料的要求（包括数据现场传输及解释的要求）。

2）作业人员的选择与确定

（1）进行作业设计时应视作业内容和井况提出对作业人员的要求：

作业人员资质、经历及身体条件等方面的要求，岗位及人数的要求，配备专门技术人员的要求，如现场资料验收员、现场资料解释员、仪器维修人员、解卡打捞人员等。

（2）下列情况应在进行作业设计时确定具体的作业人员：

用户有明确要求，作业现场距基地较远，海上及沙漠等特殊作业环境。

（3）作业人员确定后，应就各岗的职责进行必要的说明，并确定负责人及联络方式。

3）测井设备的选择与确定

（1）测井设备应依据用户要求和井的实际情况进行选择。

①地面采集系统应达到或高于用户测井设计规定，并能满足现场施工及提交资料的要求。

②下井仪器应达到或高于用户测井设计规定，压力、温度及外径等技术指标应适合井的实际情况，同时列出相关的刻度及校验器具。

③根据实际情况选择相应的辅助设备

（2）备用设备、仪器及其数量的确定应视作业公司对作业现场的后勤保障能力来定，应考虑井场的地理位置及交通运输条件。

（3）对设备的选用过程如有特殊的要求时（如下井仪器的加温实验、压力检验），应就选用方法及应达到的具体要求做出规定。

（4）设备确定后应列出"设备清单"。

4）仪器组合及下井顺序

（1）应根据测井目的及测井项目，选取最优化的方案，在确保测井曲线质量及作业安全的条件下尽可能地减少下井次数。

仪器组合方案设计时应遵循的原则：

①仪器串的长度应保证最上部仪器能测全设计要求的地层。

②有利于在井下顺畅运行。

③有利于测井曲线相关性判断。

④测井速度相同或相近的仪器进行组合。

⑤测量井段相同或相近的测井项目进行组合。

⑥在仪器组合设计时应合理使用测井专用短节和扶正器等辅助工具。

（2）应在保证作业安全的前提下，优先采集最基本的测井项目。

测井仪器下井顺序的优先原则：

①用于地层对比的项目。

②用于评价井身质量的项目。
③进行测井资料评价时必需的项目。
④作业风险相对较小的项目。
⑤除非只进行一趟作业，否则带有放射源的项目，不能安排在第一趟作业。

（3）仪器组合与下井顺序的设计，应结合测井项目和井况进行综合考虑。必要时，还应结合邻井或同类井的测井情况制定出备用方案。

（4）仪器组合与下井顺序的设计方案应表述准确。

5）测井作业保证措施

生产准备要求主要包括以下内容：

（1）设备和工具及备件的检查与保养；
（2）所需材料的性能、规格与数量；
（3）测井仪器的准备、地面配接及刻度检查；
（4）适合井况的配套专用工具的准备；
（5）对作业人员的培训要求（应针对作业井的具体情况）。

现场作业保证措施，主要包括以下内容：

（1）作业现场环境、井况及钻井液条件。
（2）作业相关方的作业配合要求。

井场的生产准备，不同队种测井队在同一口井测井作业时衔接和配合的要求，以及操作的要求（可引用现有的文件）。

（3）测井资料质量保证措施主要包括以下内容：
①人员技术素质及操作技能的要求；
②研究邻井资料，熟悉地区地层特征；
③加装扶正器、间隙器及偏心器等辅助工具的规格和位置及数量；
④测量模式及参数的选择；
⑤现场仪器连接和检查的具体方法；
⑥现场出现有疑问测井资料时的验证。

（4）健康、安全与环境保证措施主要包括以下内容：
①针对作业井可能出现的突发情况进行应急准备及演习；
②安全行车；
③现场 HSE 设施及劳动保护用品的配备和使用；
④保证作业人员健康的工作条件；
⑤现场作业的环保；
⑥放射性物品及民用爆炸物品的使用。

（5）测井资料提交应根据地质设计或合同要求，提出测井资料的交付要求，主要包括：
①应提交的测井资料内容、数量、格式、时间及交接方式；
②应提交的作业过程记录及仪器设备检验的相关资料。

（6）核磁共振测井。
①依据地层温度、地层压力、流体性质、流体黏度、井眼条件、钻井液类型及电阻率、

下井仪器直径以及工作频率等参数，通过数值计算和数值模拟来选择一组合适的采集参数，从而确定测井模式。

②核磁共振测井应在常规测井项目完成后，由钻井队通井后再进行测井作业。

③设计过程中应结合井况及钻井液等影响因素制定相应的措施，并给出最佳测速。

3. 测井作业设计的变更

（1）因用户变更测井方案或在钻井过程中出现复杂情况，导致已完成的作业设计发生较大变化的应对作业设计进行修订。

（2）应针对作业过程中可能出现的各种变更情况（如测井项目、人员、设备、仪器组合及下井顺序的变更）规定出相应的变更管理要求。

第二节　测井仪器的刻度与校验

测井仪器的标准化刻度是对测井质量控制的重要环节。刻度就是利用已知特性的装置对测井仪器进行标定，在仪器和地层参数之间建立起响应关系。

一、总体要求

（1）测井仪器应按规定进行刻度与校验，并按计量规定校准专用标定器。

（2）核测井工作标准井至少每三年进行一次量值比对或传递，核测井仪器刻度器在核测井或工作标准井中检定每年不少于一次。

（3）核测井仪器及其刻度器在下列情况下需要进行计量质量验证：①新产品；②未经计量验证而进入市场的型号；③甲乙双方对计量有争议的仪器；④计量管理部门依据规定抽查时；⑤其他必要情况。

（4）被验证的核测井仪按照自己的测井操作规程刻度合格后对核测井工作标准井进行测量，所给出的结果与标准值的误差不得超过该测井仪产品标准所规定的对应误差要求。

（5）长期停用的仪器，在启用前必须经重新刻度后方可使用，放射性仪器的探测器部分经过维修后必须重新刻度。

（6）刻度不合格的仪器，修理后必须重新刻度。

（7）测井队在施工中，必须使用按时刻度过并且刻度合格的仪器。测井小队不能擅自修改刻度文件中的任何数据。

（8）按时进行刻度和量值传递，及时地将仪器刻度和量值传递情况反馈到相关管理部门。

（9）测井监督在验收资料时必须核对所用仪器的刻度数据，特别是刻度时间和刻度值，若不符合要求，该仪器不得进行测井作业。

（10）仪器必须作测前及测后核实，必须按时作主刻度或车间刻度。部分测井仪的刻度周期见表2－7－2。

表 2-7-2　部分测井仪器的刻度周期

测井仪器	刻度周期	测井仪器	刻度周期
双感应—八侧向 阵列感应	180 天	井径	每口井
双侧向、微球	30 天	声速	每口井
密度	90 天	补偿中子	90 天
自然伽马	30 天	连斜	3 口井
水泥胶结测井	50 口井	—	—

二、常用测井仪器的刻度要求

1. 高分辨率阵列感应（HDIL）测井仪

1）刻度环境及条件

（1）刻度场地应平坦，测井仪周围 10m 内应无任何磁性物质干扰，且空气干燥。

（2）用木制仪器架，其高度不低于 3m。

2）刻度方法及质量要求

（1）给仪器供电并预热 10~15min。

（2）前仪器内两个温度传感器读值差应小于 5℃，测量档空气电导率值在预热期间应趋于稳定。

（3）刻度环放在电子线路下部，且处于开路状态，进行"TOOL ZERO"测量，检查所显示的值，都应在系统给定的范围内。

（4）在同样状态下进行"TOOL CAL"测量，检查所显示的值，均应在系统给定的范围内。

（5）进行"AIR ZERO AT LOOP HEIGHT"测量，检查所显示的值，在同一环境下要求同前次刻度得到的幅度"AM"值相差在 30% 之内。

（6）把刻度环移动到线圈"0"位置，插好短路插头，进行"COIL 0 LOOP"测量，检查所显示的值，其值均应在系统给定的范围内。

（7）把刻度环移动到线圈"1~5"对应位置，在每个线圈位置进行刻度环测量，其值均应在系统给定的范围内。

（8）当所有的测量完成后，保存刻度数据。

（9）主刻度周期不超过 3 个月。

3）测前核实

（1）测井前，应确认测井仪内两个温度传感器值差在 0~10℃ 以内。

（2）进行"TOOL ZERO"测量，检查所显示的值，均应在系统给定的范围内。

（3）进行"TOOL CAL"测量，检查所显示的值，均应在系统给定的范围内。

（4）确认正确后保存核实结果。

4）测后核实

核实步骤同测前核实。

2. 核测井仪器

1) 自然伽马测井仪

（1）刻度。

①刻度计算。

测井仪器刻度确定该仪器单位计数率响应所代表的 API 数值的过程。测井仪每个计数单位响应所代表的 API 数定义为 F 因子，按下式计算：

$$F = P/(N_H - N_0) \qquad (2-7-1)$$

式中　F——测井仪每个计数单位响应所代表的 API 数值（API/CPS）；

　　　P——刻度器的 API 标称值，次/s；

　　　N_H——刻度器置于仪器固定位置时的计数率值，次/s；

　　　N_0——不加刻度器时的计数率值（即本底计数），次/s。

②刻度质量要求。

刻度后 F 因子应符合测井仪的技术指标，除首次刻度外的测井仪刻度与前一次刻度的 F 因子比较误差应小于 5%。

③测井仪刻度的条件和要求。

a. 测井仪经过预热，处于正常工作状态。

b. 测井仪置于散射效应可以忽略的环境中，30m 范围内无其他放射性源影响。

c. 加刻度器时，刻度器与测井仪相对位置要准确。

d. 计数时间的选择应该保证计数率统计涨落误差小于 1%。

e. 首次刻度后的测井仪要经过基准井或工作标准井的验证。

④刻度过程。

a. 给下井仪器供电，仪器预热时间 20min。

b. 启动刻度程序，不加刻度器记录本底值。

c. 按正确位置放好刻度器，测量加刻度器后的值。

d. 计算 F 因子。

e. 存储刻度结果。

⑤刻度周期。

a. 测井仪每月刻度一次。

b. 仪器修理后（包括更换探头、晶体、光电倍增管、调整电路等）应进行刻度。

⑥测井仪计量特性要求。

a. 测井仪测量范围为 0~150 API。

b. 测井仪测井误差小于 7%。

（2）测井前、后核查。

①测前核查。

测井仪器井前必须作测前核查，所测得 API 值与主刻度或主核查值的相对误差应小于 5%。

②测后核查。

测井仪器井后必须作测前核查，所测得 API 值与测前核查值的相对误差应小于 5%。

2）补偿密度、岩性密度测井仪

(1) 补偿密度测井仪刻度。

将工作正常的仪器装源，通电预热 20min 后进行测量。

①刻度方法。

密度刻度是建立密度测井仪测量长源距计数率 N_{ls}、短源距计数率 N_{ss} 与密度 ρ 的函数关系，同时给出由于泥饼影响产生的密度校正值 $\Delta\rho$。

密度值及其校正量的计算：

$$\rho = A \ln N_{ss} + B \ln N_{ls} + C \quad (2-7-2)$$

$$\Delta\rho = \rho - (D \ln N_{ls} + E) \quad (2-7-3)$$

式中　A, B, C, D, E——响应系数，可由三个测量点（两个密度模块，一个模块上加模拟泥饼）确定；

N_{ls}——密度测井仪测量长源距计数率，次/s；

N_{ss}——密度测井仪测量短源距计数率，次/s；

ρ——密度值，g/cm^3；

$\Delta\rho$——泥饼影响产生的密度校正，g/cm^3。

②刻度步骤。

a. 计数率测量。

将补偿密度仪按规定放入模块中，进行长、短源距计数率的测量。

b. 响应系数计算。

按各自仪器的方法，计算 A, B, C, D, E 响应系数。刻度结果应符合测井仪规定的技术要求。

c. 检查器测量。

刻度完成后，将检查器按规定放置，进行长、短源距计数的测量，数据列入记录中。

(2) 岩性密度测井仪刻度。

①刻度前准备。

接通电源，使仪器进入正常工作状态后，进行稳谱调节，能（峰）刻度；预热后，未装源前进行本底测量，记录各能窗计数率，测量时间大于 600s，数据列入记录中。

②光电吸收指数（Pe）的刻度。

建立岩性密度测井仪长或短源距岩性窗计数率 N_{lith}（由地层光电效应产生）与密度窗计数率 N_{ls}（由地层康普顿散射产生）的比值（$SHR = N_{lith}/N_{ls}$）与光电吸收指数（Pe）值的函数关系（各能窗计数率 = 各能窗测量计数率 – 各能窗本底计数率）。

Pe 与 SHR 的关系式为：

$$Pe = C + f(x) \quad (2-7-4)$$

$$X = E/(SHR + D) \quad (2-7-5)$$

式中　C——仪器常数；

$f(x)$——由各型号仪器给出；

E, D——响应系数，采用两点刻度法求出。

(3) 验证。

①首次投入使用的或甲方公司要求的仪器,应该进行验证。

②验证应在补偿密度/岩性密度计量基准井或工作标准井中进行。

(4) 测井前与测井后核查。

①补偿密度测井仪。

a. 测井前核查。

仪器到达井场下井前,将核查器按规定放置,进行长、短源距计数率测量,数据列入记录中。其长、短源距计数率与刻度时检查器测得的长、短源距计数率的相对误差均应该符合仪器的技术要求。

b. 测后核查。

测井完成后,将核查器按规定放置,进行长、短源距计数率测量,数据列入记录中。其长、短源距计数率与测前核查时检查器测得的长、短源距计数率的相对误差均应符合仪器的技术要求。

②岩性密度测井前后检查。

a. 测前检查。

仪器到达井场下井前,测量下井仪器各能窗的本底计数率,数据列入记录中。其各能窗计数率值与刻度时测得的各能窗的本底计数率相对误差均符合仪器技术要求。

b. 测后核查。

测井完成后,测量下井仪器各能窗的本底计数率,数据列入记录中。其各能窗计数率值与测量前测得的各能窗的本底计数率相对误差应该反而会仪器的技术要求。

(5) 仪器检测周期。

每隔三个月应对补偿密度/岩性密度测井仪器进行刻度。

3) 自然伽马能谱测井仪

自然伽马能谱测井仪应在自然伽马能谱测井的行业最高标准装置或工作标准装置中进行刻度。

自然伽马能谱测井检定器特性参数是经行业最高标准装置或工作标准装置比对后确定的钾、铀、钍含量的标称值或各能窗扣除本底后的净计数率的标准值。

刻度应给出仪器在标准的井眼条件和地层条件下对单位铀(U)、钍(Th)、钾(K)含量的能谱响应或仪器在各能窗的计数率响应。用检定器进行检定时,在规定的环境和测量条件下,仪器的各能窗计数率(扣除本底后的)与检定器的各能窗计数率的标称值相比应在给定的误差范围之内,或测得的钾、铀、铅含量与检定器钾、铀、钍含量的标称值相比在给定的误差范围内。

4) 补偿中子测井仪

(1) 补偿中子测井仪的计量指标。

补偿中子测井仪在销售或测井服务时,供方或服务方应提供测井仪下列有关计量特性的资料:

①测量范围,测量误差。

②刻度方法和刻度时的质量控制要求(主刻度时,计数率比值的允许范围)。

③进行稳定性检查方法和质量控制指标。

（2）刻度器的计量指标

补偿中子测井仪在销售或测井服务时，供方或服务方必须提供所使用的补偿中子刻度器下列有关计量特性的资料：

①刻度器的标准值及其总不确定度。

②刻度器的标准比值。

③刻度时的环境要求。

④刻度器的有效的检定证明。

（3）基准井或工作标准井中的验证。

①按操作说明，用补偿中子测井仪测量基准井或工作标准井的孔隙度。

②孔隙度的测量误差应符合仪器的技术要求。

（4）稳定性验证。

①完成主刻度后立即测量检查器的中子孔隙度值。

②测井前测量同一核查器的中子孔隙度值，与主验证测量值之差应符合仪器的技术要求。

③测井后测量同一核查器的中子孔隙度值，与测井前验证测量值之差应符合仪器的技术要求。

（5）主刻度与验证。

①主刻度的周期一般不大于三个月。

②首次刻度后应在基准井或工作标准井中验证，其他情况是否在基准井或工作标准井中验证，可由甲乙双方协商确定。

5）超热中子时间衰减测井仪

超热中子时间衰减测井仪在出厂前或使用较长时间后，应在中子测井的行业最高标准装置或工作标准装置中进行刻度，同时校准检定器；出厂后一般用检定器检定。

仪器制度应确定在标准井眼条件下仪器获得的衰减时间常数（或衰减时间常数的倒数）与地层孔隙度之间的响应关系。利用检定器进行检定时，探测器的总计数率响应与总计数率的标称值相比应在规定的误差范围内。

6）MRIL-P 型核磁共振测井仪

（1）刻度环境。

环境温度：18~35℃，且误差为±5℃。

（2）刻度方法。

①连接的仪器串顺序为：探头，地层模拟器，电子线路，电容短节，伽马及遥传，电缆连接器。

②仪器供交流电，预热 15min。

③输入刻度所需参数，然后开始频率扫描，扫描结束后，观察频率曲线，各点应位于计算机的拟合曲线上。

④执行"Ringing"扫描。

⑤探头供直流电，预热 15min。

⑥进行主刻度，首先设置开始幅度、终止幅度、步长及刻度罐溶液温度，然后开始进行主刻度，A_0 与 E_1 校正数据点与相应的刻度曲线的的误差为 ±5%，所有点的 E_2 值应为 ±0.05。

⑦完成主刻度后，重新输入峰值幅度 A_m 值，测量刻度罐的孔隙度，测量结果为（100±2）p.u.。

⑧拆下探头，更换为现场校验器，执行现场校验。

（3）刻度周期。

①30 天刻度一次；

②更换探头或调整线路后应进行刻度；

③完成刻度后，将刻度数据及曲线归档保存。

3. 声速测井仪

1) 声速刻度装置技术指标

（1）声速时差值。

①钢（套管）：187μs/m；

②铝（合金）：182~187μs/m。

（2）刻度装置的尺寸要求。

①长度：6000mm±18mm；

②内径：200mm±2mm；

③壁厚不小于 10mm。

（3）刻度装置适用于补偿声波、长源距声波、高分辨率声波及阵列声波等各种类型的声速测井仪的刻度。

2) 刻度步骤

（1）将声速测井仪放置于刻度装置中，可加压 2~3MPa。

（2）在声速测井地面系统上观察首峰幅度，其值应符合相应仪器的技术标准。

（3）刻度误差为 187μs/m±2μs/m。

测井前、后应分别在无水泥的套管中测量不少于 10m 的时差曲线，测量值应在 187μs/m±7μs/m 以内（阵列声波为 187μs/m±5μs/m）。

4. 水泥胶结测井仪（CBL/VDL）

1) 标准井群刻度

详细的刻度步骤参见 SY/T 6449—2000《固井质量检测仪刻度及评价方法》。

2) 工作井刻度

按各单位刻度装置的刻度标准执行，刻度装置的最低要求应包含：

（1）自由套管及自由套管接箍，其规格为本单位常用套管；

（2）完全胶结固井段，其固井水泥型号及水灰比参考本单位常用规定。

3) 现场刻度

水泥胶结测井仪应在与目的层同尺寸的自由段套管里进行刻度。若相对声幅值的单位为百分数（%），则自由段套管的声幅值应为 95%~100%；若声幅值的单位为毫伏（mV），则不同外径套管的自由段套管声幅值应符合该仪器的规定值。

对无自由套管的固井，CBL 测井前应尽可能在刻度井或在刻度筒里刻度。

4）刻度误差

刻度数据的相对误差不大于 5%。

5）量值传递

（1）各单位应依据在标准井群中测得的数据作为量值传递的依据。

（2）量值传递的数据为：

①自由套管的声幅值；

②自由套管接箍处的声幅值；

③完全胶结固井段的声幅值。

（3）量值传递的误差不大于 7.5%。

5. 生产井测井仪

1）流量测井仪

（1）刻度条件。

①应在生产测井油气水流量模拟试验装置中进行刻度；

②刻度介质采用清水；

③在常温常压下进行刻度。

（2）刻度设备要求及刻度方法按 SY/T 6410—1999 标准的规定执行。（该标准于 2008 年 12 月 1 日已作废，替代标准为 SY/T 6182—2008。——编者）

2）持水率测井仪

（1）刻度条件。

①以空气的介电特性模拟油的介电特性，以自来水的介电特性模拟地下水的介电特性；

②在常温常压环境下进行刻度。

（2）刻度设备要求及刻度方法按 SY/T 6410—1999 标准的规定执行。

3）温度测井仪

（1）刻度条件。

在常压环境下进行刻度。

（2）刻度设备要求及刻度方法按 SY/T 6410—1999 标准的规定执行。

4）压力测井仪（HP、SG 压力测井仪除外）

（1）刻度条件。

①在常温条件下进行刻度；

②传压介质应采用压缩系数小的油（如变压器油等）。

（2）刻度设备要求、刻度方法及数据处理等按 SY/T 6410—1999 标准的规定执行。

5）流体密度测井仪

（1）压差式流体密度测井仪。

①刻度条件：

a. 压差式密度测井仪采用空气和清水作为刻度介质；

b. 在常温常压下进行刻度。

②刻度设备要求、刻度方法及数据处理等按 SY/T 6410—1999 标准的规定执行。
(2) 伽马流体密度测井仪。
①刻度条件。
a. 伽马密度测井仪周围 10m 之内不应有放射性源；
b. 在常温常压下进行刻度。
②刻度设备要求、刻度方法及数据处理等按 SY/T 6410—1999 标准的规定执行。
6) 工程测井仪
(1) 井径测井仪。
井径刻度是在已知不同内径的刻度环内建立仪器的测量值与刻度环内径之间的响应关系增益值和补偿值。
(2) 井温测井仪。
井湿测井仪的温度刻度是在已知温度的油池中建立仪器的测量值与温度之间的响应关系，即给出测量中的增益值和补偿值，或给出响应关系。
(3) 井斜测井仪。
井斜测井仪的刻度是在专用的检验台上分别建立仪器的测量值与已知倾斜度和倾斜方位的响应关系。

6. 刻度管理
(1) 仪器每测井 50 井次应进行刻度。
(2) 仪器停用一年后再启用，更换声系或调整线路应重新刻度。
(3) 仪器刻度后应将刻度数据及曲线归档保存。

7. 刻度结果及处理
各类系列标准应将相应的刻度数据及处理作为评定各刻度装置和测井仪器计量特性的技术性文件，其内容应包括：
(1) 刻度器和检定器是否按规定的刻度（校定）间隔进行刻度（检定）；
(2) 测井仪器是否按规定的刻度（校定）间隔进行刻度（检定）；
(3) 测井仪器刻度（检定）结果及其处理意见；
(4) 刻度或检定的原始记录和有关图表要按规定妥善保存。

第三节　测井原始资料的验收和质量评定

一、测井原始资料的验收通则

1. 测井仪器、设备
测井使用的仪器、设备应符合测井技术要求

2. 图头内容
图头内容齐全、准确，应包括：

（1）图头标题、公司名、井名、油区、地区和文件号；

（2）井位 x、y 坐标或经纬度，永久深度基准面名称，海拔高度，测井深度基准面名称，钻盘面高，钻台高，地面高和其他测量内容；

（3）测井日期、仪器下井次数、测井项目、钻井深度、测井深度、测量井段底部深度和测量井段顶部深度；

（4）套管内径、套管下深、测量的套管下深和钻头程序；

（5）钻井液性能（密度、黏度、pH 值、失水）、钻井液电阻率 R_m、钻井液滤液电阻率 R_{mf}、钻井液泥饼电阻率 R_{mc} 及样品来源，以及测量电阻率时的温度；

（6）钻井液循环时间、仪器到达井底时间和井底温度；

（7）地面测井系统型号、测井队号、操作员和现场测井监督姓名；

（8）井下仪器信息（仪器名、仪器系列号、仪器编号及仪器在仪器串中的位置等）和零长计算；

（9）在附注栏内标明需要说明的其他信息。

3．刻度

（1）测井仪器应按规定进行刻度与校验，并按计量规定校准专用标准器。

（2）测井仪器每经大修或更换主要元器件应重新刻度。

（3）在井场应用专用标准器对测井仪器进行测前及测后校验，与不同仪器校验的误差容限应符合相关技术要求。

常规测井仪器的测前及测后校验误差要求见表 2－7－3。

（4）按规定校准钻井液测量装置。

表 2－7－3　常规测井仪器的测前及测后校验误差要求

测井项目	曲线名	测前刻度	测后刻度
自然伽马	GR	<5% API	<5% API
密度	DEN	±0.025 g/cm³	±0.025 g/cm³
岩性密度	Pe	±2b/e	±2b/e
补偿中子	CNL	±2 p.u	±2 p.u
3700 自然伽马能谱	K	±0.325%	±0.325%
	U	±2.4×10⁻⁶	±2.4×10⁻⁶
	TH	±10.35×10⁻⁶	±10.35×10⁻⁶
双侧向	RLLD	10±0.5Ω·m　1000±50	10±0.5Ω·m　1000±50
	RLLS	15±0.75Ω·m　1500±75	低值±0.75Ω·m 高值±75
微球	MSFL	1.2/2±2 120/200±10	1.2/2±2 120/200±10
双感应	CILD	0.5±2ms/m　500±25	0.5±2ms/m　500±25
	CILM	0.5±2ms/m　500±25	0.5±2ms/m　500±25
八侧向	RFOC	1±2ms/m　500±25	1±2ms/m　500±25

续表

测井项目	曲线名	测前刻度	测后刻度
地层倾角	AZ	360°±10°	360°±10°
	RB	360°±10°	360°±10°
	DEV	9°±0.5°	9°±0.5°
5700 自然伽马能谱	GR	100±1.5API	100±1.5API
	K	2±0.26%	2±0.26%
	U	$6±0.51×10^{-6}$	$6±0.51×10^{-6}$
	TH	$12±1.78×10^{-6}$	$12±1.78×10^{-6}$
5700 高分辨率感应	HDIL	TOOL ZERO 和 TOOL CAL 测量，显示值在系统规定的范围内为绿色；若为红色则不合格。测前、测后均一样	
LOG-IQ 高分辨率感应	HRAI	电路每秒钟进行内刻，校正因温度等因素引起的电路增益的变化不需做测前、测后校验	
声电成像	STAR	井径测前、测后核实同常规井经；方位核实只做测后核实；品质因子（QA）990-1010 旋转相对方位（ROTATED RB）±1.5°	
5700 交叉偶极声波	XMAC	声波时差测前测后核实同常规声速；方位核实同 STAR 核实	
LOG-IQ 正交偶极声波	WSTT	声波时差测前测后核实同常规声速	
核磁共振	MRIL	见表 2-7-4	
微电阻率扫描	XRMI	内刻：$20±2Ω·m$	内刻：$20±2Ω·m$
俄罗斯感应	HIL	不需	不需
声速	AS	测表套 187μs/m±5μs/m	测表套 187μs/m±5μs/m
井径	CAL	两点刻度±1.5cm	不停车测进套管±1.5cm
微电极	MINV		
	MNOR		
4米 电阻率	RA4	测前核实：在套管鞋下 20m 测量，进套管 4m 在套管内的电阻率值为 0，选一段感应电阻率大于 $50Ω·m$ 的较均匀的泥岩为 4m 标准值，误差±5，测量 20m。测后核实：泥岩标准值段与测前重复误差小于 10%，进套管 $0±2Ω·m$	

注：放射性仪器测前刻度与车间刻度对比；测后刻度与测前刻度对比。

4. 原始图

（1）重复文件、主文件、接图文件（有接图时）、测井参数、仪器参数、刻度与校验数据和图头应连续打印。

（2）图面整洁、清晰，走纸均匀，成像测井图颜色对比合理，图像清晰。

（3）曲线绘图刻度规范，便于储层识别和岩性分析；曲线布局和线型选择合理，曲线交叉处清晰可辨。

（4）曲线测量值应与地区规律相接近，常见矿物、流体参数参见附录3。当出现与井下条件无关的零值、负值或异常时，应重复测量，重复测量井段不小于50m，如不能说明原因，应更换仪器验证。

（5）同次测井曲线补接时，接图处曲线重复测量井段应大于25m；不同次测井曲线补接时，接图处曲线重复测量井段应大于50m，重复测量误差在允许范围内。

（6）各条主曲线有接图或曲线间深度误差超过规定时，应编辑回放完整曲线，连同原始测井图交现场测井监督。

（7）依据测井施工单要求进行测井施工，由于仪器连接或井底沉砂等原因造成的漏测井段应少于15m或符合地质要求。遇阻曲线应平直稳定（放射性测井应考虑统计起伏）。

（8）曲线图应记录张力曲线、测速标记及测速曲线。

（9）测井深度记号齐全准确，深度比例为1:200的曲线不应连续缺失两个记号；1:500的曲线不应连续缺失三个记号；井底和套管鞋附近不应缺失记号。

5. 数据记录

（1）现场应回放数据记录，数据记录与明记录不一致时，应补测或重新测井。

（2）原始数据记录清单应填写齐全，清单内容包括井号、井段、曲线名称、测量日期、测井队别和文件号，同时应标注主曲线、重复曲线和重复测井（接图用）曲线的文件号。

（3）编辑的数据记录应按资料处理要求的数据格式拷贝；各条曲线深度对齐，曲线间的深度误差小于0.4m；数据记录贴标签，标明井号、测井日期、测量井段、数据格式、文件名、记录密度、测井队别和操作员及队长姓名。

（4）数据记录应打印文件检索目录，并标明正式资料的文件号。

6. 测井深度

（1）测井电缆的深度按规定在深度标准井内或地面电缆丈量系统中进行注磁标记。每25m做一个深度记号，每500m做一个特殊记号，电缆零长用丈量数据；做了深度记号的电缆，应在深度标准井内进行深度校验，每1000m电缆深度误差不应超过0.2m。

（2）有下列情况之一时，应重作记号：

①电缆磁化；

②电缆或仪器严重遇卡或遇阻打结；

③被截掉的电缆超过200m；

④深度误差超过规定；

⑤记录的磁记号混乱，难以辨认。

（3）每2个月或测完井12口（新电缆测完井8口）必须在标准井内进行深度校验，每1000m电缆深度误差不应超过0.2m。若超过必须重作记号。

（4）测井作业中测量的套管鞋深度与下入深度误差超过规定，须查明原因的，应在标准井内进行深度校验。

（5）岩电差（与岩心深度误差）大，甲方要求验证的，应在标准井内进行深度校验。

（6）非磁性记号深度系统（如5700，MAXIS-500，LOG-IQ等），每3个月必须在深度标准井内进行深度校验，其深度误差符合第6项（1）的规定。

（7）在钻井液密度差别不大的情况下，同一口井不同次测量或不同电缆的同次测量，其深度误差不超过0.05%。

（8）几种仪器组合测井时，同次测量的各条曲线深度误差不超过0.2m；条件允许时，每次测井应测量用于校深的自然伽马曲线。

（9）测井曲线确定的表层套管深度与套管实际下深误差不超过0.5m，测井曲线确定的技术套管深度与套管实际下深误差不应大于0.1%；深度误差超出规定，应查明原因。

（10）不同次测井接图深度误差超过规定时，应将自然伽马曲线由井底测至表层套管，其他曲线通过校深达到深度一致。

7. 测井速度、深度比例及测量值单位

（1）不同仪器的测速应符合相关仪器技术指标要求，部分常用仪器的测速见表2-7-4。

（2）几种仪器组合测量时，采用最低测量速度仪器的测速。

（3）测井曲线。

表2-7-4 测井仪器最大测速表　　　　　　　　　单位：m/h

仪器	国产仪	3700	5700	MAXIS-500
双感应—八侧向	2000	2000	—	—
高分辨率感应	—	—	549	1970
俄罗斯感应	2000	2000	—	—
双侧向	2000	1080	2000	—
高分辨率阵列侧向	—	—	—	1097
方位侧向	—	—	—	549
电位、梯度电极	3000	3000	—	—
微电极	900	900	—	—
微球型聚焦	600	600	600	549，1097
自然电位	3000	3000	3000	3000
自然伽马	600	1080	900	1097
自然伽马能谱	—	180	546	549
密度、岩性密度	540	540	540	549，1097
补偿中子	540	540	540	549，1097
元素测井ECS	—	—	—	549
声波时差	2000	1440	1644	1097
地层倾角	—	720	—	—
井径	2000	1800	1800	1800
连斜	2000	—	—	—

续表

仪器	国产仪	3700	5700	MAXIS-500
电成像	—	—	高分辨率366 倾角模式914	成像模式549 倾角模式1097
声成像	—	—	366	130~648
核磁测井 CER		束缚流体模式1097，短时间 T1 731，长时间 T1 244		
核磁测井 MRIL			40~60	
声波变密度	720	720	—	—
井温	600	600		

8. 重复测量

（1）重复测量应在主测井前、测量井段上部、曲线幅度变化明显、井径规则的井段测量，其长度不小于50m（碳氧比能谱测井重复曲线井段长度不少于10m，核磁共振测井不少于25m，井周声波成像测井、微电阻率成像测井不少于20m），与主测井对比，重复误差在允许范围内。

（2）重复曲线测量值的相对误差按下式计算：

$$X = \frac{|B - A|}{B} \times 100\% \tag{2-7-6}$$

式中　A——主曲线测量值；

　　　B——重复曲线测量值；

　　　X——测量值相对误差。

9. 钻井液性能

测井前应测量钻井液的温度和电阻率，以便结合井下地质情况，合理选择电阻率测井项目。

二、单项测井原始资料质量

1. 双感应—八侧向测井

1）在仪器测量范围内，砂泥岩剖面地层在井眼规则井段测量值应符合以下规律：

①在均质非渗透性地层中，双感应—八侧向曲线基本重合；

②当钻井液滤液电阻率 R_{mf} 小于地层水电阻率 R_w 时，油层和水层的双感应—八侧向曲线均呈低侵特征（有侵入情况下）；

③当钻井液滤液电阻率 R_{mf} 大于地层水电阻率 R_w 时，水层的双感应—八侧向曲线呈高侵特征，油层呈低侵或无侵特征（有侵入情况下）。

（2）除高、低电阻率薄互层或受井眼及井下金属物影响引起异常外，曲线应平滑无跳动，在仪器测量范围内，不应出现饱和现象。

（3）重复曲线与主曲线形状相同，在 1~1000Ω·m 范围内，重复测量值相对误差应小于 5%。

2. 高分辨率阵列感应测井

（1）检查同一频率各线圈响应的一致性，由短源距到长源距，曲线应平缓过渡。

（2）在井眼规则的情况下：

①在均质非渗透性地层中，6条不同探测深度的曲线应基本重合；

②在渗透性地层，6条不同探测深度的曲线反映的地层侵入剖面应合理。

（3）重复测井与主测井特征一致，重复测量值相对误差应小于2%。

3. 双侧向测井

（1）在仪器测量范围内，厚度大于2m的砂泥岩地层，测井曲线在井眼规则井段应符合以下规律：

①在均质非渗透性地层中，双侧向曲线基本重合；

②在渗透层，当R_{mf}小于R_w时，深侧向测量值应大于浅侧向测量值；当R_{mf}大于R_w时，水层的深侧向测量值应小于浅侧向测量值，油层的深侧向测量值应大于或等于浅侧向测量值。

（2）一般情况下，在仪器测量范围内，无裂缝和孔隙存在的致密层，双侧向曲线应基本重合。

（3）重复曲线与主曲线形状相同，重复测量值相对误差应小于5%（1~2000Ω·m）。

4. 电位、梯度电极系测井

（1）电极系曲线进套管的测量值应接近零值，长电极系干扰值应小于0.2Ω·m。

（2）在大段泥岩处，长、短电极系测量值应基本相同。

（3）重复曲线与主曲线形状应相同，重复测量值相对误差应小于10%。

5. 微电极测井

（1）在井壁规则处，纯泥岩层段微电位与微梯度曲线应基本重合。

（2）在淡水钻井液条件下，渗透层段微电位与微梯度曲线应有明显正幅度差（微电位幅度值大于微梯度幅度值），厚度大于0.3m的夹层应显示清楚。

（3）微电极曲线与八侧向、微侧向、邻近侧向或微球型聚焦曲线形态相似，与自然电位和自然伽马曲线有较好的相关性。

（4）重复曲线与主曲线形状相似，在井壁规则的渗透层段，重复测量值相对误差应小于10%。

6. 微球型聚焦测井

（1）井径规则处，泥岩层微球型聚焦测井曲线与双侧向测井曲线应基本重合；在其他均质非渗透性地层中，曲线形状应与双侧向测井曲线相似，测量值和双侧向测井数值相近；在渗透层段应反映冲洗带电阻率的变化并符合地层的侵入关系。

（2）在高电阻率薄层，微球型聚焦测井数值应高于双侧向测井数值。

（3）在仪器测量范围内不应出现饱和现象。

（4）重复曲线与主曲线形状相似，在井壁规则的渗透层段，重复测量值相对误差应小于10%。

7. 微侧向测井、邻近侧向

曲线质量应符合第6项的规定。

8. 双频介电测井

（1）在地层电阻率R_t大于3Ω·m、钻井液电阻率R_m大于1Ω·m情况下，47MHz仪器所测曲线能反映储层含油气情况，即油气层介电常数及相位角测量值明显小于同类储层的水层测量值。

（2）在R_m大于0.6Ω·m的情况下，200MHz仪器所测曲线能反映储层侵入带含油气情况，与47MHz仪器所测曲线组合能反映储层的侵入特征。

（3）200 MHz测井曲线与孔隙度、电阻率测井曲线有相关性，能反映地层岩性及孔隙度变化。

（4）47 MHz与200MHz仪器所测两组曲线有相关性，重复曲线与主曲线形态一致，重复测量值相对误差应小于5%。

9. 自然电位测井

（1）在100m井段内，泥岩基线偏移应小于10mV。

（2）在砂泥岩剖面地层，曲线应能反映岩性变化，渗透层自然电位曲线的幅度变化与R_{mf}/R_w有关：

①当R_{mf}大于R_w时，自然电位曲线为负幅度变化；

②当R_{mf}小于R_w时，自然电位曲线为正幅度变化。

（3）曲线干扰幅度应小于2.5mV。

（4）重复曲线与主曲线形状相同，幅度大于10mV的地层，重复测量值相对误差应小于10%。

10. 自然伽马测井

（1）曲线符合地区规律，与地层岩性有较好的对应性。一般情况下，泥岩层或含有放射性物质的地层呈高自然伽马特征，而砂岩层、致密地层及纯灰岩地层呈低自然伽马特征。

（2）曲线与自然电位、补偿中子、体积密度、补偿声波及双感应或双侧向曲线有相关性。

（3）重复曲线与主曲线形状基本相同，重复测量值相对误差应小于5%。

11. 自然伽马能谱测井

（1）自然伽马能谱仪器所测总自然伽马曲线与自然伽马曲线基本一致。

（2）铀（U）、钍（Th）、钾（K）数值符合地区规律。

（3）重复曲线与主曲线形状基本相同，总自然伽马重复测量值相对误差应小于5%，钍和铀的重复测量值相对误差应小于7%，钾的重复测量值相对误差应小于10%。

12. 井径测井

（1）连续测量井径曲线进入套管，直到曲线平直稳定段长度超过10m，与套管内径标称值对比，误差在±1.5cm（±0.6in）以内。

（2）致密层井径数值应接近钻头直径，渗透层井径数值一般接近或略小于钻头直径。

（3）井径腿全部伸开或合拢时的最大、最小值的误差范围为实际标称值的±5%。

（4）重复曲线与主曲线形状一致，重复测量值相对误差应小于5%。

13. 声波时差测井

（1）测井前后应分别在无水泥黏附的套管中测量不少于10m的时差曲线，测量值应在187μs/m±7μs/m（57μs/ft±2μs/ft）以内。

（2）声波时差曲线在渗透层出现跳动，应降低测速重复测量。

（3）声波时差曲线数值不应低于岩石的骨架值，常见矿物和流体声波时差值参见附录3。

（4）一般情况下，声波时差计算的地层孔隙度与补偿中子、补偿密度或岩性密度计算的地层孔隙度接近。

（5）重复曲线与主曲线形状相同，渗透层的重复测量值误差在±8.3μs/m（±2.5μs/ft）以内。

14. 长源距声波测井

（1）声波时差曲线的质量应符合上述第13项的规定。

（2）波形曲线应近似平行变化，在硬地层纵波、横波及斯通利波界面清楚，变密度显示对比度清晰，明暗变化正常。

（3）波形图及变密度图应与声波时差、补偿中子及体积密度测井曲线有相关性，裂缝层段应有明显的裂缝显示。

（4）水泥面以上井段套管波明显，水泥胶结良好段地层波可辨认。

（5）重复测井与主测井波列特征相似。

15. 多极子阵列声波测井

（1）测前及测后应分别在无水泥黏附的套管中测量10m声波时差曲线，对套管的纵波时差数值应在187μs/m±5μs/m（57μs/ft±1.5μs/ft）以内。

（2）首波波至时间曲线变化形态应一致。

（3）波列记录齐全可辨，硬地层的纵波、横波及斯通利波界面清楚，幅度变化正常。

（4）在12m井段内，相对方位曲线变化小于360°。

（5）曲线应反映岩性变化，纵、横波数值在纯岩性地层中与理论骨架值接近。常见矿物和流体声波时差参见附录3。

（6）重复测井与主测井的波列特征应相似；纵波时差重复曲线与主测井曲线形状相同，相对重复误差应小于3%。采用定向测量方式时，井斜角重复误差在±0.4°以内；当井斜角大于0.5°时，井斜方位角重复误应在±10°以内。

16. 补偿密度测井

（1）曲线与补偿中子、补偿声波及自然伽马曲线有相关性。一般情况下，计算的地层孔隙度与补偿中子和补偿声波计算的地层孔隙度应接近；在致密的纯岩性段，测井值应接近岩石骨架值。

（2）补偿密度测井应记录体积密度、补偿值和井径曲线。

（3）除钻井液中加重晶石或地层为煤层或黄铁矿层等，密度补偿值一般不应出现负值。

（4）井径曲线的质量应符合第12项的规定。

（5）重复曲线与主曲线形状应基本相同，在井壁规则处，重复测量值误差在±0.03g/cm³以内。

17. 岩性密度测井

（1）体积密度曲线应符合第16项的规定。

（2）光电吸收截面指数曲线应能反映地层岩性的变化，常见矿物和流体的光电吸收截面指数参见附录3。

（3）重复曲线与主曲线形状应基本相同，在井壁规则处，光电吸收截面指数重复测量值相对误差应小于5.3%。

18. 补偿中子测井

（1）曲线与体积密度、声波时差及自然伽马曲线有相关性。一般情况下，计算的地层孔隙度与其他孔隙度测井计算的地层孔隙度应接近。

（2）在致密的纯岩性段，测井值应与岩石骨架值相接近。

（3）重复曲线与主曲线形状应基本相同。井眼规则处，当测量孔隙度大于7个孔隙度单位时，重复测量值相对误差应小于7%；当测量孔隙度不大于7个孔隙度单位时，重复测量值误差在±0.5个孔隙度单位以内。

19. 电缆地层测试测井

（1）测井过程中采用自然伽马测井仪跟踪定位，测量点深度误差应在±0.2m以内。

（2）按由上至下的方式测量，上返补点须消除滞后影响。

（3）测井前、后测量的钻井液静压力及地层最终恢复压力应稳定，15s内的变化在±6895Pa（±1psi）以内。

（4）压力恢复曲线变化正常，无抖跳。

（5）在钻井液面相对稳定的情况下，测井前、后测量的钻井液静压力相差不大于34474Pa（5psi）。

（6）第一次密封失败的测试点，应在该点的上下0.5m内选点补测。

（7）干点至少重复测试一次，首次等待压力恢复时间在1 min以上，第二次等待时间在2min以上，极低渗透性地层压力恢复记录时间不少于10min。

（8）正常情况下，深度点经垂直校正后，钻井液静压力随深度的变化应呈近似线性关系或按下式计算：

$$\rho_m = \frac{p}{1000gH} \qquad (2-7-7)$$

式中　ρ_m——视钻井液密度，g/cm³；

　　　p——钻井液压力，Pa；

　　　H——垂直深度，m；

　　　g——重力加速度，取9.8m/s²。

其中相邻两点计算的视钻井液密度值之差的绝对值不大于0.02g/cm³。

20. 四臂地层倾角测井

（1）测前应对垂直悬挂在井架上的仪器进行偏斜和旋转检查，对电极进行灵敏度检查，并记录检查结果。

（2）测井时极板压力适当，微电阻率曲线峰值明显。

（3）微电阻率曲线应具有相关性，和其他微电阻率曲线有对应性。

（4）微电阻率曲线变化正常，不应出现负值。

（5）井斜角和方位角曲线变化正常，无负值。

（6）在12m井段内，I号极板方位角变化小于360°。

（7）双井径曲线的质量应符合第12项的规定。

（8）重复误差：井斜角重复误差在±0.5°以内；当井斜角大于1°时，井斜方位角重复误差在±10°以内。

21. 六臂地层倾角测井

（1）测前应对垂直悬挂在井架上的仪器进行偏斜和旋转检查，对电极进行灵敏度检查，并记录检查结果。

（2）测后用进套管后的井径读数进行检查，与套管标称值对比，误差在±0.762cm（±0.3in）以内。

（3）测井时极板压力适当，微电阻率曲线峰值明显。

（4）微电阻率曲线变化正常，并有相关性，不应出现台阶和负值。

（5）井斜角和方位角曲线变化正常，无负值。

（6）在12m井段内，I号极板方位角变化小于360°。

（7）三井径曲线变化正常，在套管内曲线应基本重合。

（8）重复曲线与主曲线对比，井径重复误差在±0.762cm（±0.3in）以内；井斜角重复误差在±0.4°以内；当井斜角大于0.5°时，井斜方位角重复误差在±10°以内。

22. 井斜测井（连续测斜）

（1）井斜角和方位角曲线变化正常，无负值。

（2）重复误差：井斜角重复误差在±0.5°以内；当井斜角大于1°时，井斜方位角重复误差在±10°以内。

23. 微电阻率成像测井

（1）测前应对垂直悬挂在井架上的仪器进行偏斜和旋转检查，对电极进行灵敏度检查，并记录检查结果。

（2）测前及测后应在地面用井径刻度器对6个独立的井径进行检查，与井径刻度器标称值对比，误差在±0.762cm（±0.3in）以内。

（3）按井眼条件选择扶正器，测井时极板压力适当。

（4）无效（坏）电极数不应超过4个。

（5）微电阻率曲线变化正常，有相关性，不应出现负值，并与其他微电阻率曲线有对应性。

（6）三井径曲线变化正常，除椭圆井眼外，在井眼规则处应基本重合。

(7) 方位曲线与微电阻率成像测井应在同一组合内测量，井斜角和方位角曲线无异常变化，无台阶和负值。

(8) 在12m井段内，Ⅰ号极板方位角变化小于360°。

(9) 电成像反映地层特征（裂缝、溶洞、层界面等）清晰，与声成像具有一致性，与其他资料具有对应性。

(10) 重复测井与主测井的图像特征一致，井径重复误差在±0.76cm（±0.3in）以内；井斜角重复误差在±0.4°以内；井斜角大于0.5°时，井斜方位角重复误差在±10°以内。

24. 井周声波成像测井

(1) 测前应对垂直悬挂在井架上的仪器进行偏斜、旋转及探头的旋转检查，并记录检查结果。

(2) 在套管中进行测前及测后校验，井径测量值与套管内径标称值误差在±0.762cm（±0.3in）以内，测前及测后钻井液时差的差值在±1.64$\mu s/m$（±0.5$\mu s/ft$）以内。

(3) 按井眼条件选择扶正器和探头。

(4) 回波（反射波）时间成像图与回波振幅成像图具有一致性。

(5) 在12m井段内，相对方位曲线变化小于360°。

(6) 方位曲线与井周声波成像应在同一组合内测量，井斜角和方位角曲线无异常现象，无台阶和负值。

(7) 声成像反映地层特征清晰，与电成像具有一致性。

(8) 重复测井的质量，符合上述第23项中第（10）条的规定。

25. 核磁共振测井

(1) 测井前收集井眼尺寸、井深、地层温度与压力、钻井液性能、目的层中的矿物成分、地层流体类型及原油性质参数，对采集参数作优化设计并确定合适的采集方式。

(2) 测井质量控制参数符合仪器技术指标。

(3) 测量曲线应符合地层规律，核磁有效孔隙度响应要求：

①孔隙充满液体的较纯砂岩地层：核磁有效孔隙度近似等于密度/中子交会孔隙度；

②泥质砂岩地层：核磁有效孔隙度应小于或等于密度孔隙度；

③泥岩层：核磁有效孔隙度应低于密度孔隙度；

④较纯砂岩气层：核磁有效孔隙度应近似等于中子孔隙度；

⑤泥质砂岩气层：核磁有效孔隙度应低于中子孔隙度，同时气体的快横向弛豫将导致束缚流体体积增加；

⑥在孔隙度接近零的地层和无裂缝存在的泥岩层中，核磁有效孔隙度的基值应小于1.5个孔隙度单位。

(4) 井径超过仪器的探测直径时，测量信息受井眼钻井液的影响，使束缚流体体积显著增大，并接近核磁有效孔隙度。

(5) 当地层孔隙度不小于15个孔隙度单位时，孔隙度曲线重复测量值的相对误差小于10%；当地层孔隙度小于15个孔隙度单位时，孔隙度曲线重复测量值的绝对误差小于1.5个孔隙度单位。

26. 脉冲中子能谱测井

（1）表征脉冲中子产额的曲线稳定，相对变化小于10%，数值符合仪器技术指标。

（2）统计起伏相对误差应小于10%。

（3）与岩性有关的测井曲线能区分岩性，与裸眼井测井反映岩性的曲线对应较好，数值符合地区规律。

（4）孔隙度指示曲线与裸眼井测井反映孔隙度的曲线相对应，数值符合地区规律。

（5）质量控制参数符合仪器技术指标要求。

（6）重复曲线与主曲线形态基本一致，重复测量值相对误差应小于10%。

27. 热中子寿命测井

（1）测前测量统计起伏曲线，统计起伏相对误差应小于10%，测量时间应大于5min。

（2）在泥岩段，短源距计数率曲线数值与长源距计数率曲线数值的比值符合仪器技术指标。

（3）注入指示液前俘获截面曲线与裸眼井反映岩性的测井资料有对应性。

（4）注入指示液后，应在扩散、注入及放压条件下，分别测量俘获截面曲线（以验窜和找漏为目的时，分别测量不同压力条件下的两条俘获截面曲线）。注入指示液前、后的俘获截面曲线在泥岩段数值应基本一致。

28. 声波变密度测井

（1）测井时间应根据所使用的水泥浆的性质而定，一般应在固井24h以后测井。

（2）测井前在水泥面以上的自由套管井段进行声幅刻度。

（3）测量井段由井底遇阻位置测到水泥返高以上曲线变化平稳井段，并测出5个以上的自由套管接箍，且每个套管接箍反映清楚。

（4）自由套管井段，变密度图套管波显示清楚平直，明暗条纹可辨；套管接箍信号明显。

（5）声波幅度曲线变化与声波变密度图套管波显示应有相关性。声波幅度曲线数值小，对应的变密度图套管波显示弱或无；反之，套管波显示强。

（6）在混浆带及自由套管井段测量重复曲线50m以上，与主曲线对比，重复测量值相对误差小于10%。

29. 磁性定位测井

（1）磁性定位曲线应连续记录，接箍信号峰显示清楚，且不应出现畸形峰，干扰信号幅度小于接箍信号幅度的1/3。

（2）目的层段不应缺失接箍信号，非目的层段不应连续缺失两个以上接箍信号。

（3）油管接箍和井下工具等在曲线上的测井响应特征应清晰可辨。

30. 井温测井

（1）仪器在井口读值与地面温度相差应在±1.5℃以内。

（2）井温测井采用下放测量，应从目的井段以上50m测至井底。

（3）井温曲线在静水区的温度数值应接近该深度地温数值。

（4）异常部位应在停测 30min 后重复测量，重复误差在 ±1℃ 以内。

（5）测量地温梯度时，井内液体应静止 7 天以上，并由井口自上而下测量。

（6）测量注入剖面温度时，应先测量正常注入情况下流动温度曲线，关井温度曲线应在井底温度场相对稳定后测量。

（7）测量产出剖面温度时，应在正常生产或气举生产情况下测量。

（8）静止井温曲线应在关井 8h 以后测量，且测量时井口不应有井液溢流。

（9）检查压裂效果时，压裂前测量静止井温曲线，压裂后应在未放喷及无溢流情况下测量一条井温曲线，时间间隔 4h 以上，再测量一条井温曲线。

（10）检查封堵效果时，应在封堵前和封堵后分别测量静止和加压温度曲线。

31. 放射性同位素示踪剖面测井

（1）放射性同位素示踪剂释放前应测量自然伽马曲线作为基准曲线。

（2）示踪测井应和磁性定位同时测量，磁性定位曲线的质量符合上述第 29 项的规定。

（3）自然伽马曲线与示踪曲线应采用统一的横向比例。

（4）在吸水层位、压裂层位及窜槽部位，示踪曲线应有较高的数值。

32. 电磁流量测井

（1）电磁流量测井采用定点测量及连续测量方式测井。

（2）电磁流量连续测井。

①采用下放仪器测量。

②自最上一个射孔层顶部以上 20m 开始，测至最下一个射孔层以下 10m。

③应对整个测量井段进行重复测量，重复误差应小于 1%。

（3）电磁流量定点测井。

①在连续曲线正常情况下，依据设计测点要求录取资料；在连续曲线不正常情况下除依据设计测点要求录取资料外，射孔层还应加密测点录取资料。加密测点间距一般为 1m。

②定点测井曲线应稳定，录取时间应大于 60s，曲线相对变化在 ±5% 以内。

③总流量测点测量值与井口计量值误差在 ±10% 以内。

④定点测井应重复测量总流量测点、主要吸液层的上下测点和零流量测点。重复误差小于 5%。

33. 持水率测井

（1）测井前持水率仪器应在空气中进行校验，校验数据应用时间驱动方式记录在测井图上，现场校验数值与室内标定的空气值误差不超过 5%。

（2）在底水段，曲线变化平稳，且为水值显示。

（3）底水段重复曲线与主曲线对比，测量值相对误差应小于 5%。

（4）每个测点按时间驱动方式记录 120s 以上。

（5）取样式电容法测量持水率，取样后按时间驱动方式记录油水静止分离曲线，时间应大于 400s，持水率数值取稳定段末端的数值。

（6）过流式法测持水率，曲线录取时间应大于 200s，录取段内持水率波动误差在 ±5% 以内，持水率值取最后 60s 的平均值或整个录取段的平均值。

（7）阻抗式法测持水率，全水值至少记录一条曲线，时间应大于60s，曲线波动误差应在±3%以内。各测点混相值曲线录取时间应大于100s，持水率值取曲线稳定段的平均值。

34. 流体密度测井

（1）应记录仪器在空气和水中的响应值。
（2）在底水区井段内，曲线变化平稳，且为水值显示。
（3）在喇叭口附近，密度值应有明显变化。
（4）应在生产井正常生产状态下进行测量。
（5）在目的层段应测量两次以上，重复测量值相对误差应小于10%。

35. 压力测井

（1）压力曲线应上提测量连续曲线。
（2）压力曲线应全井段重复测量，重复误差在±0.1MPa以内。

36. 放射性同位素示踪流量测井

（1）示踪曲线图头上应标明示踪剂喷射口与探测器之间的距离，并标注测点深度。
（2）示踪流量测井应自上而下依次选点。
（3）测点位于厚度大于2.5m的非射孔层段中，在射孔井段的顶部和底部应进行测量。
（4）在同一口井的不同测点，喷射示踪剂用的时间应相同。
（5）定点测量时，示踪剂喷射口及伽马探测器均应在非射孔层段中；追踪测量时，应保证两个峰值均在非射孔层段中。
（6）在同一测点应至少喷射两次示踪剂进行测量；当两次测量误差大于10%时，应重复测量。

37. 非集流涡轮流量测井

（1）非集流涡轮流量测井应分别采用上提、下放方式以不同测速各测量4次以上。
（2）测量速度按等差法选择，并同时记录测速曲线，单次测井的测速变化不应大10%。
（3）在上提、下放方式下，流量曲线变化趋势应各自相同。
（4）零流量曲线应记录到最下一个射孔层段以下10m，全流量曲线应记录到最上一个射孔层段以上20m。
（5）在油水两相流动条件下，两个射孔层之间流量曲线相对变化不大于10%。

38. 集流涡轮流量测井

（1）集流涡轮流量计测井的测点应选在相邻两个射孔层之间。
（2）在最上一个射孔层以上，选点测量总流量；最下一个射孔层段以下，选点测量零流量。
（3）每个测点记录时间应大于120s。
（4）按测井要求进行重复测量，重复误差应小于3%。

39. 40臂以上井径测井

（1）不变形和无腐蚀的套管处，测井曲线读值与套管内径标称值对比，误差在±2mm

（±0.1in）以内；否则，应重复测量。

(2) 非射孔井段接箍显示明显，不应连续漏测两个接箍，射孔井段应显示清楚。

(3) 在曲线异常部位上、下20m井段内重复测量。

(4) 需要接箍校深时，应测出标准套管接箍。

(5) 重复曲线与主曲线形状应相同，重复测量误差在±2mm（±0.1in）以内。

40. 噪声测井

(1) 噪声测井采用半对数坐标记录。

(2) 噪声信号截止频率设置为200Hz、600Hz、1000Hz、2000Hz、4000Hz和6000Hz。

(3) 应至少录取4条不同噪声信号截止频率的噪声曲线。

(4) 噪声曲线异常段应重复测量，其趋势应与主曲线一致。

41. 井下超声电视测井

(1) 裸眼井测井应进行测前方位检验，并记录检查结果。

(2) 在清洁完好的套管中，平均井径数值与套管实际内径值的允许误差为±2mm。

(3) 目的井段测速应小于90m/h，测速应稳定，相对变化在±10%以内。

(4) 幅度图像和时间图像的主要特征能相互对比。

(5) 套管井的接箍显示清晰。

(6) 裸眼层段裂缝显示明显，套管鞋清晰可辨，套管鞋以上应测有一个套管接箍。

三、测井原始资料质量评定

1. 测井原始资料质量等级划分

测井原始资料质量分为：优等品、合格品及废次品三个等级。

1）优等品

曲线的各项指标均达到质量标准要求的，评为优等品。

2）合格品

曲线出现下列情况之一者，且其他条件符合第一项要求的，评为合格品。

(1) 仪器未按规定时间进行车间刻度而录取资料；

(2) 未按规定时间进行电缆深度标准化而录取资料；

(3) 缺失测前核实（或刻度）或测后核实（或刻度）；

(4) 图头数据不全；标注有误、不明确或缺失；

(5) 深度记号不易辨认或记号连续缺失3个（导管鞋附近不许缺失）；

(6) 未记录张力和速度曲线；

(7) 测速不均匀（最高与最低测速相差大于50%）或超过规定测速值10%以内；

(8) 重复曲线测量方式不符合质量标准规定；

(9) 数据记录格式不符合质量标准规定，或数据无法拷贝而用人工数字化补救的曲线。

3）废次品

(1) 凡曲线质量达不到合格品要求的，均评为废次品。其中有些曲线经过补救措施后，具有参考和使用价值的定为次品。但在成果图技术说明中要加以注明；既无法补救，又无参考和使用价值的评为废品。

（2）井场验收发现废次品应立即返工重测；返回基地后二次验收发现废次品要立即汇报有关部门和质管员，经确认是废次品必须二次上井补测。

（3）废次品均为不合格品，按废品统计。

2. 测井曲线条数统计方法

（1）测至井口的自然电位、自然伽马、声速及井径只统计1条。

（2）测井项目中的计算曲线不参与统计。

（3）辅助和用于质量控制的曲线不参与统计，但影响相应参与统计的曲线质量。

（4）各项测井曲线条数规定见表2-7-5。

表2-7-5 各项测井曲线统计条数

序号	测井项目	曲线条数（项目）	说明
1	双感应—八侧向	3	包括综合段以上曲线
2	双侧向—微球型聚焦	3	包括综合段以上曲线
3	高分辨率感应	5	包括综合段以上曲线
4	MAXIS-500 阵列感应	4	包括综合段以上曲线
5	俄罗斯感应	4	包括综合段以上曲线
6	微电极	2	微电位、微梯度
7	4米电阻率	1	
8	自然电位	1	包括综合段以上曲线
9	自然伽马	1	包括综合段以上曲线
10	补偿密度	1	
11	岩性密度	2	ρ_b、Pe
12	补偿中子	1	
13	自然伽马能谱	4	U、TH、K、GR
14	井径	1	包括综合段以上曲线
15	井斜（连斜）	2	倾角、方位
16	声波时差	1	包括综合段以上曲线
17	声波变密度	2	声幅、变密度（VDL）
18	交叉偶极声波、DSI	4	纵波、横波、斯通利波、波形
19	声电成像（STAR）	8	声成像、电成像、井斜方位、相对方位、井斜、3条井径
20	XRMI 电成像（LOG-IQ）	7	电成像、井斜方位、相对方位、井斜、3条井径
21	FMI 电成像（MAXIS500）	6	电成像、井斜方位、相对方位、井斜、2条井径
22	地层倾角	9	井斜方位、相对方位、井斜、2条井径、4条电导率

续表

序号	测井项目	曲线条数（项目）	说明
23	碳氧比	3	C/O、Si/Ca、Ca/Si
24	核磁	4	总孔隙度、有效孔隙度、束缚水体积、T2 谱
25	井温	1	
26	五参数吸水剖面	6	基线、示踪曲线、磁定位、压力、流量、井温
27	磁定位	1	
28	磁测井	2	磁壁厚、磁井径
29	40 臂井径	2	井径、相对方位
30	多臂井径（36，18 等）	1	
31	持水率	1	
32	流量	1	
33	压力	1	
34	流体密度	1	
35	伽马密度厚度仪	2	水泥密度、套管厚度

第四节　测井资料的处理与解释

一、相关资料收集

1. 职责

（1）现场录井资料及钻井资料由测井队队长（或操作员、验收员）负责向井队地质技术员索取。

（2）其他的有关地质、岩心分析及试油等资料由解释或审核人员向甲方索取。

2. 油（气）田的地质、地球物理资料

（1）井位部署图、构造井位图及地质设计任务书等。

（2）单井所处构造特点、油气藏类型和地质分层数据。

（3）区块含油（气）层系的岩性、物性、含油（气）性及电性特征。

（4）邻井测井资料，应用的解释图版、公式和标准化参数。

3. 直接反映油气层情况的第一性资料

（1）钻井取心资料：取心井段、收获率、岩性、颜色、胶结物、胶结程度、裂缝描述情况、滴水试验情况、油味、荧光颜色、系列、含油级别。

（2）岩屑录井资料：含油显示井段、岩性、油味、荧光颜色、系列、含油级别。

（3）气测录井资料：气测异常段、全烃含量、重烃含量、基值。

（4）拷贝岩心录井及岩屑录井，全烃含量的文档资料。

（5）钻井过程中发生井涌、井喷、油气侵或井漏井段，喷、漏物质及数量，憋钻、跳钻及放空情况，工程事故及处理情况。

（6）岩心实验分析资料：岩石矿物成分、泥质含量、渗透率、孔隙度、含油饱和度、含水饱和度、粒度、胶结物含量和成分等。

（7）邻井的产油（气）情况：油（气）产量、密度、水的产量、水型、矿化度。

（8）注水情况：注入水矿化度、注水层位、周围老井的产液量、水淹情况等。

二、原始测井资料质量的室内检查

解释人员对原始测井资料进行室内检查和验收，在2h内完成，对不能满足质量要求的通知测井小队二次上井；对认识不清的，及时通知相关测井负责人和质量管理部门，召集有关人员讨论确定。

三、测井资料的校正

1. 绘图人员进行模拟曲线的人工数字化

磁盘数据如果读不出来的曲线，按以下标准，在平板仪上进行数字化，完井在8h内完成，套管井在3h内完成。

（1）深度误差：1:200曲线不超过0.2m，1:500曲线不超过0.5m；

（2）幅度误差：储层段声速不超过0.5mm，其他曲线小于lmm；非储层段小于2mm，上、下尖子只要求曲线形态基本一致。

2. 处理解释人员进行数控资料的数据转换

在FORWARD或LEAD平台上，根据不同的测井设备，选择相应的转换记录格式对测井数据进行格式转换。

3. 曲线的校深

处理解释人员在FORWARD或LEAD平台上，根据测井曲线深度与钻井工程深度（套管深度和测时井深，录井、取心深度等），以自然伽马曲线或井径曲线为准，将所有曲线深度对齐；曲线之间的深度误差：1.200曲线小于0.2m，1.500曲线小于0.5m；曲线所确定的套管鞋深度与实际深度误差不得大于1.0m（套管鞋深度大于500m时，误差不得大于2‰），完井在2h内完成，套管井在1h内完成。

4. 曲线的环境校正

处理解释人员根据仪器类型及生产厂家提供的校正图板或校正方法，对测井资料进行环境校正。

5. 成像测井资料的加速度校正

在测井过程中，由于仪器遇卡造成数据压缩，通过加速度校正，把数据校正到正常状态。

6. 曲线幅度的检查与修正

1）测井曲线的平滑与修正

当测井曲线有局部的跳动等不正常变化时，水平井及大斜度井测井曲线出现螺纹效应时，可综合其他测井响应规律、地层特性和解释经验做适当的平滑与修正。

2）用直方图和交会图确定测井曲线的校正量

在井眼规则的井段上选择有一定厚度、已知单一岩性、不含或少含泥质的地层，绘制频率交会图和 Z 值图。若有两种以上的孔隙度测井和自然伽马测井，则应做如下的交会图、Z 值图和直方图。

(1) 中子—密度交会图；

(2) 中子—密度—自然伽马 Z 值图；

(3) 声波—密度交会图；

(4) 声波—密度—自然伽马 Z 值图；

(5) 中子—声波交会图；

(6) 中子—声波—自然伽马 Z 值图；

(7) 密度—光电截面指数交会图；

(8) 密度—光电截面指数—自然伽马 Z 值图；

(9) 各种曲线的直方图；

(10) M—N 值交会图。

主要岩性的 M、N 值参见表 2-7-6 和表 2-7-7。

表 2-7-6 主要岩性的 M 值表

岩性	骨架值		M 值	
	密度 g/cm³	声波时差 μs/m	流体密度 = 1.1 流体时差 = 608	流体密度 = 1.0 流体时差 = 620
砂岩	2.65	182	2.748	2.655
石灰岩	2.71	156	2.807	2.713
白云岩	2.87	143	2.627	2.551
硬石膏	2.98	164	2.362	2.303
石膏	2.35	171	3.496	3.326
岩盐	2.03	220	4.172	3.883

表 2-7-7 主要岩性的 N 值表

岩性	骨架值		N 值	
	密度 g/cm³	中子 %	流体密度 = 1.1 流体中子 = 1	流体密度 = 1.0 流体中子 = 1
砂岩	2.65	-0.05	0.667	0.636
石灰岩	2.71	0	0.621	0.585
白云岩	2.87	0.04	0.542	0.513
硬石膏	2.98	-0.02	0.543	0.515
石膏	2.35	0.58	0.336	0.311
岩盐	2.03	-0.01	1.086	0.981

3）加法项（加法因子）校正法

将解释图版与频率交会图重叠并做适当移动，使频率交会图上大多数点子落在解释图版的某两条已知岩性线内或某一岩性线附近。如果解释图版沿着频率交会图的 X 轴或 Y 轴移动后，就能使大部分数据点落在解释图版的已知岩性线附近，则 X 轴或 Y 轴曲线的附加校正值 ΔX 或 ΔY 可以下两式确定：

$$\Delta X = X_0 - X \quad (2-7-8)$$
$$\Delta Y = Y_0 - Y \quad (2-7-9)$$

式中　ΔX，ΔY——测井曲线的附加校正值（加法因子）；

X_0，Y_0——频率交会图原点的坐标值；

X，Y——解释图版原点在频率交会图上的坐标值。

4）乘法因子校正法

当频率交会图上一端数据点落在已知岩性线内，而另一端数据点有规律地偏离已知岩性线，可采用乘法因子来校正曲线。

测井解释人员使用加法因子和乘法因子校正原始曲线应确有根据，如刻度误差、油气影响及井眼影响等，并写入解释说明或解释报告。

四、测井资料处理

1. 解释程序的选择

（1）根据区块地质特点选择相应的解释模型和解释程序。

（2）纯或较纯的砂岩地层，并且只有一种孔隙度测井时，用单孔隙度解释程序。

（3）某些油田油井处理选用带经验公式的 CQPOM 解释软件进行处理，气井处理用带经验公式的复杂岩性分析程序 CQCRA 解释软件进行处理。

2. 解释参数的选取

1）骨架参数的选取

（1）矿物岩石根据矿物成分选取骨架值，常用岩石矿物参数参见附录3。

（2）非单一矿物，用双孔隙度测井交会计算孔隙度和岩石成分，如果只有一种孔隙度测井，应选用混合骨架参数计算孔隙度。

2）流体参数的选取

流体参数的选取参见附录3。

3）地层水电阻率 R_w 的选取

（1）地层水电阻率 R_w 应按层段和水系分段选取。

（2）选取岩性均匀，厚度大于2m 的纯水层，用阿尔奇公式计算出 R_w。

（3）在探井中可用预处理程序计算出一条视地层水电阻率 R_{wa} 曲线，并做纯水层井段的 R_{wa} 直方图，其峰值即为 R_w。

（4）应用测试资料或邻井相同层位的水分析资料求得 R_w。

（5）选择厚度大于4m 岩性均匀的纯水层，用自然电位曲线计算 R_w（查图版）。

（6）若解释井段没有纯水层，可采用纯泥岩孔隙度 ϕ 的平均值和深探测电阻率 R_t 的平

均值估算 R_w。

(7) 注水开发区内水淹井段，当原生水与注入水电阻率差别不大时，可取原生水电阻率为 R_w；两者相差较大时，应取混合液电阻率 R_z 作为 R_w。

(8) 在非均质地层可选用适当的经验公式估算 R_w。

4) 钻井液滤液电阻率 R_{mf}

(1) 有流体电阻率曲线时，用流体电阻率 R_m 计算 R_{mf} 为：

$$R_{mf} = (2.619 - 1.1\rho_{DF})R_{m(t)} \quad (2-7-10)$$

式中　R_{mf}——钻井液滤液电阻率，$\Omega \cdot m$；
　　　ρ_{DF}——钻井液密度，g/cm^3；
　　　$R_{m(t)}$——流体电阻率，$\Omega \cdot m$。

(2) 无井筒流体电阻率测井时，用 18℃时钻井液电阻率 R_m 按温度系数换算到井下温度的钻井液电阻率 $R_{m(t)}$ 值：

$$R_{m(t)} = P_t \cdot R_m \quad (2-7-11)$$

式中　P_t——温度换算系数，查图版得到；
　　　R_m——18℃时钻井液电阻率，$\Omega \cdot m$。

用求得的 $R_{m(t)}$ 值查图版或代入式 (2-7-10) 求 R_{mf}。

(3) 做孔隙度与冲洗带电阻率的频率交会图，在交会图上做出冲洗带含水饱和度 $S_{xo}=1$ 的线，用阿尔奇公式计算 R_{mf}。

5) 泥质参数的选取

在无经验公式的新地区，应采用下面的办法选取泥质参数：

(1) 选目的层附近井眼规则的泥岩井段的测井平均值或做孔隙度测井交会图及其 Z 值图（自然伽马 Z 值图或自然电位 Z 值图），确定泥岩的密度值、中子孔隙度值、声波时差值和电阻率值。

(2) 井眼垮塌严重时，可采用地区经验值。

6) 自然伽马极小值与极大值的选取

(1) 通常取纯岩石与纯泥岩的自然伽马平均值分别作为极小值和极大值；解释井段内变化较大时，可分段选取。

(2) 当本井无纯岩石或无纯泥岩时，应结合本地区钻井取心分析资料，用泥质含量计算公式来换算自然伽马极小值和极大值。

(3) 做 GR—M 值交会图，由砂岩点确定自然伽马极小值，由泥岩点确定自然伽马极大值。

(4) 注意分析快速堆积物中自然伽马测井与矿物成分和泥质含量关系不密切的特点，对于含有放射性的砂岩应结合自然伽马能谱测井曲线进行分析。

(5) 对水淹层应特别注意分析放射性盐类沉淀物引起的储层自然伽马高值，以免漏掉产层。

(6) 注意分析由灰质含量高引起的非储层自然伽马低值。

7) 计算泥质含量公式中经验系数 GCUR

(1) 新近—古近系地层 GCUR 等于 3.7；

(2) 老地层 $GCUR$ 等于 2.0；

(3) 用地区统计经验值。

8) 压实校正系数 CP 的选取

(1) 用计算的声波孔隙度 ϕ_s 与岩心分析孔隙度 ϕ_c 之比确定压实校正系数 CP：

$$CP = \phi_s/\phi_c \qquad (2-7-12)$$

式中　ϕ_s——用声波时差计算的孔隙度，%。

　　　ϕ_c——岩心分析孔隙度，%。

(2) 用声波孔隙度 ϕ_s 与密度孔隙度之比确定压实校正系数 CP：

$$CP = \phi_s/\phi_d \qquad (2-7-13)$$

式中　ϕ_d——用密度计算的孔隙度，%。

(3) 用中子—密度交会计算的孔隙度，反求压实校正系数 CP。

(4) 用地区经验公式计算。

9) 束缚水饱和度的选取

(1) 根据地区岩性特点选取。

(2) 用经验公式计算。

(3) 用核磁共振资料为：

$$S_{wir} = (\phi_{NL} - \phi_{MRIL})/\phi_{NL} \qquad (2-7-14)$$

式中　ϕ_{NL}——常规方法计算的孔隙度，%；

　　　ϕ_{MRIL}——核磁共振有效孔隙度，%。

10) 阿尔奇公式中 a，b，m，n 参数采用地区岩心分析实验值和适合本地区的经验值。

11) 地层温度 T 的确定

$$T = T_0 + K \cdot H/100 \qquad (2-7-15)$$

式中　T_0——地表恒温层的温度，℃；

　　　K——地温梯度，℃/100m；

　　　H——地层底界深度，m。

3. 计算公式的选择

1) 泥质含量 SH 计算公式

(1) 常用计算公式为：

$$SH = \frac{2^{GCUR \cdot SH_1} - 1}{2^{GCUR} - 1} \qquad (2-7-16)$$

$$SH_1 = \frac{GR - G_{min}}{GMAX - GMIN} \qquad (2-7-17)$$

式中　SH——泥质含量，%；

　　　$GCUR$——经验系数（新近—古近系地层取 3.7，老地层取 2.0）；

　　　SH_1——GR 测井曲线的相对值；

　　　GR——GR 曲线的测井值，单位为 API；

　　　G_{MIN}——GR 曲线在纯岩石的测井最小值，单位为 API；

　　　G_{MAX}——GR 曲线在纯泥岩的测井最大值，单位为 API。

(2) 用自然电位法计算为：

$$SH = \frac{SP - SBL + SSP}{SSP} \qquad (2-7-18)$$

式中　SP——自然电位测井值，mV；
　　　SBL——泥岩自然电位值，mV；
　　　SSP——纯岩石与泥岩自然电位之差值，mV。

(3) 采用地区统计经验公式。

(4) 采用中子—密度交会法，把泥质与岩石骨架看成两种矿物，同时计算孔隙度与泥质含量。

2）计算孔隙度公式

(1) 只有一种孔隙度测井时，选用单孔隙度的计算程序。

(2) 有两种以上孔隙度测井时，选用两种曲线交会计算孔隙度。

(3) 有核磁共振测井时，可用核磁共振资料计算地层孔隙度、束缚流体孔隙度、可动流体孔隙度。

(4) 采用地区统计经验公式。

3）计算次生孔隙度公式

(1) 复杂岩性地层可用交会法计算的孔隙度 ϕ 与声波孔隙度 ϕ_s，计算次生孔隙度（$\phi - \phi_s$）。

(2) 用地区经验公式计算次生孔隙度。

4）含水饱和度 S_w 计算公式

根据本地区地质特点选用适当的计算公式，包括：

(1) 在泥质含量低时，采用纯岩石计算公式

$$S_w = \sqrt[n]{\frac{a \cdot b \cdot R_w}{\phi^m \cdot R_t}} \qquad (2-7-19)$$

式中　S_w——含水饱和度，%；
　　　n——含水饱和度指数；
　　　a, b——地质经验系数；
　　　R_w——地层水电阻率，$\Omega \cdot m$；
　　　ϕ——地层孔隙度，%；
　　　m——胶结指数；
　　　R_t——地层电阻率，$\Omega \cdot m$。

(2) 在泥质含量较高时，采用做泥质校正的计算公式（西门杜公式）：

$$S_w = \frac{1}{\phi}\left(\sqrt{\frac{0.81 R_w}{R_t}} - \frac{SH \cdot R_w}{0.4 R_{SH}}\right) \qquad (2-7-20)$$

式中　R_{SH}——泥岩电阻率，$\Omega \cdot m$。

5）渗透率 $PERM$ 计算公式

(1) 用输入的束缚水饱和度 S_{wir} 和孔隙度 ϕ 的经验公式计算为：

$$PERM = 0.136 \frac{\phi^{4.4}}{S_{wir}^2} \qquad (2-7-21)$$

或
$$PERM = \left(\beta_1 \frac{\phi^3}{S_{wir}^2}\right)^2 \tag{2-7-22}$$

式中 PERM——地层渗透率,mD;
   β_1——可供选择的系数。
(2) 用粒度中值 M_d 和孔隙度 ϕ 的经验公式计算：
$$\lg PERM = \beta_2 + 1.7\lg M_d + 7.1\lg\phi \tag{2-7-23}$$

式中 β_2——经验系数,一般取值为 7.0~9.5。
(3) 用核磁共振资料计算（推荐 Coates 模型）为：
$$PERM = \left(\frac{MPHI}{C_a}\right)^4 \times \left(\frac{MBVM}{MBVI}\right)^2 \tag{2-7-24}$$

式中 MPHI——地层有效孔隙度,%；
   MBVM——自由流体体积,%；
   MBVI——束缚水流体体积,%；
   C_a——岩心刻度系数,一般用岩心刻度给出；如果没有岩心资料,$C_a = 10$。

(4) 用电阻率计算，以钻井取心资料做出的分区、分层系油气层渗透率平均值与电阻率的统计关系为基础，用电阻率测井资料计算渗透率。

(5) 用地区统计的经验公式。

4. 上机输入处理参数进行资料处理

(1) 根据本地区的地质特点在常用的软件上选用测井解释模型、解释方法、计算公式及相应的解释软件。

(2) 按解释软件说明正确的选择处理参数和旗标。

(3) 测井反映物性较好的储层，地质录井和气测录井的含油（气）显示段，重点目的层段必须分层进行解释。

(4) 储层（解释层）界面的确定

①泥质砂岩储层，用自然电位、自然伽马、声速和泥质含量等曲线，参考微电极、电阻率和井径等曲线来确定储层界面。

②碳酸盐岩及复杂岩性储层，对孔隙型和孔隙分布比较均匀以孔隙为主的储层，一般采用自然伽马、声速、泥质含量及孔隙度等曲线；对含有机质的地层，宜采用自然伽马能谱测井的去铀曲线，参考电阻率和井径等测井曲线来确定储层的界面。

对裂缝型及以裂缝为主的复合型储层，根据裂缝的发育程度，结合区域试油及生产情况划分为Ⅰ、Ⅱ、Ⅲ类储层。

(5) 测井资料预处理：完井在 24h 内完成。

5. 分析评价

1）输出参数分析

(1) 孔隙度计算分析：对由计算方法、井眼条件、原油性质、薄层和仪器不正常等因素引起的误差进行具体分析。

(2) 含油饱和度计算分析：对由地层水电阻率的选取及孔隙度计算等因素引起的误差

应进行具体分析。

（3）分析地层的岩石成分和泥质含量对有效孔隙度和渗透率的影响。

（4）分析其他输出参数及岩性组合剖面的合理性。

（5）利用深、中、浅不同探测深度的电阻率曲线的径向变化特征分析数据处理成果的合理性。

（6）利用核磁共振测井的差谱、移谱、标准T_2分布资料判断地层流体性质和孔隙结构。

（7）根据分析情况调整处理参数，使输出参数更趋合理。

2）确定解释结论

（1）利用岩心分析资料及时建立不同区块、不同层系计算孔隙度和渗透率的经验公式。

（2）针对不同区块和不同层系利用测试资料要及时建立油（气）层的孔隙度、含水饱和度、电阻率和自然伽马相对值等参数的下限值。

（3）依据本井测井资料及数据处理成果确定解释结论。

（4）综合各项地质录井和地球物理资料进行综合评价，见表2-7-8。

表2-7-8 油、气、水层在各种录井资料上的显示

录井项目		气层	油层	油水同层	水层	干层
测井	电阻率	高—较高	高—较高	较低	低	高—较高
	密度	低—较低	低—较低	低—较低	较低	高
	时差	高	高	高	高—较高	低
	GR	低	低—较低	低—较低	低—较低	较低—较高
	SP	负异常	负异常—无异常	负异常	负异常	负异常—无异常
	微电极	—	长3以上中、均、正	长3以上中、均、正	长3以上中、均、正	高值
	说明	电阻率高低指相对于同水系的水层；密度、时差高低指相对于同层系的干层；自然电位在盆地在长6-8和气井里的部分储层无负异常				
录井项目		气层	油层	油水同层	水层	干层
岩心、岩屑		砂岩，疏松—较疏松；碳酸盐岩，见缝洞，浸水试验冒气	含油级别为油侵、油斑、褐黄、亮黄荧光，滴水不渗	含油级别为油斑，岩心有潮感，滴水微渗—缓渗	岩心滴水速渗，潮湿，见盐霜	岩心、岩屑致密
钻井液槽面情况		槽面可见鱼子大小气泡，好者气侵、井涌，高压者甚至井喷，槽面可闻到芳香味	槽面有时见油花，呈零星状或条带状分布	槽面有时见油花，呈零星状或条带状分布	钻井液滤液变咸，有时槽面上涨	—

续表

录井项目		气 层	油 层	油水同层	水 层	干 层
钻井液性能	密度	↘	↘	↘	稍减	—
	黏度	↗	↗	—	↘	—
	氯离子含量	稍增	稍增	稍增	↗	—
气测	全烃	↗	↗	↗	略增—无	略增—无
	重烃	—	↗	↗	略增—无	略增—无
	后效	明显	较明显	不明显	无	无
	说明	要注意取心、起下钻、接单根、煤层及钻井液性能对全烃的影响				
	备注	"↗"表示"增加","↘"表示"减少"				

第五节 测井出图规定

一、测井解释绘图图件格式

1. 测井图件的基本格式

测井图件应由相衔接的图头与曲线图两部分组成。

1) 图头

（1）图头上部为井号、测井图件名称、油田和测井公司名称及深度比例尺，其左上角为测井图件存档号。

（2）图头下部为图头标题栏。

2) 曲线图

测井图件的曲线应分为上下两个部分。

（1）曲线图上部。

（2）测井曲线图上部为曲线名栏。

数字处理成果图的曲线图上部包括：图例、地质参数和曲线名栏两部分。曲线名栏分为曲线道和深度道。每个曲线道可表示若干条测井曲线或地质参数曲线。每条曲线必须有曲线名、符号及刻度尺。

（3）测井曲线的名称及符号。

每条测井曲线的符号应采用2~4个大写英文字母表示。测井曲线的名称及符号应采用印刷体。

（4）曲线刻度尺。

同一曲线道内记录几条曲线时，应分别使用实线、长划线和短划线等不同线段代表各条曲线的刻度尺。每条曲线的名称与符号位于刻度尺上部居中位置，其单位位于曲线名下部居中位置。一般采用线性比例的刻度尺。在高阻地区，侧向和感应测井的视电阻率曲线采用对数比例尺。一般采用一种比例的刻度尺。对动态变化范围大的测井曲线，可采用第一和第二比例尺，后者比前者缩小 10 倍。每条曲线的刻度尺两端必须标出左右刻度值，其值应按本地区各测井值或地质参数的动态范围来确定，但必须使各曲线在图上显示出足够明显的变化。自然电位（SP）曲线应采用有左右刻度值的刻度尺。左右刻度值的大小应按本地区各类地层之间自然电位的最大变化来确定。

（5）曲线图下部。

曲线图下部记录测井曲线或地质参数曲线的主体部分。每个曲线道必须用纵线分为 5 小格。每个曲线道必须有粗细横实线。细横线实线代表深度间隔为 2m，粗横实线代表深度间隔为 10m。必须在深度道内对应的粗横实线居中位置标出测井深度值，每 10m 标一个深度值，每 100m 处必须标出深度值，深度值应采用阿拉伯数字。同一道内记录多条曲线时，必须采用各条曲线与其相应刻度尺一致的实线、长划线或短划线来表示。

2. 测井曲线图

1）标准测井曲线图

（1）标准测井曲线图深度比例尺一般为 1 ：500。

（2）标准测井曲线图的格式（表 2－7－9）。

表 2－7－9　标准测井曲线图的格式

存档号							
			×××井				
			标　准　测　井　曲　线　图				
		测井单位		生产单位			
	测井地区				测井日期		
	比例尺				完井日期		
	钻头程序				测井深度		
	补芯高度				测量井段		
	套管深度			泥浆	类型		
	套管内径				密度		
	仪器型号				黏度		
	解释软件				电阻率		
	测井队长		制图		审核		
深度	泥质曲线		电阻率曲线			井径曲线	

(3) 泥质曲线道放置的是自然伽马和自然电位两条曲线，电阻率曲线道放置是2.5m电极曲线。

(4) 自然电位曲线及井径曲线的颜色用红色虚线，自然伽马曲线和电阻率曲线为紫色实线，网格线的颜色用黑色。

(5) 标准曲线图宽度为31cm，深度道1cm，泥质曲线道、电阻率曲线道和井径曲线道各为10cm。

2) 综合测井图

(1) 综合测井图的深度比例尺一般为1∶200。

(2) 综合测井图分上下两部分，上部包括图例和地质参数曲线名栏，下部包括记录地质参数的曲线和解释本井所用的解释参数。

(3) 图例栏标明各种图例的符号各种图例见图2-7-1。

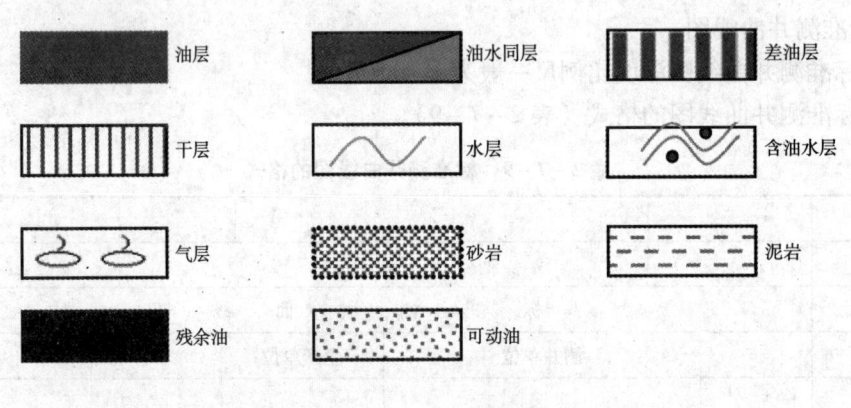

图2-7-1 各种图例

(4) 在曲线末尾应有各解释层段的数据表。

(5) 综合测井曲线图格式见表2-7-10。

表2-7-10 综合测井曲线图格式

存档号					
		×××井			
	综 合 测 井 曲 线 图				
	测井单位		生产单位		
测井区域			测井日期		
绘图比例			完井日期		
钻头程序			测井深度		
补心高度			测量井段		

续表

套管深度			类型	
套管内径		钻井液	相对密度	
仪器型号			电阻率	
解释软件			温度	

测井队长			解释			审核			

深度 泥质指示曲线	孔隙曲线及微电极	电阻率曲线	双感应曲线	渗透率、饱和度	可动油气显示	砂泥岩剖面	解释结论

（6）各道放置曲线。

深度每10m标记一次，泥质指示曲线道放置自然伽马、自然电位及井径曲线。孔隙曲线及微电极道放置声波、微电位和微电极曲线。电阻率曲线道放置0.5m、2.5m、4m电阻率曲线。双感应曲线道放置深感应、中感应及八侧向曲线。渗透率、饱和度曲线道放置含油饱和度和渗透率曲线。可动油气显示曲线道放置含水饱和度、可动油及残余油百分比曲线，砂泥岩剖面道放置孔隙度、砂岩及泥岩百分比曲线。

（7）各条曲线的颜色。

井径曲线、微电位曲线、4m电阻率及深感应曲线的颜色用红色，其中4m电阻率和深感应曲线为虚线；自然电位曲线、微梯度曲线、2.5m电阻率曲线、中感应曲线的颜色用淡绿色虚线；自然伽马曲线、声波曲线、0.5m电阻率曲线、八侧向曲线及含水饱和度曲线的颜色用紫色实线；残余油用黑色表示，砂岩用墨绿色、泥岩用土灰色表示；解释结论油层用红色表示，网格线的颜色用黑色。

（8）综合测井曲线图宽度为50cm。其中深度道宽1cm，泥质曲线道宽10cm，孔隙曲线及微电极曲线道宽8cm，电阻率曲线道宽8cm，双感应曲线道宽8cm，渗透率饱和度曲线道宽4cm，可动油气显示道宽4cm，砂泥岩剖面宽6cm，解释结论道宽1cm。

3）每条测井曲线的打印曲线宽度及网格线宽度

（1）标准测井曲线和综合测井曲线每条测井曲线的打印曲线宽度不得超过1mm。

（2）网格线10米格线和2米格线要粗细均匀。

如测井项目有增加的，其出图格式以本标准为基础可相应增加。

二、测井资料提交

1. 测井数据和资料要求

裸眼井测井资料在每口井完井后，以测井系列的野外采集数据、编辑和处理成果数据分类上交。

（1）测井系列为标准测井（包括井斜或连斜测井）、综合测井及固放磁测井。

（2）野外采集数据（包括各种测井新技术项目）要上交。

（3）单井野外数据上交时，盘标签要填写油田名称、构造名称、井号、测井日期、测井项目、测量井段、记录格式、地面仪器型号、施工单位及油田磁带编号。

（4）测井解释中的编辑数据（各种测井曲线经深度和环境校正后数据）和处理成果数据要上交，其中包括各种测井新技术项目处理成果数据（原始曲线名应依据测井系列按规范提交，不得随意更改）。

2. 测井数据记录格式

（1）测井数据记录格式按目前常用的：LIS、DLIS、LA 716（野外带为 BIT、3317）、XTF、LAS 等 5 种基本格式记录。

（2）野外原始数据。

①采用 Eclips5700、DDL、Excel-2000、LOGIQ 设备的测井项目按原设备记录格式上交测井数据；

②采用磁带为 TAR 格式的应标注清楚；

③采用其他测井装备的测井项目数据记录格式，应符合上述 5 种基本记录格式。

（3）编辑和处理成果数据。

①根据低渗透油田测井处理系统，常规测井数据处理成果数据提交的数据格式为常用的格式；

②如果采用其他记录格式，也要标明数据格式及处理软件；

③测井新技术处理项目和采用国外软件处理成果的记录格式，仍要按 LIS、DLIS、LA 716（野外带为 BIT、3317）、XTF、LAS 等 5 种基本记录格式上交（包括 PDS 图像文件）；

④提交的测井数据文件名称必须为汉字，严禁用拼音作为文件名称；

⑤测井解释成果表和井斜表、套管（节箍）数据表要以 Excel 表、FoxPro 或 Access 数据库格式交电子文档。

第六节 安全与环保要求

一、人员要求

（1）作业人员必须持证上岗。

（2）在林区的路上和井场严禁吸烟，严禁酒后上岗作业。

（3）遵守《中华人民共和国环境保护法》和当地政府颁布的有关环境保护法令，测井完成后要清理井场遗留的工业垃圾和生活垃圾。

（4）现场作业人员应该正确穿戴劳保和严格按安全规定及劳动保护条列执行，并符合 SY/T 5726—2011 的有关规定。放射性作业人员必须佩戴计量牌。

（5）在井口装卸放射性源时，要严格执行 GB 16354—1996、GBZ 118—2002 和 SY 5131—2008 标准的有关规定。在井口装卸仪器时，盖好井口，严禁在转盘上搁放物品，以免放射性源或其他物品落入井内。

二、现场安装

（1）高压井井口应安装防喷装置，保证井口无液体和气体泄漏。

（2）安装深度传输系统时，保证齿轮啮合良好。

（3）天滑轮安装在吊卡下 0.5m 处，地滑轮下端用链条固定在井架横梁（或采油树法兰盘下）上，上端用吊钩拉直，使其离固定面（钻台面、地面）0.4~0.8m。

（4）有井架吊装时，绞车摆放距井口 25~30m，无井架吊装时绞车摆放距井口 15~25m。绞车与井口和滑轮保持在一条直线上，然后前轮回正，并在后轮下放好掩木。

（5）测 3500m 以上的深井时绞车摆放距井口 30~40m，且绞车的前部必须增加固定措施。

（6）仪器车到绞车、井口及井场电源的连线接通良好。线间（或对地）绝缘电阻大于 50MΩ。测井车仪器（机架）接地良好，各种用电设备不得有漏电现象。

（7）根据测井组合序列，连接井下仪器，保证仪器密封良好，各连接处紧固到位。

（8）测井队长应进行巡回检查，及时纠正不符合要求的安装和连接。

三、测井前安全会

（1）与测井监督一起召开测井前安全会，向各岗位人员通报该井的井身结构、井下情况、测井项目及测量井段。对可能出现的风险进行评价，按照 SY/T 6276—2010 规定的评价和风险管理指南的要求执行，制定相应的预防措施和实施预防议案。

（2）对于复杂井和事故井，钻井队应向测井队说明复杂（造斜）井段的详细情况。水平井和大斜度井测井作业时，按水平井测井作业的相关规定执行。

四、特殊情况的处理

（1）放射性测井时，放射性物质的使用和保管及防护按 GB 16354—1996、GBZ 118—2002 和 SY 5131—2008 标准的有关规定执行。

（2）在刮风天气或冬季测井作业，应特别注意天滑轮上的电缆跳槽和井架落物。如遇七级以上的大风、暴雨、雷电或大雾等恶劣天气，不得进行测井作业。

（3）在高压气井进行测井作业时，不得携带火源进入井场；对井场使用的汽车和发电机等设备应配带放火罩。

（4）遇阻情况的处理。

①现象。

随电缆下放，张力显示减小；数值变化较明显的下井仪器，其地面记录显示数值无变化。

②遇阻处理。

a. 应制动绞车滚筒停车。

b. 低速上提，确定解除遇阻后方可按正常速度再次下放。

c. 在同一井次同一井段若连续三次遇阻，第三次遇阻时应测一段遇阻曲线，并及时将电缆提出井口。

（5）遇卡情况的处理。

①现象。

随电缆上提，张力显示在短时间内猛增。

②解卡。

a. 制动绞车滚筒停车，并迅速下放电缆，使电缆张力减到正常值。

b. 电缆连接器弱点或拉力棒拉断力的范围内，积极采取措施解卡。在套管井解卡可用人工拉电缆或反注水或转动油管，最终进行起油管作业等方法。

c. 穿心打捞电缆和下井仪器操作应符合 SY/T 5361—2007 的有关规定。

（6）遇井喷和井涌情况的处理。

电缆在井下，井口处有井喷和井涌预兆时，应快速上提电缆；当发生井喷而电缆未被喷出井口时，应及时在井口与绞车之间果断地截断电缆，抢关井口闸门。

（7）遇有硫化氢气或其他有毒有害气体特殊测井作业时，应按 SY 6504—2000 的规定执行，并制定出测井方案，待批准后方可进行测井作业，作业前应向钻井队（试油队、采油队）通告方案相关情况。（SY 6504—2000 于 2011 年 5 月 1 日已作废，替代标准为 SY 6054—2010。——编者）

第八章 完井验收

完井质量的基本要求是：达到地质及工程设计要求，并能经受合理的射孔、酸化和压裂考验，满足特定条件下的注水、采油和采气的需要。

第一节 固井质量要求

一、水泥返深、水泥塞高度和人工井底的规定

（1）设计水泥返深应在油气层顶界以上 150m。

（2）为了保证套管鞋封固质量，油层套管采用双塞固井时，阻流环距套管鞋长度不少于 10m，技术套管（或先期完成井）一般为 20m，套管鞋位置尽量靠近井底。

(3) 油气层底界距人工井底（管内水泥面）不少于15m。

二、固井工程质量基本要求

(1) 达到地质及工程设计要求。
(2) 表层套管及技术套管能满足正常的钻井生产与井控防喷需要。
(3) 油层套管能经受合理的射孔、酸化和压裂考验，满足正常条件下的注水和油气开采需要。

三、表层套管固井质量要求

(1) 套管下至设计井深，并保证套管鞋下入基岩1~2m。套管接箍端面与地面平齐。
(2) 水泥浆返至地面，或经补救返至地面。
(3) 表层套管要确保不漏、不溜。

四、技术套管固井质量要求

(1) 对于API系列套管，用双轴应力校核的安全系数应该符合表2-8-1规定。

表2-8-1 技术套管安全系数取值范围

系 数 名 称	系 数 范 围
抗挤安全系数	1.000~1.125
抗内压安全系数	1.10~1.20
抗拉安全系数	1.6~1.8（≥ϕ244.5mm套管） 1.8~2.0（<ϕ244.5mm套管）

(2) 若采用原井眼尺寸的裸眼口袋，对浅于600m的技术套管，其深度不超过3m，600~800m的技术套管，裸眼口袋不超过4m，超过800m的技术套管，裸眼口袋不超过4.5m。
(3) 水泥塞高度不超过20m。
(4) 水泥返高必须达到设计要求。
(5) 达到以上4项要求为固井合格，否则为不合格。

五、油层套管固井质量要求

(1) 套管串结构必须按设计编号排列入井。
(2) 使用API系列套管，其用双轴应力校核的安全系数应符合表2-8-2规定。

表2-8-2 油层套管安全系数取值范围

系 数 名 称	系 数 范 围
抗挤安全系数	一般1.125，最低不小于1.00
抗内压安全系数	1.10~1.33
抗拉安全系数	1.8~2.0

（3）保证套管居中度大于67%。严格按设计下入扶正器，原则：油层段及井斜不小于15°井段，扶正器间距不大于11m；井斜小于15°井段，扶正器间距不大于20m。按下套管操作规程下套管。

（4）套管下至设计深度，裸眼口袋不得少于5m。

（5）水泥返高：直井要求封过油层顶部100m以上，其中合格段长度不少于70m；定向井要求封过油层顶部150m以上，其中合格段长度不少于110m；注水井要求封过油层顶部200m以上，其中合格段长度不少于150m；低密度固井水泥返高达到低密度设计返高段长的80%以上。

（6）油气层底界距人工井底（管内水泥面）不少于15m。必须保证声幅、放射性及磁定位测出油层底界。

（7）阻流环以下水泥塞（距套管鞋处）10~20m。油层底界距完钻井底不大于50m。

（8）对于采用裸眼完井方式，而技术套管兼顾上部油层的固井，适用于油层套管固井。

（9）固井后，管内及管外环形空间不冒油、气、水。

（10）注水泥碰压后72h进行套管试压，试压液为清水，套管试压应符合表2-8-3要求。

表2-8-3 套管试压标准

套管规范 mm	试压标准，MPa 油井、生产井	试压标准，MPa 注水井	30min 允许压降，MPa
127.0~193.7	15.0	15.0~20.0	≤0.5
219.1~244.5	10.0	12.0	≤0.5

（11）水泥封固质量经声幅检查，封固井段符合"合格"要求。

（12）完井井口固定，采用套管头，套管头安装要做到平、正、牢；或采用焊环形铁板加井口灌注水泥中任意一种。

（13）油层套管接箍端面距地面不超过0.3~0.5m。

六、水泥封固质量鉴定

（1）水泥环质量鉴定以声幅测井（CBL）为准，必要时加测变密度曲线参照鉴定。

（2）声幅检查应在注水泥碰压后24~36h内进行；特殊固井（尾管、分接箍、长封固段、缓凝水泥等）声幅测井时间依据具体情况而定，解释不降级。

（3）声幅曲线必须测至最低油气层底界以下10m。

（4）油层套管固井，水泥环声幅质量鉴定，主要针对封隔油气层段部分。

（5）封固质量分为"优质"、"合格"、"不合格"三类，以钻井液段声幅100%为基础，声幅值在15%以内或者胶结指数大于0.8为"封固质量优质"；固井声幅值在15%~30%（低密度固井声幅不大于40%）或者胶结指数不小于0.6，为"封固质量合格"；固井声幅值大于30%（低密度固井声幅值大于40%）为"封固质量不合格"。

(6) 变密度测井（VDL）鉴定水泥环封固第二界面及微环隙。

(7) 封固优质：从最上一个油层顶界以上50m至阻流环井段对应声幅幅值不大于15%或者胶结指数不小于0.8。

(8) 封固合格。

①最上部油层顶界以上至少有连续30m井段封固合格，即：声幅值或者胶结指数达到合格标准，30m以上幅值超标但长度不得超过5m（不多于两段）。

②最上部油层顶界以下至阻流环：各油、气、水层必须封固合格，各油气层顶界和底界上下必须有连续10m封固合格。其余井段中，幅值大于30%的井段不得超过5m（不多于两段）。

(9) 封固不合格。

凡未达到上述条件的，均为全井封固质量不合格。

七、固井质量鉴定

（1）水泥环质量鉴定应以声幅（CBL）为准。声幅测井要求测至水泥面以上5个稳定的接箍讯号，讯号明显，控制自由套管声幅值在8~12cm（横向比幅50mV/cm，即400~600mV），而在百分之百套管与水泥胶结井段声幅值接近零线，曲线平直，不能出现2mm负值。测量前后幅度误差不超过±10%，测速不超过2000m/h。凡水泥浆返至地面的井和尾管井，测声幅前在同尺寸套管内确定钻井液声幅值。

（2）声幅相对值在15%以内为优等，一般30%为合格。对低密度水泥，声幅值暂定40%为合格。

（3）经声幅测井其质量不能明确鉴定是否符合设计要求时，可用变密度（VDL）等其他方法鉴定。

（4）正常声幅测井应在注水泥后24~48h内进行，特殊井（尾管、分接箍、长封固段、缓凝水泥等）声幅测井时间依具体情况而定。

（5）声幅曲线必须测至最低油气层底界以下10m。

（6）油层套管固井，水泥环声幅质量鉴定，主要针对封隔油气层段部。

八．套管柱试压

1. 套管柱试压标准

1）表层套管

表层套管试压标准见表2-8-4。

表2-8-4 表层套管试压标准

套管规范，in	试压标准，MPa	允许下降，MPa/30min
10¾~13⅜	8.0~10.0	0.5

2）油井、注水井及气井（一般情况）

油井、注水井及气井一般情况下套管试压标准参见表2-8-5。

表 2-8-5　一般情况下套管试压标准

套管规范，in	试压标准，MPa 油井	试压标准，MPa 注水井	试压标准，MPa 气井	允许下降 MPa/30min
5~7⅝	15.0	15~20	≥20	0.5
8⅝~9⅝	10.0	12.0	≥15	0.5

2. 气井、热采井套管柱试压管内流体类型确定

气井、热采井套管柱试压后以及试压时管内流体类型由油田自定。

第二节　井口装置的规定

（1）井口套管固定，高于 J-55 以上钢级套管严禁电焊作业。
（2）技术套管和生产套管的井口固定，必须采用套管头，并安装高压泄压管线、阀门及压力表。
（3）套管在井口固定时，管柱受拉力应进行计算。
（4）最后一层套管接箍端面距地面不超过 0.2m。

第三节　钻井完井验收规则

一、组织形式和程序

（1）以设计和合同作为交接验收的依据。
（2）钻井完井后，由作业承包方（简称乙方，下同）向项目发包方或其委托代理方（简称甲方，下同）进行交接。
（3）由甲方主管部门负责牵头组织。
（4）探井于完井后 15~30 天内、开发井于完井后 7~15 天内以及丛式井和平台井最后一口井完井后 7~15 天内，由乙方向甲方发出完井待交井书面申请。甲方收到书面申请后，与乙方协商确定出具体时间和详细日程安排（或按合同规定的要求执行）。
（5）由甲乙双方的有关人员参加，进行现场交接。
（6）当乙方未向甲方交井之前，甲方不得在该井场内进行任何作业，否则，后果应由甲方负责。
（7）在交接验收规定期间，某一方确因特殊原因不能履行或因不可抗力因素不能履行交接井规定的内容或承包合同规定的内容而发生纠纷时，由双方协商解决；不能协商一致时，由双方上一级部门协调或由合同管理部门以及双方认可的仲裁机构进行协调或仲裁。

二、交接验收内容

1. 钻井质量

（1）井眼质量：井眼轨迹、最大全角变化率、水平位移、井眼扩大率及靶心距应符合钻井设计要求。

（2）固井质量：固井质量按固井质量标准执行。

①套管试压按试压规定执行。

②高压含酸性介质油气井的生产层套管试压应根据采油（气）树工作压力、预计关井最高压力。

③按套管柱抗内压强度中的最低值进行清水试压，稳压30min，压力降低不大于0.5MPa为合格。

④热采井按具体技术规定进行试压。

⑤热采井套管预应力处理符合设计要求

2. 取心质量

取心质量按本书第二部分第五章第五节的规定执行。

3. 完井井口装置

（1）套管头和采油（气）树应按工艺设计要求安装齐全、牢固。

（2）井口装置和采油（气）树应进行压力密封试验，试压压力按工艺设计规定的井口最大关井压力、井口装置额定工作压力和生产层套管抗内压强度一者中的最低位进行清水试压，不渗不漏，稳压30min，压力降低不大于0.5MPa。

（3）生产层套管头上法兰顶面距地面不超过0.5m。

（4）凡未装采油（气）树的井口应在生产层套管上端加装井口帽（或盲板）等井口保护装置，并在外层套管接箍上焊上明显的井号标志。

（5）应在两层套管的环行空间安装符合要求的泄压控制装置。

（6）完井套管内外不得有油、气、水外泄。

（7）提供采油（气）树应有的生产许可证、产品合格证和现场试压合格证及采油（气）树生产厂家出厂原配套配件。

4. 完井管柱

（1）油管柱符合设计要求，油管通径规能顺利通过。

（2）采用封隔器完井时，封隔器坐封应达到工艺设计要求。

（3）空井完井时，应标明水泥塞面、电桥及机桥井深。

（4）井口有窜漏时，应按甲方合同（或协议）要求预留放喷管线。

5. 土建工程及环境保护

（1）井场场面应平整，场内甲方投资的原建筑物设施完整、齐全。

（2）方（圆）井壁完整，底面平整、干净，方（圆）井涵洞畅通或按甲方要求填平。

（3）井场内无废料和杂物，做到工完料尽场地清。

（4）环境保护符合合同要求。

6. 资料

（1）钻井资料包括：基本数据、井身结构、完井采油、气井口装置、井眼轨迹；其他资料则按合同执行。

（2）测井和录井资料由测井和录井公司按设计和合同执行。

（3）工程资料：钻井工程井史及钻井日志等资料，按钻井工程合同执行。

（4）交接井书。

①油（气）井完井交接书纸张规格采用 A4 幅面纸。

②油（气）井完井交接书一式六份，双方签字后各执三份，内容与格式见附录1。

③完井油管数据表与生产层套管数据表各一式两份，交由甲方留存。

④钻井工程综合评价表一份，经甲方签字后，交由乙方留存，内容与格式见附录2。

第九章　　钻井工程 HSE

第一节　钻井工程技术服务承包商 HSE 管理基本要求

一、作业资质

（1）承包商的作业资质。

①现场负责人应通过 HSE 相关内容的培训；

②属特种作业项目，应持有有效的从业许可证；

③特种作业人员应持有有效的职业许可证。

（2）承包商近期的 HSE 业绩。

（3）承包商应建立 HSE 管理体系，并有效运行。

二、投标

承包商按照招标书中 HSE 的基本要求，进行项目 HSE 规划，编制 HSE 初步投标方案。HSE 初步投标方案至少应包含以下内容：

（1）HSE 承诺、方针目标；

（2）HSE 管理机构和 HSE 监督管理人员；

（3）主要人员的 HSE 责任；

（4）资源保障、员工能力和技术要求；

（5）现场 HSE 背景调查、危害识别、环境因素筛选及风险初步评估；

（6）HSE 费用报价（HSE 费用报价一般包括 HSE 体系运行及 HSE 设施设备运行等项费用）。

三、签约

中标后，业主和承包商应共同确定 HSE 合同（或经济合同）条款并签约。其内容至少应明确以下几点：

（1）项目适用的 HSE 方面的法律、法规、标准以及业主的规定；
（2）项目相关的 HSE 风险因素；
（3）工程技术服务 HSE 作业计划书；
（4）HSE 责任、权利和义务；
（5）HSE 违约责任与处理；
（6）HSE 费用。

四、项目准备

1. HSE 作业计划书的编制

（1）HSE 作业计划书的编制原则：作业场所风险较高、变更频繁及项目较大的工程项目应编制 HSE 作业计划书。

（2）HSE 作业计划书的编制要求：
①国家以及项目所在地和行业的 HSE 法律、法规及标准要求；
②业主的 HSE 管理要求和相关规定要求；
③合同约定要求。

（3）HSE 作业计划书应包含以下基本内容：
①项目基本情况简介；
②承包商基本情况描述；
③ HSE 管理机构及岗位职责；
④项目 HSE 相关背景调查报告；
⑤设施设备完整性评价报告；
⑥HSE 承诺、目标、方针和工作计划；
⑦HSE 资源配置和相关的保障条件；
⑧员工能力评价和培训要求；
⑨重大 HSE 风险清单；
⑩HSE 风险消除、削减和控制措施，信息交流方式；
⑪HSE 应急预案；
⑫监测与检查；
⑬不符合项纠正；
⑭变更管理；
⑮审核。

2. HSE 作业计划书的审批

承包商编制完成 HSE 作业计划书后,提交业主审批。

3. 开工验收

(1) 承包商申请开工验收应具备以下基本条件:

①HSE 计划书获得业主批准;
②员工已熟悉 HSE 作业计划书中与其相关的要求和内容;
③完成了对岗位员工的相关 HSE 培训;
④相关人员清楚各自岗位的 HSE 风险,以及消除、削减与控制措施;
⑤现场相关人员熟悉 HSE 应急预案并有演练计划;
⑥HSE 设施的配置和完整性符合要求;
⑦现场设施设备安装配置符合相关的 HSE 要求;
⑧明确了现场 HSE 监督管理人员。

(2) 开工验收合格以后,承包商应邀请项目相关方召开施工准备 HSE 会议。HSE 会议的内容应包括:

①介绍项目范围、目的和意义;
②宣读 HSE 承诺、目标和方针;
③介绍重大 HSE 风险,以及消除、削减与控制措施;
④明确业主方的监督管理人员和承包商的 HSE 监督管理人员;
⑤提出 HSE 工作程序和信息交流渠道;
⑥布置具体的 HSE 工作要求。

五、项目实施

承包商应按照 HSE 作业计划书的内容,落实各项措施。

(1) 配备现场 HSE 监督;
(2) 作业过程中 HSE 文件的有效运行;
(3) 定期组织开展 HSE 培训和应急预案演练活动;
(4) 编制 HSE 作业指导卡;
(5) 保证 HSE 设施的完整性;
(6) 邀请业主和相关方定期召开 HSE 会议;
(7) 项目实施中 HSE 信息交流渠道畅通;
(8) 作业过程中发生变更,应按变更程序实施变更管理;
(9) 对项目实施过程中的不符合项,应采取纠正措施;
(10) 按计划开展 HSE 监测;
(11) 做好持续改进的计划并落实改进措施;
(12) 做好 HSE 记录;
(13) 发生事故及时上报;
(14) 作业周期一年以上的项目应开展审核与评审。

六、项目竣工

1. 项目 HSE 总结

承包商应汇总项目各阶段的记录和资料,分析并形成项目 HSE 总结报告。项目 HSE 总结报告至少应包括以下内容:
(1) 作业计划书完成概况;
(2) 作业过程中的监测结果;
(3) 作业过程中各方监督的意见记录;
(4) 不符合项的改进结果;
(5) 变更;
(6) 审核与评审结果;
(7) 需要改进的建议和意见。

2. 项目竣工验收

编写完成项目 HSE 总结报告并填报承包商工程技术服务 HSE 验收申请单后,可向业主申请项目竣工验收。

第二节　钻井 HSE 管理

钻井施工的全过程,是多种特殊作业的系统工程,潜在着诸多风险(如井喷失控、硫化氢危害等),这些风险都可能给人和生态环境造成危害。为减轻和消除这些风险,保护人身安全和生态环境,特制定 HSE 管理标准。钻井承包商可依据本标准制定实施细则,使钻井 HSE 管理水准不断提高。

一、HSE 管理方针与目标

1. 钻井施工队伍 HSE 管理方针
(1) 执行所在国和当地政府有关 HSE 保护法律法规;
(2) 遵守作业者关于 HSE 保护的规定;
(3) 维护健康,创造安全舒适的生产和生活环境是员工的责任和义务;
(4) HSE 管理坚持"以人为本,预防为主,防治结合"的原则;
(5) 建立管理机构是实施健康、安全与环境管理工作的组织保证;
(6) 建立监督、检查及评审制度,使 HSE 管理工作得以实施。

2. 钻井施工队伍 HSE 管理目标
(1) 经常进行宣传、教育和培训,不断提高员工的 HSE 意识和水平;
(2) 将 HSE 管理工作贯穿于钻井施工过程,使各种风险减至最低程度;
(3) 不断提高员工自救互救水平和专业技能,保护人员健康和安全;
(4) 杜绝或尽可能减少环境污染,保护生态环境,把环境影响降低到最小程度。

二、HSE 管理机构和职责

1. 管理机构与成员

1）管理委员会

钻井承包商设立健康、安全与环境管理委员会。主任委员由钻井承包商经理担任，委员由健康、安全与环保等部门负责人组成。

2）管理小组

钻井队设立健康、安全与环境管理小组。组长由平台经理担任，成员由 HSE 管理员、基地服务管理员、井队医师和班组兼职监督员组成。

3）其他管理小组

其他施工队伍也应设立 HSE 管理小组。

2. 职责

1）管理委员会职责

（1）宣传贯彻所在国和当地政府 HSE 方面的法律法规和上级与作业者的方针、规定。

（2）制定本单位的 HSE 管理的方针、规定和实施方案。

（3）监督检查下级单位 HSE 管理的执行情况。

（4）组织对员工进行 HSE 教育和培训。

（5）组织对员工定期体检，并建立健康档案。

（6）定期组织召开 HSE 管理会议，审议工作报告，评估工作完成情况，表彰和奖励有功人员，审查事故处理事宜。

2）管理小组职责

（1）执行管理委员会和作业者有关 HSE 管理的方针、规定和实施方案，定期召开会议，研究确定本队健康、安全、环境的执行计划和措施。

（2）监督落实健康、安全与环境计划和措施的执行情况。

（3）组织整改影响 HSE 的隐患，批评纠正违章行为。

（4）对员工进行 HSE 教育培训。

（5）事故调查、分析和统计上报工作。

三、HSE 管理程序

1. HSE 调查

根据作业者要求或承包商自身需要，进行 HSE 调查，并提出调查报告。

1）调查内容

（1）井场及周围地形地貌特征；

（2）地质特征及复杂情况；

（3）邻区及邻井施工情况和资料；

（4）搬迁路线沿途的路况、桥梁、隧道、高压电线或电网、医院、工业和民用建筑及其他障碍物等。

(5) 水文和水质，包括河流、湖泊、水库、池塘、水渠和地下水等；
(6) 气候特点及变化规律；
(7) 农业和水利设施；
(8) 钻井施工附近的工业与民用建筑及水力和电力设施；
(9) 野生动植物分布及保护区；
(10) 旅游资源保护区；
(11) 民俗、民情及社会治安等；
(12) 交通和通信情况；
(13) 医疗卫生条件和设施等；
(14) 地方病及传染病等情况；
(15) 施工所在国及地方政府有关 HSE 的法律、法规或规定等；
(16) 其他需要调查的内容。

2）调查报告
(1) 自然环境描述；
(2) 社会环境描述；
(3) 地质和工程情况描述；
(4) HSE 影响评估；
(5) 施工作业对 HSE 影响的减轻建议方案或措施；
(6) 施工作业对 HSE 影响的应急建议方案或措施。

3）减轻计划
减轻计划包括以下几个方面：
(1) 所在国和当地政府的 HSE 方面的法律和法规；
(2) 作业者的 HSE 方针、规定、标准和要求；
(3) HSE 组织管理机构和职责；
(4) 设备和设施安全检查、验收及维护保养制度；
(5) 水、电、信设备设施使用管理规定；
(6) 油料、化学药品和放射性物质的储运和使用管理规定；
(7) 人身和劳动保护措施及规定；
(8) 安全施工作业措施和制度；
(9) 环境管理措施和制度；
(10) HSE 事故管理；
(11) 其他。

4）应急计划
(1) 应急情况分类；
(2) 紧急情况报告程序、联系人员和联系方法；
(3) 现场应急报警程序；
(4) 火灾及爆炸应急程序；
(5) 硫化氢应急程序；

（6）油料、燃料及其他有毒物质泄漏应急措施；

（7）井漏、井涌及井喷应急措施；

（8）放射性物质危害应急措施；

（9）现场急救医疗措施；

（10）恶劣天气应急程序；

（11）其他应急措施和程序。

5）应急管理

在作业开始前，针对有可能发生的着火和爆炸及有毒有害物质泄漏、中毒、机械伤害及环境污染等突发事件，成立应急小组，制定应急程序，准备应急物资并进行应急演习，保证每个员工都熟悉应急程序。

（1）对可能发生的事故险情进行识别和分类；

（2）明确应急组织；

（3）确定应急抢险原则；

（4）明确应急后勤保障系统（通信、消防、医疗卫生、物资供应及应急调度系统）；

（5）明确应急可依托的力量；

（6）明确详细的应急行动程序等；

（7）平面布置图；

（8）区域位置图；

（9）工艺流程图；

（10）危险点源图；

（11）消防设施图；

（12）逃生路线图；

（13）监控设施分布图等。

6）教育培训内容

（1）所在国和当地政府的 HSE 方面的法律法规；

（2）作业者的 HSE 方针、规定和要求；

（3）健康、安全与环境管理委员会的规定和实施方案；

（4）HSE 管理小组实施计划；

（5）人员急救、自救和人身保护；

（6）设备、工具和仪器操作使用及维护；

（7）水、电、信设备设施安全使用规定；

（8）油料、化学药品及其他有害物质安全处理方法；

（9）井控及防硫化氢知识；

（10）应急程序及演练；

（11）HSE 预防措施及记录和汇报程序；

（12）其他需要的培训内容。

7）审核程序

（1）HSE 程序审查；

（2）设备及设施技术检查和整改后的复查（包括第三方对关键设备、设施或部件的检查）；

（3）开工前健康、安全与环境全面检查和审核；

（4）项目执行中 HSE 情况检查和考核；

（5）项目完工后 HSE 执行情况检查和评估。

2. HSE 警示标志

在井场、营地和搬迁途中应设立醒目的 HSE 警示标志，标志的标识方法和项目按所在国或作业者的有关规定执行。

四、健康管理

1. 人员防护和急救

1）人员防护

钻井承包商应按照所在国和当地政府的劳动保护法规和标准，为员工配备相应的劳动防护用品。

2）急救

依据钻井施工地域、季节特点和作业者的要求，配备相应的急救器材和药品。

急救范围包括但不限于以下几方面：

（1）流血不止；

（2）昏迷、呼吸暂停；

（3）溺水；

（4）烧烫伤；

（5）外伤缝合；

（6）骨伤固定；

（7）触电；

（8）食物中毒；

（9）急性传染病；

（10）眼内异物；

（11）动物和昆虫的咬伤或蜇伤；

（12）硫化氢中毒；

（13）高寒冻伤；

（14）高温中暑；

（15）酸、碱和化学药品灼伤。

2. 医疗药械和保健

按管理委员会和作业者的要求配备所需的医疗设备、器械和药品，同时根据环境调查情况配备相应的防疫药品，钻井队应遵守以下卫生保健制度：

（1）员工健康合格证制度；

（2）饮食卫生管理制度；

（3）员工的疾病预防制度；
（4）员工健康档案管理制度；
（5）医疗处方和急救制度；
（6）营地卫生管理制度；
（7）限剧药（如杜冷丁、安眠药等）和消杀剂管理制度。

五、营地管理

（1）全体员工应严格遵守所在国和当地政府的禁毒法律和法规，并禁止：
①进行赌博活动；
②播放收看淫秽制品；
③藏匿、使用枪枝弹药和管制刀具；
④饮酒。
（2）严禁非作业者批准的外来人员进入井场和营地，但执行公务的行政和执法人员除外。
（3）营区周围按规定设置垃圾桶，并定期清理桶内垃圾；宿舍保持干净整洁，定期更换干净的室内卧具；按所在地规定处理营区垃圾。
（4）厨房卫生。
①炊管人员必须持"健康合格证"上岗，并定期进行体检。
②炊管人员在工作期间应穿戴整洁的工作服和帽子，并要勤洗手。
③餐厅应保持整洁卫生。
④厨房内不准堆放杂物，不准存放腐烂变质食品。
⑤烹调用具和餐具应清洗干净，并进行消毒。

六、安全管理

1. 设备器材搬迁和装卸安全要求
（1）井位确定后要对沿途的公路、桥、涵、港口和障碍物等条件进行踏勘调研；
（2）装运超长超高超宽时要采取安全措施；
（3）在气候条件许可的情况下方可进行设备吊装搬运作业；
（4）在进行高处作业时，正下方及其附近禁止有人作业、停留或通过；
（5）根据设备的重量选择标准的绳套进行起吊作业；
（6）吊装和搬迁钻井液罐、油罐或水罐时，应将罐内液体放净，符合环保要求；
（7）管材架上摆放的钻杆和套管不得超过三层，各层边缘固定牢靠，排放整齐；
（8）装卸桶装液态化学药品时，应轻拿轻放，避免剧烈振荡或损坏。

2. 设备的安全检查与维护
1）石油钻机安装检查和维护
钻井设备安装技术、正确操作和维护按 SY/T 5526—1992 标准执行。（此标准于 2005 年 7 月 26 日已废止。——编者）

2）开钻前验收项目及要求

开钻验收项目及要求按 SY/T 5954—2004 标准执行。

3. 井场易爆物品及防爆电气的安全要求

1）易爆物品的存放与使用

（1）易爆物品是指可能引起爆炸的物品，如氧气瓶、乙炔气瓶等。
（2）易爆物品要进行泄漏检查。
（3）易爆物品要贴上标签，并由专人保管。
（4）易爆物品要分别存放，防晒通风和远离火源。
（5）氧气瓶严禁粘有油污。
（6）使用易爆物品应符合安全要求。

4. 井场灭火器材和防火安全要求

1）井场灭火器材配备及使用

（1）灭火器材配备应按本书第二部分第三章第一节相应内容执行。
（2）灭火器应放在指定地点。并用标签注明类型、使用方法和充灌日期。

2）防火安全要求

防火安全要求应按本书第二部分第三章第一节相应内容执行。

3）井场动火安全要求

（1）动火等级划分。

①处理井喷事故时现场急需的动火，为一级动火。
②使用油基钻井液钻井。发生油气侵或井涌条件下，距井口 50m 以内的动火以及油罐区内的动火，为二级动火。
③钻井过程中，没有发生油气侵或井涌条件下的井口处动火，为三级动火。
④除一、二、三级动火外的井场内动火，为四级动火。

（2）一级动火。

①动火前，由钻井承包商经理填写《动火申请报告书》，按规定上报审批，批准后方可动火。
②动火前，HSE 管理委员会负责组织安全和消防人员制定防火措施。

（3）二级动火。

①动火前，由平台经理填写《动火申请报告书》，报钻井承包商主管经理审批，批准后方可动火。
②由 HSE 管理小组组织有关人员制定防火措施。

（4）三级动火。

动火前，井队 HSE 管理员填写《动火申请报告书》，报平台经理审批，批准后，采取防火措施方可动火。

（5）四级动火。

HSE 管理员组织人员对动火范围进行监护，并采取防火措施方可动火。

5. 营地安全

营地安全应达到以下要求：

（1）营房应设置烟火报警装置。
（2）营地应按消防规定配备灭火器具。
（3）营地所有照明、用电设备及电气线路应符合电气安装标准，每幢营房应装有过载、短路和触电保护及小于10Ω接地装置。
（4）营房内禁止存放和使用易燃易爆物品。
（5）营地应有防火制度和应急措施。

6. 防止跌落

在距地面、钻台面或其他设施面3m以上作业且无防护设施时，应采取保护措施，将跌落风险降到最低程度。

1）防跌落范围
（1）在无防护设施的脚手架或梯子上工作；
（2）安装或拆卸钻机作业；
（3）在没有装脚手架的防喷器上工作；
（4）在高架油罐、水罐、机泵房架及装修冲管等处工作；
（5）在井架、二层台及天车台上工作；
（6）其他高空作业。

2）防护措施
（1）建立防跌落的规章制度，对潜在跌落的危险区域应设立醒目的标志；
（2）对员工定期进行防跌落教育；
（3）对所有永久性或临时性的梯子和扶手应检查其牢固程度；
（4）高空作业应遵守系保险带的规定。

七、井喷预防和应急

在石油天然气钻井作业中，地层流体（油、气、水）一旦失去控制，可能导致井喷。井喷失控后，人的安全和健康会受到严重的威胁，还会破坏生态环境和毁坏钻井设备。提高员工井控意识和技术素质，加强井控管理，其目的是预防井喷，减少风险。

1. 井控技术管理人员范围

井控技术管理人员范围应按本书第二部分第六章相应内容执行。

2. 井控技术培训、考核、发证、复审

井控技术培训、考核、发证及复审按本书第二部分第六章相应内容执行。

3. 钻井井控装置组合配套

钻井井控装置组合配套按本书第二部分第六章相应内容执行。

4. 钻井井控装置安装和维护

钻井井控装置安装和维护按本书第二部分第六章相应内容执行。

5. 地层破裂压力测定

地层破裂压力测定按本书第二部分第六章相应内容执行。

6. 井控技术管理措施

井控技术管理措施按《石油与天然气钻井井控技术规定》执行。

7. 逃生设备

（1）钻台和二层台应按规定安装；

（2）二层台逃生器；

（3）钻台至地面专用逃生滑道。

8. 应急措施

应急措施包括但不限于以下内容：

（1）井喷发生后，按井控操作程序迅速控制井口；

（2）组织警戒，禁止闲杂人员进入井场；

（3）按《石油与天然气钻井井控技术规定》制定压井措施，尽快组织压井；

（4）组织员工，采取措施，预防井喷着火；

（5）在井场周边进行围堤，减轻喷出的油水污染环境。

八、防硫化氢

1. 基本要求

硫化氢是一种毒性很强的气体，对人的健康和生命威胁极大，为减轻和防止硫化氢的危害，应按 SY/T 5087—2005《含硫化氢油气井安全钻井推荐作法》执行。

2. 防硫化氢的安全要求

防硫化氢的安全要求应按 SY/T 5087—2005《含硫化氢油气井安全钻井推荐作法》执行。

九、环境管理

1、环境影响评价

（1）根据施工地区规定或作业者的要求，确定环境影响评价的必要性。

（2）若需要进行环境影响评价，应委托具备资格的单位。

（3）环境影响评价报告书，应包括但不限于以下内容：

①钻井施工对自然环境（地质、地貌、水环境、植被、野生动物、水生生物、大气、土壤等）的影响，应说明哪些可以恢复，哪些不可以恢复。

②钻井施工对社会环境（社会、经济、文化及古迹等）的影响，并着重作近期的及长远的经济效益分析；采取一定评价模式，对未来的环境影响进行定性的及定量的预测。

③废物的回收和处理方法。

④提出应采取的补救措施和可能的替代方案。

2. 环境保护培训

（1）环境保护培训必须在钻井准备阶段完成。并在钻井期间通过监督辅导、补修及例行会议等多方式继续进行。

（2）所在国以及地方政府的环境保护方面的法律、法规、政策、标准和规定及作业者的要求。

（3）实施环境保护规章制度及环境保护工作计划。

（4）了解附近土地和水域利用情况，熟悉当地文化背景及保护区域。

（5）可能遇到的野生动植物和水生动物的保护。

（6）减少、收集和处理废弃物的方法。

（7）危险品、燃油、机油、钻井材料及设备的管理和存放。

3. 环境管理要求

1）钻前工程

钻前工程环境管理要求为：

（1）在修建通往井场公路时，避免堵塞和填充任何自然排水通道。

（2）井场应设污水处理系统，包括污水沟、污水池和污水处理设备。污水沟和污水池应进行渗漏和垮塌处理。

2）设备器材搬迁

设备器材搬迁境管理要求是：

（1）利用现有公路和小路，执行"无捷径"原则。制定合适的工作日计划和车辆加油计划，减少沿线行驶的次数和油料泄漏机会，定期检查所有车辆的泄漏情况，被污染的土壤要清除，并进行适当处理，不要向车外乱扔废弃物。

（2）在有野生动物的地区行驶时需特别注意，靠近鸟群或其他野生动物时不要鸣喇叭。

（3）过河时，必须注意不要造成自然环境永久性破坏，不增加水中沉积物，不堵塞鱼类回访道，不破坏岸边植被以及改变河道或水流量。

3）钻井施工

（1）钻井材料和油料要集中管理，减少散失或漏失，对被污染的土壤应及时妥善处理。

（2）减少或避免钻井液对地下水的污染。

（3）钻屑、废弃钻井液应分开处理，在处理过程中产生的污水应排入污水处理系统。

（4）在钻井施工过程中产生的污水应进行处理和利用，需要外排的污水应达到排放标准。

（5）防止井喷、油料泄漏及污水池垮塌，避免发生污染事故。

（6）采取措施，减轻噪声污染。

（7）测试放喷和酸化作业时产生的废液、废渣及气体应妥善处理。

4）施工完成

（1）钻前施工完成后，做到井场整洁，无杂物。

（2）剩余污水和污泥应妥善处理。

5）地环境保护

（1）布置营地时，在保证需要条件下，应利用自然的或原有的开辟地以减少对环境的影响。

（2）保持营地内清洁，不准乱扔废物。

（3）处理废弃物时应避免污染地表水和地下水。

6）其他规定

内容包括：

（1）野外施工现场不准乱扔废弃物，乱倒废油和废液。

（2）减少施工对当地野生动物和植物的影响。

（3）不允许破坏动物巢穴以及追杀、捕猎和有意骚扰野生动物。

（4）只有当野生动物威胁到人的生命安全且所有威吓方法均无效时，方可将其杀死。

（5）禁止从当地猎户手中购买猎获的野生动物。

7）最终报告

最终报告是对钻井施工全过程环境保护措施进行评估，应包括但不限于以下内容：

（1）环境保护计划完成情况；

（2）污染防治设施运行情况；

（3）固体废物处理情况；

（4）井场和营地清理情况；

（5）环境影响程度；

（6）存在的问题。

十、事故管理

加强伤病和环境事故管理。及时评估事故性质，分析事故发生的原因，提出改进措施，提高 HSE 管理水平。

1. 伤病事故

（1）伤病事故等级划分按 SY 5855—93 中的第 6 章或作业者规定执行。

（2）伤病事故发生率计算公式为：

$$发生率 = (N/H_e) \times 200000 \qquad (2-9-1)$$

式中　N——受伤和（或）疾病次数，或工作日损失的天数；

H_e——全体人员一年内的总工时数；

200000——相当 100 名全日制的人员工时基数（每周工作 40h，每年按 50 周计）。

（3）伤病事故统计范围按 SY 5855—93 中的第 7 章或作业者的规定执行。

（4）伤病事故报告调查和处理程序按 SY 5855—93 中的第 8 章、第 12 章或作业者的规定执行。（SY 5855—93 已作废。——编者）

2. 环境事故

（1）环境事故等级划分按《环境保护工作管理办法》第四章第二十九条或作业者的规定执行。

（2）环境事故统计范围按《环境保护工作管理办法》的第四章第二十八条或作业者规定执行。

（3）环境事故报告和调查处理程序按《环境保护工作管理办法》第四章第三十条或作业者规定执行。

附录 1

×××油田
××油井完井交接书

主管部门＿＿＿＿＿＿＿＿＿＿＿
甲方　　　＿＿＿＿＿＿＿＿＿＿＿
乙方　　　＿＿＿＿＿＿＿＿＿＿＿
交井时间＿＿＿＿＿＿＿＿＿＿＿

附表1-1　甲乙双方交接井人员签字单

	甲方单位		甲方单位代表	
	乙方单位		乙方单位代表	
	主管部门		主管部门代表	
	交接井部门		姓名	单位
甲方	生产运行（项目）部门			
	开发项目部门			
	地质技术部门			
	质量安全环保部门			
	采油（气）公司（队）			
乙方	生产协调（调度、项目）部门			
	工程技术部门			
	质量安全环保部门			
	钻井、试油（修井）队			

附表1-2 交井验收甲方评价表

序号	内容	评价
1	生产层套管阻流环位置_____m	
2	生产层套管人工井底位置_____m	
3	生产层套管井口试压_____MPa	
4	生产层套管固井质量评价	
5	完井（井口质量评价）	
6	生产层套管补心距_____m	
7	生产层套管磁性定位短套管深度_____m	
8	井场场面基本建筑物是否完整	
9	井场场面环境保护状况：（合格、不合格）	
10	井场排污池（坑）状况：（合格、不合格）	
11	井下有无落物	
12	井口保护及标志状况：（合格、不合格）	
13	采油（气）树证件、配件是否齐全	
14	验收结论	
15	甲方签字　　　　　　　　　　　　　　年　月　日 乙方签字　　　　　　　　　　　　　　年　月　日	

附表1-3　××井基本数据表

井别			井号	
地理位置				
构造位置				
钻探目的				
施工单位				
井位坐标	纵			
	横			
补心海拔，m		地面海拔，m		补心距，m
开钻日期		完钻日期		完井日期
完钻井深，m		完钻层位		完井方法
交井地层		人工井底		
钻机编号		钻井队号		队长

附表1-4　钻头程序表

尺寸，mm				
深度，m				

附表1-5　套管程序表

名称	尺寸 mm	钢级	壁厚 mm	下入深度，m	套管外钻井液密度，kg/m³	水泥返深，m 设计	水泥返深，m 电测	声幅质量	试压情况
表层套管									
技术套管									
生产层套管									

附表1-6　井身质量表

最大井斜，(°)	井深，m	井斜 (°)	井深，m	井底位移，m	闭合方位 (°)	水平段长，m	靶心距，m	最大全角变化率，(°)/30m 井深，m	最大全角变化率，(°)/30m 全角变化率，(°)/30m

套管底法兰垫环号＿＿＿＿＿＿，采油树井口闸门垫环号＿＿＿＿＿＿，关井套管允许最高压力＿＿＿＿＿＿MPa，开井放喷套管允许最低压力＿＿＿＿＿＿MPa。

完井油管尺寸及井深＿＿＿＿＿＿m，油管挂尺寸＿＿＿＿＿＿。

油管串结构：

油管鞋尺寸＿＿＿＿＿＿，外径＿＿＿＿＿＿mm，内径＿＿＿＿＿＿mm，筛管位置＿＿＿＿＿＿m，长度＿＿＿＿＿＿m，孔眼排列＿＿＿＿＿＿，孔距＿＿＿＿＿＿mm，排距＿＿＿＿＿＿mm，孔径及孔数＿＿＿＿＿＿，封隔器井深＿＿＿＿＿＿m，水力锚井深＿＿＿＿＿＿m，回压阀井深＿＿＿＿＿＿m。

附录 2

附表 2-1 钻井工程综合评价表

一、××井概况			
地理位置			
构造位置			
井别		施工队伍	
开钻日期		完钻日期	
设计井深		施工队伍	
二、钻井工程质量			
1. 井身质量			
2. 固井质量			
3. 取心质量			
三、钻井时效			
1. 生产	%	2. 纯钻	%
3. 事故	%	4. 复杂	%
四、安全生产			
1. 重大人身事故			
2. 重大工程事故			
3. 重大设备事故			
五、工程质量综合评价			
1. 全井钻井工程质量		□合格	□不合格
2. 全井重大井下、人身、设备事故		□无	□有
3. 全井环保污染事故		□无	□有
全井工程综合评定			
□优	□合格		□不合格

油田验收组： （签名）

年 月 日

附录 3

附表 3-1　几种常见岩石、矿物质和流体参数表

物质	声波时差值 μs/m	声波时差值 μs/ft	测井密度 g/cm³	补偿中子 P.U	光电吸收截面指 b/Ev
砂岩	164~184	50~56	2.65	2~4	1.806
石灰岩	156	47.5	2.71	0	5.804
白云岩	143	43.5	2.87	1~3	3.142
硬石膏	164	50	2.98	−2	5.055
石膏	174	53.0	2.35	>60	3.99
盐岩	220	67.0	2.03	−3	4.65
烟煤	394	120.0	1.23	>60	0.17
褐煤	525	160.0	1.19	52	0.20
高岭石			2.41	37	1.83
蒙脱石			2.02	44	2.04
伊利石			2.63	30	3.45
重晶石	226	68.8	4.09	−2	266.8
黄铁矿	129	39.2	4.99	−3	16.97
钢	187	56.9			
铁	171	52.1	8.718	2.55	
铝	156	47.5	2.599	0.23	
淡水	620	189	1.00	100	0.35
饱和盐水	608	185	1.10	100	

第三篇

采油工程技术与管理

总 则

为规范采油工程管理,提高采油工程技术水平,适应油田勘探开发需要,特制订"采油工程技术与管理"。

采油工程管理要根据油田地质特点和开发需求,以实现油田高效开发为目标,依靠科学管理和技术创新,优化措施结构,形成适应油田不同开发阶段需要的采油工艺配套技术。

采油工程管理主要包括:采油工程方案编制及实施,完井与试油、试采管理、生产过程管理、质量控制管理和健康、安全与环境管理。

第一章 采油工程方案与设计

采油工程方案是完成油藏工程方案制订的油田开发总体指标的重要保证,是地面建设工程方案设计的依据。

第一节 采油工程方案设计的依据和基础

采油工程方案设计的依据是油藏地质研究成果和油藏工程方案。编制采油工程方案要以提高油田开发水平和总体经济效益为目的,以油藏工程方案为基础,与钻井和地面工程相结合,经多方案比选论证,采用先进实用、安全可靠和经济可行的技术,保证油田高水平高效益地开发。

第二节 采油工程方案设计主要内容

采油工程方案设计的主要内容参见表3-1-1。

表3-1-1 采油工程方案的主要内容

油藏工程方案	地质特征、试油试采情况、井网部署、设计井数及井别、产能设计、储层岩石性质、流体性质、流压等
储层保护设计	进行储层敏感性研究实验,分析储层伤害的潜在因素,筛选与储层配伍的入井流体,提出储层保护措施
采油工程完井设计	包括完井方式、油管柱结构、生产套管尺寸、射孔工艺和参数、防腐措施、防砂等设计;提出对生产套管强度、固井水泥返高及质量、井口装置等技术要求

续表

采油方式 参数优化设计	采用节点分析和人工举升动态模拟技术，预测不同含水、不同采液指数及不同压力条件下自喷以及各种人工举升方式能够达到的最大合理产液量，综合考虑油田配产以及经济、管理和生产条件等各种因素，确定各个开采阶段的采油方式，并优化生产参数
注入工艺 参数优化设计	进行试注工艺设计，通过试注，搞清储层吸入能力和启动压力，根据油藏工程要求，优化注入工艺管柱，计算确定不同开发阶段和不同注入量条件下的井口注入压力；遵循有利保护储层和经济可行的原则，研究确定注入介质的指标
增产增注措施	研究储层增产增注的必要性及可行性，筛选主体增产增注工艺以及相应的关键技术参数。
配套技术设计	研究分析清防蜡、降黏、防腐、防垢及防砂等技术应用的必要性，筛选主体配套技术及相应的工艺参数
采油工程投资概算	
健康、安全、环境	

第三节　采油工程方案设计规范

采油工程方案设计的规范主要有以下几部分，本文给出了较为详细的内容及规范。

一、采油工程总论

（1）油田地理位置及环境条件。
（2）油田勘探简要历程及认识。
（3）油田开发的总体部署及技术政策。
（4）方案的编制原则：
①设计方法必须具有较强的科学性。
②方案设计内容必须全面。
③方案必须满足油藏工程和地面建设的要求。
④加强敏感性研究，进行多方案优化。
⑤方案的实施必须具有良好的可操作性。
⑥坚持"少投入，多产出"的经济原则。
（5）方案编制步骤：
①早期介入，熟悉和掌握油田地质和油藏的特点。
②收集和分析油藏地质和试油试采以及钻井完井等相关资料。
③结合油藏特点和总体部署的要求进行技术调研。
④拟定采油工程方案大纲，确定重点，提出试采工艺要求和方案编制过程中需要开展的研究课题。
⑤在进行工程设计计算的同时，针对油田的某些特殊问题开展专题研究或现场工艺

试验。

⑥在编制过程中需要对各部分的内容进行定期协调和对部分成果进行审查。

⑦提出方案报告，并进行方案评审和终审。

二、采油工程方案设计的油田地质和油藏工程基础

采油工程方案设计的基础和依据是油田地质研究和油藏工程设计方案。在编制采油工程方案时应提供油田地质研究成果和油藏工程方案的有关资料。

1．油田地质基础

（1）地层划分及目的层主要特征（表3－1－2）。

表3－1－2　地层划分及目的层主要特征

界	系	统	组	段	地层厚度，m	岩性特征	划分标志	备注

（2）目的层顶界和底界构造特征（图3－1－1）。

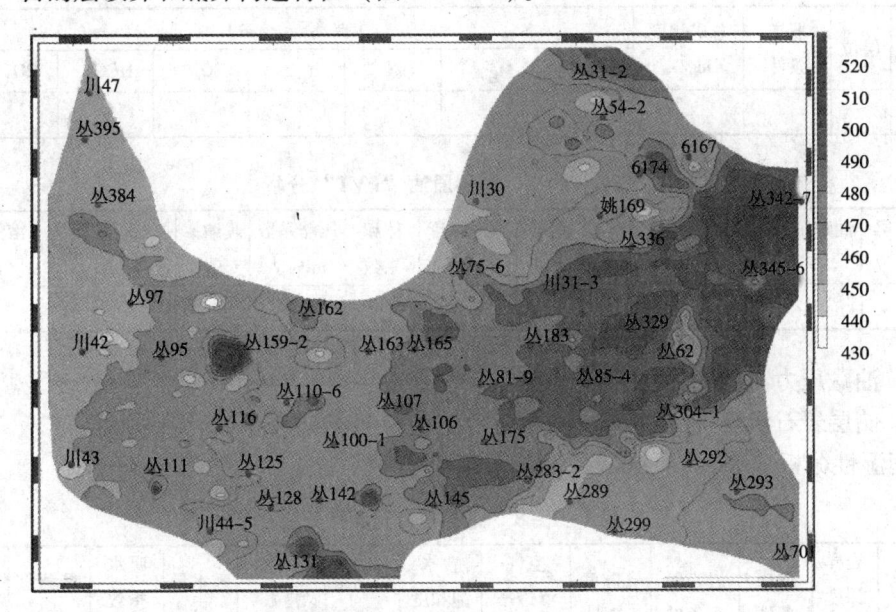

图3－1－1　油层底面构造图示例

（3）储层岩性、物性及孔喉特征（表3－1－3）。

表3－1－3　岩石矿物成分及特征

井号	井段 m	层位	岩石成分含量 %	胶结物成分含量 %	油层物性 孔隙度 %	油层物性 渗透率，mD 空气	油层物性 渗透率，mD 有效	含油饱和度 %	主要流动喉道尺寸 μm

(4) 油藏类型及油、气、水分布特征。
(5) 储层裂缝及地应力研究成果。

2. 油藏工程设计基础

(1) 流体性质（表3–1–4～表3–1–7）。

表3–1–4 地面原油性质分析

井号	井段 m	层位	相对密度	黏度（测温）mPa·s	凝固点℃	初馏点℃	胶质沥青质 %	含蜡量 %	含硫量 %	含水量 %	盐分含量 %

表3–1–5 天然气分析

井号	井段 m	层位	相对密度	甲烷 %	乙烷 %	丙烷 %	异丁烷 %	正丁烷 %	戊烷及以上 %	氮气 %	二氧化碳+硫化氢 %

表3–1–6 油田地层水分析

井号	井段 m	层位	取样条件	总矿化度 mg/L	主要离子，mg/L							水型
					$K^+ + Na^+$	Mg^{2+}	Ca^{2+}	Cl^-	SO_4^{2-}	HCO_3^-	CO_3^{2-}	

表3–1–7 地层原油"PVT"分析

井号	井段 m	层位	油藏压力 MPa	饱和压力 MPa	地层温度 ℃	相对密度	原油黏度 mPa·s	体积系数	压缩系数 MPa^{-1}	收缩率 %	原始气油比 m^3/t	溶解系数 $m^3/m^3 \cdot MPa$

(2) 油藏压力与温度。
(3) 储层岩石渗流特征。
① 润湿性分析（表3–1–8）。

表3–1–8 储层岩石润湿性分析

井号	岩样编号	岩样深度 m	取样条件	岩心保存条件	孔隙度 %	空气渗透率 mD	含水饱和度 %	吸油量 mL	吸水指数 %	吸水量 mL	吸水指数 %	接触角 (°)	润湿性判断

② 相渗特征分析（表3–1–9、图3–1–2）。

表3–1–9 不同含水饱和度下的油，水相对渗透率

S_w, %							
K_{ro}							
K_{rw}							

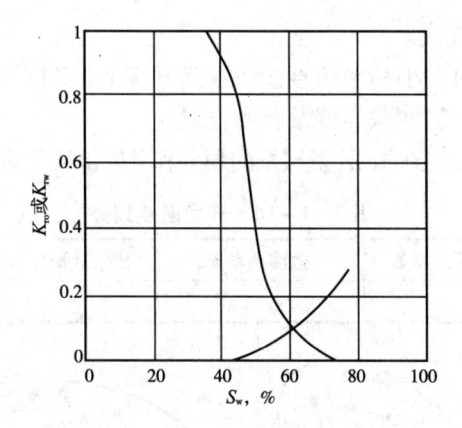

图 3-1-2　油水相对渗透率曲线

（4）敏感性分析（表 3-1-10）。

表 3-1-10　储层敏感性评价实验结果

油田名称	速敏性评价			水敏性评价		盐敏性评价		碱敏性评价		酸敏性评价	
^	临界流速 m/d	速敏指数	速敏程度	水敏指数	水敏程度	临界矿化度 mg/L	盐敏程度	临界 pH 值	碱敏程度	酸敏指数	酸敏程度

（5）试油和试采成果及试井资料解释结果（表 3-1-11～表 3-1-13）。

表 3-1-11　试油成果

试油层号	解释层号	层位	井段 m	射孔有效厚度 m	油层中深 m	人工井底 m	试油日期	工作制度 mm	日产量			气油比 m³/t	含水 %	压力，MPa			油层温度 ℃	累计产量		
^	^	^	^	^	^	^	^	^	油 t	气 m³	水 m³	^	^	油压	套压	流压	静压	^	油 t	气 m³	水 m³

表 3-1-12　稳定试井分析结果汇总

井号	层位	井段 m	采液指数 m³/(MPa·d)	比采液指数 m³/(MPa·d·m)	油相有效渗透率 mD	允许最大生产压差 MPa	允许最大产油量 t/d

表 3-1-13　地层测试成果分析汇总

井号	井段 m	有效渗透率 mD	流动系数 (mD·m)/(mPa·s)	地层系数 mD·m	表皮系数	堵塞比	堵塞压降 MPa	流动效率	备注

(6) 油藏类型和驱动方式。

油藏类型及驱动能量的大小和来源直接关系到开采方式和所要采取的工程措施，因此在编制采油工程方案时必须了解油藏类型及驱动方式。

(7) 油田开发层系和开发方式。开发层系的划分和井网部署见表3-1-14、图3-1-3。

表3-1-14 开发层系划分

群	组	开发层系	压力系数	有效渗透率 mD	比采液指数 m³/（MPa·d·m）	驱动方式

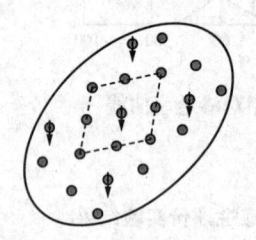

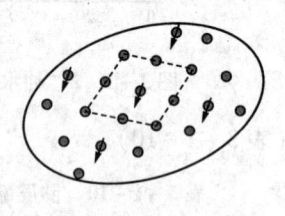

图3-1-3 开发井网部署

(8) 油井产能分布及其变化的预测结果。

油井产能通常用产液指数或无因次产液指数表示，它是采油方式选择的主要依据，通常按照不同含水阶段采用数值模拟或其他方法来进行计算（表3-1-15）。

表3-1-15 不同含水阶段无因次采液指数预测结果

比采液指数 m³/（MPa·d）	含水，%										
	0	10	20	30	40	50	60	70	80	90
区块										

(9) 油田开发指标预测结果（表3-1-16、表3-1-17）。

表3-1-16 开发方案指标汇总

区块	层位	面积 km²	动用地质储量 10⁴t	平均井深 m	总井数 口	有效井数		初期指标				10年来开发指标			
						采油井数 口	注水井数 口	平均单井产量 t/d	年产能力 10⁴t	采油速度 %	稳产时间 a	采出程度 %	综合含水 %	累计采油 10⁴t	累计产水 10⁴m³
合计															

表3-1-17 开发指标预测

开采时间 a	井数，口		平均单井日产油量 t	日产油 t	年产油量 10⁴t	累计产油 10⁴t	日产水 m³	累计产水 10⁴m³	日注水 m³	累计注水 m³	采油速度 %	采出程度 %	含水率 %
	采油井	注水井											

3. 油田地质和油藏工程方案提出的采油工艺要求

根据油田地质特征和油藏工程方案，提出采油工艺特点、关键工艺技术和方案编制重点。比如低渗透储层重点强调压裂改造。

4. 油田开发压力系统分析

对低渗或特低渗储层，要结合非达西渗流来研究储层的压力传递。

三、开发全过程中系统保护油层的要求

油气层保护的目的是为了保证油气水井在各项工程技术措施实践过程中，储层内流体的渗流阻力不会再增加，否则油气层会受到伤害，其后果会影响新探区和新油气层的发现及油气井的产量，从而给石油勘探开发带来巨大的损失。

在进行钻井、完井、开采、增产及修井等各种作业中，往往使外来工作液与油层岩石及流体之间发生物理化学等作用，从而导致油层受到不同程度的伤害。因此，保护油层要以预防为主。对有可能造成油层伤害的各种潜在因素进行系统的分析研究（表3-1-18），在试验评价的基础上，进行系列入井液的优选，并提出切实可行的保护油层要求及措施。

表3-1-18 油气井作业过程可能导致油气层伤害的原因和因素

序号	作业过程	导致油气层伤害的原因及因素
1	钻开油气层	(1) 钻井液与储层不配伍； (2) 压差控制不当； (3) 浸泡时间过长； (4) 钻井液流速梯度过大； (5) 快速起下钻； (6) 钻具刮削井壁	(1) 滤液可引起黏土膨胀、水锁、乳化、固相引起堵塞等； (2) 促使钻井液及固相易于进入地层； (3) 增大滤液侵入量； (4) 冲蚀井壁破坏滤饼，不仅促使滤液进入产层，而且易造成井眼扩大，影响固井质量； (5) 快速起钻造成的抽汲效应，可破坏滤饼，快速下钻的冲击可增大压差，从而促使钻井液侵入储层量的增加； (6) 一方面可破坏滤饼，使钻井液易于进入储层，另一方面泥抹作用，使固相嵌入渗流通道
2	注水泥	(1) 水泥浆滤液进入储层； (2) 固井质量不好	(1) 原因：①造成黏土膨胀分散；②水泥的水化作用使氢氧化物过饱和重结晶而沉淀于孔隙中；③滤液中氢氧化物与地层硅起反应生成的硅质熟石灰成为黏结性化合物； (2) 后继工作液会沿水泥环渗漏入地层造成伤害
3	射孔试油	(1) 压实带的形成； (2) 射孔液与储层不配伍； (3) 固相堵塞； (4) 射孔压差过大；	(1) 压实带式射孔工艺固有的特征，其厚度约为6.5~13mm，压实带内岩石力学性质及渗流性能受到破坏，其渗透率仅有原始值的7%~12%； (2) 射孔液化学性质与储层不配伍可引起黏土膨胀与水锁等； (3) 射孔液（压井液）中有害固相含量高，管线中钻井液絮块及聚能射孔产生的碎片等，可在正压差射孔时压入地层，产生伤害； (4) 射孔正压差比负压差易产生伤害；

续表

3	射孔试油	(5) 高压差高排量试油	(5) 高压差、高排量：①引起储层内微粒运移；②在井眼周围地带形成压力亏空带，再次压井可引起大量渗漏；③若地下原油气油比高或含蜡量高，则在井眼周围区域压力很快下降，使原油脱气，结蜡堵塞渗流通道；④对一些物性差和埋藏深的储层，易产生压实作用，产生压力敏感
4	酸化	(1) 酸反应物产生再次沉淀； (2) 外来固相堵塞； (3) 增加地层微粒； (4) 酸与原油不配伍	(1) 主要是一些酸敏矿物存在时，用不配伍的酸处理地层可产生絮状或胶状沉淀物； (2) 若作业管线不干净，则酸可将铁锈和污染物等外来固相溶解带入地层； (3) 酸溶解了部分岩石骨架及胶结物后，会释放出许多不溶于酸的固体颗粒，使地层微粒运移现象严重； (4) 原油中的沥青质与酸接触形成胶状沉淀
5	压裂	压裂液与储层不配伍	(1) 滤液与黏土作用使黏土发生水化膨胀、乳化等； (2) 压裂液残渣或固相堵塞支撑剂孔道，降低导流能力
6	采油	(1) 采油速度过大； (2) 生产过程中原有储层平衡破坏，造成结垢； (3) 清蜡清沥青方法不当； (4) 化学处理剂的影响	(1) 会使油气层中微粒发生运移； (2) 原因：①生产过程中由于储层原始平衡状态的改变可引起地层水生成垢，如果油气井从正常生产层窜槽或套管处漏水，则沉淀的水垢会堵塞井筒、射孔孔眼和地层；②含沥青质或蜡质的原油，在流动过程中温度压力的降低都会引起有机垢； (3) 如正循环时，油管上刮下的石蜡或沥青有一部分泵入射孔孔眼和地层渗流通道，用热油热水清除沥青质时也会堵塞地层的射孔孔眼； (4) 若缓蚀剂、防垢剂或防蜡剂与生产层接触可降低渗透率
7	注水	(1) 注入水水质不合格； (2) 注水强度不当	(1) 原因：①化学性质不合格可引起地层黏土膨胀、分散运移、化学沉淀、细菌堵塞等；②固相大小及含量不合要求可引起机械杂质堵塞等； (2) 注水强度大使井壁附近地带流速过大引起地层微粒运移
8	修井	修井液与储层不配伍	(1) 滤液与岩心不配伍引起黏土膨胀、分散、结垢、岩石润湿性反转及原油乳化等； (2) 残留的钻井液污物、氧化物、沥青、管子涂料、铁锈、沉淀有机物及细菌分散等均可堵塞渗流通道
9	三次采油	注入液（剂）与储层不配伍	(1) 蒸汽驱中的凝析液可引起黏土膨胀； (2) 表面活性剂驱中，有些注入剂在一定条件下可与地层水或黏土中的可交换高价离子形成不溶物（如石油、碳酸盐类）堵塞孔喉或形成乳状液等； (3) 使用碱水驱动可引起碱敏； (4) 聚合物驱中与地层水不配伍可引起盐析等

在油气田开发过程中，可能造成油气层伤害的原因很多，主要的伤害机理可归纳为：（1）外来流体与储层矿物不配伍造成的伤害；（2）外来流体与储层流体不配伍造成的伤害；（3）毛管现象造成的伤害；（4）固相颗粒堵塞造成的伤害。

1. 钻井和固井过程中保护油层的要求

（1）主要伤害因素及分析。

①钻井液和完井液滤液伤害分析见钻井部分；

②钻井液和完井液固相侵入伤害分析见钻井部分；

③压差对屏蔽环形成质量的影响（表3－1－19）。

表3－1－19　不同压差动态实验数据

岩心编号	钻井液滤液	实验压差 MPa	渗透率，mD K_o	K_{oL}	伤害率 %	滤失量 mL	割去伤害端 cm	K'_{oL} mD	K_{oL}/K_o %

（2）钻井液和完井液优选。

（3）推荐的保护油层措施及要求。

2. 射孔及修井作业中保护油层的要求

（1）主要伤害因素及分析（表3－1－20）。

表3－1－20　射孔液对油层的伤害实验

区块	井段 m	ϕ %	实验条件 温度,℃	孔隙体积倍数	K_g mD	K_o mD	反向注入射孔液	K_{oL} mD	伤害率 %

（2）射孔液及压井液优选。

（3）推荐的保护油层措施及要求。

3. 注水过程中保护油层的要求

（1）注入水引起水敏伤害程度分析（表3－1－21）。

表3－1－21　注入水引起岩心水敏伤害实验

区块	井段 m	ϕ %	实验条件 温度,℃	压力, MPa	K_g mD	K_L mD	注入水 孔隙体积倍数	K_W mD	伤害率 %

（2）黏土稳定剂溶液对岩心渗透率的伤害分析（表3－1－22）

表3－1－22　黏土稳定剂溶液对岩心渗透率的影响测试

区块	井段 m	ϕ %	实验条件 温度 ℃	压力 MPa	注水速率 cm/s	K_g mD	K_L mD	注入黏土稳定剂 名称及浓度	孔隙体积倍数	K_{oL} mD	伤害率 %

(3) 推荐的保护油层措施及要求。

4. 增产措施中保护油层的要求

(1) 压裂过程中保护油层的要求及措施。

①主要伤害因素及分析。

②压裂液选择。

(2) 酸化过程中保护油层的要求及措施。

①主要伤害因素及分析。

②酸液体系选择。

(3) 其他增产增注措施中保护油层的要求及措施。

5. 油层保护措施及实施建议

(1) 完井过程中的保护油层措施：根据储层物性和地下流体性质选择优质完井液及射孔液，优化射孔设计，简化作业程序，缩短作业时间，作业后根据需要及时快速排液洗井。

(2) 采油过程中的保护油层措施：根据油层的速敏特性及油井流入产出动态选择合理的工作制度。对油层伤害严重的井层实施物理或化学措施解堵。采用优质压井液或不压井作业技术，提高检泵及修井作业质量，减少作业次数。

(3) 注水过程中的保护油层措施：采用涂料油管，严格按照确定的水质标准注水，定期洗井。如果油层黏土含量高，水敏严重，最有效的办法是采取先期防膨措施防止黏土膨胀。

(4) 增产作业过程中的保护油层措施：要根据油层类型、岩性、温度、压力、地应力及油层伤害机理等选择防伤害的增产工作液，优化施工设计。

四、完井工程设计要求

1. 完井方式选择

目前完井方式有多种类型，但都有其各自的适用条件和局限性。只有根据油气藏类型和储层特性去选择最合适的完井方式，才能有效地开发油气田，提高低渗透油气井寿命和经济效益。合理的完井方式应该根据油田开发要求，做到充分发挥各油层段的潜力，油井管柱既能满足油井自喷采油的需要，又要考虑到后期人工举升采油的要求，同时还要为一些必要的井下作业措施创造良好条件。完井方式的选择原则如下：

(1) 油气层和井筒之间应保持最佳的连通条件，油气层受到的伤害最小。

(2) 油气层和井筒之间应具有尽可能大的渗流面积，油气入井的阻力最小。

(3) 应能有效地封隔油、气、水层，防止气窜和水窜，防止层间的相互干扰。

(4) 应能有效地控制油层出砂，防止井壁坍塌及岩盐层挤毁套管，确保油井长期生产。

(5) 油井管柱既能适应自喷采油的需要，又要考虑到后期人工举升采油相适应。

(6) 应具备进行分层注水注气，分层压裂酸化，以及堵水和调剖等井下作业措施的条件。

（7）油田开发后期具备侧钻的条件。

（8）施工工艺简便，综合经济效益好。

直井和定向井完井方式主要有：射孔完井、裸眼完井、割缝衬管完井、裸眼砾石充填完井、套管砾石充填完井、复合型完井（表3-1-23）。低渗透油田的油藏特点一般适用于射孔完井方式。

表3-1-23 直井和定向井各种完井方式适用的地质条件

完井方式	适用的地质条件
射孔完井	（1）有气顶或有底水，有含水夹层或易塌夹层等复杂地质条件，要求实施分隔层段的储层； （2）各分层之间存在压力和岩性等差异，要求实施分层测试、分层采油、分层注水及分层处理的储层； （3）要求实施大规模水力压裂作业的低渗透储层； （4）砂岩储层，碳酸盐岩裂缝性储层
裸眼完井	（1）岩性坚硬致密，井壁稳定不坍塌的碳酸盐岩储层； （2）无气顶、无底水、无含水夹层及易塌夹层的储层； （3）单一厚储层，或压力和岩性基本一致的多层储层； （4）不准备实施分隔层段，选择性处理的储层
割缝衬管完井	（1）无气顶、无底水、无含水夹层及易塌夹层的储层； （2）单一厚储层，或压力和岩性基本一致的多层储层； （3）不准备实施分隔层段，选择性处理的储层； （4）岩性较为疏松的中、粗砂粒储层
裸眼砾石充填完井	（1）无气顶、无底水及无含水夹层的储层； （2）单一厚储层，或压力与物性基本一致的多层储层； （3）不准备实施分隔层段，选择性处理的储层； （4）岩性疏松出砂严重的中、粗、细砂粒储层
套管砾石充填完井	（1）有气顶或有底水，有含水夹层或易塌夹层等复杂地质条件，要求实施分隔层段的储层； （2）各分层之间存在的压力及岩性差异，要求实施选择性处理的储层； （3）岩性疏松出砂严重的中、粗、细砂粒储层
复合型完井	（1）岩性坚硬致密，井壁稳定不坍塌的储层； （2）裸眼井段内无含水夹层及易坍塌夹层的储层； （3）单一厚储层，或压力和岩性基本一致的多层储层； （4）不准备实施分隔层段，选择性处理的储层； （5）有气顶或储层顶界附近有高压水层，但无底水的储层

水平井完井方式有：裸眼完井、割缝衬管完井、射孔完井、裸眼预充填砾石筛管完井、套管预充填砾石筛管完井（表3-1-24）。

表 3-1-24 水平井各种完井方式适用的地质条件

完井方式	适用的地质条件
裸眼完井	(1) 岩性坚硬致密，井壁稳定不坍塌的储层； (2) 不要求层段分隔的储层； (3) 天然裂缝性碳酸盐岩或致密砂岩； (4) 短或极短曲率半径的水平井
割缝衬管完井	(1) 井壁不稳定，有可能发生井眼坍塌的储层； (2) 不要求层段分隔的储层； (3) 天然裂缝性碳酸盐岩或致密砂岩储层
带 ECP 的割缝衬管完井	(1) 要求不用注水泥实施层段分隔的注水开发储层； (2) 要求实施层段分隔，但不要求水力压裂的储层； (3) 井壁不稳定，有可能发生井眼坍塌的储层； (4) 天然裂缝性或横向非均质的碳酸盐岩或致密砂岩储层
射孔完井	(1) 要求实施高压层段分隔的注水开发储层； (2) 要求实施水力压裂作业的储层； (3) 裂缝性砂岩储层
裸眼预充填砾石筛管完井	(1) 岩性胶结疏松，出砂严重的中、粗、细粒砂岩储层； (2) 不要求分隔层段的储层； (3) 热采稠油油藏
套管预充填砾石筛管完井	(1) 岩性胶结疏松，出砂严重的中、粗、细粒砂岩储层； (2) 裂缝性砂岩储层； (3) 热采稠油油藏

2. 生产管柱尺寸确定

可根据油藏工程设计确定的不同开发阶段油水井产量及注入量，对管柱尺寸进行产量、黏度和摩阻的敏感性分析，确定油水井管柱的尺寸。

(1) 油井管柱尺寸确定（图 3-1-4）。由于低渗透油田油井主要采用人工举升方式采油，油管尺寸要考虑到与抽油泵的配套问题。

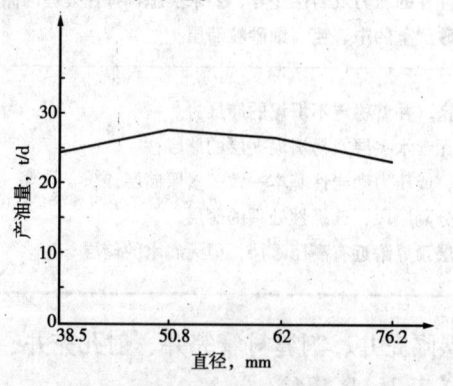

图 3-1-4 不同黏度油管直径敏感性分析曲线

（2）注水井井管柱尺寸确定（表3-1-25）。

表3-1-25 在不同管径和不同流量下的压力损失

压力损失，MPa	油管直径，mm			
	62	69.9	76	88.3
注入量，m³/d				

3. 套管设计要求

（1）生产套管尺寸确定。

根据已确定购生产管柱的接箍外径和井下设备的最大外径（表3-1-26~表3-1-29），在保证一定间隙的条件下，确定生产套管的尺寸。间隙的大小要考虑到采油、井下测试和作业的需要。

表3-1-26 常规管式泵（整体泵筒）与油管和套管的匹配关系

泵的公称直径 mm	联接油管外径 mm	理论排量 m³/d	最大外径 mm	推荐套管尺寸 in
32	73.0	14~55	89.5	5~5½
38	73.0	20~44	89.5	5~5½
44	73.0	26~66	89.5	5~5½
57	73.0	40~110	89.5	5~5½
70	88.9	67~166	107.0	5½
83	101.6	94~234	114.0	7
95	114.3	122~306	132.5	7
110	114.3	164~410	146.0	7~9⅝

光杆冲程长度：1.2~5.0m

表3-1-27 常规杆式泵与油管和套管的匹配关系

泵的公称直径，mm	联接油管外径，mm	理论排量，m³/d	最大外径，mm	推荐套管尺寸，in
32	63.0	14~35	89.5	5~5½
38	73.0	20~49	89.5	5~5½
44	73.0	26~66	89.5	5~5½
51	73.0	35~88	107.0	5½
56	88.9	43~106	107.0	5½

续表

泵的公称直径,mm	联接油管外径,mm	理论排量,m³/d	最大外径,mm	推荐套管尺寸,in
57	88.9	44~110	107.0	5½
63	88.9	54~135	114.0	7
光杆冲程长度：1.2~5.0m					

表 3-1-28　部分国产电动潜油泵与油管和套管的匹配关系

制造厂	型号	油管规范,in	额定排量,t/d	外径,mm	推荐套管尺寸,in
大庆电泵公司	QYB	2⅜~2⅞	20	98~110	5½
			30		
			50		
			80		
			100		
			150		
			200		
			250		
			320		
			425		
渊博潜水电泵厂	5.5QD100	2⅜~2⅞	100	100/98	5½
	5.5QD160		160		
	5.5QD200		200		
	5.5QD250		250		
	5.5QD320		320		
	5.5QD425		425		
虎溪电机厂	QYB120-75	2⅜~2⅞	75	100/98	5½
	QYB120-100		100		
	QYB120-150		150		
	QYB120-200		200		
	QYB120-250		250		
	QYB120-320		320		
	QYB120-425		425		
	QYB120-550		550		

表3-1-29　美国REDA电动潜油泵与油管和套管的匹配关系

型　号	外径，mm	泵型	最大功率，kW	理论排量，t/d	推荐套管尺寸，in
338	85.9	A-10E	62	33~66	5
		A-14E	62	58~86	
		A-25E	62	90~140	
		A-30E	62	115~195	
		A-45E	79	160~240	

(2) 套管强度及不同壁厚套管下入程序的要求和保护措施。

套管强度应根据采油、注水和井下作业时可能出现的井筒压力以及地应力和地层岩性，进行套管强度的设计和校核。

(3) 套管密封性要求。

4. 钻开油层及固井要求

(1) 钻开油层使用钻井液密度及浸泡时间要求。

钻开油层后长时间的钻井液浸泡会造成油层伤害，所以钻开油层时要控制钻井液密度，尽可能缩短浸泡时间，必要时采用屏蔽式暂堵技术。此外，像目前的欠平衡泡沫钻井和空气钻井等都是发展方向。

固井时水泥浆必然接触油气层，由于水泥浆的密度一般大于钻井液的密度而且其滤失量也大于钻井液，会造成伤害，所以对容易伤害的储层要在钻井阶段采用屏蔽暂堵技术。

(2) 固井水泥返高要求。

(3) 固井水泥胶结质量要求。

注水泥施工结束后，需要对注水泥质量进行评价，主要用压力试验和测井方法解释水泥胶结质量。

压力试验主要有套管试压及套管鞋试压。

测井方法主要有：声波测井（CBL），反映水泥环—套管界面（第一界面）的胶结质量；变密度测井（VDL），VDL反映水泥环—地层界面（第二界面）的水泥胶结质量。

5. 射孔工艺方案设计

(1) 影响射孔效果的因素分析。

(2) 射孔方式及工艺选择。

应当根据油藏和流体特点、地层伤害状况、套管程序和油田生产资料，选择射孔工艺，其工艺可分为正压和负压工艺，高于地层压力射孔为正压射孔；低于地层压力射孔为负压射孔，按照射孔传输方式又可分为电缆输送和油管输送，从技术工艺趋势来看，油管输送射孔将会获得越来越广泛的应用。

①电缆输送射孔。

具有高孔密、深穿透、施工简单、成本低以及较高可靠性的特点，一般用于正压射孔，在低渗透油田比较常用。

②电缆输送过油管射孔。

适合生产井不停产补孔和射开新层位，减少了压井和起下油管作业，并且可用于负压射孔工艺。

③油管（连续油管）传送射孔（TCL）。

在大斜度井、水平井、高压油气井、稠油井、防砂井以及射孔段长的井具有较大的优势。并且将完井方式与井下作业结合起来，只下一趟管柱就可完成射孔与投产、射孔与测试、射孔与压裂酸化、射孔与防砂以及射孔与高能气体压裂等联作。

（3）射孔参数优化设计。

①孔深及孔密优选。

孔深是用射孔器材检测中心提供的射孔弹在贝雷砂岩靶上的穿孔深度及贝雷砂岩、地层砂岩的孔隙度进行折算，按孔隙度折算地层条件下的穿孔深度。孔深大于46cm以后对油井产能的贡献程度趋于不变。

孔密也可对油井产能有正面的影响（图3-1-5）。根据多年的经验，同时从套管强度考虑，低渗透油田的孔密一般选择为12~20孔/m。

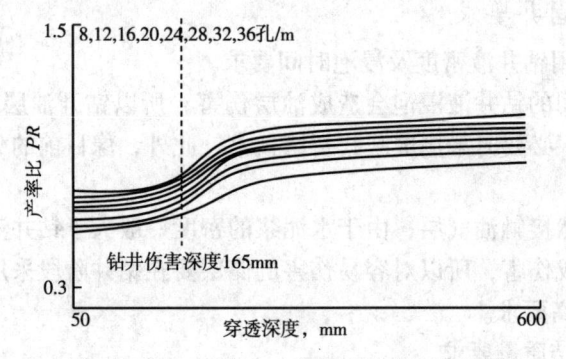

图3-1-5 孔深、孔密与油井产能比曲线

②相位角的优选。

在均质地层中，90°相位角最佳；在非均质严重的地层中，120°相位角最好；在射孔密度较高的情况下，60°相位角最佳。同时60°相位角是维持套管强度的最佳相位角。

③孔径的选择。

对一般的砂岩地层选择6.3~12.7mm孔径最佳。

④射孔格式选择。

西南石油大学完井技术中心对比了螺旋、交错和简单三种布孔格式，认为最优的选择为螺旋布孔。

在对影响油井射孔效果的孔密、孔径、孔深、相位角及布孔方式等因素分析研究的基础上，应用射孔优化设计软件进行射孔参数的优化设计及选择，计算结果见表3-1-30。

表3-1-30 射孔参数设计

射孔枪型	射孔弹型	孔密 孔/m	孔径 mm	孔深 mm	相位角 (°)	布孔格式	计算产量, t/d	产率比

(4) 射孔液性能要求。

要求有良好的地层配伍性，尽量减少地层伤害。

(5) 负压射孔要求。

负压射孔可改善油气层的生产能力，负压射孔就是射孔时造成井底压力低于地层压力，负压值是设计的关键。一方面负压射孔使孔眼的破碎压实带的细小颗粒冲涮出来，使孔眼清洁，另一方面该负压值不能低到造成地层出砂、垮塌、套管挤毁或封隔器失效。这个临界值成为最大负压值。

负压射孔临界值可用经验法得到，根据世界范围内上千口射孔完井的经验，对小于10mD的低渗透储层，油层的负压临界值可以大于13.8MPa。

五、注水工艺方案设计

1. 注入水水源选择与水质要求

(1) 储层孔隙结构分析。

(2) 注入水水质要求（表3–1–31）。

表3–1–31 低渗透油田各油层注入水实用水质标准

项 目	水质标准			
	低渗透油区延安组油层	低渗透油区长2油层	低渗透油区长6油层	行业标准（A3）
悬浮物固体含量, mg/L	≤2.0	≤1.0	≤1.0	≤1.0
悬浮物颗粒直径中值, μm	≤2.0	≤1	≤1	≤1.0
含油量, mg/L	≤8.0	≤5.0	≤1.0	≤5.0
平均腐蚀率, mm/a	≤0.076	≤0.076	≤0.076	≤0.076
硫酸盐还原菌（SRB）, 个/mL	≤25	≤10	≤10	≤0
腐生菌（TGB）, 个/mL	≤10^2	≤10^2	≤10^2	≤10^2
铁细菌, 个/mL	≤10^3	≤10^2	≤10^2	≤10^2
二价硫含量, mg/L	≤5.0	≤3.0	0	0
溶解氧含量, mg/L	≤0.5	≤0.3	≤0.1	≤0.5
游离CO_2含量, mg/L	≤1.0	$-1.0 < CO_2$含量< 1.0	$-1.0 < CO_2$含量< 1.0	≤1.0
铁（F_e^{3+}）	≤0.5	≤0.4	≤0.1	≤0.5
配伍性	良好	良好	良好	良好
平均渗透率, mD	59.48	6.99～11.90	0.52～1.26	<100
备注	注入水的pH值应控制在7±0.5为宜			

2. 注水系统压力分析

1）注水井吸水能力预测。

注水井吸水能力预测参见表3-1-32吸水能力预测可采用以下三种方法：

（1）利用油藏工程设计的数值模拟结果。

（2）根据油水相对渗透率曲线，利用油水两相径向流的公式进行预测。

（3）根据试注资料或井底处理措施中挤处理液时所获得的吸水能力，经换算得出吸水能力。

表3-1-32 注水井吸水能力预测

含水，%	0	10	20	30	40	50	60	70	80	90
吸水指数 $m^3/(MPa \cdot d)$										

2）注水破裂压力预测

注水破裂压力预测可采用以下两种方法：

（1）根据试注过程中的吸水指示曲线确定破裂压力。

（2）利用探井压裂实测，或根据地应力和岩石抗张强度与泊松比等岩石力学参数，计算破裂压力梯度，预测破裂压力。

3）注水压力设计。

注水压力设计参见表3-1-33。

根据配注量、吸水指数、管柱尺寸和油藏压力，利用注水井的节点分析方法，确定注水井的井口和井底注水压力，并从防止套管损坏的角度对注水压力作必要的限制。若在微破裂压力下注水时，其井底注水压力不应超过地层破裂压力的10%；设计的井口压力应考虑地面管网和设备技术经济上可允计的工作压力。

表3-1-33 注水压力预测结果

开发时间	含水 %	吸水指数 $m^3/(MPa \cdot d)$	注采井数比	平均单井配注量 m^3/d	井口注水压力 MPa	井底注水压力 MPa	备注

3. 油藏工程方案中对注水要求的工艺可行性分析

（1）完成配注量的可行性。

（2）注水时机的工艺分析。

4. 注水管柱设计

注水管柱设计包括管柱结构和管柱强度设计。根据油藏工程方案的注水要求，确定注水管柱结构。其强度设计除了进行抗内压和抗拉极限载荷校核计算外，在深井中还应根据鲁宾斯基（Lubinski）理论计算管柱的活塞效应、螺曲效应、鼓胀效应和温差效应，进行全面的强度分析和校核。

（1）注水管柱结构设计（图3-1-6、图3-1-7）。

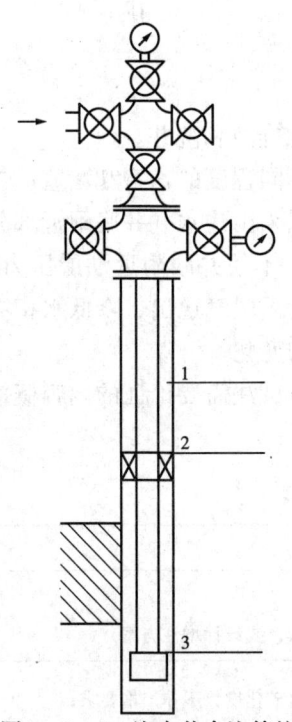

图 3-1-6 注水井合注管柱
1—套管保护液；2—封隔器；3—喇叭口

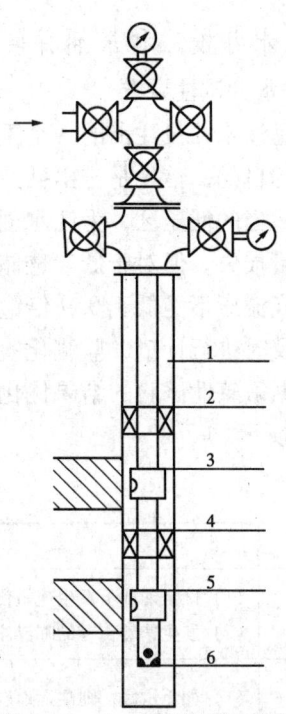

图 3-1-7 注水井分注管柱
1—套管保护液；2—封隔器；3—配水器；4—封隔器；5—配水器；6—球座

（2）注水管柱强度计算（表3-1-34～表3-1-36）

表 3-1-34 管柱在不同腐蚀条件下的极限内压　　　　　　单位：MPa

极限内压 MPa　腐蚀条件　管柱规格（外径×壁厚）mm×mm	新油管		腐蚀年限，年 腐蚀量，mm		腐蚀年限，年 腐蚀量，mm		腐蚀年限，年 腐蚀量，mm	
	材质1	材质2	材质1	材质2	材质1	材质2	材质1	材质2

表 3-1-35 油管在不同腐蚀条件下的抗拉极限载荷　　　　　　单位：kN

抗拉极限载荷 kN　腐蚀条件　管柱规格（外径×壁厚）mm×mm	新油管		腐蚀年限，年 腐蚀量，mm		腐蚀年限，年 腐蚀量，mm		腐蚀年限，年 腐蚀量，mm	
	材质1	材质2	材质1	材质2	材质1	材质2	材质1	材质2

表 3-1-36 组合管柱在不同腐蚀条件下的安全系数

材　质	管柱组合	新油管	腐蚀年限，年 腐蚀量，mm	腐蚀年限，年 腐蚀量，mm

5. 注水井投注和采油井转注措施及要求

1) 注水井试注要求

试注是注水井投注前的一个重要环节，试注前要进行排液和洗井。

排液的目的，首先是排出钻井和完井过程中产生的不同程度的伤害和堵塞；二是在井底附近造成适当的低压区，为注水创造有利条件；三是可以采出注水井井底附近部分原油，减少地质储量损失。但对于低渗透储层，要注意应力敏感，不使井眼附近油层压力降得过低。排液时井底流压不能低于 0.9 倍饱和压力，以免井底附近天然气逸出，降低水相渗透率。对排出液要及时进行计量，监测化验，注意液量及含砂量的变化。

要根据敏感性试验的结果优化注入水质和注入参数。试注需要论证的内容概括起来如表 3-1-37 所示。

表 3-1-37 试注工作概要

项　目	试注工作概要
速敏实验	(1) 确定油井不发生速敏伤害临界注入量； (2) 发生速敏伤害的临界注入量太小，不能满足配注要求，要设计增注方案
水敏实验	(1) 如无水敏，则注入地层的工作液矿化度要小于地层水矿化度，不作严格要求； (2) 如果有水敏，则必须进行防黏土膨胀和稳定黏土的室内试验，优选配方。作出防膨概念设计，根据水敏的特点采用先期防膨、定期防膨、长期防膨（连续注入），除长期防膨外，处理半径一般为 1.2~3.0m，浓度由室内试验决定，注入排量小于临界排量，注入压力低于破裂压力
盐敏实验	如果有盐敏，则进入地层的各类工作液都必须控制在两个临界矿化度之间
碱敏实验	(1) 如果有碱敏，则进入地层的各类工作液都必须控制其 pH 值在临界 pH 值以下； (2) 如果是强碱敏地层，由于无法控制水泥浆的 pH 值在临界 pH 值以下，为了防止油层伤害，要设计屏蔽式暂堵技术，减少伤害
试注概念设计	(1) 作出注水参数的概念设计； (2) 试注期间至少要系统取吸水剖面和指示曲线（包括分层指示曲线），验证试注概念设计的正确性，及时修正错误

注：注水井试注正常后即可投注，转入正常注水。

2) 注水井投注及采油井转注前的油层预处理措施

如挤水和高能气体压裂等措施的要求。

3) 注水井投注和采油井转注管柱及工艺要求

注水管柱应使用防腐油管。配水器一般应下在油层中部位置。

4) 注水井井筒保护措施

射孔井段顶界以上 10m 左右位置，应使用保护套管用的封隔器。

6. 注水井增注及调剖措施

(1) 增注措施。

(2) 调剖措施。

7. 注水井日常管理要求

(1) 满足注水系统压力要求。

(2) 可在注水过程中进行井下测试。

(3) 可满足增注等施工要求。

(3) 可满足活动洗井车洗井需要。

(4) 有放空排污条件。

(5) 可进行井口取样。

(6) 采油井转注前必须洗井。

(7) 为了保证平稳注水，要求每三个月必须对注水井进行洗井一次，清洗注水井井底及井壁上污物，保证注水井井底水质干净。

(8) 作业施工井，施工必须按要求进行洗井。

8. 分层注水工艺方案

对于特低渗透油层，由于非均质性，在纵向上渗透率差异大，造成注水开发的油田注入水向高渗透层突进；采用调剖和堵水效果不好的，可采用分层注水工艺，利用水嘴控制各层的注水量来达到调整注水剖面的目的。

1) 编制分注工艺方案的原则

(1) 按照目前的分注工艺，分层工具分注多层是可行的，只是调配工作量较大，耗时较长，注水井时率低。一般小于3 000m的井以3层或4层为宜，大于3 000m的以2层或3层为宜。

(2) 计算出分层注水井底压力，选最高井底压力为油管内井底压力。然后以此压力减去各层达到配注要求的井底压力，即为各层的嘴损。再以此为依据，根据嘴损曲线得出各层配水嘴直径。

(3) 验算各层注水压力是否超过破裂压力，如果超过，则要采用增注措施，降低压力。

(4) 在确定分注管柱的基础上，各种分注方案（以分注为主或简化分注辅以调驱或调剖措施）测算一次投资和运行费，寻求合理方案。

2) 分注管柱设计

主要考虑深度、井斜、温度、耐压差、洗井要求、测试及调配等因素基础上选择工具和管柱结构，必须能满足各种井下作业措施和测试要求，油管强度能保证起下管柱作业安全（表3-1-38）。

表3-1-38 常用注水封隔器的主要技术指标

型号	特点	最小通径, mm	工作温度, ℃	工作压差, MPa	洗井通道, cm²	备注
Y341	无支撑液压坐封上提解封	50~55	120	15~25	12~15	井深3000m
Y344	无支撑液压坐封液压解封	50~54	120	15~25	—	井深3000m
Y414	双卡瓦上提坐封液压解封	50~54	120	15~25	—	井深3000m
Y141	尾管支撑液压坐封上提解封	54	120	15	9.68	井深3000m
Y441	双卡瓦上提坐封上提解封	50	150	25	—	井深4000m 斜井

偏心配水器在我国有四大系列，多种型号，油田应用最多的 KPX-113 配水器，主要技术参数见（表3-1-39）。

表3-1-39　偏心配水器技术参数及特点

型号	最大外径, mm	最小通径, mm	偏孔直径, mm	工作压差, MPa	堵塞外径, mm	备注
常规格	114	46	20	15.0	22	
防砂型	114	46	20	15.0	22	防砂阀
液力助捞	—	—	—	25.0	30~40	空心配水器
液力投捞	—	—	—	25.0	30~40	空心配水器
自动配水嘴	—	—	—	15.0	22	
电动自动配水器	114	46	20	20.0	22	

3）注水摩阻及分层注水管柱

由于低渗透油田注水排量不大，一般情况下，注入水在有油管内摩阻很小，可忽略不计。如采用 2⅞in 油管注水，当注水层深度为1000m时，日注量为200m³时，其摩阻低于0.2MPa。

分层注水管柱按配水器结构一般可分为两类：即空心配注管柱和偏心配注管柱（表3-1-40）。

表3-1-40　常用分层注水管柱

序号	管柱名称	管柱组成	管柱特点及应用范围
1	偏心配水管柱	Y341-114 封隔器 + KPX-114 配水器 + 撞击筒 + 球座	具有反洗井功能，适用于高压注水
2	多级免投死嘴配水管柱	Y341-114 封隔器 + KPX-114 配水器 + 撞击筒 + 球座	免投死嘴，低压坐封封隔器，逐级验封，具有不起出管柱能重复坐封封隔器，工作压力25MPa，适用于井深2500m
3	中深井分层注水管柱	补偿器 + Y341-114 封隔器 + KPX-114 配水器 + 撞击筒 + 球座	减轻因测试或洗井时注水管柱张力变化对封隔器密封性的影响，延长透注水管柱的使用寿命，工作压力25MPa，适用于井深2500m
4	偏心细分注水管柱	Y141-114 封隔器 + KPX-114A 配水器 + KPX-114B 配水器 + 球座	配水器最小连接距离2m，适用于细分注水
5	液力投捞细分注水管柱	Y141-114 封隔器 + DQY141-114 配水封隔器 + 连通器 + 丝堵	适用于2~5个层段的分层注水，卡距2m，液力投捞调配，测试工艺简单
6	空心配水斜井分注管柱	万向器 + KPX-114 空心配水器 + Y341-114 封隔器 + 丝堵	适用于2~3个层段的分层注水，液力投捞调配，测试工艺简单。适用于斜井25°，工作压力35MPa，井深3500m

续表

序号	管柱名称	管柱组成	管柱特点及应用范围
7	液力投捞斜井分注管柱	缓冲器+扶正器+Y341-114配水封隔器+Y341-115封隔器+连通器+丝堵	适用于2~3个层段的分层注水,卡距1.2m,液力投捞调配,测试工艺简单。适用于斜井45°,工作压力25MPa,井深3000m

9. 注水工艺方案总结及实施建议

对注水工艺方案进行总结,并对重点内容进行实施方面的备注建议。

六、采油方式优选及其工艺方案

1. 采油方式选择的原则及论证内容

采油方式是贯穿油田开发全过程的技术。油田正式投入开发前就需要正确地选用采油方式,在开采过程中随着采出程度、含水及地层能量等的变化,需要不失时机地转换采油方式以满足开发方案的要求。正确的采油方式必须技术上合理,经济上合算,客观条件许可。

采油方式论证的基本内容:

(1) 以油藏或区块为对象,根据油藏工程设计预测的单井产能建立不同开发阶段的油井产能分布模型,进行油井分类。

(2) 根据地面生产和油藏地质条件及各种采油方式可能的适应范围,初步确定可供选用的几种采油方式,以便进一步进行计算和分析。

(3) 应用油井生产动态模拟器预测不同开发阶段、不同类型油井以及不同采油方式生产时的油井动态,包括机械采油方式转换时机,各种方式在不同采液指数和不同含水下的可能产量、所用设备、工作参数及工况指标等。

(4) 从技术上评价不同采油方式对不同油藏工程方案的适应程度,以及提出对油藏工程方案的修正或选择建议。

(5) 计算经济指标(投入产出比)。

(6) 进行技术经济综合评价,并对不同含水阶段采用的采油方式作出选择和对油藏工程方案提出反馈建议。

2. 油藏(区块)油井产能预测与分析

根据油藏工程设计提出的单井产能预测结果,进行油井分类并分类确定其不同开发阶段的采液指数;在不具备进行油藏数值模拟的条件时,可利用试油试采的采液指数和取心井的油水相对渗透率资料进行不同含水阶段的采液指数的预测。

(1) 采液指数预测(见表3-1-41、图3-1-8)

表3-1-41 不同开发阶段分类油井的产能预测结果

采液指数 $m^3/(MPa·d)$	含水,%									
	0	10	20	30	40	50	60	70	80	90
油井类型										

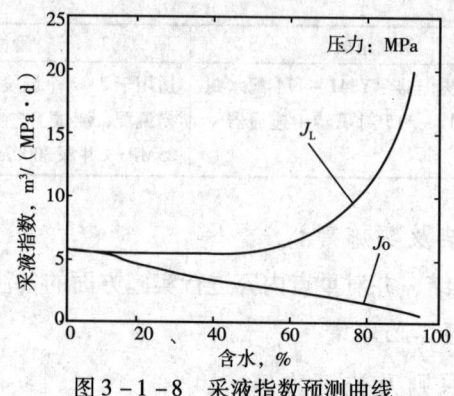

图 3-1-8 采液指数预测曲线

（2）区块油井产能分布（见图3-1-9）。

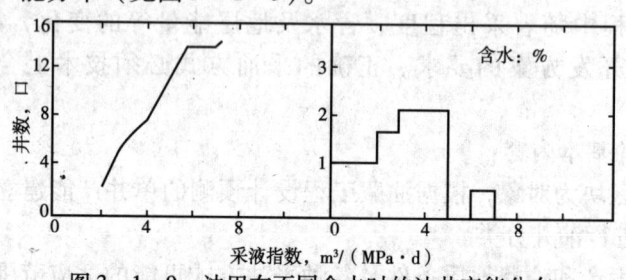

图 3-1-9 油田在不同含水时的油井产能分布

3. 油井自喷期生产动态预测

油井生产动态模拟器是模拟各种采油方式在不同含水阶段的油井生产动态的计算机软件，可用来预测油井可能获得的最大产量、采用的采油设备、工作参数与工况指标。

（1）不同开发阶段油井最大自喷产量（见表3-1-42、图3-1-10、图3-1-11）。

表 3-1-42 自喷采油计算结果

油藏压力：××MPa　　　井口压力：××MPa

含水%	采液指数 m³/（MPa·d）	产液量 t/d	产油量 t/d	井底液压 MPa

图 3-1-10 自喷生产最大产液量图版　　　图 3-1-11 自喷生产最大产量预测曲线

(2) 生产系统压力分析。
①采油井井口压力预测。
②采油井井底流压设计（见表3-1-43）。

表3-1-43 不同开发阶段采油井井底液压预测

油藏压力：××MPa

含水,%	0	10	20	30	40	50	60	70	80	90
配产量,t/d										
井底液压,MPa										

注：根据流压预测结果进行采油井井底流压设计。

(3) 油井停喷条件预测（见表3-1-44）。

表3-1-44 不同油藏压力下油井停喷流压

含水%	油藏压力,MPa							油藏压力,MPa					
	0	20	40	60	80	90	0	20	40	60	80	90
采液指数 m³/(MPa·d)												

4. 人工举升油井生产动态模拟

(1) 有杆泵油井生产动态模拟（见表3-1-45、图3-1-12、图3-1-13）。

表3-1-45 有杆泵采油计算结果

油藏压力：××MPa　　　采液指数：××m³/(MPa·d)　　　抽油机型号：××

含水 %	产油量 t/d	泵效 %	泵径 mm	冲程 m	冲次 min⁻¹	泵挂深度 m	井底流压 MPa	井口温度 ℃	最大载荷 kN	最小载荷 kN	最大扭矩 kN·m	杆柱组合	吨油耗电 kW·h

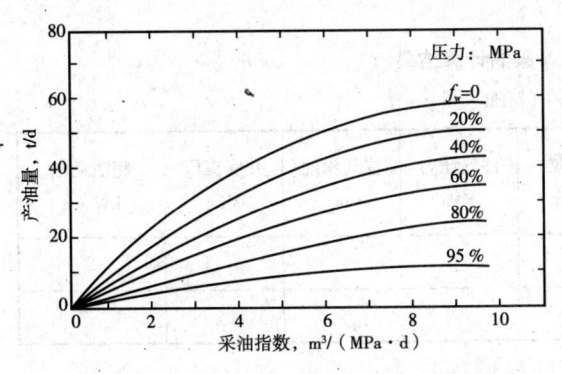

图3-1-12 有杆泵生产最大产量图版

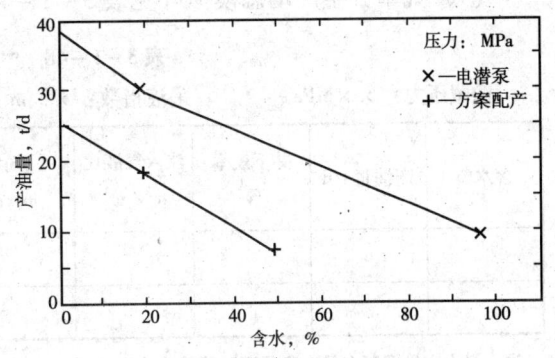

图3-1-13 有杆泵生产最大产量预测曲线

(2) 电潜泵油井生产动态模拟（见表3-1-46、图3-1-14、图3-1-15）。

表3-1-46　电潜泵采油计算结果

油藏压力：××MPa　　　采液指数：××m³/（MPa·d）

含水%	产油量 t/d	泵效%	泵型	泵挂深度 m	井底流压 MPa	吸入口压力 MPa	排出口压力 MPa	吸入口温度 ℃	排出口温度 ℃	吨油耗电 kW·h

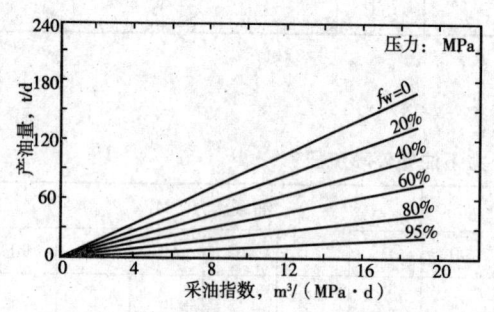

图3-1-14　电潜泵生产最大产量图版

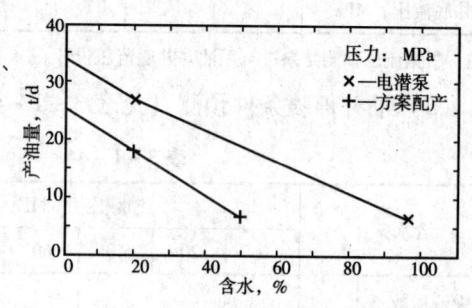

图3-1-15　电潜泵生产最大产量预测曲线

(3) 水力活塞泵油井生产动态模拟（见表3-1-47）。

表3-1-47　水力活塞泵采油计算结果

油藏压力：××MPa　　　采液指数：××m³/（MPa·d）

含水%	产油量 t/d	泵效%	泵型	泵挂深度 m	井底流压 MPa	动力液量 m³/h	冲程 m	冲次 min⁻¹	吸入口压力 MPa	排出口压力 MPa	井筒最低温度 ℃	吨油耗电 kW·h

注：最大产量图版和最大产量预测曲线型式类似图3-1-11～图3-1-13。

(4) 气举井生产动态模拟（见表3-1-48）。

表3-1-48　气举采油计算结果

油藏压力：××MPa　　　采液指数：××m³/（MPa·d）

含水%	产油量 t/d	井下效率%	注入气液比 m³/m³	注气量 m³/d	注气压力 MPa	注气深度 m	井底流压 MPa	吨油耗电 kW·h

注：最大产量图版和最大产量预测曲线型式类似图3-1-11～图3-1-13。

(5) 其他采油方式生产动态模拟。

(6) 合理转抽时机。

5. 各种采油方式完成配产要求的可行性分析

(1) 合理的油藏压力保持水平。

(2) 完成配产要求的可行性（见图 3-1-16）。

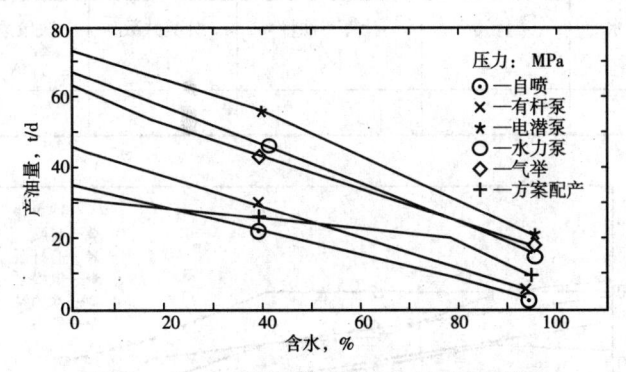

图 3-1-16　不同举升方式最大产量预测曲线

6. 采油方式综合评价与决策

在应用油井生产动态模拟器确定出不同采油方式在不同含水阶段的生产技术指标的基础上，综合考虑经济、管理和生产条件等各种因素后，对不同采油方法作出评价。由于评价过程中涉及到众多不同层次的模糊因素，因此、辩采用三级模糊综合评判方法。

(1) 综合评价因素（见图 3-1-17）。

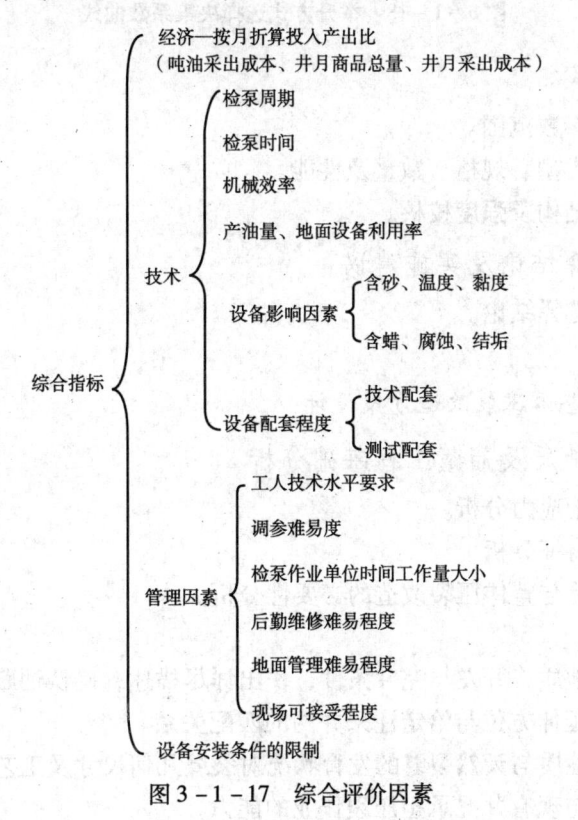

图 3-1-17　综合评价因素

(2) 综合评价（见表3-1-49、图3-1-18）。

表3-1-49 采油方式综合评价结果

区块：××油藏压力：×× MPa

油井类型	含水%	配套量 t/d	计算产油量 t/d	分类井数 口	决策系数 %	采油方式

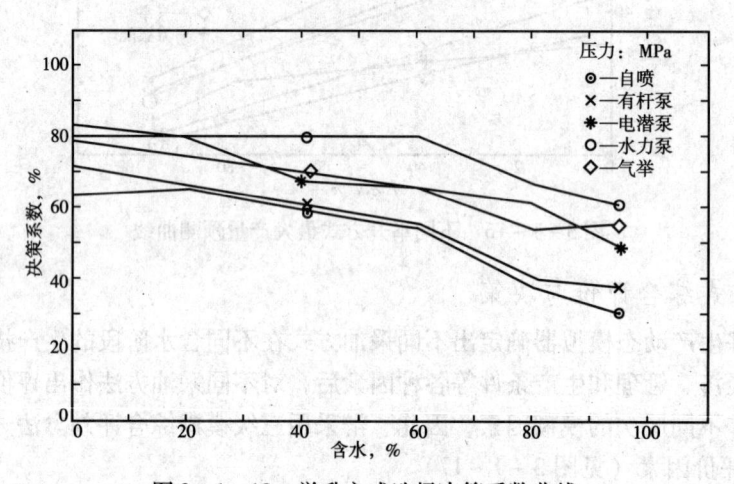

图3-1-18 举升方式选择决策系数曲线

7. 采油工艺方案

(1) 推荐的工艺参数范围。

(2) 采油设备的类型、规格、数量及性能。

(3) 配套管柱的结构及强度校核。

8. 采油方式选择结论及实施建议

(1) 采油方式的选择结论。

(2) 实施建议。

七、低渗透油藏整体压裂改造方案设计

1. 压裂改造的地质及油藏工程基础分析

(1) 构造特征与地应力分析。

(2) 储层及岩性特征分析。

(3) 油藏综合评价与整体压裂改造的必要性分析。

①评价内容。

a. 分析评价油藏地质、开发与完井条件，作出详尽描述，确认油藏压裂增产的潜力。

b. 研究水力裂缝延伸方位与给定注采井网的匹配关系。

c. 判断岩石力学性质与天然裂缝的发育状况对裂缝几何尺寸及工艺措施带来的影响。

d. 确定完井条件与现有井况承担压裂作业的能力。

e. 采集准确可靠的设计参数，为制定方案设计作出准备。

f. 各类参数交叉组合可组成众多数组以待计算取舍，显然费时、费力、费钱，设计人应取最具代表性的数组，比如：取最大、最小和平均数组计算即可覆盖整体压裂的全油藏。

②评价方法与整体压裂改造的必要性分析。

a. 常规静态资料分析。

使用油藏静态资料、综合测井资料及岩心分析资料可掌握油藏储层沉积与分布，物性与孔隙结构，天然裂缝、地层温度、原油性质、地层压力与驱动能量，油水渗流机理以及上下隔层性质等诸多特征。这些是方案设计的理论基础。

b. 实验室试验。

使用岩心进行岩石力学性质试验，以及就地条件下渗透率、天然裂缝与水力裂缝方位试验，深化对储层的认识。

c. 借助长源距声波测井与地层倾角测井资料、室内岩心试验、现场压裂测试和地应力测试等，求取油藏的地应力剖面、储层与上下隔层的地应力差与最小最大水平主应力方位。这些参数决定了水力裂缝几何尺寸、延伸方位与给定井网的匹配关系。

d. 现场试井、试油与试采。

使用这些现场测得的动态资料，进一步比较验证同一参数（譬如储层有效渗透率值）的可信度。

2. 整体压裂改造方案设计

（1）压裂液及支撑剂选择（见表3–1–50、表3–1–51）

表3–1–50　压裂液性能测定

温度℃	配方号	稠度系数 $KPa·s^n$	性能指数 n	压裂液滤失系数 $10^{-4} m/min^{1/2}$

表3–1–51　支撑剂导流性能测定

导流能力 $\mu m^2·cm$	闭合压力，MPa								密度 kg/m^3
	10	20	30	40	50	60	70	
产品								

（2）压裂方式选择。

（3）整体压裂改造的数值模拟。

①油藏及水力裂缝数值模拟模型的选定及生产历史拟合。

②数值模拟方案的选定及模拟计算。

③数值模拟结果分析。

④油藏工程布井方案对整体压裂改造的适应性分析及对井网布署的建议。

（4）压裂工艺参数选择（见表3–1–52、表3–1–53）。

表3-1-52 缝长规模对压裂效果的影响

缝长，m		50	100	150	200	250	300
压差，MPa	累计产油，10^4 t						
	累计增油，10^4 t						
	压裂净现值，万元						

表3-1-53 压裂工艺参数选择结果

裂缝几何尺寸					施工规模与参数					成本核算		
压开缝宽 mm	支撑缝宽 mm	压开半长 m	支撑半长 m	裂缝高度 m	用液量 m^3	支撑剂量 m^3	地面最高泵压 MPa	排量 m^3/min	平均砂液比 %	压裂液费用 万元	支撑剂费用 万元	责备、修井及安全费用 万元

3. 整体压裂改造效果及效益预测

（1）整体压裂改造效果预测。

（2）经济指标计算与方案的经济分析。

4. 整体压裂改造方案研究结论及实施建议

八、采油工程辅助配套工艺

1. 解堵工艺措施

1）研究储层伤害所必需的资料

要收集五敏试验结果、孔隙结构分析报告（压汞和薄片扫描）、矿物全分析、黏土分析（X衍射）、不稳定试井（重点是表皮系数和堵塞半径）、储层流体的全分析（油、气、水）、高压物性试验、钻井和完井总结以及开发试验区动态资料（注水指示曲线、采油指数、产液指数变化等）。

2）储层（伤害）堵塞的类型及解堵方法选择

储层（伤害）堵塞的类型及解堵方法选择参见表3-1-54。

表3-1-54 油田各种堵塞（伤害）的诊断、预测方法和主要解堵措施

序号	伤害类型	简要预测及诊断方法	主要解堵措施
1	5种敏感性造成的伤害	（1）用不稳定试井解释表皮系数和堵塞半径； （2）根据五敏试验结论、黏土分析以及入井液或滤液性质，分析伤害原因和伤害源成分及产状，必要时要做室内试验加以验证	应采用酸化措施，根据诊断出的伤害源成分和产状，经室内静态及动态试验筛选最优配方和工艺
2	各种外源固体侵入地层造成的物理堵塞	（1）用不稳定试井解释表皮系数和堵塞半径； （2）从动态资料查出油藏伤害的时间，确定造成伤害的环节； （3）分析伤害原因和伤害源成分及产状，必要时要做室内试验加以验证	应采用酸化措施，根据诊断出的伤害源成分和产状，经室内静态及动态试验筛选最优配方和工艺

续表

序号	伤害类型	简要预测及诊断方法	主要解堵措施
3	有机垢（沥青、胶质和蜡）沉淀堵塞	（1）用不稳定试井解释表皮系数和堵塞半径； （2）做蜡的全分析，得出蜡的组分、析蜡温度和结蜡温度； （3）结合动态资料（主要是采油指数化）查出油藏伤害时间； （4）计算温度场和压力场，结合油藏的析蜡温度和结蜡温度，找出结蜡点	根据油田的具体情况，优选清防蜡方法

3）解堵工艺方案制定

（1）堵塞诊断技术。

应用不稳定试井、现代试井解释技术、求出表皮系数和堵塞半径，也可以计算其他评价伤害的标准。堵塞伤害的评价标准为：

表 3–1–55　各种伤害评定指标的评价标准

序号	评定指标	符号	伤害	正常	改善
1	表皮系数	S	>0	=0	<0
2	附加压降	Δp_s	>0	=0	<0
3	伤害系数	DF	>0	=0	<0
4	流动效率	FE	<1	=1	>1
5	产率比	PR	<1	=1	>1
6	条件比	CR	<1	=1	>1
7	完井系数	PF	<1	=1	>1
8	堵塞比	DR	>1	=1	<1
9	完善指数	CI	>7	=7	<7
10	有效半径	r_{we}	<r_{we}	=r_{we}	>r_{we}
11	堵塞半径	r	表示伤害深度		

（2）解堵工艺优选。

①酸化解堵（包括解堵酸化和基质酸化）。

基本酸主要有盐酸、氢氟酸、甲酸、乙酸、氨基磺酸及磷酸等。

酸液体系主要有：常规盐酸体系，适用于碳酸盐岩油藏和钙质胶结的油藏；土酸体系，适用于溶解石英、黏土和长石；自生酸体系，主要为了增加处理半径，采用的一种地下合成HF的办法；稠化酸体系，由酸液和稠化剂组成，主要为了减缓酸岩反应速度，并减缓滤失，达到缓速效果；泡沫酸体系，以气体为分散相的泡沫体系酸，增大酸窜距离，减慢酸岩反应速度；多组分酸体系，达到多种类型酸化的目的。

②高能气体压裂。

燃烧后的高温有利于熔解有机垢（石蜡、胶质、沥青）解堵，水力震荡有利于解除机械堵塞，产生的 CO_2、N_2 和 HCl 等气体，溶于原油降低原油密度，降低表面张力，有助于增产。最适合于解堵以及强水敏和酸敏地层，不适合于疏松地层。高能气体压裂要求套管无损坏，固井质量好，射孔段以上 200m 以下替入优质压井液。

③水力震荡解堵技术。

利用水力脉冲振击器，产生高压震荡的旋转射流，既有效地冲洗射孔孔眼，也有水力震荡解堵的作用。

④要根据油田存在的细菌和预测细菌繁殖情况，经过室内试验筛选出杀菌剂配方和工艺。

2. 清防蜡工艺方案

在原油生产过程中，由于温度压力降低以及轻烃的逸出，溶解在原油中的蜡会以晶体的形式析出并吸附在油管壁、套管壁、抽油泵以及其他采油设备上，甚至在油层部位都会形成蜡的沉积。油井结蜡不是白色晶体而是黑色的半固体和固体石蜡、沥青、胶质及泥质等杂质的混合物。

油井结蜡后，使出油通道内径逐渐缩小，给油流增加阻力，降低油井产能，有的甚至将出油通道堵死，造成油井停产。抽油泵结蜡后，还会使抽油泵失灵，降低抽油效率，甚至将深井泵卡死，损害设备。所以油井清蜡、防蜡和防垢就显得十分重要。

（1）蜡性及结蜡规律。

石蜡及微晶蜡的组成参见表 3-1-56。

表 3-1-56　石蜡及微晶蜡的组成

项　目	石　蜡	微晶蜡
正构烷烃，%	80~90	0~15
异构烷烃，%	2~15	15~30
环烷烃，%	2~8	65~75
熔点范围，%	50~65	60~90
平均相对分子质量范围	350~430	500~800
典型碳原子数范围	16~36	30~60
结晶度范围，%	80~90	50~65

①原油中含蜡量越高，油井结蜡就越严重；

②油井开采后期较前期结蜡严重；

③高产井及井口出油温度高的井结蜡不严重或不结蜡；

④油井见水后，低含水阶段结蜡严重，随着含水的上升结蜡逐渐减轻；

⑤表面粗糙或不干净的设备和工具结蜡严重；

⑥出砂井容易结蜡；

⑦油层、井底和油管下部不容易结蜡；

⑧井口附近很少结蜡。

（2）清防蜡方法选择。

油田常用的清防蜡技术主要有：机械清蜡技术、热力清蜡技术、表面防蜡技术（内衬和涂料油管）、化学药剂轻防蜡技术、磁防蜡技术以及微生物防蜡技术。要根据实际井况选择合适的清防蜡技术。

(3) 推荐的清防蜡工艺方案。

3. 油井和水井防砂工艺方案

1) 出砂的可能性分析

(1) 影响出砂的因素。

①地质因素：

即储层的地质条件，如砂岩胶结物含量及分布、胶结类型、成岩压实作用及地质年代等，一般来说，胶结物含量低、地质年代新、埋藏浅及成岩强度低的砂岩，容易出砂。

开采因素：

②生产压差过大，采油速度过高；

b. 不适当的增产措施（酸化、压裂）及频繁的修井作业；

c. 油井含水上升；

d. 油田开采中、后期，为了保持油井稳产，大幅度提高油井产液量，加剧了对地层颗粒的冲刷。

一般来说，油井出砂主要是地质原因造成的，其次才是开采过程中的措施不当，从而加剧了油井出砂。

(2) 出砂预测方法。

出砂预测方法有 4 类：即现场观测法、经验法、数值计算法和实验室模拟法。

现场观察法主要有岩心观察、试油观察、同一地质年代类似油田对比法。

经验法主要有模量法、声波测井数据确定出砂门限法、孔隙度法、单轴抗压强度法等。

现场观测法简单实用，对于弱固结的易出砂地层，可以给出较好的预测，但对于疏松-固结之间的地层预测比较困难。经验法是国内外采用最多的方法，它比现场观测法准确，只需一定数量的岩心和测井数据即可进行。数值模拟法和实验室模拟法由于条件限制较多，目前采用的还不多。

2) 防砂方法选择

主要防砂方法对比表参见表 3-1-57。

表 3-1-57　主要防砂方法对比

分类	防砂方法	优点	缺点	备注
机械防砂	绕丝筛管砾石充填	(1) 成功率高达90%以上； (2) 有效期长； (3) 适应性强，应用最普遍； (4) 裸眼充填产能为射孔完井的1.2~1.3倍	(1) 井内留有防砂管柱，后期处理复杂，费用高； (2) 不适用于粉细砂岩； (3) 管内充填产能损失大	可按工艺条件和充填方式再细分
机械防砂	滤砂管	(1) 施工简便，成本低； (2) 适合多油层完井，粗砂地层	(1) 不适宜于粉细砂岩； (2) 滤砂管易堵塞使产能下降； (3) 滤砂管受冲蚀，寿命短	按材料不同形成多种滤砂管
机械防砂	割缝衬管	(1) 成本低，施工简便； (2) 适用于出砂严重的中、粗砂岩，水平井等	(1) 不宜用于粉细砂岩； (2) 砂桥易堵塞，影响产能	

续表

分类	防砂方法	优点	缺点	备注
化学防砂	胶固地层	(1) 井内无留物，易进行后期补救作业； (2) 对地层砂粒度适应范围广； (3) 可进行多层分段防砂； (4) 施工简便	(1) 渗透率下降，成本高； (2) 不宜用于多层长井段和严重出砂井； (3) 化学剂有毒，易造成污染	树脂液，树脂砂浆，溶液地下合成，化学固砂剂
化学防砂	人工井壁	(1) 化学剂用量比胶固地层少，成本可降低20%~30%； (2) 井内无留物，补救作业方便； (3) 可用于严重出砂的老井； (4) 成功率高达85%以上	(1) 不宜用于多油层，长井段； (2) 不能用于裸眼井	预涂层砾石，树脂砂浆。水泥砂浆，水带干灰砂，乳化水泥
砂拱防砂	套管外封隔器	(1) 施工简便，费用较低； (2) 可用于多层完井施工； (3) 产能损失小，后期补救处理较容易	(1) 不宜用于粉细砂岩及疏松砂岩地层； (2) 砂拱稳定性不好； (3) 控制流速影响产量	
其他	水力压裂砾石填充	(1) 既防砂，又获高产； (2) 消除油层伤害； (3) 有效期长	(1) 不宜用于多油层和粉细砂岩； (2) 后期处理难	工业应用
其他	原油焦化固砂	(1) 特别适用于超稠油疏松砂岩； (2) 井内无留物	(1) 不宜用于多油层和长井段作业； (2) 施工复杂，难度大，费用高	用火烧油层的方法

（1）选择原则：

①立足于先期防砂。

②结合油藏地质特征，综合考虑工艺、技术条件和防砂费用，合理选择防砂方法。

③立足保护油层，减少伤害，以保持油井获得最大产能为目标，进行方法优选。

（2）防砂方法优选必须考虑的因素：

①完井类型：选择完井方式来防砂，低渗透一般选用套管射孔完井来防砂。

②完井井段长度：化学防砂主要用于短井段地层，一般井段长度不超过 8m。机械防砂一般不受井段长度的限制。

③油层物性：油层物性不同，防砂工艺的选择也不同。

④产能损失：无论哪种方法，都力争在控制出砂的前期下，使油井产能损失最小。

⑤成本费用：要综合考虑防砂后长期综合经济效益。

3）推荐的防砂工艺及配套技术。

九、油、水井动态监测

1. 动态监测的总体方案设计

1）编制油田生产动态监测方案必须收集的资料

油藏深度、生产套管内径、油管内/外径、油藏压力、注水压力、油藏温度、油田开发全过程日产液量范围/含水变化范围、气油比、最大井斜/深度、最大方位角变化率及深度、油品性质、腐蚀环境等。

2）生产动态监测方案设计原则

（1）满足油藏工程方案对油田生产动态监测的要求。

（2）考虑油田地理位置、地面环境、操作水平及管理水平等对油田生产动态监测的要求。

（3）考虑油水井生产方式、井身结构、地下流体性质（腐蚀性、黏度、含蜡量）、油藏深度及压力和温度等因素，选择测试仪器及配套设备，确定测试方法。

（4）尽量采用国内外成熟先进的仪器设备和配套工艺。

3）油田生产动态监测的内容

（1）动态试井。包括稳定试井（压力、温度）、不稳定试井（系统试井）干扰试井及找水流方向。

（2）产出剖面测井。即在油井生产过程中录取分层产液量、产水量、压力及温度等分层动态资料。

（3）注入剖面测井。即在注入井正常注水（气、汽、聚合物）时的分层注入量和吸入厚度。

（4）工程测井。包括检测套管完好状况（损坏、腐蚀、变形）、固井质量检查及射孔质量检查。

（5）作业质量检查井。如水力压裂裂缝形态测试，作业目的层改造状况测试。

（6）地层参数测井。如孔、渗、饱测井。

（7）地层流体性质测井。如水淹层测井及延时测井。

4）动态监测方案工艺选择

（1）根据收集资料和方案设计原则，依照已确定的油套管尺寸、采油方式及井的轨迹来优化生产动态测井的通道。自喷和气举采油方式的井，当井斜大于 45°~60°时，由于摩阻过大，监测仪器不能用钢丝或电缆靠自重下放，必须利用连续油管送入井底。

（2）有杆泵抽油井，可以利用油套环空作为油田生产动态监测通道，要求环空间隙比仪器大 9mm 以上。对于相位角变化率大于 60°/10m 时容易发生缠绕油管事故，不宜采用环空测试，在大套管可采用 Y 型工具建立生产动态监测通道。

（3）电潜泵采油，由于泵井过大，只能用 PSI 渗透压仪测泵吸入口压力，推算油层压力或用毛细管测压装置测压。在大套管可采用 Y 型工具建立生产动态监测通道。

（4）水力活塞泵和射流泵常用开式流程，都因为有井下封隔器，油套环空不通，不能利用环空测试技术，只能用顶部测压的办法测吸入口压力，折算油层压力。在大套管可采用 Y 型工具建立生产动态监测通道。

（5）螺杆泵由于井下有油管防脱装置，油套环空不通，无法测试，但可以使用毛细管测压装置测压。在大套管可采用 Y 型工具建立生产动态监测通道。

（6）根据提供的压力、温度、流量、含水、气油比等资料和生产动态监测资料的要求，优选仪器。

2. 动态监测仪器设备选择

表 3-1-58　生产动态监测仪器的种类及适应性

监测类型	监测内容	主要监测方法	适用范围 （作用及仪器的主要技术指标）	优点	缺点
工程测井	固井质量	固井声幅测井	通过测量套管波幅大小，判断第一界面胶结的好坏；耐温175℃，耐压140MPa		仪器偏心和测井时间的选择对声幅测井曲线有影响
		变密度测井	通过测量套管波后的续至波，确定第二界面的好坏；耐温175℃，耐压140MPa		
		水泥评价测井	采用多换能器解决仪器的偏心问题		
	射孔质量	井下声波电视测井	通过测量套管壁反射波直观显示井壁。下井仪器耐温175℃，耐压100MPa，传输速率66.7kB/s，扫描5转/s	直观准确	费用高
		磁测井、微井径	磁测井和微井径的井径曲线可作为常规射孔质量检测方法，磁测井的相位移曲线有特殊作用	简便廉价	不够准确
	套管技术状况	井下声波电视测井	通过测量套管壁反射波直观显示井壁。下井仪器耐温175℃，耐压100MPa，传输速率66.7kB/s，扫描5转/s	直观准确	费用高
		多臂井径仪测井	通过井径最大半径曲线和最小半径曲线与标称半径对比，可知套管腐蚀、变形、积蜡等，40臂井径仪耐温175℃，耐压70MPa	费用低，操作简便	不能准确确定套管损坏部位及程度，更不能确定套管外部的腐蚀和损坏

3. 动态监测方案实施要求与建议

根据动态监测具体实施的要求，提出建议。

十、措施作业工作量、作业队伍需求量预测和配套厂站建设

1. 措施及作业工作量预测

措施作业项目及工作量预测表参见表3-1-59。

表 3-1-59　作业项目及工作量预测

序号	主要作业分类	主要作业项目	年计划，井次				
1	新井投产、水井投注作业、采油井转注作业	新井投产作业					
		水井投注作业					
		采油井转注作业					

续表

序号	主要作业分类	主要作业项目	年计划，井次					
2	措施作业	压裂						
		酸化						
		防砂						
		液氮举喷						
		下桥塞、封堵						
		找卡、堵水						
		防膨增注						
		分注						
		调剖、清防蜡						
3	维修作业	油井维修						
		注水井维修						
		补孔						
		打捞及简单事故						
		检泵及其他维修						
		找窜、封窜						
4	大修作业	钻桥塞						
		大型封堵水						
		复杂井下事故						
		套管维修、严重井喷						
5	新工艺试验							
6	其他作业							

2. 作业队伍及装备需求量预测

根据措施类型和措施工作量预测作业队伍需求。

3. 配套厂站建设

对大批量措施用料和用水的配套厂站建设提出计划和预测。

十一、采油工程方案经济分析

预测采油工程方案的技术经济效果，涉及油田基本建设投资、固定资产折旧和生产操作费用，以及投资回收期、利税额及净现值等多项指标。由于采油工程投资只是油田基本建设投资的一部分，因此对采油工程方案进行技术经济评价时，应着重考察采油工程方案新增基本建设项目的技术经济效果情况。

1. 基本参数及分析评价指标的确定

1）基本参数

包括油田基本参数、作业项目及工作量预测、动态检测工作量预测、作业费用及标准作业井次预测等数据见表 3-1-60~表 3-1-63。

表 3-1-60 油田基本参数

项 目	数 据	项 目	数 据
起始时间		染料成本，元/t	
研究年数，a		材料成本，元/t	
油井数，口		每度电费，元/t	
水井数，口		井月耗电，kW·h	
气油比，m³/t		人月工资，元	
采油建设投资，万元		井均工人数，人	
采油折旧年限，a		管理费，元/t	
注水单价，元/t		车间经费，元/t	
脱水单价，元/t		其他费用，元/t	
标准作业价，元/井次			

表 3-1-61 油田生产指标预测结果表

时 间	年产油量 10^4 t	年产气量 10^4 m³	年注水量 10^4 m³	年产液量 10^4 m³	商品油气量 10^4 m³	商品油气价格 元/t
合计						

表 3-1-62 动态监测工作量预测

主要动态监测项目		年测试工作量，井次
类 型	内 容	
采油井测试	产液剖面	
	液压	
	静压	
	流压梯度	
注水井测试	吸水剖面	
	注入水水质	
其 他	地层连通状况	
	井下状况	
	水流方向	
	高压物性	
合 计		

表3–1–63　作业费用及标准作业井次预测

作业项目名称	标准作业费用 万元/井次	年作业费，万元						
有杆泵投产								
措施作业								
维修作业								
大修作业								
动态监测								
新工艺试验								
其　他								
合　计								
折合标准井								
压　裂								
酸　化								
防　砂								

2）评价指标

评价指标包括财务内部收益率、投资回收期、财务净现值和财务净现值率、投资利润率和投资利税率以及单位采油（气）率等。

(1) 财务内部收益率。

财务内部收益率是指项目在计算期内各年净现金流量现值累计等于零时的折现率。

$$\sum_{t=1}^{N}(CI-CO)_t(1+FIRR)^{-t}=0 \qquad (3-1-1)$$

式中　CI——现金流入量；

CO——现金流出量；

$(CI-CO)_t$——第 t 年净现金流量；

N——计算期（评价年限），a；

$FIRR$——财务内部收益率，小数。

财务内部收益率（$FIRR$）主要用于项目的可行性研究，也可用于方案的比选。$FIRR$ 不小于部门基准收益率，（评价时一般取基准收益率为12%），则认为项目在财务上是可以考虑接受的。在进行项目比选时，一般认为 $FIRR$ 越大，方案的经济效果越好。

(2) 投资回收期。

投资回收期（投资返本年限）是以项目净收益抵偿全部投资（包括固定资产投资和流动资金）所需要的时间。

$$\sum_{t=1}^{P_t} (CI - CO)_t = 0 \qquad (3-1-2)$$

式中 P_t——投资回收期，a。

投资回收期可利用财务现金流量表（全部投资）求得，计算方法为：

$$P_t = T - 1 + \frac{\left|\sum_{t=1}^{T-1}(CI-CO)_t\right|}{(CI-CO)_T} \qquad (3-1-3)$$

式中 T——累计净现金流量开始出现正值的年份。

投资回收期是反映项目财务上投资回收能力的重要指标。若项目评价求出的投资回收期不大于部门基准值（原油开采，一般取为10年），应当认为项目在财务上具有较好的投资回收能力。

（3）财务净现值和财务净现值率。

财务净现值是指项目在计算期内各年净现金流量按设定折现率（或规定的基准收益率）贴现的现值之和。

$$FNPV = \sum_{t=1}^{n} (CI - CO)_t (1 + I_c)^{-t} \qquad (3-1-4)$$

财务净现值率是指项目净现值与全部投资现值相比，也即单位投资现值的净现值。

$$FNPVR = \frac{FNPV}{I_p} \qquad (3-1-5)$$

式中 $FNPV$——财务净现值；

I_c——折现率，小数；

$FNPVR$——财务净现值率；

I_p——投资（包括固定资产投资和流动资金）的现值。

财务净现值和财务净现值率考虑了时间的价值，反映项目在计算期内财务效果的动态评价指标，当$FNPV > 0$时，项目在财务上是可以考虑接受的。在方案比选时，应选择净现值大的方案。当各方案投资额不同时，须进一步用净现值率来衡量；若财务净现值率不同，应选择财务净现值率大的方案；如果财务净现值率相同或相近，则选择投资大的方案。

（4）投资利润率及投资利税率。

投资利润率是指项目生产期内年平均利润总额与总投资的比例：

$$投资利润率 = \frac{年平均利润总额}{总投资} \times 100\%$$

投资利税率是指项目生产期内年平均利税总额与总投资比例：

$$投资利税率 = \frac{年平均利税总额}{总投资} \times 100\%$$

其中 年利润总额 = 年销售收入 - 年总成本 - 年销售税金 - 年技术转让费 - 年资源税 - 年营业外净支出

年利税总额 = 年利润总额 + 年销售税金 + 资源税

投资利润率及投资利税率都是反映投资效果的静态评价指标。评价时，若投资利润率及投资利税率都大于或等于其基准值,则表明项目具有较好的经济收益,在财务上是可以考虑接受的。

(5) 单位采油(气)成本。

单位采油(气)成本是指油气田开发投产后,年总采油(气)资金投入量与年采油(气)量的比值。表示生产1t原油(或1m³天然气)所消耗的费用。

2. 采油设备投资及生产成本

1) 采油设备投资

采油设备投资是油田产能中采油工程方面的主要投资,在采油工程方案中应根据所选设备做出设备投资项目表(表3-1-64)。

表3-1-64 采油设备投资估算表

采油方式	主要设备	投资定额数据	投资定额单位	估算投资额,元
常规有杆泵采油	安全控制系统	A1	元/井	A1
	井口设备	A2	元/套	A2
	油管	A3	元/t	$A_3 \pi (D_2^2 - d_3^2) L_3 r_{tube}/4$
	抽油机	C1	元/台	C1
	抽油杆	C2	元/t	$C_2 \pi d_{rod}^2 L_{rod} r_{rod}/4$
	抽油泵	C3	元/台	C3
	封隔器	C4	元/井	C4
	其他	C5	元/井	C5
	合计			$A1 + A2 + A_3 \pi (D_2^2 - d_3^2) L_3 r_{tube}/4 + C_2 \pi d_{rod}^2 L_{rod} r_{rod}/4 + C3 + C4 + C5$
气举采油	安全控制系统	A1	元/井	A1
	井口设备	A2	元/套	A2
	油管	A3	元/t	$A_3 \pi (D_2^2 - d_3^2) L_3 r_{tube}/4$
	气举气地面管汇、压缩机站及辅助措施	B1	元/套	B1
	井下气举阀	B2	元/个	$B2 \times nb$
	封隔器	B3	元/井	B3
	其他	B4	元/井	B4
	合计			$A1 + A2 + A_3 \pi (D_2^2 - d_3^2) L_3 r_{tube}/4 + B1 + B2 \times nb + B3 + B4$

注:A1—A6,B1—B4,C1—C5 为投资总额;D 和 d 表示不同采油方式下油管内外径;L 表示油管长度;r_{tubd} 为油管相对密度;nb 为气举采油所用气举阀的数量;d_{rod} 为抽油杆直径;L_{rod} 为抽油杆长度;r_{rod} 为抽油杆相对密度。

2) 不同采油方式的生产成本

生产操作费是原油生产成本的重要组成部分。为便于对比不同采油方式的生产费用,可按照采油方式进行估算(表3-1-65)。

表 3-1-65　采油工程费用　　　　　　　　　　　　　　　　　　　　　单位：万元

时间	采油方式	采油设备投资	燃料材料费用	动力费用	工资费用	注水费用	井下作业费用	车间费用	管理费用	其他费用	吨油费用	吨油举升费用	设备折旧费用
平均													

3. 敏感性分析

计算项目经济评价指标依据大量的统计资料，本身存在着误差，评价期较长，许多参数或因素会发生变化。为了考察一些主要参数变化时，对评价指标及评价结果的影响，可引用敏感性分析方法。具体方法为以财务净现值或净现值率、投资回收率等为纵坐标，以几种不确定因素如油价或产液量等的变化率为横坐标，绘制敏感性分析图（图 3-1-19）。

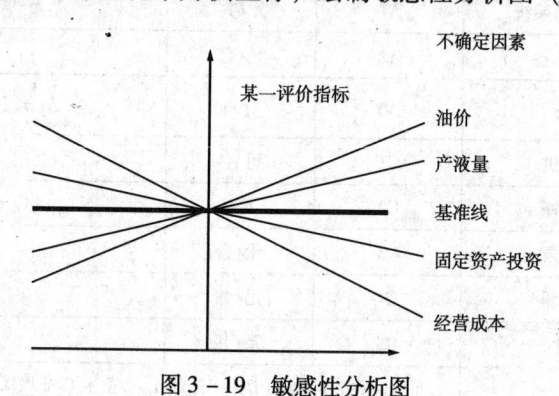

图 3-19　敏感性分析图

敏感性分析图不仅能用来考察当某种主要因素发生变化时，某一项经济评价指标随之的可能变化情况，而且能用来分析由于某些定额指标的估算误差可能对方案评价结果带来的影响。

4. 采油工程方案的经济评价

根据上述结果，对技术上可行的采油工程方案进行经济评价与分析，最终完成采油工程方案的编制，并提出实施建议。参见表 3-1-66。

表 3-1-66　采油工程方案财务现金流量表（全部投资）　　　　　　　单位：万元

序号	项目	生产期 1	2	3	……	n	合计
1	现金流入						
	产品销售收入						
	回收固定资产余值						
	回收流动资金						

续表

序号	项目	生产期 1	2	3	……	n	合计
2	现金流出						
	固定资产投资						
	其中国外贷款						
	流动资金						
	经营成本费用						
	销售税金及附加						
	所得税						
	营业额外支出						
3	净现金流量						
4	累计净现金流量						
5	所得税前净现金流量						
6	所得税前累计净现金流量						

第四节　采油工程方案编制及审批程序

采油工程方案的编制要以油藏地质和油藏工程研究成果为依据，紧密结合油田实际情况，使方案设计具有适用性、先进性、及时性、可操作性和经济性，成为提高油藏开发技术水平和经济效益的可靠保障。采油工程方案编制的具体要求是：

（1）承担采油工程方案编制的单位，应具有相应的资质，其中一级和二级资质由低渗透集团公司授予，三级资质由低渗透油田股份公司授予。

（2）动用地质储量在 100×10^4t 以上或年产能 5×10^4t 以上的油田（或区块），以及特殊类型油田的采油工程方案，由具有一级资质的单位研究设计，由各低渗透油田公司预审并报低渗透集团公司审批，其他采油工程方案由低渗透油田公司审批。

（3）动用地质储量在 100×10^4t 以下或年产能小于 5×10^4t 的常规新油田（或区块）和老油田重点调整改造的采油工程方案，由具有二级及以上资质的单位研究设计。

（4）老油田常规调整改造的采油工程方案，由具有三级及以上资质的单位研究设计，要深入开展低渗透采油工程方案设计方法研究，初步建立起方案设计的基本模式，为低渗透油矿实施"挖潜增效"工程提供技术支持和决策依据。

（5）采油工程方案通过审查批准后，应严格按照方案组织实施。执行过程中若需对完井方式、采油方式等进行重大调整，应向审批部门及时报告，经批准后方可实施。

（6）油田投产每隔2~3年，应对采油工程方案实施效果进行评估，评估的主要内容包括：方案设计的合理性，主体技术的适应性，各种经济技术预测指标的符合程度等。

（7）采油工程方案设计要逐步由单项技术总体设计向典型井施工设计延伸，实现"总体方案—典型井设计"一体化，并加强方案实施跟踪研究力度，充分发挥其在油田开发中的重要作用。

（8）单井设计是指导施工作业的依据，主要包括试油、试采、井下作业和试井设计等。试油试采及井下作业设计应包括地质、工程和施工设计，试井设计应包括地质和施工设计。各项设计要符合相关的技术标准和要求。

（9）要完善配套采油工程方案研究所需的经济评价手段，以适应油田深度开发、滚动建设和低成本发展的需要，提高方案研究技术水平，要深入开展技术方案优选，措施效果评价，经济效益预测等配套软件的开发应用研究，使方案研究手段逐步配套完善。

第五节　采油工程方案实施效果评估

油田投产2~3年后，应对采油工程方案实施效果进行后评估，评估的主要内容包括：方案设计的合理性，主体技术的适应性，各种经济技术预测指标的符合程度等。

第六节　单井设计的主要内容及规范

单井设计是指导施工作业的依据，主要包括试油、试采、井下作业和试井设计。试油试采及井下作业设计应包括地质、工程和施工设计，试井设计应包括地质和施工设计。各项设计要符合相关的技术标准和要求。

一、试油设计的主要内容及规范

试油即利用一套专用的设备和适当的技术措施，降低井内液柱压力（或进行射孔），使产层内的流体流入井内并诱导至地面，然后对井下油气层进行直接测试，并取得有关油气水层产能、压力、温度和油气水物理性质资料的工艺过程。

1. 试油设计的主要内容

（1）油气井基础数据：钻井基本数据，油层段钻井液使用情况数据，试油层位及解释基础数据，井身结构示意图。

（2）地质简介：地质构造简况，邻井试油成果及效果评价，本井中途测试情况。

（3）设计依据及试油目的。

（4）分层产能预测及地质要求：流体性质判断，产能预测，资料录取。

（5）试油方式和工作制度，试油层施工工序，试油周期。

(6) 参数的计算与选择：试油管柱强度，射孔及作业参数计算与选择，作业参数选择时要考虑套管强度等因素。

(7) 主要设备、工具及器材配备要求。

(8) 主要管柱及地面流程示意图、施工步骤及要求。

(9) "健康、安全、环境"措施。

2. 试油地质设计规范

1) 基础数据

(1) 钻井基本数据见表3-1-67。

表3-1-67 钻井基本数据表

井别		开钻日期		完钻日期	
完井日期		完钻层位		完钻井深，m	
地面海拔，m		补心海拔，m		井深，m	
人工井底，m		套补距，m		完井方法	
地理位置					
构造位置					
井位坐标		纵X：		横Y：	
最大井斜，(°)		井深，m		方位角，(°)		井底位移，m	

井身结构	钻头尺寸×深度 mm×m	套管名称	外径 mm	壁厚 mm	钢级	下入深度 m	水泥返深 m	阻流环深 m
		表层套管						
		技术套管						
		油层套管						

固井质量描述	井段，m	固井质量测井评价						

完井试压	

备注	

(2) 油层段钻井液使用情况见表 3-1-68

表 3-1-68　钻井液使用情况表

井段 m	钻井液类型	密　度 g/cm³	漏斗黏度 s	氯离子含量 (Cl⁻) mg/L	漏失量 m³	失水量 mL	钻井液浸泡时间 h	混油及特殊添加剂情况

(3) 定向井（水平井）井段基本数据参见表 3-1-69。

表 3-1-69　定向井（水平井）井段基本数据表

造斜井段全长, m		方位角,（°）		水平位移, m	
最大井斜,（°）		造斜点井深, m		油层顶界深, m	
水泥塞深, m		水泥返深, m		垂直井深, m	
全角变化率,（°）/30m		中靶半径, m			
水平井井眼轨迹	井段, m	垂深, m	井斜,（°）	方位,（°）	靶前位移, m

(4) 井身结构示意图参见图 3-1-20（图中应标明套管规格、下深、水泥返深、声幅测深或人工井底、层位、井段等内容）。

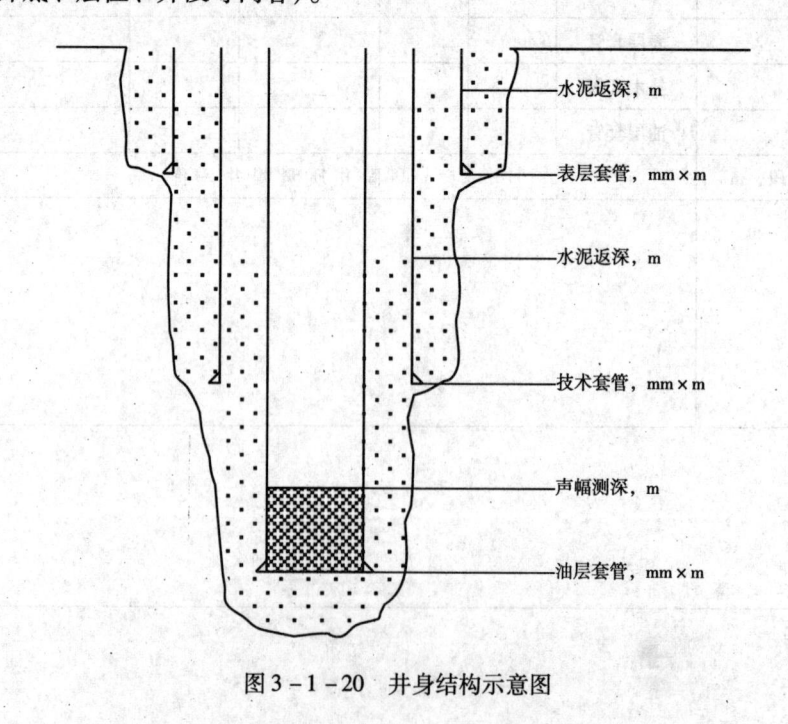

图 3-1-20　井身结构示意图

(5) 井内复杂情况（套管变形、落物等）。
(6) 试油层位及解释基础数据见表 3-1-70。

表 3-1-70 试油层位及解释基础数据

试油序号	层位	射孔井段 m	厚度 m	测井解释							录井显示			岩心分析		综合解释
^	^	^	^	层号	井段 m	厚度 m	R_t $\Omega \cdot m$	DEN g/cm³	PORE %	S_W %	K mD	解释结果	岩性	解释结果	ϕ %	K mD	^

注：(1) R_t—真电阻率；DEN—岩石密度；PORE—有效孔隙度；S_W—含水饱和度；ϕ—孔隙度；K—渗透率。
(2) 项目中的空格根据××油气田分（子）公司实际情况填写。

2）地质简介
(1) 地质构造概况。
(2) 邻井试油成果及效果评价。
(3) 对于重复试油施工井，要写清以往试油成果、投产投注情况及油井现状。
(4) 本井中途测试及 MDT 测试情况。

3）设计依据及试油层目的

4）分层产能预测及地质要求
(1) 流体性质判断。
(2) 产能预测。
(3) 射孔方案优化建议。
(4) 试油资料录取要求。

3. 试油工程设计规范
(1) 油井基本数据见表 3-1-67~68 表 3-1-69。
(2) 设计依据及试油方式。
(3) 试油层施工工序。
搬迁安装→通井探井底、洗井、试压→射孔→压裂酸化→排液求产→测试取资料。
(4) 参数的计算与选择。
①套管柱强度计算。
②井内管柱变形、强度计算及选择。
③射孔及作业参数的计算及选择。
(5) 试油主要设备、工具及器材见表 3-1-71。

表 3-1-71　设备、工具及器材表

序号	名称	型号、规格	单位	数量	备注
1	修井机、通井机				
2	液压钳、管钳和吊卡				
3	泵车				
…	……				

（6）施工步骤及要求。

（7）试油管柱及地面流程。

①试油管柱及结构应注明工具名称、型号、规格、外径、内径、长度及下入深度，并画出主要工序管柱示意图。

②地面流程画出平面示意图。

（8）试油周期见表 3-1-72。

（9）健康、安全与环保措施。

表 3-1-72　工序周期表

层序	序号	工序名称	工时，h	分层累计时间，h
合　计				

二、试采设计的主要内容及规范

1. 试采设计的主要内容

（1）基本数据：油气井基本数据、试采层段及解释结果数据、本井试油成果数据。

（2）试采目的。

（3）试采产量确定的依据和方式：根据试采目的及油层静（动）态参数确定采油方式、工作制度、生产压差及产量。

（4）试采资料录取要求。

（5）试采工序，施工步骤及要求，试采周期预测。

（6）参数的计算与选择：试采管柱尺寸、强度、参数计算及选择。

（7）主要设备、工具及器材配备要求。

（8）试采管柱及地面流程示意图。

（9）"健康、安全、环境"措施。

2. 试采地质设计规范

（1）基本数据。

①油井基本数据见表 3-1-73。

表 3-1-73 油井基本数据表

井　号				井　别			
地理位置							
构造位置							
井位坐标		纵 X:			横 Y:		
完钻井深, m		完钻层位			试油实探人工井底, m		
地面海拔, m		补心海拔, m			水　深, m		
钻井完井日期				试油结束日期			
最大井斜, (°)		井深, m		方位角, (°)		井底位移, m	
井身结构	套管名称	外径, mm	壁厚, mm	下入深度, m	水泥返深, m	阻流环深, m	声幅测深（人工井底）, m
	表层套管						
	技术套管						
	油层套管						
井内管柱结构	油管外径, mm	钢级	壁厚, mm	内径, mm			下深, m
	备　注						

② 试采层段解释结果见表 3-1-74。

表 3-1-74 试采层段解释结果表

层位	层号	井段 m	厚度 m	测井解释结果				解释结果	录井解释	岩心分析		试井解释成果	
				R_t $\Omega \cdot m$	PORE %	S_W %	K mD			ϕ %	K mD	K mD	S	R_i m

注：R_t—真电阻率；PORE—有效孔隙度；S_W—含水饱和度；ϕ—孔隙度；K—渗透率；S—表皮系数；R_i—测试半径。

（2）本井试油成果（表 3-1-75）
（3）油井现状。
（4）试采目的。
（5）试采产量确定的依据及方式。

表3-1-75 ××井试油成果表

试油序号	层位	射孔井段/m	厚度m/层数	射孔方式(枪型/弹型)	射孔方式(孔密孔/m)	射孔方式(孔数 孔)	试油方式	工作制度	油压MPa/套压MPa	日产量(油 t)	日产量(气/无阻流量 m³)	日产量(水 m³)	累计产量(油 t)	累计产量(气 m³)	累计产量(水 m³)	流压MPa/静压MPa/温度℃/测深m	油分析(相对密度)	油分析(黏度 mPa·s)	油分析(凝固点 ℃)	油分析(初馏点 ℃)	油分析(含水 %)	气分析(相对密度)	气分析(甲烷 %)	气分析(硫化氢 %)	气分析(二氧化碳 %)	水分析(氯离子含量 mg/L)	水分析(总矿化度 mg/L)	水分析(pH值/水型)	试油结论	备注

根据试采目的及油层静态（动态）参数确定试采方式、工作制度、压差及产量，参见表3-1-76。

表 3-1-76 ××井试采配产数据表

层位	层号	井段 m	厚度 m	生产方式	工作制度	日产量 油 t	日产量 气 m³	日产量 水 m³	生产压差 MPa	井底流压 MPa	生产时间 d

3. 试采工程设计规范

（1）油井基本数据见表3-1-73、表3-1-74。
（2）试油主要工艺措施及评价。
（3）试采依据及试采方式。
（4）试采工序。

①自喷井试采：井口准备→井下工具及地面仪器准备→洗井，压井，冲砂，实探人工井底→下试采管柱，安装采油树→放喷排液，关井测静压→定产量，定生产时间试采；记录油套压，计量产量，测流压；清蜡→测压力恢复曲线→封井，交井。

②非自喷井试采：

抽油机、抽油杆及抽油泵选择，抽油杆柱和试采管柱结构设计→下压力计及试采管柱和抽油杆→碰泵，调防冲距→安装抽油机→试抽→关井测静压→抽油试采→试采产量计量采→取油、气、水样→关井测压力恢复曲线→压井→封井，交井。

（5）参数的计算与选择。
①井内管柱变形、强度计算及选择。
②作业参数的计算及选择。
（6）施工步骤及要求。
（7）试采管柱及地面流程。

①试采管柱结构应注明工具名称、型号、规格、外径、内径、长度及下入深度，并画管柱示意图。

②地面流程画出平面示意图。
（9）试采周期见表3-1-77。
（10）健康、安全与环保措施。

表 3-1-77 工序周期表

层序	序号	工序名称	工时，h	分层累计时间，h
		合计		

三、井下作业设计的主要内容及规范

1. 井下作业种类

井下作业工程设计主要包括增产增注、大修及小修等设计。

一般的简单修理和维护性工作,称作小修作业又叫维护作业。其主要内容有:冲砂检泵、清蜡检泵、打捞简单落物、更换井下管柱或井下工具、注水泥、测压、卡堵水、注水井测试以及调配等。承担这些工作的施工队伍叫小修作业队。小修作业的基本方法是把起下油管作为手段,把井中原来的工具通过油管起出,然后按施工设计进行项目的施工,施工目的完成后,再通过油管把更新的工具或抽油泵下入到井内预定位置,重新开始生产。冲砂检泵就是一项典型的小修作业。

油气井出了大故障,就得用专门的大修作业队来修理。大修作业的特点是:工程难度大,技术要求高,必须用大型的修井设备,并配备大修钻杆和大修转盘等专用设备工具才能开展工作。大修作业内容归纳起来主要为下列三大类:

第一类,复杂打捞。顾名思义,这个打捞很复杂,一般小修作业队干不了。所谓复杂打捞是指油气井内,因各种原因造成井下落物情况非常复杂,举一个例子:某井把井下管柱和工具全部卡死,小修作业队处理时又拔断油管,无法作业,只好交大修作业队来修理。第二类,修复油井套管。套管是保证油气井正常生产的必要条件,而油井因各种原因造成套管损坏经常发生,因此修复油井套管是大修作业队的主要任务之一。套管损坏主要有以下几种情况:一是套管缩径,即油井的套管内径变小了,致使下井工具通不过去,油井无法正常生产;二是套管破裂,即油井的套管破裂成缝或洞,造成地层砂子大量涌入井内,使油气井停产;三是套管错位或断开,有的井套管会折断,且上下断口错开。第三类,套管内侧钻。即用小钻杆带钻头,从老井套管内下入,在预定位置钻开一个窗口(术语叫"开窗"),小钻头从"窗口"往外钻进,打一个小井眼,然后下小套管,固井。这种从老井套管内往外钻一段小井眼完井的工程叫老井侧钻,它适用于以下情况:老井下部报废,不能开采,侧钻后可以重新恢复生产;老井眼的油层不好,而井眼附近有好的油层,侧钻后可开采新的储量。

总体上来说,大修作业主要有:打捞作业、解卡作业、套管整形、套管加固、套管换取、侧钻、工程报废、钻水泥塞作业、可钻式封隔器钻铣工艺、抽油泵打捞作业、井下小件落物打捞作业、电动潜油泵打捞以及可钻式桥塞钻铣作业等。

小修作业主要有:注水井调配作业,换井口装置作业,压井替喷作业,油层套管封隔器查漏作业,油水井探砂面及冲砂作业,起下油管作业,洗井作业,找串、封串及验串作业,水力喷砂射孔作业,注水泥塞作业,通井及刮削套管作业等。

2. 井下作业设计主要内容

(1) 设计依据及目的。

(2) 基础数据:井身结构、固井质量、射孔井段、油层物性、原油物性、试油及生产情况。

(3) 设计优化:施工参数、材料、工艺管柱、效果预测。

(4) 施工准备:材料、工具、设备、队伍。

(5) 施工程序：井筒准备、施工过程、施工收尾。
(6) 施工资料：施工参数、施工记录、施工总结。
(7) 相关技术要求：执行的标准和操作规程及特殊技术要求。
(8) "健康、安全、环境"措施。

由于井下作业种类繁多，不能一一罗列，在此捡主要的井下作业说明其规范。

3. 压裂设计内容及规范

1) 压裂地质设计内容及规范

(1) 基本数据。

①钻井基本数据见表3-1-78

表3-1-78 钻井基本数据表

地理位置					
区域构造					
井 别					
井位坐标（X）		地面海拔		设计井深	
井位坐标（Y）		补心高度		完钻井深	
开钻日期		完钻日期		完井日期	
完钻层位	石炭系太原组	目的层位		人工井底	
井身结构					
程序	钻头 mm	井深 m	套管外径 mm	套管壁厚 mm	套管内径 mm	套管钢级	套管下深 m	水泥返高 m	套管出地高 m
一开									
二开									
固井质量				短套管位置，m					
目的层附近套管接箍数据，m									

②压裂目的层数据（表3-1-79），测井曲线1:200（附图）。

表3-1-79 目的层基本数据表

层位	井段 m	砂层厚度 m	自然伽马（API）	时差 μs/m	泥质含量，%	孔隙度 %	含气饱和度 %	渗透率 mD	解释结果

359

③射孔数据（表3-1-80）

表3-1-80 目的层射孔数据表

层位	射孔井段 m	厚度 m	枪型	弹型	孔密孔/m	相位	孔数	射孔方式	射孔液

射孔要求：射孔前用 5½in 刮管器刮管，通井，洗井至进出口水色一致。

④历次措施及目前生产状况（表3-1-81）。

表3-1-81 历次措施及目前生产状况

历次措施					
目前生产状况	日产油，t	日产水，t	含水，%	动液面，m	静压，MPa

(2) 措施依据目的及要求。

(3) 风险提示。

如地层压力、有害气体、环境污染以及防火防爆等方面的提示。

(4) 措施效果预测。

措施后预计该井日增油数量及有效期天数。

2) 压裂工程设计内容及规范

(1) 基本数据参见表3-1-78~表3-1-81。

(2) 压裂方案。

①压裂目的。

②设计思路。

③压裂方式：（单上封、双封选压等）。

④压裂液配方。

包括原胶液配方、交联液配方、交联比及活性水配方等

⑤支撑剂选择。

⑥压裂施工参数设计及计算结果（压裂软件进行裂缝模拟计算）见表3-1-82。

表3-1-82 压裂施工参数设计及计算结果

射孔井段，m	加砂量，m³	设计排量，m³/min	砂比，%	前置液，m³	携砂液，m³	顶替液，m³	支撑缝长，m

(3) 压裂施工程序。

①通洗井。

②压裂钻具结构。

③施工车辆摆好，地面高低压管线连接，高压管线和井口试压。

④压裂施工泵注程序（表3-1-83）。

表 3-1-83　压裂施工泵注程序表

工作内容		液体性质	工作液量，m³	砂量，m³	砂比，%	排量，m³/min	备　注
压裂施工		按设计要求下压裂钻具至目的层××层（射孔××m）					
	注前置液	交联液					
	注混砂液	交联液					
	……	……					
	注顶替液	活性水					
	关井、放喷、排液						

（4）压裂施工要求及注意事项。

包括井口及井下管柱、工作液、支撑剂、作业过程、压裂现场施工安全及环境保护等方面的要求。

4. 酸化设计内容及规范

1）酸化地质设计内容及规范

基本等同压裂地质设计规范。

2）酸化工程设计内容及规范

（1）基本数据。

见表 3-1-78~表 3-1-81。

（2）方案设计依据及思路。

（3）酸化工艺选择（如光油管酸化工艺等）。

（4）酸化设计参数及处理液作用。

①酸化设计参数（表 3-1-84）

表 3-1-84　酸化设计参数

层位	射孔段，m	酸化半径，m	前置酸，m³	主体酸，m³	后置处理液，m³

②处理液配方说明及用途（表 3-1-85）。

表 3-1-85　工作液配方说明及作用

序号	处理液名称	数量，m³	药品配方说明	用　途

（5）施工准备。

包括压力表、油管、液罐、水泥车、管路配件、所需原料及配液等施工准备。

6）施工程序。

通洗井→起下油管→装井口→连接地面管线，试压→酸化泵注→关井→放喷→排液→起管柱→下泵生产。其中酸化泵注程序表见表 3-1-86。

表 3-1-86　酸化泵注程序表

序号	工作内容	排量，L/min	液量，m³	备注

（7）酸化施工要求。

包括井口及井下管柱、工作液、施工过程、排液及 HSE 等方面的要求。

5. 大修设计内容及规范

1）地质设计（送修书）内容及规范

（1）基础数据。

①基本数据（表 3-1-87）；

表 3-1-87　基本数据表

地理位置					
区域构造					
井　别					
井位坐标（X）		地面海拔		设计井深	
井位坐标（Y）		补心高度		完钻井深	
开钻日期		完钻日期		完井日期	
井身结构					
程序	钻头 mm	井深 m	套管外径 mm	套管壁厚 mm	套管内径 mm	套管钢级	套管下深 m	水泥返高 m	套管出地高 m
一开									
二开									
固井质量				人工井底	
目前地层压力				射孔井段	
曾用压井液					

②直井、定向井、水平井井筒轨迹描述；

③本井生产情况（层位、工作制度、日产液量、日产油量、日产气量、含水比、气油比、水气比、油压、套压、井底流压、测试时间）；

④注水注气压力及邻近油气层连通情况；

⑤本区域油层敏感性特征；

⑥本井及连通井生产及历次施工作业中有毒有害气体监测情况（如 H_2S 等），高温高压气体提示；

⑦历次修井情况（含套变、套损位置，井下落物等）；

⑧本次大修地质目的及要求；

⑨井控要求。

2）大修工程（施工）设计内容及规范

修井及完井管柱示意图如图3-1-21所示。

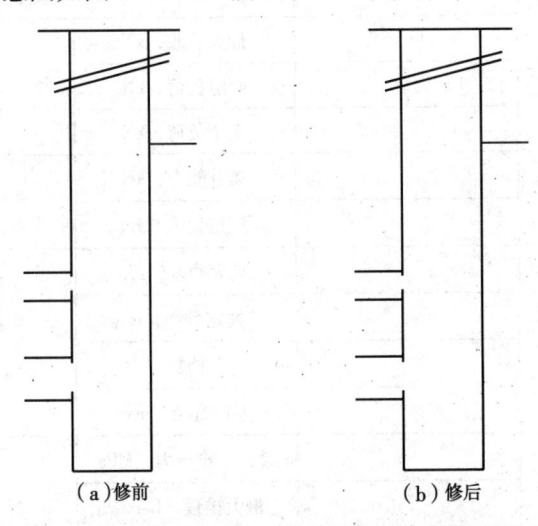

（a）修前　　（b）修后

图3-1-21　修井及完井管柱示意图

（1）设计依据。

油水井地质设计（送修书）为依据。

（2）设计原则。

满足地质设计（送修书）；满足恢复油水井正常生产的要求；满足健康、安全与环保的要求；满足相关技术标准及安全操作规定的要求。

（3）基本数据（见表3-1-87）。

（4）井况描述。

目前井内结构，落鱼描述，套管完好程度，井筒轨迹，井内落物描述。

（5）修前生产简况。

（6）历次修井简况。

（7）连通井生产及注入情况。

（8）目前存在的主要问题。

（9）本次大修目的。

（10）修井及完井管柱示意图（根据井内实际情况，标准管柱结构）。

（11）井控设计（井控装置示意图、安装、试压、修井液密度及其他要求）。

（12）大修井设备安装要求（表3-1-88）。

表3-1-88　大修井设备主要技术参数表

序号	名称	规格型号	技术参数	
1	修井机		修井深度，m	（所用钻具）
2	井架		最大静载，kN	
			有效高度，m	

续表

序号	名称	规格型号	技术参数	
3	游车大钩		最大静载，kN	
			额定负荷，kN	
			安全负荷，kN	
4	水龙头		提升能力，kN	
			承压能力，MPa	
5	转盘		最大静载，kN	
			额定静载，m	
			档数	
			开口直径，mm	
6	修井泵		最大工作压力，MPa	
			最大排量，L/min	
7	发电机	1#	最大功率，kW	
			最高转速（最大功率时），r/min	
		2#	最大功率，kW	
			最高转速（最大功率时），r/min	
8	防喷器		通径，mm	
			工作压力，MPa	
			闸板尺寸	
			节流管汇	
9	液控台		系统公称压力，MPa	
			系统工作压力，MPa	
			控制对象数量	
10	生产水罐，m³		数量	
11	高架油箱，m³		数量	
…	……			

（13）施工工序设计，工艺流程及质量要求，施工注意事项。

工序设计及所依据的标准和规范；工艺流程及质量要求；资料录取要求；储层保护要求；防卡、防掉要求；施工注意事项。

（14）钻具、工具及材料准备（表3-1-89）。

表3-1-89 钻具、工具及材料表

序号	名称	规格型号	单位	数量

(15) 健康、安全与环保要求。

6. 小修设计内容及规范

1) 小修地质设计（送修书）内容及规范

类似于大修设计送修书。

2) 小修工程（施工）设计内容及规范

(1) 基本情况（表3-1-90~表3-1-96）。

表3-1-90 油井基本数据

完井日期		水泥返深，m		最大井斜，(°)/m	
完钻井深，m		套补距，m		固井质量	
人工井底，m		油补距，m		投产日期	
套管外径（mm）×壁厚（mm）×内径（mm）×深度（m）：				套管钢级	
套管接箍：					

表3-1-91 油层及射孔段

层位	油层井段，m	厚度，m	渗透率，mD	电阻率，Ω·m	孔隙度，%	油层解释	射孔段，m	厚度，m
	与井史一致，填写到小层								

表3-1-92 井斜数据

井深，m	井斜，(°)	方位角，(°)	井深，m	井斜，(°)	方位角，(°)	井深，(m)	井斜，(°)	方位角，(°)

井眼轨迹图：按井斜、方位角作出井眼轨迹图。

表3-1-93 油井管杆数据

泵上油管	规范	根数	长度，m	规范	根数	长度，m
泵下油管	规范	根数	长度，m	规范	根数	长度，m
抽油杆	规范	根数	长度，m	扶正器位置		导向轮位置
	$\phi>22$mm					
	$\phi>19$mm					
	$\phi>16$mm					

表3-1-94 井下附件数据

名称	规范	长度, m	位置	名称	规范	长度, m	位置
深井泵				泄油器			
油气分离器				封隔器			
上防蜡器				防垢筒			
下防蜡器				堵头			
其他附件				其他附件			

表3-1-95 生产情况

生产情况	日期	动液面, m	沉没度, m	日产液, m³	含水, %	气油比, m³/t	地层压力, MPa	生产周期, d
正常生产情况								
目前生产情况								

注:地层压力填写本井或邻井最近一次测得的地层压力,邻井测得的必须注明井号。

表3-1-96 周围注水井注水情况

井号	注水层位	注水方式	油压, MPa	套压, MPa	累计注水量, m³

(2) 地层风险提示。

①压力风险提示。必须根据该井或邻井最近一次测压情况,预测目前该井地层压力,提示作业过程中可能发生溢流或井喷事故。

②有毒有害气体风险提示。对在历次作业时间及某类型作业过程中测得该井 CO 的浓度及 H_2S 的浓度进行详细说明。

③易燃易爆品风险提示。对井场通风情况、井场明火点位置、污油池位置等进行详细说明。

④历年发生井涌、溢流及井喷提示。对该井历次作业过程中发生的溢流或井喷情况进行详细描述。

(3) 施工原因及目的。

(4) 施工步骤。

起出原井管柱→检查→下管柱→完井、调防冲距、安装井口及采油流程、试抽、憋压、正常开抽。

(5) 技术要求。

(6) HSE 要求。

四、试井设计的主要内容及规范

1. 试井设计的主要内容

(1) 试井目的。

(2) 测试井基础资料:井的基础数据、井身结构示意图、测试层段数据、生产情况、产液剖面(吸水剖面)和流体物性参数等。

(3) 试井方式选择：根据测试目的，井筒和油层条件及生产条件选择试井方式。
(4) 参数计算与选择：测试时间、测试仪器性能指标等参数。
(5) 测试要求：测试施工、资料解释和"健康、安全、环境"等要求。

2. 试井地质设计内容及规范

(1) 试井目的。

根据油藏不同开发阶段的要求，阐明本次试井所要解决的问题。

通常油井试井目的为：

①确定油层的地层压力、流动压力及地层温度；
②求得油井的产能方程，确定油井的生产能力；
③确定储层孔隙类型，计算地层渗流特征参数；
④确定井底的完善程度，为制定增产措施及评价其效果提供依据；
⑤确定油藏边界的形状及距离，计算油藏的储量；
⑥分析油井则生产状况，并确定其最佳工作制度。

(2) 测试井、层的基础数据。

测试井、层的基础数据见表3－1－97和表3－1－98。

表3－1－97 测试井基础数据表

井号：	井别：	构造位置
油层套管尺寸及深度：		生产管柱结构：
最大井斜及深度：		井斜位置：
完井方式：		目前人工井底

表3－1－98 测试层基础数据表

层位	层号	解释井段,m	射孔井段,m	射开厚度,m	有效厚度,m	孔隙度%	渗透率mD	试油结论	措施情况

(3) 风险及注意事项提示。

3. 试井工程设计内容及规范

1) 试井目的（同前）
2) 测试井、层的基础数据（同前）
3) 测试时间估算

(1) 稳定试井应计算每个测点流动达到稳定的时间：

$$t_s = 27.8\phi\mu C_t A/K \tag{3-1-6}$$

式中 t_s——流动达到稳定的时间，h；

ϕ——地层孔隙度，%；

μ——地下原油黏度，mPa·s；

C_t——综合压缩系数，MPa^{-1}；

A——泄油区面积，km^2；

K——地层有效渗透率，mD。

稳定试井的最小测试时间应该大于 t_s。

（2）不稳定试井应计算径向流开始的时间：

$$t_b = 2210Ce^{0.14S}/(Kh/\mu) \qquad (3-1-7)$$

式中　t_b——径向流开始的时间；

C——井筒储集系数，m^3/MPa；

S——表皮系数；

h——地层有效厚度，m。

不稳定试井的最小测试时间应大于 $10t_b$。

（3）探边测试应计算拟稳态出现的时间：

$$t_{pss} = 83.3\phi\mu C_t A/K \qquad (3-1-8)$$

式中　t_{pss}——拟稳态出现的时间，h。

探边测试的最小测试时间应大于 $10t_{pss}$。

4）试井方法选择

（1）稳定试井方法选择。

根据流动达到稳定的时间选择分析方法：

①当 t_s < 10h 时，采用系统试井法；

②当 t_s > 10h 时，采用等时试井或修正等时试井法。

（2）不稳定试井方法选择。

可根据下列情况进行选择：

①一般情况下采用压力恢复测试；

②井底压力稳定的关闭井，采用压力降落测试；

③在不具备关井条件的情况下，采用变流量测试。

（3）测试步骤。

①测试前应先保通油管，然后下入压力计，并测取不同井深的压力，将压力计下至预定位置（一般下至油层中部）。

②根据测试目的和要求，测取稳定试井或不稳定试井数批温度及其深度数据。

③测试完毕后，起压力计，并测取不同井深的压力、温度及其梯度数据，最后起出压力计结束本次测试。

5）测试设备

根据试井要求，选择流量计和压力计的类型，配备相应的试井设备。高压油井应配备专用防喷及安全装置。

6）录取资料要求

（1）稳定试井测试的要求。

测试应达到下列要求：

①选择 4~5 个工作制度进行测试，测点产量由小到大，逐步递增。

②在每一个工作制度下均应保持产量稳定，其波动范围不超过本井产量的 10%。

③在每一个工作制度下测量井底压力，井温，油压，套压，油、气、水产量和含砂量。
④各测点的流压下降值应保持相对均衡。
⑤等时试井要求测试 4~6 个工作制度，最后一个工作制度应适当延长测试时间，使其达到稳定流状态。

（2）不稳定试井测试要求。

测试应达到下列要求：

①测试期间测试井和邻井的工作制度应保持稳定，测试井产量的波动不超过本井产量的 10%。
②探边测试应开井生产较长的时间，待压力波及到边界之后再关井。
③应做到瞬时关井，从关闸门到完全关闭，时间不要超过 1min。

7）安全注意事项

提出本次测试中应注意的具体的安全事项。

第七节　单井设计的编制及审批程序

施工必须依据工程设计编写施工设计，并严格按照施工设计组织实施，严禁无设计施工。

重点井和高危险性井、压裂、酸化、大修及防砂等重点措施工程设计由低渗透油田股份公司主管部门组织审批。常规措施和维护性作业工程设计由各采油厂组织审批。

第二章　完井、试油与试采管理

依据油藏工程方案和增产增注措施的要求，按照有利于实现油井最大产能、提高低渗透油井寿命、安全可靠及经济可行的原则，进行完井设计和管理。

采油工程主管部门要参与钻井工程方案设计审查，钻井工程的完井设计要以采油工程方案为重要依据。

第一节　完井管理相关要求或指标

（1）新油田投入生产建设前必须进行储层敏感性评价分析，在此基础上筛选保护储层的入井工作液。

（2）要求固井质量（第一界面）合格率达到 98%；对地质条件复杂或有特殊开采要求的油田，要检测第二界面的固井质量。如达不到开发要求，应采取必要的措施。

（3）对套管进行试压，试压合格后才可进行下一工序，具体要求为：

①表层套管柱在固井结束24h后试压，技术套管柱和生产套管柱试压，应在测声幅后进行。

②试压的套管柱管内水泥塞高度（一般在油层以上200m）应符合设计要求。

③表层套管柱试压6MPa，30min压力下降小于0.5MPa为合格。

④技术套管柱和生产套管柱试压压力等于套管最小抗内压强度的70%，试压时，稳压30min，允许压降不超过0.5MPa。

套管螺纹承压状态下剩余连接强度计算：

$$Q_y = \frac{T_a}{S_T} - K_f(\sum_{i=1}^{n-1} Q_i) \qquad (3-2-1)$$

式中，Q_y为套管螺纹承压状态下剩余连接强度，kN；T_a为三轴抗拉强度，kN；S_T为抗拉设计系数；K_f为浮力系数；Q_i为计算段套管以下第i段套管的重量，kN。

（4）严禁用钻井完井液代替射孔液，射孔作业前要用射孔液将井筒内的完井液替出。

（5）射孔前严格按照地质设计的要求对射孔管柱进行校深。射孔后要检查射孔弹发射率，确保射孔质量。具体要求为：

①过油管射孔，油管必须用通井规通过，下入深度应大于射孔层段20m。

②射孔弹在安装前必须试压，持续5min，负压射孔的井要确定其管内液柱高度。

③发射率低于80%时，要求采取补孔措施。

④普通射孔的射孔液，其密度必须达到设计要求，一般油井需附加压力为1.5~3.5MPa。

⑤射孔深度必须准确，实际射开深度与设计深度误差不超过±10cm。

⑥射孔时不能震裂套管和水泥环，防止油气水互相窜通，同时孔密及孔径及穿入深度必须符合设计要求。

（6）对于注气井、异常高压井和位于环境敏感区及要害地区的井，要采用安全可靠的生产装置，如井下安全阀、封隔器、气密闭螺纹及井口安全控制装置等，确保安全生产。

第二节　试油技术要求

一、通井、洗井、冲砂、试压、实探人工井底技术要求

1. 通井

使用挂管器或通井规通井，通井规外径小于套管内径6~8mm，大端长度小于0.5m，套管完成井通到人工井底；裸眼及筛管完成井通至套管鞋以上10~15m。裸眼及筛管部分用油管通至井底。

2. 洗井

下洗井管柱进行充分循环洗井，洗井液用量不得少于井筒容积的2倍，上返流速大于1.5m/s，连续循环两周以上，达到进出口液性一致，机械杂质小于0.02%为合格。

3. 冲砂

（1）冲砂前实探砂面深度，然后上提管柱至 3m 以上，开泵循环正常后下放管柱冲砂。

（2）探砂面管柱悬重降低 5~8kN。

（3）冲砂时不得中途停泵，若泵车发生故障或其他原因不能连续冲砂时，立即上提冲砂管柱到原始砂面以上，当提升系统发生故障时，要保证正常循环。

（4）冲砂至设计井深后，要大排量循环洗井，出口液含砂量小于 0.02% 为合格，停泵 30min 后下方管柱实探砂面深度。

4. 试压

（1）新井洗井结束时，要进行套管试压。

（2）丈量油管，将试压管柱下入设计深度，试压管柱结构自上而下为油管悬挂器、油管和斜尖，并将井口坐好，要求不刺不漏。

（3）连接管线循环至畅通，洗井合格后关闭套管闸门。

（4）启动泵并加压，稳压 30min，检查压降值，若压降值不大于 0.5MPa，说明套管完好。

5. 实探人工井底

实探人工井底时要慢慢下放管柱，悬重下降 12kN，实探三次，相对误差小于 0.5m，取最浅深度为人工井底深度。

二、排液求产技术要求

1. 替喷排液求产

（1）按替喷施工设计要求，备足替喷液。

（2）井口应使用控制阀门、节流阀和油嘴控制出口排量。

（3）管线连接后，进行试压，试压值不低于最高设计施工压力的 1.5 倍，但不应高于其某一管阀管件最低的额定工作压力，并应遵守静水压试验的规定。

（4）泵注设备向井内供液前，将出口管线阀门打开。

（5）采用一次替喷方式，管柱深度应在生产井段以上 10~15m。

（6）采用二次替喷方式时，先将管柱下至生产井段以下（或人工井底以上 1~2m），替入工作液；然后，将管柱调整至生产井段以上 10~15m，再进行二次替喷。

（7）采用二次替喷方式施工时，第一次替喷采用正替，第二次替喷可采用正替或反替。

（8）对于地层压力系数不小于 1 的油气井，一般使用水基替喷液；对于地层压力系数小于 1 的油气井，应根据压力情况使用原油、轻质油或其他替喷液作为替喷液。替喷液量不少于井筒容积的 1.5 倍。替喷液按 0.3~0.5m³/min 的排量注入井口，出口应放喷。当出口排量大于进口排量时，应适当控制放喷排量。

（9）替喷后能自喷，则选择放喷制度，正常生产；若不能连续自喷，待出口与入口液密度差不大于 0.02g/m³ 时停止替喷。

（10）高压油气井施工作业时，按要求配备地面流程设备。

2. 气举排液求产

(1) 安装气举施工地面管线流程并连接到计量罐及污液存储罐。

(2) 气举介质应使用氮气或 CO_2。

(3) 气举设备停在井口上风方向,距离井口和计量罐不得小于 15m。

(4) 气举管线应使用油管连接,平直落地并固定,管线试压不能低于气举设备最高工作压力,在气举管线上安装放空闸门及单流阀,出口管线长度应在 30m 以上,出口管线在井口处不允许接小于 90°的弯头或活动弯头。

(5) 中途处理故障时,应停机放压后进行。气举时非操作人员不得进入高压区。

(6) 油井应放掉井筒气后方能气举。气举施工完成后应放尽油管和油套环形空间的气体,才能关井或开井生产。

(7) 气举深度不能超过套管允许掏空深度;对岩性疏松的油气层要严格控制回压,防止出砂或地层垮塌。

3. 提捞排液求产

(1) 提捞作业使用直径为 12.5mm 或直径 15.5mm 的钢丝绳,提捞筒与钢丝绳应连接牢固。

(2) 计量罐应平整地摆放在距离井口 2m 以内的地方。

(3) 达到提捞深度时,留在滚筒上的钢丝绳不少于 25 圈。

(4) 提捞深度允许误差小于 1%。

(5) 提捞求产深度应大于射孔段底界深度 10m 以上。

(6) 连续提捞 2 次,每次捞出液少于 $0.005m^3$ 为捞空。

4. 抽汲排液求产

(1) 安装采油树至井口防喷装置,摆放计量罐,距离井口 5~10m。

(2) 施工要求:

①抽汲诱喷前先用加重杆通井至预计最深抽汲深度,再牢固地连接好抽子。

②抽汲时钢丝绳应排列整齐,抽子下放速度应均匀,在抽子接近液面时要减速,以防止钢丝绳打扭或跳槽。抽子的沉没度一般应保持 200~500m。

③抽汲时,每抽 3~5 次应将抽子提出进行检查或更换。根据抽子下放遇阻深度,及时掌握动液面上升情况,采取防喷措施。

④抽喷后应将抽子提入防喷管内,关清蜡阀门,并继续放喷。待喷势稳定后,控制放喷压力,使其正常生产。

(3) 排液结束后,选择合理的工作制度定深抽汲求产。

(4) 连续抽汲 2 次,每次均无液产出为抽空。

5. 探液面求产

(1) 探液面求产主要用于低压低产纯油层或水层。

(2) 降液面至设计深度后,按照设计的时间间隔探动液面深度。

(3) 准确记录测点时间间隔(Δt)、动液面深度(L)及液面差(ΔL),计算出每个时间间隔的日产液量。

（4）绘制动液面深度与产液量关系曲线，求油或水的产率。

6. 自喷求产

（1）安装采油树并连接地面管线及分离器等地面设备。
（2）放喷排液结束后，关井测静压。
（3）按照设计的工作制度，进行求产并测稳定的流压。
（4）自喷油层待井口压力稳定和原油含水稳定后即可求产。
（5）自喷水层或油水同层，经化验证实为地层水，水性稳定后，即可求产。
（6）间喷层，按照设计的工作制度，采用定时或定压求产。
（7）求产完成后关井测井底压力恢复曲线。

三、测量压力及温度技术要求

1. 测量压力

（1）流动压力和静止压力：压力计下至油气层中部，按照设计要求测流动压力和静止压力。
（2）压力梯度：按照设计要求测压力梯度，气层从气层中部以上 500m 开始，油层从油层中部以上 300m 开始，测至油气层中部，每 50~100m 一个测点，每个测点测量 30min。

2. 测量温度

（1）静止温度：温度计下至油气层中部，在关井状态下测量 48h 以上。
（2）井温梯度：按照设计要求测井温梯度，测量段从井口到油气层中部，测点不少于 4 个，井口一个测点，油气层中部一个测点，其他测点间距不超过 200m。

四、取样技术要求

1. 地面取油样

（1）自喷油层在每个工作制度后期，管线出口及油气分离器出口取样。
（2）提捞求产时每个工作制度在捞筒底部取样。
（3）气举求产（或抽汲求产）时每个工作制度在管线出尽残油后于管线出口取样。
（4）全分析取样品两支，每支 1000mL，两支油样相对密度小于 0.005 为合格。

2. 地面取水样

（1）提捞求产时每个工作制度在捞筒底部取样。
（2）气举求产（或抽汲求产）时每个工作制度在管线出尽残油后于管线出口取样。
（3）全分析取样品两支，每支 500mL，两支水样水性一致，氯离子含量相差小于 10% 为合格。

3. 地面取气样

（1）在气井生产状态相对稳定下，在井口或分离器出口取样。
（2）全分析取样品两支，每支 500mL，天然气样含氧量小于 2%，两支气样相对密度小于 0.02 为合格。

4. 高压物性取样

（1）油层在原油含水低于2%，取样点压力高于油层饱和压力下取样。

（2）取样2支分析结果相符，饱和压力值相差小于1.5%为合格。

第三节　施工与监督要求

（1）严格按试油试采规程和设计施工。施工中需要对设计进行一般性修改时，须经现场监督同意；若要进行重大修改时，须由设计批准单位准许后方可实施。

（2）施工现场要有试油监督，按设计和相关标准对使用的设备、井下工具和原材料以及施工操作进行监督，并对录取的试油资料和各工序工程质量进行现场验收。

第四节　试油试采资料管理要求

一、试油资料录取内容

1. 洗井资料录取要求

（1）记录洗井方式及洗井时间；

（2）记录洗井液名称、pH值、温度、添加剂、密度、化学成分、黏度及杂质含量；

（3）洗井参数，包括泵压、洗井深度、排量、注入液量及喷漏量；

（4）出口返出物描述，洗井化验结果及分析。

2. 套管试压录取资料要求

（1）对油管及套管试压管柱结构描述，井下工具及附件类型、规格、型号，其主要尺寸和结构画出示意图。

（2）试压情况：泵压、启压时间、泄压时间、吸收量、试压液体名称及密度和用量。

3. 射孔资料录取要求

（1）绘制管柱结构示意图（说明各部深度及规格）；

（2）油管内径、尾管类型及规格；

（3）投棒尺寸及投棒点火时间；

（4）射孔液名称、密度及用量；

（5）射孔（补孔）前液面深度，射孔（补孔）时间、层位、层号、层段、射开厚度、枪型、相位角、射孔弹数、孔数、孔密，起出射孔枪，描述油气显示。

4. 排液资料录取内容

1）替喷排液资料录取

（1）进出口液量及替喷液密度要准确，对排出物要进行描述；

（2）记录替喷时间及泵压。

2）抽汲法排液资料录取

（1）抽子型号及规格，抽汲深度，班抽汲次数和抽汲液量、速度及液面深度；

（2）累计抽汲次数和液量、氯离子含量、含砂等。

3）气举法排液资料录取

（1）井下管串规范及深度、气举方式；

（2）压风机压力、排量及气举深度；

（3）气举开始及结束时间、出口见液时间、排出液量；

（4）累计排出液和排出物描述；

（5）化验结果。

4）放喷排液资料录取

（1）放喷方式、起止时间、油嘴大小、井口压力及防喷量的录取；

（2）出口液体的化验结果（包括氯离子含量、含砂、含水等）。

5. 求产资料录取内容

1）自喷井应录取资料

（1）油嘴直径、油压、套压、日产油量、日产水量、日产气量、气油比、含水、含砂。

（2）油分析、水分析、气分析、高压物性样品；

（3）流压、静压、压力恢复曲线、静温、流温；

（4）累计油量、累计气量、累计水量。

2）抽汲求产应取资料

（1）工作制度（抽汲深度、次数、动液面）、日产油量、日产水量、含砂、含水；

（2）油分析、水分析、累计油量、累计水量、静压、静温。

3）气举求产应取资料

（1）气举方式、气举时间、气举次数、压力、深度；

（2）日产油量和产水量、累计产油量及产水量、油分析、水分析、静压、静温。

4）低产井应取资料

（1）根据液面上升计算产液量，采用气举或混排降低液面后，下入压力计连续测液面恢复（或间隔24h测点），根据压力上升值计算对应时间的液面深度，再折算成日产液量：

$$日产液量 = \frac{两个液面深度差(m)}{恢复时间(min)} \times 油管流通容积(m^3/m) \times 1440$$

（2）测液面同时下入井底取样器进行取样，判断地层是否出水。

（3）求产结束后，反洗井准确计量油井累计出油量，折算出口产油量和油水比，并取油样分析。

6. 填砂注水泥资料录取内容

（1）填砂时应取得填砂方式、填入总砂量、砂粒直径、携砂液总量及砂面深度等资料。

（2）注水泥井段，水泥浆密度、用量、候凝时间，实探水泥浆面深度，试压结果资料。

7. 试井资料录取

(1) 选择油嘴尺寸、测试层位、时间及深度;
(2) 选择测试工具尺寸及型号;
(3) 地面及井下测试产量、压力、温度,及计算总产量;
(4) 取样量、取样时间、取样工具及对应压力;
(5) 化验结果。

8. 地层测试资料录取

(1) 整个测试过程压力展开图、跨隔测试验封压力卡片资料;
(2) 坐封时间与初泥浆柱压力、初流动时间与流动压力;
(3) 初关井时间、压力恢复数据、实测稳定最大压力;
(4) 二次流动时间及流动压力;
(5) 二次关井时间、压力恢复数据、实测最大压力及外推地层压力;
(6) 实测地层最高温度、解封时间及终泥浆柱压力;
(7) 用回收液量折算的产油量、产水量及油水分析,综合含水及高压物性;
(8) 用流动曲线折算的产液量、产水量及对应流动压力;
(9) 地层流动系数、有效渗透率、表皮系数、污染压降、堵塞比及估算理论产量;
(10) 流动效率、井的有效半径、供给半径与边界距离、井筒储集系数、储存比及储集效应结束时间、径向流开始时间。

9. 压裂资料录取

(1) 井号、井别、施工队、压裂队、施工日期;
(2) 压裂层段、封隔器卡点深度或油管深度;
(3) 压裂液和支撑剂名称及用量,压裂液配方,支撑剂规格及产地;
(4) 各层段的破裂压力、最高泵压、排量、胶联液量、支撑剂量、顶替量、混砂比及总液量;
(5) 压裂泵台数、工作压力及套压等;
(6) 暂堵剂名称、规格及用量、投注压力、排量及时间;
(7) 预处理用液名称及数量、投注压力、排量及反应时间;
(8) 各施工工序名称、施工时间、施工内容。

10. 酸化资料录取

(1) 井号、井别、施工时间及施工队伍;
(2) 酸化方式、酸化层段、封隔器卡点深度或油管脚深度;
(3) 酸洗液名称、浓度及用量,前置酸配方及用量,主体酸配方,替液配方及用量,添加剂名称、浓度及用量;
(4) 泵注压力和排量;
(5) 关井反应时间、返排时间、人工助排方式、排出液量、返排总液量;
(6) 泵注酸过程中井口施工压力动态曲线,关井反应过程中井口压力动态曲线;
(7) 完井数据。

二、试采资料录取内容

1. 自喷井录取资料

1）基础资料

试采层位、层号、井段、有效厚度、储量丰度；试采时间；其他有关基础数据。

2）试采期间录取资料

各种工作制度下的油、气、水日产量，油气含水率，累计油、气、水产量；生产时效、套压、油压及生产压差；油管尺寸、孔板直径及针型阀开度；地层压力、压力系数及压力梯度；地层温度及温度梯度；流动压力和流压梯度及流动温度和流温梯度；流温计的上流压力及下流压力；流温计的上流温度及下流温度；高压物性资料，生产气油比及油水比；油气水产量递减率（月、年）及油气水变化率（月、年）；采油强度、采油指数、比采油指数、试油日产油气量与稳产期油气产量比；采油气速度及采液速度；稳产期地层测试资料及试井资料；稳产期产液剖面；地层油气水性质；原油黏度及温度。

3）关井恢复资料

关井油压及套压变化曲线；井下压力恢复曲线及数据；地层温度。

2. 抽油试采资料录取

1）基础资料（同自喷井）

2）试采期间录取资料

不同工作制度条件下的日产油、产水及产气量，原油含水率，累计油、气、水产量；生产时效；油压、套压、泵径、泵挂、冲程及冲数；示功图、动液面及生产压差；地层压力、压力系数及压力梯度；地层温度及温度梯度；流动压力和流压梯度及流动温度和流温梯度；高压物性资料；生产气油比及油水比；油气水产量递减率（月、年）及含水变化率（月、年）；采油强度、采油指数、比采油指数、试油日产量与稳产期产量比；采油速度及采液速度；稳产期地层测试资料；稳产期产液剖面；地层油、气、水全分析，原油含水率分析；原油黏度及温度数据。

3）关井恢复资料（同自喷井）

三、成果资料编制要求

1. 试油总结内容及格式

单层试油结束后必须编写单层试油小结，全井试油结束后要按有关标准编写全井试油总结，地层测试、酸化、压裂等特殊作业要编写相应专项总结。

广义的试油总结包括以下部分及格式（包括地层测试、酸化、压裂等）：

1）概况

（1）油井基本数据；

（2）试油层基本数据表。

2）试油目的及要求

按试油地质设计的程序依次叙述。

3）施工简况

按施工顺序编写。

（1）通井、洗井、探人工井底及试压。

通井方式；洗井液名称及性质，洗井方式及洗井深度，洗井液进出口变化情况及用量；实探人工井底方式及深度；试压情况。

（2）射孔。

压井液类型；射孔方式，枪型、弹型、相位、孔密、射孔弹数及发射率，射孔负压值，点火时间，点火方式，射孔质量评价及射后油气显示情况。

（3）地层测试。

测试工具类型及下井深度，加垫类型及压差，坐封及解封时间，有无异常情况，管柱取样时间及深度，液面深度，回收流体类型及其数量。

（4）常规试油。

①替喷。

替人工流体性质及用量，泵压，替出流体性质及数量。

②提捞诱喷。

捞筒直径及长度，提捞深度，提捞次数，排出流体性质及其数量。

③抽汲诱喷。

抽子直径，抽汲深度及动液面，抽出流体性质及数量。

④气举诱喷。

管柱结构及工具下井深度，混气比，气举方式及深度，气举最高压力、出液压力及举空压力，排出流体类型及其数量。

（5）求产。

①自喷求产（见表3-2-1）。

表3-2-1 自喷井试油成果数据表

试油成果												油气水分析成果	
试油日期		年月日—年月日			试油方法							取油样日期	取气样日期
试井方法			试油结论		处理方法								
测试时间 h	油嘴 mm	针阀开启圈数	孔板 m	油压 MPa	套压 MPa	流压 MPa	流温 ℃	井口温度 ℃	日产油 t	日产气 m^3	日产水 m^3	生产气油比 m^3/m^3	生产油水比 m^3/m^3	黏度,mPa·s	CH_4,%
														含硫,%	C_2H_6,%
														含蜡,%	H_2S,%
														含胶,%	CO_2,%
														凝固点 ℃	O_2,%

续表

试油成果								油气水分析成果	
天然气无阻流量 m³/d	累计产油量 t	累计产气量 m³	累计产水量 m³	地层压力/测量深度 MPa/m	压力梯度 MPa/100m	地层温度/测量深度 ℃/m	温度梯度 ℃/100m	初馏点 ℃	N₂,%
^	^	^	^	^	^	^	^	总馏量,%	取水样日期
^	^	^	^	^	^	^	^	含水,%	密度,g/cm³
^	^	^	^	^	^	^	^	含砂,%	氯离子含量,mg/L
^	^	^	^	^	^	^	^		总矿化度 mg/L
^	^	^	^	^	^	^	^		水型
^	^	^	^	^	^	^	^		pH 值
射孔井段					地层测试解释主要参数			
施工简介								

②非自喷求产（见表3-2-2）。

表3-2-2 非自喷求产试油成果数据表

试油成果										油气水分析成果	
试油日期		年月日—年月日			试油方法					取油样日期	取气样日期	
打井方法		试油结论			处理方法							
抽捞深度 m	恢复时间 h	求产时间 h	周期时间 h	抽捞次数 次	测液面深度 m	周期产油 t	周期产水 m³	日产油 t	日产水 m³	气油比	黏度 mPa·s	CH₄,%
^	^	^	^	^	^	^	^	^	^	^	含硫,%	C₂H₆,%
^	^	^	^	^	^	^	^	^	^	^	含蜡,%	H₂S,%
^	^	^	^	^	^	^	^	^	^	^	含胶,%	CO₂,%
^	^	^	^	^	^	^	^	^	^	^	凝固点,℃	O₂,%
^	^	^	^	^	^	^	^	^	^	^	初馏点,℃	N₂,%
^	^	^	^	^	^	^	^	^	^	^	总馏量,%	取水样日期
^	^	^	^	^	^	^	^	^	^	^	含水,%	密度,g/cm³

续表

试油成果							油气水分析成果	
累计产油量 t	累计产水量 m³	地层压力/测量深度 MPa/m	压力梯度 MPa/100m	地层温度/测量深度 ℃/m	温度梯度 ℃/100m	含砂,%		氯离子含量, mg/L
^	^	^	^	^	^	^		总矿化度 mg/L
^	^	^	^	^	^	^		水型
^	^	^	^	^	^	^		pH值
射孔井段 施工简介						地层测试解释主要参数		

③地层测试求产（见表3-2-3）。

表3-2-3　地层测试成果数据表

		年月日—年月日		试油方法			打井方法	油气水分析成果	
测试数据	封隔器深度	上, m	三次开井	时间 min		测试解释成果		取油样日期	取气样日期
^	^	下, m	^	^	B3	折算日产油, t	表皮系数	^	^
^	压力计深度, m		^	压力 MPa	C3	日产气, m³	裂缝半长, m	黏度 mPa·s	CH_4,%
^	井下油嘴, mm		三次关井	时间 min		折算日产水 m³	窜流系数	含硫,%	C_2H_6,%
^	一次开井	时间, min	^	压力 MPa		气油比 m³/m³	弹性储容比	含蜡,%	H_2S,%
^	^	压力 MPa	B1	最高温度, ℃		油水比 m³/m³	产液指数 m³/d·MPa	含胶,%	CO_2,%
^	^	^	C1	深度, m		实测地层压力 MPa	边界类型	凝固点 ℃	O_2,%
^	一次开井	时间 min	地层取样	压力 MPa	产油	外推地层压力, MPa	初馏点 ℃	N_2,%	
^	^	压力 MPa	^	油, L	有效渗透率 D	产气	压力系数 MPa/m	总馏量 %	取水样日期
^	二次开井	^	^	气, L	^	产水	地层温度, ℃	含水,%	密度 g/cm³
^	^	压力 MPa	B2	水, L		流动系数 mD·m/(mPa·s)	温度梯度 ℃/100m	含砂,%	氯离子含量 mg/L
^	^	^	C2	回收 m³	油	测试半径, m			总矿化度 mg/L
^	二次开井	时间, min	^	^	水	异常点距离, m	结论		水型
^	^	压力, MPa	^	^	钻井液	堵塞比	处理方法		pH值
射孔井段				施工简况					

（6）测温及测压。
①温度计和压力计型号及下深；
②实测温度，实测压力。
（7）压裂及酸化。
①压裂或酸化管柱结构及工具下深；
②压裂或酸化液性质及用量；
③砂粒直径及加砂量；
④破裂压力及停泵压力；
⑤施工中出现的异常情况（如砂堵、失封等）分析；
⑥施工过程与设计符合程度。
（8）封堵。
①封堵方式；
②封堵深度；
③试压结果。
（9）封井。
①封井方式；
②井下管柱结构及工具下入深度；
③井筒内流体类型。
4）试油成果
（1）按试油层序分层叙述试油基本成果。
（2）压裂或酸化情况见表3-2-4、表3-2-5。

表3-2-4 压裂成果数据表

试油序号	射孔井段 m	厚度 m/层数	措施顺序	施工日期	压裂方式	压裂液，m³ 名称	前置液	携砂液	顶替液	总量	支撑剂 名称	粒径目	压入总量	施工压力 MPa 最高 最低	破裂压力 MPa	排量 L/s 最高 最低	平均	砂比 %	应排液量 m³	实排液量 m³	含砂 %	砂面，m 压前	压后	备注

表3-2-5 酸化成果数据表

试油序号	层位	射孔井段 m	厚度 m/层数	岩性	酸液类型	配酸液量 酸液浓度/酸量 %/m³	清水 m³	附加剂	酸液浓度/酸量 %/m³	施工数据 纯挤时间 min	泵压 MPa	排量 L/s	吸收指数	挤入酸量 m³	关井反应 时间 min	套压 MPa	油压 MPa	排酸情况 时间 h	方式	应排 m³	实排 m³	残酸浓度 %	备注

(2) 高压物性分析成果见表3-2-6及表3-2-7。

表3-2-6 取样基本数据

日期	年 月 日	取样前生产方式	
层位		产油（气）量，m³/d	
深度，m		气油比，m³/m³	
地层压力，MPa		井底流压，MPa	
温度，℃		生产时间，d	
数量，只		累计产油量，t	
分离器压力，MPa		油压，MPa	
分离器温度，℃		套压，MPa	

表3-2-7 分析成果数据

分析项目	参数	备注
原始饱和压力，MPa		
地层原油黏度，mPa·s		
体积系数		
压缩系数，1×10^{-3}/MPa		
收缩系数，%		
平均溶解系数，m³/m³·MPa		
地层原油密度，g/cm³		
露点压力，MPa		
相位		

5) 评价与建议
(1) 复试井层成果分析。
(2) 工艺方法合理性与设计吻合程度分析。
(3) 地质资料成果质量的可靠性评价及影响质量的主要因素分析。
(4) 单井及区块地质评价，包括层间分析、压力系统、流体性质。
6) 附图及附表
(1) 附图。
包括地层测试及常规试油管柱结构图。
(2) 附表。
①自喷层试油成果数据表；

②非自喷层试油成果数据表；
③地层测试成果数据表；
④压裂（酸化）施工数据表；
⑤高压物性取样成果数据表。

2. 成果资料的保存与上报

试油试采录取的原始资料和解释报告以及总结等成果资料由各采油厂按有关规定保存。要求上报的资料按规定上报低渗透油田股份公司。

第五节 试油试采主要技术指标

试油层合格率达到98%以上，试油层优质率达到20%以上，试油层资料全准率达到95%以上，试油层工序一次成功率80%以上。各个采油厂应按照低渗透油田股份公司要求和油田实际情况制定相应的技术指标。

第三章 采油工程生产过程管理

采油工程的生产过程管理贯穿于油田开发全过程，主要包括采油、注水（汽）、作业及试井等采油生产过程管理。

第一节 生产过程管理的目标

采油工程生产过程管理的工作目标是实现生产井的正常生产、高效运行和成本控制。

第二节 中长期规划和年度计划编制主要内容

（1）采油工程中长期规划及年度计划要以油藏工程中长期规划和年度计划为基础，按照低渗透油田股份公司统一部署编制。

（2）采油工程中长期规划的主要内容：上期规划执行情况、工艺技术和能力适应性分析、增产增注措施和井下作业量、主要技术经济指标预测、成熟技术推广及新工艺新技术攻关和现场试验。

（3）采油工程年度计划的主要内容包括：增产增注措施、修井及维护性工作量，采油设备需求、新技术攻关与推广等。

第三节 抽油机井管理要求

一、抽油机井管理要求

1. 抽油机举升系统优化

在选用抽油机举升时，要采用举升优化设计技术对举升系统进行优化，主要内容包括：泵深、泵径、抽油杆尺寸及配比、油管尺寸、地面设备型号、工作参数等。

2. 抽油机井测试诊断及动态控制

对于抽油机井要定期进行示功图和动液面测试并诊断分析，及时采取调参、换泵等措施。根据不同区块抽油机井的供排协调关系，建立相应的动态控制图，抽油机井的上图率不小于90%。

1）示功图测试要求

（1）启动抽油机，于生产恢复正常时测试。

（2）测试时不同仪器可按不同操作规程进行，但要求每一个示功图均须测一条基线。无论用何种方式记录，每口井均应测3~5个示功图。

（3）用多功能的仪器测试时，在测完示功图后可测位移—时间曲线，冲数—时间曲线，载荷—时间曲线，电流—位移曲线，并应记录打印出相应曲线图形各一条。

2）动液面测试要求

（1）必须关闭套管阀门，卸下套管阀门堵头，再将井口连接器装在套管堵头上。

（2）凡用声弹击发的仪器，测前均应将扳机用安全销锁牢。

（3）连接器安装好后，打开套管阀门时初期要慢，连接器上的放空阀应关严。

（4）对套压大于零的井，特别是高套压井，必须在套管阀门打开时无异常情况下才能装接信号线。

（5）测试时连接用的信号线应尽量短，以免增大噪声干扰和降低灵敏度。

（6）测试过程中不许动井口装置、信号线及面板开关。在高套压井测试时，二次表应置于安全位置。

（7）不能用提高灵敏度的方法排除井口不利因素（如漏气、机械振动、人为振动）等造成的影响。

（8）在零套压井测试时，应适当提高仪器灵敏度或采用药量大的声弹或气流冲击波测试。

（9）不能用关小井口套管阀门等办法减弱强信号。

（10）测试操作步骤参照不同类型回声仪测试规程进行。

（11）测试结束一定要注意关严套管阀门，打开放空阀门，切除各连接电缆后方许卸下井口连接器。

（12）测试时的油井生产情况一定要准确记录。

3) 抽油机井的供排协调关系

(1) 油层的流入动态。

油层的流入动态用 IPR 曲线来描述，当气液两相流时 IPR 曲线为一条曲线（见图 3-3-1）。

(2) 泵的排出动态。

泵的排出动态用泵的排出液量（Q）与沉没压力（p_h）的关系曲线来表示（见图 3-3-2）。

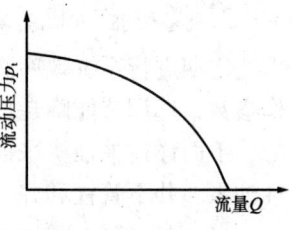

图 3-3-1 IPR 曲线

(3) 供排协调关系。

把流入及排出曲线画在同一个坐标系中，就会找出供排协调点。曲线 A 表示油层的流入动态，曲线 B 表示泵的排出动态，M 点为供排协调点（见图 3-3-3）。

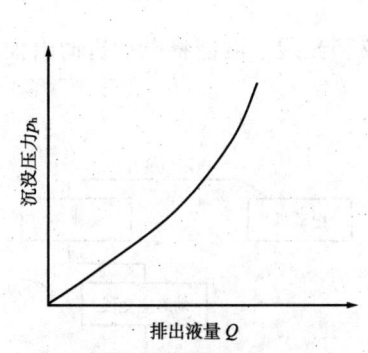

图 3-3-2 泵的排出曲线

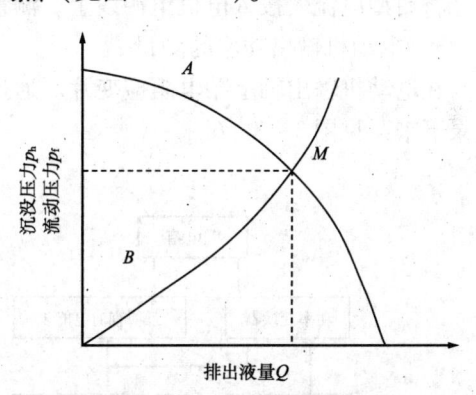

图 3-3-3 当 $p_f = p_h$ 时的协调图

(4) 抽油机井动态控制图（图 3-3-4）。

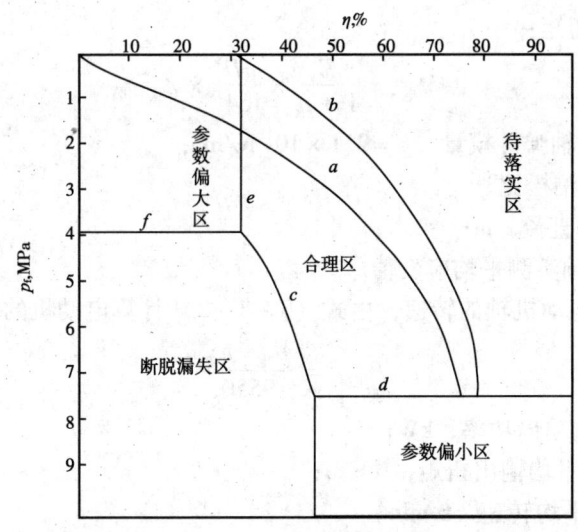

图 3-3-4 抽油机井动态控制图示例
a—平均理论系效线；b—理论泵效上限；c—理论泵效下限；
d—最低自喷流压线；e—合理区泵效下线；f—供液能力界线

3. 提高抽油机井系统效率的测试

定期进行系统效率测试，采用先进的提高抽油机井系统效率优化设计技术，通过调整工作参数，选用节能降耗设备等措施提高系统效率。

下面详述抽油机采油系统效率测试。抽油机采油系统是包括电动机、抽油机、抽油杆、抽油泵、井下管柱和井口装置等组成的来油系统。

1）电动机输入功率的测量

将三相有功电能表（或功率变换器等）接入电动机的电源线，见图3-3-5。用电能表或功率变换器测量时，应测5个冲程，求其平均值。

2）抽油机上下冲程电流的测量

将钳型电流表按入电机电源线上，测量抽油机上下冲程的最大电流。

3）电动机输出功率的测量

在电动机输出轴上贴电阻应变片。通过动态应变仪和光线示波器将电动机输出轴的应变记录下来，见图3-3-6。

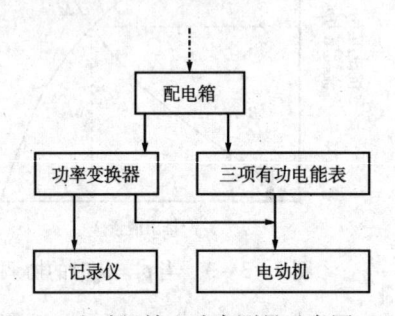

图3-3-5 电动机输入功率测量示意图 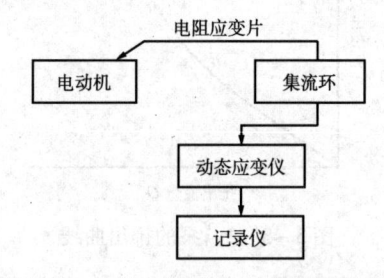　　图3-3-6 电动机输出功率测量示意图

电动机平均输出扭矩：

$$M_{电} = \frac{E}{1+\mu} \times \frac{\pi D^8}{64} \times \varepsilon_{实} \qquad (3-3-1)$$

式中　E——电动机的轴弹性模量，$E = 2.1 \times 10^{11} \text{N/m}^2$；

　　　μ——电动机轴泊松比；

　　　D——电动机轴直径，m；

　　　$\varepsilon_{实}$——电动机轴实测平均应变值。

用转速仪测量出电动机轴的转速，由式（3-3-2）计算电动机的输出功率：

$$P_{电出} = \frac{M_{电} \cdot n_{电}}{9550} \qquad (3-3-2)$$

式中　$P_{电出}$——电动机输出功率，kW；

　　　$M_{电}$——电动机平均输出扭矩，N·m；

　　　$n_{电}$——电动机平均转速，r/min。

4）减速箱输出功率的测量

在减速箱的输出轴上贴电阻应变片。通过动态应变仪和光线示波器将减速箱输出轴的应变记录下来。由式（3-3-1）计算减速箱的轴出扭矩。再测抽油机的实际冲速（即减速箱输出轴平均转速），最后由式（3-3-3）计算减速箱的输出功率：

$$P_{\text{减}} = \frac{M_{\text{减}} \times n_{\text{减}}}{9550} \tag{3-3-3}$$

式中 $P_{\text{减}}$——减速箱输出功率，kW；

$n_{\text{减}}$——减速箱输出轴平均转速，r/min；

$M_{\text{减}}$——减速箱平均输出扭矩，N·m。

5）抽油机光杆功率的测量

在抽油机悬绳器处装置动力仪，测量抽油机的示功图。由式（3-3-4）计算光杆功率。测量三个合格的示功图，求其平均值。

$$P_{\text{光}} = \frac{A \cdot S_{\text{d}} \cdot f}{8000} \tag{3-3-4}$$

式中 $P_{\text{光}}$——抽油机光杆功率，kW；

A——示功图的面积，mm^2；

S_{d}——示功图减程比，m/mm；

f——示功图力比，N/mm。

6）油井产液量、动液面、井口油压和套压的测量

（1）油井产液量的测量：计量井口产液量应连续计量三次求其平均值。

（2）动液面的测量：在井口装上回声仪，测量油井油套环形空间的液面深度。应测量三条合格的液面曲线，计算动液面深度平均值。

（3）油井井口油压和套压的测量：在油井井口油管和套管上分别装上压力表，测其油压和套压。

4. 清防蜡及防垢制度

优选清防蜡及防垢工艺技术，确定合理的清防蜡及防垢制度，包括清蜡周期、清蜡深度、药剂用量、热洗的温度和压力等。

5. 调整抽油机井平衡

及时调整抽油机井平衡，保持平衡比在85%～100%。

6. 日常维护与保养

按有关标准和规定做好抽油机日常维护保养工作。

1）例行保养

（1）检查各部位紧固螺丝，应无松动及滑扣。

（2）检查减速箱、曲柄销及各部轴承应无异常响动。

（3）保持抽油机清洁。

2）一级保养

（1）抽油机运转720～740h，在值班工人与维修班共同协助下进行。

（2）打开减速箱视孔，检查齿轮咬合情况，并检查齿轮磨损和损坏情况。

（3）检查减速箱油面，并加足润滑油到规定位置，给减速箱、游梁和连杆等各部位轴承加油润滑。

（4）检查抽油机平衡情况，调整平衡并拧紧平衡块固定螺丝。

（5）检查三角皮带，应无损坏，电动机与减速箱应平衡，皮带应对正，距离适当，各皮带松紧一致。

（6）检查刹车磨损情况，并进行调整。

3）二级保养

当抽油机运转4000h，由小队维修班进行二级保养。二级保养以检查、润滑、紧固和调整为重点，并对井场设施进行全面检查和维护保养，以确保设备长期平稳运行。要以"保养前细检查、保养中严监督、保养后严验收"为原则，高标准，严要求，确保抽油机的保养质量。

7. 其他管理措施

泵挂深度不小于1500m时，应采用油管锚等措施减少冲程损失；井口含砂不小于0.01%时，应采用砂锚等防砂措施；气液比不小于50时，应采取气锚等防气措施；对于斜井及发生杆管偏磨的井要采取扶正等防偏磨措施。

二、抽油机井录取资料及管理要求

1. 应录取的资料

（1）产能资料。

油井的日产液量、日产油量、井口的油管压力、套管压力、集油管线的回压以及分层的地层压力。

（2）水淹状况资料。

包括油井所产原油的含水率、分层的含水率以及通过在开发过程中钻检查井和调整井录取分层含水率和分层驱油效率等，它可直接反映剩余油的分布及储量动用状况。

（3）产出物的物理化学性质。

包括油井所产油、气、水的物理与化学性质。

（4）抽油机井工况资料。

包括示功图、动液面、热油（水）洗井、冲程、冲数、泵径及泵深等资料。

（5）井下作业资料。

包括施工名称和内容，主要措施参数及完井管柱结构等。

2. 资料录取管理要求

1）回压

（1）常温集输流程必须装回压表，其他流程回压大于0.2MPa的油井必须装回压表。所装压力表的压力量程必须适当，完好。

（2）管井人员每巡回检查一次记录一次。巡回检查次数由采油队根据劳动组织和生产需要来定，但在劳动组织规定的值班班次至少有一个压力值。

（3）记录压力值时以兆帕为单位，取一位小数。

（4）在采油综合记录中选有代表性的压力值填写，其中一天只有2个压力值的，选用较大的压力值填写。

2）套压

（1）低饱和油田一般可以不装套压表。但有收气流程的油井或套压高于0.5MPa的油井要装套压表，厂地质和生产部门指定要装套压的应装套压。

（2）巡回检查、记录及采油综合记录填写的要求同回压。

3）动液面

（1）测试要求。

动液面只能在油井正常生产时测试，并在保持套压下测试。

①正常生产井每半月测一次，每月测两次。两次之间的测试间隔不少于10天，不大于17天，不能在半月内测两次。生产不正常井，根据需要增加测试。重点探井试采按正常生产油井对待，边远井油井单月测一次动液面。

②新投产的油井、长期停产后恢复生产的井、措施后投产的井和断续生产的井，凡在半月内连续开井13天以上的必须测动液面。

③井下坐有封隔器，而封隔器在生产层位以下的井必须按规定测动液面。

④动液面在井口（有自喷、自溢能力）的不测动液面。

⑤用电子管和晶体管回声仪测动液面的每次必须测得三条合格曲线，用双频道回声仪测动液面的必须测得一条合格曲线。

⑥间开井一般在生产周期的半周期测试。

（2）测试质量要求。

①电子管和晶体管回声仪测试质量标准：

a. 每次至少测得三条井口、音标及液面反射波峰明显，且可以对比的记录曲线，纸带清洁。

b. 沉没度出现负值时得测，或用双频道回声仪测试。

c. 根据记录曲线计算的音速在 250~400m/s。

②双频道回声仪测试质量标准：

a. 记录曲线上井口和音标反射波峰或油管接箍和液面反射波峰明显，偏离中心5mm以上，纸带清洁。

b. 两个频道曲线上，井口、音标及液面反射波峰对应准确清楚。

c. 计算音速在 250~400m/s。

（3）测试资料整理。

①曲线上要注明井号及测试日期（测试日期与采油日报日期一致），记明套压值。

②及时张贴。张贴时三条曲线贴在一起，井口及音标位置要对齐。

③曲线上用点子标明井口、音标和液面的位置，注明音速及液面深度。

④在记录曲线上度量反射波长度的误差不过1mm。

⑤必须计算音速、动液面深度及沉没度三个数据，填好测试记录。音速单位 m/s，取一位小数，小数后第二位四舍五入。

（4）动液面淹没音标的油井（应根据地层压力的高低和测试资料确定动液面是否淹没音标），应采取以下措施：

①下次检泵时上提音标位置，根据地层压力和动液面的变化确定上提高度。

②用双频道回声仪测试，并用油管接箍计算出动液面数据。

③用晶体管或电子管回声仪测试的，用本井套压基本相同的最近一次的实测音速计算出

动液面深度，动液面深度加"（ ）"以示区别。

（5）动液面在泵口以下，沉没度为负值时，必须采取如下措施：

①用双频道测试，测试曲线上井口、油管接箍（10个接箍以上）及液面反射波明显，曲线合格。用以校正音标浓度和计算动液面深度。

②检泵作业起泵时，采油队技术员亲自到井场督促修井队丈量，并亲自参加丈量音标下入深度。发现修井总结上的音标深度与实际下入深度不符的，向上级有关部门报告并修改有关数据。

（6）采油综合记录填写。

月度平均动液面的计算填写要求：

①两次都用同一类型的回声仪测试的用算术平均值。晶体管和电子管回声仪为一种类型，双频道回声仪为一种类型。

②两次分别用不同类型回声仪测试的，选用双频道回声仪测试成果。

③动液面在井口的（有自喷能力的，或在正常生产时套管闸门处有自溢能力的）填零。

④动液面淹没音标的，不得填写"淹没音标"或"（音标深度）"。借用最近一次音速计算的动液面深度加上"（ ）"。

⑤动液面在泵口附近，无准确资料的井，填写泵挂深度，并加"（ ）"以示区别。

⑥用双频道回声仪测试的，在动液面数据的右边注明"双频道"三字，油井动液面全部用双频道回声仪测试的采油厂不加注明。

⑦动液面解释了"重复反射"的，如果是液面重复反射，应按规定算出动液面深度；如果是音标重复反射，或结蜡等其他原因造成的重复反射不能填在综合记录上，而以未取得准确资料论处，在备注中填未测出。

4）示功图

（1）正常生产井每半月测一次，每月测二次，与动液面测试同步。

（2）单量产量大幅度下降或为零时，在30h内必须测示功图。修井完毕，采油队接井后三天内测示功图，用以检验作业质量。

（3）每次连续测5个相似图形。

（4）在记录纸上要写明井号、测试日期、支点力比及减程比，画出上下冲程负荷线，计算上下冲程负荷，及时张贴。

（5）采油综合记录上注明示功图解释结果。

5）产量

抽油井产量包括产液量、产油量、产水量及产气量。

（1）油井单量。

①进入集输流程的油井，每5天单量一次。用双容积分离器计量的站，每次单量4h以上。用大罐计量的站，每次单量8h以上，其间每2~4h计量一次。

长6、长3层生产井每次单量16~24h，无特殊情况的单量24h，每10天单量一次。已建成计量（接转）站，单量周期达不到上述要求，可适当低渗透。

②未进集输流程的油井，全天连续计量，其间每2~4h计量一次。

③进集输流程的间开井，每次单量一个周期。周期超过8h的，在特殊情况下，如计量

站管井过多，经厂地质所同意后，可在周期的中间单量4h。例如长6、长3层间开井，每天只生产一个周期的（即每天开井一次），每次单量一个周期；每天生产两个周期的（即每天开井二次、关井二次的），每次单量两个周期。

④新投产油井、长期停产后恢复生产的井以及措施后投产的油井，开抽后24h内必须单量，并连续单量（每天单量一次）直到产量平稳。

⑤前后两次单量产量相差悬殊时（日产大于$15m^3$的超过20%，日产$5\sim10m^3$的超过30%，日产小于$5m^3$的超过50%）和单量产量为零时，在第二天重新单量，进一步证实产量变化情况。

⑥示功图解释深井泵工作状况严重变差时在两天内单量一次。

（2）采油小队日产液量计算和综合含水测定。

根据流程选择采油小队进油站（大多是联合站或集中处理站），利用仪表或大罐分别连续计量各采油小队的日产液量。

利用原油含水分析仪或大罐和管道取样化验测定采油小队综合含水。

逐步达到对采油小队产液量连续测取密度和温度资料，并用来校正产量。

根据采油小队日产液量和采油小队所测综合含水，计算出采油小队日产油量和日产水量。根据采油小队日产油量、日产水量和日产液量，累计计算出月产油量、月产水量和月产液量。采油小队月产油量是采油大队将核实产量分配到小队的依据。

采油小队日产液量计量和综合含水测定任务主要由输油队（或有关站库）负责。计量结果必须出报表，按以上要求设计报表内容，报表标题可定为"分队产量日报表"，报表存档时间不少于12个月。

"分队产量日报"报采油大队或作业区地质组审查，并存档。

（3）计量站总产液量倒分到油井。

①将计量站总产液量倒分到油井，必须遵循以下三原则：

a. 按单量产量占总产液量的比例系统分配，比例系数（设B为比例系数）为：

$$B = 计量站总产液量（班产或日产）/油井单量产量的总和（班产或日产）$$

$$比例系数取二位小数。$$

$$油井产液量 = B \times 单量产量$$

b. 当天实际生产时间的多少。

c. 当天单量的井也按比例系数分配，单量产量为零时不能分配产量。

②分配到油井的产量必须能够代表该井的实际生产能力，因此必须按系数分配。未按系数分配产量的以产量计算不准确。

在产液量分配中，由计算过程中的四舍五入产生的余数，可适当分配给部分油井。

③未进集输流程的，单独全天连续计量的油井，不实行产液量倒分。

④油井可以不计算班产量，只计算日产量，即在《采油分井生产日报》中可以不填班产量，只填日产量。这样，计量站总产液量倒分油井的工作每天只需进行一次。但在"输油报表"中，仍需保留计量站的班产量，并用此分析班产量变化。

⑤根据所倒分的日产液量，再计算出日产水量和日产油量。

⑥实行采油队月产液量倒分到油井的队，不实行计量站总产液量倒分到油井。

(4) 日产水量计算。

①计算日产水量时，含水率取一位小数，含水率从取样的第二天开始使用。

②含水 0.1% 开始计算产水量。含水 0.1% 的井为含水井。

③认为含水资料不可靠的，如误差大或无代表性的，不要用来计算产水量，在采油综合记录上注明"（不用）"字样。

(5) 产量计算及使用单位。

①单量以"L"为单位，取整数。

②日产油量以"t"为单位，日产液量和日产水量以"m^3"为单位，取二位小数，小数后第三位四舍五入。

③旬产量：分别合计产液量、产油量及产水量，均保留二位小数。并用此产量计算旬平均日产和旬度综合含水。

④月产量：用旬产量分别合计月产液量、月产油量及月产水量，分别以"m^3"和"t"为单位，取整数，小数后第一位四舍五入。

⑤月开井天数：用全月开井小时数除以 24 求得月开井天数。旬开井天数也按此方法计算。间开井用全月开井小时数除以工作制度小时数求得月开井天数。

⑥月度平均日产：分别用月产液（m^3）、月产油（t）、月产水（m^3）、月开井天数计算出日产液、日产油及日产水，均取二位小数，第三位四舍五入。实行采油小队月产液量倒分及月产水量倒分的油井，月度平均日产计算见下述第（6）项。

⑦月度平均泵效：用月度平均日产液（m^3）计算。月内调参的井的泵效计算：从生产时间较长的工作制度计算泵效；如果两种工作制度生产时间差不多，以最后一次工作制度计算泵效。

⑧月度综合含水见下述第（6）项。

⑨油井进行措施时，压入油层的油量和水量，从措施完毕后油井生产的产量中扣除，当月扣不完的，下月继续扣。

(6) 采油小队月产液量倒分到油井的前提和计算方法。

采油小队月产液量倒分到油井的方法就是对油井井口产量进行调整，它的前提是对采油小队月产液量进行了分队、每天和连续计量，达到了分队产量清楚，计量准确。在此条件下，将采油小队月产液量倒分到油井。

①计量原则：

a. 实行采油小队月产液量倒分到油井的，油井的日产量直接用单量产量折算，并用井口取样化验的含水计算出日产水量和日产油量，再将日产量累加为月产液量、月产油量及月产水量。用这种方法计算出来的月产量暂称为"单量折算井口月产量"，下文不再解释。

b. 采油小队月产液量倒分到油井，按油井"单量折算井口月产液量"与"采油小队月产液量"的比例系数进行分配。

c. 采油小队月产液量倒分到油井，每月进行一次。

d. 倒分到油井的月产液量称为"调整井口月产液量"。

②计算方法：

a. 采油小队月产液量倒分到油井的比例系数计算：

比例系数 m = 采油小队月产液量/油井单量折算井口月产液量的总和

m 取 2 位小数。

b. 调整井口月产液量的计算：

$$调整井口月产液量 = m \times 油井单量折算井口月产液量$$

（7）采油小队月产水量倒分到油井。

①采油小队月产水量倒分到油井的前提：

采油小队月产水量倒分到油井的方法是在对采油小队月产液量计量的基础上，同时利用原油含水分析仪或大罐和管道取样化验，测定采油小队综合含水，达到采油小队综合含水资料齐全准确的条件下进行的。

②计算原则：

a. 采油小队月产水量倒分到油井与采油小队月产液量倒分到油井的工作同时进行。

b. 按油井单量计算井口月产水量与采油小队月产水量的比例系数进行分配。

c. 倒分到油井的月产水量称为"调整井口月产水量"。

③计算方法：

a. 比例系数计算：

比例系数 m = 采油小队月产水量/油井单量计算的井口月产水量的总和

m 取 2 位小数。

b. 调整井口月产水量：

$$调整井口月产水量 = m \times 油井单量计算井口月产水量$$

（8）油井月产液量和月产水量调整后的有产数据计算。

①凡将采油小队月产液和月产水倒分到油井的（称为月产液量调整和月产水量调整），油井月度产量等有关数据按以下方法计算：

a. 月度综合含水 F_w（%）

$$F_w = （调整井口月产水量/调整井口月产液量）\times 100\%$$

b. 调整井口月产油量 $Q_油$（t）

$$Q_油 = （调整井口月产液量 - 调整井口月产水量）\times 原油密度$$

c. 月平均日产液量、月平均日产油量及月平均日产水量分别用调整井口月产液量、调整井口月产油量及调整井口月产水量除以月生产天数。

d. 月度抽油泵效按调整平均日产液计算。

②采油综合记录填写：

a. 用"调整井口产量"计算的月度平均日产液、日产油及日产水分别填在"月平均"栏内。

b. 用"调整井口产量"计算的月度综合含水和泵效分别填在"月平均"栏内。

c. 调整井口月产液量、调整井口月产油量及调整井口月产水量分别填在采油综合记录顶头小表中的"月调整"栏内。在综合记录的其他部位不再说明。

d. 核实产油量不得填在"月调整"栏内，可在"月度合计"栏内说明。核实产油量是否分到油井，由厂开发业务部门决定。

e. 用日产量合计的月产液、月产油及月产水量仍分别在"月合计"栏内说明。旬合计仍填在旬产量栏内。

（9）产气量测试。

①测气地点：

在计量站（或接转站）的计量间，用双容积分离器或其他单量分离器测试。

②测气要求：

a. 每月测一次，油井单量时测。

b. 用气体液量计测气的，每次测气时间与单量时间相同。并用测气结果与生产时间计算日产量。

c. 用 U 型管放空测气的，测气管线不少于 3m，档板孔径大小适当。每 2~5min 读一个点，不少于 30 个点。

③用 U 型管放空测气计算气产量：

$$Q = md^2 \sqrt{(h/rT)} \qquad (3-3-5)$$

式中 Q——气产量，m^3/d，取整数。

d——孔板直径，mm，取 1 位小数。

h——压强差，mm，取整数。h 为全部测试点的平均值。

r——天然气密度，取 3 位小数。

T——天然气温度，°K，取整数，$T = T_0 + t$。

m——常数，U 型管中装水银时 $m = 10.64$；U 型管中装水时 $m = 2.89$。

根据以上公式，r 认为不变，T 认为在同一季度或同一流程条件下接近或不变时，可计算出一个 d^2 与 h 的关系气产量换算表。

④气油比和月产气量：

气油比用日产气除以测气当日的日产油量，单位"m^3"/t，取整数。

月产气用气油比乘以井口月产油量，单位用"m^3"，取整数。

⑤采油综合记录填写：

a. 测气结果（即日产气）填在测气当日的日产气栏内。未测气的天数，不填日产气量。

b. 气油比和月产气在全月合计栏内说明，与油、水、液产量并列。

⑥进集输流程的油井普遍测一次，再根据实测资料，对气产量很低的油井、开发区或油田，经开发业务部门同意后可以不测。新区试采井按试采要求执行。

6）含水

油井含水是通过井口取样进行化验分析获得的，因此必须搞好取样及化验工作。

（1）取样要求。

①油井一般每旬取样三次，取样间隔 3~4 天。含水小于 10% 的油井或含水大于 80% 的油井，每 10 天取样一次。

②新投产井、长期停产后恢复生产的井以及措施和修井后投产的井，开抽后每天取一次样，直至含水平稳，并用于计算产量。

③新见水井和含水突变井连续取样，每天一次，直到弄清变化为止。含水 50% 以下的油井，本次取样含水与前一旬平均含水波动超过 10% 为突变井；含水 50% 以上的油井根据该井含水变化情况确定是否突变，但一般情况下波动不要超过 50%。

④取样的好坏，对于化验结果的代表性有着极大的影响，因此必须认真取好样。取样要求如下：

a. 取样桶干净，无水、砂、灰、油等任何污物。

b. 先将死油放净，然后将新鲜油样放入桶中。要分三次取成，每次取总样的1/3左右，每次取样间隔5min，待油里的气泡逸出后继续取样，总样取够400mL以上（相当于样桶的4/5左右）。

c. 盖好取样桶盖子，填写夹好样签。样签中要有井号、取样日期及取样人。

d. 把取样工作填入日报表，取样日期与采油日报日期一致。

⑤为了确保化验工作有足够的时间和便于产量计算和资料整理上报，月末最后两天可不安排取样。

（2）原油化验分析。

①原油化验分析一般作以下项目：

a. 含水：每样必作。

b. 含盐（测游离水中的氯化钠含量）：含水或含盐正常井每月测一次。含水突然上升（比正常含水高30%以上）或突然水淹时增测几次含盐，含盐量发生突变时增测含盐，确定含盐是否发生变化。月度综合含水小于10%的油井不测含盐。

c. 含砂：在压裂后测定含砂，每旬一次，连续测一个月或至不含砂为止。

②测量油样总体积和游离水体积用500mL或1000mL量筒，禁止用刻度量程大的量杯作量具。量筒刻度0~50mL段无细分刻度，在此段读数时不能估计，要另做一个比例尺比照着读数。

③为了确保化验分析结果的准确性，化验员必须检查样品质量，必须遵守化验操作规程，分析误差不超过规定。

④用水分测定仪测定原油含水时按以下步骤和要求进行化验：

a. 在油样中加入破乳剂1~5滴，搅匀后加热。含水低于10%的不要加破乳剂，加破乳剂的多少，视其油样的乳化程度和油样的多少而定，加破乳剂过多会形成新的乳化层而影响含水测定结果，以既达到充分破乳又不形成乳化层为宜。

b. 油样加热到30~50℃，加热过程中要搅拌。

c. 将油样倒入量筒，准确读出总液量和游离水。含水10%以下的油样可不分出游离水。

d. 将油样倒入分液漏斗，分出游离水，并再次计量游离水。从分液漏斗中分出的游离水和在量筒中测量的游离水数量不等时，以分液漏斗分出的游离水为准。

e. 将分液漏斗中的油样摇匀，以每分钟70次的速度摇30~60s，或用搅拌机将油样搅匀。

f. 油样摇匀后立即取蒸馏样。蒸馏样的多少决定于油样含水的高低和水分接受器的容积，蒸馏出的水分不能超过水分接受器的最大刻度，也不能因蒸馏样过少而造成蒸馏出的水分过少，影响化验分析质量。一般要求：加破乳剂分出游离水的油样，蒸馏样不少于20mL；含水10%以下的油样，蒸馏样不少于50mL；含水低于1%的油样，蒸馏样取100mL。

g. 在蒸馏中，达到水分蒸干净的标准时蒸馏结束。冷凝管中的水珠要用鸭毛刷收进接受器。

⑤用原油含水电脱测试仪测定含水量，按以下步骤和要求进行：

a. 油样加温到30~50℃，加热过程中要搅拌。

b. 将油样倒入量筒，分出游离水，测定总液量和游离水，再用分液漏斗分出游离水。

c. 将分出游离水后剩余的油样中加入 1~4 滴破乳剂。也可以先把油样摇匀倒入电脱取样筒后再加破乳剂。加破乳剂量请看前述相关内容。用电脱法必须加破乳剂，否则电脱效果很差，严重影响测定结果。

d. 将分液漏斗中的油样摇匀，以每分钟摇 70 次，摇 30~60s。摇匀后的油样立即倒入电脱取样筒，电脱取样一般取 150mL，油样不够 150mL 的全部倒入。

e. 打开加温开关，将油样加温到 50℃，然后关闭加温开关，打开电脱开关，慢慢搅拌，视其情况，还可逐滴再加破乳剂，当水量不再增加时停止电脱。电脱完毕后停 1min 再读水量。

⑥含水小于 95% 的油样，分出游离水后，必须取样蒸馏测定油中含水量，再计算总含水。含水 95%~100% 的油样必须读出（并记录）准确的游离水体积，可以不取样蒸馏。

⑦含水测定精确度及计算：

a. 用同一油样测平行样，在两次测定中，蒸出水的体积不超过接受器的一个刻度。

b. 在无游离水的情况下，蒸出水量为零时，认为油样含水为"零"；取 50mL 蒸馏样。蒸出水量少于 0.03mL 时，即低于 0.06%，认为油样含水为"痕迹"；含水 0.1% 的按实测结果记录。在游离水的油样，计算出含水百分数后参照此规定填报。

c. 用体积比计算含水，单位用百分数，报出数据取一位小数，第二位四舍五入。

⑧原油含水测定原始记录中必须记录以下项目：油样总体积、游离水体积、含水油体积、蒸馏取样（或电脱取样）体积、蒸出水（或电脱水）体积以及总含水百分数等。

⑨在化验工作过程中各种玻璃仪器必须保持干净干燥；在油样倒换时必须将油样倒干净；搅棒不要带出油样；在量具上读数要准确；仪器安装正确，操作正确；冷却水管畅通。

⑩含盐测定。

a. 测定步骤：

ⅰ. 用吸液管在油样分出的游离水中吸取水样 5~10mL 于容量瓶中，加蒸馏水稀释至 20~25 倍。

ⅱ. 从容量瓶中取样 10mL 于量程 250mL 的三角瓶中。其中水样体积 $V = 10 \div$ 稀释倍数。

ⅲ. 加入 1mL 5% 的铬酸钾指示剂。

ⅳ. 用标准硝酸银滴定至刚有微红色出现并不消失为止，注意颜色不能过红。在滴定过程中，滴定速度要慢，边滴边摇三角瓶。

ⅴ. 记下标准硝酸银消耗量 V_1（单位：mL）。

ⅵ. 说明：取水样多少，决定于含盐量的高低。同时要使标准硝酸银消耗量一般控制在 10~20mL，硝酸银消耗量过少，会影响测定结果。

b. 计算：

$$NaCl = ((N \times V_1 \times 1000)/V) \times 58.5 \qquad (3-3-6)$$

式中　$NaCl$——氯化钠含量，mg/L；

　　　V——水样量，mL；

　　　N——硝酸银标准液的当量浓度，mol/L；

　　　V_1——硝酸银消耗量，mL；

　　　58.5——氯化钠的克当量。

c. 在含盐测定原始记录中必须记录以下项目：取水样、硝酸银标准液浓度、硝酸银消耗量及氯化钠含量。

⑪原油化验分析器具按照"计量器具检定标准"进行检定。

7）工作制度

（1）抽油井工作制度包括冲程、冲数、泵径、泵深及开井时间。填报的工作制度必须与实际的工作制度相符，改变工作制度必须在日报和采油综合记录相应日期的备注栏内注明改变情况，并将改变的数据填入工作制度栏内。

（2）间开井的工作制度由采油队与有关业务部门（地质、生产部门）共同确定，并严格按工作制度生产。

（3）抽油机停抽时间少于20min的计入开井时间，班日报上不反应。

（4）经二次单量，其产量均为零时，必须停抽。产量为零的开井时间不计入开井时间，在全月开井时间中必须扣除。

8）地层压力（静压）

（1）油井定点测压井数占油井总井数的30%以上，定点测井井号以上级下达为准。延安组和直罗组定点测压井每半年测一次，每年测两次，之间间隔不少于4个月不超过7个月；低渗透定点测压井每年测一次，测压间隔不少于10个月不超过14个月。中高渗透砂岩油田25%以上油井作为固定点，低渗透油田10%～15%的井作为固定点。

（2）观察井每月测一次。

（3）用回声仪测液面恢复计算静压的，测试曲线和压力恢复曲线必须合格。

（4）压力计测静压，实行定井定仪器测试；压力计要下至油层中部深度，特殊情况下，下不到油层中部的，其距离不大于100m。压力卡片必须合格，不合格的必须重测。

（5）中间测试成果报出时间由厂地质部门规定，最后测试成果旬报一次。旬末报出时间不超过三天，月末在下个月的1日前报到采油大队和采油队，否则不算按时报出资料。

（6）压力值取一位小数，第二位小数四舍五入。气井静压值取二位小数。

9）油水气性质

（1）原油性质。

每年普查一次，分区分层选择具有代表性的油井取样，取样井数不少于总井数的5%。

分析项目：密度、黏度（不同温度下）、含蜡量、凝固点、含胶量、含砂量、酸值。原油组分和芳香烃含量根据需要作分析。

（2）油层水性质。

当年新开发区油井投产第一个月取样分析，含水30%以上的油井全部取样。

分析项目：常规离子、特殊元素、溶解气体、细菌、水型、pH值。

（3）产出水性质。

每年普查一次，选择具有代表性的含水井取样分析，井数不少于含水井的5%。平时根据需要取样分析。

分析项目：八项离子、水型、pH值、油水界面张力。

10）伴生气性质

每年对产气量较高的油井取样分析一次密度及组分。

11）其他资料

（1）探砂面：每半年至一年探一次，修井时探测。压裂施工结束时必须探砂面，压裂后投产的井第一次检泵时探砂面。

（2）井温：定点测压井必须测井温，每年1~2次。用测液面恢复的方法计算地层压力的开发区检泵时测井温，当年没有检泵的井在邻井测取井温。

（3）新井投产前必须测静压。

（4）压力恢复曲线：试采井必须测压力恢复曲线，不能测的测压井点测得静压值。其他油井根据需要测压力恢复曲线。

（5）油井出油剖面：

每年选有代表性的油井测分层产量及含水，有条件测动液面和静压。根据油田动态研究需要和测试工艺现状安排计划，按计划执行。

（6）井下取样根据需要取。

（7）更新井、油田加密井及新区探井在试油时应取得静压及高压物性分析资料。

12）油井资料全准条件

（1）全月开井的井资料全准条件规定：

①冷输流程回压不少于25天，其他流程回压和套压（套压不分流程类型）按规定检查；

②含水取样按规定间隔取够（需加密取样的按要求取够样），化验分析项目按规定检查；

③单量：每五天单量一次的井按规定单量没有缺少的，每10天单量一次的井按规定单量不少于三次，需加密单量的按要求单量；

④示功图、动液面及静压按规定取全取准；

⑤数据三对口（计量仪表显示结果、班日报、综合记录三对口）计算差错未超过2‰；

⑥仪表准确、化验准确及测试资料合格，资料符合本标准。

（2）不是全月开井的井，上述第（1）条中的①、②、③项按开井天数类推，其他条件不变。

第四节　注水井管理要求

一、注水井管理要求

（1）油田投入注水开发前必须通过试注，测定储层的启动压力和吸水指数，确定注水压力，优化注水工艺。试注和转注必须严格执行操作规程和质量标准，并根据油藏地质物质、敏感性分析及配伍性评价结果，采取相应的保护储层措施。

（2）根据注水井的生产情况，研究确定合理的洗井周期，定时洗井。当注水井停注24h以上，作业施工或吸水指数明显下降时必须洗井，洗井排量由小到大，当返出水水质合格后方可注水。

（3）当注水量达不到配注要求时，应采用增注措施。若提高压力注水时，有效注水压力必须控制在地层破裂压力以下。

（4）油藏注水实施之前，通过储层敏感性分析及井下管柱的腐蚀性研究等试验，考虑水质处理工艺和建设投资以及操作费用等因素，确定合理的注入水水质标准。建立水质监测制度，定时定点取样分析，发现问题及时研究解决。

（5）根据油藏工程的要求和井型井况的特点，在具备成熟技术能力的条件下，选择分注管柱以及配套工具，管柱结构要满足分层测试、防腐及正常洗井的要求。

（6）注水井作业要尽量采用不压井作业技术，如需放溢流，应符合"健康、安全、环境"要求，并计量或计算溢流量，本井的累计注入量要扣除溢流量。

（7）调整注水井注水量要求：
①调控水量一定要用注水下流阀来调控；
②开关阀门时一定要侧身；
③上调水量即开大下流阀后，此时泵压与控制注水油压相同时就不必再上调了；
④水表头如果是电子式二次显示的，瞬时水量可做参考。

（8）注水井反洗井要求：
①整个操作过程特别是开阀门时一定要平稳、缓慢，身体要侧躲开手轮走向；
②倒流程程序不能错，防止憋压；
③水表各自读数一定要记录清楚原底数及注后底数，并计算注流量。
④取水质样量符合要求。

二、注水井资料录取及管理要求

1. 应录取资料

1）吸水能力资料

包括注水井的日注水量及分层日注水量。

2）压力资料

包括注水井的地层压力、井底注入压力、井口油管压力、套管压力及供水管线压力。它们直接反映了注水井从供水压力到井底压力的消耗过程、井底的实际注水压力以及向地下注水产生的驱油能量。

3）水质资料

包括注入和洗井时的供水水质、井口水质以及井底水的水质，水质一般包括含铁、含油、含氧及含悬浮物等项目。

4）井下作业资料

包括施工名称、内容、主要措施参数及完井管柱结构等。如分层配注井有：所分层段、封隔器位置及每个层段所用水嘴等。

2. 录取资料管理要求

1）泵压或配水间压力

每班检查记录一次泵压或配水间分水器压力，压力值以"MPa"为单位，取一位小数。在综合记录中填写泵压或配水间压力均可。

2）油压和单井管压

值班人员每跑井一次记录一次油压值，每天至少录取一个油压值。值班人员每班检查记录一次配水间分井管压。压力值以"MPa"为单位，取一位小数。在综合记录中填写油压值用选值，选值合理，一天只有两个油压值的选用较大的压力值填写。单井管压只在注水日报上填写。

3）套压

要求同油压。

4）注水量（指全井注水量）

(1) 注水井必须分井安装计量仪表。计量仪表要准确，要定期校对检修，无法修复的要及时更换。用双波纹流量计的，交接班时检查流量计记录笔尖是否落零和是否走弧线，出现故障要及时整改和检修。流量计挡板孔径选择要适当，记录曲线一般应在30%～70%。记录曲线清楚，记录纸清洁。

(2) 读数和计算无错误，水表读数准确到1m³，取整数，每2～4h记录一次。

流量计卡片计算日注水量取整数，小数后第1位四舍五入。月注水量取整数，小数后第1位四舍五入。

(3) 水井投注后的任何排水量都必须计算，并从以后的注水量中扣除，直到扣完为止。

5）分层注水量

(1) 分注井每季度测试一次。按分注井数计算，测试率达到90%以上，合格注水天数达到60天以上；按分注层段计算，层段配注合格率达到65%以上。

(2) 测试卡片符合质量规定。

6）水质

(1) 取水样：配水间每五天取样化验一次，注水井口每十天取样化验一次。配水间取样和井口取样一般不要安排在同一天。

(2) 取水样操作：

①用水样清洗瓶子；

②取水样，装满瓶；

③盖紧盖。

(3) 配水间和井口水质资料均填入综合记录，日期相同的填井口水质。

(4) 注水水质化验分析：

①水质化验分析项目：机械杂质含量和含铁量每样必作，硫化物含量每季测一次。

②用比色法确定机械杂质含量的，至少配制0.5、1、2、3、4、5等标准系列，标准系列在冬、春、秋每季度更换一次，夏天二个月更换一次，不能长菌变质。

③总铁测定：

硫氰酸钾比色法测总铁含量：

a. 测定步骤（以下步骤不能颠倒）：

ⅰ. 选用50mL（或25 mL）的比色管一支，用水样冲洗数次；

ⅱ. 取水样50 mL（或25 mL）；

ⅲ. 在水样中加1:1的盐酸1mL，摇匀；

ⅳ. 再加5滴0.5%的高锰酸钾，保持红色不消失，如果红色消失需再加几滴高锰酸钾，摇匀；

ⅴ. 再加入50%的硫氰酸钾1mL，摇匀；

ⅵ. 另取一支与取水样相同容积的比色管，加入与水样同体积的蒸馏水，再依次加入1∶1的盐酸1mL，再加5滴0.5%的高锰酸钾，再加入1 mL 50%的硫氰酸钾，再逐滴加入标准铁液，边摇边加，当颜色（红色）与水样比色管中的红色一致时，停止加标准铁液，并记下标准铁液用量V_0（mL）。

b. 总铁计算：

总铁（mg/mL）＝（0.01×标准铁液用量$V_0×10^3$）/水样体积V（mL）

Fe—CQ型测铁管法测总铁含量：

a. 备用物品：备用一套标准比色色阶管，应有0、0.2、0.4、0.6、0.8、1.0、2.0、3.0等PPM级，再备用一批总铁测试管。注意标准比色色阶管避免长时间光照。

b. 总铁测定步骤：

取一支取样杯，取10mL水样，加入0.4 mL（约8滴）1∶1的盐酸，摇匀，等待5min，将总铁测铁管放在取样杯中并将其端部折断，水样很快进入测铁管，将测铁管颠倒数次，使水样与测铁管中的显色剂反应变色，等待2min后将测铁管与标准色阶管比色确定含铁量（总铁）。

用二价测铁管，按以上步骤可确定二价铁含量。

此方法简便，不会因技术和操作问题影响测定结果。

④水质化验原始记录：

a. 机械杂质含量（用比色法的）只记录比色结果。

b. 总铁测定用测铁管法的只记录比色结果。

c. 总铁测定用硫氰酸钾比色法的必须记录水样体积（mL）、标准铁液用量（mL）、标准铁液浓度（mg/mL）和总铁含量。

7）注入水性质

（1）按注水流程（从水源到注水井井口返出），每年系统取样分析一次，分析项目：常规离子、机械杂质含量和颗粒直径、含铁量、含氧、pH值、硫化氢含量、二氧化碳含量、腐蚀菌含量、硫酸盐还原菌含量、嗜铁菌含量、油水界面张力。

（2）注入水中加有杀菌剂的密闭流程每月取样分析含氧和细菌含量。

8）回注水（污水回注）性质

回注水每年在注水站取样分析一次，根据需要按注水流程在各点取样分析。

分析项目：常规离子、溶解气体、pH值、水型、细菌、机械杂质含量、含铁量、油水表面张力、含油、含硫化物、薄膜因素。

9）注水井其他资料

（1）指示曲线：每年选10%的井测一次吸水指数，分注井不测。注水井进行重点增注措施时，一般应在措施前后各测一次吸水指数。

（2）井温：根据需要测井温。

（3）吸水剖面：按计划用同位素测取吸水剖面资料，新投注井，注水平稳后应首先列入测试计划。

（4）探砂面：修井时必须探砂面。

（5）井下取样：根据需要取，取样井数一般不少于10%。

（6）静压：根据水井监测计划进行测试。

10）注水井资料全准条件

（1）有25天的油压和套压数据，以及泵压（或分水器压力）和管压全准数据。

（2）注水量和分层测试资料全准。

（3）配水间按规定取样有6次，井口取样有3次。

（4）数据三对口，计算差错未超过2‰。

（5）计量仪表准确，化验分析准确，测试资料合格，资料符合本标准。

第五节 压裂措施管理要求

（1）压裂设计应以油藏研究和地应力研究为基础，通过压裂模拟设计软件优化压裂方式、人工裂缝几何尺寸、压裂液体系、支撑剂和施工参数等。设计过程中要充分考虑人工裂缝与注采井网的匹配，并对增产效果进行预测。

（2）对于首次压裂的油田（区块）以及重点井，压裂前应进行测试压裂，认识水力裂缝形态、闭合压力、液体滤失系数和裂缝方向等，为后续施工设计优化和压裂后的效果评估提供依据。

（3）压裂管柱、井口装置和压裂设备等应能满足压裂施工的要求；套管及井口装置达不到压裂设计要求时，应采用封隔器及井口保护器等保护措施。

（4）施工前要对压裂液及支撑剂的数量和质量进行检验。压裂液和支撑剂的各项性能应达到相应技术指标，符合率达到100%。

（5）施工过程中对施工压力、排量、砂液比及顶替液量等进行监控。各项施工参数达到设计要求，符合率90%以上；顶替液量符合率达到100%，杜绝超量顶替。

（6）施工后对总加砂量、用液量及返排量进行核定。若采用强制裂缝闭合技术，应根据地层闭合压力控制返排速度，避免支撑剂回流。

（7）返排液必须经过处理达标后方可排放。施工出现异常情况时，按施工应急预案处理。

第六节 酸化措施管理要求

（1）首次酸化的油田（区块、层位），酸化前应进行岩石溶蚀率、敏感性和岩心流动等实验，为酸化施工设计优化和效果评估提供依据。

（2）根据目的层的岩性、物性、流体性质及堵塞类型等优选酸液体系。酸液体系应与储层配伍，防膨、铁离子稳定、助排及破乳等指标必须满足施工设计的要求。

（3）施工前要对酸液的数量和质量进行检验，各项性能应达到相应的技术指标，符合率达到100%。

（4）按设计控制不同阶段的注酸速度及关井反应时间等，误差不超过±10%。

（5）返排液排放必须处理达标。施工出现异常情况时，按施工应急预案处理。严禁使用压缩空气气举排液。

第七节　防砂措施管理要求

（1）防砂要坚持油层防砂、井筒排砂和地面除砂相结合。
（2）综合考虑油藏地质条件、出砂特征和经济效益，优选防砂技术。
（3）要优化防砂施工参数、井下工具、材料和工作液，加强施工质量控制，做到既能有效防砂，又能有效保护油井的生产能力。
（4）防砂施工成功率达到90%，防砂后产能恢复值不小于80%，投产后加强生产管理，选择合理的工作制度及低渗透防砂有效期。
（5）防砂应取全取准8项资料：防砂工艺方法、工艺配方和工艺参数（根据方法另定），下井管串与工具规范和深度，目的层位、井段等。

第八节　堵水调剖措施管理要求

（1）堵水调剖设计要立足于井组和区块，以油藏研究和找水资料为基础，合理选择调堵井点和层位，对封堵方式、堵剂类型和用量、注入参数及工艺管柱等进行优化设计。要采取有效措施保护非目的层，减小伤害。
（2）堵水调剖要按设计施工，对堵剂材料和工具质量进行检测，严格监控施工参数，确保施工质量和安全。
（3）堵水调剖效果评估要以井组和区块为单元，从降水增油、减缓油田产量递减、提高储量运用程度以及经济效益等方面进行客观合理的评价。

第九节　大修管理要求

一、大修管理要求

（1）大修方案设计要在对当时井下技术状况进行分析的基础上，根据安全、可靠及合理的原则，对修井工具和施工步骤进行优化。
（2）修井过程中如果采用钻、铣、磨工序，要确定合理的钻压、钻速以及工具，保证不损坏套管。
（3）选择与储层配伍的修井工作液，优化工作液密度和黏度等参数，防止和减少油层二次伤害。
（4）采用可靠的井口防喷装置，制定可行的井控措施，保证施工安全。
（5）报废井尽量做到井下无落物，报废处置后要达到井口不冒，层间不窜。

二、大修资料录取要求

1. 打印

应取全取准 8 项资料：铅模直径和长度，所下管串规范、根数和长度，打印深度，印痕描述和井下情况判断。

2. 打捞解卡

应取全取准 9 项资料：使用工具的名称和规范（直径、长度），钻具规范、根数和长度，打捞深度，打捞工艺参数（如造扣时，是人工造扣还是转盘造扣，造扣圈数，上提吨位，洗井时泵型、排档、泵压变化等），打捞结果。

3. 工程报废

对于无法修复以及修复施工中途因各种原因而不能有效完成施工的套损严重井，出于开发的需要，往往采取工程报废处理，以便补钻侧钻井、更新井和调整井而不影响该区块的开采。工程报废井可分为水泥封固永久报废井和重泥浆压井暂时报废两种工艺类型。

水泥浆封固永久报废井就是利用水泥浆对射孔井段、错断及破裂部位挤注封堵，达到永久封固报废的目的。

重泥浆压井暂堵报废就是将压井管柱下入最深处，利用特殊配制的优质重泥浆将井内的流体置换出来，并向错断口及射孔井段挤注，使井筒内静液柱压力相对高于油层的静压力，并保持长期的稳定，使井内错断和破裂位置无窜流、层间无窜通、井口无溢流，从而达到暂时压井报废的目的。

（1）水泥浆封固永久报废井工艺技术要求。

①井内无落物，即油层底界以上无落物，油层底界以下可以有少许落物，基本不影响水泥浆的挤注封固效果。

②报废管柱应下至油层部位。

③挤注水泥浆量应考虑油层有效厚度与有效孔隙度及一定的封堵半径等因素。可按以下公式计算：

$$V_{CS} = h_e \cdot \pi \gamma_t^2 \phi \qquad (3-3-7)$$

式中　V_{CS}——挤注水泥浆量，m^3；

　　　h_e——油层有效厚度，m；

　　　γ_t——封堵半径，m；$\gamma_t \leq 0.5m$；

　　　ϕ——油层有效孔隙度，%。

挤注水泥浆泵压一般不超过油层吸水启动压力，排量不低于 $0.2m^3/min$，水泥浆配制密度一般为 $1.85 \sim 1.95 g/cm^3$，平均不低于 $1.9 g/cm^3$。

④水泥浆封固高度应在油层井段及错断口以上 50~100m。

⑤候凝 72h，探塞并试压检验，试压 15MPa，稳压 30min，压力降不超过 0.5MPa 为合格。

（2）重泥浆压井暂堵报废井工艺技术要求重泥浆压井暂堵报废不同于其他作业与修井施工的压井，压井稳定时间是长期的，否则不能视为报废处理。其实施指标应该达到"三无一稳定"，即井口无溢流，井内无窜流，井内无落物（主要指射孔井段），稳定时间不少于 5 年。

第十节　储层保护及工作液管理要求

一、储层保护管理要求

（1）新油田投入生产建设前必须进行储层敏感性评价分析，在此基础上筛选保护储层的入井工作液。

（2）按照相关标准和规定，对套管进行试压，试压合格后才可进行下一工序。

（3）严禁用钻井完井液代替射孔液，射孔作业前要用射孔液将井筒内的完井液替出。

（4）射孔前严格按照地质设计的要求对射孔管柱进行校深。射孔后要检查射孔弹发射率，确保射孔质量。

（5）对于注气井、异常高压井和位于环境敏感区及要害地区的井，要采用安全可靠的生产装置，如井下安全阀、封隔器、气密闭螺纹及井口安全控制装置等，确保安全生产。

二、工作液管理要求

（1）密度：完井液和射孔液应具有与储层相适应的密度，具有压井功能。

（2）矿化度：岩心经盐敏、水敏、速敏、碱敏、酸敏评价后，入井工作液矿化度要选择与油层物性匹配最好的。

（3）pH 值：入井工作液要选择与相接触的油层匹配最好的岩心碱敏试验数据来确定 pH 值，一般 pH 值在 7~8。

（4）细菌含量：入井工作液用细菌含量试验可确定入井液细菌含量。

（5）表面张力：入井工作液表面张力的大小决定油水界面张力的大小，也就是说决定压裂、酸化及砾石充填防砂施工完成后残液能否及时彻底返排的问题。入井液表面张力愈大，油水界面张力愈大，则毛管力愈大，残液愈难以返排。毛管力的大小与界面张力、油层岩石润湿性及地层孔隙半径有关，因此从表面张力试验中选取代表岩样时，主要根据孔隙度和渗透率，选择与油层润湿性相同的岩样作为代表岩样，确定入井液的表面张力。

（6）滤失量：工作液要求滤失量 API 失水不大于 10mL/30min；

（7）颗粒直径：颗粒直径大于地层孔喉直径的 1/3 时，形成外滤饼，易堵塞射孔炮眼；颗粒直径小于地层孔喉直径的 1/3，但大于地层孔喉直径的 1/7 时，可侵入地层形成桥堵；工作液中颗粒直径要求不大于 $2\mu m$，固相含量不大于 2mg/L。

（8）对井下工具不产生腐蚀作用，缓蚀率不小于 80%。

第十一节　试井管理要求

（1）试井主要包括压力恢复（降落）试井、流静压点测试、系统试井、探边试井、干扰试井、脉冲试井、油水井分层压力测试、注水井分层流量测调、封隔器验封、抽油机井示功图测试和采油井动液面测试等项目。

（2）试井作业要实行全面质量控制，严格遵守行业标准和相关规定，保证录取资料的有效性，满足油藏管理需要。

（3）不稳定试井应优先选择关井测压力恢复（注水井测压力降落），关停油井优先选择测压力降落。对于低渗透油藏，稳定试井应优先选择试井周期短的等时试井或修正等时试井。

（4）试井施工前要清楚测试井井下状况，井筒条件应能保证测试仪器畅通起下；施工时要严格执行试井设计，取全取准各项资料。

（5）试井仪器、仪表及其标定装置要按照国家及行业计量的有关规定进行检定，并定期调整和校准，超过校准检定有效期的不准使用。

（6）试井资料解释要用多种方法进行对比验证，同时参考地质、测井和岩心等资料进行综合分析，使选择的解释模型和计算参数准确可靠。

（7）测试施工一次成功率90%以上，测试资料合格率99%以上，仪器仪表及其标定装置定期校准检定率100%。

第四章　质量控制

第一节　质量控制的内容及意义

采油工程质量控制与监督主要包括队伍资质审查和施工作业监督，设备、工具和材料以及专用仪表的质量控制。质量控制是保证采油工程质量，提高措施效果的关键环节之一，也是各级采油工程主管部门的重要管理内容之一。

第二节　施工单位资质、准入审核与考评

一、施工单位资质要求

进入油田股份公司油田工程施工作业市场的主体必须具备的基本资质是：

（1）有效的《企业法人营业执照》、《营业执照》、《税务登记证》、《组织机构代码证》、《安全生产许可证》以及授权委托书等证明文件。

（2）具有健全的管理体系和质量保证体系。

（3）具有相应的技术装备能力、技术实力和经营管理能力，资质证明文件合法有效，施工安全环保符合要求。

（4）有效的财务信用证明，近两年经营状况良好。注册资金与承揽的服务项目金额相

适应。

(5) 必要的业绩证明，近三年内无重大责任事故和质量事故。

(6) 具有交易能力与良好信誉。

二、市场准入审核

1. 市场准入证办理程序

(1) 申请单位填写审批表（报名）；
(2) 各勘探、原油生产单位管理办公室审查签字；
(3) 油田股份公司管理办公室集中办公会复审；
(4) 符合准入条件的办理油田股份公司"勘探与开发油田工程施工作业市场准入证"；
(5) 各勘探、原油生产单位聘用油田工程施工作业队伍。

2. 初审

各勘探、原油生产单位市场管理办公室负责做好申请进入油田股份公司市场主体的初审工作，初次进入油田股份公司市场的队伍，除审查材料外，必要时还要深入到现场进行实地考查核实，将资质初审意见（加盖单位公章）和有关资料报送油田股份公司管理办公室复审。

3. 复审

油田股份公司管理办公室采取集体办公形式，对各单位初审资料进行审核，按照"各负其责、分工审核、谁签字、谁负责"以及"一票否决"的原则，由各成员处室根据职责分工，分别审查把关，经审查合格后，由油田股份公司管理办公室发给油田股份公司"勘探与开发油田工程施工作业市场准入证"。

三、资质审查证与市场准入证

低渗透油田公司工程技术服务资质审查合格证及市场准入合格证参见表3-4-1和表3-4-2。

表3-4-1 低渗透油田公司工程技术服务资质审查合格证（以试油为例）

施工单位：			试油队基本情况			
施工单位负责人：		联系电话：	试油（气）队：		队长：	
技术服务名称：			工程技术负责人：		地质技术负责人：	
经审查同意颁发资质审查合格证 有效期：自＿＿年＿＿月＿＿日起 　　　　至＿＿年＿＿月＿＿日止 发证单位：低渗透油田开发部 发证日期：＿＿年＿＿月＿＿日 （盖章）			HSE专业负责人：			
			主要设备及仪器			
			名称	型号	使用年限	名称	型号	使用年限
备注						

表3-4-2 低渗透油田公司市场准入合格证

经对_____施工企业资质的审查和核实,准予该单位进入低渗透油田股份公司工程技术服务市场参与投标,特发此证。							
准入范围								
准入单位基本情况	企业法人代表			企业性质			单位详细地址	
^	企业法人营业执照号			资质证号			资质等级	
说明	1. 本证件不得涂改、转让、出借、伪造和买卖,一经发现立即吊销,并取消市场准入资格; 2. 企业只能在准入范围内参与投标,超出准入范围本证无效; 3. 本证在限定的准入期限范围内有效,到期重新审验旧证换发新证; 4. 遗失本证须及时申请补办。					有效期至: 发证单位: 发证日期:		

（1）证件在限定的审查合格期限内有效，到期审查合格后重新发证。

（2）主要设备、人员等若有变更，应及时向低渗透油田分公司开发部提出变更申请，经审查合格后重新发证。

（3）遗失应及时申请补办。

（4）如出现以下情况，一经发现，将取消其在低渗透油田股份公司的采油技术服务资格：

①涂改、转让、出借和买卖证件；

②设备或人员与提供资料不符，弄虚作假。

四、施工单位考评

对施工单位的组成人员、设备、近三年业绩及其证明进行考评，考评内容参见表3-4-3~表3-4-6。

表3-4-3 施工单位主要人员状况

序号	岗位	姓名	出生年月	文化程度	专业	毕业院校	本岗位工作时间	上岗证	井控操作证	身体状况
1										
2										
...										

表 3-4-4　施工单位主要设备状况

序号	设备名称	数量	规格型号	生产厂家	购置日期	新度系数	备注
1							
2							
…							

表 3-4-5　施工单位近三年业绩

序号	时间	年作业井数	作业区域	作业质量
1				
2				
3				

表 3-4-6　施工单位其他证明

序号	文件名称	发证单位	认证级别	发证有效期	附件	其他
1	资质证明文件					
2	法人授权委托书					
3	税务登记证					
4	营业执照					
5	质量体系认证证书					

第三节　施工作业质量跟踪与监督要求

一、施工作业用入井液质量跟踪与监督

施工所用的井下工具、材料要具备产品合格证和低渗透油田股份公司认定的质量检测机构出具的检测报告，其质量必须符合设计要求，严禁使用不合格产品。现场配制的入井液质量必须符合设计要求。

1. 作业用水质量跟踪与监督要求

（1）作业用水必须按规定定期进行水质化验，确认为合格的水源。

（2）单井施工过程中，现场监督人员及施工方必须对送到现场的用水水质进行现场测试和记录，水质合格方可使用。

（3）拉水罐车专车专用，严禁使用酸罐车、油罐车或灰罐车拉运施工用水，防止水质污染。

（4）井场储水罐储水前要清洗干净，做到无油污、无泥砂、无化学污染物。

（5）对拉运到现场的不合格水质，甲方管理人员及监督人员必须监督施工单位处理后

重新备水，坚决不允许不合格水质入井。

2. 入井化工用料及支撑剂的有关管理规定

（1）现场使用的入井化工用料及支撑剂必须是低渗透油田明确准入的产品，除特殊工艺试验井按设计要求执行外，各施工单位不得使用未准入的产品。

（2）各采油厂负责落实支撑剂和化工料等入井材料入库检验制度，每批产品到库后，采油厂要及时组织相关单位一起取样并质检合格后方可发运现场使用。

（3）各供货厂家和作业施工单位所有化工料和支撑剂必须使用专用库房分类存放，并建立进出库台账，由采油厂负责现场检查和督促。

（4）抽取样品质检不合格时，现场必须立即停用该批产品，严禁不合格产品入井。

（5）现场施工时，单井使用的化工料、添加剂及支撑剂必须是同一厂家的产品。

（6）入井化工用料及支撑剂的质量检验按照相关文件中的规定执行。

二、施工作业质量监督

对施工作业实行质量跟踪，发现问题要责成作业方及时整改，出现严重质量问题或造成重大损失时应追究有关单位和人员的责任。

作业施工按照不同类别实行重点工序监督或全程监督。监督人员应具有相应的资质并持证上岗。确定重点工序和关键质量控制点，严格按照方案设计、相关标准和规定对施工进行监督，重点井和重大措施实施全过程监督。

1. 开工前验收

施工队伍资质、准入证件及施工设计是否到位，井控及消防设施是否齐全有效，储液罐是否干净，工具油管规格数量是否符合设计要求。

2. 通井与洗井

通井规规格和深度是否符合设计要求，通井深度，通井过程中有无异常现象。洗井液体性能、液量、排量及质量是否达到规定要求。

3. 试压

试压最高压力、稳压时间及压降是否达标。

4. 射孔下钻

射孔液是否按设计配置，是否符合质量标准；射孔段、射孔枪、射孔弹及孔密是否符合设计要求，发射率是否达标，射孔后井口油气显示情况；钻具的丈量及记录，下钻是否按照制度要求操作。

5. 配液

配液的水质及备水量，添加剂是否合格，数量是否满足施工要求，配液是否执行配置要求，液体的性能和数量是否达到施工要求，使用的化工料添加剂和支撑剂是否是同一厂家的产品。

6. 压裂酸化施工

钻具结构，施工车型；支撑剂名称及数量、液氮用量及排量、入井及入地液量、施工排量、破裂压力、最高压力、工作压力、停泵压力；施工是否连续，有无自动记录曲线；施工是否达到设计要求。

7. 排液

控制放喷措施是否符合设计要求，抽汲排液是否及时、连续，防喷盒及出油管线是否无漏失，进罐计量是否按时、准确，氯离子含量资料是否准确及时填写，检测返排液黏度等。

8. 求产（探井、评价井或方案要求求产的开发骨架井）

求产方式及工作制度；开井前稳定时间和压力，求产时的稳定流动时间和压力；静流压测定及数据处理；油、气、水分析样品采集，资料整理上报。

9. 测恢复（探井、评价井或方案要求的开发骨架井）

关井时间；压力计类型及下深；测压时间及压力稳定情况。

10. 完井

完井资料（地质资料、工程资料、交井资料等）齐全准确；场地与井口、井筒状况；完井方式。

11. 交井

有无完整的记录和交接手续，按照油田公司的相关规定及时交井，办理交接手续。

第四节　定期检查和不定期抽查内容及要求

一、定期检查及不定期检查内容

要对完井、试油试采、井下作业、采油生产及试井等使用的各种工具和材料以及仪器仪表质量进行定期检查和不定期抽查。

二、定期检查及不定期检查要求

1. 定期检查要求

要求对工具、仪器和仪表每一年检查1次，对各种入井材料每半年检查一次。

2. 不定期检查要求

要求对仪器和仪表每年不定期检查不少于3次，随机抽查总量的1/3；对入井材料每年不定期检查不少于5次，每次不少于总量的1/4。

第五节　测试仪器仪表性能要求

测试仪器仪表的计量性能（准确度、稳定度、灵敏度等）必须按照国家计量的有关规定进行检定，并定期调整和校准。

（1）校准条件（包括计量标准或其他形式的上级量值复现方法、校准设备和环境条件等）选定时，应注意在满足校准技术条件的前提下，尽量选用现有设备，节约开支。

（2）校准方法是对被校计量器具的计量性能进行校准的具体操作方法和步骤。校准方法的确定要有理论根据，并切实可行，要明确具体，必要时可举例说明。校准中所用的公式以及公式中使用的常数和系数必须有可靠的依据。

（3）校准结果的处理和校准间隔。

①校准结果的处理是指校准结束后，根据校准的结果评价计量器具的计量性能，给出计量器具的校准曲线、修正值或仪表系数，签发校准证书。对于校准后确认计量性能不能满足使用需要的计量器具，要进行必要的修理，直至校准合格后再签发校准证书。

②校准间隔的确定，应根据计量器具的计量性能、使用环境和使用频繁程度确定。各单位可以根据自己单位的实际情况确定。油田公司的校准方法只宜给出最长校准间隔。

第五章 采油工程 HSE 管理要求

第一节 采油工程 HSE 管理基本要求

（1）采油工程各项活动要树立"以人为本，安全第一"的思想，符合"健康、安全、环境"体系的有关法律法规以及国家和行业有关标准。

（2）采油工程方案、工程设计或施工设计必须包括有关"健康、安全、环境"的内容。

（3）采油生产过程中，必须做好生产操作、室内实验及现场试验施工等有关岗位人员的安全和健康防护工作，保障员工健康和人身安全。

（4）井下作业施工必须配备井控装置，现场监督人员要严格按照施工设计及相关的安全管理规定和标准，检查井控装置等安全措施是否到位。

（5）加强对采油工程管辖的压力容器和高压电器等的操作管理，严格按照操作规程进行日常维护和使用，确保安全运行。

（6）井下作业、采油生产及注水等施工中应采取环保措施，防止污水或原油等落地造成污染，做好生态环境恢复工作。

（7）在井下作业施工中，含有有害物质或放射性物质，以及油污的液体和气体不得随意排放，必须按有关规定处理。

（8）采油工程现场试验、新技术推广和重大技术改造项目方案设计中，要充分考虑环境保护因素，必要时要事先进行实验和论证，对于暂时无法掌握，并有可能造成较大危害的项目，要严格控制试验和使用范围。

第二节　试油 HSE 管理要求

一、搬迁与安装 HSE 管理要求

（1）上岗前劳保用品必须穿戴齐全；试油队应配备医药箱。

（2）上井架的操作人员必须系好安全带，上到预订位置后要将安全带的保险绳系在所处固定位置上，患有心脏病或高血压的人员不准上井架工作，上井架人员随身携带的小工具必须用小绳系于身上，以免掉下伤人。

（3）使用橇棍、抬杠、绳索和卡子等物事先应详细检查，其负荷量应大于被搬运的重物，两人以上共抬重物时，必须用肩，每人负重相同，动作协调，并服从专人指挥。

（4）井场注意防火，不许将火种带进井场，井场内应高置明显的防火标志，井场配备消防设备，摆放位置距井口 10m 以外的合理位置，使用顺手；消防器材要求清洁、无油污、无污染、无杂物，处于有效完好状态，且不得乱拉或移做他用。

（5）施工井场注意环保，不得破坏井场外的土地，所有废物不能随便丢弃，必须妥善处理。

（6）风力在 6 级或 6 级以上时严禁立放井架。绷绳应距离高压线 30m 以外。

（7）井场照明设备应有防爆灯具，灯罩齐全完好，电线采用 $2\times1mm$ 橡套软线置于距离井口 20m 以外的上风头，电线用绝缘杆架高地面 1.5m，支架距离 4m。防爆灯支架做成上 400mm，下 $600mm\times600mm$ 的等腰三角形，上用 3mm 钢板打孔与防爆灯底座用螺栓固定。电源总闸后应设置触电保安器，分闸应距离井口 15m 以上。

（8）搬迁车辆进入井场后，吊车不得在架空电线下面工作。

（9）各种车辆穿过裸露在地面上的油、水、气管线及电缆时必须采取保护措施，以防轧坏管线及电缆线。

（10）井场施工设备、值班房与井口或油池间的距离不得小于 20m。

（11）井口流程应按照规定试压，合格后方可使用。

二、通井与洗井 HSE 管理要求

1. 通井

（1）作业时必须安装经过检定并符合要求的指重表（或拉力计）。

（2）通井时应随时检查井架、绷绳和地锚等地面设备是否完好，发现问题停止通井及时处理。

（3）通井中途遇阻，应起出通井规进行检查，找出原因采取其他措施后，再进行通井，严防猛顿及加压过大，造成卡钻事故。下井工具和管柱均应经地面检查合格。

（4）通井过程中必须掌握悬重变化，控制悬重下降不超过 30kN。

（5）严禁用带通井规的管柱冲砂。

（6）通井作业达到设计要求，井下套管内通径畅通无阻。

(7) 老井通井时要防止井喷。

2. 洗井

(1) 劳保用品必须穿戴齐全。

(2) 洗出的污油污水等应回收或进池集中处理，不能损坏农田，淹没道路或污染环境。禁止在水体清洗装储过油类或有害污染物的车辆或容器。

(3) 洗井管线应试压合格，启泵后关小待出口正常后方可大排量进行，防止管线爆、脱、摔伤人。

三、压井 HSE 管理要求

(1) 储液罐清洁。

(2) 仪表和计量器具完好。

(3) 压井的原则应是压而不喷，压而不死，压而不漏。

(4) 压井后，进出口工作液密度差应不大于 $0.02g/cm^3$。

(5) 泵入压井液前应替入隔离液，其量不少于 $1m^3$。

(6) 施工中出口管线要固定牢靠，严禁用软管线。

(7) 压井用进出口管线和闸阀均要符合安全规定。

(8) 施工作业中，原油不准落地。

(9) 污水进排污坑，从井内替出的压井液必须进罐，不得乱排乱放。

(10) 油池或废液回收容器应满足施工要求，严禁污染井场及周围农田。

四、射孔 HSE 管理要求

(1) 射孔应按 HSE 管理要求组织各项准备工作。

(2) 射孔施工作业现场必须放置警示牌，拉上警戒线，放置垃圾桶。

(3) 射孔作业必须遵守井场安全规定，仪器设备接地良好，施工现场严禁烟火。

(4) 射孔电缆起下时，绞车后面不许站人，不许跨越电缆，严禁在滑轮附近用手抓电缆，处理遇卡上提电缆时，指挥者及其他人员应站在安全位置。

(5) 射孔施工作业时，如发现井涌或泥浆外溢等井喷迹象，应及时与现场监督联系，同时将仪器慢速起过高压油气层，快速起出井口暂停井下作业。

(6) 在射孔施工过程中，小队长应安排专人在地面和井口值班，负责检查井口天地滑轮的固定情况。

(7) 进行射孔时，如遇井场漏电、雷雨天、大风天、能见度小于 40m 的大雾天和夜间无照明禁止施工。

(8) 射孔施工时，施工现场严禁使用无线电通讯设备，施工人员必须穿戴劳保用品。

(9) 射孔的爆炸器材要远避火源，距高温区不少于 20m。

(10) 射孔的所有爆炸器材的装配或拆卸，必须在圈定的作业区内进行，圈定范围必须有明显标志。

(11) 性能相抵触的爆炸物品不能混车装运，装卸爆炸物品时应轻拿轻放。

(12) 射孔施工过程中必须有甲方有资质的监督人员在场，跟踪管理施工全过程。

五、排液 HSE 管理要求

1. 抽汲排液 HSE 管理要求

（1）排出液体进入大罐并准确计量，井口防喷盒严密不漏。

（2）增产（注）措施后排液时要随时观察排出液情况。抽出的气体要有相应处理措施。

（3）措施后要求及时连续排液，排出液量为进入井筒及地层中液量的 1.5～2.0 倍，每班取样进行化验，氯离子含量、水型的化验结果与该井生产层一致为合格；酸化后排液 pH 值达到中性为止。

（4）抽汲下放速度要慢而均匀，快到液面时要控制速度，严防钢丝绳打扭，上提时应尽量快，中途不能停，抽子快到井口时应控制速度。

（5）每抽 3～5 次对绳帽、加重杆和抽子进行检查。

（6）抽子若卡在油管内解卡时防止将油管倒入井内。

（7）抽汲时钢丝绳两侧 5m 以内人员不得停留，严禁跨越运动中的钢丝绳，绳子不能拖地。

（8）通井机必须停放在距井口 20m 以外。

（9）如发现钢丝绳打扭应用木棒或橇杠解除。

（10）钢丝绳调槽打结，应卸去负荷处理。

（11）严禁污染井场及周围农田。

2. 气举排液 HSE 管理要求

（1）气举防止油、水飞溅出罐，抽汲和气举最大深度应在套管允许掏空范围内。

（2）气举排液时必须先打隔离液，其水量要大于 1 m^3，严防井下管串爆炸。

（3）气举时的地面管线必须是高压硬管线，出口管线按标准固定牢靠。

（4）气举的原则是不得损坏油层和套管，不得发生井下和人身事故。

六、压裂酸化 HSE 管理要求

（1）安全和环保工作应符合国家和地方政府的相关法律和法规，并满足 HSE 管理的相关要求。

（2）作业车辆到达作业现场后，根据井场实际，坚持"安全第一、因地制宜、合理布局、方便作业、便于撤离"的原则摆车。

（3）距压裂作业现场 100m 的范围内不可有易燃易爆物品。

（4）高压管线不交叉、不重叠、不悬空。

（5）压裂作业时，应分工明确，井口和压裂车组各部位设专人负责，操作人员不准跨越地面高压管线，其他人员应撤出作业高压区 20m 以外。

（6）地面压裂流程管线及设施出现渗漏或故障等异常情况时，应先停泵、关井、放压，然后才能进行处理。

（7）作业现场要悬挂警戒带，划分高压工作区，摆放安全标志警示牌。

（8）井场内所有放喷管线都应使用硬管连接至指定位置并固定牢靠。

（9）作业现场所有用电设备必须接地线。
（10）作业前开好安全动员会及作业交底分工会。
（11）现场指挥对作业出现的异常变化应及时作出反应。当出现危及人身和设备设施安全或影响作业情况时，应立即采取相应的措施。
（12）现场作业人员应正确穿戴和使用劳动防护用品及其他防护用具。
（13）作业中所有配合人员要坚守岗位，听从指挥，未经现场指挥批准，不得随意进入高压区，防止发生危险。
（14）作业现场必须配备消防器材，井场内严禁烟火，做好防喷和防火工作。
（15）作业中要注意保护植被，不超范围占地。
（16）不得将生活及工业废物乱扔乱放，必须用塑料袋装好后统一处理。
（17）井口返出液和罐内残余液，应排入排污池，以免污染环境。
（18）压裂开工前，必须关闭井场内的加热炉和抽油机等。
（19）主压车的超压保护要以套管、井口装置、地面高压管汇和井下管串其中之一的最小承压值确定。
（20）所有作业车辆必须配带合格的防火罩。
（21）压裂队要配备 H_2S 和 CO 毒害气体的检测仪器。H_2S 或 CO 浓度大于 $30mg/m^3$ 时，配备正压式呼吸器才能进行井口作业。
（22）平稳操作，做到"八防一禁止"（防火、防爆炸、防冻结、防滑、防中毒、防车祸、防触电、防坍塌和禁止一切违章作业）。

七、求产 HSE 管理要求

（1）测气时要注意防火。
（2）上罐量油、取样时要穿戴防毒面具，注意防止 H_2S 或 CO 伤害。
（3）遇到雷电天气时禁止上罐量油、取样。
（4）储油罐量油孔的衬垫和量油尺重锤应采用不产生火花的金属材料。

八、油气井测试 HSE 管理要求

（1）所有上井压力计必须经过保养和在标定有效期内，防喷管每 12 个月试压并检查一次。
（2）上井工具及压力计等摆放合理，固定牢靠，压力计采取防震措施。
（3）作业前摆设试井车要选侧风或上风处，用木块或石头等支住车轮，拉紧手刹，防止车辆中途滑动。
（4）需人工下入钢丝时，操作者必须戴好棉手套，站在上风或侧风处。
（5）下放或上提钢丝时，非操作人员不得站在钢丝附近，严禁任何人从钢丝上部或下部穿越。
（6）测压（或取样）时，上提速度不大于 20m/min，上提深度超过 300m，在井内再无变径段时，可加速上提，但速度不大于 50 m/min，距离井口 200 m 处上提速度不得大于 20 m/min，距离井口 50m 处严禁用试井车起压力计，要用人工将压力计拉入防喷管内。
（7）压力计进入防喷管后，缓慢打开闸门泄压，注意操作人员站在上风或侧风处。

九、中途测试 HSE 管理要求

（1）施工期间作业人员必须穿戴劳保用品，井架下作业必须戴安全帽。

（2）上井工具仪器必须经试压或标定合格。

（3）上井工具及压力计等摆放合理，固定牢靠，压力计采取防震措施。

（4）工具串上钻台时用结实绳套捆绑，正下方不许站人；井口用大钳或管钳上紧工具连接扣时，有人负责观察上部丝扣是否随下部操作而松动。

（5）中途测试旋转坐封时，活动管柱捆绑在钻杆上，人员远离方补心四周，有人观察控制头连接扣是否随下部转动而松动；完井测试旋转坐封时，有人观察大绳是否牢靠固定。

（6）下井前检查钻台控制装置是否连接和捆绑固定牢固。

（7）工具串下钻台时，捆绑牢靠，正下方不许站人。

十、试油作业现场 HSE 监督检查指南

试油作业现场 HSE 监督检查指南参见表 3-5-1。

表 3-5-1　试油作业现场监督检查指南

序号	检查项目	检查内容
1	组织责任	（1）是否实行安全生产第一责任人负责制 （2）是否有专（兼）职 HSE 监督员
2	制度措施	（1）安全、质量管理制度是否健全 （2）各岗位是否有作业指导书（安全生产责任制和安全技术操作规程等制度） （3）各岗位责任制和操作规程是否齐全 （4）作业队应有防喷、防火、防中毒及防洪等应急预案，且按规定进行应急演习
3	安全教育	（1）每周一次安全会议且有记录 （2）班前会中是否有岗位风险识别及风险削减措施 （3）司钻及班组规定人员是否持证上岗，证件是否有效（特种作业操作证、井控证） （4）新入厂工人三级安全教育是否落实，培训记录是否齐全 （5）要有职工培训计划、课程表、教案、培训记录（培训人员考勤表、试题、试卷等）及小结 （6）送外培训应向作业处主管部门递交培训申请计划，由作业处主管部门审批并登记备案，统一组织
4	劳动保护及安全设施	（1）劳保护具及安全防护设施是否配备齐全，安全防护设施是否建立台账 （2）安全防护设施包括：安全带、速差自控器、空气呼吸器及充气泵、气体检测仪、二层台逃生装置、防毒面具 （3）井架操作应系安全带，上井架必须系速差自控器 （4）上岗人员必须按规定穿戴齐全劳保护具 （5）进入井场的其他人员必须按规定穿戴齐全劳保护具 （6）井控设施如防喷井口、防喷器及油管旋塞，应建立台账并定期试压和维护保养，作好记录

续表

序号	检查项目	检查内容
5	现场管理	(1) 上岗人员不应脱岗、乱岗、睡岗和酒后上岗
		(2) 井场应有队旗或完好醒目的安全、消防及环保警示标志
		(3) 井场平整，无杂物、积水或油污，安全通道畅通
		(4) 井场野营房摆放符合标准要求
		(5) 井场工具房内工具摆放整齐，按规定保养，清洁完好，数量准确，标识齐全
		(6) 生产区和生活区要用隔离彩带分隔
6	监督检查	(1) HSE 监督员现场值班，佩戴明显的身份标志
		(2) HSE 监督员负责对进入作业现场的外单位人员进行登记
		(3) HSE 监督员向所有进入井场的人员介绍施工情况，并进行入场安全教育
		(4) 检查进入井场人员是否穿戴必须的劳动防护用品，施工设备是否配备必须的安全及消防设施
7	搬迁准备	(1) 搬迁前，由作业队向所在项目部调度室提交搬迁计划，并派专人同现场调度共同落实"两点一线"，准确掌握搬迁路线所经过的公路桥梁承载不足的情况，报项目部及时组织修整，若有污染、占用老乡土地等纠纷，应与项目部土地赔产员取得联系，提早解决，确保搬迁工作的顺利进行
		(2) 搬迁前项目部应在足够的时间内通知作业队准确的搬迁时间。项目部应分别安排新老井场的现场指挥，负责与运输队协调配合，组织搬迁施工，并做好人员分工。若需要外协单位搬迁时，调度室必须去人现场指挥，并负责协调工作
		(3) 作业队必须准备足够的搬迁绳套、绑车棕绳及铁丝，保证安全
		(4) 作业队对即将搬迁的井场必须进行清理，使各种车辆能够顺利到位
		(5) 所有装车油管必须按 60 根一摆摆放整齐，挂好绳套；抽汲绳整齐地缠绕到地面滚筒上并加以固定；井口闸门关闭，油罐挂必须采取保护措施；电路拆除，电线缠绕整齐
		(6) 柴油罐及生活水罐装车前必须检查罐口盖是否密封，闸门是否关严，若有泄漏不得装车，柴油罐应保持透气孔畅通
		(7) 压裂液罐及酸罐搬迁前必须放净残液，清除罐底脏物，酸罐必须卸掉闸门
		(8) 井场所有房子内的工具，配件及设备搬前必须进行加固，并由队干部检查合格
		(9) 新井场要求挖出绷绳坑及基础坑，埋好地扭，填平压实
		(10) 井上所有仪器仪表等易碎物品（如压力表、指重计、探照灯等）要装箱并在周围填充软物固定，在搬迁运输中有专人负责

续表

序号	检查项目	检查内容
8	搬迁	(1) 搬迁过程由现场调度或运输队调度指挥协作完成,以工完料净场地清,安全施工,文明生产,不留一钉一木为合格
		(2) 吊车停放位置必须平整垫实,吊臂活动范围上方无电线等阻挡物,吊装时要有专人负责指挥,其余人员离开危险区,严禁被吊物件上带人,起吊物件必须拴两根牵引绳,起吊油管时必须两边平衡,严禁拖地和利用惯性卸油管
		(3) 起吊物件时,若距离吊车较远,必须移动吊车,严禁用吊臂拖拉物件,以免对被吊物件造成损伤或损坏吊车
		(4) 各种车辆所装的货物必须捆绑,确保运输途中不发生移动
		(5) 拉运金属件或其他不规则的物件时,车槽内应垫方木。各种井口装车时闸门要向上摆放,严禁上面压放其他重物
		(6) 井场用液化气瓶、柴油罐、汽油桶以及机油罐在未放空前必须安排专车运输;气瓶和油罐不得混装,作业队要派专人负责押运,运输油品的车辆应有易燃标志,严禁在车槽里拉人
		(7) 拉运超长超宽物件时必须要有明显标记,运输途中低速缓行,平稳制动,转弯时要有专人观察,会车时严防碰挂
		(8) 搬迁车辆在运输途中要坚持队车行驶,并有专人带队,严禁强超抢会
		(9) 卸车时要求摆放到位,搬迁完毕后要由队干部按照标准对井场和井口做全面检查,若有遗留问题,需立刻向调度室汇报,以便调度室及时妥当地安排下一步工作
9	油井井场布置	(1) 井场平整、无杂物、无积水、无油污,有紧急集合点、停车点和安全通道
		(2) 井架前方相对作业井场宽畅,井架绷绳坑质地坚硬
		(3) 排污坑地势要低,尽量规划在井架侧后方,不要挖在垫方土上面,避开洪水通道,坑内要衬防渗布,与绷绳坑距离大于2m
		储液罐摆放区和井口与排污坑用明渠连通,保证各种残液能流入排污坑
		(4) 生产辅助区、储液罐摆放区和气井放喷测试管线三者尽可能拉开距离
		(5) 气井地面测试管线的安装位置应避开施工车辆行驶路线和施工作业区域,出口应距离井口50m以外
		(6) 储液罐应整齐地摆放在井架前右侧,距井口14m以外
		(7) 油气井场的消防器材必须齐全完好,挂牌标识,专管专用,建立消防器材台账,井口周围必须堆放2~5m³消防砂(土),井场严禁使用明火
		(8) 生产辅助区值班房和发电房必须摆在上风方向,距井口50m以外。油料罐与房子之间保持2m以上安全距离

续表

序号	检查项目	检查内容
9	油井井场布置	（9）燃油罐和值班房与发电房要按标准进行静电接地
		（10）油管桥应高于地面300mm以上，排列整齐、平稳
		（11）放喷管线必须使用钢质管材，管线上要安装压力表，每10m用双卡子地锚固定，各部位无泄漏。管线出口、变扣短节、闸门及拐弯处等应视情况加密固定
		（12）井架基础周围不能有积水浸泡，下钻后生产区域无其他杂物，场地平整无积水
		（13）井场照明线必须用胶质电缆，并用电线杆架起距地面2m以上高度或挖渠掩埋，井架照明灯固定牢靠，电源控制开关应安装在距井口20m以外的室内或配电箱内，各用电系统应单独控制
		（14）严禁将值班房和各类设施放置在崖边、河旁及易塌方和滑坡的地带
10	立井架准备	（1）井架正面地域开阔，正面和侧面能进行施工车辆及储液罐摆放
		（2）井架绷绳坑和基础坑的地质应坚硬，位置应符合井架标准要求
		（3）18m井架基础坑和绷绳坑的位置与尺寸，地扭的固定
		①基础坑为2.5m×1.5m×1.0m（长×宽×深）的长方体，下埋夯实活动基础，基础顶平面要保持水平
		②绷绳坑为1.0m×0.6m×1.8m（长×宽×深）的长方体，并在坑底长度方向各挖一深为0.2~0.3m的水平小洞
		③用5/8in钢丝绳8m以上为地扭绳，长1.2~1.4m的$2\frac{1}{2}$in油管短节为地扭，地扭绳挽猪蹄扣绑在地扭上，插入绷绳坑底部的水平小洞内，拉紧绷绳，用石块压住地扭边填砂石或土边夯实，将挖出的余土堆压在绷绳坑上，用通井机压实
		（4）29m井架基础坑、绷绳坑的位置与尺寸，地扭的固定
		①基础坑为4.0m×2.0m×1.2m（长×宽×深）的长方体，下埋夯实活动基础，基础顶平面要保持水平
		②前后绷绳坑各挖1.0m×0.6m×1.8m和1.2m×0.8m×2.2m的长方体，并在坑底长度方向各挖一深为0.2~0.3m的水平小洞
		③用5/8in的钢丝绳8m以上为地扭绳，长1.6m左右的$2\frac{1}{2}$in油管短节为地扭，地扭绳挽猪蹄扣绑在地扭上，插入绷绳坑底部的水平小洞内，拉紧绷绳，用石块压住地扭，灌入水泥填实，将挖出的余土堆压在绷绳坑上，用通井机压实
		④若因质地坚硬达不到要求，绷绳坑深度必须达到1.5m，用混凝土固定地扭
		⑤水泥凝固时间夏季为48h，冬季需保温96h以上
		（5）井架配套设施的组装与检查
		①18m井架应配备5/8in钢丝绳为绷绳，长度34~36m，29m井架配备主绷绳为6/8in钢丝绳，副绷绳为5/8in钢丝绳，长度为52~56m，二层平台绷绳长度为45~50m
		②立井架前从天车向地脚检查，主要检查绷绳磨损程度，各种螺栓有无损伤，井架梯子是否完好，配件是否齐全；检查井架拉筋及其他部位有无变形或焊口脱开；检查天车磨损程度，并进行维护保养
		③安装固定好速差自控器，并拴好引绳，将引绳下端拴在井架底部
		④装好井架地脚，上紧地脚螺栓，装好地脚销子，垫好垫圈并按标准装好开口销子

续表

序号	检查项目	检查内容
10	立井架准备	⑤29m井架二层平台立井架前应装在井架上，装好销钉、垫圈和开口销子，检查好护栏，穿好二层平台拉绳，使二层平台与井架正面成85°~90°角固定牢靠
		⑥严禁在二层平台设置各种类型的座椅，不应摆放和悬挂与生产无关得物品，按要求固定好二层平台逃生装置
		⑦将绷绳花篮螺栓松到最大限度，地扭绳两头从花篮环交叉穿过，在尽可能距绷绳坑近的情况下用绳卡卡好，绳卡不得少于5个
		(6) 立井架前车辆准备
		(7) 18m井架必须用立放井架车，施工前应仔细检查，确保其动力性能完好，机械手伸缩灵活，工作可靠
		(8) 29m井架立放车在施工前应检查确保其动力性能完好，井架各连接部位连接可靠，天车滑轮转动灵活，各种紧固螺栓齐全完好；绷绳头固定牢靠，磨损低于有关标准；滚筒离合器、刹车性能良好可靠，钢丝绳磨损不超过有关安全标准
		(9) 29m井架立放车应停放在正对井架基础和井架正面，井架车车装千斤顶距基准线4.5~5.5m，千斤顶起至车轮胎不受压，千斤顶底部垫钢板等物，保证施工时千斤顶不下陷。立起车装井架，卡好四道后绷绳和两道前绷绳，空载起下游动滑车系统，保证起重绳各行其位
		(10) 29m井架立放时必须用通井机拉住井架车保险绳
		(11) 立放井架用7/8in钢丝绳套，绳套套环要大，长度不宜过长，29m井架绳套长6~8m且固定在井架上
		(12) 立井架前，理顺井架绷绳，各就其位，拉紧卡好基础安全绳
11	井架作业状态的检查	(1) 检查井架整体是否变形、断筋，各种设施是否齐全，安装是否规范
		(2) 井架地脚螺丝是否齐全，安装是否紧到位，锁紧螺帽是否齐全
		(3) 井架左、右轴销与井口中心距离是否相等
		(4) 井架基础中心距井口中心距离是否符合规定
		(5) 速差自控器是否完好有效，引绳是否按要求配备
		(6) 应确保绷绳坑压实无松动
		(7) 绷绳符合标准，无打结、锈蚀或夹扁等缺陷，每捻距断丝应少于12丝
		(8) 绷绳应受力均匀，固定牢靠18m井架设置6道绷绳，29m井架设置10道绷绳
		(9) 5/8in绷绳用16mm绳卡4个卡紧，卡距100~120mm；6/8in绷绳用19mm绳卡4个，卡距120~150mm
		(10) 绷绳花篮螺丝无弯曲变形，螺纹完好，并且彻底保养，做好防护
		(11) 气井绷绳坑要用石头、沙子、水泥打结实；油井绷绳坑要压实，且规格符合标准
		(12) 气井地扭使用新钢丝绳（5in）；油井地扭绳无断丝
		(13) 游车、大钩
		①游动滑车应完好、灵活无损伤
		②游车护罩完好，应刷红色漆，固定规范

续表

序号	检查项目	检查内容
11	井架作业状态的检查	③各部位润滑油嘴应齐全有效,并按时润滑保养
		④大钩应无损伤,转动灵活,弹簧完好有效
		⑤大钩保险销应齐全标准,吊耳螺栓应齐全紧固
		⑥提升短节应符合施工要求,完好无变形。气井必须使用3in提升短节,油井必须使用$2\frac{1}{2}$in外加大提升短节
		(14) 吊环
		①吊环应与大钩配套,无损伤,无变形
		②吊环必须配对、等长
		③吊环上应卡有保险绳
		(15) 吊卡
		①吊卡应完好、灵活,月牙和手柄应配套并开关灵活
		②月牙手柄弹簧应齐全有效,松紧适当,应确保能够锁紧
		③吊卡销应与吊卡相匹配,并有保险绳。保险绳如有磨损,要及时更换
		(16) 提升大绳
		①提升钢丝绳应确保直径不小于22mm,无打结、锈蚀和夹扁等缺陷,每捻距断丝不大于10丝
		②钢丝绳的死绳端应挽成猪蹄扣牢固地固定在死绳固定器上,死绳头应不少于5个配套绳卡固定,卡距150~200mm
		③拉力计/指重表应按标准安装,并确保完好有效,要确保司钻便于观察,保持表面清洁
		④保险绳的直径应与提升钢丝绳直径相同,绳套长度应小于1m,并用5个绳卡固定
		⑤当游车放到井口时,滚筒上的余绳应不少于半层,并确保活绳头固定牢靠。活绳头应选用匹配的绳卡卡紧
12	井口部分	(1) 现场井口的选型
		①气井选用采气井口当天然气中含硫化氢气体时,选用防硫采气井口
		②油井选用采油井口
		③根据目前我油田具体情况,井深4000~2800m的井选用600型(根据需要也有选用1050型)井口;井深2800~2000m的选用350井口;井深小于2000m的井用CY-250型井口
		④对于压裂酸化施工高于井口工作压力的井,用井口保护器保证施工安全
		⑤试油完井产油井或产微气井用简易井口
		(2) 井口组装原则
		①采气井口要按要求配齐压力表接头、压力表弯头、压力表闸门、压力表缓冲器和闸阀丝杆盘根压帽专用扳手等
		②套管短节安装前应先进行试扣,用手旋紧,试扣不合格者应更换。套管短节安装时不得缠棉纱,不许使用铅油,必须在螺纹部分涂密封脂,用管钳上紧
		(3) 井口的运输、管理
		井口试压合格后拆开拉运时,只能从油管挂法兰之间拆成两节,其他部位不许拆开
		井口卸下放在地面时,禁止手轮触及地面,以防碰坏手轮或压弯丝杆,使丝杆失去灵活性影响施工

续表

序号	检查项目	检查内容
12	井口部分	(4) 井口的安装
		①钻井法兰盘完钻的井,安装井口前检查法兰盘有无损伤,钢圈槽是否光滑,然后清洗干净涂密封脂或黄油。将井口大四通坐到法兰盘上并使闸门正对井架正面,对角上紧井口螺栓
		②钻井套管接箍完钻的井,先清洗套管接箍螺纹,检查无损伤后将带套管短节的井口大四通上到完井套管接箍上,上扣前螺纹部分要涂密封脂,用链钳上紧。同时井口两翼要与井架平面平行,闸门手轮正对井架平面
		③试油完毕装好简易井口,关好闸门
		(5) 井口安装使用规定
		①井口各部分在额定压力范围内不刺不漏
		②连接螺纹必须旋紧,两端留有余扣,并保持一致
		③安装端正,手轮方向一致,操作人员不得正对手轮,应站在上风方向
		④井口螺母上卸要用专用扳手,不许用管钳代替
		⑤严格按照承压范围选择井口,不许超压使用,油管出口选用两翼针阀,井口采用上悬挂或下悬挂
		⑥盘根、钢圈和钢圈槽必须检查合格,并洗净除锈后涂黄油装全装平,禁止使用榔头敲打或使用管钳夹取钢圈
		(6) 井口检查标准
		①井口装置规范,螺丝齐全,确保不刺不漏
		②防喷盒应规范有效,零部件齐全,安装正确
		③井口应整洁卫生,按时保养,各类工具及生产设施应规范有序放置,禁止在井口周围放置其他闲杂物品
		④井口作业钻台安装要规范、平稳,同时要留有人员紧急撤离的安全通道
13	设备部分	(1) 作业机(通井机)
		①作业机要保持状态良好,符合施工设计要求,摆放平整,清洁卫生无渗漏,仪表齐全,灵敏准确,运转无异响,刹车、转动、制动连结紧固并灵活好用,所有传动部位按规定安装防护设施,刹车制动气压不低于0.6 MPa
		②要按照设备保养规程定期保养,保持油水充足,按照季节使用合格的润滑油和燃油
		③设备正常运转时各种仪表的指示必须在正常范围内,机油压力表的读数应为 0.2~0.3MPa;水温在75~90℃;机油温度不得高于95℃;气压应达到 0.65~0.85MPa
		④要严格按照操作规程操作,严禁违章作业,随时检查设备的运行状况,发现异常情况应立即停车检查维修,禁止设备带病工作
		⑤保持设备卫生清洁,操作室内不得放置杂物
		⑥摆放平整,作业时按规定打好千斤。千斤下垫好方木
		(2) 液压动力钳
		①各部件安装正确、紧固,安全可靠。定期维护保养,保持灵活好用
		②悬吊液压动力钳采用3/8in钢丝绳,两端各用两个匹配的绳卡固定牢靠,高度要调整合理。吊钩不允许有活口

续表

序号	检查项目	检查内容
13	设备部分	(3) 发电机组 ①发电机组要保持状态良好，性能可靠 ②要按照设备保养规程定期保养，保持油水充足，按照季节使用合格的润滑油和燃油 ③发电机组要清洁卫生，各连接部位要安全可靠 ④各种仪表要齐全准确，电源输出部分要连接可靠，做好绝缘保护，防止漏电 ⑤各机组应建立设备台帐并按时填写设备运转记录
14	井场用电	(1) 配电线路 ①井场配电线路应采用橡套软电缆 ②井场所用的电缆均不应有中间接头 ③井架上和井口10m以内的照明灯应采用36V低压防爆灯具 (2) 值班房配线 ①值班房配线应采用绝缘导线，并用瓷瓶或瓷夹敷设 ②进户线过墙应穿绝缘管保护，并做防雨防水处理 ③配线走向合理，线路严禁裸露 (3) 发电电路 ①发电机房与井口及油池间的距离应大于20m ②发电工应持证操作，非操作人员未经允许不得进入发电机房 ③发电机的发动机排气管应装防火罩 ④发电机输出电源线出口应穿绝缘胶管 ⑤发电机应做保护接零和工作接地 ⑥发电前应对发电机本体和附属设备及保护装置进行全面检查，符合要求后方可启动 ⑦发电机负载不应大于其额定功率 ⑧使用发电机供电时，应有防止对外部供电系统反送电的保护措施 (4) 发电房管理标准 ①发电房内不许堆放其他杂物，工具及设备用料要标识，设备周围要留有畅通的巡回检查通道 ②发电房内照明要使用防爆灯 ③发电房要有接地线 ④电源线布置要规范合理，电源保险选用匹配的保险丝，不得用其他金属丝替代 (5) 配电箱 ①配电箱应安装端正、牢固。箱体中心对地距离应为1.5m左右，并有足够的工作空间和通道 ②配电箱内的开关和电器应安装牢固，连接线要采用绝缘导线，接头不应有裸露和松动 ③配电箱总开关应设置漏电保护器。一律要采用防爆开关，不能使用闸刀

续表

序号	检查项目	检 查 内 容
14	井场用电	④配电箱操作人员应做到： a. 使用前应检查电器设备和保护设施； b. 用电设施停用时应拉闸断电； c. 负责检查井场的电器设备、线路和配电箱运行情况，发现问题及时处理； d. 移动用电设备时，应先切断电源； e. 配电箱应保持整洁卫生
		⑤经搬迁移动后的电器设备应经过认真检查后才能供电使用
		⑥配电箱的输入和输出电源线不应承受外力，不应与金属断口和腐蚀介质接触
		(6) 照明灯具
		①井场要按照标准配备足够的低压防爆探照灯，照明度应符合要求
		②防爆探照灯和普通防爆灯应使用正规企业生产的产品
		③探照灯的摆放要合理，生产区域不得出现盲区
15	计量器具	(1) 井场要配备有足够的计量器具（钢卷尺，钢板尺，内、外卡钳，压力表，拉力计等）
		(2) 压力表和拉力计必须经过计量检验部门校验合格后方可使用
		(3) 计量器具必须建立台账，并有专人负责
16	现场资料	(1) 要有开工令，施工设计，钻具记录，井深结构图，试油气过程质量检验表，化工料验证表，水质检验表，消防演习、井控演习、防中毒等演习记录，HSE管理体系文件，技术标准等相关资料，建立健全记录清单、记录编目表及受控文件清单
		(2) 要有作业处下发的有关管理制度及文件（或复印件），并且有学习传达记录
		(3) 各类资料要有专人分类妥善保管
17	工具房	(1) 工具房内照明使用防爆灯
		(2) 工具房内的各种工具和钻具要有序的归类摆放，及时清理废旧物资
		(3) 所有钻具和工具要定期进行保养维护，并进行相应的防尘处理，保持房内整洁
		(4) 工具房内的各种物品挂牌标识
		(5) 工具房要有专人负责管理
18	消防管理	(1) 井场安全及消防器材的配备要齐全完好
		每个井场应存放消防砂 $2 \sim 5m^3$，8kg灭火器5只，$35 \sim 50kg$ 灭火器2只，消防毛毡10条，消防桶4只，消防镐4把，消防锹4把，消防斧4把，消防钩2把
		(2) 通井机必须配备防火罩
		(3) 灭火机应定期进行检查，专人负责保管，挂牌标识，1次/月
		(4) 所有安全、消防器材及设备不应挪做他用
		(5) 要定期对所有安全、消防器材和设施进行维护保养，对不符合要求的要及时更换，确保其状态和性能良好
		(6) 井场生产区域严禁烟火，确需动火时应按规定办理动火手续，做好应急措施后再动火

续表

序号	检查项目	检查内容
19	施工作业	(1) 一般要求
		①施工前应按施工设计要求做好施工准备
		②所有参与施工人员必须穿戴齐全所有劳保防护用品
		③施工过程中应严格执行有关操作规程、质量标准及安全措施
		④施工过程中必须落实预防井喷的措施
		⑤上下井架的人员带上保险带并正确使用速差自控器保险绳,由扶梯上下,抓紧踏实,携带的工具应拴好保险绳,在井架上操作时应系好保险带
		⑥射孔作业及地层打开后的起下钻作业必须指定专人坐岗观察并作好记录
		(2) 起下钻作业
		①起下钻作业时应先仔细检查提升系统和井口等相关设施,确保处于良好状态,保证安全生产和施工质量
		②调整井架绷绳,使天车、游动滑车和井口中心在一条垂线上
		③检查液压动力钳、管钳和吊卡,应满足起下钻作业要求
		④起下钻作业中要安装合格的指重计/拉力表
		⑤起下钻作业中应确保吊卡活门月牙和手柄锁紧,吊卡保险销插牢
		⑥不准用手触碰液压动力钳钳牙
		⑦上提载荷因遇卡遇阻而接近井架额定负荷时,不应猛提和硬提
		⑧起下重载荷时应有专人指挥,专人观察井架基础、地锚、绷绳、指重表等
		⑨遇有六级以上大风、能见度小于井架高度的浓雾天气、中雨以上、雷电、大雪、沙尘天气以及设备运行不正常时,应立即停止作业
		(3) 压井作业
		①压井作业要严格按照施工设计作业
		②压井管线应进行试压,合格后方可施工,高压油气井的返出管线应选用钢质管材,并固定牢靠
		③压井液灌满至井口后,应有专人观察井口,做好准备,随时注意防止发生井喷
		(4) 射孔作业
		①射孔前应按设计要求压井
		②油气层打开后,在起下钻过程中,必须按要求井口装好防喷器
		③应有专人观察井口,有井涌井漏等井喷预兆时应立即采取措施
		④射孔时应严格按照设计要求和操作规程作业
		⑤射孔过程中井场人员应关闭手机或电台等无线电设备
		(5) 抽汲作业
		①抽汲前通井机应打好千斤,刹死行走刹车
		②在井口上安装好防喷盒
		③抽汲作业中所选用的钢丝绳应符合标准,直径不小于5/8in,应有标记
		④地滑车用地滑车固定器固定。抽汲钢丝绳下面不允许用铁质物托垫
		⑤要按标准安装好所有抽汲装置,防止油污大量飞溅而造成井场大面积污染
		⑥排污坑要衬防渗布,并且用彩带隔离

续表

序号	检查项目	检查内容
19	施工作业	(6) 放喷求产
		①放喷求产前应认真检查井口及相关装置，确保其安全有效
		②要求使用油嘴放喷的必须要用油嘴防喷
		③使用油气分离器时应符号规定要求，安全阀及压力表应按规定检验
		④分离后的天然气要放空并完全燃烧
		⑤观察仪表读数时，操作人员应站在上风位置，如用非防爆手电照明时，禁止在油气扩散区开关手电
		⑥若遇雷电天气时，禁止上罐测量取样
		⑦储油罐量油孔的衬垫应采用不产生火花的材料制作。上大罐量油时应有一人监护测量
		(7) 压裂、酸化
		①施工前要召开施工交底会
		②施工设计应有放火防爆措施，井场应按规定配备消防器材
		③地面与井口连接管线和高压管汇应按设计要求试压，确保合格，各部阀门应灵活好用
		④酸化施工时操作人员应穿防酸服，戴防酸手套和护目镜，必要时戴防毒面罩
		(8) 高压区应用隔离彩带隔开
		(9) 高噪声区工作人员要戴防护耳罩
		(10) 高压管线要打地锚，拴保险绳
		(11) 高压区禁止非工作人员进入
20	生活设施	(1) 职工宿舍
		①所有房间应保持电路规范整齐，灯具齐全有效，开关灵活好用。并按要求进行静电接地
		②地板、墙面、天花板干净整洁，严禁私自在墙面上订钉和安置其他设施以免破坏房屋结构
		③各室床铺应按照统一标准摆放，桌、椅、床头柜、衣柜等要悉心爱护，保持完好清洁
		④门窗要齐全完好，锁具要灵活有效，窗玻璃要清洁明亮，窗帘要洗干净
		⑤室内要保持整洁卫生，无污物灰尘
		⑥生活用具摆放整齐有序
		⑦卧具要干净卫生，被子要摆放整齐
		⑧要保持良好的个人卫生，不留长发和长指甲
		(2) 厨房
		①厨房要干净整洁
		②门窗清洁，纱门纱窗齐全干净
		③餐具用具干净卫生
		④生熟食品分开存放，菜刀案板分开使用
		⑤调味品摆放整齐，盛装的器皿要加盖
		⑥食品加工设备要定期清洁保养，要保持完好
		⑦冰柜电源要布置合理，确保安全

续表

序号	检查项目	检查内容
20	生活设施	⑧冰柜内外要清洁干净,密封良好
		⑨炉具要完好有效,保持清洁卫生,燃气管线密封、无老化
		⑩气瓶要与炉具保持1.5m以上的安全距离,严禁倒放及放在室外曝晒
		(3) 生活水罐
		①生活水罐要放置在干净的场地,远离油罐和其他污染源
		②保持水罐和其周围的环境卫生
		③水罐必须加盖上锁,防止异物落入
		④定期清洗生活水罐,防止生活水变质
		(4) 营区环境卫生
		①营区内无垃圾及污物
		②营区设置专用垃圾桶,并放置到固定位置并加盖
		③垃圾桶内的垃圾要及时清理
		④要设置简易厕所
21	质量反馈	(1) 外方质量反馈
		①各试油(气)机组要认真听取外方(业主)监督和工程技术人员对我方工程质量和服务等方面的各种意见和建议
		②要对外方的各种意见和建议做详细的记录
		③要将来自各方面的意见和建议分类整理并向相关部门及时反映
		(2) 内部质量意见的反馈
		①各机组要及时收集整理内部的各种质量信息(包括生产配属、生活服务、技术管理、器材供应等方面)
		②要及时将各类信息向相关部门反映,对器材物资供应方面的质量问题要在反映问题的同时提供证据(器材物资缺陷的样品、相关的资料等),以便向生产厂家或供应商追溯及退赔
		③对各部门的反馈意见可以向巡查组反映,由巡查组负责处置

第三节 堵水调剖 HSE 要求

(1) 现场施工严禁烟火及明火,严禁非施工人员进入施工现场,按规定配备齐全消防器材。

(2) 施工前，必须对施工设备和车辆等进行全面检修，对有关流程、阀门、仪表的密封性及可靠性进行严格的检查，确保灵活、可靠和安全，使施工顺利安全进行。

(3) 所有进入井场的车辆和在井场作业的动力设备必须配戴防火罩。

(4) 所有操作按方案要求进行，如需变动，必须经现场领导小组的同意。

(5) 严把施工质量和入井液质量，尽量减少对油层的伤害。

(6) 对于施工后的废液和废弃物应集中封闭处理，不得随意堆放和外排；施工液体及返排液体应妥善处理，防止污染事故发生。

(7) 施工现场应严格遵守当地的有关环境保护法规及要求。

第四节　修井作业 HSE 要求

修井作业 HSE 监督检查表参见表 3–5–2。

表 3–5–2　修井作业监督检查表

序号	类别	检查内容
1	基础管理	(1) 作业队安全规章制度、技术标准和工艺以及设备操作规程齐全。出队前进行安全培训，班前安全讲话有记录
		(2) 按规定开展安全活动，召开班前班后会，提示风险
		(3) 制定年度员工学时培训计划，做到"五落实"（落实计划，落实教案，教师，教室，落实培训人员，落实培训笔记，落实培训考核）
		(4) 有防喷、防火、防爆、防毒、防工伤事故等应急方案；安全生产（防火灾、防爆炸、防风、防触电、防中毒、防交通肇事）措施落实到位，有文本且要求岗位员工掌握
		(5) 作业队队长、班长和司钻持司钻合格证及井控合格证上岗
		(6) 配备专兼职 HSE 监督，制定当月检查计划，明确检查程序、采用标准及规程，制定检查表，监督到位，履行职责
		(7) 作业队在接到安全监督检查下达的安全隐患整改通知单后，由队干部组织有关人员进行原因分析，制定纠正措施并实施，整改完成后及时向安全监督反馈
2	HSE 管理	(1) 作业现场有"两书一表"符合作业实际，并认真执行
		(2) 针对不同地区、季节及周边环境进行风险识别，并对识别的风险采取控制措施
		(3) 作业现场有井喷、有毒有害气体、火灾、环境污染、突发性疾病、意外人员伤害以及自然灾害等应急预案，并按规定认真组织演练。干部员工应急工作职责明确，掌握应急处置内容
		(4) 新修改的岗位安全指导卡下发到位，作业人员随身携带并熟知内容

续表

序号	类别	检查内容
3	现场施工	(1) 施工现场、设备设施及环境无重大安全隐患
		(2) 作业现场无严重"三违"现象
		(3) 作业工具物资定点存放,摆放整齐,井口设置防滑踏板,配备并使用油管滑车
		(4) 油管和油杆排列应整齐、平稳,距离修井机不少于1500mm,井口四周安全通道畅通
		(5) 吊环及吊卡应无损伤,无变形并等长。吊卡销子具备防脱功能
		(6) 井场周围设置安全警示旗,井场内设置安全示板和安全警示标志牌;井场设备摆放整齐规范,符合安全要求
		(7) 井架上的连接螺栓和螺母应齐全、紧固,架身无断筋和变形等缺陷,天车轮轴润滑油嘴完好无损,滑轮转动灵活,无损伤,井架基础的地脚螺栓、大腿销子垫片和开口销应齐全完好,活动底座基础应平整、坚固,基础平面应用水平尺找平,井架基础中心距井口中心距离应符合规定,螺帽必须锁紧
		(8) 地锚桩长度应不小于1.8m,直径应不小于73mm(后绷绳禁用地锚桩),地锚桩绳露出地面应小于100mm,地锚销宜用螺母紧固,井架与地锚桩距离应符合规定;游车滑轮灵活好用,无损伤,游车护罩应完好,应刷红色漆,大钩无损伤,弹簧完好,大钩转动灵活;保险销完好,耳环螺栓应紧固,吊卡销与吊卡规格相匹配,并拴有保险绳,钢丝绳的死绳头应用不少于5个配套绳卡固定牢靠,卡距150~200mm
		(9) 大钩符合标准要求,无损伤,弹簧完好,转动灵活,保险销完好,耳环螺栓紧固,有防脱措施
		(10) 提升钢丝绳符合标准要求,直径应大于ϕ19mm,无打结、锈蚀或夹扁等缺陷,大绳断丝每捻距不超过6丝。游动滑车放到井口时,滚筒上钢丝绳余绳应多于15圈,死绳头固定牢靠。配备指重表,灵敏好用
		(11) 抽油杆吊钩符合标准要求,保险销灵活好用,绳套用钢丝绳直径应不小于ϕ15.5mm,且不少于二圈,用绳卡卡牢
		(12) 刹车系统灵活好用,刹车气压不应小于0.6MPa刹车后,刹把与钻台面成40°~50°夹角刹车带、垫圈及开口销相匹配,齐全牢靠;刹车钢圈及两端连接处完好,无变形,无裂纹
		(13) 液压动力钳符合标准要求,灵活好用,安全可靠。液压动力钳吊绳采用直径不小于ϕ9mm的钢丝绳,两端各用与绳径相符的三个绳卡卡牢,高低速挡灵敏,转速稳定,钳牙不缺且固定牢靠。液压动力钳的尾绳两端各用与绳径相符的三个绳卡卡牢
		(14) 作业施工时,指重表应可靠完好,表盘面应清洁;绷绳无打结、锈蚀或夹扁等缺陷,每捻矩断丝应少于12丝,每道绷绳不少于3个绳卡,绳卡与钢丝绳相应配套,绳卡间距150~200 mm,并卡牢固,用拉力计时保险绳绳套长度应小于1000mm,并用4个绳卡固定

续表

序号	类别	检查内容
4	安防设施	(1) 井架底座基础坚实，基础周围井场平整。井架连接螺栓、弹簧垫、连接销及保险销齐全
		(2) 安全带、安全护栏及护罩齐全完好，安装正确、牢固
		(3) 天车防碰装置安装正确、好用，按规定检查维护
		(4) 井场电器设备及线路的配备和安装符合标准，有漏电保护器和接地保护
		(5) 井架四角绷绳、角度、直径、卡子、卡距、张紧度及绷绳坑符合安全标准。地锚杆露出地面不高于10cm，地锚耳开口朝向井架；地锚销安装垫圈和开口销进行锁固或使用带螺母的地锚销上紧。绷绳的每端使用相匹配的4个绳卡固定，绳卡压板压在工作绳上，其间距为15～20cm
		(6) 井架防护栏和梯子齐全、牢固，梯子扶手光滑，坡度适当
		(7) 施工作业现场设置风向标（风向袋、彩带、旗帜或其他相应的装置），风向标设置在现场容易看到的地方
		(8) 井场有安全隔离带，且丛式井井场内生产井和施工井安全隔离
5	环保健康	(1) 有环保健康工作安排，签订合同中体现环保健康内容
		(2) 井场平整，无积水，管线无跑、冒、滴、漏现象，油管（钻杆）桥和泵杆桥下面铺垫防渗布
		(3) 作业时有防止井筒溢流物污染措施
		(4) 设备清洁无渗漏
		(5) 垃圾及废弃物回收，分类存放，统一处理
		(6) 作业现场医药箱应急药物配备到位。厨灶卫生符合要求，生熟分开，工作人员持有健康证
		(7) 作业队员工按要求穿戴劳动保护用品。各级干部进入施工作业现场穿戴标准工作服
6	防火	(1) 作业现场严禁吸烟
		(2) 现场配置8kg干粉灭火器6具，消防毛毡2条，消防锹2把，消防镐1把，消防砂（土）不少于0.5m^3
		(3) 液化气罐、乙炔瓶及氧气瓶存放和使用符合防火要求
		(4) 定期开展义务消防队演练，并做好记录
		(5) 井场内井口、发电机、油罐区及驻地板房防火间距符合标准
7	交通	作业队与值班车有安全协议，作业队对值班车使用进行严格管理
8	井控部分	(1) 井控管理网络建立健全，各岗分工明确，职责清晰；人员持证上岗；施工设计基础数据齐全，有具体井控要求
		(2) 班前班后会记录中有与设计相符，与当班重点工序相应的井控要求内容
		(3) 记录齐全，填写完整规范
		(4) 基层干部值班记录填写完整，并签字
		(5) 现场防喷演习程序齐全，规范操作，动作迅速
		(6) 防喷器及简易防喷装置等井控装置配备齐全
		(7) 施工作业前井控装置进行现场试压，并填写记录
		(8) 不连续作业，控制井口或坐井口
		(9) 起下作业，平稳操作，避免诱喷。起下大尺寸工具，控制起下速度，防止产生抽吸或压力激动

第五节　井下作业井控细则

井下作业井控技术，是确保油气井试油作业、压裂酸化作业和修井作业的必备技术做好井控工作，既可以有效防止和避免井喷及其失控事故，实现作业过程的安全生产，又有利于试油和修井中发现和保护好油气层，通过压裂酸化改造储层提高单井产量，顺利完成井下作业施工。

井控工作的原则是立足一次井控，搞好二次井控，杜绝三次井控，指导方针是"以人为本、安全第一、预防为主、环保优先、综合治理"，牢固树立"井喷就是事故"和"井喷是可防可控的"工作理念。井控安全管理的目标是杜绝井喷失控和井喷着火爆炸事故，杜绝有毒有害气体伤害事故。井控工作的重点在试油队和修井队，关键在班组，要害在岗位，核心在人。

井下作业井控工作包括地质设计、工程设计、井控设计和井控装备配备，以及管理和作业前的井控准备工作、井下作业施工过程井控工作、防火防爆防硫化氢等有毒有害气体安全措施、井喷失控的处理、井控技术培训及井控管理制度等8个方面。

一、地质设计、工程设计与井控设计

井下作业的地质设计（试油任务书、送修书或地质方案）、工程设计和施工设计中必须有相应的井控要求和提供必要基础数据。

1. 地质设计、工程设计与井控设计

地质设计（试油任务书、送修书或地质方案）中应提供井身结构，套管钢级、壁厚、尺寸，以及水泥返高及固井质量等资料，提供本井或邻井产层流体的性质（油、气、水），本井或邻井目前地层压力或原始地层压力，气油比，注水注汽区域的注水注汽压力，与邻井地层连通情况，地层流体中的硫化氢等有毒有害气体含量，以及与井控有关的提示。

工程设计中应提供目前井下地层情况及套管的技术状况，必要时查阅钻井井史，参考钻井时钻井液密度，明确压井液的类型、性能和压井要求等，提供施工压力参数，提示本井和邻井在生产及历次施工作业硫化氢等有毒有害气体监测情况。

施工单位应依据地质设计和工程设计做出施工设计和井控设计，在井控设计中细化各项井控措施，必要时应查阅钻井及修井井史等资料和有关技术要求，施工单位要按工程设计提出的压井液、泥浆加重材料及处理剂的储备要求进行选配和储备。

地质设计、工程设计、施工设计完成后，按规定程序进行审批，未经审批同意不得施工。

在高压（高压油气井是指以地质设计提供的地层压力为依据，当地层流体充满井筒时，预测井口关井压力可能达到或超过35MPa的井）、高危（高危地区油气井是指在井口周围500m范围内有村庄、学校、医院、工厂或集市等人员集聚场所，油库或炸药库等易燃易爆物品存放点，地面水资源及工业、农业、国防设施，包括开采地下资源的作业坑道，或位于江河、湖泊、滩海和海上的含有硫化氢和一氧化碳等有毒有害气体的井）、高含有毒有害气

体（高含硫油气井是指地层天然气中硫化氢含量高于150mg/m³的井）地区（以下简称"三高"地区），以及预探井、评价井、调整更新井和钻井作业中发现异常的井，地层压力不明、老井新层及注水活跃的井区等，进行试油（气）、射孔、小修、大修、增产增注措施或特殊作业施工的井要做单井井控设计。其他井采用标准格式的井控设计或在施工设计中附标准井控设计。

2. 井控设计的主要内容

（1）满足井控要求的井场布置。

（2）井身结构：套管程序、尺寸、钢级、固井质量和水泥返高井筒现状等。

（3）油气层基本数据：射孔层位、井段、压力系数、气油比等。

（4）特殊情况介绍：钻井异常情况、有毒有害气体含量、相邻注水（注气）井压力分布、历次修井作业有无井涌井喷及其他异常情况、邻井资料等。

（5）井控装备要求：防喷器、油管旋塞阀、防喷井口、压井设备、节流压井管汇、放喷管线等。

（6）压井液要求：配方、性能、数量等。

（7）压井材料准备：清水、添加剂、加重材料等。

（8）井控技术措施及防火防毒要求：井喷的预防、预报，相关工况下井喷处理的预案，防火、防毒要求及器材准备等。

（9）作业井场周围环境，主干公路到井场的道路，井场紧急撤离线路，居民分布情况，常年风向，居民及地方负责人联系人电话。

（10）应急电话：项目部，二级单位，低渗透井场最近的消防、医疗单位，当地村、乡、县级政府机构和派出所等。

3. 井控设计审批程序

（1）采用标准格式的井控设计由油田公司的责任工程师审批；特殊井及集团公司关注的重点井的单井井控设计由油田分公司总工程师审批。

（2）评价井、调整更新井、钻井作业中发现异常的井，以及地层压力不明、老井新层（注水活跃的井区）的单井井控设计由油田公司的责任工程师审批。

（3）"三高"地区的单井井控设计由二级单位总工程师审批；预探井的单井井控设计由二级单位总工程师审批或由总工程师授权的人审批。

二、井控装备的配备、使用与管理

1. 井控装备配备要求

（1）进入气井作业的井下作业队伍的井控装备统一按35MPa的压力级别进行配套。

（2）进入油井进行试油、压裂及大修的井下作业队伍的井控装备统一按21MPa的压力级别进行配套。

（3）在油井进行小修、检泵和措施作业的井下作业队伍井控装备按14MPa的压力级别进行配套。

（4）含硫区域井控装备的选择执行行业标准SY/T 6610—2005《含硫化氢油气井井下作

业推荐作法》。

2. 井下作业（试油、试气、修井、措施等）机组井控装备配置要求

（1）井下作业机组在所有的作业现场必须按本细则规定配备相应的井控设施及安全防护设施。

（2）油井修井机组配备 14MPa 单闸板手动防喷器 1 套，与作业井井口匹配的防喷井口 1 套，14MPa 油管旋塞阀 1 只，抽油杆防喷器 1 套。

（3）试油机组配备 21MPa 单闸板手动防喷器 1 套，CYb25（35）/65 防喷井口 1 套，21MPa 油管旋塞阀 1 套。

（4）试气机组配备 35MPa 双闸板手动防喷器 1 套，KQ60/65 防喷井口 1 套，30MPa 油管旋塞阀 1 套。试气地面放喷管线用 $2^7/_8$ in 油管连接并用水泥基墩带地脚螺栓卡子固定。

（5）井深超过 4000m 油气井进行井下作业时应配备液动双闸板防喷器，接好地面节流压井管汇及用 $2^7/_8$ in 的油管作放喷管线。井深超过 5000m 油井进行井下作业时，相应的井控装备要提高一个压力等级。

3. 修井大队（公司）井控装备配置要求

（1）修井作业大队（公司）应配备 2SFZ14-21MPa 双闸板手动防喷器 1 套、防爆工具（管钳、扳手、榔头、橇杠）1 套，

（2）配备 2FZ18-35MPa 液控双闸板防喷器 1 套，防爆工具（管钳、扳手、榔头、橇杠）1 套，节流/压井管汇 2 套，抢装井口装置 1 套，备用压井材料 40t。

（3）应按作业区域储备不少于 20t 的压井材料。

4. 井下技术作业处井控装置配置要求

井下技术作业处应配备 FH18-35 环型防喷器 1 套，2FZ18-70 液控双闸板防喷器 1 套，2FZ18-35 液控双闸板防喷器 1 套，2FZ14-21 液控防喷器 2 套。按照 1:1.2 比例配备足够的备用防喷器，以更换现场需要检修的防喷器。35MPa 和 21MPa 节流/压井管汇各 2 套，抢装井口装置 1 套。

5. 采油厂井控装置配置要求

各采油厂应配备 2FZ14-21MPa 液控双闸板防喷器 2 套，节流/压井管汇 1 套，按照 1:1.2 比例配备足够的备用防喷器，以更换现场需要检修的防喷器。

三、井控装置现场使用规定

（1）所有的井控装备在现场待命时间为 12 个月，超过 12 个月必须送回井控车间全面检修。

（2）使用防喷器前，检查防喷器所装闸板芯子的尺寸是否与所用的油管及电缆尺寸相一致。每口井开始作业前，应对防喷器进行检查、维护、保养和试压。在现场实施过井控作业的井控装备，必须送回井控车间全面检修。

（3）送到井场的井控装备必须有井控车间和站（点）的检验合格证。施工现场的井控装备必须挂牌，牌上内容应有产品名称、规格、检验日期、检验人和管理人等。进行过现场维护保养的井控装备必须有记录。

（4）装备了液控系统的防喷器的液压控制系统的控制能力应与所控制的试油防喷器相匹配，远程控制台应摆放在靠作业机司钻一侧，距井口25m以远，并有专人检查保养。

（5）防喷器等井控装备的使用要做到：三懂四会（懂工作原理、懂设备性能、懂工艺流程；会操作、会维修、会保养、会排除故障）。

（6）防喷器每完成一口井的作业后，应进行全面的清洗和检查。

（7）各单位的井控设备必须统一建立对应的自编号，维修保养、出厂及回收要有记录并建立台账。

四、作业前的井控准备工作

1. 作业前试压

所有新完钻的油水井、气井在进行射孔作业前都必须试压，一般规定油水井试压15MPa，气井试压25 MPa，稳压30min，压降小于0.5 MPa为合格。修井作业拆卸井口前要关井测油管及套管压力，根据实际情况确定是否实施压井，确定无异常方可拆井口，并及时安装防喷器。

2. 地面放喷管线的安装

区域油探井、评价井、调整更新井、超前注水开发井区的井、气油比大于100m^3/t的措施井、钻井作业中发现异常的井，以及老井新层和地层压力不明等井，在射孔前必须安装放喷管线，气井接出井口30m以外，油井接至排污坑（20m以外）。

（1）地面放喷管线不能焊接，拐弯处不能用弯管，必须用锻造高压三通，并且高压三通的堵头正对油气流冲击方向；地面放喷管线每隔8~10m要用水泥基墩带地脚螺栓卡子固定，拐弯处两端要用水泥基墩带地脚螺栓卡子固定，放喷出口要用水泥基墩带双地脚螺栓卡子固定，节流控制要用节流阀、油嘴或针阀。

（2）地脚螺栓直径不小于18mm，长度大于800 mm，水泥基墩尺寸不小于800 mm × 800 mm × 800 mm，卡子上用双螺帽并紧。

（3）预测含硫化氢的油气井地面放喷管线要用$2^7/_8$in防硫油管、防硫针及闸阀连接，每隔8~10m要用水泥基墩带地脚螺栓卡子固定。

（4）试油及修井作业的油井，如需安装地面放喷管线，必需用$2^7/_8$in的油管接地面放喷管线，拐弯处要用90°锻造弯头，拐弯处和放喷出口要有相应的固定措施。

（5）接入大罐的循环管线可以用高压软管线连接，但必须有固定措施。

（6）在"三高"区域内进行井下作业的井必须用$2^7/_8$in的油管接放喷管线，放喷管线每隔8~10m要用水泥基墩带地脚螺栓卡子固定并接出井场30m以远。

（7）放喷管线布局要考虑当地风向、居民区、道路、排液池及各种设施的情况，气井分离器至井口地面管线必须试压25MPa，油井分离器至井口地面管线必须试压10MPa。

（8）进行井下作业打开井口前，必须准备好防喷器等井控装置，打开井口后，防喷器安装在井口大四通上，防喷器内装配与井内管柱配套的闸板芯子。

（9）大四通与防喷器之间的钢槽要清洗干净，钢圈装平并用专用螺栓连结上紧，螺栓两端公扣均露出。如有需要井口用ϕ16mm（$^5/_8$in）钢丝绳固定。

3. 作业前作业队应做好以下工作

（1）按设计要求，根据井场实际情况布置好井场的作业区和生活区及电路和气路。

（2）井控装置及各种防喷工具齐全，并经检查试压合格摆放在井口。

（3）按设计要求备好压井液以及防火、防有毒有害气体和防爆的器材。

（4）落实井控岗位责任制和井控管理制度及措施。

（5）检修好动力及提升设备。

（6）对井控设计和技术措施要向全体职工进行交底，明确作业班组各岗位分工。

4. 井控验收

（1）作业机组通过自检确认合格后，向项目部申请开工验收。

（2）项目部授权人按规定要求进行验收。重点井由项目部组织验收。

（3）检查验收合格且批准后方可开工。

（4）对于在"三高"地区进行井下作业的井，在开工前必须经修井大队（分公司）主管生产安全的领导及井控、安全、设备的负责人，与低渗透油田分公司项目组主管生产安全的领导及井控、安全、设备、监督的负责人共同验收，达到井控要求后方可施工。

五、井下作业施工过程井控工作

1. 常规射孔施工的井控作业要求

（1）射孔前应准备好断绳器，必须按设计灌满井筒（负压射孔除外），每射完一枪都要灌满井筒，并有专人坐岗观察井口，同时对有毒有害气体进行检测。

（2）天然气井电缆射孔必须安装双闸板防喷器，其中上部闸门为电缆闸板。

（3）射孔液密度应根据油气层预测压力值加上附加值后的值来确定。一般情况下附加值的确定：天然气井取 $0.07 \sim 0.15 \text{g/cm}^3$，油井取 $0.05 \sim 0.10 \text{g/cm}^3$。

（4）射孔时作业机组人员必须坚守岗位，保证设备运转正常，射孔结束后要进行有毒有害气体检测，确认后立即下钻。

（5）气井射孔过程中若发现溢流，停止射孔作业，关闭防喷器，关井观察，记录压力，紧急情况下可以将电缆切断，抢装井口，关井观察、记录压力。同时按程序向项目部、生产办或主管部门汇报。

（6）油井电缆射孔必须安装带电缆闸板芯子的防喷器，油井射孔过程中若发现益流或井涌，停止射孔作业，及时起出枪身，来不及起出射孔抢时，应剪断电缆，关闭防喷器或抢装井控装置。射孔后卸防喷器，坐简易井口，换油管闸板，卸井口前应观察井内有无压力，无压力后卸井口装防喷器进行起下钻作业。

（7）采用油管输送射孔工艺时，必须坐好井口后再点火。

（8）生产组织应避免夜间进行装弹点火等作业。雷电天气严禁进行一切射孔作业。

2. 起下钻过程中的井控作业要求

（1）进行起下钻作业前应确认油、套连通，特殊情况除外。

（2）起下钻作业前必须检查保养好防喷井口、井口钢圈和合适扣型的油管旋塞等井控器材，并摆放在井口备用。防喷井口及油管旋塞等井控设施活动灵活，保持闸门全开。

（3）在区域油探井、评价井、调整更新井、注水活跃的井区、钻井作业中发现异常的井，以及老井新层、地层压力不明、有毒有害气体含量高等井区，起下钻前必须充分压井，确认压井合格后，才能进行起下钻作业；开发井中地层压力清楚、确定不会发生井喷的井起下钻前可以不进行压井，但要做好预防井喷工作。

（4）起钻前必须接好灌水管线，准备足够的压井液，确保起钻过程中能够连续补充压井液。要做好兼职坐岗观察工作并检测有毒有害气体含量，做好记录，发现异常情况要及时采取措施。

（5）管柱下部若带有大直径钻具时，必须控制起下钻速度，开始用一档起出 20 根立柱以上正常后，才能换二档，起完后立即下钻，尽量缩短空井时间，严禁起下钻中途停工休息和空井检查设备。若起下钻中途设备发生故障，在维修设备前必须坐好井口，严禁敞开井口停工。

（6）若起下钻中途发生井涌，尤其是下压裂钻具或地层测试钻具时，应及时坐好防喷井口或油管旋塞，关井观察，防止因水流冲击封隔器坐封，造成坐不上井口而失控。下钻过程中也要控制下放速度，防止压力激动造成井漏，引起井喷。

（7）试油试气作业起钻完等待措施时，井内必须先下入不少于井深 1/3 的油管，坐好井口，严禁空井等待；修井作业起钻完等待措施时，要坐好井口，严禁敞开井口停工等待。

3. 起下抽油杆作业的井控要求

起下抽油杆时，井口要安装防喷装置。气油比大于 $100m^3/t$ 的井，要循环压井后才能进行作业。

4. 填砂及冲砂作业中的井控作业要求

（1）进行填砂及冲砂作业时井口要安装防喷装置。

（2）填砂及冲砂前应先循环压井，将井筒内的油气排尽，观察确认井筒内平稳后，才能开始作业。

（3）施工中途若遇到返出液量明显大于入井液量时，应及时调整钻具坐防喷井口或关防喷器装油管旋塞，观察井口压力变化，根据情况采取措施压井。

5. 钻塞及磨塞施工中的井控作业

（1）进行钻塞及磨塞作业时井口要有防喷控制装置。

（2）钻塞及磨塞作业所用的液体性能要按设计要求或与封闭地层前所用压井液相一致。钻塞及磨塞前要详细了解封堵层的基本情况，做好其他准备工作。

（3）钻塞及磨塞作业时，要严密注意钻压、泵压以及进出口排量变化。

（4）钻塞及磨塞作业完成后，要充分循环压井，并停泵观察 60min，井口无溢流时方可进行下步作业。

6. 打捞施工的井控要求

（1）打捞施工作业必须考虑井控工作的需要，根据井控设计准备好井控器材，井口安装好防喷器。

（2）在起、下大直径打捞工具或捞获大直径落物起钻时，要注意观察油、套是否连通，严格控制起钻速度，防止因"抽汲"作用而诱发井涌或井喷。

（3）打捞施工时发生溢流或井涌要采取适当的方法压井后再进行下步措施。

7. 压井作业中的井控要求

（1）压井液性能应满足本井和本区块的地质要求。
（2）采用适当的加重剂，使压井液对油气层造成的伤害程度最低。
（3）压井液准备量要求不少于井筒容积的 1.5 倍。
（4）压井作业应连续进行，中途不得停泵，注入排量一般不低于 500L/min。
（5）压井过程中应保持井底压力略大于地层压力。
（6）停泵后开井观察时间为下一道作业工序所需时间以上，井内稳定无变化为压井合格，起钻前需用压井液再循环一周，将井内余气排尽。
（7）特殊情况下压井作业要根据具体情况制定压井措施，按程序批准后方可执行。
（8）现场出现特殊情况，应迅速采取控制措施，制止井喷，关井记录压力，并上报项目部和相关部门。

8. 诱喷作业的井控要求

（1）在抽汲作业前应认真检查抽汲工具，装好防喷管及防喷盒。
（2）发现抽喷预兆后应及时将抽子提出，快速关闭闸门。
（3）用连续油管进行气举排液及替喷等项目作业时，必须装好连续油管防喷器组。

六、防火防爆防中毒安全措施和井喷失控的处理

1. 有毒有害区域试油井场井控设备配备要求

为了保证作业现场施工人员的生命安全，在有毒有害区域作业的试油井场应配固定式多功能检测仪 1 套，CO 和 H_2S 气体检测报警仪或多功能气体检测仪（测量 CO、H_2S、CO_2、可燃气体）4 台，便携式可燃气体检测仪 1 台，正压式空气呼吸器 6 套；在有毒有害区域作业的修井作业井场必须配备 CO 和 H_2S 气体检测报警仪或多功能气体检测仪（测量 CO、H_2S、CO_2、可燃气体）4 台，便携式可燃气体检测仪 1 台；正压式空气呼吸器 6 套。

2. 其他区域作业的各试油井场设备配备要求

在其他区域作业的各试油井场应配复合式气体检测仪 2 台，正压式空气呼吸器 4 套。修井作业井场必须配备 CO 和 H_2S 气体检测报警仪或多功能气体检测仪（测量 CO、H_2S、CO_2、可燃气体）1 台，便携式可燃气体检测仪 1 台，正压式空气呼吸器 4 套。

3. 井下作业井场布置防火要求

发电房、伙房及锅炉房等应放置在当地季风的上风方向，距井口 30m 以上，储油罐必须摆放在距井口 30m 以远的位置且与伙房和锅炉房的间距不小于 20m。

井场严禁吸烟，严禁使用明火，试油（气）、射孔、小修、大修及增产增注措施等井下作业施工需要使用明火及动用电气焊前，应按 SY/T 5858—2005《石油工业动火作业安全规程》的规定办理用火申请手续，在征得消防安全部门的同意后，方可实施。

在作业时如发生气侵、井涌或溢流，要立即熄灭关闭井场所有火源及电源。

在作业进行时，进出井场的车辆和作业车辆的排气管必须安装阻火器，作业人员要穿戴

"防静电"劳保服。

7. 井场电器、照明设施及线路安装要求

井场电器、照明设施及线路安装等执行 SY 5727—1995《井下作业井场用电安全要求》、SY/T 5225—2005《石油天然气钻井、开发、储运防火防爆安全技术规程》和 SY/T 6023—1994《石油井下作业安全生产检查规定》等标准要求。(SY 5727—1995 于 2008 年 3 月 1 日已作废，替代标准为 SY 5727—2007《井下作业安全规程》。SY/T 6023—1994 已作废。——编者)

8. 井下作业井场常备设备

试油（气）、射孔、小修、大修及增产增注措施作业井场应配备 35kg 干粉灭火器 2 具，8 kg 干粉灭火器 4 具，消防斧 1 把，消防掀 4 把，消防桶 4 个，消防砂 2m³ 消防毛毡 10 条。

9. 含有毒有害流体区域井下作业相关标准

在含有毒有害流体区域进行井下作业施工时，应严格执行 SY/T 6137—2005《含硫化氢的油气生产和天然气处理装置作业的推荐作法》、SY/T 6610—2005《含硫化氢油气井井下作业推荐作法》和 SY/T 6277—2005《含硫油气田硫化氢监测与人身安全防护规程》标准。

10. 井喷失控的应急反应

发生井喷失控作业现场前期应急行动要执行下列临时处置原则：
（1）疏散无关人员，最大限度地减少人员伤亡；
（2）组织现场力量，控制事态发展；
（3）调集救助力量，对受伤人员实施紧急抢救；
（4）保持通讯畅通，随时上报井喷事故险情动态；
（5）分析现场情况，及时界定危险范围；
（6）分析风险，在避免发生人员伤亡的情况下，组织抢险。

11. 井喷事故险情报警程序

发生事故或险情的单位确认井喷事故险情发生后：
（1）现场人员第一时间报警程序：项目部、大队及分公司主管部门和主管井控安全的领导，油田分公司项目组主管井控安全的领导及地方乡村级政府。
（2）现场人员第二时间报警程序：井喷事故发生点所属二级单位主管部门及地方县级政府。
（3）二级单位主管部门第一时间汇报程序：本单位主管领导。
（4）二级单位主管部门第二时间汇报程序：油田公司开发部主管领导。
（5）出险单位在向低渗透汇报的同时，立即组织应急抢险小分队，准备必要的抢险工具赶赴现场，并向就近的消防部门和医疗救护单位求援，提出紧急出动要求，同时向就近地方政府通报情况。

12. 井喷事故的抢险

如果产出流体含 CO 和/或 H_2S 还需按照《H_2S 中毒事故应急预案》执行；如果发生火灾，首先组织灭火工作。推荐按以下操作程序进行：

(1) 抢装井口（防喷井口）。
①井内无钻具的情况。
a. 除井口周围障碍物，保证抢险通道畅通；
b. 检查并打开井口及套管闸门，抢装（防喷）井口；
c. 关井口及套管闸门；
d. 装压力表检测井口压力；
e. 当井口控制压力超过允许关井压力时，接放喷管线控制放喷，根据压力变化情况组织压井；
f. 提升系统不能使用且无吊车时，卸掉防喷井口油管挂，组织人力抬起防喷井口，其边缘担在四通沿上，穿一条螺丝将井口固定，用加力杠旋转，抢装井口。
②井内有钻具的情况
a. 清除井口周围障碍物，保证抢险通道畅通；
b. 检查并打开井口及套管闸门，抢装防喷井口；
c. 关井口及套管闸门；
d. 装压力表检测井口压力；
e. 当井口控制压力超过允许关井压力时，接放喷管汇控制放喷，根据压力变化情况组织压井；
f. 提升系统不能使用时，用吊车将井口送至作业范围，抢装井口。
(2) 压井。
用加重剂（KCl 或 NaCl）配制一定密度的压井液，压井液储备量不少于 1.5 倍井筒容积。压井方式采用：
①循环法压井：循环法压井适用于井内钻具位置深，且较接近油（气）层的情况。
②挤注法压井：当循环法压井无效时为达到压井目的而向井筒挤入压井液。
上述两种方式无效时，可采用压裂车将 KCl 颗粒泵入井内，达到压井的目的。
③二次压井：压井深度在被压地层顶部以上 10~50m 时采用此法，即在实际压井深度先循环压井，然后加深钻具至人工井底以上 1~2m，再循环压井，直至将井压住。
压井结束后开井观察 30min 以上，井内稳定无变化为合格。
(3) 当二、三级井喷事故进一步发展为一级井喷事故或险情时，首先按井喷事故逐级汇报制度进行汇报，并做好以下工作：
①立即切断井场的电源，熄灭火源，机械设备要处于熄火状态，禁止用铁器敲击其他物品。
②将氧气瓶及油罐等易燃易爆物品拖离危险区；同时进行井口喷出油流的围堵和疏导，防止井场地面易燃物扩散。
③设置警戒线，疏散人群，维持好治安和交通秩序，保证抢险通道的畅通。
④准备灭火器及消防毛毡。
⑤做好储水及供水工作。
⑥准备必要的防护用具，全体抢救人员要穿戴好各种劳保用品，穿戴服饰要防静电、防火花，必要时戴上防毒面具、口罩或正压呼吸器。

⑦检测井口周围及附近的有毒有害气体浓度，划分安全范围，做好记录，随时向应急指挥人员报告，一有危险立即组织撤离。

⑧现场急救人员做好一切准备工作在现场戒备。

⑨抢险中每个步骤实施前，必须进行技术交底，使有关人员心中有数。

⑩在高含油、含气区域抢险时间不宜太长，现场急救队要随时观察抢救过程中因中毒或其他原因受伤人员，并及时转移到安全区域。

⑪井喷制止后要认真做好事故的善后工作，认真分析原因，接受教训，并做好记录资料的收集归档，工作组织人员清除地面污染，恢复地貌。

13. 井喷失控后的抢险人员要求

①全体抢救人员要穿戴好劳动保护用品，必要时戴上防毒面具及防震安全帽，系好安全带和安全绳。

②利用测试仪器，及时监测井场的可燃气体及有毒有害气体的浓度，做好记录，定时向应急指挥人员报告，一有危险立即组织撤离。

③医务抢救人员做好急救的一切准备工作，并在现场戒备。

④消防车辆及消防设施要做好应付突发事件的一切准备。

⑤全体抢救人员要服从现场指挥人员的统一指挥，随时做好撤离的准备，一旦发生爆炸或火灾等意外事故，人员及设备要迅速撤离现场。

七、井控分级负责制度

1. 井控分级负责制度

（1）井控工作是井下作业安全工作的重要组成部分，油田公司成立井控领导小组，组长由主管生产和技术工作的领导担任，是井控工作的第一责任人。负责组织贯彻执行井控规定，制定和修订井控工作实施细则，组织开展井控工作。

（2）油田公司的二级单位成立相应井控领导小组，组长由主管生产和技术工作的领导担任，是井控管理第一责任人，成员由有关部门人员组成。领导小组负责本单位井控管理工作，组织井控检查，贯彻执行井控规定，领导和组织本单位井控工作的开展。

（3）油田公司井下技术作业处、各采油技术服务处大队以及在油田作业服务的外部施工队伍，均要成立井控领导小组，各施工作业队要成立井控小组，负责本单位的井控工作。

（4）各级负责人按"谁主管，谁负责"的原则，应有职、有权、有责。

（5）油田公司每半年共同组织一次井控工作大检查，督促井控岗位责任制的执行，油气田工作的项目部每季度进行一次井控工作检查，及时发现和解决井控工作中存在的问题，杜绝井喷事故的发生。

2. 井下作业机组岗位井控职责

1）驻井生产管理人员及专业技术人员岗位井控职责

（1）严格按照设计要求组织施工和落实现场应急预案准备情况；

（2）巡回检查，指挥各岗正确操作，制止并纠正违章操作；

（3）控制溢流及井涌，及时向上级请示汇报，组织压井；发生井喷或井喷失控时，按

《重大井喷事故应急救援预案》执行；

（4）取全取准资料。

2）司钻岗位井控职责

（1）发现井口溢流，立即发出报警信号；

（2）组织全班按以下方法控制溢流：

①射孔作业：立即抢装防喷井口或油管旋塞，关闭防喷器，关防喷井口或油管旋塞，控制溢流。

②起下钻作业：立即关闭防喷器和抢装油管旋塞阀。

③空井：立即抢装防喷井口或简易井口，控制溢流。

3）副司钻岗位井控职责

（1）负责关闭防喷器；

（2）巡回检查各岗操作情况；

（3）倒好循环系统闸门。

4）坐岗观察人员井控职责

（1）作业过程中及时发现气侵、井涌及溢流等井喷预兆，发现异常情况立即报告；

（2）负责记录《井控装备检查、维护、保养记录表》、《××井坐岗观察记录表》、《防喷演习记录表》、《××井射孔前井控检查表》，关井后记录油套压力和压井情况。

5）一岗岗位井控职责

（1）负责井架二层平台的操作或井口操作；

（2）听到报警信号，在二层平台作业时迅速撤离至地面，井口操作时协助装防喷井口或油管旋塞，协助关防喷器，负责控制放喷。

6）二岗岗位井控职责

装油管旋塞或防喷井口，协助关防喷器。

7）三岗岗位井控职责

配合装油管旋塞或防喷井口，负责关井口闸门。

8）柴油司机及司助岗位井控职责

（1）接到报警信号后做好紧急停车准备工作；

（2）开探照灯，关闭井口及井架照明灯；

（3）保证液压防喷器控制室用电。

3.《井控操作合格证》制度

（1）油田下列人员必须经井控培训和考核并取得有效的《井控操作合格证》：

①指挥和监督井下作业现场生产的各级生产管理人员、监督及专业技术人员。

②从事井下作业地质、工程和施工设计的技术人员。

③试油及井下作业监督、试油（气）队和修井队生产管理人员、HSE监督员、大班司钻、正副司钻。

④井控车间及站（点）的生产管理人员、技术人员和现场服务人员。

（2）现场组织指挥抢险人员必须是《井控操作合格证》持证人员；未取得《井控操作合格证》的生产管理人员和技术人员无权指挥抢险，未经井控培训的工人不得上岗操作。

（3）取证培训采用集中培训的方法，所有需要取得《井控操作合格证》的人员必须进行脱产培训，《井控操作合格证》取证培训为49个学时。

（4）对《井控操作合格证》持证者，每2年由油田公司井控培训中心（点）复训一次，复训培训时间不得少于25个学时。复训考核不合格者，取消或不发放《井控操作合格证》。

（5）井控培训部门在培训考核后发放《井控操作合格证》并同时向低渗透工程技术部和人事劳资处及低渗透油田分公司工程技术管理部分别申报取证和复训人员名单、培训课程及考试成绩等资料备案。

（6）低渗透井下作业队伍的《井控操作合格证》制度的落实由油田公司安全部门负责监督执行。其他队伍《井控操作合格证》制度的落实由建设单位工程技术管理部门和安全部门负责监督执行。

4. 井控装备的检修、安装与试压制度

（1）低渗透井下作业系统井控车间设在井下技术作业处，主要负责低渗透井下作业系统井控装备年度大修工作。各采油厂技术服务单位分别设立井控装备维修站（点），主要负责本单位井控装备建档、配套、维修、试压、回收、检验及巡检服务，提出本单位井控装备及工具配套计划等。

（2）井控车间负责井下技术作业处井控装置的建档、配套、维修、试压、回收、检验及巡检服务。

（3）作业机组应专岗定人定时对井控装备和工具进行检查及维护保养，并认真填写保养检查记录。

（4）试油作业的每口井开工后，要对防喷器进行现场试压检查，试压压力为套管抗内压强度、采油气井口工作压力及防喷器工作压力三者工作压力最小值，并填写试压记录。

（5）各级生产部门、安全部门、作业队井控管理人员及HSE监督员在例行检查和日常井控安全检查中应及时发现和处理井控装备存在的问题，确保井控装备随时处于正常工作状态。

（6）井控车间或井控站（点）应有专人负责井控装备、工具和材料的配套及储备，并随时解决井控装备中存在的问题。

（7）井控车间应建立分级负责制、保养维修责任制、巡检回访制、定期回收检验制、资料管理制度、质量负责制度以及奖罚制度等各项管理制度，不断提高管理、维修和服务水平。

5. 坐岗观察制度

（1）井下作业过程中在下列情况下必须进行坐岗观察：

①射孔作业；

②打开油气层后的起下钻作业；

③打开油气层后且不具备坐井口条件的其他情况。

在射孔作业和维修保养设备且未控制井口以及打开油气层后且不具备坐井口条件的其他情况下，必须进行坐岗观察。

（2）坐岗人员上岗前必须经过技术培训，确保记录符合井控要求。

（3）坐岗记录内容包括时间、工况、压井液性质及数量、入井及返出液量、记录人以及值班干部等。

（4）坐岗观察人员发现异常情况应立即报告司钻和值班干部。

（5）司钻发现油气层溢流或接到溢流井涌井喷预兆报告后，立即发出长笛信号，组织全班按井控应急程序进行溢流控制，并立即报告驻井干部和技术人员。

6. 作业队干部值班制度

（1）油气层打开后，作业队值班干部必须24h值班，值班干部应挂牌或有明显标志。

（2）值班干部和HSE监督员应检查监督井控岗位执行及制度落实情况，发现问题立即整改。试压、射孔、演习、溢流、井喷及井下复杂等特殊情况，必须在场组织和指挥处理工作。

7. 井喷事故逐级汇报制度

1）井喷事故分级

（1）一级井喷事故（Ⅰ级）。

油（气）井发生井喷失控，造成超标有毒有害气体逸散，或窜入地下矿产采掘坑道；发生井喷并伴有油气爆炸、着火，严重危及现场作业人员和作业现场周边居民的生命财产安全。

（2）二级井喷事故（Ⅱ级）。

油（气）井发生井喷失控，含超标有毒有害气体的油（气）井发生井喷；井内大量喷出流体对江河、湖泊和环境造成灾难性污染。

（3）三级井喷事故（Ⅲ级）。

油（气）井发生井喷，经过积极采取压井措施，在24h内仍未建立井筒压力平衡，油田单位在24h内不能完成处理的井喷事故。

（4）四级井喷事故（Ⅳ级）。

发生一般性井喷，井下作业各单位能在24h内建立井筒压力平衡的井喷事故。

2）井喷事故报告要求

（1）事故单位发生井喷事故后，要立即向低渗透油田公司汇报，低渗透公司接到事故报警后，初步评估确定事故级别为Ⅰ级或Ⅱ级井喷事故时，在启动本企业相应应急预案的同时，在2h内以快报形式上报集团公司应急办公室，同时上报上级主管部门。情况紧急时，发生险情的单位可越级直接向上级单位报告。

油田公司应根据法规和当地政府规定，在第一时间向发生井喷事故所在地政府安全生产监督管理部门报告。

（2）发生Ⅲ级井控事故时，低渗透油田公司在接到报警后，在启动本单位相关应急预案的同时，24h内上报集团公司应急办公室。油田公司同时上报上级主管部门。

（3）发生Ⅳ级井喷事故，发生事故的单位启动本单位相应应急预案进行应急救援处理。

发生井喷或井喷失控事故后应有专人收集资料，资料要准确。

发生井喷后，随时保持各级通信联络畅通无阻，并有专人值班。

低渗透井下作业各单位，在每月5日前以书面形式向油田公司开发部汇报上一月度井喷事故（包括Ⅳ级井喷事故）处理情况及事故报告。汇报实行零报告制度，对汇报不及时或隐瞒井喷事故的，将追究责任。

3）作业现场井喷事故逐级汇报程序

（1）施工过程发生井涌、井漏或气侵等井喷先兆时，现场施工人员应立即采取措施，同时上报项目部和大队（分公司）。项目部和大队（分公司）根据情况上报应急办公室，如有需要可请求支援。

（2）施工过程发生井喷、井喷失控或着火等重大井喷事故时，现场施工人员/队要按《重大井喷事故应急救援预案》规定立即采取相应控制措施，并按《重大井喷事故应急救援预案》规定立即按程序向上级报告。

（3）2h内电话上报低渗透开发部，由开发部负责向低渗透主管领导汇报，并及时通报质量安全环保处、公安处及器材处等相关部门。

（4）2h内油田公司项目组上报到油田公司生产运行处，由生产运行处负责向油田公司主管领导汇报，并及时通报质量安全环保处、工程技术管理公司及公安处等相关部门。

（5）井喷失控24h内由低渗透"重大井喷事故应急救援指挥部"和油田公司分别上报到集团公司和当地政府部门。

（6）发生井喷后，要随时保持各级通讯畅通无阻，并由专人值班，对汇报不及时或隐瞒不报井喷事故的，要追究领导责任。

8. 井控例会制度

（1）有井控要求时，在班前会、班后会及生产会中，要根据设计中有关井控要求进行井控工作布置，检查井控装备和设施等，明确岗位分工。

（2）特殊井及井控重点井作业前，项目部技术人员要及时向参与施工的作业队伍职工通报和布置有关井控要求。

（3）作业队每月至少召开一次井控例会，作业机组每周召开一次，分析总结前一阶段井控工作中存在的问题，并提出下一阶段井控工作要求和应注意的事项，并落实井控存在问题消项整改情况。

（4）井下技术作业处和各采油技术服务处每季度召开一次井控工作会议，检查、总结和部署井控工作。

（5）油田每半年召开一次井控工作会议和总结协调和布置井控工作。

（6）各级会议要有相应的会议记录。

第四篇

地面工程技术与管理

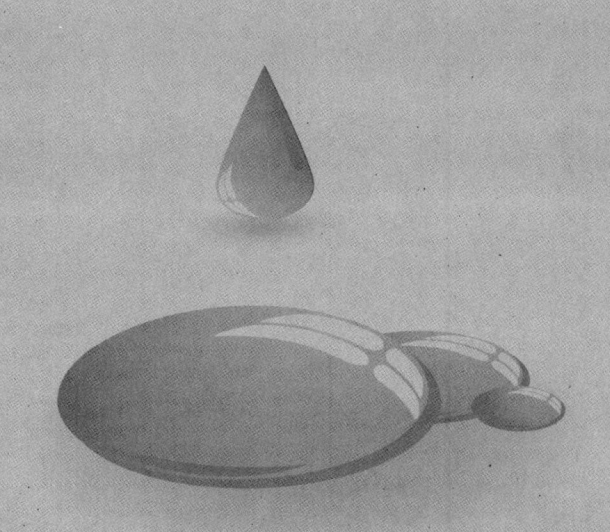

总 则

为了规范油田地面工程建设和地面生产系统管理，保证油田地面工程质量，提高油田地面工程系统效率，特制订"地面工程技术与管理"。

地面工程管理主要内容包括：油田地面工程设计技术规定，油田地面工程设计前期工作管理，油田地面工程实施管理，油田地面工程投产试运管理，油田地面生产系统运行控制，老油田地面工程改造管理及质量、健康、安全与环境管理。

"地面工程技术与管理"适用于低渗透油田股份公司所属采油厂和相关单位的油田地面工程管理。

第一章 油田地面工程设计技术规定

第一节 油田注水工程设计技术规定

一、注水站工艺流程

注水工艺应根据注水井网布置、注水方式、注水水质要求、注水量大小及注水压力高低等因素，经技术经济比较确定。站辖范围内各井口压力相差较大时，经技术经济比较，可选用分压注水或井口增压工艺流程。渗透率低，采出水一般经简单处理后回注"干层"。注水用清水并经精细过滤，采用"水质集中处理、增压"，"单干管、小支线、洗井车定期洗井"和"单干管、小支线、注水阀组串联、洗井车定期洗井"流程。

1. 固定式注水站工艺流程

固定式注水站工艺流程参见图 4-1-1。

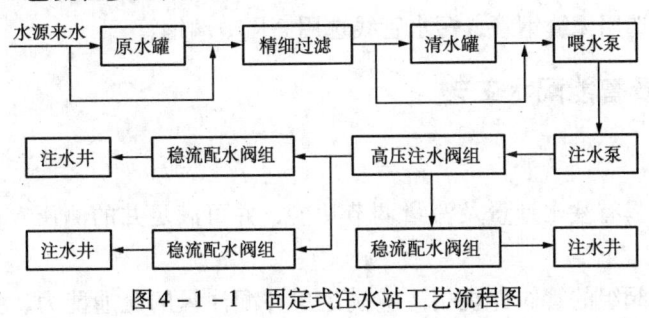

图 4-1-1 固定式注水站工艺流程图

根据油田多年来的设计和使用现状，一类是规模较大的固定式注水站，注水系统密闭，注水设计能力 1000~2500m³/d，可以满足 20~50 口井的注水需要；另一类是规模较小的橇装式注水站，适应边远小区块、试验小区块及小区块超前注水的需要，注水设计能力 100~600m³/d，可以满足 2~15 口井的注水需要。

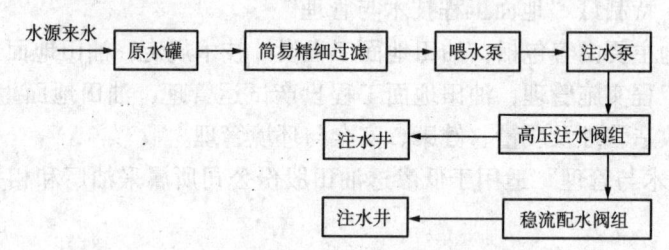

2. 橇装式注水站工艺流程

橇装式注水站工艺流程参见图 4-1-2。

图 4-1-2　橇装式注水站工艺流程图

二、注水管网及管材选用

1. 注水管网

注水管网采用最简化的树枝状注水管网，站间以干线连通，形成环状或枝状网络，实现水量共享，相互调剂，减少注水站回流损耗，提高注水系统效率，实现注水管网的最优化。通过对一座站的注水泵进行变频调速实现整个注水系统的零回流，即可降低变频器的配置数量，又可使系统效率提高。注水管道的布置应符合油田（区块）总体规划的要求，做到与油、气、水、电、路相协调，经现场踏勘选线后确定。

2. 注水管道选材

1）站内管线选材

站内低压（1.0~1.6MPa）清水管线，$DN \leqslant 150$ 采用焊接钢管（执行 GB/T 3091—2001），$DN > 150$ 采用螺旋缝焊接钢管；高压清水管线采用无缝钢管。$DN < 25$ 的高低压污水管线及管件采用不锈钢材质，$DN \geqslant 25$ 的高低压污水管线选用双金属复合管，管件为成品内衬件。（GB/T 3091—2001 于 2008 年 11 月 1 日已作废，替代标准为 GB/T 3091—2008。——编者）

2）站外管线选材

站外清水管线选用无缝钢管，污水管线选用高压玻璃钢管。

三、配水间及智能配水工艺

1. 配水间

（1）配水间应具有注水计量及流量调节功能，并可满足井的测压、取样及扫线作业的相关操作要求。

（2）单井配水阀组的管阀件规格，应满足单井配注量的流通能力，宜与选用的高压流量表口径一致。

（3）多井配水型式一般按有房间设计，单井配水型式一般按露天阀组设计，其设计应符合下列要求：

①多井配水间可按砖混结构，也可按橇装车厢式，室内设人行操作通道，前者净宽不应小于0.8m，后者不应小于0.6m。

②单井配水阀组按有房间设计时，其人行操作通道净宽不应小于0.5m。

③多井配水间宜与油品计量间合建，建筑型式应符合区块系统统一要求。

2. 智能配水

注入水通过稳流配水阀组进行控制、调节和计量。该工艺可实现注水系统一级布站，配水环节在井口完成，十分适合丛式注水井场。稳流配水阀组依托井场布置，恒流阀采用GLZ-25/20JG（JS）智能型流量自控仪，流量自动调节，具有关键生产数据的采集和自动监控功能，无人值守。

智能稳流配水阀组主要技术指标：

（1）型号：二井式、三井式、四井式等。

（2）工作压力：16MPa、20MPa、25MPa。

（3）单井额定流量范围：10～70m³/d。

（4）稳流压差要求：$0.3\text{MPa} \leq \Delta p \leq 4\text{MPa}$。

（5）稳流精度：±5%。

四、注水井口

（1）注水井安装设计应满足井的正注、反注、合注、正洗、反洗、取样、测试及方便井下作业的要求。

（2）注水井口装置四通中心高出井口地坪不应小于0.5m。

（3）注水井口装置应有总截断阀、油管阀、套管阀以及取样阀、来水止回阀、油压表、套压表。低渗透油田（区块）宜设井口精细过滤器。

（4）单井配水间（或阀组）与井口宜在同一井场内布置，两者最小间距不应小于10m。

（5）注水井口宜露天设置，可不设围栏。

（6）处于人口稠密居住区和商业繁华区的注水井口，应设钢围护栏，围护面积不应小于2.5m×2m，高度不应低于1.2m。

五、注水指标

油田清水注水技术指标参照表4-1-1推荐指标执行。

表4-1-1 清水注水推荐指标

	注入层平均空气渗透率，mD	<1.0	1.0～10.0	10.0～100.0	>100.0
控制指标	悬浮物浓度，mg/L	<5	<10	<10	<15
	悬浮物粒径，μm	<3	<3	<3	<5
	含油量，mg/L	<10	<15	<20	<30

续表

注入层平均空气渗透率, mD		<1.0	1.0~10.0	10.0~100.0	>100.0
控制指标	平均腐蚀率, mm/a	<0.076			
	SRB菌, 个/mL	<10			
	TGB菌, 个/mL	<100			
辅助指标	总铁量, mg/L	<0.5			
	pH	6~9			
	溶解氧, mg/L	<0.5			
	硫化物, mg/L	<2.0			
	二氧化碳, mg/L	-1.0~1.0			

六、设备选型

1. 泵类选型

（1）喂水泵应选用卧式或立式单级离心泵，输送介质为污水时应选用防腐型。

（2）注水泵应选用三柱塞或五柱塞电动往复泵，输送介质为污水时应选用防腐型。电机功率大于90kW的注水泵，进出口管线上宜加防震软管，并应注明输送介质。

2. 阀门选型

（1）低压（1.0~1.6MPa）截断阀选用普通钢质系列闸板阀或截止阀。

（2）高压（10MPa以上）截断阀选用平行式闸板阀或截止阀，高压调节阀选用平衡式节流阀；高压回流调节阀选用多级调节阀。

（3）低压（1.0~1.6MPa）压力表截断阀选用内螺纹截止阀，高压（10MPa以上）压力表截断阀选用压力计截止阀。

（4）阀门材质应根据输送介质确定，输送介质为污水时应选用防腐型。

（5）升降式止回阀应安装在水平管道上；旋启式止回阀宜安装在水平管道上，在垂直管道上安装时，流体必须是向上流动。

（6）喂水泵出口控制阀宜选用多功能水泵控制阀。

3. 流量计及压力表选型

（1）注水站流量计选用就地显示磁电式旋涡流量计。

（2）压力表选用数显电子压力表，精度1.5级。

（3）与联合站合建的注水站，宜选用具备数据远传功能的压力表和流量计。

七、钢管安全要求

（1）注水管道壁厚应按《油田注水工程设计规范》（GB 50391—2006）第5.1.2条的计

算公式计算。常用的 20#无缝钢管壁厚（介质为清水）计算结果见表 4-1-2。

表 4-1-2　20#无缝钢管壁厚表　　　　　　　　单位：mm

钢管规格，mm \ 设计压力，MPa	10	16	20	25	32
22	2	2.5	3	3.5	4
34	2.5	3.5	4	4.5	5.5
48	3	4.5	5	6	7
60	3.5	5	6	7	9
76	4.5	6	8	9	11
89	5	7	9	10	12
114	6	9	11	14	16
140	7	11	14	16	19
168	8	12	16	20	25
219	11	16	20	25	30
273	13	20	24	30	38

（2）注水管道的压力确定，应为地质开发给出的该油田区块的井口压力值与管道总水利坡降值之和。

（3）管道穿越铁路及道路的要求：

①注水管道穿越铁路，应穿涵洞（或套管）而过，管道两侧所设截断阀应结合工艺要求，适当靠近穿越处。穿越应符合铁路管理部门的规定。

②管线穿越高速公路和一级或二级公路时，应设有保护套管，套管顶距路面不应小于 0.7m，套管两端伸出路基坡脚不应小于 2m，管线与公路之间的夹角不宜小于 60°。

③管线穿越三级及以下公路、砂石路及土路，可不设穿越套管。

（4）注水管道不应从已建的建（构）筑物下面穿过，在通过建（构）筑物时，管道距其净距不应小于 5m，否则，应采取相应的安全措施。

（5）注水管道应在适当位置设有截断阀及放空阀。

（6）注水管道管件的设计及选用应符合国家现行标准《高压注水管路配件设计技术规定》SY/T 5270—2000 中的相关要求，并应优先选用国家标准件。

（7）管道的埋深、无损检测及试压要求，应在设计文件中具体说明。

（8）注水干管及支干管长度超过 0.5km 时，宜在管道起点、折点和终点，以及每隔 0.5km 处，设有管道标志桩。

第二节　油田污水处理设计规定

一、污水处理技术路线

（1）油田污水经处理后应首先用于油田注水，水质应符合油田清水注水指标要求。若用于其他用途或排放时，比如像地面排放等，应严格执行国家现行的法律、法规和相关标准要求。

（2）油田污水处理工程应与原油脱水工程同时设计同时建设。当原油脱水工程产生采出水时，采出水处理工程应投入运行。

（3）油田污水处理工程设计应符合 GB 50428—2007 和国家其他现行有关标准的规定。

（4）污水处理工程设计应按照批准的油田地面建设总体规划和设计委托书或设计合同规定的内容、范围和要求进行。工程建设规模的适应期宜为 10 年以上，可一次或分期建设。

（5）污水处理工程设计应积极采用国内外成熟适用的新工艺、新技术、新设备及新材料。

二、污水处理工艺流程

（1）含油污水处理工艺应根据原水的特性和净化水质的要求，通过试验或相似工程经验，经技术经济对比后确定。采出水用于回注的处理工艺宜采用沉降（或离心分离）及过滤处理流程。

（2）含油污水处理工艺流程应充分利用余压，并减少提升次数。有洗井废水回收时，洗井废水宜单独设置洗井废水回收罐（池）进行预处理。

（3）含油污水处理站原水水量或水质波动较大时，应设调储设施。

（4）含油污水处理站的原水及净化水应设计量设施及水质监测取样口。

（5）含油污水处理站的电气装置及厂房的防爆要求应根据防爆区域划分确定。

（6）低产油田含油污水处理除应执行以上（1）~（5）条的规定外，还应遵循下列原则：

①尽量依托邻近油田的已建设施。

②因地制宜地采用先进适用的处理工艺，做到建设周期短，经济合理，能耗和生产费用低。

③应结合本油田实际简化处理工艺，采用与原油脱水及注水紧密结合的设计布局。附属设施统一考虑，从简建设。

④实行滚动开发的油田，开发初期可采用小型简单的临时性橇装设备。

（7）沙漠油田含油污水处理除应执行以上（1）~（5）条的规定外，还应遵循下列原则：

①含油污水处理工艺宜采用集中自动控制，减少现场操作人员或实现无人值守。

②露天布置的设备和仪表除应考虑防尘、防沙、防晒及防水外，还应考虑能承受因环境

温度变化而带来的各种问题。

③采出水处理工艺宜采用组装化、模块化和橇装化设计，提高工厂预制化程度，减少现场施工工作量。

④控制室及配电室应密封，并应设置空调设施。

(8) 含油污水处理流程及处理设备和构筑物的选择应根据污水水质分析和净化水水质要求，经技术经济比较后确定。

图4-1-3是延长油田推荐采用的规模化采出水处理二级沉降+过滤流程。

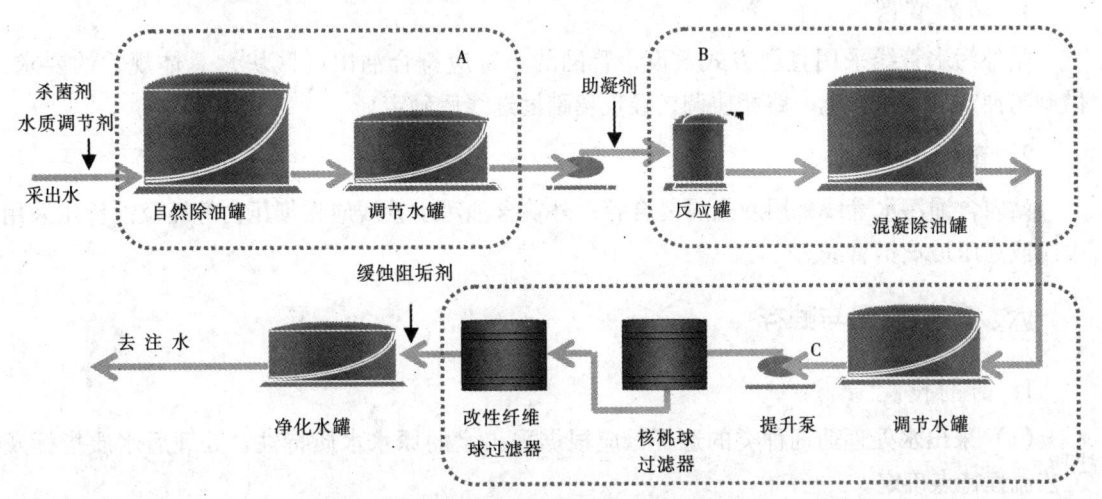

图4-1-3 含油污水处理流程
A——级沉降；B—二级沉降；C—过滤单元

为了满足超低渗油藏注水要求，可以考虑在净化水罐之前增加采用高分子材料滤膜的精细过滤设备，进一步有效去除悬浮物颗粒和大分子有机物及微生物，净化水中污染物。但是采用这种工艺费用高，使用效果普遍不佳，只宜在个别油田中经过充分技术经济比较后使用。

三、污油回收

(1) 调储罐、除油罐、沉降罐及缓冲罐（池）等应设收油设施，宜采用连续收油，间歇收油时应采取控制油层厚度的措施。

(2) 从各处收集的污油，宜连同污油罐里的污油一起连续均匀输送至原油脱水站。

四、排泥水处理及回收

(1) 含油污水处理站排泥水处理应包括除油罐排泥水、沉降罐排泥水、反冲洗回收罐（池）排泥水或过滤器反冲洗排水等。

(2) 排泥水处理工艺流程由调节、浓缩、脱水及泥渣处置4个工序或其中部分工序组成，应根据含油污水处理站相应构筑物的排泥机制、排泥水量、排泥浓度及反冲洗水去向，确定工序的选择。

(3) 排泥水处理工艺过程中分离出的水也应回收，回收水宜均匀连续输至除油罐（或调储罐）前或排入排泥水调节罐（池）进行处理。

（4）处理构筑物排泥水平均含固率大于2%时，经调节后直接进行脱水而不设浓缩工序。

（5）脱水后泥渣要运到环保部门指定的堆放场进行集中处置或处理。

五、站外管网及管材选用

1. 站外管网

站外污水管线采用直埋方式敷设，管网的布置应符合油田（区块）总体规划的要求，做到与油、气、水、电、路相协调，经现场踏勘选线后确定。

2. 管材选用

站内含油污水管线采用双金属复合管；外输含油污水管线应根据压力等级及性价比采用中压或高压玻璃钢管线。

六、药剂投配与贮存

1. 药剂投配

（1）采出水处理药剂种类的选择，应根据采出水的原水水质特性、处理后水质指标及工艺流程特点确定。

（2）多种药剂投加时应进行配伍性试验，合格后才可使用。

（3）药剂品种的选择、投加量及混合、与反应方式应通过试验确定，没有试验条件的情况下，可按相似条件下采出水处理站运行经验确定。

（4）药剂投配宜采用液体投加方式，可采用机械或其他方式进行搅拌。

（5）药剂的配制次数应根据药剂品种、投加量和配制条件等因素确定，每日不宜超过3次。

（6）药剂投加宜采用加药装置，加药泵宜采用隔膜式计量泵。加药装置应充分考虑药液的腐蚀性，并应设置排渣及疏通等措施。

（7）投药点的位置应根据采出水处理工艺要求，同时结合药剂的性质和配伍性试验，合理设置。尚未取得试验结果时，可按下列位置投加：

①絮凝剂和助凝剂投加在沉降分离构筑物进口管道；采用接触过滤时，絮凝剂投加在滤前水管道。

②浮选剂投加在气浮选机进口管道。

③杀菌剂投加在原水管道或滤前水管道，在不影响水质的情况下也可投加在净化水管道。

④滤料清洗剂投加在滤罐的反冲洗进水管道。

⑤缓蚀阻垢剂及pH值调节剂投加在原水管道。

（8）同一药剂多点投加时，应分别设计量设施。

（9）pH值调节剂采用盐酸或硫酸时，应密闭贮存和密闭投加。

2. 药剂贮存

（1）药剂仓库地坪高度的确定应便于药剂的运输和装卸，当不具备条件时可设置装卸设备。

（2）药剂的储备量应根据药剂的供应和运输条件确定，固体药剂宜按 15～20 天用量计算，液体药剂宜按 5～7 天用量计算，偏远地区应根据实际情况定。

（3）药库应根据贮存药剂的性质采取相应的防腐蚀、防粉尘、防潮湿、防火、防爆、防毒及通风等措施。

七、设备选型

1. 含油污水处理设备

选用近年在油田含油污水处理中成熟的处理设备或股份公司职能部门技术交流认可的设备，须满足处理工艺要求。

2. 生活污水处理设备

各小型及边远场站生活污水应选择地埋式小型生活污水处理设备，进行达标排放。材质为玻璃钢，直埋式。

3. 加药装置

选用近年在油田运行可靠价格合理的设备，且配带控制柜。

4. 泵类选型

（1）喂水泵应选用防腐型卧式或立式单级离心泵。

（2）污水提升泵，含油时选用耐腐蚀自吸泵或液下泵；不含油时选用 WQ 型耐腐蚀潜水泵。

（3）清水泵应选择卧式或立式清水离心泵。

（4）消防泵选用消防专用泵。

5. 阀门选型

中压和低压（1.0～1.6MPa）阀门首选普通钢制闸阀，其次选用球面截断阀和蝶阀。污水处理系统所选阀门必须为耐腐蚀蝶阀。

6. 流量计及压力表选型

（1）流量计选用就地显示磁电式旋涡流量计。

（2）压力表选用就地显示数显电子压力表，精度按 1.5 级选取。

八、健康、安全与环境

（1）劳动安全卫生的设计应针对工程特点进行，主要应包括下列几项：

①确定建设项目（工程）主要危害、有害因素和职业危害。

②对自然环境、工程建设和生产运行中的危险和有害因素及职业危害进行定性和定量分析。

③提出相应的劳动安全卫生对策和防护措施。

④劳动安全卫生设施和费用。

(2) 生产中产生的废水、废气及废渣（液），应遵循国家和地方环境保护的现行有关标准进行无害化处理，达标后排放或进行安全填埋处理。

(3) 采出水处理站场噪声防治应符合现行国家标准《工业企业厂界环境噪声排放标准》GB 12348—2008 的规定。

第三节　油田集输设计规定

一、油气集输工程建设原则

油田集输工程建设原则是优化、简化、创新、效益；安全、适用、经济、先进。

二、油气集输基本技术规定

(1) 油气集输工程设计应按照批准的油气田开发方案和设计委托书或设计合同规定的内容、范围和要求进行。

(2) 油气集输工程设计应与油气藏工程、钻井工程、采油采气工程紧密结合，根据油气田分阶段开发的具体要求，统一论证，综合优化，总体规划，分期实施，保证油气田开发建设取得好的整体经济效益。

(3) 油气集输工程总体布局应根据油藏构造形态、生产井分布及自然条件等情况，并统筹考虑注水、采出水处理、给排水及消防、供配电、通信及道路等公用工程，经技术经济对比确定。各种管道、电力线及通信线等宜与道路平行敷设，形成线路走廊带。

(4) 工艺流程应根据油气藏工程和采油采气工程方案、油气物理性质及化学组成、产品方案以及地面自然条件等具体情况，通过技术经济对比确定，并符合下列原则：

①工艺流程宜密闭，降低油气损耗。

②充分收集与利用油气井产出物，生产符合产品标准的原油、天然气、液化石油气及稳定轻烃等产品。

③合理利用油气井流体的压力能，适当提高集输系统压力，扩大集输半径，减少油气中间接转，降低集输能耗。

④合理利用热能，做好设备和管道保温，降低油气处理和输送温度，减少热耗。

⑤油气集输工艺设计宜结合实际情况简化工艺流程，选用高效设备。

(5) 油田油气集输工程分期建设的规模，应根据开发方案提供的10年以上开发指标预测资料确定，工程适应期一般为10年以上。相关设施在按所确定规模统筹考虑的基础上，可根据具体情况分阶段配置。

(6) 实施滚动勘探开发的低产油气田，地面建设应做到建设周期短，投资回报快。工程分期和设备配置应考虑近期和远期的衔接，其早期生产系统应先建设简易设施再酌情完善配套。

(7) 沙漠和戈壁地区油气集输工程设计应适合沙漠和戈壁地区恶劣的环境条件。站场及线路等的设计应采取有效的防沙措施。应充分利用沙漠地区的太阳能、风力及地下水等天然资源，并进行综合规划，有效利用。

（8）积极采用国内外经试验验证的适用的新工艺、新技术、新设备及新材料，做到技术配套，提高经济效益。

（9）油气集输工程设计必须遵循《中华人民共和国节约能源法》、国家现行标准 SY/T 6420—2008《油田地面工程设计节能技术规范》、SY/T 6331—2007《气田地面工程设计节能技术规范》及国家其他现行节能标准的相关规定。

（10）油气集输工程设计应符合公众健康、安全与环境保护的要求。

三、油井集油及伴生气集气

1. 采油井场工艺流程的设计要求

（1）满足试运、生产（包括井口取样、油井清蜡及加药等）、井下作业与测试、关井及出油管道吹扫等操作要求。不同类型油井还应满足下列要求：

①更换自喷井及气举井油嘴；
②稳定气举井的气举压力；
③套管气回收利用；
④水力活塞泵井的反冲提泵。

（2）能测量油压、回压及出油温度。不同类型油井还应能测量下列数据：

①自喷井、抽油机井、电动潜油泵井及螺杆泵井的套压；
②气举井的气举气压力；
③水力活塞泵井的动力液压力；

（3）满足不同集输流程的特殊要求，如出油管道清蜡、加药、掺液等。

（4）拉油的采油井场应设储油罐，储存时间宜为 2~7 天。

（5）当采油井距离接转站较远，集输困难时，可在井场或计量站设增压泵。

2. 井口保温与清蜡设施的设置规定

（1）严寒地区的采油井可设井口保温设施。

（2）严寒、多风沙和其他气候恶劣地区，采用固定机械清蜡的自喷井和电动潜油泵井，可设置清蜡操作房。

（3）井口保温设施应采用便于安装和拆卸的装配式结构，并应具有较长的使用年限。

3. 井口安装原则

油田一般采用丛式井双管流程，两条管线分别为单井计量管线和混合出油管线，当采用功图计量方式时，两条管线分别为井口标定管线和混合出油管线。

井口安装（图 4-1-4）遵循以下原则：

（1）采油井口（油气院选型）及其管阀配件的设计压力不低于 4.0MPa，并宜和采油井口设计压力保持一致。

（2）采用单管流程的丛式井组最端头井口和采用双管流程的丛式井组端头的 2 个的井口需设置如下设备：

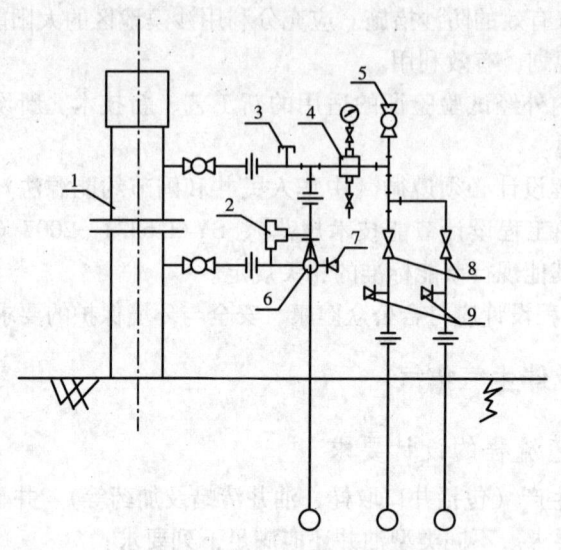

图4-1-4 井口安装示意图

1—采油井口闸（长庆150型）；2—定压放气阀；3—测温接口；
4—防盗测压取样器；5—自封弹射式投球器；6—内螺纹截止阀（套管气放空阀）；
7—简易套管加药设施接口留头；8—内螺纹闸阀（出油管线切换阀）；9—防盗管线扫压接头

①投球装置：满足出油管线的投球清蜡需要，清蜡周期宜为1次/d。投球设备宜选择自封弹射式投球器。

②防盗管线扫压接头：XC-1型，满足管线扫线需要。

（3）采用定压阀回收套管气，并设置有套管气放空管线。

（4）每一井口设置XC-2型防盗测压取样器。

（5）根据需要选配滴注式简易套管加药设施。

4. 伴生气集气

混合输送至增压点或计量接转站分离出来的伴生气，经过分离缓冲罐及气液分离器等设备分离后，作为加热炉燃料，富余伴生气通过和输油管道同沟敷设的输气管道外输至下一站。

5. 采油井场其他要求

（1）采油井场的标高和覆土面积应能满足生产管理和井下作业的需要。井场占地面积应符合国家现行标准 SY/T 0048—2009《石油天然气工程总图设计规范》的规定。

（2）居民区内以及靠近居民区的采油井场应设围栏或围墙等保护措施。

（3）抽油机曲柄应设安全防护栏杆。

四、油气集输管网及管材

1. 基本规定

（1）站内合理使用年限：12~15年。

（2）所有管材、管件、阀门及设备的接口全部采用 A 系列（I系列）管径（表4-1-3）。

表4-1-3　A系列（Ⅰ）系列管径

公称直径 DN		15	20	25	32	40	50	65	80	100	125	150	200
外径 mm	A	21	27	34	42	48	60	76	89	114	140	168	219
	B	18	25	32	38	45	57	73	89	108	133	159	219

（3）压力体系执行欧洲体系（表4-1-4）。

表4-1-4　欧洲压力体系

分类	低压	中压			高压			
范围，MPa	<1.6	1.6~6.3			10~100			
压力等级系列 MPa	1.6	2.5	4.0	6.3	10	16	20	25	32
适用介质	清水热回水	油、气、水管线			高压注水管道			

注：为避免混乱，油气管道配备管件及法兰的最低压力等级取2.5MPa。

2. 管子的选用

1）低压管线（设计压力<1.6MPa）

只限于站场低压清水和热回水管线，最低标准采用焊接钢管，材质为Q235（表4-1-5）。

表4-1-5　站场低压（水）管线（压力等级<1.6MPa）选取表

DN, mm	D, mm	δ, mm	管线标准	钢管材质
15	21	2.75	《低压流体输送用焊接钢管》（GB/T 3091—2001）	Q235
20	27	2.75		
25	34	3.25		
32	42	3.25		
40	48	3.50		
50	60	3.50		
65	76	3.75		
80	89	4.00		
100	114	4.00		
125	140	4.00		
150	168	4.50		
200	219	6.0	《普通流体输送管道用螺旋缝高频焊钢管》（SY/T 5038—92）	
250	273	7.0		
300	323.9	8.0		

（GB/T 3091—2001 于 2008 年 11 月 1 日已作废，现行标准为 GB/T 3091—2008。——编者）

2）中压管道（2.5MPa≤设计压力≤6.3MPa）

站内油、气、水管线，统一采用无缝钢管，材质为 20#优质碳素钢管（表 4 – 1 – 6、表 4 – 1 – 7）。

表 4 – 1 – 6　站场中压（油气水）管线（2.5MPa≤设计压力≤6.3MPa）选取表

DN, mm	D, mm	δ, mm ≤4.0MPa	δ, mm >4.0MPa	管线标准	钢管材质
15	21	3.0		通常采用《输送流体用无缝钢管》（GB/T 8163—1999）	对于 p>4MPa 的油气管道，需采用《石油裂化用无缝钢管》（GB 9948—2006）
20	27	3.0			
25	34	3.0			
40	48	3.5			
50	60	3.5			20#钢
65	76	4.0			
80	89	4.0			
100	114	4.5			
125	140	5.0	5		
150	168	5.0	5.5		
200	219	6.0	6.5~7.5		
250	273	7.0	8~9		

注：(1) 表中壁厚选取为产建中常见的输送含水原油的管线，考虑了壁厚的允许负偏差和 2mm 的腐蚀余量，当输送清水或弱腐蚀性介质时，壁厚可根据需要适当降低（腐蚀余量取 0.5~1mm）。

(2) 物资装备部门在订货时，需根据市场价格进行优选，如厚壁管的公里管材费用优于设计选择薄壁管，可优先选择厚壁管。

(3) 油气管道采用外螺纹连接时（如井口），其钢管和钢管件的最小厚度符合《工业金属管道设计规范》（GB 50316—2000）规定。

（GB/T 8163—1999 于 2009 年 4 月 1 日已作废，现行标准为 GB/T 8163—2008。——编者）

表 4 – 1 – 7　钢管和钢管件最小壁厚摘录表

公称直径 DN	15	20	25	32	40	50	>50
最小壁厚, mm	3.5	3.9	4.5	4.8	5.0	3.9	不用

3）高压（清水注水）管道（10MPa≤设计压力＜100MPa）

站场高压注水管线选取参见表4-1-8。

表4-1-8 站场高压注水管线选取表

钢管规格，mm \ 壁厚，mm \ 设计压力，MPa	16	20	25	管线标准	材质
34	3.5	4	4.5	《高压锅炉用无缝钢管》（GB 5310—1995）	20G
48	4.5	5	6		
60	5	6	7		
76	6	8	9		
89	7	9	10		
114	9	11	14		
140	11	14	16		
168	12	16	20		
219	16	20	25		

3. 管件选用

（1）管线选用标准参见表4-1-9。

表4-1-9 管线选用标准

管件类型	采用标准	适用范围	采用系列	材质
对焊管件	《钢制对焊无缝管件》（GB/T 12459—2005）	$DN \geqslant 50$		
承插焊管件	《锻钢制承插焊管件》（GB/T 14383—93）	$DN \leqslant 40$	I系列	20#
螺纹管件	《锻钢制螺纹管件》（GB/T 14626—93）			

（2）弯头、三通、异径管、管帽等对焊管件的压力等级或壁厚规格（Sch）应与所连接管子一致或相当。中低压管件统一选择Sch40（STD）管件（表4-1-10）。

表 4-1-10 高压注水管线选择表

管外径 mm	设计压力,MPa		
	16	20	25
34		sch80	
48	sch80		sch160
60	sch80		sch160
76	sch80		sch160
89	sch80		sch160
114	sch120		XXS
140	sch120	sch160	XXS
168	sch120	sch160	XXS
219	sch120	sch140	—

（3）中低压承插焊和螺纹连接管件统一选用 sch80 级管件，高压注水管线选择 sch160 级管件。

（4）弯头优先选用 $R=1.5DN$ 长半径弯头，尽量避免使用 $R=1.0DN$ 短半径弯头时，当必须采用时，采用其最高工作压力不宜超过同规格长半径弯头的 0.8 倍，并在管道安装图中注明。

（5）站内通球弯头为 $R \geqslant (4\sim5)D$，执行《油气输送用钢制弯管》（SY/T 5257—2004），其母材选取需满足《石油天然气工业输送钢管交货技术条件 第Ⅰ部分：A级钢管》（GB/T 9711.1—1997）要求。

4. 法兰选用

（1）中低压法兰标准执行化工部标准 HG 20592~20614—97，高压法兰执行国家标准 GB 9115.4—2000（HG 20592~20614—97 于 2009 年 7 月 1 日已作废，替代标准为 HG/T 20592~20635—2009。GB 9115.4—2000 于 2011 年 10 月 1 日作废，替代标准为 GB/T 9115—2010。——编者）。

（2）法兰公称通径应与钢管外径系列配套，统一选择钢管外径系列为 A 系列（国际通用系列），如特殊情况下采用 B 系列，需做出明确标记，如：法兰 WN100（B）。

（3）中低压法兰密封面建议统一选用突面（RF）形式，高压法兰密封面统一选用环连接面（RJ）形式。但当金属法兰和非金属法兰连接时应选用全平面（FF）形式，并配置非金属平垫片。

（4）连接形式优先选用板式平焊（PL）、带颈平焊（SO）和带颈对焊（WN）法兰，可燃介质管道不得采用板式平焊法兰。

（5）法兰配套提供的法兰垫片和螺栓、螺母及垫圈等紧固件，采用化工部标准 HG 20613—97。

表 4-1-11　油田产建法兰垫片选用建议表

介质	设计条件 温度 ℃	设计条件 压力 MPa	法兰 类型	法兰 材质	垫片 类型	垫片 材质
热回水 清水	≤100	1.6	PL-RF (HG 20593—97)	20#	柔性石墨复合垫 (RF) (HG 20608—97)	石墨+ 低碳钢
含水油 伴生气 清水 热回水	≤100	2.5	SO-RF (HG 20594—97)	20#		
		4.0	WN-RF (HG 20595—97)	20#	柔性石墨复合垫 内包边（RF-E） (HG 20608—97)	石墨+ 低碳钢
		6.3	WN-RF (HG 20595—97)	16Mn	柔性石墨缠绕垫 （带内外环） (HG 20610—97)	石墨+ 0Cr18Ni9
			WN-MFM (HG 20595—97)		柔性石墨缠绕垫 （带内环） (HG 20610—97)	
高压水	≤100	10~32	WN-RJ (GB 9115.4—2000)	16Mn	八角形金属环垫 (GB 9128—2003)	0Cr13

注：(1) 由于石棉垫片有害健康原因，故不推荐使用，改用石墨垫片。
(2) 在目前产建供货中，6.3MPa 法兰多选用 MFM 面，但安装受限制较多。
(3) 凹凸面（MFM）法兰连接阀门，阀门上整体法兰密封面为凹面（FM），配套管法兰密封面为凸面（M）。

5. 阀门选择

（1）阀门选择均采用标准阀门，其长度执行 GB/T 12221—2005《金属阀门结构长度》。

（2）输送可燃介质的管道和室外管道的阀门均为锻钢或铸钢壳体。除室内采暖管线外，一般不得使用铸铁阀门。

（3）根据工艺要求确定阀门类型。一般闸阀用于经常保持全开或全关的场合，不宜做节流和调节用；截止阀适用于频繁开关的场合，可作截断用。

（4）中低压管道选用普通钢质系列闸板阀或截止阀。

（5）高压注水管道阀门按如下要求选用：

①截断阀：平行式闸板阀或截止阀；

②调节阀：平衡式节流阀；

③高压回流调节阀：选用多级调节阀；

④压力表截断阀：压力计截止阀。

6. 管线安装要求

（1）站内工艺管线以埋地敷设为主，当其管顶标高在最大冻土层以下 200mm 时，可不保温。

（2）供热管网以沿站场围墙低支墩敷设为主，局部根据站场地质情况采用直埋或管沟敷设，供回水管线均需保温。

（3）湿陷性场地的水管线敷设需考虑防漏措施，在防水距离内需管沟敷设，管沟进出厂房处应设密封隔断，沟底应有不小于2‰的坡度，沟底最低点应有排水设施。对于$DN40$及以下的单根小管线，可设置防漏套管。

（4）埋地管道埋设深度的确定应以管道不受损坏为原则，并应考虑最大冻土深度和地下水位等影响。管顶距地面不宜小于$0.5m$；在室内或室外有混凝土地面的区域，管顶距地面不宜小于$0.3m$，过机械车辆的通道下不宜小于$0.75m$或采用套管保护。

（5）埋地敷设的自流管道（如放空、污油管道）均坡向污油（水）回收设施，其坡度不小于$3°/1000m$。无压力自流的排污油管道，应考虑伴热措施，宜用电热带伴热。

（6）输送可燃气体和可燃液体的埋地管道不宜穿越电缆沟，如不可避免时应设套管。当管道温度超过60℃时，在套管内应充填隔热材料，使套管外壁温度不超过60℃。套管长度伸出电缆沟外壁不小于$500mm$。

（7）平行敷设在同一条埋地管线带内的油气管线，一般管线的管底均应设在同一标高上，不论有无隔热层。地下管线净距见表4-1-12。

表4-1-12　地下管线净距表

公称直径	≤DN100	DN150	DN200	DN250~400
管线净距，mm	100	150	200	300

（8）管子外表面或隔热层的外壁的最突出部分，与构筑物和建筑物（柱、梁、墙等）的最小净距不应小于$100mm$；法兰外缘与构筑物和建筑物的最小净距不应小于$50mm$。

（9）管道穿过建筑物的楼板、屋顶或墙面时，应加套管，套管与管道间的空隙应密封。套管的直径应大于管道隔热层的外径，并不得影响管道的热位移。管道上的焊缝不应在套管内，并距离套管端部不应小于$150m$。套管应高出楼板及屋顶面$50mm$。管道穿过屋顶时应设防雨罩，管道不应穿过防火墙或防爆墙。

（10）在管线布置发生矛盾时，应遵守以下原则：
①临时性的让永久性的；
②管径小的让管径大的；
③压力管让自流管；
④易弯曲的让不易弯曲的；
⑤工程量小的让工程量大的；
⑥新建的让现有的；
⑦检修方便及次数少的让不方便及次数多的。

（11）除低压管道（设计压力<1.6MPa）外，支管与主管连接不宜采用焊接支管连接，宜采用三通、支管台或半管接头连接，当设计压力大于6.3MPa时，必须采用；当支管与主管公称直径之比大于0.8，应采用三通连接。

（12）焊接支管连接需进行补强核算，并根据计算结果采取适当补强措施。一般支管与主管直径之比小于1/4，或管子环向应力小于钢材许用应力的1/2，且支管与主管直径比小于1/2，可直接焊接，不用补强。

（13）管道布置时管道焊缝的设置，应符合下列要求：
①管道对接焊口的中心与弯管起弯点的距离不应小于管子外径，且不小于100mm；
②管道上两相邻对接焊口的中心间距：公称直径小于150mm的管道，不应小于外径，且不得小于50mm；公称直径等于或大于150mm的管道，不应小于150mm。

（14）阀门手轮外缘之间及手轮外缘与构筑物建筑物之间的净距不应小于100mm，阀门手轮最小间距：$DN \geqslant 80$ 最小100mm；$DN \leqslant 50$ 最小50mm。

（15）平行布置管道上的阀门，其中心线宜取齐。

（16）所有阀门一般均布置在易接近、易操作及易维修的地方，其最适当的安装高度是距操作面1.2m左右；当阀门中心高于操作面2.1m时，集中布置的阀组或频繁操作的单个阀门设操作平台，不经常操作的单个阀设活动平台。

（17）接近地面敷设的管道的布置应满足阀门和管件的安装高度要求，管底或隔热层的底部距地面净空高度不应小于150mm。

（18）站内伴生气放空管线需引至站外大于15m处放空，放空管高出所在地坪5m，并设置阻火器。放空口周围30m以内为防爆区，不得存在有明火或散发火花的设施。

五、场站及工艺流程

针对油田属于单井日产量小的低渗透油田特点，推荐采用单管多井串联，不加热，二级布站的工艺流程，计量站和接转站合一为计量接转站。在集油半径过长的井口、井组或干线上可以通过配置简易增压装置或建设增压点，从而减少计量接转站的数量。

1. 增压点工艺流程

增压点常用油气分输和油气混输工艺，对于混输工艺，需更换1台输油泵为混输泵。单井计量方式可以采用翻斗计量或功图计量（站外为单管集油流程）。其工艺流程如下：

不设置破乳剂加药功能，原油经集油管线进入增压点总机关后分为2路：

（1）混合油管线混合油经收球筒后，进入火筒炉加热，加热至15~20℃后进入密闭分离装置（Ⅰ型）的分离室，分离出的伴生气经气液分离器分液后，一部分作为火筒炉燃料，另一部分外输或者放空，混合油则直接进入外输泵，在计量后进入火筒炉进行二次加热，加热至35~40℃后，外输至下一站。

（2）单量油进入单量换热器，升温至15~20℃，然后进入密闭分离装置上部的计量室，计量室采用翻斗计量，计量后在分离室与混合油混合。功图计量不设此流程（图4-1-5）。

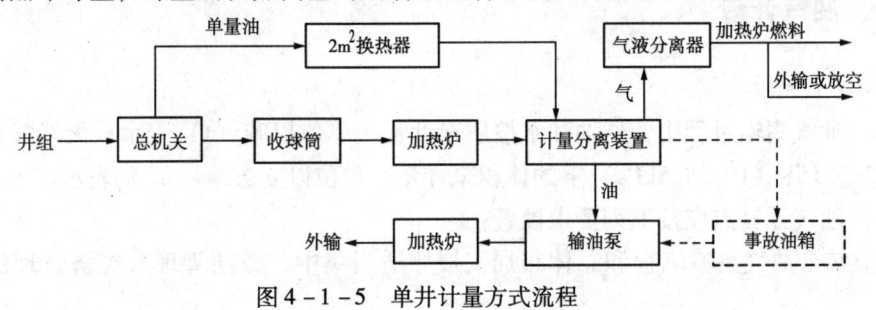

图4-1-5 单井计量方式流程

为实现增压点基本功能,自动控制要求如下:
(1) 密闭分离装置高低液位检测和高低液位报警,根据液位情况手动进行输油泵的启停或变频调节外输量。
(2) 电加热收球筒的加热温度控制。
(3) 输油泵房可燃气体检测报警。

2. 计量接转站工艺流程

接转站一般采用油气分输工艺,丛式井组来油(温度3℃)和增压点来油(温度20~25℃)进入总机关进行分配,在混合油进入收球筒收球和单量油进入单量设施进行产量计量后,再混合至一起去加热炉,加热后原油进入缓冲罐进行油气分离(缓冲罐分离温度控制在20~25℃);分离出伴生气进入气液分离器进行二次分离后,作为加热炉燃料,富余伴生气通过和输油管道同沟敷设的输气管道外输至下一站;缓冲罐内原油经外输泵增压,计量并加热后外输。

通常采用接转站加药、管路破乳工艺,接转站均设有加药设施,可添加破乳剂和另一种辅助药剂(如阻垢剂等)。

对于混输工艺,需更换1台输油泵为混输泵。工艺流程示意如图4-1-6。

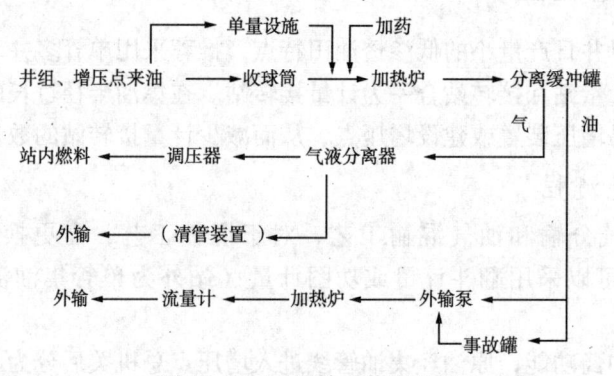

图4-1-6 混输工艺流程图

为实现计量接转基本功能,自动控制要求如下:
(1) 分离缓冲罐液位连续检测和高低液位报警,根据液位情况手动进行输油泵的启停或变频调节外输量。
(2) 缓冲罐压力液位和外输温度、压力及输量参数上传至值班室,异常报警。

六、油气计量

1. 基本要求

(1) 油气集输过程中,原油和水按质量计量,单位以吨(t)表示;天然气按标准参比条件(293.15K,101.325kPa)下的体积来计量,单位以立方米(m^3)表示。
(2) 油气计量点应按下列要求设置:
①应结合油气集输流程和总体布局,按照适当集中、方便管理及经济合理的原则进行布置。

②原油和天然气的一级计量站，应建在油气田所属外输管道的末端。

2. 油井产量计量

（1）油井产量计量主要是确定单井的油、气、水日产量，以满足生产动态分析的需要。油、气、水计量的准确度为10%。低产井采用软件计量时，计量的准确度为15%。

（2）油井产量计量应采用周期性连续计量。每口井每次连续计量时间为8~24h。每口井的计量周期为10~15天。

（3）油井产量计量宜采用多井集中计量方式，低产井可采用活动计量或软件计量方式，拉油的油井可采用计量分离器、高架油罐或槽罐容器计量。延长油田常采用的容积式计量包括翻斗计量和双容积计量，软件计量采用功图法计量，设施设置于站场值班室。

采用翻斗或双容积计量时，每套计量分离器设计辖井30口；采用功图无线传输计量系统时，一套数据处理系统设计管辖单井50口；采用功图移动存储方式时，计量一套数据处理系统设计管辖单井100口。单井计量设施设备选型参见表4-1-13。

表4-1-13　单井计量设施设备选型

计量方式 \ 规模, m³/d	360	600	800
Ⅰ型 翻斗流量计法	LMF-ZC-010　1套 2m²换热器　1台	LMF-ZC-010　2套 2m²换热器　2台	LMF-ZC-010　2套 2m²换热器　2台
Ⅱ型功图法	数据处理系统1套	数据处理系统1~2套	数据处理系统1~2套
Ⅲ型双容积 计量分离器法	φ800双容积1具 2m²换热器　1台 2CY-4.2-25/2 卸油泵　1台	φ800双容积2具 2m²换热器　2台 2CY-4.2-25/2 卸油泵　2台	φ800双容积2具 2m²换热器　2台 2CY-4.2-25/2 卸油泵　2台

（4）各种计量仪表必须配套，适应油井产量的计量条件和被测介质的性质。

（5）计量仪表与关联设备应按照仪表的技术要求进行安装设计。用于原油计量的容积式流量计应尽量靠近分离器排液口，过滤器应尽量接近流量计进口，流量调节阀应设在流量计下游。

（6）原油含水率的测定，按原油乳状液类型、含水率的高低和计量自动化程度，可采用仪表在线连续测定或人工取样测定。采用人工取样测量含水率时，取样方法应符合现行国家标准GB/T 4756—1998《石油液体手工取样法》的要求，所取样品应具有代表性。

（7）油井产量自动测量系统应有分离器液位控制和压力保护措施。

3. 原油输量计量

（1）原油输量计量分为三级：

①一级计量——油田外输原油的贸易交接计量；

②二级计量——油田内部净化原油或稳定原油的生产计量；

③三级计量——油田内部含水原油的生产计量。

（2）原油输量计量系统准确度应根据计量等级确定：一级计量系统准确度为0.35%，二级计量系统准确度为1.0%，三级计量系统准确度为5.0%。

（3）流量计的配置：

①一级计量，流量计及附属设备应按现行国家标准GB/T 9109.1—2010《原油动态计量 一般原则》、GB/T 9109.2—1988《原油动态计量 容积式流量计安装技术规定》和国家现行标准SY/T 5398—1991《原油天然气和稳定轻烃交接计量站计量器具配备规范》的要求配置。

②二级计量，流量计的准确度为0.5%。

③三级计量，采用流量计测量含水原油体积，其流量计的准确度为1.0%。在选用三级计量的原油计量仪表时，要考虑原油含砂和温度对仪表的计量准确度和使用寿命的影响。

（4）通过流量计的设计流量应为流量计量程上限的70%~80%。当一台流量计不能满足要求时，宜采用多台并联计量方式。用于一级计量的流量计每组应设备用流量计，且不设置旁通。用于二级计量的流量计可根据管理的要求自行确定是否备用。用于三级计量的流量计可不设备用。

（5）流量计应配置定期检定设施。一级计量，流量计必须采取在线实液检定，流量计检定用的标准装置可根据计量站（点）的建设规模及地理位置按现行国家标准GB 9109.1—2010《原油动态计量 一般原则》的要求配置。二级和三级计量，可采用活动式标准装置在线实液检定。

（6）容积式流量计附属设备的配置：

①流量计前应安装过滤器。对一级计量，流量计进口端还应安装消气器。

②消气器和过滤器进口端应安装压力表。流量计出口端应安装温度计和压力表。

③必要时出口端应配备流量调节阀、回压阀和止回阀。

④对一级计量，为精确计算原油质量，流量计应与原油密度、原油含水率、温度及压力等参数的测量配套使用。

（7）流量计附属设备的安装设计应严格按照仪表的技术要求进行。

（8）对于离线检定的流量计，安装设计应方便流量计的拆装和搬运。

4. 天然气输量计量

（1）油田天然气输量计量有二级计量和三级计量：

①二级计量——油气田内部集气过程的生产计量；

②三级计量——油气田内部生活计量。

（2）天然气输量计量系统准确度应根据计量等级确定：二级计量系统准确度为5.0%，三级计量系统准确度为7.0%。

（3）天然气二级和三级计量系统的流量计及配套仪表按现行国家标准GB/T 18603—2001《天然气计量系统技术要求》配置，配套仪表的准确度按表4-1-14B级和C级确定。

表 4-1-14 计量系统配套仪表准确度

参数测量	计量系统配套仪表准确度		
	A 级 (1.0)	B 级 (2.0)	C 级 (3.0)
温度,℃	0.5	0.5	1
压力,%	0.2	0.5	1.0
密度,%	0.25	0.75	1.0
压缩因子,%	0.25	0.5	0.5
发热量（注）,%	0.5	1.0	1.0
工作条件下的体积流量,%	0.75	1.0	1.5

（4）天然气计量系统选用标准孔板节流装置时，其设计、安装和流量计算应符合国家标准《流量测量节流装置用孔板、喷嘴和文丘里管测量充满圆管的流体流量》GB/T 2624—1993 的要求。对干气的计量，其流量计算可按国家标准《天然气流量的标准孔板计量方法》SY/T 6143—1996 的规定进行。（GB/T 2624—1993 于 2007 年 7 月 1 日已作废，替代标准为 GB/T 2624.2～2624.4—2006。SY/T 6143—1993 于 2004 年 11 月 1 日已作废。——编者）

（5）当采用气体超声流量计测量天然气流量时，其设计、安装和流量计算应符合现行国家标准《用气体超声流量计测量天然气流量》GB/T 18604—2001 的有关规定。

（6）站场出站天然气应计量，站内的生产用气和生活用气应分别计量。

七、原油净化处理

1. 油气分离

（1）油气分离的级数和各级分离压力应根据油气集输系统压力和油气全组分综合考虑确定，分离级数一般为 2～4 级。

（2）油气重力沉降分离的工艺计算可采用下列参数：

①沉降分离气相中液滴的最小直径为 100μm。

②两相分离器的液相停留时间，处理易发泡的原油时宜为 5～20min，处理其他原油时宜为 1～3min。

③油气水三相分离器中的液相停留时间，处理普通原油时宜为 5～10min，处理稠油时宜为 10～30min。

④考虑物流的波动性，分离器的计算油量和气量应为日产量的 1.2～1.5 倍。

（3）连续生产的油气分离器的台数一般不少于 2 台。

（4）多台油气分离器并联安装时，进口管路设计应保证介质对每台分离器的均匀分配。

（5）油气分离器的结构应满足气—液分离要求。必要时应设置机械消泡和水力冲砂设施。

（6）油气分离器的设计和选用应符合国家标准《油气分离器规范》(SY/T 0515—1997) 的规定。(SY/T 0515—1997 于 2008 年 3 月 1 日已作废，现行标准为 SY/T 0515—2007。——编者）

(7) 在油气集输处理工艺流程中,油气分离器的设计宜与原油沉降脱水器相结合。

2. 原油除砂

(1) 应根据容器类型和原油含砂情况合理选择除砂工艺,常压油罐宜采用机械或人工方式清砂,压力容器宜采用不停产水力冲砂,有条件的站场可采用旋流除砂工艺。

(2) 当采用水力冲砂时,喷嘴喷射速度宜为 5~10m/s,每个喷嘴喷水强度不应小于 $0.8m^3/h$。

(3) 冲砂泵排量应按同时工作的喷嘴喷水量确定,扬程应大于冲砂泵至最远喷嘴的沿程压力降、压力容器操作压力与喷嘴压降之和。

(4) 压力容器的排砂管道应合理选择流速,容器内部排砂管管口必须向下安装,容器外部排砂管道应具有一定的坡度,以防止沉砂阻塞管道。

(5) 采用不停产水力冲砂或旋流除砂工艺的压力容器,出油腔应采取防止沉砂的搅动措施。

(6) 原油除砂工艺设计应考虑砂子的收集和处理措施,防止环境污染。

3. 原油脱水

(1) 原油脱水工艺应根据原油性质、含水率、乳状液的乳化程度及采出液中三次采油驱油剂的类型和含量以及破乳剂性能等,通过试验和经济对比确定。

(2) 原油脱水工艺方式宜采用热化学沉降脱水、电化学脱水或不同方式的组合。

(3) 在确定原油脱水工艺流程时,化学沉降脱水宜与管道破乳相配合。当采用热化学和电化学两段脱水工艺时,可采用二段电脱水的污水回掺技术。

(4) 原油脱水工艺参数应按下列要求确定:

①进入沉降脱水器的总液量按进站液量、污水回掺量及含油污水沉降罐或含油污水处理站收油量之和确定。

②脱水温度应由试验确定。

③油水沉降时间应按照原油性质、乳状液的乳化程度、含水率及脱水设备的结构等通过试验确定。

④进电脱水器的原油含水应不大于30%。

(5) 采用热化学和电化学两段脱水时,游离水脱除宜采用卧式压力容器。常压沉降脱水罐应选用固定顶油罐。

(6) 稠油热化学沉降脱水宜采用压力沉降罐。当油水密度差小时,也可采用常压沉降脱水罐,常压沉降脱水宜采用动态沉降罐。对于动力黏度大及油水密度差小的特稠油及超稠油,也可采用静止沉降罐。

(7) 卧式压力脱水设备的台数应按下列原则确定:

①运行台数根据脱水设备处理的总液(油)量和单台脱水设备的处理能力确定,沉降脱水器按液量核算,电脱水器按油量核算。

②当一台脱水设备检修,其余脱水设备负荷不大于设计处理能力(额定处理能力)的120%时,可不另设备用;若大于120%时,可设一台备用。

③脱水站设置脱水设备的台数不应少于2台,不宜多于6台。

④确定电脱水器台数时，应考虑到电负荷相平衡因素。

（8）添加破乳剂应符合下列要求：

①破乳剂的加入点，应以充分发挥药剂的效能并方便生产管理为原则，结合集输流程确定。破乳剂与含水原油应在进入脱水容器之前充分混合。

②破乳剂品种和用量由试验确定，破乳剂用量应计量。

③破乳剂宜定量、连续和均匀地加入含水油管道。

④加注破乳剂的设施应密闭。

（9）由脱水设备排出输往污水处理站的含油污水，对于水驱采出原油，含油量应不大于1000mg/L；对于聚合物驱采出原油，含油量应不大于3000mg/L；对于特稠油和超稠油，含油量应不大于5000mg/L。

（10）脱水原油的含水量应符合国家现行标准SY 7513—1988《出矿原油技术条件》的要求。

（11）脱水后的特稠油及超稠油含水量可根据原油用途和用户要求确定，但应不大于5%。

（12）原油脱水装置的设计，应符合国家现行标准SY/T 0081—2010《原油热化学沉降脱水设计规范》和SY/T 0045—2008《原油电脱水设计规范》的要求。

4. 原油稳定

（1）原油稳定的目的在于降低原油在储运过程中的蒸发损耗，合理利用油气资源，保护环境，提高原油在储运过程中的安全性。低产油田和稠油油田的原油是否进行原油稳定，应根据原油物性，通过技术经济对比确定。

（2）原油稳定装置前的原油集输流程必须密闭。

（3）原油稳定应与原油脱水和原油外输结合考虑，统一规划，并宜与天然气净化和天然气凝液回收等装置集中布置。

（4）原油稳定的深度宜用稳定原油的饱和蒸气压来衡量。稳定原油的饱和蒸气压应根据原油中轻组分含量以及稳定原油的储存和外输条件等因素确定。稳定原油在最高储存温度下的饱和蒸气压的设计值不宜高于当地大气压的0.7倍。

（5）原油饱和蒸气压的测试方法，应按国家标准GB/T 11059—2003《原油饱和蒸气压测定　参比法》的规定执行。（GB/T 11059—2003已于2012年1月1日作废，现行标准为GB/T 11059—2011。——编者）

（6）原油稳定有负压闪蒸、正压闪蒸或分馏三种工艺，应根据原油组成、油品物性、原油稳定的深度及产品要求等因素，并综合考虑与其相关的工艺过程，经技术经济比较后确定。

（7）进行原油组分分析的油样应具有足够的代表性。原油稳定的设计进料组成应由原油中的轻组分含量和原油蒸馏标准试验数据拟合而成。原油蒸馏标准试验的最重馏分的沸点宜高于500℃。

（8）原油稳定装置的进油总管应设紧急关断阀，紧急关断阀前应设越装置旁路。旁路的原油不应直接进入浮顶罐。

（9）原油稳定生产的轻烃应密闭储运或处理，生产的不凝气应就近输入天然气凝液回收系统回收利用。

（10）原油稳定装置产生的污水应密闭收集，与原油集输系统产生的污水统一处理，并应符合有关污水处理规定。

（11）原油稳定装置的设计，应符合国家现行标准 SY/T 0069—2008《原油稳定设计规范》的要求。

八、设备及仪表

1. 油气集输常用设备选型（建议）

1）增压点

（1）总机关。

总机关根据工艺流程和规模的不同，设置见表 4-1-15。

表 4-1-15 增压点总机关选择一览表

工艺流程 规模，m³/d	增压点 （采用翻斗计量进行单量、双管）	增压点 （采用功图计量、单管）
120	10 井式 1 套	6 井式 1 套
240	16 井式 1 套	10 井式 1 套

注：按每座丛式井场平均生产液量 25~30m³/d 计算。

（2）收球装置。

增压点均为井场至增压点的单井集油管线吹扫设置收球装置，为方便操作，收球装置均设置为快开型；增压点均选择 LDSQ-I-07 型快速收球装置（DN80）。

（3）加热炉。

井组来油进入增压点后进行加热，实现原油的加热输送；增压点加热按照 2 次加热实行，分别为来油加热和外输加热两部分。来油加热将原油由 3℃左右升温至 15~20℃，外输加热将原油由 15~20℃升温至 35~40℃。

可选择 HTL 型 180kW 立式水套火筒炉。其盘管设置 2 组，分别为来油和外输加热：

①盘管 1：90kW，设计压力 4.0MPa，管径 DN80；

②盘管 2：60kW，设计压力 4.0MPa，管径 DN80。

根据增压点规模，立式水套火筒炉选择见表 4-1-16。

表 4-1-16 增压点立式水套火筒炉选择一览表

工艺流程 规模，m³/d	增压点（采用翻斗计量进行单量）	增压点（采用功图计量）
120	HTL0.18-Q（AⅡ）1 台	HTL0.18-Q（AⅡ）1 台
240	HTL0.18-Q（AIⅡ）2 台	HTL0.18-Q（AⅡ）2 台

（4）油气分离装置。

依据《油气集输设计规范》（GB 50350—2005）第 4.3.13 条中规定，缓冲罐缓冲时间为 10~20min。计算结果见表 4-1-17。

表4-1-17 油气分离装置缓冲时间表

计算结果 \ 规模，m³/d		120	240
缓冲时间，min		10~20	10~20
计算缓冲罐容积，m³		1.4~2.8	2.8~5.6
实选缓冲罐容积，m³		8	8
实际缓冲时间，min		58	29
设备选型	Ⅰ型	YJF-8/0.6-Ⅰ 1台	YJF-8/0.6-Ⅰ 1台
	Ⅱ型	YJF-8/0.6-Ⅱ 1台	YJF-8/0.6-Ⅱ 1台

分离设备选择YJF型密闭分离装置，密闭分离装置主要有两种，即Ⅰ型和Ⅱ型。Ⅰ型密闭分离装置除油气分离功能外，较Ⅱ型多出一个计量室，安装有翻斗计量设施一套，以实现单井来油进行计量。

在伴生气进行燃烧和外输之前，需要对伴生气内凝析液进行二次分离。根据现场运行及综合对比，增压点均选择 $\phi 600$ 气液分离器1台。

（5）外输泵。

根据现场运行及综合对比，增压点外输泵选择CQ型单螺杆泵，选择2台，一用一备，压力等级2.4MPa。120m³/d规模增压点外输泵型号为CQ6-2.4J，240m³/d规模增压点外输泵型号为CQ11-2.4J。

为便于输量调节和现场管理，240m³/d规模增压点的螺杆泵采用变频调节。

高压螺杆泵和油气混输泵的设备选型暂不确定，根据具体的工况进行选取。

（6）事故罐。

增压点可根据现场需要设置固定或移动式的38m³吹扫及事故油箱1具。

（7）污油回收系统。

由于井数少，污油量少，不设污油回收系统，采用桶装简易回收。

2）计量接转站

（1）总机关及收球筒。

总机关及收球筒设备选型参见表4-1-18。

表4-1-18 总机关及收球筒设备选型

计量方式 \ 规模，m³/d		360	600	800
双管流程	总机关	14+2	(14+2)×2	(14+3)×2
	收球筒	1具	1具	2具
单管流程	总机关	8+2	12+4	14×1 6增×1
	收球筒	1具	1具	1具

注：按每座丛式井场平均生产液量25~30m³/d计算。

总机关采用立式结构，井组来油管线选择 DN50，增压点或大井组管线选择 DN65~DN80，为便于预制，统一按 DN80 考虑。收球筒选择 LD 型快速收球装置 LDSQ-Ⅱ-07（DN100），电源为 380V，负荷 6.6kW。

（2）单井计量设施。

示功图实时计量硬件系统可由招标确定。翻斗流量计选择 LMF 型密闭式翻斗流量计，双容积计量分离器选择长庆标准设备——φ800 双容积计量分离器（制-6825）。

示功图计量设施设置于站场值班室。

采用翻斗或双容积计量要求连续计量时间 8~24h，计量周期 10~15 天，每套计量分离器设计辖井 30 口；采用示功图无线传输计量系统时，一套数据处理系统设计管辖单井 50 口；采用示功图移动存储方式时，计量一套数据处理系统设计管辖单井 100 口。单井计量设施设备选型参见表 4-1-19。

表 4-1-19 单井计量设施设备选型

计量方式 \ 规模，m³/d	360	600	800
Ⅰ型 翻斗流量计法	LMF-ZC-010 1 套 2m² 换热器 1 台	LMF-ZC-010 2 套 2m² 换热器 2 台	LMF-ZC-010 2 套 2m² 换热器 2 台
Ⅱ型 功图法	数据处理系统 1 套	数据处理系统 1~2 套	数据处理系统 1~2 套
Ⅲ型双容积 计量分离器法	φ800 双容积 1 具 2m² 换热器 1 台 2CY-4.2-25/2 卸油泵 1 台	φ800 双容积 2 具 2m² 换热器 2 台 2CY-4.2-25/2 卸油泵 2 台	φ800 双容积 2 具 2m² 换热器 2 台 2CY-4.2-25/2 卸油泵 2 台

（3）事故罐。

依据《油气集输设计规范》（GB 50350—2005）规定，接转站一般不设事故罐。针对油田特殊的地理位置、自然环境以及复杂的社会环境，接转站需设事故罐，储存能力按接转站 4~6h 生产液量设计，以满足管线事故抢修和检修的最低要求。接转站事故罐选型如表 4-1-20。

表 4-1-20 事故罐选型

事故罐容积，m³	规模，m³/d	360	600	800
	储备时间 4h	71	118	157
	储备时间 6h	106	177	235

为统一起见，根据多年设计经验，事故罐容积均按 200m³ 设置，事故罐统一选择钢制立式拱顶油罐。

若接转站是作为区块出口站，或输送距离较远（12~15km 以上），沿线自然条件和社会环境较差等，事故罐容积可根据实际情况放大至 12~24h 储备，但一般不超过 500m³。

（4）油气分离设备。

油气分离系统按成熟的两级分离设计，利用缓冲罐实现油气初步分离，气液分离器完成气体中对残留液体的二次分离。

依据《油气集输设计规范》（GB 50350—2005）第 4.3.13 条中规定，缓冲罐缓冲时间为 10~20min。计算结果如表 4-1-21 所示。

表 4-1-21 缓冲罐缓冲时间表

计算结果 \ 规模，m^3/d	360	600	800
缓冲时间，min	10~20	10~20	10~20
计算缓冲罐容积，m^3	4.2~8.4	6.9~13.9	9.3~18.5
缓冲罐选取，m^3	20	20	40
实际缓冲时间，min	48	28.8	43.2

缓冲罐选择 $20m^3$ 分离缓冲罐或 $40m^3$ 分离缓冲罐。

按平均 30% 含水率，$50m^3/d$ 气油比计算，接转站伴生气产量为 $(1.3~3.5) \times 10^4 m^3/d$，因此各站统一选用 $\phi 800$ 气液分离器 1 台。

（5）输油泵。

输油泵选择油田成熟应用的 YD 系列节段式多级离心泵，单级扬程 50m，级数 3~11 级，空冷。常见的输油泵的进出口布局分水平进高出或水平进水平出 2 种。根据输油泵后管路系统的设计压力不同，输油泵分为 2.5MPa、4.0MPa、6.3MPa 三个系列，应根据实际情况，选用合适的输油泵扬程。

输油泵选型见表 4-1-22。

表 4-1-22 输油泵选型参考计算表

输油泵选型 \ 规模，m^3/d		360	600	800	备注
输油泵排量，m^3		15	25	35	
数量，台		2	2	2	
运行方式		一用一备	一用一备	一用一备	
输油泵选型		FDYD15-50×n	FDYD25-50×n	FDYD35-50×n	n 为泵级数
效率，%		48	57	60	
电机功率 kW	2.5MPa ($n=3~4$)	18.5~22	30	37~45	泵出口法兰 2.5MPa $n=3~4$
	4.0MPa ($n=5~7$)	30~37	37~55	55~75	泵出口法兰 4.0MPa $n=5~7$
	6.3MPa ($n=8~11$)	45~75	75~90	90~110	泵出口法兰 6.3MPa $n=8~11$

(6)加热炉选型。

加热炉选择油田成熟应用的真空加热炉,具有热效率高及运行安全的特点。鉴于输送距离不定,按经验一般取10km左右,设计出站温度平均为45℃左右。原油进站,单井来油温度3℃,增压点来油温度25℃,含水率按30%考虑,加热炉选型见表4-1-23。

表4-1-23 加热炉选型参考计算表

规模 m³/d	360	600	800
最大单井来液量,m³/d	360	600	600
增压点液量,m³/d	—	100	200
原油升温负荷,kW	403	560+54	672+107
储罐保温负荷,kW	16	16	16
站内采暖热负荷,kW	30	30	30
生活点采暖热负荷,kW	25	25	25
其他设备保温负荷,kW	10	10	10
计算总负荷,kW	484	695	860
系统效率(η),%	85~90	85~90	85~90
实际用热负荷,kW	557	799	989
真空炉选型	315kW×2台	400kW×2台	500kW×2台
备注	加热炉选型需根据实际液量、含水率和输送距离计算复核		

加热炉统一选择三组盘管——两组油盘管及一组水盘管,详情见表4-1-24。

表4-1-24 加热炉盘管选择

加热炉类型	盘管1,mm	盘管2,mm	盘管3,mm
	来油加热	外输加热	热水
315kW加热炉	150	100	65
400kW加热炉	215	130	65
500kW加热炉	255	180	65
备注	(1)加热炉油盘管最小接口管径为DN80。 (2)加热炉油盘管设计压力均为6.3MPa。		

(7)加药装置。

为配合油田通常采用的接转站加药、管路破乳及大罐沉降脱水工艺,各接转站均设LD-JY-Y-Ⅱ型橇装化成套加药装置1套。主要技术参数如下:

①计量泵排量：60L/h；

②计量泵出口压力：1.6MPa；

③加药罐：0.5m³×2，配带搅拌机。

（8）污油箱及污油泵。

均设1.5m³污油箱1具，污油泵选择多级液下泵1台，潜没深度0.8m。

2. 常用仪表选型（建议）

（1）RTU-C系列站场多功能远程监控系统尺寸规格要求为19寸机柜，长0.6m，宽0.6m，高1.6m。

（2）原油流量计量采用刮板流量计；作业区以上之间的交接计量精度选用0.5级的刮板流量计；生产过程流量检测用流量计，其精度选用1.0级。油田伴生气计量采用国产TDS智能旋进流量计，精度等级采用2.0级。

（3）温度检测采用BWD系列变送器，压力检测采用XKA96AP系列变送器；非计量用检测仪表，一律选用0.5级，特殊场合精度等级可适当提高。

（4）液位仪表采用正规厂家生产的系列产品。

（5）仪表设备的防爆结构及防护结构选择执行GB 50058-92《爆炸和火灾危险环境电力装置设计规范》。防爆结构采用dⅡBT4，防护等级IP65。

（6）按照《油气集输设计规范》的要求设置可燃气体浓度检测。检测设备采用ESD200点型可燃气体探测器。

（7）信号电缆统一采用KVV22-500V-4×1.0，电力电缆统一采用VV22-1000V-3×4+1×2.5；电缆套管采用普通镀锌钢管，通径DN25、DN32。

九、轻烃回收及储运

（1）对于不宜采用负压闪蒸、正压闪蒸及分馏稳定的原油，可采用油罐烃蒸气回收工艺。

（2）烃蒸气回收系统设计时，油罐必须有合格的试压验收资料，并配有呼吸阀、液压安全阀（或液封）及自动补气阀。

（3）油罐呼吸阀、液压安全阀和自动补气阀的选用应符合下列要求：

①呼吸阀应按国家标准SY/T 0511-1996《石油储罐呼吸阀》选用，其排气能力应大于可能出现的最大瞬时量，吸气能力应大于压缩机的吸气能力，其排气压力上限值不宜超过油罐试验压力的80%。（SY/T 0511—1996于2011年5月1日已作废，替代标准为SY/T 0511.1—2010。——编者）

②液压安全阀应按国家标准SY/T 0525.1-1993《石油储罐液压安全阀》选用，其启动压力应介于呼吸阀工作压力与油罐试验压力之间。（SY/T 0525.1—1993于2011年5月1日已作废，替代标准为SY/T 0511.2—2010。——编者）

③当油罐的压力低于200Pa时，自动补气阀应能及时补气，其通过能力不小于压缩机的最大排量。

（4）抽气设备可按下列参数设计：

①油罐正常工作压力范围的下限值宜为150Pa，上限值应根据油罐的试验压力和使用年

限等因素确定。

②抽气压缩机应能实现自动启动、停机或改变自身的抽气量。

③抽气压缩机的设计排量可取油罐蒸发气量的1.5~2.0倍（包括烃蒸气及水蒸气等全部气量在内）。

④新建油罐的烃蒸发气量可按原油进罐前的末级分离压力和分离温度，参照在实验室做出的相近段的原油脱气系数（或气在原油中的溶解系数），并结合类似条件的运行数据确定。已投产油罐的烃蒸发气量，应由实测确定。

（5）罐区内罐与罐之间的抽气管道宜连通，油罐数量多时可适当分组，但应校核管道压降，保持均衡。管道总压降不宜高于200Pa。

（6）抽气管道敷设坡度应不小于0.3%，并应有防冻及排液措施。

（7）原油进罐前的分离器应有可靠的液位控制措施，防止气相窜入出油管。

十、生产监控系统

1. 基本要求

（1）油气田站场自控设计，应满足工艺过程操作安全、稳定与经济运行的需要，积极慎重地采用国内外先进成熟技术，做到因地制宜，经济合理，实用可靠。

（2）油气田站场应设置检测、监视及控制设施。采用仪表监控系统或计算机监控系统，应根据工艺流程的复杂程度、控制的难易、生产管理水平、操作维护能力、自然环境和社会条件等因素确定。一般情况下，脱水站、原油稳定站及集中处理站等站场宜采用计算机控制系统。其他站场可根据具体情况，选用仪表控制系统或性能价格比适中的小型计算机控制系统。

①单井产液量采用功图法计量，在每个井场设一台远程终端装置（RTU），对井口的工艺参数进行数据采集和处理；同时作为采油厂SCADA系统的远程终端设备，利用无线数传电台上传带时间标志的实时数据，由上位系统对井口工艺运行状态进行分析、判断和功图法计量。

②增压点，监控设备选择改进型RTU-C系列站场多功能远程监控系统对主要工艺参数进行监控，并预留将主要工艺参数上传功能。

③计量接转站监控设备选择改进型RTU-C系列站场多功能远程监控系统对主要工艺参数进行监控，同时向上级管理系统传送主要工艺参数数据。

（3）仪表的供气设计应符合国家现行标准SH 3020—2001《石油化工仪表供气设计规范》的规定。

（4）仪表及计算机控制系统的供电设计，应符合国家现行标准SH/T 3082—2003《石油化工仪表设计规范》的规定。有特殊要求的仪表、阀门及计算机系统的主要设备应配置不间断电源（UPS）。不间断电源装置的容量按负荷的1.2~1.5倍确定。后备时间宜为30min（按UPS的额定负荷计算）。

（5）仪表及计算机监控系统应设置保护接地和工作接地，接地电阻值应符合下列规定：

①保护接地电阻值宜小于4Ω。当采用联合接地时，接地电阻值不应大于1Ω。

②工作接地电阻应根据仪表制造厂家的要求确定。当无明确要求时，可采用保护接地的

电阻值。

（6）多雷击区或强雷击区的自控设备应采取防雷措施，仪表电源防雷设计应符合现行国家标准 GB 50057—2010《建筑物防雷设计规范》的有关规定。

（7）仪表及计算机监控系统控制室的设计宜符合下列规定：
①控制室应设置在方便生产管理和便于操作的地方，并远离强磁场、噪声源及振动设备。
②控制室应设置防尘、照明及通信设施。必要时，应设置空调设施。
③可燃气体和易燃液体的引压及取源管路严禁引入控制室内。
④控制室的设计应符合国家现行标准 SY/T 0090—2006《油气田及管道仪表控制系统设计规范》的有关规定。

（8）仪表保温和伴热应符合下列要求：
①在环境温度条件下不能正常工作的测量管道、分析取样管道、自动化仪表或控制装置，应进行保温和伴热；对工艺介质是热源体或冷源体的仪表检测系统，应进行隔热或保温。
②仪表及管道的保温和伴热设计应符合国家现行标准 SH 3126—2001《石油化工仪表及管道伴热和隔热设计规范》的有关规定。

（9）仪表配管及配线的设计应符合国家标准 SH 3019—1997《石油化工仪表配管配线设计规范》的规定。（SH 3019—1997 已作废，替代标准为 SH 3019—2003。——编者）

2. 仪表选型及主要控制内容

1）油气田仪表选型要求

油气田仪表选型应安全可靠，经济合理，品种规格力求统一。一般可按下列要求确定：
①检测及控制室仪表宜采用电动仪表。
②执行机构的选型（气动或电动）应根据生产装置的规模、控制阀的数量、综合可靠性和经济性来确定。
③直接与介质接触的仪表，应符合介质的工作压力和温度的要求。对黏稠、易堵、有毒及腐蚀性强的测量介质，应选用与介质性质相适应的仪表或采取隔离措施。
④爆炸和火灾危险区内安装的电动仪表及电动执行机构等电气设备的防爆类型应根据国家标准 GB 50058—1992《爆炸和火灾危险环境电力装置设计规范》的有关规定，按照场所的爆炸危险类别和范围以及爆炸混合物的级别和组别确定。

当介质参数需要连续在线检测时，应采用具有检测和输出连续量功能的仪表；当介质参数只需要限值检测时，宜采用开关量仪表。
⑤检测仪表的选型应满足环境条件要求或采取相应的防护措施。沙漠油气田油气集输站场的检测仪表应具有适应温差大、防沙及防辐射等性能，或采取必要的防护措施。
⑥油气田仪表的选型应符合国家现行标准 SY/T 0090—2006《油气田及管道仪表控制系统设计规范》的有关规定。

2）油气集输站场监测与控制内容

油气集输站场监测及控制点的设置，要遵循优化和简化的原则，选取工艺过程的关键参数进行控制，做到简单、可靠和实用。控制系统的设计要切合实际，保证生产平稳安全，保证产品质量，降低生产消耗和劳动强度。

（1）井场主要监测和控制内容：

①监测输油管压力；

②监测抽油机的载荷和位移；

③计算抽油机冲次和时率；

④监测抽油机的电压和电流；

⑤监测抽油机状态；

⑥远程关停抽油机；

⑦配水阀组的注水压力和流量；

⑧载荷和位移检测传感器安装在用悬绳器上，无线传输至 RTU。

（2）增压点主要监测和控制内容：

①输油泵房可燃气体报警；

②密闭分离装置高低液位报警，就地液位指示；

③收球筒温度自动控制；

④气液分离器就地液位显示。

（3）计量接转站主要监测和控制内容：

①计量间、输油泵房及罐区可燃气体检测和报警；

②分离缓冲罐液位检测、控制和报警，就地液位指示；

③收球筒温度自动控制；

④事故油罐高低液位报警；

⑤外输流量温度、外输压力及流量计量；

⑥气液分离器及污油箱就地液位指示；

⑦水箱的液位检测和报警；

⑧污水池的就地液位指示和报警；

⑨接收井场数据，计算功图计量参数。功图法计量由专用的系统完成。

⑩单井流量计量包括 2 种类型：

a. 翻斗流量计计量。

b. 双容积自动量油分离器高低液位控制电磁多动能旋转阀开启和起停泵，自动计产。

（4）脱水站、原油稳定站及集中处理站等的主要监测和控制内容要符合 GB 50350—2005《油气集输设计规范》的有关规定。

3）可燃气体与有毒气体的检测规范

可燃气体检测报警装置的设置，应符合国家标准 SY 6503—2000《可燃气体检测报警器使用规范》的规定。有毒气体检测报警装置的设置，应符合国家现行标准 SH 3063—1999《石油化工企业可燃气体和有毒气体检测报警设计规范》的规定。（SY 6503—2000 于 2008 年 12 月 1 日已作废，替代标准为 SY 6503—2008。SH 3063—1999 于 2010 年 1 月 20 日已废止。——编者）

4）油气田站场其他监控系统规范

（1）油气田集中处理站需要设置工业电视监视系统时，工业电视监控系统的设计应符合国家标准 GBJ 115—1987《工业电视系统工程设计规范》的规定。（GBJ 115—1987 于 2010 年 6 月 1 日已废止，替代标准为 GB 50115—2009。——编者）

（2）油气田站场仪表控制系统的设计，应符合国家现行标准 SY/T 0090—2006《油气田及管道仪表控制系统设计规范》的规定。

3. 计算机控制系统

油气集输站场计算机监控系统的技术水平，应根据工程规模、工艺复杂程度、操作管理水平、自然条件以及投资情况等因素确定。

1）计算机监控系统选型

计算机监控系统的选型，应根据油气田站场的工艺特点、测控功能、规模及发展规划等因素，经技术经济比较确定。一般情况下，可按下列要求确定：

（1）相对集中的生产装置的生产过程控制，宜采用分散控制系统（DCS）、PLC 或工业微机。

（2）相对分散生产装置的生产过程控制，宜采用 SCADA 系统。

（3）对操作独立性强的橇块装置，宜采用 PLC 或 RTU 控制。PLC、RTU 与站场控制系统宜进行数据通信。

2）计算机控制系统的选型要求

（1）选用的控制系统应是集成化标准化的过程控制系统和生产管理系统，其硬件和软件配置及功能要求应与站场或工艺装置的规模和控制要求想适应。

（2）选用的控制系统应具有开放性和较强的数据通信能力及扩充联网能力，并配有标准化的通用操作系统。

（3）选用的控制系统的硬件和软件应具有模块化结构及良好的扩展能力。

（4）控制系统的平均故障间隔时间（MTBF）和平均修复时间（MTTR）应满足工艺系统要求。

（5）各类控制点和检测点的备用点数应为实际设计点数的 10%～15%，机柜槽位应留有不少于 10% 的空间。

（6）对安全性和可靠性要求很高的生产单元，控制系统相关部件宜为冗余配置。

3）计算机监控系统功能

计算机监控系统应具有下列功能：

（1）数据采集和处理功能。

（2）手动控制和自动控制功能，能完成预定的控制策略。

（3）实时数据、历史数据、动态流程图及重要数据趋势图等显示功能。

（4）良好的用户界面及中文人机界面。

（5）自动诊断计算机监控系统自身故障和生产过程故障，并发出区别报警的功能。

（6）随机和定时打印报表功能。

（7）离线组态、在线组态和在线修改控制参数及维护功能。

4）站场计算机监控系统设计规范

站场计算机监控系统设计，应符合国家现行标准 SY/T 0091—2006《油气田及管道计算机控制系统设计规范》的规定。

十一、站库总图

1. 站场址选择

（1）油气集输站场址应根据已批准的可行性研究报告或油气田地面建设总体规划以及所在地区的城镇规划，兼顾集输管道的走向确定。

（2）站场址的面积应满足总平面布置的需要，节约用地。凡有荒地可利用的地区尽量不占用耕地。为满足油气田滚动开发要求，可适当预留扩建用地。

（3）沙漠地区站场址应避开风口和流动沙漠地段，并应采取防沙措施。位于沙漠边缘的油气田，一级、二级和三级油气站场的站址宜选在沙漠边缘或沙漠之外。

（4）各种不同功能站场在布局上应综合考虑。计量站宜与配气站和注水配水间联合建设；工艺上相互关联的油、气、水处理站宜联合建设，形成多功能的集中处理站；矿场油库宜建在油田边缘的适当部位；铁路外运油库宜靠近铁路车站或铁路线，方便接轨。

（5）当对已建站场进行更新改造，原站址又无条件利用时，新建设施应尽量靠近已建站场，以充分利用原有功用工程。

（6）站场址应尽量靠近公路，方便交通运输。应尽量具备可靠的供水、排水、供电及通信等条件。

（7）站场与周围设施的区域布置防火间距、噪声控制和环境保护应符合现行国家标准GB 50183—2004《石油天然气工程设计防火规范》、GBJ 16—87《建筑设计防火规范》、GBJ 87—1985《工业噪声控制设计规范》和 GBZ 1—2010《工业企业设计卫生标准》等的有关规定。（GBJ 16—87 于 2006 年 12 月 1 日已作废，替代标准为 GB 50016—2006。——编者）

（8）站场址的选择，应符合国家现行标准 SY/T 0048—2009《石油天然气工程总图设计规范》的有关规定。

2. 站场防洪及排涝

（1）站场的防洪排涝设计应与油气田防洪排涝统一考虑。站场建在受洪水威胁的地段时，宜采取防洪措施。在条件许可且技术经济合理的情况下，在区域防洪设计基础上应适当提高站场场地标高，也可只提高主要设备和建筑物标高。

（2）油气集输站场邻近江河、海岸及湖泊布置时，应采取防止泄漏的可燃液体流入水域的措施。

（3）站场的防洪设计标准应根据站场规模和受淹损失等因素综合考虑，按表 4-1-25 的规定确定。

表 4-1-25　油气集输站场的防洪设计标准

站场名称	防洪标准重现期，a
集中处理站、原油稳定站、原油脱水站、天然气凝液回收厂、矿场油库、天然气净化厂、注气站	25~50
计量站、接转站、放水站、集气站、配气站、增压站	10~25
采油井、采气井、注气井	5~10

(4) 防洪设计的洪水流量及相应的设计洪水水位应按当地水文站的实测资料，按上表规定的防洪标准推算。缺乏实测资料时，应会同有关部门深入实际调查，合理确定。设计洪水水位还应包括壅水和风浪袭击高度。

(5) 站场场地的防洪设计标高应比按防洪标准计算的设计水位（包括壅水和风浪袭击高度）高 0.5m。在淤积严重地区，还应计入淤积高度。采油井场变压器、配电箱和电动机的安装高度可在抽油机防洪设计标高的基础上适当抬高。

(6) 靠近山区建站时，应根据实际情况，设置截洪沟，截洪沟不宜穿过场区。

(7) 油气集输站场的地表雨水排放设计，应符合国家标准 GBJ 14—1987《室外排水设计规范》的要求。（GBJ 14－1987 于 2006 年 6 月 1 日已作废，替代标准为 GB 50014—2006。——编者）

3. 站场总平面及竖向布置

(1) 站场总平面及竖向布置应符合现行国家标准 GB 50183—2004《石油天然气工程设计防火规范》、国家现行标准 SY/T 0048—2009《石油天然气工程总图设计规范》的有关规定；未涉及部分，应符合国家标准 GBJ 16—87《建筑设计防火规范》、GB 50160—2008《石油化工企业设计防火规范》和现行国家标准 GB 50187—1993《工业企业总平面设计规范》的有关规定。

(2) 站场总平面布置应充分利用地形，并结合气象、工程地质及水文地质条件，合理紧凑布置，节约用地。一般情况下，征地范围为围墙中心线或挡土墙（护坡）坡角外 2m。集中处理站及矿场油库的土地利用系数不应小于 60%，接转站、集气站的土地利用系数不应小于 45%。油气田大型站场的绿地率不宜小于 15%，一般场站的绿地率不小于 10%。

(3) 站场总平面布置应与工艺流程相适应，做到场区内外物料流向合理，生产管理和维护方便。宜根据不同生产功能和特点分别相对集中布置，形成不同的生产区和辅助生产区。集中处理站的布置也可打破专业界限，对同类设备进行联合布置。

(4) 凡散发有害气体和易燃易爆气体的生产设施，应布置在生活基地或明火区的常年最小频率风向上风侧。

(5) 油罐区的布置应使油罐底与泵房地坪的高差满足泵的正常吸入和自流灌泵的要求。油罐区防火堤设计应符合国家标准 SY/T 0075—2002《油罐区防火堤设计规范》的规定。（SY/T 0075—2002 于 2005 年 7 月 1 日已废止，替代标准为 GB 50351—2005。——编者）

(6) 当站场内附设变电所时，变电所应位于站场边缘，方便出线。变配电室宜靠近主要用电设备。

(7) 站场内通道宽度宜结合生产、防火与安全间距要求，并考虑系统管道和绿化布置的需要，合理确定。

(8) 站场是否设置围墙应根据所在地区周围环境和规模大小确定。当设置围墙时，可采用非燃烧材料建造，围墙高度宜不低于 2.2m，场区内变配电站（不小于 35kV）应设高度为 1.5m 的围栏。

(9) 场区内雨水宜采用有组织排水，罐区内雨水应采用明沟排水。对于年降雨量小于 200 mm 的干旱地区，可不设排雨水系统。

(10) 特殊地质条件的竖向设计要求：

①自重湿陷性黄土地区，应有迅速排除雨水的地面坡度和排水系统，场地排水坡度不宜小于0.5%。

②岩石地基地区、软土地区及地下水位高的地区，不宜进行挖方。

③盐渍土地区，采用自然排水的场地设计坡度不宜小于0.5%。并应符合国家现行标准《盐渍土地区建筑设计规范》SY/T 0317—1997 的有关规定。

4. 站场管道综合布置

（1）管道综合布置应与总平面及竖向布置统一考虑，管道的敷设力求短捷，并应使管道之间以及管道与建（构）筑物之间在平面和竖向上相互协调，管道布置可按走向集中布置成管带，宜平行于道路和建（构）筑物。

（2）管道敷设方式可按场区情况、输送介质特性和维护管理的需要等确定。

（3）场区架空油气管道与建（构）筑物之间最小水平间距应符合《油气集输设计规范》GB 50350—2005 中附录 H 的要求。

（4）场区地上管道的安装应符合下列规定：

①架空管道管底距地面不小于2.2m，管墩敷设的管道管底距地面不小于0.3m。

②当管带下面有泵或换热器时，管底距地面高度应满足机泵及换热设备安装和检修的要求。

③地上管道和设备的涂色应符合国家现行标准《油气田地面管道和设备涂色标准》SY 0043—1996 的规定。（SY 0043—1996 被 SY/T 0043—2006 代替。——编者）

（5）架空管道跨越道路和铁路时，桁架底层（如无桁架，即为管底）的高度要求如下：距主要道路路面（从路面中心算起）不低于5m，距铁路轨顶不低于5.5 m，距人行道路面不低于2.2 m。

（6）场区埋地管道与电缆和建（构）筑物平行的最小间距宜，按表4-1-26 确定。

表4-1-26　站内埋地管道与电缆及建（构）筑物平行的最小间距　　单位：m

建（构）筑物名称		通信电缆及35kV以下直埋电力电缆	管架基础（或管墩）边缘	电杆中心线	建筑物基础边缘	道路	
						路面或路沿石边缘	边沟边缘
管道名称	原油管道	2.0	1.5	1.5	2.0	1.5	1.0
	天然气凝液管道	2.0	1.5	1.5	2.0	1.5	1.0
	污油管道	2.0	1.5	1.5	2.0	1.5	1.0
	污水管道	2.0	1.5	1.5	2.0	1.5	1.0
	天然气管道（$p \leq 1.6$MPa）	1.0	1.5	1.5	2.0	1.5	1.0
	压缩空气管道	1.0	1.0	1.0	1.5	1.0	1.0

续表

<table>
<tr><th colspan="2" rowspan="2">建（构）筑物名称</th><th rowspan="2">通信电缆及35kV以下直埋电力电缆</th><th rowspan="2">管架基础（或管墩）边缘</th><th rowspan="2">电杆中心线</th><th rowspan="2">建筑物基础边缘</th><th colspan="2">道 路</th></tr>
<tr><th>路面或路沿石边缘</th><th>边沟边缘</th></tr>
<tr><td rowspan="4">管道名称</td><td>热力管道</td><td>2.0</td><td>1.5</td><td>1.0</td><td>1.5</td><td>1.0</td><td>1.0</td></tr>
<tr><td>消防水管道</td><td>1.0</td><td>1.0</td><td>1.0</td><td>1.5</td><td>1.0</td><td>1.0</td></tr>
<tr><td>清水管道</td><td>1.0</td><td>1.0</td><td>1.0</td><td>1.5</td><td>1.0</td><td>1.0</td></tr>
<tr><td>加药管道</td><td>1.0</td><td>1.0</td><td>1.0</td><td>1.5</td><td>1.0</td><td>1.0</td></tr>
</table>

注：(1) 表中所列净距应自管壁或防护设施外缘算起。

(2) 当管道埋深大于邻近建（构）筑物的基础埋深时，应考虑土壤安息角来校正表中所列数值。

(3) 当有可靠根据或措施时，可减少表列数值。

（7）埋地工艺管道互相交叉的垂直净距不宜小于0.15m。管道与电缆交叉时相互间应有保护措施，其最小垂直净距如下：距35kV以下的直埋电力电缆0.5m，距直埋通信电缆0.5m，距穿管通信电缆0.25m。

（8）原油、蒸汽、热（回）水及其他热管道均应考虑热补偿。管道热补偿应与管网布置统一考虑，尽量利用自然补偿。当需要设置补偿器时，其型式可按管道工作压力及空间位置大小等具体情况确定。站内热管道应在下列部位设置固定支座：

①在罐前的适当部位；

②露天安装机泵的进出口管道上；

③穿越建筑物外墙时，在建筑物外的适当部位；

④两组补偿器的中间部位。

（9）管道综合设计除符合本规范外，尚应符合国家现行标准 SY/T 0048—2009《石油天然气工程总图设计规范》、现行国家标准 GB 50187—1993《工业企业总平面设计规范》的有关规定。

十二、公用工程

1. 供配电

（1）油气田各类站场的电力负荷等级，应根据现行国家标准 GB 50052—2009《供配电系统设计规范》的有关规定，结合油气田油气集输工程在生产过程中的特点及中断供电所造成的损失和影响划分。

油田油气集输各类站场的电力负荷等级划分如下：

①一级负荷：集中处理站、矿场油库（管输）、轻烃储库等。

②二级负荷：矿场油库（铁路外运）、原油稳定站、接转站、放水站、原油脱水站、增压集气站、注气站、机械采油井排等。

③三级负荷：自喷油井、边远孤立的机械采油井、计量站等。

（2）供电要求：
①一级负荷：应采用两个电源供电。有条件时，两个电源应引自不同的变电所或发电厂。当电源以双回路架空线供电时，不应同杆架设。

对于一级负荷中特别重要的负荷，如自动控制系统、通信系统及应急照明等负荷，除由两个电源供电外，尚应增设应急电源，并严禁将其他负荷接入应急供电系统。

②二级负荷：宜采用两回线路供电。当采用两回线路供电确有困难，在工艺上设有停电安全措施或有备用电源时，可用一回专用架空线路或专用电缆供电。

以工业汽轮机、柴油机或燃气轮机为主要动力的站场，可采用一回专用线路供电。无电源时，也可采用燃气或柴油发电机供电。

③三级负荷：采用单回路单变压器供电。

（3）油田油气集输各类站场用电设备负荷等级应符合表4-1-27的规定。

表4-1-27 油田油气集输各类站场内用电设备负荷等级

单体名称	主要用电设备	负荷等级	备注
输油泵房、阀室、加热炉区、控制室、消防泵房	输油泵、轻烃泵、装车（装船）泵、热油循环泵、电动阀、加热炉及其配套用电设施、工业控制机计算机系统、信号传输设备、冷却水泵、泡沫泵或消防水泵	一	
脱水操作间、油水泵房、压缩机房、计量间、油罐区、锅炉房、供水泵房、通信站、管道电伴热、机械采油井	脱水泵、电动阀、输液泵、掺水泵、热洗泵、污油泵、压缩机、油罐搅拌器、风机、给水泵、补水泵、火嘴、软化水处理设备、深井泵、供水泵、净化设施、通信设备、电伴热带、抽油设备	二	
仪表间、通信机房	电动单元仪表、通信设备	二	须设事故电源
加药间、污水处理场、污水提升泵房、计量站、化验室、阴极保护站、值班室、厂房、维修间、维修车库、材料和设备库	加药泵、污水泵、污水提升泵、计量站的计量仪表、恒电位仪、照明灯具、维修机具	三	

注：（1）对于油田油气集输二级电力负荷站场，表中的1级负荷用电设备将为二级负荷。
（2）对于按三级电力负荷供电的边远孤立的机械采油井，其抽油设备为三级负荷。

（4）供电电压等级：

油气田供电电压应根据电源条件、用电负荷的分布情况及输电线路长度等因素综合比较确定。当油气田内部采用集中供电或分片集中供电时，宜以负荷相对集中的站场为中心，设置中心变配电所，以35kV和10kV电压等级供电，并在各用电负荷点设置恰当的变配电所。

油气田配电线路电压宜优先采用10kV，对于远距离且分散的地区，也可采用35kV。

（5）站场内变压器的选择应符合下列要求：

①有两个电源时，宜选用两台变压器，单台容量应能满足全部一级负荷和二级负荷的

用电。

②仅有一个电源时，宜选用一台变压器，变压器容量应满足全部计算负荷。

③单台变压器容量不宜大于1250kV·A。

④确定变压器容量时，尚应校验启动及自启动容量。

⑤配电变压器应采用节能型变压器。采油井场（或井排）变压器宜采用柱上安装或其他安装方式，变压器的平均负荷率不应低于30%。抽油机电动机宜采用就地无功补偿装置，也可在变压器的高压侧进行二次补偿，补偿后变压器高压侧的功率因数不宜低于0.9。

（6）低压配电系统应简单可靠，同一电压等级配电级数不宜多于三级，并应符合下列要求：

①根据负荷的容量和分布，变配电所宜靠近负荷中心。

②为提高电压质量，应正确选择变压器的变比和电压分接头，并尽可能使三相负荷平衡。

③站场内应采用放射式或与树干式相结合的配电系统：

a. 一级负荷应采用放射式配电。

b. 二级负荷宜采用放射式配电。当负荷容量较小时，也可采用树干式。

c. 三级负荷可采用树干式配电。

（7）站场内建（构）物的防爆分区，应符合国家标准 SY 0025—1995《石油设施电气装置场所分类》的要求。各类站场爆炸危险区域内的电气设计及设备选择，应符合现行国家标准 GB 50058—1992《爆炸和火灾危险环境电力装置设计规范》的规定。（SY 0025—1995 于 2010 年 8 月 20 日已废止。——编者）

（8）站场内建筑物的防雷分类及防雷措施，应符合现行国家标准 GB 50057—2010《建筑物防雷设计规范》的规定。工艺装置内露天布置的罐和容器等的防雷及防静电设计，应符合现行国家标准 GB 50183—2004《石油天然气工程设计防火规范》的有关规定。

（9）电脱水器供电电源和供电设备应符合下列要求：

①电脱水器的供电方式一般采用交流、直流或交直流复合方式，应根据油品性质和脱水工艺参数选用合适的供电方式。

②每台电脱水器应设有独立的供电回路和装置，供电装置一般由控制柜和脱水变压器组成。

③控制柜宜采用具有电流闭环调节功能的调压装置。

④脱水变压器宜采用高压有中心接地抽头的防爆升压变压器，初级电压为 220V 或 380V，次级电压应结合选用的电场强度和电极布置统一考虑，一般不超过 40kV，变压器容量一般为 50kV·A 或 100kV·A。

⑤带有整流环节的脱水变压器其整流装置应采用高压硅堆整流方式，并具有足够的电压和电流储备能力。

2. 给排水及消防

（1）油气田站场给水和排水系统应充分利用已有的系统工程设施，统一规划，分期实施。对于不宜分期建设的工程，可一次实施。

（2）给水系统的选择应根据生产、生活及消防等各项用水对水质、水温、水压和水量的要求，结合当地水文条件及外部给水系统等综合因素，经技术经济比较后确定。

（3）给水设计供水量应为生产、生活、绿化及其他不可预见等用水量之和，且满足消防的有关规定。无人值守站场可不设给排水设施。

（4）外部给水系统供水量不足时，站场内用水宜设置储水罐（箱、池）。当采用站外市政或工矿系统管道供水时，其容量不得小于站场日平均用水量。当采用水罐车供水时，站内储水罐（箱、池）的容量不得小于$5m^3$。

（5）给水水质指标应符合相关标准的有关规定。当水质指标不能满足要求时，应进行水质处理。

（6）生活饮用水的水质应符合现行国家标准 GB 5749—2006《生活饮用水卫生标准》的规定。

（7）油气田站场产生的含油污水应进行集中处理，集中的范围和方式可因地制宜确定。

（8）油田采出水处理设计应符合国家标准 SY/T 0006—1999《油田采出水处理设计规范》的规定。（SY/T 0006—1999 已于 2010 年 8 月 20 日废止。——编者）

（9）油气田站场处理后的污水有条件时应回注，回注水质应符合油气田有关规定的要求。具有经济效益时，采出水可进行综合利用。当无回注条件或综合利用价值时，处理后的污水可无效回灌或排放。

（10）排水系统的选择应根据污水性质，结合油气田排水制度及污水处理规划，按照有利于综合利用和环境保护的原则确定分流制或合流制。

（11）废水排入外部系统应满足外部系统的接收要求。直接外排污水水质应符合国家标准 GB 8978—1996《污水综合排放标准》的规定。（GB 8978—1996 被 GB 20425—2006 和 GB 20426—2006 替代。——编者）

（12）油气田站场给水和排水设计应符合国家现行标准 SY/T 0089—2006《油气厂、站、库给水排水设计规范》的规定。

（13）消防设施设计应符合现行国家标准 GB 50183—2004《石油天然气工程设计防火规范》的有关规定。

3. 供热

（1）油气集输系统站场锅炉供热的最大热负荷采用下式计算：

$$Q_{max} = K(K_1 Q_1 + K_2 Q_2 + K_3 Q_3 + K_4 Q_4) \qquad (4-1-1)$$

式中　Q_{max}——最大计算热负荷，kW 或 t/h；

　　　K——锅炉房自耗及供热管网热损失系数，可取 1.05~1.20；

　　　K_1——采暖热负荷同时使用系数，取 1.0；

　　　K_2——通风热负荷同时使用系数，原油部分取 0.4~0.5，集气和压气部分取 0.9~1.0；

　　　K_3——生产热负荷同时使用系数，取 0.5~1.0；

　　　K_4——生活热负荷同时使用系数，取 0.5~0.7；

　　　Q_1、Q_2、Q_3、Q_4——依次为采暖、通风、生产及生活最大热负荷，kW 或 t/h。

（2）供热介质应优先选用热水，在热水供热不能满足要求时选用蒸汽等其他供热介质。

（3）常压锅炉供热水温宜低于当地水沸点 5~10℃。锅炉供热的饱和蒸汽压力由工艺要求确定，一般不宜超过 0.8MPa（表压）。

（4）当锅炉露天布置时，在操作层的炉前宜布置燃料调节、给水调节和蒸汽温度调节阀组，并适当封闭。

（5）锅炉房设计应符合现行国家标准 GB 50041—2008《锅炉房设计规范》的规定。

（6）锅炉的补给水水质应符合国家标准 GB 1576—2001《工业锅炉水质》的规定。（GB 1576—2001 于 2009 年 3 月 1 日已作废，替代标准为 GB/T 1576—2008。——编者）

4. 燃料

（1）油气田各类站场的燃料宜采用天然气。有条件的油田应采用干气做燃料。

（2）油田站场的加热炉和供热锅炉，可根据油田气平衡情况，因地制宜地采用其他低成本燃料。

（3）锅炉房内的燃气、燃油和燃煤设施的设计，应符合现行国家标准 GB 50041—2008《锅炉房设计规范》中的有关规定。

（4）燃料气系统应满足下列要求：

①燃料气中 H_2S 含量不应高于现行国家标准 GB 17820—1999《天然气》中对于三类气质的要求。

②为防止燃料气中可能存在的凝液进入燃烧器，加热炉（锅炉）的供气管道应设气液分离器，必要时应采取管道伴热措施。

③当燃料气的压力过高或不稳定，不能适应燃烧器要求时，应设置调压装置。在燃料气的稳压装置后不得连接生活或其他用气管道。

④在进入燃料气前的燃气管道上应装有快速截断阀、放空阀及调节阀。

（5）以原油或重油为燃料时，燃料油系统应满足下列要求：

①燃料油掺水燃烧时应充分雾化，其乳化水最大含量应按实验资料或相似情况确定。

②燃料油压力应平稳，供油压力和温度应根据雾化方式及油品性质确定，油管道应伴热。

（6）以煤为燃料时，燃煤系统应满足下列要求：

①燃煤应与所确定选用的锅炉相适应。

②雨季运行的锅炉房应设置干煤棚。

③寒冷地区上煤以及除灰渣系统应有防冻设施。

5. 暖通空调

（1）站场内建筑物的暖通空调设计，应符合现行国家标准 GB 50019—2003《采暖通风与空气调节设计规范》的规定。

（2）站场内各类房间的冬季采暖室内采暖计算温度宜符合表 4-1-28 的规定。

表 4-1-28 室内采暖计算温度

房间名称	室温,℃
淋浴间	25~27
办公室、休息室	18~20
办公室、值班室、化验室、控制室、配电室（有人值班）、资料室、通信机房	16~18
更衣室、食堂、仪表间	18

续表

房间名称	室温,℃
原油泵房、脱水操作间、阀组间、污油泵房、化验间、加药间、汽车库（内设检修坑）、原油流量计间、阴极保护间、维修间、盥洗室、厕所、通风机房	14~16
乙二醇泵房、天然气凝液泵房、液化石油气泵房、蓄电池室、含油污水泵房、污水提升泵房	12
天然气压缩机房、消防车库	8
空气压缩机房、供水泵房、药品室、配电室（无人职守）、汽车库（不设检修坑）、柴油发电机房、天然气调压间、材料及设备库	5
电机间、加热炉操作间、高压开关室、电容器室等	不采暖

（3）采暖热媒应优先采用热水，系统形式宜为同程式。对于远离集中热源的独立建筑可采用电采暖。

（4）边远地区的井口建筑采暖，在缺电的情况下可采用自然循环热水采暖系统或燃气红外线辐射采暖，自然循环热水采暖系统的作用半径不宜超过50m。

（5）站场内建筑物的通风方式及换气次数宜按表4-1-29执行。

表4-1-29 站场内建筑物的通风方式及换气次数

厂房名称	有害物	通风方式	换气次数，次/h
天然气凝液泵房	有害气体	有组织的自然通风或机械排风	10（20）
液化石油气泵房	有害气体	机械排风	10
天然气压缩机房	余热、有害气体	有组织的自然通风或机械排风或联合通风	12
天然气调压间	有害气体	有组织的自然通风或机械排风	8~10
原油泵房、分井计量站操作间、原油流量计间、流量计检定间、脱水操作间（含游离水脱除操作间）、污油泵房、含油污水泵房、油气阀组间	余热、有害气体	有组织的自然通风或机械排风或联合通风	3~6
加药间、化药间、药品室	有害气体	机械排风	6~10（12~15）
燃油锅炉间、燃气锅炉间、加热炉操作间	余热、有害气体	有组织的自然通风或机械排风	3~6
污水提升泵房	有害气体	有组织的自然通风或机械排风	3

（6）油气化验室的通风应采用局部排风，设置通风柜且排风机应为防爆型。

（7）油气化验室通风柜的吸入速度宜为 0.4~0.5m/s。

（8）当放散到厂房内的有害气体密度比空气重（相对密度大于 0.75），且室内放散的显热不足以形成稳定的上升气流而沉积在下部区域时，宜从下部区域排出总排风量的 2/3，上部区域排出总排风量的 1/3。

（9）站场内的天然气压缩机房、天然气凝液泵房、天然气调压间、液化石油气泵房及燃气锅炉房应设事故通风装置。

（10）沙漠地区站场内建筑物的通风设计应满足防沙要求。

（11）当采用采暖通风达不到室内温度、湿度及洁净度等要求时，应设置空气调节，且防爆区的空调装置应满足防爆要求。

6. 通信

（1）通信工程设计应为油气集输工程的生产管理及应急抢修等提供多种通信服务。同时为自控系统的数据传输、图像传输及远程监控等提供可靠的通信通道。

（2）通信可采用有线通信和无线通信两种方式。有线通信方式宜采用电缆（光缆）线路接入油气田专业通信网或当地的公用电信网，线路敷设方式应根据油气田的实际情况选用管道埋地、直埋或架空方式。当采用光缆时，可与油气管道同沟敷设。

（3）通信方式的确定可按下列情况进行：

①油气田生产管理单位之间的管理电话（数据）采用有线通信方式。

②油气集输站场通信方式的确定有以下两种情况：

a. 油气田较集中地区各站场岗位间通信以有线通信方式为主，无线通信方式为辅。油气集输各站场间的直通电话选用直通专线或油气田专用通信网（或公用电信网）的热线功能实现。分井计量站的通信宜采用无线对讲机方式。

b. 油气田较分散及边远地区各站场间通信以无线通信方式为主，主要依托油气田专用通信网现有的无线接入网络或其他通信运营商经营的网络，采用无线固定台方式接入油气田专用通信网或公用电信网。分井计量站通信宜采用无线对讲机方式。

c. 油气田较分散又相对独立的区块，生产管理单位的通信采用有线或无线通信方式接入当地公用电信网。油气田区块内通信宜采用无线通信方式。油气田区块内的大型油气站场，根据其所处的地理位置及通信需求情况采用有线通信接入或多路无线通信接入，单用户站场宜采用无线通信方式接入。

（4）用户电话通信线路应符合下列质量标准：

①用户电话的长途终端衰减限制不应超过 8.68dB。

②用户电话之间采用音频线路的内部电话（包括调度电话）全程衰减限制（不包括话机）应为 24.3dB。

（5）安装于爆炸危险区内的电话、广播、工业电视监视设备及用于爆炸危险区内的无线电对讲机，必须适应于该危险区的防爆要求。

（6）通信电缆管道和直埋电缆与地下管道或建（构）筑物的安全距离见表 4-1-30。

表 4-1-30　通信电缆管道和直埋电缆与地下管道或建（构）筑物的最小净距

地下管道及建筑物		最小水平净距，m		最小垂直净距，m	
		电缆管道	直埋电缆	电缆管道	直埋电缆
给水管道	75~150mm	0.5	0.5	0.15	0.5
	200~400mm	1.0	1.0	0.15	0.5
	>400mm	2.0	1.5	0.15	0.5
天然（煤）气管道	压力≤0.3MPa	1.0	1.0	0.15（注1）	0.5
	0.3MPa<压力≤0.8MPa	2.0	1.0	0.15（注1）	0.5
电力线	35kV 以下电力电缆	0.5（注2）	0.5（注2）	0.5（注2）	0.5（注2）
	10kV 及以下电力线电杆	1.0	—	—	—
建筑物	散水边缘	—	0.5	—	—
	无散水时	—	1.0	—	—
	基础	1.5	0.6	—	—
绿化	高大树木	1.5	—	—	—
	小型绿化树	1.0	—	—	—
输油管道		—	2.0	—	0.5
热力管道		1.0	2.0	0.25	0.5
排水管道		1.0	1.0	0.15	0.5
道路边石		1.0	—	—	—
排水沟		—	0.8	—	0.5
广播线		—	0.1	—	—

注：(1) 交越处 2m 之内天然（煤）气管道不得有接口，否则管道应加包封。
　　(2) 电力电缆加有保护套管时，净距可减至 0.15m。

(7) 通信架空线路与其他设备或建（构）筑物的安全距离见表 4-1-31。

表 4-1-31　架空线路与其他设备或建筑物的最小净距

序号	净距说明	最小净距，m
1	杆路与油（气）井或地面露天油池的水平间距	20
2	杆路与地下管道的水平距离，杆路与消火栓的水平距离	1.0
3	杆路与火车轨道的水平距离	地面杆高的 $1\frac{1}{3}$
4	杆路与人行道边石的水平距离	0.5
5	导线与建筑物的最小水平距离	2.0
6	电缆或导线与农作物之间的垂直距离	0.6

续表

序号	净距说明		最小净距（m）
7	电缆或导线与路面之间的垂直距离	一般地区	4.5
		特殊地区	3.0
8	导线与树枝间	在市内最近水平距离	1.3
		在郊外的水平距离	2.0
		垂直距离	1.0
9	跨越河流时	通航河流最低电缆或导线与最高洪水时船舶或船帆最高点的垂直距离	1.0
		不通航河流最低电缆或导线与最高洪水位的垂直距离	2.0
10	电缆或导线穿越有防雷保护装置的架空电力线路的垂直距离	1kV 以下	1.25
		1~10kV	2.0
		20~110kV	3.0
		154~220kV	4.0
11	电缆或导线穿越无防雷保护装置的架空电力线路的垂直距离	1kV 以下	1.25
		1~10kV	4.0
		20~110kV	5.0
		154~220kV	6.0
12	电缆或导线与带有绝缘层的低压电力线交越时的垂直距离		0.6
13	两通信线（或与广播线）交越最近两导线的垂直距离		0.6（注1）
14	电缆或导线与直流电气铁道馈电线交越时的垂直距离		2.0（注2）
15	电缆或导线与霓虹灯及其铁架交越时的垂直距离		1.6
16	跨越房屋时最低电缆或导线与房顶的垂直距离		1.0
17	跨越乡村大道、城市人行道和居民区最低电缆或导线与路面的垂直距离		4.5
18	跨越公路及通卡车的大车路和城市街道最低电缆或导线与路面的垂直距离		5.5
19	跨越铁路最低电缆或导线与轨面的垂直距离		7.0

注：(1) 两通信线交越时，一级线路应在二级线路上面通过，且交越角不得小于30°，广播线路为三级线路。
(2) 通信线路与25kV 交流电气铁道的馈电线不允许跨越，必要时应采用直埋电缆穿过。

（8）油气田内通信工程的设计应符合现行国家及行业标准的规定。
①油气田内厂矿等有调度电话要求的生产管理单位，应在调度中心设程控调度总机。调度总机的设计，应符合国家标准 YD/T 762—1995《程控模拟电话调度机技术要求和测试方法》的有关规定。（YD/T 762—1995 于 2009 年 12 月 1 日已废止。——编者）
②油气田内通信管道的设计，应符合国家标准 YD 5007—1995《本地电话网通信管道和通道工程设计规范》的有关规定。（YD 5007—1995 于 2003 年 11 月 1 日已作废，替代标准为 YD 5007—2003。——编者）
③油气田内通信电源的设计，应符合国家标准 YD 5040—1997《通信电源设备安装设计

规范》的规定。要求交流供电不间断的通信设备应采用 UPS 电源供电。（YD 5040—1997 于 2006 年 10 月 1 日已作废；替代标准为 YD/T 5040—2005。——编者）

④油气田内通信系统设备接地的设计，应符合国家标准 GBJ 79—1985《工业企业通信接地设计规范》的规定（GBJ 79—1985 于 2008 年 10 月 1 日已废止。——编者）。当通信系统设备接地与供配电系统和仪表自控系统联合设计时，应符合 GB 50343—2004《建筑物电子信息系统防雷技术规范》的有关规定。

⑤油气田内生产管理单位办公楼内的综合布线、有线电视及消防广播等系统工程设计，应符合国家现行的相关行业标准的规定。

7. 建构筑物

（1）建构筑物设计应保证结构安全可靠，满足国家现行结构设计规范的要求。同时还要满足抗震、防火、防爆、防腐蚀、防噪声、环保及节能等要求。

（2）建构筑物的建筑设计应符合国家标准 SYJ 21—1990《油气田和管道工程建筑设计规范》的规定。（STJ 21—1990 于 2008 年 12 月 1 日已作废，替代标准为 SY/T 0021—2008。——编者）

（3）甲类和乙类火灾危险性生产厂房的耐火等级不宜低于二级，其他生产厂房的耐火等级除相关规范另有规定外不宜低于三级。

（4）有爆炸危险的甲类和乙类火灾危险性生产厂房不应采用地下或半地下厂房，宜采用敞开式或半敞开式厂房。当采用封闭式厂房时，防爆泄压设施的设置应符合国家现行标准《建筑设计防火规范》GB 50016—2006 的有关规定。

（5）有爆炸危险性的甲类和乙类厂房，宜采用钢筋混凝土柱或钢柱承重的框结构、排架结构以及轻板刚架结构等有利于防爆泄压的结构。建筑面积、高度和跨度较小的厂房也可采用砌体承重的混合结构，但应设置钢筋混凝土构造柱及圈梁等加强措施。根据油气田滚动开发情况，对于短期油气田开发区块可采用临时性或可拆装移动的建筑。

（6）当有爆炸危险的甲类或乙类火灾危险性生产厂房采用轻型钢结构时，所有建筑构件必须采用非燃烧材料；墙和屋面板每平方米重量不应超过 120kg；除天然气厂房外，宜为单层。与其他厂房的防火间距应按国家标准 GBJ 16—87《建筑设计防火规范》中的三级耐火等级的建筑确定。房屋的梁、柱及支撑应涂抹防火保护层，柱及柱间支撑耐火极限不应小于 2h，屋面梁、屋面梁间支撑及刚性系杆耐火极限不应小于 1h。（GBJ 16—87 已被 GB 50016—2006 代替。——编者）

（7）建构筑物应根据采光、保温及密闭要求采用单层或双层窗。但对有爆炸危险性的甲类或乙类厂房计入泄压面积的门窗宜采用单层外开门窗。防爆与非防爆房间之间的窥视窗应采用一层固定、一层平开密闭的防爆窗。

（8）散发较空气重的可燃气体及可燃蒸汽的有爆炸危险性的甲类或乙类厂房，地面应采用不发生火花的面层。

（9）室外管墩、管架及设备平台宜采用钢筋混凝土结构，管架及设备平台也可采用钢结构。室内的操作平台及小型管架宜采用钢结构。管墩及管架设计，宜符合国家现行标准 HG/T 20670—2000《化工、石油化工管墩、管架设计规定》的规定。

（10）地下水池及阀池宜采用抗渗钢筋混凝土结构，位于地下水位以上且无较高防渗要求的阀池可采用砖混结构。

（11）在满足地基稳定和变形的前提下，设备基础应尽量浅埋。除岩石地基外，基础埋深不宜小于 0.5m，对存在冻土的地区应考虑冻胀影响。基础混凝土的强度等级根据环境类别和使用年限，应符合国家现行标准 GB 50010—2010《混凝土结构设计规范》的有关规定。钢筋混凝土基础强度等级不应低于 C20，素混凝土基础强度等级不应低于 C15，垫层基础强度等级为 C10。设备基础顶面无预埋钢板时，宜设置 20~50mm 厚强度等级比基础高一级的细石混凝土二次浇灌层。较大型动力机器基础设计应符合国家现行标准 GB 50040—1996《动力机器基础设计规范》的规定。

（12）卧式储罐基础数量不宜超过两个，且不应浮放。基础的底面积应满足地基承载力要求，一般情况下不进行地基变形验算。鞍座下基础竖板强度应满足水平滑动推力和地震作用要求。

（13）立式金属储罐基础设计及地基处理，应符合国家标准 SH 3068—1995《石油化工企业钢储罐地基与基础设计规范》、《石油化工钢储罐地基处理技术规范》的有关规定。沉降脱水罐及污水沉降罐等对罐底板不均匀沉降要求严格的立式金属罐，宜选用钢筋混凝土板式基础。（SH 3068—1995 于 2008 年 5 月 1 日已作废，替代标准为 SH/T 3068—2007。——编者）

（14）塔型设备基础、球罐基础及钢筋混凝土冷换框架设计，应分别符合国家现行标准 SH/T 3030—2009《石油化工塔型设备基础设计规范》、SH/T 3062—2007《石油化工球罐基础设计规范》、SH/T 3067—2007《石油化工钢筋混凝土冷换框架设计规范》的规定。

（15）防火堤结构设计，应符合国家现行标准 GB 50351—2005《储罐区防火堤设计规范》的有关规定。

（16）抽油机基础可采用预制组装式或现浇整体式钢筋混凝土结构。

（17）油气集输工程建筑物的抗震设防分类，应符合国家标准 GB 50223—1995《建筑抗震设防分类标准》的有关规定（现行国家标准为 GB 50223—2008。——编者）；抗震设计应符合现行国家标准 GB 50011—2010《建筑抗震设计规范》的有关规定。油气集输工程构筑物的抗震设计，应符合国家标准 GB 50191—1993《构筑物抗震设计规范》的有关规定。

8. 站场道路

（1）油气集输站场道路的设计应满足生产管理、维修维护和消防等通车的需要。站场道路宜划分为：

①主干道：一、二、三、四级油气站场进出站路及站内主要道路。

②次干道：一、二、三、四级油气站场中各单元之间的道路及五级油气站场（不含分井计量站）的进站路和站内主要道路。

③支道：消防道路和厂房与车间出入口的道路。

④人行道。

上述各类道路，每个站场可根据生产规模和交通运输的需要，全部或部分设置。油气站场的级别按 GB 50183—2004《石油天然气工程设计防火规范》确定。

（2）进站路宜采用公路型道路，站内路宜采用场站型道路。

（3）站场道路的路面宽度可按表 4-1-32 选用。

表4-1-32　路面宽度选用

道路级别	路面宽度，m	
	一、二、三级油气站场，四级油气站场（不含接转站）	四级接转站，五级油气站场（不含分井计量站）
主干道	4，6，7，8	—
次干道	4，6，7	4，3.5
支道	4	4，3.5
人行道	1，1.5	1

公路型进站路的路肩宽度宜为1.0m或1.5m，受地形限制的困难路段可减为0.5m或0.75m。

（4）一、二、三、四级油气站场道路宜采用高级或次高级路面，其他站场道路可采用次高级或中级路面，消防路宜采用泥结碎石路面或混凝土联锁路面砖路面。

（5）站场内道路计算行车速度宜为15km/h。平原微丘地区而且长度超过500m的进站路，计算行车速度宜为40km/h，其他进站路计算行车速度可为20km/h。

（6）站场内道路的最小平曲线半径为14m，纵坡度一般不宜大于6%，竖向高差大的路段纵坡度不宜大于8%。相邻纵坡差不大于2%的站场内道路变坡点及厂房出入口道路可不设竖曲线。一般站场内道路可不设超高或加宽。交叉路口路面加铺转角半径一般为9~12m。

（7）站场内道路的停车视距应不小于15m，会车视距应不小于30m。当采用停车视距时，应根据实际情况采取有效的安全措施，如设置分道行驶的设施或限速标志及反光镜等。

（8）汽车装卸场地宜采用水泥混凝土场地，装卸场地坡度宜为0.5%~1.0%。场地结构应满足运油车辆的要求，装卸场地应设照明设施，站外应设停车场。

（9）生产天然气凝液的工艺装置区和液化石油气汽车装车场，应采用不发生火花的混凝土面层。

（10）站场道路应符合现行国家标准GB 50183—2004《石油天然气工程设计防火规范》的有关规定。消防路以及消防车必经之路，其交叉路口或弯道的路面内缘转弯半径不得小于12m。

（11）通向分井计量站及井场的道路可采用4m及3.5m宽的土路，道路长度超过500m时应设错车道。错车道的有效长度为20m，错车道路段路基全宽6.5m，前后各设长15m的宽度渐变段。

（12）站场道路设计的其他要求应符合现行国家标准GBJ 22—1987《厂矿道路设计规范》的规定。

十三、健康、安全与环境

（1）油气集输工程的劳动安全卫生设计，必须遵循《中华人民共和国安全生产法》、原国家经济贸易委员会《石油天然气管道安全监督与管理规定》、原中华人民共和国劳动部《建设项目（工程）劳动安全卫生监察规定》、《压力管道安全管理与监察规定》及现行国家标准SY/T 6276—2010《石油天然气工业健康、安全与环境管理体系》等相关规定。

（2）劳动安全卫生的设计应针对工程特点进行，主要包括下列几项：

①确定建设项目（工程）主要危险、有害因素和职业危害。

②对自然环境与工程建设和生产运行中的危险、有害因素及职业危害进行定性和定量分析。

③提出相应的劳动安全卫生对策和防护措施。

④劳动安全卫生设施和费用。

（3）油气集输工程的设计应贯彻《中华人民共和国环境保护法》、《中华人民共和国水污染防治法》、《中华人民共和国大气污染防治法》、《中华人民共和国固体物污染环境防治法》、《中华人民共和国噪声污染防治法》和《中华人民共和国清洁生产法》，并应符合现行国家、地方和石油天然气行业有关环境保护的规定。

（4）生产中产生的废水、废气及废渣（液），应遵循国家和地方环境保护的现行有关标准进行无害化处理，达标后排放或填埋。

（5）油气集输站场噪声防治，应符合现行国家标准 GB 12348—2008《工业企业厂界噪声排放标准》的规定。

第二章　油田地面工程建设前期工作管理规定

第一节　油田地面工程项目规划设计单位选用方式及选用原则

一、选用方式

地面工程项目规划设计由建设单位通过招标委托有相应资质的工程咨询及工程设计单位进行。承担规划设计的单位要对工程的编制内容和质量负责。

二、选用原则

对出现概念设计或可行性研究失真情况的单位，在一定时期内不能再参与类似项目的规划设计。招标活动要严格按照国家有关规定执行，体现公开、公平、公正和择优诚信的原则。在同等条件下，可以优先考虑熟悉油田油藏和地形特点，在油田有地面工程规划设计经验的单位。

第二节　油田开发地面工程概念方案编制规定

油田地面工程建设项目调研，要在油藏评价部署方案的基础上进行。概念设计地面工程方案要提出地面工程框架，提出可能采用的地面工程初步设计，并完成相应的地面建设投资估算。

第三节　油田地面工程项目可行性研究报告编制规定

油田开发地面工程方案设计（可行性研究）必须以经济效益为中心，以油藏工程方案为依据，应用先进适用的配套技术，按照"高效、低耗、安全、环保"的原则，对新油田地面工程及系统配套工程建设进行多方案的技术经济比选及综合优化。地面工程概念设计方案要注意确定合理的建设规模，以提高地面工程建设的投资效益。地面工程方案设计参照附录1《延长油田股份有限公司地面工程项目可行性研究报告编制规定》，主要内容应该包括：

（1）油藏工程要点；
（2）钻采工程要点；
（3）地面工程建设规模及总体布局；
（4）油气集输工程规模及工艺流程；
（5）主体工艺技术；
（6）地面工程总体布局；
（7）配套系统工程；
（8）地面工程投资估算与资金筹措。

以及节能、环境、劳动安全卫生、组织机构和定员等内容。

第四节　油田地面工程初步设计编制规定

油田地面工程初步设计必须按照批准的可行性研究报告的推荐方案开展工作，必须以工程勘察、测量数据为依据，并进一步优化建设方案。应包括建设规模、主要设计参数、总平面布置、工艺流程、主要设备技术选型、辅助系统配套工程的优化方案和优化措施、安全、环保、建设分期，主要技术经济指标和工程投资概算等内容。

第三章　油田地面工程实施管理

第一节　工程设计、施工、监理、检测等参建单位的选用原则

地面工程建设的设计、施工、监理、检测单位选择及物资采购等，除某些不适宜招标的

特殊项目外，均需实行招标、招标可采取公开招标或邀请招标的方式。招标活动要严格按照国家有关规定执行，体现公开、公平、公正，以及择优、诚信的原则。

第二节　工程开工须具备的条件

工程开工必须具备以下条件：
(1) 工程征地、供电和供水等相关协议，以及防火审批等手续已办理；
(2) 经审查修改后的施工图已发送到施工及监理等单位；
(3) 完成施工场地平整、通水、通电、道路畅通；
(4) 工程施工及监理等参建单位进驻现场，施工机具运抵现场；
(5) 施工计划、质量保证计划、安全生产计划、监理及质量监督等实施计划已经制定落实；
(6) 质量、健康、安全与环境（QHSE）各项措施都已落实；
(7) 工程建设启动资金已经到位；
(8) 施工单位已签订工程施工合同和安全服务合同。

第三节　工程质量标准及管理规定

一、建筑工程和建筑安装工程

工程质量标准分建筑工程、建筑安装工程及工业安装工程三部分。

建筑工程和建筑安装工程工程质量评定标准划分为"合格"或"不合格"。

其分项工程、分部工程和单位工程质量标准评定程序如下：

1. 分项工程

组成分项工程的项目施工完毕后，由施工单位项目总工程师或工程负责人组织内部验评，填好"分项工程质量验收记录"，项目专业质量检查员和项目专业技术负责人分别在分项工程质量验收记录的相关栏目签认后，报监理工程师（或建设单位项目技术负责人）组织验评签认。

2. 分部工程

组成分部工程的各分项工程施工完毕后，由施工项目经理或总工程师组织内部验评，项目经理签字后报总监理工程师（或建设单位项目负责人）组织验评签认。分部应有总监理工程师（或建设单位项目负责人）组织施工单位的项目负责人和项目技术与质量负责人及有关人员进行验收。

3. 单位工程

组成单位工程的分部工程施工完毕后，施工单位项目经理部组织有关部门进行内部验评。内部验收后，报施工单位（工程公司）经理（总工）签认后，报建设单位组织相关单位验评，直至工程质量竣工验收。单位工程质量验收应由建设单位负责人或项目负责人组织，设计与施工单位负责人或项目负责人及施工单位的技术与质量负责人和监理单位的总监理工程师均应参加验收。

二、工业安装工程

工业安装工程工程质量评定标准划分为"合格"或"优良"。其分项工程、分部工程和单位工程评定程序如下：

1. 分项工程

由施工单位分部工程负责人组织→班组长做好自检记录，填写《分项工程质量检验评定表》→专职质量检查员核定分项工程质量检验评定等级。

2. 分部工程

由施工单位负责人组织→分部工程负责人负责填写《分部工程质量检验评定表》→专职质量检查员核定分部工程质量检验评定等级。

3. 单位工程

单位工程质量检验评定的组织主要有4个单位和部门完成，即施工单位、监理单位、建设单位及质量监督部门等组成。施工单位（项目部）将有关质量评定资料准备齐全并签字盖公章→监理单位和建设单位对施工单位（项目部）申报的质量评定资料审核签字盖公章→质量监督部门（第三方）对该工程质量评定资料进行审核签字盖公章。

第四节 工程资料档案管理规定及要求

油气田地面工程建设项目档案资料是指在整个建设项目从酝酿、决策到建成投产（使用）的全过程中形成的，应当归档保存的文件，包括基本建设项目的提出、调研、可行性研究、评估、决策、计划、勘测、设计、施工、调试、生产准备、竣工及试生产（使用）等工作活动中形成的文字材料、图纸、图表、计算材料以及声像材料等形式与载体的文字材料。

一、档案资料的管理

（1）各级油田地面工程建设主管部门及档案管理部门要负责监督、检查和指导本部门和本单位建设项目的档案资料工作。档案管理部门应参加重点建设项目档案资料的检查验收。

（2）油田地面工程建设项目的档案资料工作要与项目建设进程同步。项目申请立项时，既应开始进行文件材料的积累、整理及审查工作；项目竣工验收时，完成文件材料的归档和验收工作。

（3）项目建设过程中，建设单位、工程总承包单位、工程建设现场指挥机构、勘察设计单位及施工单位应在各自的职责范围内搞好建设项目文件材料的形成、积累、整理、归档和保管工作。属于建设单位归档范围的档案资料，有关单位应按时整理并移交建设单位。

（4）档案资料的汇总整理

①建设项目实行总承包的，各分包单位负责收集和整理分包范围内的档案资料，交总包单位汇总和整理。竣工时由总包单位向建设单位提交完整准确的项目档案资料。实行工程建设现场指挥机构管理的建设项目，竣工时由现场指挥机构向建设单位提交完整准确的项目档案资料。

②建设项目由建设单位分别向几个单位发包的，各承包单位负责收集和整理所承包工程的档案资料，交建设单位汇总和整理，或由建设单位委托一个承包单位汇总整理。

（5）建设单位、工程总承包单位、工程现场指挥机构、施工单位以及勘察设计单位必须有一位负责人分管档案资料工作，并建立与工程档案资料工作任务相适应的管理机构，配备档案资料管理人员，制定管理制度，统一管理建设项目的档案资料。施工过程中要有能保证档案资料安全的库房和设备。

（6）凡有引进技术或引进设备的建设项目，要做好引进技术和引进设备的图纸及文件的收集整理工作，无论通过何种渠道得到的与引进技术或引进设备有关的档案资料，均应交档案部门统一管理。档案部门要加强提供利用的手段和措施，保证使用。

（7）归档的文件材料要字迹清楚，图面整洁，不得用易褪色的书写材料书写和绘制。

（8）对超过保管期限的基本建设项目档案资料必须进行鉴定，对已失去保存价值的档案资料，经过一定的审批手续，登记造册后方可处理。保密的档案资料应按保密规定进行管理。

（9）设计建设大、中型建设项目时，均应设计建设与工作任务相适应的，符合要求的档案资料库房，并为档案资料保管和提供利用配置必要的设备，其费用列入工程总概算。

二、竣工档案资料的管理要求

（1）竣工图是工程的实际反映，是工程的重要档案，工程承发包合同或施工协议中要根据国家对编制竣工图的要求，对竣工图的编制、整理、审核、交接及验收做出规定，施工单位不按时提交合格竣工图的，不算完成施工任务，并应承担责任。

（2）施工单位要做好施工记录、检验记录、交工验收记录和签证等，整理好变更文件，按规定编制好竣工图。工程竣工验收前，由主管部门和建设单位组织检查竣工图的质量，油田地面工程建设主管部门及施工企业的主管部门应检查施工单位编制施工档案的质量。

（3）编制竣工图的费用，按下列办法处理：

①因设计失误造成设计变更较大，施工图不能代用或利用的，由设计单位负责绘制竣工图，并承担其费用。

②因建设单位或主管部门要求变更设计，需要重新绘制竣工图时，由建设单位绘制或委托设计单位负责绘制，其费用由建设单位在基建投资中解决。

③其余情况由施工单位负责编制竣工图，所需费用，由施工单位自行解决。

三、归档范围和保管期限

（1）建设项目文件材料归档范围和保管期限，一般可根据表 4-2-1 执行。特殊专业的建设项目可参照附表制定补充规定。

表4-2-1　国家重大建设项目文件归档范围和保管期限表

序号	归档文件	保管期限 建设单位	保管期限 施工单位	保管期限 设计单位
1	可行性研究、任务书			
(1)	项目建议书及其报批文件	永久		长期
(2)	项目选址意见书及其报批文件	永久		长期
(3)	可行性研究报告及其评估和报批文件	永久		长期
(4)	项目评估（包括借贷承诺评估）及论证文件	永久		长期
(5)	环境预测与调查报告，环境影响报告书和批复	永久		长期
(6)	设计任务书、计划任务书及其报批文件	永久		永久
2	设计基础文件			
(1)	工程地质、水文地质及勘察报告，地质图，勘察记录，化验及试验报告，重要土样和岩样及说明	永久		永久
(2)	地形、地貌、控制点、建筑物、构筑物及重要设备安装测量定位和观测记录	永久		长期
(3)	水文、气象及地震等其他设计基础资料	永久		长期
3	设计文件			
(1)	总体规划设计	永久		永久
(2)	方案设计	永久		永久
(3)	初步设计及其报批文件	永久		永久
(4)	技术设计	永久		永久
(5)	施工图设计	长期		永久
(6)	技术秘密材料、专利文件			永久
(7)	工程设计计算书	长期		长期
(8)	关键技术试验	永久		永久
(9)	设计评价、鉴定及审批	永久		永久
4	项目管理文件			
(1)	征地、移民文件			
①	征用土地申请与批准文件，红线图、坐标图、行政区域图	永久		
②	征地移民拆迁、安置及补偿批准文件与协议书	永久		
③	建设前原始地形地貌的状况图和照片	永久		
④	施工执照	永久		
(2)	计划、投资、统计、管理文件			
①	有关投资、进度、物资及工程量的建议计划及实施计划和调整计划	长期		
②	概算、预算管理、差价管理文件	长期		

续表

序号	归档文件	保管期限 建设单位	保管期限 施工单位	保管期限 设计单位
③	合同变更及索赔等涉及法律事务的文件	长期		
④	规程、规范、标准、规划、方案、规定等文件	长期		
⑤	招标文件审查、技术设计审查、技术协议	长期		
⑥	投资、进度、质量、安全、合同控制文件	长期		
(3)	招标投标、承发包合同协议			
①	招标书、招标修改文件、招标补遗及答疑文件	长期	长期	长期
②	投标书、资质材料、履约类保函、委托授权书和投标澄清文件、修正文件	永久	永久	长期
③	开标议程，开标大会签字表，报价表，评标纪律，评标人员签字表，评标记录、报告	长期		
④	中标通知书	长期	长期	长期
⑤	合同谈判纪要、合同审批文件、合同书、合同变更文件	永久	长期	长期
(4)	专项申请、批复文件			
①	环境保护、劳动安全、卫生、消防、人防、规划等文件	永久		
②	水、暖、电、煤气、通信及排水等配套协议文件	长期		
③	原料、材料及燃料供应等来源协议文件	长期		
5	施工文件			
(1)	建筑施工文件			
①	开工报告、工程技术要求、技术交底、图纸会审纪要	长期	长期	
②	施工组织设计、方案及报批文件，施工计划、施工技术及安全措施文件，施工工艺文件	长期	长期	
③	原材料及构件出厂证明、质量鉴定、复验单	长期	长期	
④	建筑材料试验报告	长期	长期	
⑤	设计变更通知、工程更改洽商单、材料代用核定审批手续、技术核定单、业务联系单、备忘录等	永久	长期	
⑥	施工定位（水准点、导线点、基准线、控制点等）测量与复核记录、地质勘探	永久	长期	
⑦	土（岩）试验报告、基础处理、基础工程施工图、桩基工程记录、地基验槽记录	永久	长期	
⑧	施工日记、大事记		长期	
⑨	隐蔽工程验收记录	永久	长期	
⑩	各类工程记录及测试、沉降、位移和变形监测记录，事故处理报告	永久	长期	
⑪	工程质量检查与评定	永久	长期	

续表

序号	归档文件	保管期限 建设单位	保管期限 施工单位	保管期限 设计单位
⑫	技术总结，施工预算与决算		长期	
⑬	交工验收记录证明	永久	长期	
⑭	竣工报告、竣工验收报告	永久	永久	
⑮	竣工图	永久	长期	
⑯	声像材料	长期	长期	
(2)	设备及管线安装施工文件			
①	开工报告、工程技术要求、技术交底、图纸会审纪要	长期	长期	
②	施工组织设计、方案及其报批文件，施工计划与技术措施文件	长期	长期	
③	原材料及构件出厂证明、质量鉴定、复验单	长期	长期	
④	建筑材料试验报告	长期	长期	
⑤	设计变更通知及工程更改洽商单，材料、零部件及设备代用审批手续，技术核定单，业务联系单，备忘录等	永久	长期	
⑥	焊接试验记录与报告，施工检验，探伤记录	永久	长期	
⑦	隐蔽工程检查验收记录	永久	长期	
⑧	强度及密闭性试验报告	长期	长期	
⑨	设备及网络调试记录	长期	长期	
⑩	施工安装记录，安装质量检查与评定，事故处理报告	长期	长期	
⑪	系统调试与试验记录	长期	长期	
⑫	管线清洗、试压、通水、通气及消毒等记录	短期	长期	
⑬	管线标高、位置及坡度等测量记录	长期	长期	
⑭	中间交工验收记录证明，工程质量评定	永久	长期	
⑮	竣工报告、竣工验收报告，施工预算与决算	永久	长期	
⑯	竣工图	永久	长期	
⑰	声像材料	长期	长期	
(3)	电气和仪表安装施工文件			
①	开工报告、工程技术要求、技术交底、图纸会审纪要	长期	长期	
②	施工组织设计、方案及其报批文件，施工计划与技术措施文件	短期	长期	
③	原材料及构件出厂证明、质量鉴定、复验单	长期	长期	
④	建筑材料试验报告	长期	长期	
⑤	设计变更通知及工程更改洽商单，材料、零部件及设备代用审批手续，技术核定单，业务联系单，备忘录等	永久	长期	

续表

序号	归档文件	保管期限 建设单位	保管期限 施工单位	保管期限 设计单位
⑥	系统调试及整定记录	长期	长期	
⑦	绝缘及接地电阻等性能测试与校核记录	长期	长期	
⑧	材料与设备明细表及检验记录，施工安装记录，质量检查评定及事故处理报告	永久	长期	
⑨	操作与联动试验	短期	长期	
⑩	电气装置交接记录	短期	长期	
⑪	中间交工验收记录、工程质量评定	永久	长期	
⑫	竣工报告、竣工验收报告	永久	长期	
⑬	竣工图	永久	长期	
⑭	声像材料	长期	长期	
6	监理文件	建设单位		监理单位
(1)	施工监理文件和资料			
①	监理合同协议，监理大纲，监理规划、细则及批复	长期		长期
②	施工及设备器材供应单位资质审核，设备、材料报审	长期		长期
③	施工组织设计、施工方案、施工计划及技术措施审核，施工进度、低渗透工期、索赔及付款报审	长期		长期
④	开（停、复、返）工令、许可证、中间验收证明书	长期		长期
⑤	设计变更、材料、零部件、设备代用审批	长期		长期
⑥	监理通知、协调会审纪要、监理工程师指令和指示、来往函件	长期		长期
⑦	工程材料监理检查、复检、实验记录及报告	长期		长期
⑧	监理日志、监理周（月、季、年）报、备忘录	长期		长期
⑨	各项测控量成果及复核文件、外观、质量、文件等检查和抽查记录	长期		长期
⑩	施工质量检查分析评估、工程质量事故及施工安全事故报告	长期		长期
⑪	工程进度计划、实施及分析统计文件	长期		长期
⑫	变更价格审查、支付审批、索赔处理文件	长期		长期
⑬	单元工程检查及开工（开仓）签证、工程分部分项质量认证与评估	长期		长期
⑭	主要材料及工程投资计划与完成报表	长期		长期
(2)	设备采购及监造工作监理资料			
①	设备采购委托监理合同及采购方案、监造计划	长期		长期
②	市场调查与考察报告	长期		长期
③	设备制造的检验计划和检验要求、检验记录及试验报告、分包单位资格报审表	长期		长期
④	原材料及零配件等的质量证明文件和检验报告	长期		长期

续表

序号	归档文件	保管期限 建设单位	保管期限 施工单位	保管期限 设计单位
⑤	开工与复工报审表、暂停令	长期		长期
⑥	会议纪要、来往文件	长期		长期
⑦	监理工程师通知单、监理工作联系单	长期		长期
⑧	监理日志、监理月报	长期		长期
⑨	质量事故处理文件、设备制造索赔文件	长期		长期
⑩	设备验收与交接文件、支付证书和设备制造结算审核文件	长期		长期
⑪	设备采购及监造工作总结	长期		长期
(3)	监理工作声像材料	长期		长期
7	工艺设备文件	建设单位	施工单位	设计单位
(1)	工艺说明、规程、路线、试验及技术总结	长期		
(2)	产品检验、包装、工装图及检测记录	长期		
(3)	设备与材料采购招投标文件及合同，出厂质量合格证明	长期	长期	
(4)	设备与材料装箱单和开箱记录、工具单、备品备件单	长期		
(5)	设备图纸、使用说明书、零部件目录	长期		
(6)	设备测绘及验收记录及索赔文件	长期		
(7)	设备安装调试、测定数据、性能鉴定	长期		
8	科研项目			
(1)	开题报告、任务书、批准书	永久		
(2)	协议书、委托书、合同	永久		
(3)	研究方案、计划、调查研究报告	永久		
(4)	试验记录、图表、照片	永久		
(5)	实验分析、计算及整理数据	永久		
(6)	实验装置及特殊设备图纸、工艺技术规范说明书	永久		
(7)	实验装置操作规程、安全措施、事故分析	长期		
(8)	阶段报告、科研报告、技术鉴定	永久		
(9)	成果申报、鉴定、审批及推广应用材料	永久		
(10)	考察报告、重要课题研究报告	永久		
9	涉外文件			
(1)	询价、报价、投标文件	短期		
(2)	合同及其附件	永久		

续表

序号	归 档 文 件	保管期限 建设单位	保管期限 施工单位	保管期限 设计单位
(3)	谈判协议、议定书	永久		
(4)	谈判记录	长期		
(5)	谈判过程中外商提交的材料	长期		
(6)	出国考察及收集来的有关材料	短期		
(7)	国外各设计阶段文件及设计联络文件	永久		
(8)	各设计阶段审查议定书	永久		
(9)	技术问题来往函电	永久		
(10)	国外设备与材料检验和安装手册以及操作使用说明书等随机文件	永久		
(11)	国外设备合格证明、装箱单、提单、商业发票及保险单证明	短期		
(12)	设备开箱检验记录、商检、海关及索赔文件	永久		
(13)	国外设备与材料的防腐与保护措施	短期		
(14)	外国技术人员现场提供的文件材料	长期		
10	生产技术准备及试生产文件			
(1)	技术准备计划	短期		
(2)	试生产管理、技术责任制	短期		
(3)	开停车方案	短期		
(4)	设备试车、验收、运转及维护记录	长期		
(5)	试生产产品质量鉴定报告	短期		
(6)	安全操作规程、事故分析报告	长期		
(7)	运行记录	短期		
(8)	技术培训材料	短期		
(9)	产品技术参数、性能及图纸	永久		
(10)	工业卫生、劳动保护材料、环保及消防运行检测记录	短期		
11	财务及器材管理文件			
(1)	财务计划及执行、年度计划及执行、年度投资统计	短期		
(2)	工程概算、预算、标底、合同价、决算、审计及说明	永久		
(3)	主要材料消耗及器材管理	短期		
(4)	交付使用的固定资产、流动资产、无形资产及递延资产清册	永久		
12	竣工验收文件			
(1)	项目竣工验收报告	永久	长期	长期
(2)	工程设计总结	永久		长期

续表

序号	归档文件	保管期限 建设单位	保管期限 施工单位	保管期限 设计单位
(3)	工程施工总结	永久	长期	
(4)	工程监理总结	永久	长期	
(5)	项目质量评审文件	永久	长期	
(6)	工程现场声像文件	永久	长期	
(7)	工程审计文件、材料及决算报告	永久		
(8)	环境保护、劳动安全卫生、消防、人防、规划及档案等验收审批文件	永久		
(9)	竣工验收会议文件、验收证书及验收委员会名册和签字、验收备案文件	永久	长期	长期
(10)	项目评优报奖申报材料、批准文件及证书	长期	长期	

（2）建设单位应根据工程规模和工程全过程中应产生的文件材料规定详细的归档范围和内容，以确保归档文件材料的完整性。

（3）基本建设项目档案资料的保管期分为：永久、长期、短期三种。长期保管的基本建设项目档案资料实际保管期限不得短于建设项目的实际寿命。

第五节 项目所在建设单位的施工管理职责及管理要求

项目所在建设单位的职责和工作是"一协调、二管理、三控制"，即协调参建各方（包括地方）关系，加强合同管理和信息管理，控制项目工期、质量和投资。具体管理要求包括4个方面：

一、日常管理

建设单位不能停留在经验管理上，要按照股份公司标准化管理的要求，遵循"有章可循，有序可控，有据可查，有事必管"的原则，即在工作中有规章制度可以遵循；有管理程序和流程可以控制；有管理记录可以查询和追溯，建立健全管理制度、工作流程和管理追溯机制，并且各项事务都有专人管理落实。

二、合同管理

合同是建设单位和设计、施工及监理单位建立法律关系的唯一纽带，也是明确各自职责、权限和义务的法律依据。建设单位应在管理中认真研究和充分利用合同这一有效的依据和管理手段来保护自身权益和保障工程项目的有效实施。

（1）要充分利用招标条件及合同条款制定者的优势，在符合国家相关规定的前提下，选择有实力及履约能力强的施工、设计及监理单位，本着平等、互惠和互利原则；确立对建设方有利的条款，有条件地将项目风险进行转移，提高建设单位在合同管理中的主动性和指导性。

（2）要有效利用合同条款，有效控制投资，加强资金利用。在保证工程进度的前提下，从紧控制资金支付，加强资金的有效周转和利用，避免参建单位出现资金沉淀，减少贷款利息支出，节约项目投资成本。

三、安全质量管理

油田地面工程项目建设具有涉及专业多、建设周期长、影响面广等特点，为加强建设安全质量控制，日常（现场）管理要推行"专业分解、要素控制、档案管理、监督考核"机制。

1. 专业分解

指根据建设项目的专业组成，按照专业特点对其组成和施工阶段进行合理划分，将项目安全质量要求分解到各专业，实现安全质量专业负责和细化控制。建设单位须建立专业分解表。

2. 要素控制

指对专业分解后的组成部分和施工阶段，疏理安全质量控制要素和主要技术指标，建立要素控制体系，通过对安全质量要素的控制实现对施工总体安全的卡控。建设单位须建立要素控制表。

3. 档案管理

是指对建设项目的每个单位工程建立安全质量档案，将工程实施中发生的安全质量问题、事故处理及相关单位和责任人等信息如实记录，保证安全质量生产情况的可追溯性，纳入考核，对发生事故的主要责任人可采取清退和下一项目投标禁入等方法进行处理。并在此基础上逐步建立安全质量问题库和管理系统，实现安全质量管理的标准化和信息化。

4. 监督考核

是指建立安全质量情况通报和考核制度，建设单位每季度对安全质量生产情况汇总通报不少于一次，报送至各参建单位总部，通报内容应包括工程建设情况、安全质量生产情况及参建单位履约情况，通报项目可直接纳入参建单位的油田地面工程建设质量信誉评价考核。

四、设计变更管理

设计变更管理是建设单位管理的一项重要内容，应遵循以下几条原则：

（1）满足功能要求。

工程实体都因实现项目的一定功能而存在，其组成部分都担负着一部分项目功能，判断一项设计变更成立及是否可行的一个基本条件是看其是否能满足工程的功能需求，如变更能满足功能要求则首先可以确定其是成立的，至于是否可行还需参照其他条件。

（2）符合技术标准条件。

技术标准是工程实体满足使用功能和要求的具体条件，其中很多是国家强制性标准，在工程实施中必须执行。变更项目在满足项目功能要求的同时，其本身还应符合相关技术标准，如设计规范、验收标准及技术条件等要求，使结构和强度等技术指标达到使用条件。不符合标准的设计变更严禁审批通过和执行。

（3）符合减少投资与方便施工的原则。

变更项目在满足功能要求，符合技术标准的条件下，对减少投资与方便施工的，应优先进行变更设计，组织实施。

第四章　油田地面工程投产试运管理

第一节　油田地面建设项目竣工投产方案编制规定

除合同另有规定外，投产方案由建设单位组织生产部门和设计单位与施工单位共同编制，编制完成后由建设单位有关主管部门审批。投产方案颁发时间应满足投产运行工作的需要。投产运行方案包括以下内容：

（1）工程概况或试运行范围；
（2）编制依据和原则；
（3）目标与采用标准；
（4）投产运行前应该具备的条件；
（5）组织指挥系统；
（6）投产运行程序与操作要求和进度安排；
（7）投产运行资源配置；
（8）环境保护设施投运安排；
（9）安全与职业健康要求；
（10）投产运行预计的技术难点和采取的应对措施。

第二节　组织准备、物质准备、技术准备、外部条件准备和人员培训

人员培训由建设单位合同委托施工单位或其他机构组织进行，包括编制培训计划，推荐培训方式和场所，对生产管理和操作人员进行模拟培训和实际操作培训，对其培训考核结果进行检查，防止不合格人员上岗给项目带来潜在风险等。培训计划应该按照项目特点进行编制，培训计划包括：培训目标、培训的岗位和人员、时间安排、培训和考核方式、培训地点、培训设备、培训费用及培训教材等内容。

组织准备、物质准备、技术准备以及外部条件准备等工作均有建设单位统一协调编制计划组织实施。

第三节　投产试运行应急预案的编制

建设单位编制投产运行方案的同时，须同步组织或委托"投产试运行应急预案"的编制。

一、应急预案的作用

应急预案在应急系统中起着关键作用，它明确了在突发事故发生之前、发生过程中以及刚刚结束之后，谁负责做什么，何时做，以及相应的策略和资源准备等。它是针对可能发生的重大事故及其影响和后果的严重程度，为应急准备和应急响应的各个方面所预先作出的详细安排，是开展及时有序和有效事故应急救援工作的行动指南。

1. 应急预案在应急救援中的重要作用

（1）应急预案明确了应急救援的范围和体系，使应急准备和应急管理不再是无据可依、无章可循，尤其是培训和演习工作的开展。

（2）制定应急预案有利于做出及时的应急响应，降低事故的危害程度。

（3）事故应急预案成为各类突发重大事故的应急基础。通过编制基本应急预案，可保证应急预案足够灵活，对那些事先无法预料到的突发事件或事故，也可以起到基本的应急指导作用，成为开展应急救援的"底线"。在此基础上，可以针对特定危害编制专项应急预案，有针对性地制定应急措施，进行专项应急准备和演习。

（4）当发生超过应急能力的重大事故时，便于与上级应急部门的协调。

（5）有利于提高风险防范意识。

2. 策划应急预案时应考虑的因素

策划应急预案时应进行合理策划，做到重点突出，反映主要的重大事故风险，并避免预案相互孤立、交叉和矛盾。策划重大事故应急预案时应充分考虑下列因素：

（1）重大危险普查的结果，包括重大危险源的数量、种类及分布情况，重大事故隐患情况等。

（2）本地区的地质、气象及水文等不利的自然条件（如地震、洪水、台风等）及其影响。

（3）本地区以及国家和上级机构已制定的应急预案的情况。

（4）本地区以往灾难事故的发生情况。

（5）功能区布置及相互影响情况。

（6）周边重大危险可能带来的影响。

（7）国家及地方相关法律法规的要求。

二、应急预案的编制过程

应急预案的编制应包括下面5个过程：

（1）成立由各有关部门组成的预案编制小组，指定负责人。

（2）危险分析和应急能力评估。辨识可能发生的重大事故风险，并进行影响范围和后果分析（即危险识别、脆弱性分析和风险分析）；分析应急资源需求，评估现有的应急能力。

（3）编制应急预案。根据危险分析和应急能力评估的结果，确定最佳的应急策略。

（4）应急预案的评审与发布。预案编制后应组织开展预案的评审工作，包括内部评审和外部评审，以确保应急预案的科学性、合理性以及与实际情况的符合性。预案经评审完善后，由主要负责人签署发布，并按规定报送上级有关部门备案。

（5）应急预案的实施。预案经批准发布后，应组织落实预案中的各项工作，如开展应急预案宣传、教育和培训，落实应急资源并定期检查，组织开展应急演习和训练，建立电子化的应急预案，对应急预案实施动态管理与更新，并不断完善。

三、重大事故应急预案核心要素及编制要求

应急预案是针对可能发生的重大事故所需的应急准备和应急响应行动而制定的指导性文件，其核心内容如下：

（1）对紧急情况或事故灾害及其后果的预测、辨识和评估。

（2）事故突发预防措施。

（3）规定应急救援各方组织的详细职责。

（4）应急救援行动的指挥与协调。

（5）应急救援中可用的人员、设备、设施、物资、经费保障和其他资源，包括社会和外部援助资源等。

（6）在紧急情况或事故灾害发生时保护生命、财产和环境安全的措施。

（7）现场恢复。

（8）其他，如应急培训和演练，法律法规的要求等。

应急预案是整个应急管理体系的反映，它不仅包括事故发生过程中的应急响应和救援措施，而且还应包括事故发生前的各种应急准备和事故发生后的紧急恢复，以及预案的管理与更新等。因此，一个完善的应急预案按相应的过程可分为6个一级关键要素，包括：①方针与原则；②应急策划；③应急准备；④应急响应；⑤现场恢复；⑥预案管理与评审改进。

这6个一级要素相互之间既相对独立，又紧密联系，从应急的方针、策划、准备、响应和恢复到预案的管理与评审改进，形成了一个有机联系并持续改进的体系结构。根据一级要素中所包括的任务和功能，其中应急策划、应急准备和应急响应3个一级关键要素可进一步划分成若干个二级小要素。所有这些要素即构成了城市重大事故应急预案的核心要素。这些要素是重大事故应急预案编制所应当涉及的基本方面，在实际编制时，可根据职能部门的设置和职责分配等具体情况，将要素进行合并或增加，以便于组织编写。

第四节 投产试运行程序和工作组织

一、投产试运行程序

投产试运行程序必须严格遵守单体试运行→联动试运行→投料（负荷）试运行的程序，不能逾越。

1. 单体试运行

单体试运行合格的标志是完成中间交接签证，联动式运行前所有单项工程必须单体试运行合格。中间交接条件包括：

（1）交接范围内的工程按设计文件的内容全部建成。
（2）工程质量达到了施工及验收规范规定的标准和设计文件的要求。
（3）规定的技术资料和文件齐全，并经检查合格。
（4）管道系统试压、吹扫、清洗、严密性试验、设备试验、检测、内部处理、电气、仪表调试和单体试运行全部完成。
（5）清扫了有碍安全的杂物，厂房和机械已清理干净。

2. 联动试运行

联动试运行合格的标志是完成联动试车合格证签证，联动试运行合格后方可进入投料试运行阶段。联动试运行应达到的标准包括：

（1）试运行系统应按设计要求全面投运，首尾衔接稳定，连续运行并达到规定时间。
（2）参加试运行的人员应掌握开车、停车、事故处理和调整工艺条件的技术。

二、试运行组织

试运行的组织机构由建设单位（业主）统一组建领导指挥体系，明确各相关方的责任，负责及时提供各种资源，选用和组织试运行操作人员；由生产部门负责统一指挥和操作，严禁越级指挥。施工单位负责岗位操作的监护，处理试运行过程中机器、设备、管道、电气及自动控制等系统出现的问题并进行技术指导。试运行过程中必须严格按照经过批准的试运投产方案规定的程序、步骤和操作方法进行操作，当上一道工序不稳定或下一道工序不具备条件时，不得继续进行下一道工序试运行。试运期间必须实行监护操作制度。

第五节 项目投料试运行

项目投料试运行工作由建设单位生产部门负责指挥和操作，设计单位及施工单位等成立保运小组负责保运。

一、一般要求

(1) 投料试运行必须高标准、严要求，按照批准的试运行方案和程序进行。坚持"应遵循的程序一步也不能少，应达到的标准一点也不能低，应争取的时间一分钟也不放过"的原则，精心组织，发扬"三种精神"，做到"四不开车"。

① "三种精神"：全局精神、拼搏精神、科学精神。

② "四不开车"：条件不具备不开车，程序不清楚不开车，指挥不在场不开车，出现问题不解决不开车。

(2) 投料前必须组织检查和确认投料试运行应该具备的条件。

(3) 投料试运行应避开严寒季节。否则，必须制定冬季试运行方案，落实防冻措施。

二、投料试运行应具备的条件

投料试运行应具备以下条件：

(1) 工程中间交接完成，包括：

①工程质量合格。

② "三查四定"（三查：查设计漏项、未完工程及工程质量隐患；四定：对查出的问题定任务、定人员、定时间、定措施）的问题整改消缺完毕，遗留尾项已处理完。

③影响投料的设计变更项目已施工完。

④现场清洁，施工用临时设施已全部拆除，无杂物，无障碍。

(2) 联动试运行已完成，且做到：

①吹扫、清洗、气密、干燥、置换以及三剂装填等已完成，并经确认。

②设备处于完好备用状态。

③机器和设备及主要的阀门、仪表及电气皆已标明了位号和名称；管道介质名称和流向标志齐全。

④在线分析仪表和仪器经调试具备使用条件，联锁调校完毕，准确可靠，工业空调已投用。

⑤岗位工器具已配齐。

(3) 人员培训已完成，各工种人员经考试合格，取得上岗证，达到"三懂六会"：

①三懂：懂原理、懂结构、懂方案规程。

②六会：会识图、会操作、会维护、会计算、会联系、会排除故障。

(4) 各项生产管理制度已落实，岗位分工明确。

(5) 经批准的投料试运行方案已向生产人员交底，事故处理应急方案已经制定并落实。

(6) 保运工作已落实，包括：

①保运的范围和责任已划分。

②保运队伍已组成，保运人员已经上岗，保运后备人员已落实。

③保运设备和工器具已落实。

④保运值班地点已落实并挂牌，实行24h值班。

⑤物资供应服务到场，实行24h值班。

⑥机、电、仪修人员已上岗。
(7) 供排水系统已正常运行，确保连续稳定供应。
(8) 供电系统及仪表控制系统已平稳正常运行，包括：
①实现双电源和双回路供电。
②仪表电源稳定运行，仪表自动控制系统和集散系统已能正常运行。
③保安电源已落实，事故发电机及不间断电源处于良好备用状态。
(9) 蒸汽系统已平稳供给。
(10) 供氮和供风系统已运行正常，包括：工业风、仪表风及氮气系统运行正常；压力、流量及露点等参数合格。
(11) 原材料、燃料、化学药品、润滑油（脂）等，已按设计文件和试运行方案规定的规格数量准备齐全，并能确保连续稳定供应。
(12) 备品备件齐全。
(13) 通信联络系统运行可靠。
(14) 储运系统处于良好待用状态，已能正常运行，包括：
①原料、燃料及中间产品储存设备已吹扫、试压、气密、干燥、氮封完。
②机泵及管线处于良好待用状态。
③储罐的呼吸阀已调试合格，防静电和防雷设施完好。
(15) 运销系统已处于良好待用状态，包括：
①铁路、公路、码头及管道输送系统已建成投用。
②原料、燃料、中间产品及产品交接的质量和数量与方式等制度已经落实。
③产品包装设施已用实物料试运行，包装材料齐全。
④产品出厂检验、产品销售和运输手段已落实。
⑤不合格品处理手段已落实。
(16) 安全、消防和急救系统已完善，包括：
①安全生产管理制度与规程齐全，安全管理体系建立，人员经安全教育后取证上岗。
②动火制度及校方巡检制度已制定，校方道路通畅。
③气体防护与救护措施已落实。
④岗位消防器材和护具已备齐，人人会用，并进行过消防演习。
⑤生产装置和罐区的消防设施、报警器及监测器已投用，完好率达到100%。
⑥锅炉和压力容器已经国家行政主管部门确认发证。
⑦盲板皆已按批准的带盲板的工艺流程安装或拆除，安装的盲板具有明显标志，并经检查位置无误，质量合格，并有专人管理，现场挂牌。
⑧现场急救站已建立，并备有救护车等，实行24h值班。
(17) 生产调度系统已正常运行。
(18) 环保工作达到"三同时"，生产装置"三废"预处理设施及"三废"处理装置已建成投用。环境监测所需的仪器和化学药品已备齐，分析规程及报表已准备完。
(19) 化验分析准备工作已就绪。
(20) 现场保卫已落实。

(21) 生活后勤服务已落实。
(22) 试运行指导人员和专家已到现场。

三、投料试运行前检查重点

(1) 联动试运行是否已经合格。
(2) 与投料试运行相关的生产准备工作是否已全部完成。
(3) 是否尚有影响投料试运行的未完工程。
(4) 安全工作是否能满足投料试运行的需要。
(5) 环境保护设施投运情况。

四、投料试运行规定

(1) 除合同另有规定外，投料试运行方案由建设单位组织生产部门和设计单位及施工单位共同编制。
(2) 投料试运行必须统一指挥，严禁越级指挥。
(3) 参加投料试运行人员必须遵守劳动纪律、工艺纪律和有关制度，并应在明显部位佩戴试运行证。无证人员不得进入试运行区。
(4) 安全连锁装置必须按设计文件的规定投用。因故停车时，应经授权人批准，记录在案，限期恢复，停用期间应派专人进行监护。
(5) 必须按投料试运行方案规定的程序、步骤和操作方法进行操作，在试运行期间必须实行监护操作制度。
(6) 投料试运行应循序渐进，当上一道工序不稳定或下一道工序不具备条件时，不得继续进行下一道工序试运行。
(7) 岗位操作人员应和仪表、电气及机械人员保持密切联系。操作工不得擅自拆检仪表及电气装置，仪表工检查仪表时应和操作人员联系。在修理机械及调整仪表和电气时，应事先办理工作票。
(8) 总控人员应和其他岗位操作人员密切配合，紧密合作。
(9) 必须按照投料试运行方案的规定测定数据，做好记录。化学分析工作除按设计文件及规程规定的项目和频率进行分析外，还应按试运行的需要，及时增加分析项目和分析频率。
(10) 投料试运行合格后，应及时消除试运行中暴露的缺陷，并逐步达到满负荷试运行，为生产考核创造条件。

五、投料试运行标准

投料试运行应该达到下列标准：
(1) 生产装置连续运行，生产出合格产品，一次投料负荷试运行成功。
(2) 负荷试运行的主要控制点正点到达。
(3) 不发生重大设备、操作及人身事故，不发生火灾和爆炸。
(4) 环保设施做到"三同时"，不污染环境。
(5) 负荷试运行不得超过试车预算，经济效益好。

第五章　油田地面生产系统运行控制

第一节　油井集油运行控制规定

（1）应尽量减少汽车拉运原油的生产方式，汽车拉运原油时，应控制原油出储罐加热温度不超过40℃，防止油气挥发损耗。

（2）在不影响采油生产的条件下，应充分利用地层能量，合理利用油井集输压力，尽量采用不加热集油工艺，尽可能降低集油温度，减少能量消耗。

（3）在满足计量和管线畅通最低温度要求条件下，实施不加热或较低温度集输。

第二节　原油接转运行控制规定

（1）接转站工艺流程应密闭运行，伴生气不放空，采出液不外排，降低油气分离及集输过程的油气损耗。

（2）油井集输的供热温度和供热量应根据油井生产、工艺和环境的变化控制在低消耗范围内。

（3）外输加热炉应保持高效状态运行，出口温度控制在维持输油的最优值。

（4）接转站外输放水要控制水中含油达到规定指标。

第三节　原油脱水运行控制规定

（1）自动控制油、气、水分离装置的压力和界面，保持系统平稳运行。

（2）在达到原油含水及污水含油指标条件下，应控制原油脱水在较低温度下运行。

（3）要控制原油脱水系统和油水界面，保证脱水中含油达标，满足后续污水处理。

（4）外输原油含水应达标。

（5）应控制原油外输输差在规定的标准内，输差要按时核对，防止原油泄漏。

第四节　原油储运系统运行控制规定

（1）在储存温度条件下，控制原油饱和蒸汽压力低于0.7倍的当地大气压力，以降低原油的蒸发损耗。

（2）原油储罐应密闭运行，要保持呼吸阀和安全阀灵活可靠。

（3）控制原油储罐液位、原油温度及停留时间，在满足随时外运条件下，减少能量消耗。

（4）原油接收和外运都应保证含水、输差及温度指标在规定标准之内。

第五节　伴生气系统运行控制规定

（1）根据油田具体情况，充分回收利用油田伴生气，气油比高和效益好的伴生气应建设集输及处理系统和轻烃回收装置。

（2）边远井和零散井宜采用套管气回收措施，利用伴生气加热和发电或作为燃气发动机燃料。

（3）在油气密闭集输的同时，宜采用原油稳定和大罐抽气装置减少油气损耗。

第六节　水处理系统运行控制规定

（1）水处理宜密闭运行，严禁不达标污水外排。

（2）水处理站要监视和检测来水水质，控制含油、悬浮物及细菌等主要指标不超出允许范围。

（3）监视水处理各工序水质指标变化，及时调整运行参数和运行措施，水处理工艺设备及装置进出口水质应达到规定要求，最终实现水质达标。

（4）定期组织沉降容器、设备和管道清洗，防止水质二次污染。

第七节　注水系统运行控制规定

（1）当注水水质平均腐蚀率不小于 0.076mm/a 时，注水水中溶解氧浓度不能超过 0.1mg/L，清水中的溶解氧要小于 0.1mg/L。

（2）注水增压应适应注入压力，控制泵管压差及注水泵运行台数应与注水量匹配，保持注水泵高效运行。

（3）监视注水系统变化，控制、调整和优化系统运行参数，保持系统高效运行。

（4）监视注水井注入量和注入压力变化，控制洗井周期，保持压力波动在规定范围内。

第六章　老油田地面工程改造管理

第一节　老油田地面工程改造范围界定及投资管理

老油田地面工程改造，是指列入油田公司生产设施更新改造及维修工程计划、相关处室专项费用安排用于地面生产设施扩能、节能降耗和新技术推广试验，或采油厂筹集资金安排的地面生产设施改造及维修工程等项目。要保证必要的地面工程维护费用和改造资金，加强投资管理，做到专款专用。

第二节　老油田地面工程改造项目竣工验收

老油田地面改造工程属于地面工程建设范畴，要严格执行建设程序，老油田地面改造项目竣工验收管理要执行如下规定：

（1）已具备竣工验收条件的项目，应及时申请和办理竣工验收。重点工程项目宜在试运投产后6个月内完成竣工验收，一般工程项目宜在3个月内完成竣工验收。

（2）竣工验收包括专项验收和总体验收两方面内容。

（3）竣工验收中的专项验收包括安全、环境保护、劳动卫生、消防及工业卫生方面的验收。

（4）重点工程项目由低渗透油田股份公司组织竣工验收，其他项目由各采油厂组织竣工验收。

（5）竣工验收程序。

①专项验收应在项目竣工验收前按照相关规定完成单项验收工作。

②竣工验收分为预验收和正式验收。由低渗透油田股份公司组织验收的重点工程项目，各采油厂应在正式验收前组织预验收。

③工程决算审计及档案资料审查验收属于竣工验收的重要部分，宜安排在正式验收前进行。

④由若干个单项（位）工程组成的大型或特大型工程项目的竣工验收，可以先分别组织各单项（位）工程验收。单项（位）工程验收完成后，再组织整个工程的总体验收。

⑤建设项目竣工验收后，建设单位应尽快办理固定资产交付使用手续。

（6）根据国家关于建设项目竣工验收的有关规定，不合格工程不予验收。对遗留问题应提出具体解决意见，限期落实整改。

（7）竣工资料包括竣工图及各类管理及技术文件资料，应按照低渗透油田股份公司建设项目档案管理规定的有关要求编制，保证竣工资料的原始性和真实性，并与工程实际相符。

（8）在检查验收各项经济技术指标的同时，竣工验收要突出项目的效益评价，工程建设项目的实际效益要作为工程建设及管理的主要业绩。

（9）工程验收的总结报告（设计总结、施工总结、工程监理总结、生产运行总结、设备引进总结及建设单位管理总结），应总结工程建设和生产试运行及工程管理中的优化简化的成效、措施、经验及用于优化的先进实用技术。

第三节　老油田地面工程改造项目实施效果评价

老油田地面工程改造项目实施效果评价可以由建设单位自我评价，也可以合同委托具有相应资质的单位进行。自我评价要求成立相应的领导小组和工作小组，明确分工，制定相应的编制和审查程序并严格执行。实施效果评价主要采用前后对比法，评价的总体要求是：

（1）说明地面工程改造项目建设规模、总体布局、工艺技术及工艺流程等工程方案要点，评价方案的先进性和适用性。

（2）说明施工组织、管理及设备引进情况，评价施工管理的合规性和有效性。

（3）对比分析地面系统改造前后负荷、效率及效果等主要指标，评价地面工程方案是否符合"高效、低耗、安全、环保"的原则。

（4）说明地面工程改造项采用的新工艺与新技术，评价其应用效果和推广前景。

（5）总结值得推广的经验和教训。

（6）后评价具体格式和内容参见附录2：《延长股份有限公司开发项目后评价报告编制细则》。

附录1

油田地面工程项目可行性研究报告编制规定

石油工程项目可行性研究报告编制总则

（1）为了加强工程建设项目的前期工作，提高项目可行性研究水平，规范可行性研究报告的编制，为项目科学决策提供依据，特制订"油田地面工程项目可行性研究报告编制规定"（以下简称"编制规定"）。

（2）油田地面工程项目可行性研究由建设单位委托有相应资质的工程设计和咨询单位进行。承担项目可行性研究的单位，必须通过招标投标的方式进行选择。

（3）进行项目可行性研究，必须坚持科学、客观与公正的原则。编制的可行性研究报告要全面反映研究过程的意见和项目存在的问题，要确保可行性研究的科学性和严肃性。

（4）可行性研究报告的编制，要按照批准的项目建议书的要求进行。对按照规定不需要编报项目建议书的项目，可根据建设单位的要求编制。

（5）承担项目可行性研究的单位要对项目可行性研究报告的编制内容和质量负责。对出现可行性研究报告失真情况的单位，在一定时期内不能再参与类似项目可行性研究报告编制的投标。

（6）项目可行性研究报告要严格按照"编制规定"编制，但对于投资额度较小、项目建设内容比较简单及市场比较落实的项目，编制项目预可行性研究报告时，可以根据情况，适当简化编制内容。具体内容的要求，由建设单位委托编制，或根据项目建议书批复要求确定。

（7）油田地面工程项目可行性研究要建立在油藏工程、钻井工程及采油工艺研究的基础上。对项目进行可行性研究的投资估算和经济评价时，要包括项目的全部投资和整体经济效益。

（8）批准的可行性研究报告，要作为初步设计和概算的依据，项目的规模、工程内容、标准、工艺路线及产品方案等，不得任意改变。可行性研究报告投资估算要相对准确，在正常情况下，其准确性应达到同概算相比较的±10%。

（9）项目可行性研究报告的经济评价要按照公司下发的建设项目经济评价方法与参数的有关规定进行。

（10）本编制规定由油田公司规划计划部归口管理。

第一节　油田地面工程项目可行性研究报告编制内容

一、总论

1. 编制依据

列出委托单位委托书及与编制可行性研究报告单位签订的合同，项目建议书及批复文件，法人及出资文件，资源报告及批复文件，油田规划，油田开发方案及审批文件，环境影响报告书（或评价大纲）及审批文件等相关文件，以及由委托方提供的油田基础资料。

2. 研究目的和项目背景

简要说明项目的研究目的，项目建设的理由。从国家及行业和油田发展规划、原油及产品市场需求、项目建设的必要性及建设条件等方面，说明项目建设的背景。

3. 研究范围

说明项目的工程界限，主体工程和配套工程的主要内容。对不属于本项目研究范围，但与该项目有直接关系或需分摊投资的外部工程也要加以说明。

4. 编制原则

说明编制工程项目可行性研究报告所依据的国家及行业和地方的有关政策、法规和规划，以及所遵循的技术、经济及生产建设等方面的原则。

5. 遵循的标准规范

列出所遵循的主要标准及规范的名称和编号。

6. 技术路线

说明所研究项目的技术方案和产品方案，新工艺、新技术、新设备、新材料和专利与专有技术的采用情况，以及工程预期达到的技术水平。重大及特殊油田工程项目，应与国内（外）同类先进工程项目进行比较。

7. 研究结论

简要说明推荐方案的工程概况，列出主要工程量、主要技术指标和经济指标，说明本报告的研究结论。

8. 存在问题和建议

根据项目研究结论和推荐方案，说明在工程建设条件、技术和经济等方面存在的问题和可能存在的风险，提出解决问题的建议。

二、自然条件和社会条件

1. 地理位置

说明油田的地理位置和区域范围。

2. 自然条件

说明油田所在地的地形、地貌、工程地质、水文和水文地质、气象、主要断裂带及地震基本烈度等情况。

3. 社会人文及经济状况

简要说明油田所在地的社会人文、资源、工农业生产发展状况以及地方建设现状和规划情况。

4. 交通运输

说明当地铁路、公路、水运和空运现状及规划情况。

5. 供电和通信

说明当地供电和通信现况及其发展规划。

6. 生活福利教育及公用事业概况

说明当地可依托的生活福利、教育及公用事业的情况。

7. 工程建设与所在地的关系

说明工程建设对当地公用设施、土地、劳动力、建筑材料和生活供应等方面的要求。

三、油气储量和开发方案

1. 油气储量

根据油气资源报告的批复文件,扼要进行油藏描述,说明探明地质储量、预测可采储量和油气资源勘探前景。对资源报告审批文件的批复要点进行摘录。

2. 开发方案

根据开发方案及批复文件,摘录批准的油藏工程开发部署及油田稳产的宏观控制年限等开发方案要点,列出用于地面工程建设的主要技术参数、流体性质和开发方案图表。

3. 钻井工程

根据钻井工程的批复文件,说明钻井工艺、完井工艺和其他有关技术参数。

4. 采油工程

根据采油工程的批复文件,说明采油工艺设计方案、主要工艺技术参数和生产制度。

5. 开发部署及主要工程量

说明开发方案中有关开发部署和主要工程量情况。

四、油田地面建设规模及总体布局

1. 油田地面建设规模

根据油田储量报告及开发方案,确定油田地面建设的总规模及分期建设规模,以及油田地面建设的主要工程内容。

2. 总体布局

说明油田地面建设工程总体布局原则，总体布局方案，进行厂址和站址多方案比较，提出推荐方案。在地形图上绘制油田地面建设总体布局图，并列出油田地面建设总体布局占地指标。

五、油气集输工程

1. 油气集输规模

根据油田开发方案和市场需求，说明油气集输工程的主要产品和生产能力，列出各单项工程建设的总体规模和分期建设规模。

2. 油气集输系统工艺方案

根据油田开发方案和采油工艺，论述不同的油气集输和天然气集输等工艺方案，在对各种方案进行技术经济比较后，提出油气集输系统工艺推荐方案，以及主要工程量。

3. 油气处理

根据原油物性、组分及油气集输条件等，计算油气分离的级数，列出分离效果及分离设备的规格和数量。

根据含水原油物性、含水水型及乳化形式，选择不同的原油脱水方案，进行技术经济比较，提出推荐方案，并列出主要设备的规格和数量及主要消耗指标。

根据原油物性及组分，选择适用的原油稳定方案，进行技术经济比较，提出原油稳定推荐方案。

根据天然气组分，选择适用的天然气处理方案，进行技术经济比较，提出天然气处理推荐方案。

4. 油气储运

根据原油年产量、原油流向和当地交通运输条件，进行不同原油外输方案比选，提出原油外输的推荐方案，确定油库的功能、组成和采用的工艺技术。列出主要工程量及主要设备的规格和数量。

根据天然气、轻烃和液化气的市场情况，说明其储运方案，列出主要设备规格和数量。

5. 油气集输管道

概述油气集输各种管道的规格及工艺参数等情况，说明各类管道的用管和敷设方式。

6. 防腐与保温

说明管道及储罐的防腐层种类，简述推荐的理由；确定管道和储罐的阴极保护方案。

说明本工程需要保温管道和储罐的保温材料、结构及保温的工作量。

7. 工艺技术

简述油气集输工程中所采用的关键工艺技术，绘制油气集输总工艺流程图。

说明工程采用新工艺、新技术、新设备和新材料的情况。需引进国外技术及设备时，要说明引进内容、方式和理由。

8. 主要工程量及设备材料

列出油气集输系统的工程构成和主要工程量，主要设备与材料的规格和数量。

9. 主要技术经济指标

列出油气集输系统的主要技术经济指标。

六、注水工程

1. 注水规模和参数

根据油田开发方案，说明注水规模、注水压力和水质要求，以及分期注水的工艺参数。

2. 注水方案

对多种水源进行技术比选，提出注水水源的推荐方案。从注水流程和注水管网等方面对注水系统进行多方案技术经济论证，提出推荐方案。说明注水所特有的工艺技术、以及采用新工艺、新技术、新设备和新材料的情况；需引进国外技术和设备时，要说明引进方式、内容和理由。

3. 主要工程量及设备材料

列出注水工程主要工程量，主要设备与材料的规格和数量。

4. 主要技术经济指标

列出注水系统的主要技术经济指标。

七、含油污水处理工程

1. 处理规模

根据油田开发方案，说明含油污水处理规模和分期实施安排。

2. 处理方案

对多种含油污水处理方案进行技术经济比选，提出推荐方案。说明含油污水处理特有的工艺技术，以及采用新工艺、新技术、新设备和新材料的情况；需引进国外技术和设备时，要说明引进方式、内容和理由。

3. 主要工程量及设备材料

列出含油污水处理工程主要工程量，主要设备与材料的规格和数量。

4. 主要技术经济指标

列出含油污水处理工程的主要技术经济指标。

八、给排水及消防工程

1. 给水

说明需要的给水规模和水质。概述区域水资源情况和水源的工程建设规模，在多方案技术经济比较后提出水源建设的推荐方案。确定给水站建设规模和水处理工艺，以及输配水方案。

列出主要工程量，主要设备与材料的规格和数量，以及主要技术经济指标。

2. 排水

说明污水的类别和来源、污水量和污水水质，以及污水处置方案、污水排放量和排放水质的要求，确定排水管网及污水站处理规模和污水处理工艺，提出排水工程的推荐方案。

列出主要工程量，主要设备与材料的规格和数量，以及主要技术经济指标。

3. 防洪排涝

说明区域降雨情况和油田防洪范围，确定合理的防洪标准。根据当地防洪排涝设施情况，规划油田的防洪排涝系统，经多方案技术经济比较后提出推荐方案。

列出主要工程量，主要设备与材料的规格和数量，以及主要技术经济指标。

4. 消防

说明确定油田消防系统方案的原则和可依托的社会条件。在对消防系统进行多方案比较后，提出推荐方案。

列出主要工程量，主要设备与材料的规格和数量，以及主要技术经济指标。

九、供电工程

1. 用电负荷及用电量

根据油田建设部署及其配套工程的用电负荷，预测油田用电总负荷和年用电量。说明负荷分级。

2. 电源

说明油田所在地区已建电源情况和可依托的条件，论述外接电源和自备电站方案，在对多个供电方案进行技术经济比较后，提出油田供电电源的推荐方案。

3. 供配电网络

根据地区供电条件和油田用电负荷分布情况，确定供配电网络的电压等级，在进行技术经济比较后，推荐供配电网络结构形式，提出变配电工程的建设规模。

4. 主要工程量及设备材料

列出主要工程量，主要设备与材料的规格和数量。

5. 主要技术经济指标

说明供电工程的主要技术经济指标。

十、自动控制

1. 自动控制系统建设的必要性

说明自动控制系统建设的必要性及编制依据，以及本系统要达到的自动控制水平。

2. 系统方案

说明自控系统方案选择的原则。通过多方案的论述与比较，提出推荐方案及主要设备选型意见。

3. 主要工程量及设备材料

列出推荐方案主要工程量，主要设备与材料的规格和数量。

十一、通信工程

1. 通信业务需求

说明油田所在地区石油通信网和公用通信网的现况，油田地面工程对通信业务的需求预测。

2. 技术方案

说明制订油田通信方案的技术原则，通信系统方案选择，通信组网方案和设备选型。

3. 主要工程量及设备材料

按照通信工程的系统和站型列出主要工程量和主要设备材料。

十二、总图运输和建筑结构

1. 总图运输

说明油田厂、站和基地所在地的地理位置及交通情况，生活基地所在城镇的社会依托条件。说明油田厂、站和基地的总平面布置原则，竖向布置方式，土石方量及余土和缺土的处理措施，运输机构规模及设备，列出主要技术指标及工程量。

2. 建筑与结构

说明工程范围及主要内容，主要建筑物种类、建筑面积、耐火等级和消防以及卫生及装修标准。说明建筑物和构筑物的结构形式及抗震设防要求，特殊地区的地基处理方案，以及新技术、新结构和新材料的采用情况。

3. 主要工程量

列出油田建（构）筑物主要工程量及三材耗量。

十三、供热和暖通

1. 供热

说明各井、厂（站）、生产装置和生产管理设施的用热负荷和用热参数；分别确定各井、厂（站）和生产管理设施的供热方案及相应的水处理方案，列出推荐方案主要设备的规格及数量。

2. 采暖与通风

说明采暖、空调和通风的方案，确定采暖热负荷及空调冷负荷；列出推荐方案的主要设备规格及数量。

3. 主要消耗指标

列出推荐方案的主要消耗指标。

十四、道路工程

1. 地区道路现况与发展规划

说明油田所在地区道路现况和发展规划,以及油田道路建设可依托的条件。

2. 油田道路布局

根据油田开发、生产需要和所在地区自然条件,论述油田道路建设标准和布局方案,对不同方案进行技术经济比较后,提出油田道路布局的推荐方案。

3. 路面

说明路面结构形式选择的原则和依据,对路面结构形式和路面厚度的不同方案进行技术经济比较后,提出推荐方案。

4. 桥涵

说明油田所在地区河流和沟渠的基本情况,论述桥涵的结构形式、数量和使用要求,对不同方案进行技术经济比较后,提出推荐方案。

5. 主要工程量及材料

列出工程构成和主要工程量,以及主要材料的规格和数量。

十五、生产维修工程

1. 维修体制和工作量

说明确定维修机构的主导思想,维修工程服务范围和对象,维修内容和工作量,石油行业或外部可依托的条件,以及外委工作量。

2. 维修工程内容

说明维修工程的修理能力和建设规模,以及所包括的生产车间。列出各生产车间的主要消耗指标。

3. 仓库

根据油田生产需求,概述仓库的功能、生产规模(能力)、仓库物资容量和年周转量;说明库存物资的类别、规格和数量,物资的存储形式,以及库房及料场的面积和结构。

4. 主要工程量及设备材料

列出维修工程和仓库的主要工程量,主要设备与材料的规格和数量。

十六、生产管理设施

1. 机构组成

说明生产管理系统的组成情况,并测算职工人数。说明生产管理设施选址的原则和依据,测算其占地面积。

2. 生产管理设施

根据生产管理需要,提出建设生产管理设施的要求,测算各单体的建筑面积和投资。

3. 主要工程量

列出生产管理设施的主要工程量。

十七、节能

1. 综合能耗分析

说明主要生产装置的能耗指标和油田生产系统的综合能耗指标。与国内外同类工程能耗水平进行比较分析，提出争取达到同行业国内外先进水平的措施。

2. 节能措施

说明各系统所采用的有利于节能的新技术、新工艺和高效节能设备，余热、余冷、余压和可燃气体的回收利用情况，以及设备和管道的保温与保冷措施等。

3. 单项节能工程

说明单项节能工程的工艺流程和主要设备选择，计算节能经济效益。

十八、环境保护

1. 环境现状

简要说明油田所处地区的自然环境和社会环境情况，描述该地区的大气、水体和土壤等环境现状及植被和野生动物等生态状况。

2. 主要污染源和污染物

分析油田开发和工程投产后可能产生的主要污染源和污染物的种类和数量，并分析可能对大气、土壤、植被及野生动物生存环境等产生的危害。

3. 污染控制

说明治理污染的原则和要求，污染控制的综合方案和措施，列出所需的环保投资。

4. 环境影响分析

根据环境影响报告的主要结论，并结合工程特点对油田的环境影响进行定性分析。

十九、劳动安全卫生

1. 职业危害分析

分析说明油田所在地区自然环境危害，以及油田总体布局和生产过程产生的主要职业危害内容和程度。

2. 职业危害防护

说明在职业安全卫生设计中所采用的防护措施，以及在生产过程中对职业危害所采取的防护措施。列出用于生产环节安全防范、检测和安全教育等的专项装备和设施，以及专项费用。

说明在职业危害防护方面是否符合有关方面的要求。

二十、组织机构和定员

1. 组织机构

说明企业设置的组织机构和工作制度。

2. 定员

说明企业劳动定员分类、素质要求和定员编制。

3. 培训

说明职工培训的目的、专业、人数及计划安排。

二十一、项目实施进度安排

1. 实施阶段

根据基本建设程序，划分项目实施阶段。

2. 实施进度

安排各阶段工作实施计划，列出工程进度图表。

二十二、投资估算与资金筹措

1. 投资估算

简述工程项目概况，说明投资估算编制依据、内容、方法以及主要指标，列出投资估算结果。

2. 资金筹措

说明项目法人组建方案、建设投资及流动资金的来源渠道、筹措方式及落实程度和资金提供条件。

编制投资使用计划。

二十三、财务评价

1. 依据和基础数据

列出所依据的经济法规、文件和财务评价采用的基础数据。

2. 成本和费用估算

说明成本费用构成和估算的方法，列出原油生产成本和费用、操作成本、经营成本和费用的估算结果，并进行必要的成本分析。

3. 财务分析

分别计算出销售收入、销售税金和附加以及利润和所得税，并进行财务盈利能力和项目清偿能力的分析。

4. 不确定性与风险分析

根据财务评价结果，采用敏感性分析、情景分析、基准平衡分析、盈亏平衡分析、风险调整贴现率和概率分析等方法进行不确定性与风险分析，并提出相应对策。

二十四、国民经济评价

1. 主要参数

列出国民经济评价所采用的主要参数。

2. 基础数据调整

基础数据调整包括建设投资、流动资金和经营费用的调整。说明基础数据调整的依据、方法和调整结果。

3. 国民经济评价

根据调整后的基础数据计算经济内部收益率和经济净现值等指标，进行盈利能力分析。

二十五、经济评价结论及建议

1. 经济评价结论

分析财务评价和国民经济评价的各项指标，判断项目是否可行。
综述项目推荐方案的企业经济效益、国民经济效益和抗风险能力。

2. 社会效益评价

大型油田开发建设项目应采取定性与定量相结合的方法，对项目产生的社会效益进行评价。
说明可行性研究报告经济评价中存在的问题，提出项目应采取的必要措施和建议。

第二节 油田地面工程项目可行性研究报告编制细则

一、总论

1. 编制依据

1）立项文件

（1）项目委托单位的委托书和与编制可行性研究报告单位签订的合同；

（2）上级主管部门下达的编制可行性研究报告的任务书。

列出上述文件名称、发文单位、文件编号及发文时间（年、月、日）。全文作为附件。

2）相关文件

（1）项目建议书及批复文件；

（2）法人及出资文件；

（3）油田储量报告及国家储委会的批复文件；

（4）油田的中期与长期发展规划或油藏构造产能建设计划；

（5）油田开发方案及审批文件；

（6）环境影响报告书（或评价大纲）及审批文件；

（7）有关灾害性地质、地震及活动断裂带评价报告；

（8）有关地方部门的水土保持或沙化防治方案或法规；

（9）有关投资、开发、协作、经营及市场等方面的意向性协议或文件；

（10）其他与项目有关的文件，如专题报告、行政文件等。

列出上述文件名称、发文或编制单位、协议参与单位以及文件编号及发文时间。必要时全文或部分摘录作为附件。

3）基础资料

由项目委托单位提供的下列油田基础资料：

（1）油田地理位置及油藏构造分布图；

（2）附有井位坐标的油田井位布置图；

（3）油田区域的矿区公路现状图；

（4）油井单井资料：各油井采油层位、产油量、气油比或产气量、产液量、油层压力、原油及地层水物性、伴生气物性及组成分析；

（5）注水单井资料：各注水井注水量、注水压力及水质要求；

（6）气井单井资料：各气井采气层位、定产产量、定产条件下天然气井口流动温度、流动压力、套管压力、关井压力、井口气和液相产出物的组成分析；

（7）有下列特殊情况的油井和气井资料：产砂井、产气时形成水合物的气井、事故井和无油管井等；

（8）其他有关油田资料。

2. 研究目的和项目背景

1）项目由来和发展

（1）叙述油田勘探和开发前期准备工作，油田勘探的成果，资源评价和国土资源部油气储量评审办公室的审批意见，开发方案编制及采油工程设计的工作成果。叙述地面工程已具备的工作条件，项目已基本达到的立项条件，筹建单位及主管部门已准备的项目意向和编制的项目建议书文件等。

（2）说明项目有关方面（主管部门、地方政府、银行等）对项目的意见。重要内容作为附件。

（3）说明有关部门及行业在土地使用、环保及水土保持等方面的意见，以及在给水、供电、通信、运输及商业物资供应等方面的协作意向。必要内容作为附件。

（4）若属油田扩建和改造工程项目，要对现有企业的有关情况（生产现状、油气集输能力、油气处理能力、储运能力、公用工程能力）进行分析，说明可依托的条件和工程内容。

（5）说明项目资金筹措方式、来源、数额、还贷时间、利率及到位情况，上级主管部门和投资方意见及要求等情况。

2）研究目的

（1）说明所研究项目建设是否有足够和可靠的资源基础。

（2）研究项目的产品市场背景是否良好，建设条件是否具备。

（3）提出科学合理的建设方案和先进成熟与可靠适用的技术方案。
（4）研究企业经济效益和社会综合效益是否良好。
（5）作出研究项目是否可行的结论，供上级部门决策。

3）市场前景

（1）销售市场。

说明根据油田产量和产品品种进行的市场调查，要搞清国家和行业宏观调控意向，计划和自销的商品量。调查当地及近距离加工企业（已有、新建、拟建）的加工能力、接收产品品种和能力及运输方法。

（2）销售价格预测。

说明产品目前的价格水平，分析价格变化的趋势。根据今后国内及国际油价变化，预测可能的销售价格。

4）项目建设的必要性

（1）说明所研究项目对建设单位、地方经济及国民经济发展的重要意义。
（2）说明油田开发的综合利用价值，对原油加工企业发展的作用。
（3）说明油田开发建设对当地经济和社会发展带来的前景。
（4）综合说明项目建设的意义和可行性。

3. 研究范围

1）工程边界

（1）说明所研究油田的构造、名称及含油面积。
（2）当所研究项目与其他工程或已建工程有关系时，应说明其管道、给水、供电、通信及道路等工程的分界点和衔接关系。

2）工程内容

（1）主体工程工程内容：

①油井计量、集油和集气；

②油气分离；

③原油脱水；

④原油稳定；

⑤原油储运；

⑥天然气集输；

⑦天然气处理（脱水、凝液回收）；

⑧注水。

（2）配套工程工程内容：

①含油污水处理；

②给排水及消防；

③供电；

④自动控制；

⑤通信；

⑥供热及暖通；

⑦总图运输和建筑结构；
⑧道路；
⑨生产维修及仓库；
⑩生产管理设施；
⑪环境保护；
⑫节能；
⑬防洪排涝等。

当上述工程内容中某部分需独立编制可行性研究报告时应予以说明。

3）有关外部工程

有些工程项目不属本报告研究范围，但与本项目有直接关系，如与地方共同投资建设的发电厂、水源地和铁路等，在可行性研究报告中应说明其规模和投资分摊情况，以及与本项目的关系和有关文件等。

4. 编制原则

可行性研究报告的编制原则应概括说明：

（1）工程项目依据的国家及地方和行业的有关政策、法规及经济发展规划，以及所遵循的技术、经济和生产建设等方面的原则；
（2）确定工程项目技术水平的原则；
（3）在技术经济方面应执行的原则；
（4）工程项目在生产管理及配套工程建设等方面所遵循的原则；
（5）特殊问题处理的原则。

5. 遵循的标准规范

列出可行性研究报告所遵循的主要标准和规范的名称、标准号和日期。

（1）有关的国家标准和规范；
（2）有关的地方、行业及企业的标准和规范；
（3）若采用有关的国际（外）标准和规范，应写明外文原名、版次及译名。

6. 技术路线

（1）技术方案简述：简要说明主要生产环节的关键技术，如工艺、自控、节能、安全及环境保护等方面的技术方案。

（2）产品方案：根据市场、资源条件及开发方案，简要说明该项目所能生产的产品方案。

（3）简述新工艺、新技术、新设备及新材料的采用情况，及其在产品质量、成本、节能、环保及安全等方面所起的作用。

（4）说明专利技术和专有技术的采用情况。

（5）工程技术水平：根据该项目的工艺特点、自控水平、管理方法及企业效益和社会效益等情况，说明工程预期达到的技术水平。对重大或特殊油田工程项目应与国内（外）同类先进工程进行对比。

7. 研究结论

1) 工程概况
简要说明可行性研究报告推荐的主体工程和配套工程的方案概况。

2) 主要工程量
列出本工程的主要工程量,见附表1-1。

附表1-1 主要工程量表

序 号	工程内容	规 模	单 位	数 量	备 注

3) 主要技术经济指标
(1) 列出主要技术指标,见附表1-2。
(2) 列出主要经济指标,见附表1-3。

附表1-2 主要技术指标表

序 号	内容名称	单 位	数 量	备 注
一	建设规模	10^4 t/a		
二	产品			
1	原油	10^4 t/a		
2	天然气	10^8 m^3/a		
3	稳定轻烃	10^4 t/a		
4	液化气	10^4 t/a		
三	消耗指标			
1	水	10^4 m^3/a		
2	电力	(kW·h)/a		
3	蒸汽	10^4 t/a		
4	燃料	10^4 m^3/a (10^4 t/a)		分项说明
四	主要材料			
	钢材	10^4 t		
	其中管材	10^4 t		
	…	10^4 t		
五	能耗			
1	装置能耗	MJ/a		
2	综合能耗	MJ/a		
3	单位综合能耗	MJ/t		

续表

序号	内容名称	单　位	数量	备注
六	"三废"排放			
1	废气	m^3/h		
2	废液	m^3/h		
3	废渣	t/h		
七	定员			
1	总定员	人		
2	生产工人	人		
3	技术人员	人		
4	辅助人员	人		
八	占地面积			
1	总占地面积	$10^4 m^2$		
2	厂、站占地面积	$10^4 m^2$		
3	生产管理占地面积	$10^4 m^2$		
4	其他占地面积	$10^4 m^2$		
九	建筑面积			
1	总建筑面积	m^2		
2	厂、站建筑面积	m^2		
3	生产管理建筑面积	m^2		
…				

附表1-3　主要经济指标表

序号	内容名称	单　位	数量	备注
一	工程总投资	万元		其中外汇额
1	建设投资	万元		
2	建设期利息	万元		
3	流动资金	万元		
二	成本			
1	年生产成本费用	万元		年均值
2	单位操作成本	元/t		
三	年销售收入	万元		
四	销售税金及附加	万元		
五	年利润总额	万元		

续表

序号	内容名称	单位	数量	备注
六	财务评价指标			
1	财务内部收益率（税前）	%		全部投资
2	财务内部收益率（税后）	%		全部投资
3	财务净现值（$i_c=$　）	万元		折现率
4	投资回收期	a		包括建设期
5	投资利润率	%		
6	投资利税率	%		
7	资本金利润率	%		
七	国民经济评价指标			（需要时做）
1	经济内部收益率	%		
2	经济净现值	万元		

4）研究结论

（1）项目是否符合国家、地方及行业的有关政策和法规。
（2）油气资源是否可靠。
（3）原油和产品市场是否落实，前景是否良好。
（4）产品价格是否有竞争力。
（5）资金及其他建设条件是否具备。
（6）主要工艺技术方案是否成熟先进。
（7）企业经济效益和社会综合效益是否良好。
（8）综合说明该项目是否可行。

8. 存在问题和建议

根据项目研究结论和推荐方案，说明在工程建设条件、技术和经济等方面存在的问题和可能存在的风险，提出解决问题的意见和建议。

二、自然条件和社会条件

1. 地理位置

1）地理位置

说明油田的地理位置及行政归属。有明显参照物（山脉、江河、湖泊、铁路、大中型城市等）的，说明与参照物的方位和距离。

2）油田区域范围

绘制油田地理位置图，圈出油田区域范围和形状。

2. 自然条件

1）地形

说明油田所在地的海拔范围及一般海拔高度，油田区域范围内地形高差、坡度及坡向。

2）地貌

说明油田所在地区的山地、丘陵、盆地、平原、沼泽、盐碱地、沙漠及戈壁等情况和分布。

3）工程地质

（1）说明油田所在地工程地质类型、特征及区块划分。

（2）说明油田所在地的岩土类别及分布情况。

（3）说明当地有无湿陷性黄土、膨（冻）胀土、岩溶、流沙、滑坡、崩塌及泥石流等不良地质危害。

4）水文和水文地质

（1）说明当地主要河流湖泊的类型、分布、流向及所属水系，主要降水类型、季节和地区的强度分布情况，以及当地地表水径流、枯竭、汛期、节蓄情况和洪水高程。

（2）说明油田所在地的水文地质类型及区域划分，地下水水位和水质、地下水运动方向和流量及水储量。

5）气象

列出当地气象资料，见附表1-4。

附表1-4 气象资料表

序号	项目		单位	数量	备注
1	一般海拔高程		m		
2	相对湿度	最冷月月平均	%		
		最热月月平均	%		
3	风速	年平均	m/s		
		冬季平均	m/s		
		夏季平均	m/s		
		最大风速	m/s		
4	风向及风频	冬季最多风向			
		冬季风频	%		
		夏季最多风向			
		夏季风频	%		
5	大气压	冬季平均	hPa		
		夏季平均	hPa		
6	气温	月平均最高	℃		
		月平均最低	℃		
		极端最高	℃		
		极端最低	℃		

续表

序号	项目		单位	数量	备注
7	降水	年平均降水量	mm		
		年最大降水量	mm		
		年最小降水量	mm		
		小时最大降水量	mm		
8	冻土	最大深度	cm		
		平均解冻日期	d		
9	冬季日照率		%		
10	年平均蒸发量		mm		
11	最大积雪厚度		cm		
12	年无霜天数		d		
13	冬季平均地温		℃		注明深度
14	年平均沙暴日		d		
15	年平均雷暴日		d		

6) 主要断裂带及地震基本烈度

(1) 说明油田所在地区有无地质断裂带及其分布、走向、控制区域和近代活动情况。

(2) 根据国家地震局划分的地震烈度区划图，说明油田范围地震基本烈度等级。

(3) 大型工程项目应由有资质的单位作出评价报告。

3. 社会人文及经济状况

1) 社会人文

(1) 说明油田范围内地方的行政区划、城市、村镇及民族情况。

(2) 说明当地人口密度和分布，以及劳动力资源情况。

(3) 说明当地文化教育事业发展情况。

(4) 说明当地主要医疗卫生单位情况，以及当地地方病和流行病情况。

2) 社会经济

(1) 简述油田所在地地方（至县级）国民经济状况，主要资源，工农业等发展情况。

(2) 说明地方建设和规划情况。

4. 交通运输

(1) 说明当地铁路概况、运输量及规划情况。

(2) 说明当地公路概况、级别、运输量及规划情况。

(3) 说明当地水运概况、码头吨位、运输量及规划情况。

(4) 说明当地空运概况，机场位置、距离及规划情况。

收集上述交通现状及规划图。

5. 供电和通信

1）地方供电状况

（1）说明当地电网供电能力，发电厂能力，线路容量，以及变电站的分布和电压等级。

（2）说明目前的在线负荷、剩余负荷。

（3）说明当地发电、供电规划情况。

2）地方通信状况

（1）说明当地地方通信网，石油通信网组织及设施情况，其通信方式、容量、规模、运行情况及传输质量。

（2）说明当地通信发展规划。

6. 生活福利教育及公用事业概况

（1）商业服务情况。

说明城镇的分布情况，商业网点的规模和供应能力。

（2）医疗卫生设施。

（3）文化教育、学校及娱乐场所的分布。

（4）安全、消防及环境工程设施的分布。

7. 工程建设与所在地的关系

主要说明以下几方面关系：

（1）市政设施使用要求；

（2）公用设施的合作建设；

（3）土地征用、劳动力招聘及建筑材料的供应；

（4）民事管理及生活供应。

三、油气储量和开发方案

1. 油气储量

1）油藏地质概述

说明储量报告的全名，提交报告的单位，提交报告的时间，以及上报文号。

报告内容摘要：

（1）油田所在地理位置。

（2）含油气面积，含油气地质构造，构造形状、轴向、长轴长度、短轴长度，油藏类型、油藏埋深、油层厚度、孔隙率、饱和度及渗透率。

（3）地质储量包括以下内容：

①全油田探明储量：石油和溶解气储量及含油面积，气顶气储量及气顶气面积，原油采收率、可采储量及溶解气可采储量。

②开发动用储量：内容同上。

③未动用储量：内容同上。

④如为加密井网、层系调整或三次采油项目，则要提交剩余储量及剩余可采储量。

⑤控制储量及含油气面积。

⑥若动用储量中含有控制储量，应分别列出并加以说明。

2）储量报告审批文件

说明国土资源部油气储量评审办公室审批资源报告的时间及文件编号。

审批文件内容摘要：批准储量数量（含探明储量、控制储量、预测储量）、探明储量及面积；未开发探明储量及面积；可采原油及溶解气储量。

2. 开发方案

应说明开发方案的名称、编制单位、编制时间、文件编号、审批单位、审批文号及审批时间。

1）油藏工程设计

（1）油田开发动用的面积及储量（包括地质储量和可采储量），分构造列表并汇总。

油田动用的储量较"审批储量"有变化时，应说明变化的主要地质依据。

（2）开发层系的划分，各层系的储层类型、油水边界，储量及面积。

（3）开发方式（自然能量、人工注水、注气、三次采油等）。

（4）开发井网和井距。

（5）生产井及注入井的比例和生产工作制度。

（6）主要开发指标。

列出推荐方案开发指标，见附表1-5。

列出分年度开发指标预测，见附表1-6。

如有气顶气且动用，应说明情况，并按油田开发的有关规定另行报告。

2）流体性质

抄列原油物性分析，见附表1-7。天然气物性及组成分析，见附表1-8。地层水物性分析，见附表1-9。

附表1-5　推荐方案开发指标表

油组或层系	采油井数口	注水井数口	钻井井数，口			总井数口	采油速度%	平均单井日产量t/d	产能规模10^4t/a	10年开发指标	
				定向	直井	水平					采出程度%	含水%
...											
合计											

附表1-6　分年度开发指标预测表

时间 a	采油井口	注水井口	采油方式	平均单井产液t/d	平均单井产油t/d	年产液10^4t/a	年产油10^4t/a	年产气10^8m³/a	年注水10^4m³/a	原油含水%	平均气油比m³/t	油层压力MPa	采油速度%	采出程度%
1														
2														

续表

时间 a	采油井口	注水井口	采油方式	平均单井产液 t/d	平均单井产油 t/d	年产液 10⁴t/a	年产油 10⁴t/a	年产气 10⁸m³/a	年注水 10⁴m³/a	原油含水 %	平均气油比 m³/t	油层压力 MPa	采油速度 %	采出程度 %
…														
10														

附表1-7　原油物性分析表

井号	层位油组	样品数量	原油密度，kg/m³ 20℃	原油密度，kg/m³ 50℃	黏度 50℃ mPa·s	凝固点 ℃	含硫 %	含盐 mg/L	含蜡 %	胶质+沥青 %	析蜡点 ℃	蜡融点 ℃

附表1-8　天然气物性及组成分析表

井号	层位油组	样品数量	密度 kg/m³	CO_2 mol%	N_2 mol%	C_1 mol%	C_2 mol%	C_3 mol%	iC_4 mol%	nC_4 mol%	iC_5 mol%	nC_5 mol%	C_6 mol%	C_7 mol%	…	组分合计

附表1-9　地层水物性分析表

井　号	层位油组	样品数量	pH值	Cl⁻，mg/L	总矿化度，mg/L	水　型

3）开发附图

（1）油田储量面积图（标明储量类别及开发动用范围）。
（2）设计井位图（必要时要绘在地形图上）。
（3）井温深度梯度曲线。
（4）井压深度梯度曲线。
（5）10年开发指标预测曲线。

3. 钻井工程

说明钻井工程方案的名称、编制单位、编制时间及审批机关。

方案内容摘要：

（1）概述。

各类井数、井别、井深及其他有关技术参数。

（2）钻井工艺和完井工艺。

各构造采用的钻井工艺（丛式、水平、直井）和完井工艺；该地区标准井身结构和特殊的井身结构。

4. 采油工程

说明采油工艺设计文件名称、编制单位、编制时间及审批机关。

采油工艺设计内容摘要：

（1）采油方式。

①若采用自喷采油方式，应说明是利用天然能量还是人工保持能量。说明油井自喷期（年、月）、油井停喷压力、停喷时间及改变采油方式的时间。

②若采用人工举升采油，应说明推荐方案，是气举采油还是机械采油。对气举采油应说明气举的介质、质量、注入压力、注入气量及油管直径等。对机械采油应分别说明：

a. 有杆泵（包括抽油机和柱塞泵）采油：说明抽油机的规格和型号及柱塞泵的直径、往复次数、冲程、电机功率。

b. 无杆泵（包括水力活塞泵和电动潜油泵）采油：说明水力活塞泵动力液的类别、用量、压力及温度，电动潜油泵的规格、型号、直径、长度、排量、扬程、井口压力及功率。

③其他采油方式，参照上述办法编写。

④对于采用目前尚不成熟（或不配套）的某些开采方式（如使用螺杆泵），或工艺技术虽已成熟，但在实用中仍需研究的开采方式（如使用水力泵），对其可能产生的问题要加以说明。

（2）注水（气、汽）工程。

①注入量确定，不同含水期的总注入量和单井注入量。

②注水（气、汽）系统压力确定，井口压力。

③注水水质要求，污水回注，清水与污水混注配伍试验结果。

④注入管柱设计，注水油管的型号，洗井要求和方法。

（3）油井防砂。

生产油井出砂预测，采油工艺的地层防砂措施。

（4）油井防蜡。

说明原油含蜡情况，井温对结蜡的影响，原油析蜡点，原油黏温曲线及清防蜡工艺。

（5）井下作业。

说明各种采油井和注入井井下作业的平均作业周期、作业项目、缓蚀剂、降阻剂、破乳剂及压裂液等使用情况。

（6）生产油水井的动态监测、监测项目及监测周期。

5. 开发部署及主要工程量

（1）按照批准的开发方案，说明方案实施的步骤及阶段划分。

（2）列出分阶段的钻井井数、生产井数、注水井数及平均单井进尺。如有丛式井或水平井，应单独列出并汇总。

（3）列出产能建设期钻井工程总量、采油工程总量及分阶段的主要工程量。

四、油田地面建设规模及总体布局

1. 油田地面建设规模

1) 建设规模

根据油田储量报告及开发方案,确定油田地面建设规模,包括年产原油量、原油处理和外输、天然气处理和外输以及注水等主体工程的建设总规模及分期建设规模,见附表1-10。

附表1-10 油田地面建设规模表

序号	项目	单位	总规模	分期建设规模 1期	分期建设规模 2期	...	备注
1	原油生产能力	$10^4 t/a$					
2	原油处理能力	$10^4 t/a$					
3	天然气处理能力	$10^8 m^3/a$					
4	注水能力	$10^4 m^3/a$					
5	原油外输能力	$10^4 m^3/a$					
6	天然气外输能力	$10^8 m^3/a$					
...							

2) 主要工程内容

列出油田地面建设主要单项工程的建设规模、数量及分期建设计划,见附表1-11。

附表1-11 主要单项工程建设规模一览表

序号	工程内容		单位	总规模	分期建设规模 1期	分期建设规模 2期	...	备注
1	采油井口装置		套					
2	注水井口装置		套					
3	计量配水站		套					
4	计量站(接转站)	总接转油能力	$10^4 t/a$					
		站数	座					
5	联合站	总处理能力	$10^4 t/a$					
		站数	座					
6	注水站	总注水能力	$10^4 t/a$					
		站数	座					
7	变电站	电压等级	kV					
		站数	座					
8	集、输油管道		km					

续表

序号	工程内容	单位	总规模	分期建设规模 1期	分期建设规模 2期	…	备注
9	集、输气管道	km					
10	注水管道	km					
11	35kV及以上电力线	km					
12	通信线（缆）	km					
13	道路	km					

2. 总体布局

1）总体布局原则

说明油田地面建设总体布局应遵循的原则：

（1）遵守国家法律法规，贯彻国家建设方针和建设程序。
（2）正确处理工业与农业、城市与乡村、近期与远期以及协作和配合等方面的关系。
（3）根据油藏构造形态、生产井分布情况及自然地形特点等情况，合理确定厂站布局。
（4）节约土地，充分利用荒地、劣地、丘陵和空地，不占或少占耕地。
（5）考虑最大风频对厂站平面布置的影响。
（6）根据厂站布局及油田主干路走向，合理确定油、气、水管道及各种线路走廊带的走向和位置。

2）总体布局方案

（1）选择计量站（选井站）及接转站位置。
（2）选择联合站、油库和外输首站位置。
（3）厂址与站址比选。

选择不同的厂址与站址方案，进行技术条件比较，见附表1-12，提出推荐方案。

附表1-12 厂（站）址选择技术条件比较表

序号	工程内容	分期建设规模 方案一	分期建设规模 方案二	…
1	地形			
2	厂（站）址环境			
3	地质条件			
4	交通运输条件，油田道路条件			
5	油气集输、集水、电、信系统进站条件			
6	油气集输与集水系统出站条件			
7	安全与环保条件			
8	施工条件			

(4) 说明生产维修及生产管理设施等工程选址的结论。

(5) 道路及走廊带。

根据各厂址与站址布局及油田道路主干路走向，并结合地方道路情况，合理布置油、气、水集输管道走廊带，电力与通信等线路走廊带以及绿化带，说明其走向、位置及宽度。

(6) 在油田区域地形图上，绘制油田地面建设总体布局图。

(7) 占地指标

列出油田总体布局占地指标，见附表1-13。

附表1-13 占地指标表

序号	项 目	分期建设规模		备注
		单位	数量	
1	采油井、气井、注水井	$10^4 m^2$		
2	计量站（选井站）	$10^4 m^2$		
3	接转站	$10^4 m^2$		
4	联合站（油库）	$10^4 m^2$		
5	管道及线路走廊带	$10^4 m^2$		
6	其他	$10^4 m^2$		维修、管理等配套工程占地
7	总占地面积 其中：耕地	$10^4 m^2$ $10^4 m^2$		

五、油气集输工程

1. 油气集输规模

1) 生产能力

根据油田开发方案并结合市场需求，说明工程建成后原油、天然气和轻烃等主要产品的产量和生产年限，分别列出主要产品总生产能力和分期生产能力，见附表1-14。

附表1-14 油田主要产品生产能力表

项目内容		单 位	总生产能力	分期生产能力		备 注
				1期	2期 …	
产品产量	稳定原油	$10^4 t/a$				列出产品标准
	天然气	$10^8 m^3/a$				同上
	稳定轻烃	$10^4 t/a$				同上
	…					

2) 工程建设规模

（1）列出油气集输工程生产井（厂、站）的种类、数量、规模及分期建设计划。

（2）列出单井集油管道、集油干线、外输油管道及外输气管道的规格和数量及分期建设计划。

油气集输单项工程建设规模一览表见附表1–15。

附表1–15 油气集输单项工程建设规模一览表

序号	工程内容	单位	总规模	一期	二期	…	备注
1	生产井口装置	套					
2	计量站（选井站）	座					
3	接转站	10^4t/a/座					总转油能力/站数
4	联合站	10^4t/a/座					总处理能力/站数
(1)	原油脱水装置	10^4t/a/座					总处理能力/站数
(2)	原油稳定装置	10^4t/a/座					总处理能力/站数
(3)	天然气处理装置	10^8m³/a/座					总处理能力/站数
5	油库	10^4t/a/座					总储油能力/站数
6	单井集油管道	km					
7	集油干线	km					
8	外输油管道	km					
9	外输气管道	km					

2. 油气集输系统工艺方案

1) 原油集输系统工艺方案比选

（1）单井集油方案。

根据单井产量和集油半径及油品的黏度、凝固点、析蜡点、含水率及气油比等性质，初选可能采用的几种单井集油方案。

对各单井集油方案作技术经济比较（见附表1–16），提出推荐方案。

附表1–16 单井集油方案比较表

序号	项目		方案一	方案二	…
1	主要工程量				
2	建设投资估算，万元				
3	消耗指标	水，m³/t			
		电力，kW·h/t			
		燃料，m³/t（kg/t）			
4	运行成本估算，万元/t				
5	主要优缺点				
6	推荐方案				

(2) 集输系统工艺方案。

根据油田地形、原油物性、管理方式及计量制度要求，对可能采用的几种集输工艺（一级布站、一级半布站、二级布站、三级布站）方案进行比选。

①说明各方案的技术要点。

②绘制各方案的示意方框流程图。

③在油田构造及井位分布图上绘制各方案示意布站图，标出站场编号和集油管道。

④根据计量和井口回压要求进行各方案工艺计算，不列工艺计算过程，只说明结果，但应说明采用公式和软件的名称。

⑤井站布局方案比较，见附表1-17。

⑥进行技术经济比较，提出推荐方案。

附表1-17 井站布局方案比较表

序号	项 目		方案一	方案二	…
1	主要工程量				
2	建设投资估算，万元				
3	消耗指标	水，m^3/t			
		电力，$kW·h/t$			
		燃料，$m^3/t(kg/t)$			
4	运行成本估算，万元/t				
5	主要优缺点				
6	推荐方案				

2) 天然气集输系统工艺方案比选

(1) 说明油田天然气气源及各气源的气量和总气量。

(2) 说明天然气集输采用加药、通球、天然气脱水及加压集输等方案的可能性，经比较后提出推荐方案。

(3) 在油田构造及井位分布图上绘制推荐方案的示意布站图，标出站编号和集气管道。

(4) 当天然气资源丰富，需单独立项时，应按照《气田地面工程项目可行性研究报告编制规定》进行编制。

3) 油气集输系统推荐方案

根据上述对原油集输系统及天然气集输系统工艺方案的论述，绘制油气集输系统推荐方案的工艺流程图，并作简要说明。

4) 主要设备选择

列出油气集输系统推荐方案的主要工程量，见附表1-18。

附表1-18　油气集输系统主要工程量表

序号	工程内容	规格	单位	数量	备注
1	采油井口装置	（采油方式）	套		
2	采气井口装置		套		
3	选井站	进站井数	座		
4	计量站	进站阀组头数	座		
5	集气站	$10^4 m^3/d$	座		
6	单井集油管道	外径×壁厚	km		
7	单井集气管道	外径×壁厚	km		
8	集油干线	外径×壁厚	km		
9	集气干线	外径×壁厚	km		
…					

3. 油气处理

1) 油气分离及原油脱水

(1) 油气分离。

①列出原油轻组分分析，见附表1-19。

附表1-19　原油轻组分分析表

序号	组分名称	分子量	组分，W%
1	C_1		
2	C_2		
3	C_3		
4	C_4		
5	C_5		
6	C_6		
7	C_7^+		
	合计		

②油气分离级数比选

根据原油物性和组成、油气集输过程中的温度和压力等条件以及含水及气油比变化规律，简便计算出分离级差和分离级数，并进行平衡计算，列出分离效果，见附表1-20。

551

附表1-20　分离效果表

项目内容	一级	二级	…
温度,℃			
压力,MPa			
原油收率,%			
原油密度, kg/m³			

③说明主要分离设备的外形尺寸、分离负荷、主要特点及选用台数。

（2）原油脱水。

①说明原油含水期及含水量变化情况，确定原油脱水的处理规模。根据原油物性、含水水型及乳化形式，确定脱水原油应达到的含水指标。

②说明原油脱水实验筛选出的破乳剂名称、浓度、稀释剂、使用条件、加入量及加入方式。

③根据原油脱水实验报告所提供的有关参数、沉降效果、电导性能、黏温特性及压力条件等，进行工艺计算，作不同脱水方案的技术经济比选，提出推荐方案，绘制推荐方案的工艺流程图。原油脱水实验报告作为附件。

④说明脱水推荐方案的工艺操作条件，脱水原油的水含量，脱出水的含油情况。

⑤列表说明推荐方案脱水设备的主要规格及数量，见附表1-21。

⑥列表说明推荐方案的主要消耗指标，见附表1-22。

附表1-21　原油脱水主要设备表

序号	工程名称	设备名称	规格及性能	单位	数量	备注

附表1-22　原油脱水主要消耗指标表

序号	项目	年消耗量 单位	年消耗量 数量	能耗指标 单位	能耗指标 数量	能耗 (MJ/a)	备注
1	电力	(kW·h)/a		MJ/(kW·h)			
2	破乳剂	t/a		MJ/t			
3	水	m³/a		MJ/m³			
4	仪表风	m³/a		MJ/m³			
5	热	MJ/a					
…							
综合能耗, MJ/a							
单位能耗, MJ/t							

(3) 对高含盐原油，除经正常脱水脱除部分盐外，还需一次或多次加入淡水洗盐，再经脱水进一步脱盐。

(4) 对高含砂原油，需说明除砂方案。

2) 原油稳定

(1) 列出原油实沸点蒸馏数据，见附表1-23；色谱分析数据，见附表1-24。

(2) 原油稳定方案比选。

①简述国内外原油稳定工艺现状。

②说明根据原油物性和实沸点蒸馏或色谱分析数据可能采用的原油稳定方案。

③对可能采用的原油稳定方案进行工艺计算，说明采用公式和软件的名称。

④列表进行产品规格及产量比较，见附表1-25；消耗指标比较，见附表1-26；主要设备比较，见附表1-27；方案经济比较，见附表1-28。

⑤提出原油稳定推荐方案，绘出推荐方案工艺流程图。

附表1-23 原油实沸点蒸馏数据表

馏份号	沸点范围,℃	占原油百分率,W%		密度,kg/m³
		每馏分	总馏分	
1	初馏点~60			
2	60~80			
3	80~100			
4	100~120			
5	120~140			
6	140~160			
7	160~180			
8	180~200			
9	200~220			
10	220~240			
11	240~260			
12	260~280			
13	280~300			
14	300~320			
15	320~340			
16	340~360			
17	>360			

附表1-24 原油色谱分析数据表

样品号	密度 kg/m³	组分，mol%							
		CO_2	H_2S	C_1	C_2	C_3	iC_4	nC_4	…

注：(1) 原油色谱分析数据，组分包括：C_1、C_2、C_3、iC_4、nC_4、iC_5、nC_5、C_6、C_7、C_8、C_9、C_{10}、C_{11}……。

(2) 对新开发油田，在无稳定原油确切组分数据时，可取若干口有代表性的单井油样，按产量比例及原油净化处理工艺条件，推算出未稳定原油的组成数据。

附表1-25 原油稳定产品规格及产量比较表

序号	项目		方案一			方案二	…
			轻烃	脱出气	稳定原油	（同左）	
1	温度，℃						
2	压力，MPa						
3	产量		(10^4t/a)	(10^8m³/a)	(10^4t/a)		
4	拔出率 W%	C_3					
		C_4					
		C_5					
		C_6					
5	总拔出率，W%						
6	45℃蒸汽压，MPa						

附表1-26 原油稳定消耗指标比较表

序号	项目	方案 一				方案二	…
		消耗量		能耗指标		能耗 MJ/a	（同左）	
		单位	数量	单位	数量		
1	电力	(kW·h)/a		MJ/(kW·h)			
2	燃料气	m³/a		MJ/m³			
3	仪表风	m³/a		MJ/m³			
4	水	t/a		MJ/t			
5	热	MJ/a					
…							
综合能耗，MJ/a							
单位能耗，MJ/m³							

附表1-27 原油稳定主要设备比较表

序号	方案一			方案二	...
	设备名称	单 位	数 量	(同左)	

附表1-28 原油稳定方案经济比较表

项 目	方案一	方案二	...
投 资,万元			
运行成本,万元			
主要优缺点			
推荐方案			

3) 天然气处理

(1) 天然气气源和组分。

说明天然气的气源,各气源的气量和总气量。列出天然气组分,见附表1-29。

(2) 天然气脱水方案比选。

①根据天然气集输条件、温度及压力等,确定天然气脱水要求(水露点温度)。初选几个可能采用的天然气脱水方案。

②对天然气脱水方案进行工艺计算及方案比较,见附表1-30。

③提出推荐方案,绘制推荐方案工艺流程图。

(3) 天然气凝液回收方案比选。

①简述国内外天然气凝液回收的技术现状。

②进行天然气凝液回收工艺(浅冷、深冷)方案计算,说明采用公式和软件的名称。

③进行产品规格及产量比较,见附表1-31;消耗指标比较,见附表1-32;主要设备比较,见附表1-33;方案经济比较,见附表1-34。

④提出推荐方案,绘制工艺流程图。

附表1-29 天然气组分表   单位:mol%

气源组分	分离器来气	原油稳定气	大罐抽出气	综合气体
C_1				
C_2				
C_3				
iC_4				
nC_4				
iC_5				
nC_5				

续表

气源组分	分离器来气	原油稳定气	大罐抽出气	综合气体
C_6				
C_7				
C_8				
C_9^+				
N_2				
CO_2				
…				
合计				

附表 1-30 天然气脱水方案比较表

方案	吸 收 法	吸 附 法
方案要点		
温度, ℃		
压力, MPa		
脱后水露点, ℃		
主要设备		
再生能耗, MJ		
投资, 万元		
运行成本, 万元		
主要优缺点		
推荐方案		

附表 1-31 天然气凝液方案产品规格及产量比较表

项 目		方案一	方案二	…
原料气进装置压力, MPa				
干气出装置压力, MPa				
冷冻深度, ℃				
干气质量	水露点, ℃			
	烃露点, ℃			
	低热值, kJ/m³			
产量	干气, m³/a			
	轻烃, t/a			
	液化气, t/a			
C_3 (C_2) 收率, %				

附表1-32 天然气凝液方案消耗指标比较表

序号	项目	方案一					方案二	…
		消耗量		能耗指标		能耗 MJ/a	(同左)	
		单位	数量	单位	数量			
1	电力	(kW·h)/a		MJ/(kW·h)				
2	燃料气	m³/a		MJ/m³				
3	仪表风	m³/a		MJ/m³				
4	水	t/a		MJ/t				
5	热	MJ/a						
…								
综合能耗,MJ/a								
单位能耗,MJ/m³								

附表1-33 天然气凝液方案主要设备比较表

序号	方案一			方案二	…
	设备名称及规格	单位	数量	(同左)	
1					
2					
…					

附表1-34 天然气凝液方案经济比较表

序号	项目	方案一	方案二	…
1	技术要点			
2	投资,万元			
3	运行成本,万元			
4	主要优缺点			
5	推荐方案			

(4)对高含硫天然气,需按照《天然气净化厂工程项目可行性研究报告编制规定》说明天然气脱硫方案。

4. 油气储运

1)油气商品量

列出油气商品量,见附表1-35。

附表1-35 油气商品量表

序号	产品	单位	数量	备注
1	原油			
2	天然气			
3	轻烃			
4	液化气			

2）原油外输方案比选

（1）通过调查说明用油企业的原油用途（转输、加工、燃料）、接收能力（连续、一次性、阶段性及数量）及接收设施。

（2）分别作出管道输油、火车拉油、汽车拉油及水路运油等方案，进行方案比较（见附表1-36），提出推荐方案。

附表1-36 原油外输方案比较表

项目	管输	火车拉油	汽车拉油	水路运油
工程量				
投资，万元				
运行成本，万元				
主要优缺点				
推荐方案				

（3）当采用管输方案时，应进行管径及路由方案比选，并提出推荐方案。

3）油库

（1）说明油库的功能和组成。

（2）简述油库主要工艺流程的功能，绘制主要工艺流程图，标出工艺参数。

（3）说明采用的工艺技术和安全保障措施。

（4）列出主要工程量及设备的规格和数量。

4）天然气、轻烃及液化气储运

根据市场情况说明天然气、轻烃及液化气的储运方案：

（1）天然气输气管道的管径、长度及计量方法，压气站规模。

（2）轻烃的运输方法（火车拉运、汽车拉运、管输），装车（泵站）规模，储罐容积、规格、数量及输送管道等。

（3）液化气的运输方法（车运、瓶装、管输），泵站规模，站内储罐的容积、规格、数量及输送管线等。

（4）绘制天然气、轻烃及液化气的储运工艺流程图。

5）主要工程量和设备材料

（1）列表说明推荐方案的主要工程量。

（2）列表说明推荐方案主要设备及材料的规格和数量。

5. 油气集输管道

1) 油气集输管道概况

说明油气集输各种管道的规格和长度，操作温度和压力，清管设施等情况。

说明管道埋设地的土壤腐蚀类别，地面水的腐蚀性等情况。

2) 管道用管

(1) 管径选择。

①列出工艺计算所采用的计算公式、主要参数选用或计算软件名称及版本。

②通过综合比较，推荐最佳管径方案，说明所选用的集油管道、集输油干线的管径及通过能力。

(2) 管材选择。

①根据土壤和地面水的腐蚀性及输送介质的腐蚀物特性，说明优选后的防腐方案对各类（集输油、集输气、伴热、掺油、掺水）管道的材质要求，选择钢管类型及钢种等级。

②计算管壁厚度及用钢量。

3) 管道敷设

(1) 说明管道在不同岩土地区的敷设方式和埋深要求。

(2) 说明主要管道的路由，经多种方案比较后，提出推荐方案，见附表1-37。

附表1-37 集油干线走向方案比较表

序号	比较项目		方案1	方案2	…	备注
1	通过地形	山区，km				
2		丘陵，km				
3		平原，km				
4		其他，km				
5	穿跨工程	大型河流，次				
6		中型河流，次				
7		铁路，次				
8	新建道路，km					
9	估算投资，万元					
10	主要优缺点比较					
11	推荐方案					

(3) 穿跨越工程。

①穿跨越工程的方案选择，应进行水文、地质、地理环境、气象、交通、施工及管理条件等方面的比较，提出施工方法及安全保护设计的推荐方案。

②集输油管道穿越大型河流时，应按《输油管道工程项目可行性研究报告编制规定》的要求进行编制，并列表说明管道全线穿跨越河流的工程量，见附表1-38。

附表1-38　管道穿跨越河流工程量表

河流名称	最大洪水位及水面宽度，m		枯水期		穿跨越长度 m	河床地质	敷设形式
	标高	水面宽	水面宽度，m	水深，m			

6. 防腐与保温

1）防腐覆盖层的选择

（1）管道防腐覆盖层的选择。

①简要介绍油田范围内各种外腐蚀环境，对本工程可能选用的各种管道外防腐层的性能、价格及施工等进行比较。

②说明推荐管道外防腐层的种类和等级，并说明推荐的理由。

③说明保温管道拟采用的防腐方式。

④说明管道特殊工程地段及穿跨越工程的外防腐要求。

（2）储罐防腐覆盖层的选择。

①储罐外防腐覆盖层。

说明选用的各种储罐外防腐层的性能及价格，推荐储罐外防腐层的种类，并说明推荐的理由。

②储罐内防腐层。

简述介质的特性及可能产生的腐蚀程度。评述本工程可能选用的各种储罐内防腐层的性能及价格，推荐储罐内防腐层的种类，并说明推荐的理由。

③说明保温油罐采用的外防腐方式。

（3）其他设备拟采用的防腐措施。

2）管道与储罐保温

（1）管道保温。

对需要保温的管道，简要说明不同地段的保温材料、保温结构及管道保温的工作量。

（2）储罐等设备保温。

对需要保温的储罐等设备，简要说明保温材料的性质、保温结构及保温的工作量。

3）阴极保护

（1）管道阴极保护。

①确定阴极保护方案。

确定阴极保护方案并对方案进行经济比较。

②阴极保护计算。

当采用强制电流阴极保护时，计算阴极保护站的保护半径，确定阴极保护站的数量和分布。

当采用牺牲阳极保护时，论述采用何种阳极材料，并计算阳极的用量。

（2）储罐阴极保护。

确定罐区是否实施阴极保护，说明罐区阴极保护的保护方案。

7. 工艺技术

1）工艺技术

简述油气集输工程中所采用的关键工艺技术，根据上述所选工艺方案，绘出油气集输总工艺流程图，并标出重要位置的物料流量。

2）新工艺、新技术、新设备及新材料的采用情况

分项说明所采用新工艺、新技术、新设备及新材料的名称及特点和来源，及其先进性、适用性和可靠性。

3）专有和专利技术

说明油气集输系统中专有技术和专利技术的采用情况及其作用。

4）引进技术及设备

需引进国外技术及设备时，应说明引进的内容、方式、理由及投资估算。

8. 主要工程量及设备材料

列出油气集输工程主要工程量，见附表 1-39，以及主要设备与材料的规格和数量，见附表 1-40。

附表 1-39 油气集输工程主要工程量表

序 号	工程名称	规 格	单 位	数 量	备 注

附表 1-40 油气集输工程主要设备材料表

序号	工程名称	设备材料名称	规格及性能	单位	数量	备注

9. 主要技术经济指标

1）消耗指标

列出吨油消耗指标，见附表 1-41。

附表 1-41 吨油消耗指标表

序号	名称	单位	数量	能耗指标 单位	能耗指标 数量	能耗, MJ	备注
1	电力	kW·h		MJ/(kW·h)			
2	水	t		MJ/t			
3	蒸汽	t		MJ/t			
4	热	MJ					
5	总能耗, MJ						

2）主要技术指标

列出油气集输系统主要技术指标：

（1）油气集输密闭率，%；

（2）原油损耗率，%；

（3）原油稳定率，%；

（4）天然气处理率，%；

（5）天然气利用率，%；

（6）输油泵效率，%；

（7）加热炉热效率，%。

六、注水工程

1. 注水规模和参数

1）注水开发资料

根据油田注水开发设计资料，提出分年度注水量、注水井数、注水压力及注水水质要求，见附表1-42。

附表1-42 油田注水开发指标表

注水时间					
注水井数，口					
日注水量，m^3/d					
年注水量，$10^4 m^3/a$					
注水压力，MPa					
注水水质标准					

2）注水工程参数

根据油田注水开发指标和油田注水工程技术要求，确定分年度注水工程参数，见附表1-43。

附表1-43 注水工程参数表

注水开发时间					
设计日注水量，m^3/d					
设计年注水量，$10^4 m^3/a$					
设计注水压力，MPa					
采用注水水质标准					

2. 注水方案

1）注水水源

根据油田所处的地理位置和自然条件，选择水源。水源选择必须进行技术经济比较。

（1）水量平衡。

根据水源产水量及注水量逐年变化情况，作出注水量和选用水源产水量的平衡表。

（2）选择多种水为注水水源时，要作不同种水及不同比例下的配伍性试验，并给出不同水源逐年变化的混注比例，在确认可配伍情况下才能作为注水水源。

（3）对水源的储水量、水质状况、水处理工艺、取水和输水条件及工程投资与运行成本等项进行多方案比较，提出推荐方案。

2）注水系统

（1）注水流程。

①说明储水、喂水、升压、配水及计量等注水工艺，若采用局部增压、高低压分注、清污水分注、轮注或混注等工艺时要对其重点说明。

②说明洗井方式及洗井水回收工艺。

③绘制注水流程图。

（2）注水管网。

①结合油、气、电、路、信、水等系统建设布局，布置油田的注水站、配水间、注水井及注水管网，绘制注水管网图。

②确定注水系统中各注水站、配水间、注水井和注水管道的配注能力及压力等级。

③油田邻近有可依托的注水系统时，应考虑利用已建注水设施。

④说明管道的敷设方式及内外防腐方案。

（3）注水系统方案比选。

对注水系统管网长度、工程投资和施工条件，以及对环境的影响等主要因素进行多方案比较（见附表1-44），并提出推荐方案。

附表1-44 注水系统方案比较表

序号	项目	方案一	方案二	…
1	管网长度，km			
2	工程投资，万元			
3	施工条件			
4	安全环保条件			
5	主要优缺点			
6	推荐方案			

3）工艺技术

（1）水处理工艺：作为注水用水，水处理内容在油田给排水章节中论述，这里须论述注水特有的水处理内容，包括除氧、密闭和精细过滤等工艺。经多方案比较提出推荐方案。

（2）绘制水处理工艺流程图。

（3）说明注水工程采用新工艺、新技术、新设备及新材料的情况。

（4）需引进国外设备和技术时，应说明引进的内容、方式及理由，估算其投资。

（5）进行工艺技术水平分析，说明尚存问题及相应的措施。

3. 主要工程量及设备材料

1）主要工程量

列表说明推荐方案主要工程量，见附表1-45。

附表1-45 注水工程主要工程量表

序 号	工程名称	规 格	单 位	数 量	备 注

2）主要设备材料

列表说明推荐方案主要设备与材料的规格和数量，见附表1-46。

附表1-46 注水工程主要设备材料表

序 号	工程名称	设备材料名称	规格及性能	单 位	数 量	备 注

4. 主要技术经济指标

列表说明推荐方案的主要技术经济指标，见附表1-47。

附表1-47 注水工程方案主要技术经济指标表

项 目	单 位	数值或标准
工程投资	万元	
注水泵效率	%	
注水系统效率	%	
注水单耗	$kW \cdot h/m^3$	
单位注水费用	$元/m^3$	

七、含油污水处理工程

1. 处理规模

根据油田开发方案中油田采出水逐年变化情况，确定含油污水处理站的建设规模和分期实施安排。

油田采出水资料见附表1-48。

附表1-48 油田采出水资料表

开发时间				
油田年产液量，$10^4 m^3/a$				
含水率，%				
年采出水量，$10^4 m^3/a$				
年回注污水量，$10^4 m^3/a$				
年剩余污水量，$10^4 m^3/a$				

2. 处理方案

(1) 制定油田采出水处置方案。

根据油田开采工艺和当地自然环境，提出油田采出水回注或外排方案。

(2) 制定含油污水处理工艺。

根据油田采出水水量、水质和对处理后水质的要求，确定含油污水水质处理和水质稳定方案，包括污水调节、隔油、粗粒化、过滤加药、杀菌、防腐、防垢及污泥处理等工艺。

(3) 绘制污水处理工艺流程图。

(4) 含油污水处理方案比选。

对含油污水处理工程的投资、技术水平、施工条件、生产维护及管理等主要内容进行多方案比较，并提出推荐方案。

(5) 说明新工艺、新技术、新设备及新材料的采用情况，需引进国外技术和设备时，应说明引进的内容、方式及理由，并估算其投资。

(6) 进行工艺技术水平分析，说明尚存问题及相应的措施。

3. 主要工程量及设备材料

1) 主要工程量

列表说明推荐方案主要工程量，见附表1-49。

附表1-49 含油污水处理工程主要工程量表

序号	工程名称	规格	单位	数量	备注

2) 主要设备材料

列表说明推荐方案主要设备与材料的规格和数量，见附表1-50。

附表1-50 含油污水处理工程主要设备材料表

序号	工程名称	设备材料名称	规格及性能	单位	数量	备注

4. 主要技术经济指标

列表说明推荐方案的主要技术经济指标，见附表1-51。

附表1-51　含油污水处理工程方案主要技术经济指标表

项　目	单　位	数值或标准
工程投资	万元	
水处理经济指标	元/m³	
采用水质标准		
含油污水处理率	%	
处理污水回注率	%	

八、给排水及消防工程

1. 给水

1) 给水规模

列表说明各给水对象的用水量及水质等参数，见附表1-52。

附表1-52　给水统计表

给水类别	水量，m³/d	水质标准	备　注
注水用水			说明注水量逐年变化情况
工业用水			
生活用水			
消防用水			
其他用水			
不可预见用水			
合　计			

2) 水源

（1）水源选择。

包括水源种类（地下水或地面水）和水源地的选择。

（2）水源水质。

收集水源水质，作全面分析，结合用水对象对其中关键元素作重点阐述，以确定此水源的优劣取舍。

（3）水源能力。

说明水源的储水量、水位、可产水量和单井产水量等情况。

（4）水源建设规模。

根据给水规模和水源能力，合理确定水源的取水、水处理及输水工程等建设规模。

(5) 水源工程建设。

根据建设规模，说明水源地工程中井、站、集输管网的布局及储水和提升等建（构）筑物情况，绘制水源系统图和水源地工艺流程图。

(6) 水源方案比选。

对水源地水量的可靠性、水质的优劣、工程的难易程度、取水成本及工程建设投资等内容进行多方案比较，并提出推荐方案。

3）给水站

(1) 给水站规模。

根据给水规模，确定给水站建设规模，包括储水能力、输水能力和水质处理能力等。

(2) 水处理工艺。

说明根据不同的水源水质和生活、生产及冷却循环等不同的用水对象，分别采取不同的混凝、沉淀、过滤、消毒、药剂软化及离子交换等水处理工艺，并绘制水处理工艺流程图。

(3) 水处理工艺方案比选。

对水处理工艺的工程量、工程投资、处理水质和运行维护费等项内容进行多方案比较，并提出推荐方案。

4）输配水管网

(1) 根据水源地及用水点分布，作输配水管网方案，绘制输配水管网系统图。

(2) 根据输配水量，确定输配水管网管径，根据工艺要求，合理选择管材。

(3) 输配水管网方案比选。

对输配水管网的工程量、施工条件和工程投资等项内容进行多方案比较，并提出推荐方案。

5）主要工程量及设备材料

(1) 主要工程量。

列表说明水源、给水站和输配水管网三部分推荐方案的主要工程量，见附表1-53。

附表1-53 给（排）水及消防工程主要工程量表

序 号	工程名称	规 格	单 位	数 量	备 注

(2) 主要设备材料。

列表说明推荐方案主要设备材料的规格和数量，见附表1-54。

附表1-54 主要设备材料表

序 号	工程名称	设备材料名称	规格及性能	单 位	数 量	备 注

6）主要技术经济指标

列表说明推荐方案的主要技术经济指标，见附表1-55。

附表1-55　给水工程方案主要技术经济指标表

项　目	单　位	数值或标准
工程投资	万元	
给水价格	元/m³	
采用水质标准		

2. 排水

1）排水规模

列表说明各排水点的污（废）水类别、污（废）水来源、排水规律、污水量和污水水质等有关参数，见附表1-56。

附表1-56　污水统计表

排水类别	污水来源	排水规律	污水量	污水水质	备　注
生产污水					
生活污水					
清洁废水					
其他					
合　计					

2）污水处置

列表说明各种污水的处置方案、排放地点、排放水质要求及排水量等，见附表1-57。

附表1-57　污水处置方案表

污水类别	处置方案	排放地点	排水量，$10^4 m^3/a$	排放水质标准	备　注
生产污水					
生活污水					
清洁废水					

3）工程内容

（1）排水管网。

根据污水处置方案，绘制排水系统图，并列表说明各主要排水管段的技术特征，见附表1-58。

附表1-58　主要排水管段表

序　号	管段名称	起止点	管　径	管　材	管　长	备　注

（2）污水站。

①根据污水量，确定污水处理规模和排水能力。

②根据不同污水的处置方案，提出污水处理工艺，绘制工艺流程图。

③说明高程设计及管道敷设等特殊工艺要求。

（3）排水工程方案比选。

对排水工程的处理模式、工艺方法、排水管网、工程投资、工程量、施工条件及建设周期等项内容进行多方案比较，并提出推荐方案。

（4）主要工程量及设备材料。

①列表说明推荐方案主要工程量，格式同附表1-53。

②列表说明推荐方案主要设备、材料的规格和数量，格式同附表1-54。

4）主要技术经济指标

列表说明推荐方案的主要技术经济指标，见附表1-59。

附表1-59　排水工程方案主要技术经济指标表

项　目	单　位	数值或标准
工程投资	万元	
采用水质标准		

3. 防洪排涝

1）工程规模

（1）确定防洪排涝区域范围和合理的防洪排涝标准。

（2）收集防洪排涝的有关资料：如地形图、已有的防洪排涝设施、水文地质、水文及气象等有关资料。

（3）根据当地暴雨强度公式，计算降雨量和排水量。

2）防洪排涝方案

（1）根据当地已有的防洪排涝设施和本区域的排水量，规划防洪排涝系统，绘制防洪排涝方案图。

（2）确定各防洪排涝设施的设计规模。

（3）方案比选。

对防洪排涝工程的工程投资、技术水平及主要工程量等内容进行多方案比较，并提出推荐方案。

3）主要工程量及设备材料

（1）主要工程量

列表说明推荐方案的沟渠、道桥、涵闸、防洪堤、扬水站等工程量，格式同附表1-53。

(2) 主要设备材料

列表说明推荐方案主要设备、材料的规格和数量,格式同附表1-54。

4) 主要技术经济指标

列表说明推荐方案的主要技术经济指标,见附表1-60。

附表1-60 防洪排涝工程方案主要技术经济指标表

项 目	单 位	数 值
工程技术等级	年/遇	
工程投资	万元	

4. 消防

1) 消防系统方案

(1) 说明油田消防体制和特点,并确定消防服务对象和消防服务半径。

(2) 说明油田所在地区消防协作力量及装备情况。

(3) 制定油田消防系统方案。

根据油田消防对象的重要程度和厂站布局及服务半径等,确定消防标准,制定消防系统方案,说明消防站等级、站址选择和厂站消防形式,并说明重大事故的应急措施。

(4) 消防系统方案比选。

对消防工程的消防能力、工程规模及工程投资等项进行多方案比较,并提出推荐方案。

2) 油田消防站

根据消防站的等级标准,配置消防车辆、通信设备及消防器材,并根据需要配备特种消防车辆和特种消防器材。

3) 厂站消防

(1) 确定冷却水系统和泡沫灭火系统的设置标准和消防自动化水平。

(2) 根据厂站的消防对象计算消防系统各部分的工程参数,说明消防设备器材的选择、消防储水量、水源补水条件及灭火器配置等情况。

(3) 需引进技术和设备时,应说明引进的理由、内容及方式,并估算其投资。

4) 主要工程量和设备材料

(1) 列表说明推荐方案主要工程量,格式同附表1-53。

(2) 列表说明推荐方案主要设备、材料的规格和数量,格式同附表1-54。

5) 主要技术经济指标

列表说明推荐方案的主要技术经济指标,见附表1-61。

附表1-61 消防工程方案主要技术经济指标表

项 目	单 位	数值或等级
消防等级		
工程投资	万元	
维护费	万元/a	

九、供电工程

1. 用电负荷及用电量

1）负荷预测及年用电量

根据油田建设部署及其配套工程的用电负荷，列出用电负荷预测，见附表1-62。

附表1-62　用电负荷预测表

序　号	名　称	单　位	年　限		

2）负荷分级

根据负荷的预测结果，说明并列出本工程项目中一级和二级负荷及其在总负荷中所占的比例。

2. 电源

1）电源概况

（1）已建电源。

①说明该油田依托周边老油田电源的可能性。调研老油田的发展情况及其电源和用电量，需要扩建及增容情况等。

②当周边老油田电源不能满足其用电要求时，应就近利用周边地区电业部门的电源，并调研地区电业部门电源供电网络的现状及其发展规划，能为油田提供的供电容量、质量和可靠性等，作为研究的依据。

（2）供电工程与电业部门的关系。

当采用电业部门的电源时，应说明改（扩）建和新建部分的工程投资、建设及运行等归属问题，项目建设单位应与电业主管部门协调解决下述问题，签订协议意向书。

①电源需改（扩）建和增容情况；

②供电线路的建设规模；

③供电指标及其年限；

④计量办法；

⑤调度通信方式。

（3）自备电站。

当油田所在地区已建电源不能满足供电要求，需要设置自备电源时，须论述建设自备电站的可能性和必要性，并确定其容量。根据燃料品种和供应情况等，确定发电机组类型。对国产和引进发电机组进行技术经济比较，择优选用。

说明发电机组的容量、规格和数量，需引进国外机组时，应说明引进的内容、方式及理由。

2）供电方案选择

（1）供电方案。

根据油田可用电源情况，制定多个供电可行方案，进行初步筛选。经初步筛选后，对2个以上较佳方案进行技术经济比较，见附表1-63。

附表1-63 供电方案技术经济比较表

项目			方案一	方案二	…
输电线路	建设规模				
	技术特点				
变电站（所）	改（扩）建	规模			
		技术特点			
	新建	规模			
		技术特点			
自备电站，座					
施工、运行条件					
功率损耗，%					
年运行费[①]，万元					
一次建设投资[②]，万元					

注：①年运行费中含贴费。
②一次建设投资包括购买用电权费。

（2）推荐方案。

经技术经济比较，提出供电可靠、技术先进及经济合理的供电推荐方案。

3. 供配电网络

1）供配电网络电压等级的确定

根据油田用电负荷及其分布、地区供电条件及供电距离等情况，在满足油田生产用电及安全用电的前提下，合理选择供配电网络各级电压等级。

2）供配电网络的选择

（1）根据电源情况，负荷分布特征等，通过技术经济比较，选择油田的供电网络。

（2）择优确定各级供配电网络的结构形式。

（3）绘制供配电网络图。

3）输变电

（1）输电。

①说明电源至变电站输电线路的长度、导线型号及杆塔种类等。

②说明油田内部35kV及10（6）kV电力线路长度、导线型号及杆塔种类等。

（2）变电。

①说明35kV及以上变电站的建设规模及数量。

②说明10（6）kV变电所数量及变压器数量。

③说明向油田供电的变电所出线间隔的改（扩）建及变压器增容等工程内容。

4. 主要工程量及设备材料

统计输变电工程的主要工程量和设备材料时，应根据供配电网络图分项进行。列出主要工程量，见附表1-64。列出主要设备、材料的规格和数量，见附表1-65。

附表1-64　输变电工程主要工程量表

序　号	工程名称	规　格	单　位	数　量	备　注

附表1-65　输变电工程主要设备材料表

序　号	工程名称	设备材料名称	规格及性能	单　位	数　量	备　注

5. 主要技术经济指标

1) 技术指标

(1) 供电质量；

(2) 电能损耗。

2) 经济指标

(1) 一次建设投资；

(2) 年运行费。

十、自动控制

1. 自动控制系统建设的必要性

1) 编制依据和研究范围

(1) 简述建设单位、规划部门及工艺方案对自动控制系统的要求。

(2) 说明自动控制系统建设的主要内容和研究范围。

2) 自动控制系统建设的必要性

(1) 简述国内外同类工程自动控制系统目前的建设水平与现况。

(2) 说明自动控制系统建设的必要性。

3) 控制水平

(1) 提出自动控制系统的预期目标和所要求达到的技术水平。

(2) 预测所推荐自动控制系统的应用效果。

(3) 说明本系统所采用的新技术、新设备和新材料。

2. 系统方案

1) 方案选择的原则

(1) 符合国家和行业的有关法规及政策；

(2) 适应工程建设地区的环境条件；
(3) 满足生产工艺过程及生产管理模式的要求；
(4) 所采用技术先进适宜、安全可靠、适应性强且经济合理。
2) 自动控制系统方案
(1) 总体方案。
自动控制系统总体方案的对比论述包括以下内容：
①说明自动控制系统组成与数据传输网络结构，绘制系统组成示意图、管理模式示意图和自动控制网络结构图。
②简述调度管理层的生产管理职能及其系统功能要求。
③说明各层次（级）的自动控制调度管理系统的硬件配置，以及所用的应用软件和管理软件，绘制相应系统配置框图。
④绘制典型的厂站系统组成框图（必要时绘制典型厂站主要工艺及仪表控制流程图），说明其相应功能、控制方式和配置。
⑤简述典型厂站控制系统主要工艺参数的监控和安全保护，以及紧急停车系统（ESD）设置等方案。
⑥说明监视控制与数据采集系统（SCADA 或 DCS）数据传输对通信系统的要求，如主备路由设置和通信协议及接口要求、扫描周期、传输速率及误码率等基本要求。
⑦提出可用性和可靠性指标及系统运行应采取的保证措施。
(2) 引进系统技术。
当需要采用国外系统技术时，应专题说明：
①引进技术的理由与目的；
②引进系统规模与技术特点；
③所采用的技术路线；
④引进系统的意见；
⑤估算其投资。
(3) 方案比选。
自动控制系统方案比选见附表 1–66。提出推荐方案和结论性意见。

附表 1–66　自动控制系统方案比较表

序　号	项　目　内　容	方案 1	方案 2	…
一	调度管理系统			
1	网络结构			
2	系统管理能力			
3	监控功能			
4	配置方式			
5	硬件系统			
6	软件系统（操作系统、应用软件等）			
7	可维护性/可扩展性			

续表

序　号	项　目　内　容	方案1	方案2	…
8	可靠性及可用性指标			
…				
二	厂站控制系统			
1	系统能力			
2	系统类型			
3	硬件和软件及数据通信系统			
4	系统可靠性			
…				
三	仪表			
1	变送器			
2	调节阀			
3	安全阀、泄压阀			
4	分析仪表			
5	特殊仪表及控制系统			
6	流量计			
7	流量计算机			
8	流量标定系统			
…				
性能及特点：				
投资估算，万元				
推荐方案：				
结论：				

3）自控仪表设备选型

（1）根据工程实际使用要求，应用场所条件及投资情况，确定选型原则。

（2）说明典型仪表标准信号和防爆及防护等级等的选择要求。

（3）需引进仪表、分析系统和特殊控制设备时，应说明引进理由和方式，估算其投资。

（4）对于涉及外输交接计量的流量计量系统，应提供必要的选型说明。

（5）需要配套建设计量标定设施时，应提出计量系统选择意见，并作专门论述，内容包括：

①计量体系与量值传递的方案；

②计量管理模式；

③相关计量器具配置方案。

3. 主要工程量及设备材料

（1）主要工程量应反映系统建设的规模与应用范围，以及系统复杂程度。

（2）列出主要工程量及主要设备材料，见附表 1-67。

附表 1-67　自动控制系统主要工程量及主要设备材料表

序号	项目名称	规格及简要说明	单位	数量	备注
一	调度管理系统				
1	主调度控制中心		座		
2	区域调度控制中心		座		
3	油田管理监视终端		套		
……					
二	厂站控制系统				
1	单井		套		
2	计量站		套		
3	转接站		套		
4	联合站		套		
5	外输站		套		
…					
三	自控系统				
1	计算机系统		套		
2	计算机外围设备		台		
3	操作系统、应用软件		套		
4	RTU/PLC		套		
5	系统总线		套		
6	ESD 系统		套		
…					
四	仪表				
1	变送器		台		
2	调节阀、调压阀		台		
3	安全阀、泄压阀		台		
4	紧急截断阀		台		
5	分析仪表		台		
6	特殊仪表及控制设备		台		
7	流量计		台		
8	流量计算机		台		

续表

序号	项目名称	规格及简要说明	单位	数量	备注
9	标定系统		套		
10	火灾报警系统		套		
11	可燃气体泄漏报警系统		套		
…					
五	电缆及配管安装				
1	信号电缆		km		
2	控制电缆		km		
3	电缆配管安装		m		
4	网络布线		m		
5	电源电缆		km		
…					

十一、通信工程

1. 通信业务需求

1）编制依据和范围

（1）编制依据。

①简述油田地质构造分布、工程布局和构成；

②概括说明建设单位对通信工程的技术要求和规划设想；

③通信工程建设涉及的国家政策及法规，应遵循的主要标准和规范。

（2）编制范围。

①说明通信工程建设的主要内容和范围；

②说明通信工程与自控及供电等系统的工程界面；

③说明油田通信进入石油通信网和公用通信网联网的工程界面。

2）通信现况

（1）说明拟建工程地区石油通信网和公用通信网的建设现况，如：光缆、微波、卫星及移动通信等传输系统的路由走向、线路长度、站址位置和规模容量，电话交换网的站址、规模和容量等。

（2）说明石油通信网与公用通信网联网中继电路的线路长度、规模容量和接口方式。

（3）说明邻近石油通信网和公用通信网的规划设想。

（4）说明当地对通信工程建设有主要影响的地理环境、气象条件和工程设施等情况。

3）通信业务需求和预测

（1）通信业务需求。

说明油田地面工程构成、工程布局、工程规模、组织机构、站场设置和集输管道走向，集输工程、自动控制、给排水、消防及供电等系统，以及油田管理部门对通信流向、业务种类、传输速率、通信质量及电路数量等的需求。通信业务需求，见附表1–68。

附表1-68　通信业务需求预测表

序号	种类 单位名称	业务	行政电话	公网电话	无线电话	调度电话	会议电话	电视会议	工业监视	有线电视	数据电路	中继电路	其他	备注

（2）通信业务预测。

①根据通信现状和油田对通信业务的需求，说明石油通信网及公用通信网为满足工程要求，在规模容量、通信质量、组网要求和通信业务发展等方面存在的问题，通信资源能否可以利用。

②根据油田地面工程对通信业务的需求和规划设想，预测确定拟建油田通信传输系统和电话交换系统的规模及容量；工业监视、电视会议及数据传输等系统的规模和容量；油田通信进入石油通信网和公用通信网联网工程的规模和容量。

2. 技术方案

1）技术原则

结合油田地面工程的具体情况，从通信工程涉及国家和行业的重要政策与法规，油田的地理环境、气象条件及工程设施，油田建设的工程构成及组织机构，对通信可靠性、通信技术和通信业务发展要求等方面来确定油田通信工程建设的主要技术原则。

2）通信系统方案的选择

根据通信业务的需求预测结果，为满足油田对通信的需求，选择合适的传输及交换等通信系统；选择合适的路由走向和站址设置等方案。通信系统和路由走向等方案的选择，需进行技术与经济定量的比较，推荐最佳方案。方案比较，见附表1-69。

附表1-69　通信方案比选表

比选内容	方案一	方案二	…	备注

3）组网方案

根据通信系统的选择和油田对通信的要求，说明油田通信工程主要由哪些系统构成，各系统之间的相互关系及其作用和功能。

（1）传输系统。

说明光缆、微波及卫星等主要传输系统的作用和功能，路由走向、线路长度、站址设置、规模容量、技术制式、接口要求和传输质量等。为了便于说明，宜绘制路由走向图及电路配置图。

（2）电话交换系统。

说明电话交换系统的作用和功能，局站设置、规模容量、网路结构、编号方案、接口要求及信令方式等。为了便于说明，宜绘制网路结构图。

(3) 其他通信系统。

说明调度与会议电话系统、工业监视及电视会议系统、电视接收系统、数据传输系统及站场配线网络等的作用和功能及其配置原则与规模容量等。为了便于说明，宜绘制系统配置图。

4）设备选型

结合通信工程的具体情况，从性能、价格、安全可靠、维修服务及有利发展等方面说明设备选型范围。需引进国外设备时，要说明引进的内容、方式和理由，并估算其投资。

3. 主要工程量及设备材料

1）主要工程量

根据推荐方案确定的工程规模，分别按传输、交换、调度电话、会议电话、工业监视、电视会议、数据传输、电视接收、通信电源等系统的终端站、分路站、中继站、分控站、主控站、交换节点站、端站等站型，列出工程量以及光缆、电缆、通信线路长度、芯线数量及敷设方式等类别的工程量，见附表1-70。

附表1-70　通信工程主要工程量表

序号	工程名称	单位	数量	备注

2）主要设备和材料

根据通信工程量，按照系统和站型开列主要设备和材料。主要设备中应包括测试仪表，引进国外设备材料时，国内和国外设备材料分别开列，主要设备材料，见附表1-71。

附表1-71　通信工程主要设备材料表

序号	工程名称	设备材料名称	规格	单位	数量	备注

十二、总图运输和建筑结构

1. 总图运输

1）地理位置

(1) 说明厂、站和基地所在地的市（县）、乡、镇名称，城镇与厂、站、基地的相对关系。

(2) 说明厂、站和基地所在地的道路交通状况，如道路等级、路面宽度、路面结构及路况等。

(3) 说明基地可依托的社会条件。

(4) 说明厂、站和基地所占土地范围内需要拆迁的障碍物及民房数量。

2）总平面布置

（1）说明总平面布置的原则，各厂、站和基地位置，油田道路、工艺管道、电力、通信线路走廊带及绿化带的走向、位置及宽度。

（2）说明厂、站竖向布置方式，土石方量，借土或弃土数量。

（3）说明站外道路的长度、路面宽度和结构。

（4）绘制区域布置图和油田总平面布置图。

3）运输机构及运输设备

说明各厂站距基地的距离，值班人数及办公、巡线、维修的用车情况，确定各种运输车辆的台数及型号。

根据运输车辆数，确定运输机构的规模及所在位置。

4）主要技术指标及工程量

（1）主要技术指标。

各厂、站及基地的主要技术指标，见附表1-72。

附表1-72 总图运输工程方案主要技术指标表

序号	名称	单位	数量			
			基地	厂名	站名	…	合计
1	总占地面积	m²					
2	总建筑面积	m²					
3	建（构）筑物占地面积	m²					
4	道路占地面积	m²					

（2）主要工程量。

各厂、站及基地的主要工程量，见附表1-73。

道路工程量见本节第十四项。

附表1-73 总图运输工程主要工程量表

序号	工程名称	单位	数量				
			基地	厂名	站名	…	合计

2. 建筑与结构

1）工程范围及主要内容

说明该项目建筑与结构的工程范围及主要内容。

2）建筑

（1）说明主要建筑物的种类和建筑面积。

（2）说明建筑物的耐火等级、卫生及消防标准。

(3) 说明建筑装修标准。
(4) 说明节能措施。
(5) 说明建筑物的防腐、防爆、隔振及隔声等的特殊要求。
3) 结构
(1) 说明主要建（构）筑物的结构形式。经技术经济对比提出推荐方案。
(2) 说明抗震设防要求。
(3) 说明特殊地区的地基处理方案。
(4) 说明新技术、新结构及新材料的采用情况。

3. 主要工程量
1) 生产建筑工程量
生产建筑包括厂（站）内的生产厂房和辅助厂房，生产建筑工程量表见附表1-74。

附表1-74　生产建筑工程量表

序号	厂（站）名称	建筑物名称	火灾危险性分类	耐火等级	建筑面积，m^2	备注
	合　计					

2) 生产管理设施主要工程量
生产管理设施主要工程量见本节第十六项附表1-99。
3) 建、构筑物主要工程量
油田建（构）筑物工程量见附表1-75。

附表1-75　建（构）筑物工程量汇总表

序号	厂（站）名称	生产建筑 m^2	生产管理设施 m^2	构筑物				备注
				钢结构 t	钢筋混凝土 m^3	混凝土 m^3	砖石 m^3	
	合计							

十三、供热和暖通

1. 供热
1) 热负荷及用热参数
根据有关工程内容和规模，列出各井厂（站）生产装置、生产厂房及生产管理设施的用热负荷和用热参数，见附表1-76。

附表1-76 供热工程热负荷表

序号	工程名称	生产装置用热			生产厂房用热			生产管理设施用热		
		热负荷 kW	温度 ℃	压力 MPa	热负荷 kW	温度 ℃	压力 MPa	热负荷 kW	温度 ℃	压力 MPa

2)供热方案

(1)根据各井厂(站)热负荷的大小及对用热参数的要求,分别确定各井厂(站)的供热方案。对采用的加热形式,生产用热和生产管理设施用热是否分别设置等内容进行方案比选后,提出推荐方案。

(2)根据原水水质及加热设备对水质的要求,确定水处理方案。

3)主要设备

列表说明推荐方案主要设备的规格及数量,见附表1-77。

附表1-77 供热工程主要设备表

序号	工程名称	设备材料名称	规格及性能	单位	数量	备注

2. 采暖与通风

1)暖通要求及方案

根据设备对温度和湿度的要求,以及所处地理位置的室外气象条件,确定是否设置采暖、空调和通风设施。若需设置,则根据建筑物面积和使用性质,确定采暖热负荷及空调冷负荷,采暖热负荷见附表1-76,空调冷负荷见附表1-78。对采暖、空调和通风方案进行比选,提出推荐方案。

附表1-78 空调冷负荷表

序号	工程名称	空调面积,m²	空调冷负荷,kW	备注

2)主要设备

列表说明推荐方案主要设备的规格及数量,格式同附表1-77。

3. 主要消耗指标

列表说明推荐方案的主要消耗指标,见附表1-79。

附表1-79　主要消耗指标

序　号	项　目	单　位	数　量	备　注
1	燃料	$10^4 t/a$ ($10^4 m^3/a$)		分项列出
2	电力	$kW \cdot h/a$		
3	水	m^3/a		
…				

十四、道路工程

1. 地区道路现况与发展规划

1）地区道路现况

（1）说明道路现况，收集地区道路现况图。

（2）说明不同等级道路数量、路面结构形式及目前使用状况。列出地区道路现况，见附表1-80。

附表1-80　××地区道路现况汇总表

序号	道路名称	起止点	路基宽度, m	路面宽度, m	路面结构	目前使用状况

（3）说明现有桥梁的荷载等级、结构形式、数量及目前使用状况。列出地区桥梁现况，见附表1-81。

附表1-81　××地区道路桥梁现况汇总表

序号	桥梁位置	长度, m（跨径×孔数）	净宽, m	荷载等级	结构形式	目前使用状况

注：本表系指中桥、大桥及特大桥。

2）地区现有道路的交通组成、交通量及发展预测

3）地区现有道路改造的可能性

说明地区现有道路的路基、路面、桥涵及其他辅助工程改造的可能性。

4）地区道路的发展规划

（1）道路数量的增加情况；

（2）道路等级的提高情况；

（3）道路路面的改善情况；

（4）道路桥涵的改造情况；

(5) 道路其他辅助工程的改造情况;
(6) 收集地区道路规划布局图。
5) 油田可依托的地区道路条件

说明油田近期和远期可依托的地区道路条件。

2. 油田道路布局

1) 油田道路布局的原则及依据
(1) 油田开发方案的要求;
(2) 油田所在地区地形、地貌、工程地质与水文地质条件;
(3) 油田其他系统的要求;
(4) 地区的要求;
(5) 其他。

2) 油田道路的建设标准
(1) 说明确定油田道路标准的原则及依据。
(2) 说明油田交通的组成、交通量及其发展预测。
(3) 说明地区交通的要求。
(4) 进行不同方案的技术经济比较,提出推荐方案,见附表1-82。

3) 油田交通组成及交通量对地区道路的影响预测及解决措施

4) 油田道路的布局
(1) 油田主干道、次干道、支道的确定与布局。
(2) 油田主干道的出口(与地区主干道的衔接)选择及不同方案的技术经济比较,见附表1-82。
(3) 列表进行油田道路布局不同方案的技术经济比较,并提出推荐方案,见附表1-82。

附表1-82 油田道路建设方案比较表

比较项目		方案一	方案二	…
出口主干道	出口方向			
	建设标准及长度			
油田道路	布局方式			
	干道建设标准及长度			
	次干道建设标准及长度			
	支道建设标准及长度			
路面结构形式				
技术特点				
估算投资,万元				
推荐方案				

注:路面结构形式栏中,由于不同等级道路其路面结构形式不同,应分别列出。

（4）说明油田道路布局与地区道路规划相结合并协调的可能性。
（5）说明油田道路建设分步实施的设想。
（6）绘制油田道路布局图。

3. 路面

1) 路面结构形式选择的原则和依据
（1）对道路的使用要求；
（2）当地气候、水文及土质等自然条件；
（3）当地筑路材料情况；
（4）当地实践经验；
（5）其他。

2) 路面结构形式及厚度的选定
（1）路面结构形式的初选；
（2）路面厚度计算方法的选定；
（3）路面厚度的初步选定；
（4）路面结构形式不同方案的技术经济比较，见附表1-82。

3) 路面材料情况
（1）就地可取的材料及运距估算；
（2）需要外运的材料及运距估算。

4. 桥涵

1) 油田所在地区河流和沟渠的基本情况
（1）现况。
说明河流和沟渠的宽度、深度、水位、流量、流速、工程地质条件及通航要求等，见附表1-83。
（2）绘制河渠现况图。
（3）列表说明规划情况，见附表1-83。
（4）收集地区河流及沟渠规划图。

附表1-83　××地区河流沟渠现况汇总表

序号	名称	宽度 m	深度 m	水位 m	流量 m³/s	流速 m/s	工程地质条件	通航要求	备注

2) 桥梁（中桥、大桥、特大桥）
（1）说明需建桥梁的数量。
（2）说明桥梁的荷载等级。
（3）说明桥梁上通过各类管道的可能性及要求。
（4）列表进行桥梁结构形式不同方案的技术经济比较，提出推荐方案，见附表1-84。

附表 1-84　桥梁结构方案比较表

比较项目		方案一	方案二	…
结构形式	上部			
	下部			
跨径，m				
孔数				
总长，m				
技术特点				
估算投资，万元				
推荐方案				

注：中桥、大桥及特大桥，每座桥一个表。

（5）说明大桥及特大桥桥位选择的原则及方案。

3）小桥涵

（1）说明小桥涵数量估算及依据；

（2）选择小桥涵结构形式。

4）桥涵材料情况

（1）就地可取的材料及运距估算；

（2）需要外运的材料及运距估算。

5. 主要工程量及材料

1）道路工程的综合评述

根据各方案比较结果，确定油田道路工程的推荐方案。

2）工程构成及主要工程量

列表说明油田道路工程构成及主要工程量，见附表 1-85。

附表 1-85　油田道路工程构成及主要工程量汇总表

序号	工程构造	工程量	
		单位	数量
一	不同等级的路基工程（土石方）	m^3	
1			
2			
…			
二	不同结构的路面工程	m^2	
1			
2			
…			

续表

序号	工程构造	工程量 单位	数量
三	桥涵工程		
1	特大桥	m/座	
2	大桥	m/座	
3	中桥	m/座	
4	小桥	m/座	
5	涵洞	m/座	
四	其他辅助工程		
1			
2			
…			

3）主要材料

列出油田道路所需主要材料的规格和数量，见附表1-86。

附表1-86　油田道路工程主要材料表

序　号	工程名称	材料名称	规　格	单　位	数　量	备　注

十五、生产维修工程

1. 维修体制和工作量

1）主要维修内容和工作量

（1）说明确定维修机构的主导思想以及维修工程的服务范围。

（2）说明主要维修对象，所需维修设备及仪表的名称、种类、规格及数量。见附表1-87。

附表1-87　年维修设备汇总表

序　号	名　称	规格	数量	工作内容	外委工作量	维修工程承担量

(3) 说明确定设备维修量的计算方法和计算依据。
(4) 说明所维修设备的工作内容,主要包括设备的大修、中修、小修及总成拆换等。

2) 可依托的系统条件

(1) 说明工程项目的地理位置和周边生产维修状况。
(2) 说明利用可依托条件的原则和理由。
(3) 说明可依托条件的基本概况,及与可依托的有关部门达成的意向性协议。

3) 协作关系和外委工作量

(1) 说明维修工程外协外委的理由和可能性,以及预期达到的效果。
(2) 说明外协外委单位的概况,包括地理位置、生产规模、服务能力和技术水平等,以及与外协外委单位的交通运输距离。
(3) 列出外委的工作内容和工作量,见附表1-87。

2. 维修工程内容

1) 修理能力

(1) 说明维修工程的修理能力和建设规模。
(2) 说明确定维修工程建设规模的理由,及对油田发展的意义和设想。
(3) 说明维修设备的名称、规格、数量(不包括外委、外协的工作量)及工作内容,见附表1-88。
(4) 说明零部件的年加工能力,计算单位以"t/a"或"套(件)/a"计算。列出零部件加工量,见附表1-88。

附表1-88 零部件加工量表

序 号	名 称	规 格	维修、加工量	主要材料	备 注

(5) 说明设备维修及零部件的加工工艺。
(6) 对有污染的车间,要说明污染源的性质和强度,采取的防范措施,达到的预期目的,以及是否达到国家现行有关标准的要求。
(7) 说明维修工程生产制度的安排和年时基数。
(8) 列表说明维修车间的组成情况和建筑面积,各个车间在生产过程中的作用及能力,见附表1-89。
(9) 说明各维修车间的人员编制情况,包括生产人员和管理人员,见附表1-89。

附表1-89 维修工程基本状况表

车间	工作内容	工作能力	生产制度	人数,人			建筑面积 m²	备注
^	^	^	^	总数	生产人员	管理人员	^	^

2) 消耗指标

列表说明正常生产时，各车间主要消耗指标，见附表1-90。

附表1-90　各车间消耗指标汇总表

车间	电力 kW·h/d	水 t/d	蒸汽或热水 t/d	燃料 m³/d 或 t/d	压缩空气 m³/min	主要原材料 t/d	其他	备注

3. 仓库

1) 建库形式和功能

(1) 说明建库的原则。

(2) 说明仓库的隶属关系、物流形式和功能。说明仓库的服务对象和服务内容。

(3) 说明服务对象的生产规模或生产能力。说明仓库生产规模确定的理由、计算依据或计算方法。

(4) 说明仓库物资的容量和年周转量。

(5) 说明仓库的主要物资装卸和运输形式及能力状况。

2) 库存物资

(1) 说明库存物资的类别及内容，包括物资的名称、品种规格及数量等。

(2) 分项说明主要库存物资的名称、种类、规格型号及数量等内容，见附表1-91。

附表1-91　主要库存物资汇总表

序号	名　称	种　类	规格型号	计算库存量	外形尺寸	出入库计量形式	备　注

(3) 对仓库中存放的特殊物资，如易燃、易爆、腐蚀及有毒等物资，要说明其理化性质及包装形式。

3) 物资存储形式和存放量

(1) 说明利用库房存放物资的名称、规格及数量。说明单位面积存放量以及物资装卸运输方式，见附表1-92。

(2) 说明利用料棚存放物资的名称、规格及数量。说明单位面积存放量以及物资装卸运输方式，见附表1-92。

(3) 说明利用料场存放物资的名称、规格及数量。说明单位面积存放量以及物资装卸运输方式，见附表1-92。

(4) 说明对特殊物资（易燃、易爆、腐蚀、有毒等）存放所采取的防火、防热、防溢、防泄及防潮等安全措施，见附表1-92。

附表1-92 物资存储形式一览表

存放形式		物资名称	包装形式及规格	存储量	单位面积存储量	特种物资说明	对特种物资采取的措施	备注
库房	1							
	2							
	…							
料棚	1							
	2							
	…							
料场	1							
	2							
	…							

4）库房和料场面积及结构

（1）说明各库房的建筑面积。对大型及有特殊要求的库房，要说明建筑跨度及房屋高度等结构要求，列出仓库分类表，见附表1-93。

（2）说明料场和料棚面积、场地结构或存放物资对基础的要求。

附表1-93 仓库分类表

名称	数量	结构	面积, m²	跨度或高度, m	备注
库房					
料棚					
料场					

4. 主要工程量及设备材料

1）主要工程量

（1）说明生产维修工程的总建筑面积和占地面积。

（2）说明为生产维修工程服务的给排水、电力、通信、供热、供气及道路等配套系统工程的主要工程量。对可利用的外部系统，要说明与本工程衔接的工作量。见附表1-94。

（3）对在山区、地势不平或低洼地带建设的工程项目，应估算工程土方量，包括填方量和挖方量。

附表1-94 生产维修工程主要工程量表

序号	工程内容	规模	单位	数量	备注

2）主要设备材料

（1）列表说明主要设备和材料的规格和数量，见附表1-95。

附表1-95　生产维修工程主要设备材料表

序　号	工程名称	设备材料名称	规格及性能	单　位	数　量	备　注

（2）需引进国外的技术和设备时，要说明引进的内容、方式及理由，并估算其投资。说明设备生产能力的特性指标、设备的操作条件及对配套设施的要求。

十六、生产管理设施

1. 机构组成

1）生产管理系统的组成

说明生产管理系统的构成及临时管理机构的组成情况，绘制系统构成框图。

2）人员测算

测算各管理层次的职工人数和该系统的总人数，以及临时管理机构的组成人数。

3）选址

（1）说明生产设施选址的原则和依据，经多方案比较，提出推荐方案，绘制基地地理位置图。

（2）说明所依托的地方设施。

（3）按照国家和地方的占地指标或建筑密度，测算占地面积，并结合远期发展规划，留有余地。

（4）说明基地所在地的工程地质和水文地质条件。

（5）说明当地的地震基本烈度和洪水、潮水及内涝威胁等情况以及基地建设需采取的措施。

2. 生产管理设施

1）办公室（楼）

（1）根据国家或当地规划部门制定的面积指标，以办公人数为基数，测算办公室（楼）建筑面积。

（2）根据社会发展和科技发展远景，测算办公用计算机室、油田资料分析室、技术资料档案室、大型会议室及与办公有关的其他建筑面积。该部分建筑宜与办公室（楼）合建，也可单列单建。

办公面积测算，见附表1-96。

附表1-96　办公面积测算表

序号	项目名称	测算人数	测算标准，m^2/人	建筑面积，m^2	备注
	合计				

2) 倒班公寓（倒班宿舍）

（1）根据国家规定或当地规划部门制定的面积指标，结合倒班制度和倒班人数，测算公寓（宿舍）建筑面积。

（2）测算电视室、杂品库及管理室等与公寓相配套设施的建筑面积。

3) 职工食堂

根据国家或当地面积指标，计算食堂建筑面积（包括餐厅、厨房等）。多民族就餐食堂，须分设汉族食堂和民族食堂。

4) 文娱活动室

根据国家指标，结合油田实际，确定建设内容，一般包括图书阅览室及多功能厅等。文娱活动室面积测算，见附表1-97。

附表1-97　文娱活动室面积测算表

序　号	项目名称	规　模	建筑面积，m²	备　注
	合计			

5) 其他设施

（1）汽车库。

确定停放汽车的种类和数量，并测算建筑面积。

（2）行政库房。

根据储存办公物品和其他所需备品数量、种类及存储方式，测算库房建筑面积。

（3）其他。

根据油田实际情况确定所需项目，如门卫室及室外公厕等，测算所需建筑面积。

（4）根据生产管理设施测算的面积和人数，测算给水、排水、排污、供电、通信、供热及供冷等配套工程的规模和投资。

6) 生产管理设施投资估算

根据当地造价，估算生产管理设施的投资。生产管理设施投资估算，见附表1-98。

附表1-98　生产管理设施投资估算表

序　号	项目名称	单价，元/m²	总价，万元	备　注
	合计			

3. 主要工程量

列出生产管理设施主要工程量，见附表1-99。

附表1-99 生产管理设施主要工程量表

序号	项目名称	规模 单位	规模 数量	建筑面积, m²	投资, 万元	备注
1	办公室（楼）					
2	倒班公寓					
3	职工食堂					
4	文娱活动室					
5	汽车库					
6	行政库房					
7	占地面积					
8	其他					
	合计					

十七、节能

1. 综合能耗分析

1）能耗计算

列出油田生产系统综合能耗，见附表1-100。

附表1-100 油田生产系统综合能耗表

序号	项目	年消耗量 单位	年消耗量 数量	能耗换算指标 单位	能耗换算指标 换算值	能耗, MJ/a	备注
1	原油	t/a		MJ/t			
2	天然气	$10^4 m^3$/a		MJ/m³			
3	电力	kW·h/a		MJ/(kW·h)			
4	水	m³/a		MJ/m³			
5	蒸汽	t/a		MJ/t			
6	成品油	t/a		MJ/t			
...							
	综合能耗, MJ/a						
	单位综合能耗, MJ/t						

2）能耗分析

将油田综合能耗和单位综合能耗与国内（外）同类工程能耗指标进行分析比较，说明拟达到的水平和争取达到先进水平的措施。

2. 节能措施

（1）说明采用的节能技术和工艺（如最佳温度及合理回压选择，密闭集输、原油稳定及天然气凝液回收工艺，节电与节水等措施）。

（2）说明选用高效节能设备情况。

（3）说明余热、余冷、余压和放散可燃气体的回收利用（如大罐抽气，套管气回收，余压膨胀致冷等），以及充分利用地层能量等情况。

（4）说明在经济合理的原则下，设备与管道保温及保冷措施和新型高效绝热材料的应用情况。

（5）说明优化锅炉供热工艺流程、节约燃料、回收放散热能、集中供热及热电联产等情况。

3. 单项节能工程

凡不能纳入主要工艺流程的单项节能项目，可行性研究报告应分别列为单项节能工程，并说明以下内容：

（1）单项节能工程的项目名称；

（2）单项节能工程的工艺流程和主要设备选择；

（3）单项节能工程的节能计算：节能量、节能造价、投资估算和投资回收期。

十八、环境保护

1. 环境现状

1）环境现状的主要内容

环境现状的内容包括自然环境和社会环境，主要侧重于与环境有关的各要素，突出环境特点，如大气、水体、土壤及噪声等环境质量现状，以及植被、野生动物及自然保护区等生态环境现状。

2）环境现状调查范围

一般以地面工程总体规划为准，对于水系应考虑污水可能的排放点及受纳水体现状，调查范围要扩大到相应的水系流域。这部分资料主要来源于当地政府的各有关部门（国土资源、工农业发展规划、水土保持和水利规划、城市环境综合治理等部门）。

2. 主要污染源和污染物

1）主要污染源

（1）根据油田开发及地面建设方案，对工艺过程进行分析，确定主要污染源，包括点源、面源和线源，以及固定源、流动源和无组织排放等；也可以分为大气污染源、水污染源、噪声污染源及其他污染源等。

（2）分析油田开发建设可能引起的生态景观变化，排放污染物可能引起当地环境质量的变化，以及征占土地对土壤、植被和野生动物生存环境可能产生的影响或破坏等。

2）主要污染物

（1）大气污染物。

主要有 SO_2、NO_x、总烃类、TSP、CO 等。

（2）水污染物。

主要有石油类、BOD_5、COD_{cr}、氨、氮、酸、碱及表面活性剂等。

(3) 其他。

包括噪声污染以及对土壤和生态的污染与破坏等。

对于上述各类污染物均应指出其种类、数量、排放方式、处理措施及去向等。

3. 污染控制

1) 污染控制措施

根据工程所在地区的环境特点以及污染物的排放情况，对以下几方面提出初步的污染控制方案，内容包括：

(1) 大气污染控制。

油田排放的大气污染物主要来自加热炉和锅炉排烟，油井和站场排放的烃类，以及各种柴油机和车辆燃余废气等。因此，大气污染的控制方案主要针对原油储罐及装卸车挥发排放的烃类，以及锅炉和加热炉排放的 NO_x 及 SO_2 等。

(2) 水污染控制。

油田水污染控制主要针对以下几种污水：含油污水、洗井污水、钻井废水、机修废水、医院污水、生活污水及站场雨水等，均应采取适当的控制措施。

(3) 噪声污染控制。

油田的噪声污染控制主要针对钻机、注水泵、输油泵、压缩机及柴油发电机等的噪声。

(4) 废渣污染控制。

油田废渣主要有钻井泥浆、岩屑、落地油、油罐底泥、施工废料，以及生活垃圾等。

(5) 土壤及生态的恢复措施。

在油田地面工程的建设过程中，由于钻井、道路、管道敷设及站场建设等均需占用大量的土地，使土壤、植被及野生动物生存环境受到影响或破坏，因此需要采用必要的措施，恢复或减少其对环境的影响或破坏。

2) 主要环保设施及费用

(1) 主要环保设施。

在油田开发建设中，为了防止对环境的污染以及对自然生态造成的破坏，必须投入一定数量的资金，建设环境保护设施，以保证开发建设和生产活动顺利进行。关于环保设施的划分主要遵循以下原则：

①凡属污染治理和保护环境所需的设置、设备、监测手段和工程设施等，均属环境保护设施。

②生产需要又为环境保护服务的设施可按比例计入。

③外排废弃物的运载、回收及综合利用设施，防尘、防渗及绿化设施等。

根据上述原则，油田开发建设项目中可列为环保设施的有：

①含油污水处理设施（含洗井水）；

②钻井废水、机修废水、医院污水及生活污水的处理设施；

③钻井泥浆和岩屑的回收、运输及处理装置；

④落地油及油罐底泥的回收、运输及处理装置；

⑤为防止油罐及装卸车的烃类挥发损失而采用的抽气及密闭设施；

⑥锅炉和加热炉因环保要求而加高的烟囱；

⑦为防治噪声而采用的隔声、吸声和消声等设施；
⑧恢复地貌、植被及站场的绿化设施；
⑨生活垃圾的卫生填埋及处理设施；
⑩环境监测站的建设及仪器设备和监测车等设施。
（2）环保投资。
列出环保设施的总投资，并计算出占工程总投资的比例。

4. 环境影响分析

1) 环境影响评价结论

根据国家环保局（86）国环字第 003 号文《建设项目环境保护管理办法》的有关规定，应在可行性研究阶段完成建设项目的环境影响报告书（表）。因此，在编制可行性研究报告时，如果环境影响报告书（表）已经完成，可将其主要结论写入，包括综合结论及各主要专题结论。

2) 环境影响分析

对于油田开发建设项目，因其环境影响评价工作所需的周期较长，其环境影响报告书往往难以在编制可行性研究报告时完成，在这种情况下需要进行环境影响分析。根据油田开发建设项目的工程特点，结合油田所在地区的环境现状，定性分析油田开发建设不同阶段对大气、水体、土壤、生态、噪声、人群健康及社会经济等方面的影响，并指出存在的主要环境问题，得出初步结论。建设项目最终的环境影响评价结论应以国家或地方环保主管部门对环境影响报告书的批复为准，并与可行性研究报告一并上报审批。

十九、劳动安全卫生

1. 职业危害分析

1) 自然环境危害分析

说明油田所在地可能发生的自然灾害（地震、海啸、暴风、洪水、沙暴、酷暑、低温、雷电、滑坡、泥石流等）的危害。

2) 油田总体布局职业危害分析

说明油田总体布局是否充分考虑到与相邻企业、居民点、公路及铁路的安全距离；厂（站）内建（构）筑物与装置间的安全距离；加热炉、锅炉房、氧气站、乙炔站、液化气站、仓库及油库等产生有害有毒气体的装置与最小频率风向的关系。

3) 生产过程中职业危害分析

说明生产过程中使用和产生易燃、易爆及有毒物质的名称和数量，存在高温、高压、易燃、易爆、辐射、振动、噪声、有毒及有害气体的场所，以及涉及的人数和危害程度。

2. 职业危害防护

1) 职业安全卫生设计采用的防护措施

说明在可行性研究中按职业安全卫生规范，对易燃、易爆、有毒及有害场所进行的类别等级划分；说明设备选型，生产过程控制检测，电气联锁、防静电和防误操作，以及超压泄放和安全疏散等方面所采取的措施。

2）生产过程中对职业危害的防护措施

说明生产过程中，在操作检查路线、工艺操作规程及紧急事故处理等方面，对防尘、防毒、防爆、防高温及防噪声等采取的措施，说明对人体的保护设施，日常保健用品，技术安全机构和各项规章制度。

3）职业安全卫生设备与费用

列出职业安全卫生专项费用，包括生产环节职业安全卫生防范专项设施费，检测装备费，安全教育的装备及设施费，事故应急措施费。

4）结论

就所采取的上述措施，说明本项目在职业安全卫生方面是否符合或达到有关规定的要求。

二十、组织机构和定员

1. 组织机构

1）组织机构

（1）企业组织机构应与建设项目相适应。说明根据生产需要和工艺特点设置的生产组织和管理机构。

（2）当本项目为现有企业开发的新油田时，应说明与现有的生产组织和管理机构的关系。

编制组织机构体系图。

2）企业的工作制度

根据岗位性质和国家的劳动制度规定，说明企业的工作制度。

2. 定员

1）企业劳动定员分类和素质要求

按照劳动定员等有关规定，结合本项目及企业的实际情况提出定员分类（生产工人，管理人员，技术人员，服务人员）及其相应的文化和技术等方面的素质要求。

2）企业的定员编制

根据企业生产组织和管理机构，企业劳动定员分类和素质要求，列出组织机构和定员编制，见附表1-101。

附表1-101　定员编制表　　　　　　　　单位：人

序　号	部　门	工　人	管理人员	技术人员	其他人员	合　计	备　注
	合计						

3. 培训

（1）培训目的（业务培训、岗位培训）；

(2) 培训专业与人数；
(3) 培训计划（时间、地点）。

二十一、项目实施进度安排

1. 实施阶段

项目实施时期是指从正式确定建设项目（批准可行性研究报告）到竣工验收的时间段。可行性研究报告可按以下工作内容划分实施阶段：
(1) 建立项目筹建机构；
(2) 初步设计；
(3) 初步设计审批及设备材料订货；
(4) 施工图设计；
(5) 施工准备；
(6) 施工；
(7) 生产准备和试运转；
(8) 竣工验收。

有工程承包招标和监理及设备与技术引进时，应增加相应工作阶段。

2. 实施进度

按项目实施各阶段的工作内容，安排进度计划。编制进度横线图。

二十二、投资估算与资金筹措

1. 投资估算

1) 投资估算编制范围
(1) 工程项目的简述；
(2) 工程项目的主要工程技术及规模；
(3) 工程项目的主要工程量；
(4) 投资估算范围；
(5) 需要说明的其他事项。

2) 投资估算编制依据
(1) 国家及行业的有关方针政策以及建设地区的各种规定；
(2) 采用的估算指标、定额及费用标准；
(3) 设备和材料的计价原则；
(4) 引进主要设备和材料的初步报价或参考价格的依据；
(5) 人民币外汇牌价；
(6) 类似项目的统计资料。

3) 投资估算编制说明

说明投资估算内容、方法以及主要指标。

油田开发建设工程包括勘探工程和开发工程，开发工程包括开发井工程和地面建设工程。

项目总投资由建设投资、固定资产投资方向调节税、建设期利息及流动资金组成，建设投资由固定资产投资、无形资产费用、递延资产费用和预备费组成，固定资产投资包括工程费用和固定资产其他费用，工程费用包括勘探工程投资、开发井工程投资和地面建设工程投资。

（1）勘探工程投资。

勘探工程投资包括已发生勘探投资和未来预计发生的勘探投资。

已发生勘探投资按"成果法"的原则将"资本化"部分计入开发建设项目投资额中。

在开发建设期内预计发生的勘探投资，包括物探费用、探井费用、试采费用及其他费用，全部计入项目总投资额中。

在开发生产期内预计发生的勘探开发投资，如打调整井和重新完井等，合理估算投资额但不计入项目总投资。

（2）开发井投资。

开发井投资包括新区临时工程费用、钻前工程费用、钻井工程费用、录井测井作业费用、固井工程费用、施工管理费用及试油工程费用等，在有条件时可分项进行测算，也可按每米综合成本进行计算，但必须计入完井和采油工程投资。

由于勘探工程及开发井工程投资已包括其有关费用，在投资估算时不再计算无形资产和递延费用及预备费。

（3）地面建设工程投资。

油田地面建设工程包括油气集输工程、注水工程、含油污水处理工程、供电工程、给排水及消防工程、通信工程、供热及暖通工程、自控工程、建筑工程及道路工程等。

当外部配套系统工程（供水、供电、通信、道路及活动消防等工程）需要业主投资建设时，其资金应列入工程投资中。

地面建设工程投资应划分为设备购置费、安装工程费及建筑工程费，根据建设方案工程量以及投资估算指标和概算指标进行估算。在工程量等资料不全的情况下，也可采用典型工程统计综合指标以及综合系数法作为一种辅助的估算方法。

（4）固定资产其他费用。

固定资产其他费用包括土地征用补偿及安置费、施工队伍调遣费、工程保险费、压力容器检验费及超限运输特殊措施费等。

（5）无形资产费用。

无形资产费用包括矿区取得成本、专有技术费用、商誉费用、研究试验费、土地使用权出让金、技术转让费、可行性研究编制费、勘察设计费、供电贴费及水增容费等。

（6）递延资产费用。

递延资产费用包括建设单位管理费、工程监理费、环境影响评价费、生产准备费、办公及生活家具购置费、联合试运转费、国外技术人员现场服务费、出国人员费及图纸资料翻译复制费等。

固定资产其他费用、无形资产费用及递延资产费用原则上应分项详细计算，如资料不全可参照类似工程统计资料，可按工程费用的百分比估算。

（7）预备费。

预备费包括基本预备费和价差预备费。

国内工程项目基本预备费按固定资产投资与无形资产及递延资产之和的10%~15%估算。引进工程基本预备费的计算基数应扣除硬件费、软件费及从属费。

价差预备费以国内部分工程费用作为计算基数乘以投资价格指数进行估算。目前投资价格指数为零。

为计算方便，预备费全部按形成固定资产考虑。

（8）固定资产投资方向调节税。

按照国家有关规定，油田开发建设固定资产投资方向调节税税率为零。

（9）建设期借款利息。

建设期借款利息应根据资金来源渠道和筹措方式，说明利息的计算方法及借款利率。建设期利息计入固定资产原值。在财务评价中，国内外借款，无论按年、季或月计息，均可简化为按年计息，对多种借款可采用分别计算利息的方法，也可按综合贷款利率计算。

（10）流动资金。

流动资金估算一般采用扩大指标估算法，按流动资金占达产年或各年平均经营成本的25%~30%估算，也可采用分项详细估算法。采用分项估算法应编制流动资金估算表。

4）投资估算结果

说明投资估算结果，列出项目总投资汇总表，见附表1-102；项目总投资估算表，见附表1-103；流动资金估算表，见附表1-104。

附表1-102　项目总投资汇总表（辅助报表1）　　　　单位：万元

序号	项目名称	投资	占总投资比例,%	备注
1	建设投资			
1.1	勘探工程投资			
1.2	开发工程投资			
2	固定资产投资方向调节税			已发生勘探投资
3	建设期借款利息			
4	流动资金			
5	项目总投资			

附表1-103　项目总投资估算表（辅助报表2）　　　　单位：万元

| 序号 | 工程或费用名称 | 估算价值 | | | | | 占固定资产投资的比例% | 备注 |
		设备购置	安装工程	建筑工程	其他费用	合计	其中外币万美元		
1	建设投资								
1.1	固定资产投资								
1.1.1	工程费用								
1.1.1.1	勘探工程投资								
(1)	……								
1.1.1.2	开发井工程投资								
(1)	……								
1.1.1.3	地面建设工程投资								

续表

序号	工程或费用名称	估算价值					占固定资产投资的比例 %	备注
		设备购置	安装工程	建筑工程	其他费用	合计	其中外币万美元		
(1)	……								
1.1.2	固定资产其他费用								
(1)	……								
1.2	无形资产费用								
1.2.1	……								
1.3	递延资产费用								
1.3.1	……								
1.4	预备费								
1.4.1	基本预备费								
1.4.2	价差预备费								
2	固定资产投资方向调节税								
3	建设期利息								
4	流动资金								
	项目总投资								

注：工程项目和费用项目应详细列出。

附表1-104 流动资金估算表（辅助报表3）   单位：万元

序号	项目 \ 年份	最低周转天数	周转次数	生产期						合计
				3	4	5	6	…	n	
1	流动资产									
1.1	应收账款									
1.2	存货									
1.2.1	材料									
1.2.2	燃料									
1.2.3	在产品									
1.2.4	产成品									
1.2.5	其他									
1.3	现金									
2	流动负债									
2.1	应付账款									
3	流动资金（1-2）									
4	流动资金本年增加额									

2. 资金筹措

1) 项目法人组建方案

说明投资者出资比例，出具有关文件。

2) 资金筹措

(1) 资本金的筹措。

①投资项目必须首先落实资本金才能进行建设，可行性研究报告对资本金的筹措予以说

明，并应满足国家和股份公司相关规定。

②资本金基数为建设投资与铺底流动资金之和，一次认缴，分年到位。

(2) 资本金来源。

①企业法人所有者权益（包括资本金、资本公积金、盈余公积金、未分配利润和股票上市收益资金等）；

②企业折旧资金；

③企业产权转让收入；

④按国家规定从资金市场上筹措的资金；

⑤国家规定可以用作资本金的其他资金。

(3) 流动资金的筹措。

按照国家规定30%为铺底流动资金，由企业自筹，另70%由银行贷款。

(4) 借贷资金的筹措。

有条件时应出具贷款意向书，说明国内银行贷款和国外贷款的额度、利率、汇率及还款期限与方式。

(5) 投资使用计划。

应根据设计的工程进度及筹资来源编制投资使用计划及资金筹措表，见附表1-105。

附表1-105 投资使用计划及资金筹措表（辅助报表4） 单位：万元

序号	年份 项目	建设期							生产期								合计
		1			2			3				4…n			
		外币万美元	折人民币	人民币	小计	外币万美元	折人民币	人民币	小计	外币万美元	折人民币	人民币	小计	外币万美元	折人民币	人民币	小计	
1	总投资																	
1.1	建设投资																	
1.2	固定资产投资方向调节税																	
1.3	建设期借款利息																	
1.4	流动资金																	
2	资金筹措																	
2.1	自有资金																	
2.2	其中：用于流动资金																	
2.2.1	借款																	
2.2.2	长期借款																	
2.2.3	流动资金借款																	
2.3	其他短期借款 其他																	

注：(1) 如有多种借款方式时，可分项列出。

(2) 建设期的长短依工程具体情况确定。

二十三、财务评价

1. 依据和基础数据

(1) 说明财务评价所依据的国家、行业有关法规、文件规定、采用方法、评价范围等。

(2) 列出财务评价所采用的基础数据。

①评价的计算期，包括建设期和生产期；

②油田开发生产基础数据：年产油（气）量、单井日产油（气）量等；

③油气商品率；

④吨/桶换算系数；

⑤价格：原油价格、伴生气价格、燃料及动力价格等；

⑥生产定员、工资及福利费；

⑦折旧、折耗率及摊销年限；

⑧维护及修理费率；

⑨各种税费率；

⑩基准收益率；

⑪其他。

2. 成本和费用估算

(1) 油田开发建设项目成本费用的构成及估算方法。

说明生产成本费用估算范围、估算方法及费用指标。生产成本费用应按原油生产成本、管理费用、财务费用和销售费用的构成分项进行估算。

①原油生产成本包括：油气操作成本和折旧与折耗费。

油气操作成本包括：材料费、燃料费、动力费、生产工人工资、职工福利费、驱油物注入费、井下作业费、测井试井费、维护及修理费、稠油热采费、轻烃回收费、油气处理费、运输费以及其他直接费和厂矿管理费。

②管理费用应包括摊销费、矿产资源补偿费和其他管理费用。

③财务费用包括流动资金借款利息和长期借款生产期利息及其他财务费用。

④销售费用。

(2) 列出生产成本费用估算表，见附表1-106，计算单位采油操作成本。

附表1-106　生产成本费用估算表（辅助报表5）　　　　　单位：万元

序号	年份 项目	生产期 3	4	5	6	...	n	合计
1	生产成本							
1.1	直接成本							
1.1.1	材料							
1.1.2	燃料（含自耗）							
1.1.3	动力							
1.1.4	生产工人工资							

续表

序号	项目 \ 年份	生产期 3	4	5	6	...	n	合计
1.1.5	职工福利费							
1.1.6	驱油物注入费							
1.1.7	井下作业费							
1.1.8	测井试井费							
1.1.9	维护及修理费							
1.1.10	轻烃回收费							
1.1.11	油气处理费							
1.1.12	天然气净化费							
1.1.13	其他直接费							
1.1.14	厂矿管理费							
1.2	折旧、折耗							
2	期间费用							
2.1	管理费用							
2.1.1	摊销费							
2.1.2	矿产资源补偿费							
2.1.3	其他管理费							
2.2	财务费用							
2.2.1	长期借款利息支出							
2.2.2	流动资金借款利息支出							
2.3	销售费用							
3	生产成本费用							
3.1	固定成本							
3.2	可变成本							
4	经营成本费用							
5	单位操作成本，元/m^3							

（3）列出可变成本和固定成本。

（4）计算经营成本费用。

3．财务分析

1）计算产品销售收入

计算销售收入，说明采用的销售价格。

原油价格采用中国石油定期发布的项目经济效益测算价格，伴生气价格执行国家规定的价格，轻烃和液化气价格可执行市场价格，但必须与原油价格相一致。

2）销售税金及附加

说明销售税金及附加的计征方法和税率。

油田生产销售税金及附加包括增值税、城市维护建设税、教育费附加及资源税。

（1）增值税以应税产品的销售额为计税依据，原油增值税率为17%。说明销项税、进项税及扣减进项税的方法。

（2）城市维护建设税按照实际缴纳的增值税额和规定的税率计算应纳税额。

（3）教育费附加以增值税为计征基础。

（4）资源税按照应税产品的课税数量和规定的单位税额计算应纳税额。

3）利润总额

（1）计算利润总额。

（2）计算企业所得税额。

（3）税后利润的分配。

企业缴纳所得税后的利润为可供分配利润，一般按下列顺序进行分配：

①提取法定盈余公积金（包括公益金）。

②应付利润，即向投资者分配利润。提取比例根据具体情况或依投资各方的协议而定。

③未分配利润。还款期间用未分配利润偿还借款，还清借款后未分配利润转入分配。

（4）列出损益表，见附表1-107。

附表1-107　损益表（基本报表2）　　　　　　　　单位：万元

序号	年份 项目	生产期					方法合计
		3	4	5	6	…	n	
1	生产负荷，% 产品销售收入（含税） 其中：销售收入（不含税）							
2	生产成本费用							
3	销售税金及附加							
4	利润总额							
5	弥补前年度亏损额							
6	所得税							
7	税后利润							
8	可供分配利润							
8.1	盈余公积公益金							
8.2	应付利润							
8.3	未分配利润 其中：偿还借款							
9	累计未分配利润							

4）财务盈利能力分析

通过财务现金流量表（全部投资和自有资金，见附表1-108和附表1-109）及损益表中有关数据，计算判断项目经济可行的动态指标，并根据需要计算静态指标。对计算出的动态和静态指标都应按照行业标准或企业的目标值进行对比分析，其中静态指标的计算还应列出计算公式。

附表1-108　现金流量表（全部投资）（基本报表1.1）　　　　单位：万元

序号	年份 项目	建设期		生产期						合计
		1	2	3	4	5	6	…	n	
	生产负荷,%									
1	现金流入									
1.1	产品销售收入									
1.2	回收固定资产余值									
1.3	回收流动资金									
2	现金流出									
2.1	建设投资									
2.2	流动资金									
2.3	经营成本费用									
2.4	销售税金及附加									
2.5	所得税									
2.6	生产期勘探开发投资									
3	净现金流量									
4	累计净现金流量									
5	所得税前净现金流量									
6	所得税前累计净现金流量									

所得税前　　　　　　　　　　　　　所得税后
　　计算指标：财务内部收益率：
　　　　　　　财务净现值：
　　　　　　　投资回收期：

注：根据需要可在现金流入和现金流出栏里增减项目。

附表1-109（基本报表1.2）　现金流量表（自有资金）　　　　单位：万元

序号	年份 项目	建设期		生产期						合计
		1	2	3	4	5	6	…	n	
	生产负荷,%									
1	现金流入									
1.1	产品销售收入									
1.2	回收固定资产余值									
1.3	回收自有流动资金									
2	现金流出									
2.1	自有资金									
2.2	借款本金偿还									
2.3	借款利息支付									
2.4	经营成本费用									
2.5	销售税金及附加									
2.6	所得税									
3	净现金流量（1-2）									
4	累计净现金流量									

计算指标：财务内部收益率：
　　　　　财务净现值：（$i_c=$　　%）

注：同基本报表1.1的注。

动态指标应包括：财务内部收益率、财务净现值。

静态指标主要应包括：投资回收期、投资利润率、投资利税率、资本金利润率。

5) 项目清偿能力分析

(1) 项目清偿能力分析应计算借款偿还期，根据需要计算资产负债率、流动比率、速动比率等反映偿还能力的指标，并说明计算方法和计算公式。

(2) 列出借款还本付息计算表，见附表1-110；视项目需要列出资金来源与运用表，见附表1-111，以及资产负债表附表1-112。

附表1-110　借款还本付息计算表（辅助报表5）　　　　　　单位：万元

序号	项目	利率,%	建设期 1	建设期 2	生产期 3	生产期 4	生产期 5	生产期 6	...	n	合计
1	借款及还本付息										
1.1	年初借款本息累计										
1.1.1	本金										
1.1.2	建设期利息										
1.2	本年借款										
1.3	本年应计利息										
1.4	本年还本										
1.5	本年付息										
2	偿还借款本金的资金来源										
2.1	利润										
2.2	折旧										
2.3	摊销										
2.4	其他资金										
3	合计										

注：如有多种借款方式应分别计算。

附表1-111　资金来源与运用表（基本报表3）　　　　　　单位：万元

1	生产负荷,%									
1.1	资金来源									
1.2	利润总额									
1.3	折旧费									
1.4	摊销费									
1.5	长期借款									
1.6	流动资金借款									
1.7	其他短期借款									
1.8	自有资金									
1.9	其他									
1.10	回收固定资产余值									

续表

序号	项目								
2	回收流动资金								
2.1	资金运用								
2.2	建设投资								
2.3	建设期利息								
2.4	流动资金								
2.5	所得税								
2.6	应付利润								
2.7	长期借款本金偿还								
2.8	流动资金借款本金偿还								
3	其他短期借款本金偿还								
	盈余资金								
4	累计盈余资金								

附表 1–112　资产负债表（基本报表4）　　　　单位：万元

序号	年份　项目	建设期		生产期					
		1	2	3	4	5	6	...	n
1	资产								
1.1	流动资产总额								
1.1.1	应收账款								
1.1.2	存货								
1.1.3	现金								
1.1.4	累计盈余资金								
1.2	在建工程								
1.3	固定资产净值								
1.4	无形及递延资产净值								
2	负债及所有者权益								
2.1	流动负债								
2.1.1	应付账款								
2.1.2	流动资金借款								
2.1.3	其他短期借款								
2.2	长期借款								
2.3	负债小计								
2.3.1	所有者权益								
2.3.2	资本金								
2.3.3	资本公积金								
2.3.4	累计盈余公积金								
	累计未分配利润								

计算指标：1. 资产负债率（%）：
　　　　　2. 流动比率（%）：
　　　　　3. 速动比率（%）：

4. 不确定性与风险分析

采用敏感性分析、情景分析、基准平衡分析、盈亏平衡分析、风险调整贴现率法和概率分析等方法进行不确定性与风险分析。

1) 敏感性分析

一般分析建设投资，开发单元总产量或单井产量、原油价格及采油操作成本等因素在±20%范围变化时，对项目经济效益的影响程度。应根据项目特点和实际需要选用或增加其他因素如建设工期及开发井成功率等。

可行性研究阶段应对敏感性分析列出分析结果表，见附表1-113。并绘制敏感性分析图。

通常是分析全部投资内部收益率对各个因素的敏感程度。

2) 情景分析

可以采用选择几种变化因素，设定其变化的情况，进行多因素的敏感性分析。

3) 基准平衡分析

通过基准平衡分析进行经济界限值的研究，主要分析在满足一定收益率时的价格、产量、成本以及投资的平衡点。

4) 盈亏平衡分析

说明计算公式并绘制盈亏平衡图。

5) 其他风险分析

可根据项目面临的风险程度选择采用风险调整贴现率和概率分析等方法，对项目进行风险分析。

6) 通过风险分析提出相应的对策

通过上述风险分析应对项目面临的风险进行分析论证，开展定性或定量的风险分析对策研究，包括市场容量、油气价格、竞争能力、上产周期、产量、利率、汇率等风险的分析及对策。

附表1-113 敏感性分析表（辅助报表7）

变动率 变动因素	-20%	-10%	预测值	+10%	+20%
	IRR,% PT, 年 NPV, 万元	IRR,% PT, 年 NPV, 万元	IRR,% PT, 年 NPV, 万元	IRR,% PT, 年 NPV, 万元	IRR,% PT, 年 NPV, 万元
原油产量					
原油操作成本					
原油价格					
投资					

IRR——财务内部收益率；
PT——投资回收期（包括建设期）；
NPV——财务净现值（$i_c =$ %）。

二十四、国民经济评价

1. 主要参数

列出国民经济评价所采用的主要参数,包括:
(1) 社会折现率;
(2) 影子汇率换算系数;
(3) 影子工资换算系数;
(4) 农用土地影子费用;
(5) 贸易费用率;
(6) 主要投入物和产出物的影子价格;
(7) 其他。

2. 基础数据调整

(1) 建设投资调整。
①说明建设投资调整的依据和方法。
②列出建设投资调整后的结果表,见附表1-114。
(2) 流动资金调整。
说明调整后的流动资金占用量。
(3) 说明经营费用调整的依据和方法,列出调整后的经营费用表,见附表1-115。

附表114 国民经济评价投资调整计算表(辅助报表8)　　单位:万元

序号	项目	财务评价 合计	其中 外币 万美元	其中 折合 人民币	人民币	国民经济评价 合计	其中 外币 万美元	其中 折合 人民币	人民币	国民经济评价比财务评价增减(±)
1	建设投资									
1.1	建筑工程									
1.2	设备									
1.2.1	进口设备									
1.2.2	国内设备									
1.3	安装工程									
1.3.1	进口材料									
1.3.2	国内部分材料及费用									
1.4	其他费用									
1.4.1	土地费用									
1.4.2	价差预备费									
2	流动资金									
3	合计									

附表1-115 国民经济评价经营费用调整计算表（辅助报表9）   单位：万元

序号	项目	单位	年耗量	财务评价 单价，元	财务评价 年经营成本	国民经济评价 单价，元（或调整系数）	国民经济评价 年经营费用
1	材料						
…	……						
2	外购燃料和动力						
2.1	燃料						
2.2	水						
2.3	电力						
…	……						
3	工资及福利费						
4	修理费						
5	其他费用						
6	合计						

3. 国民经济评价

1）原油影子价格的测算

说明原油影子价格的确定或测算方法。

列出销售收入调整表，见附表1-116。

2）效益中的转移支付

列出属于国民经济内部"转移支付"项目的费用。

3）国民经济评价的主要指标

计算经济净现值和经济内部收益率，并以社会折现率为判别标准。

列出国民经济效益费用流量表（全部投资和国内投资）见附表1-117和附表1-118。

附表1-116 国民经济评价销售收入调整计算表（辅助报表10）   单位：万元

序号	产品名称	年销售量，$10^4 m^3$	销售收入 财务评价	销售收入 国民经济评价	差额
1	投产第一年负荷（××%） 原油 ·				
2	投产第二年负荷（××%） 原油 ·				
3	正常生产年份（100%） 原油 ·				
4	小计				

对间接效益和间接费用显著的项目应作定量分析；不能定量的，应作定性分析。

附表1-117　国民经济效益费用流量表（全部投资）（基本报表5.1）　　单位：万元

序号	年份　项目	建设期 1	2	生产期 3	4	5	6	...	n	合计
	生产负荷,%									
1	效益流量									
1.1	产品销售收入									
1.2	回收固定资产余值									
1.3	回收流动资金									
1.4	项目间接效益									
2	费用流量									
2.1	建设投资									
2.2	流动资金									
2.3	经营费用									
2.4	项目间接费用									
3	净效益流量（1-2）									

计算指标：经济内部收益率：
　　　　　经济净现值（$i_s=$　%）：

附表1-118　国民经济效益费用流量表（国内投资）（基本报表5.2）　　单位：万元

序　号	年　份　项目	建设期 1	2	生　产　期 3	4	5	6	...	n	合计
	生产负荷,%									
1	效益流量									
1.1	产品销售收入									
1.2	回收固定资产余值									
1.3	回收流动资金									
1.4	项目间接效益									
2	费用流量									
2.1	建设投资中国内资金									
2.2	流动资金中国内资金									
2.3	经营费用									
2.4	流至国外的资金									
2.4.1	国外借款本金偿还									
2.4.2	国外借款利息支付									
2.4.3	其他									
2.5	项目间接费用									
3	净效益流量（1-2）									

计算指标：经济内部收益率：
　　　　　经济净现值（$i_s=$　%）

二十五、经济评价结论及建议

1. 经济评价结论

在进行财务评价和国民经济评价之后，必须对建设项目进行综合分析，阐明确切的评价结论。其具体内容应包括：

（1）列出主要财务评价数据指标汇总表，见附表 1-119。

附表 1-119　主要财务评价数据指标汇总表（辅助报表 11）

序　号	名　　称	单　位	指　标	备　注
1	基础数据			
1.1	总投资	万元		
1.1.1	建设投资	万元		
	其中：勘探投资	万元		已发生勘探投资
	开发投资	万元		已发生开发投资
1.1.2	建设期利息	万元		
1.1.3	流动资金	万元		
1.2	年均销售收入	万元		
1.2.1	原油生产能力	10^4 t/a		
1.2.2	平均单井产量	t/d		
1.2.3	累计采油量	10^4 t		
1.2.4	经济采收率	%		
1.3	年均生产成本费用	万元		
	其中：折旧、折耗	万元		
1.4	原油单位成本			
1.4.1	勘探成本	元/t（美元/bbl）		
1.4.2	开发成本	元/t（美元/bbl）		
1.4.3	操作成本	元/t（美元/bbl）		
1.5	年均利润总额	万元		
1.6	年均销售税金及附加	万元		
2	评价指标			
2.1	财务内部收益率（税前）	%		全部投资（下同）
2.2	财务内部收益率（税后）	%		
2.3	财务净现值（税后）	万元		
2.4	投资回收期	a		包括建设期（下同）
2.5	投资利润率	%		
2.6	投资利税率	%		
2.7	借款偿还期			
2.7.1	国内借款偿还期	a		
2.7.2	国外借款偿还期	a		

（2）以国家、行业或企业的各种基准指标，来衡量项目财务评价和国民经济评价的各项指标，判断项目是否可行。

（3）综述不确定性诸因素对项目经济效益的影响，说明项目抗风险能力。

（4）综述多方案及同类项目评价指标比较分析的结果，以及推荐方案的特点和可行性。

（5）综述项目评价中存在的问题及其在实施过程中所应采取的必要措施。

（6）如项目财务评价不可行，而国民经济评价可行，对项目需提出政策性建议。

2. 社会效益评价

（1）大型油田开发建设项目，由于社会矛盾突出，与地方关系密切，对环境影响明显，应进行必要的社会效益评价，不能定量的应进行定性分析。主要包括以下内容：

①项目对社会的贡献；
②项目对地区经济发展的贡献和影响；
③项目对石油工业和企业的影响；
④项目对环境和改善能源消费结构的影响；
⑤项目对国民经济增长的影响；
⑥其他。

（2）通过评价分析，对项目可行性研究经济评价中存在的问题，提出相应的措施和建议。

附录 2

开发项目后评价报告编制细则

油气田开发项目后评价报告编制细则适用于常规油气田整体开发建设项目，复杂油气藏开发、勘探开发一体化、开发调整及三次采油等项目可结合各自特点参照执行。可根据项目特点对评价内容、图表做适当调整。

前 言

简述后评价工作任务来源，列出主要依据文件的名称、文号和时间。合理确定并说明项目后评价范围（时段）、后评价截止时点和整个评价期。

简述后评价工作的组织与管理情况，后评价工作的起止时间和工作流程，所在油气田企业对后评价报告的审查和批准上报，以及需要说明的其他情况。

简述后评价工作依据的主要基础资料。

基础资料包括：开发概念设计（项目建议书或预可行性研究报告）、总体开发方案（可行性研究报告）地面工程规划方案、地面工程初步设计及相关批复文件或审查意见、开工申请报告和批复文件；上级主管部门下达（批复）的投资计划、投资调整申请报告及有关批复文件，投资决算、审计报告，竣工验收报告，评价期内新增工程量、安全环保、节能减排项目审查与批复文件，以及其他追加或核减投资的批复（或下达计划）文件；投产总结报告、油藏动态监测报告，生产管理过程中其他生产经营分析和总结报告等，以及项目决算以后至后评价截止时点，新增工程量、安全环保及节能减排等单列投资的报批文件。

一、项目基本情况

简述项目名称及所在的地理位置、自然地理概况和区域构造位置。

说明该项目的归属、项目法人、投资类型（独资、合资合作或参股，合资合作项目应说明合资合作方及出资比例）及项目建设类型（新建产能、开发调整、三次采油等）。简述油气藏地质特征及油气藏主要参数。

二、勘探开发建设简要历程

说明该油气田发现及探明时间，简述开发建设历程。

简述批复开发方案的主要工程量和工作量（动用储量、油水井数、钻井进尺、主要生产系统建设工作量等），以及实际完成情况。

简述开发井的实际开钻和完钻时间，地面建设开工、投产和竣工验收时间，投产以来的生产情况等，说明评价截止时点的开发状况。

三、项目主要目标实现情况

简述项目建设规模、投资和效益等指标的实际完成情况，分别与开发方案或初步设计指标进行对比（附表2–1），如果有较大差异，简要说明主要原因。

附表2–1 主要目标实现情况评价表

序号	目标名称	单位	设计值 ①	后评价值 ②	实现程度,% ②/①
1	新动用地质储量	10^4t（10^8m^3）			
2	新动用可采储量	10^4t（10^8m^3）			
3	新建油气生产能力	10^4t（10^8m^3）			
4	原油（天然气）处理能力	10^4t（10^8m^3）/a			
5	污水处理能力	10^4m^3/a			
6	油气外输能力	10^4t（10^8m^3）/a			
7	最大年产油（气）量	10^4t（10^8m^3）			
8	稳产时间/生产期	a/a			
9	生产期累计产量	10^4t（10^8m^3）			
10	最终采收率	%			
11	总投资	万元			
	其中：钻井投资	万元			
	地面工程投资	万元			
12	百万吨（亿立方米）产能建设直接投资	万元			
13	百万吨（亿立方米）产能建设综合投资	万元			
14	开发成本	元/t（美元/bbl）			
15	操作成本	元/t（美元/bbl）			
16	内部收益率	%			
17	财务净现值	万元			
18	投资回收期	a			

注：（1）设计值为批复的开发方案指标，其中地面系统能力以批复的初步设计为准。
（2）操作成本指整个评价期的平均操作成本。
（3）成本单位为"元/t"，当采用"美元/bbl"时应取国家颁布的年度加权平均汇率。
（4）财务指标均为以全部投资计算的税后值。
（5）指标可根据具体项目特点相应增减。

第一节　前期工作评价

一、立项条件评价

说明油气储量规模和落实情况，评价开发方案对新区未动用储量（老区剩余油）的开发潜力论证结论是否正确。

评价项目建设地区的自然条件、社会依托条件、市场条件和技术经济条件等是否满足项目建设需要。

二、开发方案（可行性研究）评价

1. 编制单位资质

说明油气田开发方案（可行性研究）编制单位的选择方式，评价其资质等级是否符合国家相关规定及工程要求。

2. 编制依据

简要说明开发方案编制的依据，列出主要相关资料和文件名称，评价资料是否全面准确，研究方法是否科学适用，是否符合开发方案编制要求。

对于重大开发项目和三次采油项目或开发难度较大、技术要求较高的特殊类型油气田开发项目，简述开展的专题研究和矿场先导试验取得的主要成果，评价其对开发方案编制的指导作用。

3. 方案优化和完整性

简述项目进行的多方案比选工作，说明多方案比选是否规范、科学和客观，有重大缺陷的应说明原因。

4. 方案调整

简述开发方案调整情况和主要调整内容，有多次调整的应分别详细说明。列出方案调整的主要依据，对比分析方案调整效果，评价方案调整是否履行了审批程序。

三、前评估报告

说明前评估单位的资质情况。

简述前评估报告主要结论、意见和建议，以及主要意见和建议的落实及采纳情况，并分析对项目产生的影响，评价前评估报告结论是否明确、客观和公正。

四、决策程序

说明项目决策是否符合国家产业发展政策、行业发展方向和公司总体发展战略；说明项目是否列入规划，对没有列入规划的项目应详细说明立项依据。

评价开发概念设计、开发方案、地面工程可行性研究和初步设计等各阶段报告的编制、评估及审批（核准或备案）等决策过程是否完整规范。

五、评价结论

综合上述评价，给出项目前期工作的评价结论，说明存在的主要问题，总结值得借鉴的经验和教训（附表2-2）。

附表2-2 项目工作程序评价表

序号	或文件类型/（项目）名称	完成/批复时间	编制/批复单位	上报/批复文号	备注
1	开发概念设计（项目建议书）批复				
2	地面工程总体规划方案批复				
3	开发方案（可行性研究）报告编制				
4	环境影响评价报告批复				
5	劳动安全预评报告批复（备案）				
6	开发方案（可行性研究）评估				
7	开发方案（可行性研究）报告批复（核准或备案）				
8	地面工程初步设计编制				
9	地面工程初步设计审查				
10	地面工程初步设计批复				
11	地面工程施工图设计编制				
12	开发井开工				
13	全部开发井竣工				
14	地面工程开工				
15	正式投产				
16	全部开发井投产				
17	安全验收				
18	环保验收				
19	地面工程决算审计				
20	地面工程竣工验收				
21	开发调整方案编制				
22	开发调整方案审查与批复				
…	……				

第二节　地质油气藏工程评价

一、油气储量评价

简述探明储量的评审和批复情况，列出批复文件名称和时间。简述项目建成投产后的储量复算情况及结果，如果前后储量变化达到±10%及以上，详细说明并分析造成储量差异的主要原因，评价储量变化对项目的影响（附表2-3）。

附表2-3　储量变化情况表　　　　　　　　　　单位：10^4t（10^8m^3）

序号	层系	批复探明储量		方案拟动用储量		世纪动用（复算）储量		差异原因
		地质	可采	地质	可采	地质	可采	
1								
2								
3								
……								
合计								

二、开发方案评价

1. 方案合理性评价

将项目投产后的实际生产情况，与批复开发方案设计的开发规模、采油速度、注采井数、平均单井产量和地层压力等指标进行对比（附表2-4）。

附表2-4　开发方案设计指标评价

序号	指标		开发方案			实际		
			××年	……	合计	××年	……	合计
1	动用地质储量，10^4t（10^8m^3）							
2	动用可采储量，10^4t（10^8m^3）							
3	产能，10^4t（10^8m^3）							
4	年产量，10^4t（10^8m^3）							
5	产能到位率，%							
6	综合含水，%							
7	采油速度，%							
8	平均单井产量 t/d /（10^4m^3/d）	直井（定向井）						
		水平井（大斜度井）						

续表

序号	指标		开发方案			实际		
			××年	……	合计	××年	……	合计
9	采油井数，口	直井（定向井）						
		水平井（大斜度井）						
10	注水井数，口							
11	地层压力，MPa							
12	开发指标预测	稳产期，a						
		采出程度，%						
		综合含水，%						
		累计产量 10^4t（$10^8 m^3$）						

注：（1）实际产能取全部生产井投产后第二年产量；油、气产量应单列。

（2）井型按实际情况划分；水平井应用情况可以单独列表分析。

（3）分年度列至后评价截止时点以前。

（4）表中指标可根据油气藏特点或不同开发类型相应增减。

根据实际生产情况，对应方案预测生产年限，重新进行开发指标预测，并将主要预测指标与方案指标进行对比。

如果实际情况与方案设计指标差异较大，要结合油气藏开采特点，从油气藏构造、地层水活动特征、储层描述、层系划分、开发方式、井网部署和注采系统以及开发指标等方面的差异分析，评价方案的完备性、合理性和技术适应性。

2. 技术创新评价

评价油气藏地质工程采用新技术和新工艺及新方法（包括重大核心技术攻关和成熟技术的集成应用等）的适用性、合理性和先进性，重点说明对提高开发水平和有效控制投资的贡献与影响，结合新技术投入与产出分析，评价这些技术的推广应用前景。

三、实施效果评价

在储量动用状况分析基础上，依据开发井数、井位调整和低效井比例，以及产能、平均单井产量、生产压差、含水率及压力保持符合程度等指标，评价方案实施综合效果。

四、评价结论

给出地质油气藏工程总体评价结论，总结值得借鉴的经验和教训，说明存在的主要问题并提出建议措施。

第三节　钻井工程评价

一、工程方案评价

说明钻井工程方案的审查过程，简述主要审查意见及采纳落实情况，评价钻井工程方案审查工作是否严格规范。

简述钻井工程方案的目标、难点和主要措施。重点选择主要井型、井身结构、泥浆工艺、固井和完井等参数，以及油气层保护措施，评价钻井方案的技术适应性。

评价井身结构、固井工艺和固井质量能否适应生产阶段要求，能否满足多种井下作业的需要。

二、实施评价

1. 工程管理评价

说明钻井工程设计、施工和监理单位及其资质情况，评价服务方单位选择、合同签订、工程监督、验收和资料提交情况是否符合规定。评价工程管理效果。

说明工程 HSE 体系建立和执行情况，紧急预案的制定和演练情况，评价井控措施的落实情况，简述施工过程中的安全环保记录。

2. 实施效果评价

评价井身质量、固井质量、钻井取心收获率、钻完井周期、机械钻速及生产时效等指标完成情况（附表 2-5），评价油气层保护措施和资料录取质量等是否达到钻井设计和合同要求，能否满足油气田开发需要。

对水平井和多分支井等特殊工艺井的设计、施工和效果（水平井油气层钻遇率、特殊工艺井中靶率等指标）应单独进行评价，并与常规井进行对比，结合投入产出分析，评价特殊工艺井的推广应用价值。

附表 2-5　钻井工程指标评价表

	指标名称	单位	设计值 ××年	设计值 ……	设计值 合计	实际值 ××年	实际值 ……	实际值 合计	差异原因
钻井方案	（1）井数	口							
	①直井（定向井）	口							
	②直井（定向井）进尺	10^4m							
	③水平井（大斜度井）	口							
	④水平井（大斜度井）进尺	10^4m							
	（2）总进尺	10^4m							

续表

指标名称		单位	设计值			实际值			差异原因
			××年	……	合计	××年	……	合计	
技术经济	(1) 平均钻井周期	d							
	(2) 平均完井周期	m/h							
	(3) 平均机械钻速	m							
	(4) 平均井深	%							
	(5) 平均生产时效	%							
	(6) 平均纯钻时效	%							
工程质量	(1) 平均井身质量合格率	%							
	(2) 平均一次固井质量合格率	%							
	(3) 平均钻井取芯收获率	%							
	(4) 表皮系数	%							

说明：(1) 表中××年指标指开发井开钻到完钻的自然年份逐年指标。
(2) 对特殊工艺井应单独列表评价。

3. 技术创新评价

简述项目针对缩短钻井周期、提高钻速及降低成本等方面采取的技术和管理创新措施及效果，提出推广应用意见和建议。

评价现有管理制度对技术创新工作的支持、导向和促进作用，对存在的问题提出相关改进建议。

三、设计、施工和监理单位及制造商评价

结合工程验收结论，分别对主要设计、施工和监理单位，以及主要设备和大宗材料制造商，从单位资质、工作质量和进度控制、设备和材料质量以及合同履行等方面，进行综合评价。

按照提供服务的满意程度，对设计、施工和监理单位以及主要设备和大宗材料制造商进行排序（附表2-6）。

附表2-6 钻井工程主要乙方单位服务质量排序表

满意程度	排序	单位名称					备注
		设计	施工	监理	关键设备制造商	大宗材料制造商	
比较满意	1						
	2						
	3						
基本满意	1						
	2						
	3						

续表

满意程度	排序	单位名称					备注
		设计	施工	监理	关键设备制造商	大宗材料制造商	
不太满意	1						
	2						
	3						
不满意	1						
	2						
	3						

注：(1) 各类服务单位可以根据情况详细分类。
（2）原则上按降序排名。

第四节 采油（气）工程评价

一、方案评价

简述采油（气）工程方案的目标、难点和措施。对比分析方案实现程度及差异原因，重点分析完井工程、采油（气）方式及注水（气、汽）工程效果，评价采油（气）工程方案的技术适应性。

说明典型井完井工程方案的审查过程，简述主要审查意见以及采纳落实情况，评价完井工程方案审查工作是否严格规范。

二、实施评价

1. 工程管理评价

说明各项工程设计、施工和监理单位选择方式及其资质等级，评价施工队伍招标、合同签订和设备材料采购是否规范，说明主要设备和大宗材料的招标率（包括数量、总价招标率）。

评价各施工环节的审查与监督是否严格规范，工程验收程序和资料提交情况是否符合规定；各项工程和资料录取质量是否达到设计指标或合同规定，评价能否满足油气田开发需要。对高危井要重点评价设计审查和作业审批是否严格规范。

说明工程施工 HSE 体系建立和执行情况，紧急预案的制定和演练情况，简述施工过程中的安全环保记录。

2. 实施效果评价

根据各项工程验收报告结论，评价完井、试油及投产一次施工成功率，增产增注工艺成功率和有效率等指标，说明工艺实施效果（附表2-7）。说明工程验收报告所述问题的整改落实情况。

附表 2-7 采油工程评价指标对照表

序号	项目名称		单位（型号）	方案设计	实施效果	差异原因
1	技术指标	(1) 完井方式				
		(2) 采油方式				
		(3) 油管尺寸	mm			
		(4) 抽油机				
		(5) 井口				
		(6) 采油泵				
2	生产指标	(1) 单井日产液量	t/d			
		(2) 单井日产油量	t/d			
		(3) 单井日注水量	m^3/d			
		(4) 改造后单井日产液量	t/d			
		(5) 改造后单井日产油量	t/d			
		(6) 改造后单井日注水量	m^3/d			
3	成功率、有效率指标	(1) 完井一次施工成功率	%			
		(2) 试油一次施工成功率	%			
		(3) 投产一次施工成功率	%			
		(4) 增产工艺成功率	%			
		(5) 增产工艺有效率	%			
		(6) 增注工艺成功率	%			
		(7) 增注工艺有效率	%			
4	其他					

注：(1) 工艺有效率取平均值。
(2) 不同类型项目可根据具体情况增减相应指标。
(3) 气田开发项目应单独列表。

3. 技术创新评价

简述项目针对改善开发效果采取的技术和管理创新措施及效果，提出推广应用意见和建议。

评价现有管理制度对技术创新工作的支持、导向和促进作用，对存在的问题提出相关改进建议。

三、设计、施工和监理单位及制造商评价

结合工程验收结论，分类对采油（气）工程的主要设计、施工和监理单位，以及主要设备和大宗材料制造商，从单位资质、工作质量和进度、设备和材料质量以及合同履行等方面，进行综合评价。

按照满意程度，对设计、施工和监理单位以及主要设备和大宗材料制造商名单进行排序（附表2-8）。

附表2-8 采油（气）工程主要乙方单位服务质量排序表

满意程度	排序	单位名称					备注
^	^	设计	施工	监理	关键设备制造商	大宗材料制造商	^
比较满意	1						
^	2						
^	3						
基本满意	1						
^	2						
^	3						
不太满意	1						
^	2						
^	3						
不满意	1						
^	2						
^	3						

注：(1) 各类服务单位可以根据情况详细分类。
　　(2) 原则上按降序排名。

第五节　地面工程评价

一、地面工程方案（可行性研究）评价

1. 方案编制单位资质评价

说明承担项目地面工程方案编制工作的单位选择方式和资质等级，评价编制单位的资质是否符合本工程要求。

2. 方案审查和评估工作评价

简述地面工程方案的编制、审查、评估、批复及调整过程，评价决策程序是否符合股份公司相关规定。

简述地面工程方案审查和评估的主要意见，以及对主要意见的采纳和落实情况。

3. 方案编制质量评价

说明方案编制依据的基础资料是否齐全准确，评价总体布局和建设规模及工艺技术的前瞻性、合理性、适应性及先进性。

二、初步设计评价

1. 初步设计单位的资质评价

说明初步设计单位选择方式和资质等级,评价其是否符合要求。

2. 初步设计审查工作评价

说明初步设计审查、批复和修改完善过程。简述初步设计批复文件中的主要审查意见,说明对主要意见的落实情况。

3. 初步设计质量评价

评价采用的基础资料是否齐全准确,能否满足设计需要。

简述批复初步设计的主要工作量和主要工艺流程。评价工程建设规模、总体布局、工艺技术(引进技术)及工艺流程的合理性与适用性及先进性。如果利用了老区地面设施,应列表详细说明。

将项目建成的总体规模(附表2-9)、主体技术方案、总平面布置、工艺流程、主要设备及辅助系统配套工程等,与初步设计进行对比,如果总体规模和单项工程规模相差达到±10%及以上,应说明原因,并分析对项目生产运行的影响程度。

对比分析地面系统效率主要指标(附表2-10),评价地面工程初步设计是否符合"高效、低耗、安全、环保"的原则。

说明地面系统实际负荷情况,并与设计指标进行对比(附表2-11),对初步设计的深度、质量做出总体评价。

附表2-9 地面工程主要工作量对比表

序号	工程名称	单位	初步设计值 规模	初步设计值 数量	实际建成值 规模	实际建成值 数量	符合率,% 规模	符合率,% 数量	差异原因
1	原油集输工程								
(1)	油井	口							
(2)	转油站	座							
(3)	联合站	座							
(4)	污水处理站	座							
(5)	集油、输油管道	km							
...	......								
2	天然气工程								
(1)	气井	口							
(2)	集气管道	km							
(3)	天然气处理厂	座							
...	......								
3	注水工程								
(1)	注水井	口							
(2)	注水站	座							
...	......								

续表

序号	工程名称	单位	初步设计值 规模	初步设计值 数量	实际建成值 规模	实际建成值 数量	符合率,% 规模	符合率,% 数量	差异原因
4	供电工程								
(1)	变电站	座							
(2)	供电线路	km							
5	通信工程								
…	……								
6	道路工程								
…	……	km							
7	其他								
(1)	办公建筑	m²							
(2)	……								

注：(1) 表中工程项目应根据实际情况填写主要工程项目。
(2) 负荷率应单独进行逐年对比和说明。
(3) 截至后评价时点已经进行或有计划的扩建情况应进行说明。

附表 2–10　地面系统效率指标评价表

序号	地面系统设计指标	单位	初步设计值	实际值 ××年	实际值 ××年	实际值 …	平均符合率,%	差异原因
1	原油处理符合率	%						
2	集输密闭率	%						
3	伴生气处理率	%						
4	采出水处理率	%						
5	外输原油含水率	%						
6	原油商品率	%						
7	土地面积有效利用率	%						
…	……							

附表 2–11　地面系统能力负荷评价表

序号	系统能力指标	单位	初步设计值	实际建成值	符合率,%	差异原因
1	油气集输能力	10^4 t/a				
2	原油处理能力	10^4 t/a				
3	天然气处理能力	10^8 m³/a				
4	注水能力	10^4 m³/a				
5	污水处理能力	10^4 m³/a				

续表

序号	系统能力指标	单位	初步设计值	实际建成值	符合率,%	差异原因
6	供水能力	$10^4 m^3/a$				
7	原油外输能力	$10^4 t/a$				
8	天然气外输能力	$10^8 m^3/a$				
…	……					

注：(1) 表中指标应根据初步设计实际情况填写。
（2）实际负荷率采用评价期内平均值。

三、建设实施评价

1. 施工图设计评价

评价施工图设计是否符合有关标准规范，有无重大设计质量问题。

简述项目设计变更数量、投资增减以及所占比例。说明重大设计变更的主要内容、原因和履行的审批程序，并分析对工程建设的影响。

2. 工程管理评价

说明项目的组织形式、机构设置和人员配备等情况，说明提供勘测、施工图设计、施工、监理、检测、设备及材料等单位的选择方式，说明实施招标的情况，评价选择方式及合同签订是否规范。

说明上报开工申请及上级主管部门的批复和组织设计单位技术交底情况。评价项目主体设备安装进度及各施工工序衔接等是否满足要求（附表2-12）。说明各工序工程质量监督的特点和保障办法，结合工程质量监督报告，评价质量监督效果。

附表2-12 主要工程施工进度表

序号	工程内容	规模	施工单位	计划完成时间	开工时间	竣工时间	差异	说明
1	××联合站							
2	××转油站							
3	××脱水站							
4	××注水站							
5	××输油管线							
…	……							

3. 设备和技术引进工作评价

列表说明项目引进设备和技术的基本情况，简述设备和技术引进工作主要程序，评价立项、论证、审批、商务谈判及合同签订等工作的规范性。

4. 技术创新评价

总结项目形成的各项先进适用及经济有效的配套技术及管理制度，分析推广应用价值。评价现有管理制度对技术创新工作的支持、导向和促进作用,对存在的问题提出相关改进建议。

5. 竣工验收评价

说明地面工程竣工验收组织方式和程序,评价竣工验收是否及时和规范(包括环保、消防、职业卫生、劳动卫生、安全设施、工业卫生和档案资料等专项验收、决算、审计和总体验收)。简述竣工验收报告主要结论,列表说明单位工程质量合格率和优良率等指标。详细说明竣工验收报告提出的遗留工程及整改要求的落实情况。

四、设计、施工和监理单位及制造商评价

结合竣工验收结论,分类对地面工程的主要设计、施工和监理单位,以及主要设备和大宗材料制造商,从单位资质、工作质量和进度、设备和材料质量以及合同履行等方面,进行综合评价。

按照满意程度,对设计、施工和监理单位以及主要设备和大宗材料制造商名单进行排序(附表2-13)。

附表2-13　地面工程主要乙方单位服务质量排序表

满意程度	排序	单位名称					备注
		设计	施工	监理	关键设备制造商	大宗材料制造商	
比较满意	1						
	2						
	3						
基本满意	1						
	2						
	3						
不太满意	1						
	2						
	3						
不满意	1						
	2						
	3						

注:(1)各类服务单位可以根据情况详细分类。
　　(2)原则上按降序排名。

第六节　生产运行评价

一、生产准备评价

简述投产方案的编制和审批情况,说明组织机构是否落实,评价生产和应急抢修等队伍

的培训是否规范和到位。

简述安全保障措施和应急预案的制定和演练情况，评价应对和防范各类风险的能力。

说明生产规章制度和岗位操作规程是否完备和适用，评价这些制度和规程在生产运行中的执行效果。

二、投产试运评价

简述联合试运和试生产工作组织和流程，分别说明主要系统、设施和设备在联合试运中遇到的主要问题及整改情况。

三、生产运行评价

1. 开发过程管理评价

（1）开发动态监测评价。说明开发动态监测方案和年度计划的编制及审批情况，评价监测工作内容是否全面，组织与实施是否规范。

（2）开发调整方案（措施）及效果评价。评价项目在评价时点前提高储量动用率、控制含水上升及减缓产量递减等方面采取的各项技术措施及综合成效，列表说明方案主要设计目标的实现情况。

2. 主要生产系统运行评价

评价总体布局及站址选择是否合理，集输和处理等地面生产系统性能是否达到设计要求并满足生产需要。

列表说明站外工程、集中处理站、油气管道及配套工程等主要生产系统负荷情况，评价现有能力是否满足油气田生产运行需要，说明存在的主要问题，尤其是能力明显过剩或不足情况。

四、设备及运行指标评价

1. 引进设备的运行情况评价

列表说明主要引进设备的型号规格、技术优势、制造商、进口代理商、数量、单价及投资等情况。说明主要引进设备的运行状况，选取国产同类设备进行对比，从运行参数、生产效率、运行周期、安全及操作维护等方面评价引进设备的性价比，分析推广应用前景。对没有达到预期效果的引进设备应详细分析原因（附表2-14），并说明问题处理结果。

附表2-14 存在质量问题引进设备表

序号	设备名称	型号（规格）	制造商	代理商	单价万元	数量台（套）	投资万元	运行状况	主要问题
1									
2									
3									

续表

序号	设备名称	型号（规格）	制造商	代理商	单价万元	数量台（套）	投资万元	运行状况	主要问题
4									
…									
合计									

注：原则上单价在50万元人民币及以上的问题设备均应列出。

2. 生产运行指标评价

评价实际油气产量、商品率、操作成本及系统消耗等主要生产指标，与方案设计值（附表2-15）和上级主管部门下达的考核指标（附表2-16）逐项对比，分析差异原因。如果实际值与设计值或考核指标相差达到±5%以上，应详细分析原因，提出改进措施和建议。

附表2-15 项目实际生产运行指标与设计对比评价表

序号	指标名称		单位	设计值			截至时点前实际运行值			差异原因
				××年	……	合计	××年	……	合计	
1	生产指标	(1) 产油量	10^4 t/a							
		①商品率	%							
		②自用率	%							
		③损耗率	%							
		(2) 平均单井产量	t/d							
		(3) 产气量	10^8 m^3/a							
		①商品率	%							
		②自用率	%							
		③损耗率	%							
		(4) 平均单井产量	10^4 m^3/d							
		(5) 轻烃产量	10^4 t/a							
		(6) 液化气产量	10^4 t/a							
2	生产成本	(1) 开发成本	元/t							
		(2) 生产成本	元/t							
		(3) 操作成本	元/t							

续表

序号	指标名称		单位	设计值			截至时点前实际运行值			差异原因
				××年	……	合计	××年	……	合计	
3	能耗指标	(1) 吨液生产能耗	MJ/t							
		(2) 吨油生产能耗	MJ/t							
		①耗电量	kW·h/t							
		②燃油	kg/t							
		③燃气	m³/t							
		(3) 注水单耗	kW·h/t							

注：表中指标可根据实际情况相应调整。

附表2-16 项目实际生产运行指标与考核指标对比评价表

序号	指标名称		单位	设计值			截至时点前实际运行值			差异原因
				××年	……	合计	××年	……	合计	
1	生产指标	(1) 产油量	10⁴t/a							
		①商品率	%							
		②自用率	%							
		③损耗率	%							
		(2) 平均单井产量	t/d							
		(3) 产气量	10⁸m³/a							
		①商品率	%							
		②自用率	%							
		③损耗率	%							
		(4) 平均单井产量	10⁴m³/d							
		(5) 轻烃产量	10⁴t/a							
		(6) 液化气产量	10⁴t/a							
2	生产成本	(1) 开发成本	元/t							
		(2) 生产成本	元/t							
		(3) 操作成本	元/t							
3	能耗指标	(1) 吨液生产能耗	MJ/t							
		(2) 吨油生产能耗	MJ/t							
		①耗电量	kW·h/t							
		②燃油	kg/t							
		③燃气	m³/t							
		(3) 注水单耗	kW·h/t							

注：(1) 考核值可以选取油田公司下达给采油厂或区块的考核值。
　　(2) 表中指标可根据实际情况相应调整。

3. 生产指标预测评价

结合附表2-4（开发方案设计指标评价表），利用曲线图对比分析整个生产期内方案预测和实际油气产量与含水指标、采油速度及采收率变化情况，后评价截止时点后的油气产量与含水指标按照实际生产情况重新预测。

如果实际和重新预测指标与方案预测差距较大，要具体分析原因，按照最大限度提高采收率和开发效益的原则，提出具体改进意见和建议。

4. 节能减排措施评价

简述项目开发方案及初步设计中提出的节能技术措施，具体说明各项措施落实情况和实施效果。

简述项目后续采取的节能减排措施、资金投入和效果。进一步分析评价节能减排潜力，提出具体的节能减排措施和目标。

五、评价结论

给出项目生产运行的总体评价结论，从技术和管理方面总结值得借鉴的经验和教训，就进一步增加低渗透高产稳产时间，提高最终采收率，有效控制操作成本增长等方面提出具体措施建议。

第七节 投资与经济效益评价

一、投资执行情况评价

1. 投资下达情况

说明建设资金来源渠道、数额及到位情况。全部下达投资包括直接下达到该项目的建设投资和工作量增减、钻井试行新定额及油气井材料价格变化等相应调整投资，以及与项目有关的安全环保治理、节能节水和重大科研等专项投资和开发配套工程投资等（附表2-17）

附表2-17 项目下达投资汇总表

序号	投资来源	小计	投资，万元			工程量				备注
			钻井	地面	其他	井数口	进尺 10^4m	产能 10^4t/a	地面建设内容	
1	××年第×批投资计划									
…	……									
2	钻井试行新定额增加									
	油气井材料价格上涨									
…	……									

续表

序号	投资来源	小计	投资，万元			工程量				备注
			钻井	地面	其他	井数口	进尺 10^4m	产能 10^4t/a	地面建设内容	
3	安全环保专项投资									
	节能节水专项投资									
	重大科研专项投资									
…	……									
4	开发配套工程									
…	……									
合计	全部下达投资									

2. 投资变动情况

说明竣工决算投资与批复的开发方案估算和初步设计概算，以及下达计划投资的差异程度（附表 2-18），如果单项投资变动幅度达到 ±10% 及以上，应详细分析并说明原因，说明重大投资变更是否履行了报批程序。

如果新钻开发井投资差异达到 ±10% 及以上，应详细分析新钻开发井投资变动情况（附表 2-19），对变动幅度达到 ±10% 及以上的单项投资，从井型、井身结构、平均井深、平均单井投资及平均单位钻井成本等几个方面重点分析差异原因。

对于新建地面工程中投资变动幅度达到 ±10% 及以上的单位工程，应从工程量、设备和材料等方面详细分析投资变动情况（附表 2-20）和原因，说明投资增幅超过 10% 以上的单位工程是否履行了报批程序。

附表 2-18 总投资变动情况表 单位：万元

序号	项目	方案估算	初设概算	下达计划投资	竣工决算	决算—下达计划		决算—概算		决算—估算	
						差额	比例,%	差额	比例,%	差额	比例,%
		①	②	③	④	④-③	(④-③)/③	④-②	(④-②)/②	④-①	(④-①)/①
1	项目总投资										
2	建设投资										
	利用探井新钻开发井										
	利用原地面工程										
	新建地面工程										
3	建设期利息										
4	流动资金										

注：(1) 表中项目可根据实际情况相应调整，年度产能建设项目以下达的年度产能投资计划为主要对比依据。
(2) 下达计划投资即附表 2-17 中"全部下达投资"。
(3) 决算投资细目应与批复概算投资严格对应。
(4) 利用原地面工程投资单独列表说明分项投资。

附表 2-19　新钻开发井投资变动情况

序号	项目	单位	开发方案 ①	下达计划 ②	竣工决算 ③	决算—下达计划 ③-②	决算—下达计划 ③-②/②	决算—估算 ③-①	决算—估算 ③-①/①
1	新钻开发井投资	万元							
(1)	直井（定向井）	万元							
(2)	水平井（大斜度井）	万元							
(3)	其他	万元							
2	新钻开发井数	口							
(1)	直井（定向井）	口							
(2)	水平井（大斜度井）	口							
(3)	其他	口							
3	平均井深	m							
(1)	直井（定向井）	m							
(2)	水平井（大斜度井）	m							
(3)	其他	m							
4	平均单井投资	万元							
(1)	直井（定向井）	万元							
(2)	水平井（大斜度井）	万元							
(3)	其他	万元							
5	平均单位钻井成本	元/m							
(1)	直井（定向井）	元/m							
(2)	水平井（大斜度井）	元/m							
(3)	其他	元/m							

注：(1) 表中项目可根据实际情况相应调整，其他特殊井型应单独说明。
　　(2) 采取丛式井组的项目，应单独列表分析丛式井组的经济性。

附表 2-20　新建地面工程投资变动情况表　　　　　　单位：万元

序号	项目	开发方案 ①	初设概算 ②	下达计划 ③	竣工决算 ④	决算—下达计划 差额 ④-③	决算—下达计划 比例,% (④-③)/③	决算—概算 差额 ④-②	决算—概算 比例,% (④-②)/②	决算—估算 差额 ④-①	决算—估算 比例,% (④-①)/①
1	固定资产投资										
(1)	站内工程										
①	原油稳定										
②	原油脱水										
③	污水处理										

续表

序号	项目	开发方案 ①	初设概算 ②	下达计划 ③	竣工决算 ④	决算—下达计划 差额 ④-③	决算—下达计划 比例,% (④-③)/③	决算—概算 差额 ④-②	决算—概算 比例,% (④-②)/②	决算—估算 差额 ④-①	决算—估算 比例,% (④-①)/①
(2)	站外工程										
①	井场工程										
②	集输工程										
③	注水工程										
④	供水工程										
⑤	供电工程										
⑥	通信系统										
⑦	道路系统										
2	预备费										
(1)	基本预备费										
(2)	价差预备费										
	合计										

注：(1) 表中项目可根据实际情况相应调整，但单项投资细目应严格对应。
(2) 如果有利用原地面工程而减少新建工程的项目应详细列表进行对比说明。

3. 后续投资分析

简述项目竣工决算以后至后评价截止时点这一阶段内的后续投资情况（含已批复但尚未实施的项目），包括补钻开发井、地面工程配套能力改扩建、安全环保隐患治理及节能降耗措施等新增项目投资情况。说明新增项目投资的原因及实施效果。

4. 开发成本变动分析

将实际的开发成本与开发方案估算值进行对比，分析开发成本变动的主要原因。

5. 投资控制的经验和教训

总结投资和成本费用控制方面的经验和教训，尤其是在超投资、无效投资和损失浪费方面要认真分析原因，提出整改措施建议。

二、项目经济效益评价

（1）方法、参数及计算范围；
（2）销售收入的计算；
（3）生产成本费用估算；
（4）销售税金及附加的计算；
（5）盈利能力分析。

三、项目不确定性分析

项目不确定性因素和分析方法。

四、评价结论

说明项目的投资控制水平和总体效益水平，总结投资控制的经验和教训，对进一步提高油气田开发效率和效益水平提出对策建议。

第八节　影响与持续性评价

一、环境影响评价

简述项目环评批复意见和环保措施要点，说明项目实施过程中各项环保措施的落实及环保验收情况。

简述项目建设和生产运行过程中出现的重大环保问题。分析出现问题的原因，说明损失情况、处理措施、处理结果及整改措施投入情况。

二、安全生产评价

简述项目建设和生产运行过程中发生的重大安全生产事故，详细说明事故性质、发生原因和造成的各项损失。简述采取的应急措施及取得的效果，评价应对安全事故应急预案的制定和演练是否规范有效。说明直接经济损失和整改措施投入情况。

三、节能减排措施评价

简述开发方案中节能减排措施要点，说明具体落实情况和实施效果。评价项目节能和减排技术措施及效果，分析存在的主要问题，提出改进措施。

四、社会影响评价

分析项目建成后对所处地区经济和文化等方面的贡献与影响。

五、持续性评价

1. 内部条件因素

（1）资源因素。评价项目资源接替条件，评价项目新增动用储量及新增可采储量的潜力，预测可能达到的生产规模。

（2）稳产因素。分析项目油气产量递减规律，说明产量递减对项目持续性发展的影响。

（3）技术因素。评价目前的开发技术是否适应油气田的持续生产需要，提出进一步提高采收率和整体开发效果的技术与管理措施和建议。

2. 外部条件因素

评价市场和油气价格，以及安全、环保、节能及减排等各项政策法规，以及其他外部条件对油气田持续生产的影响。

六、评价结论

根据上述评价，给出项目安全、环保、节能减排和持续性综合评价结论，预测项目发展前景。

第九节　综合后评价

一、综合评价结论

针对项目立项决策、地质油气藏工程、钻井工程、采油（气）工程、地面工程、生产运行、投资与经济效益以及影响与持续性等环节的评价，给出项目总体评价结论。

二、经验教训

从项目的前期决策、设计实施、生产运行、科技创新和应用、安全环保及节能减排等方面总结项目各阶段的经验和教训。

分析项目取得成功的主要因素，提炼出可在后续项目中推广的主要经验。分析项目未实现预期目标的主要原因，总结应借鉴的主要教训。

三、存在问题与建议

归纳项目各阶段总结的主要问题与建议，尤其是影响项目目标实现和持续发展的主要问题，提出相应的具体对策和建议。

四、附表

（1）附表1：项目工作程序评价表。
（2）附表2：总成本费用计算表。
（3）附表3：利润与利润分配表。
（4）附表4：项目投资现金流量表。

五、附件

（1）项目开发方案要点。
（2）项目开发方案评估意见。
（3）项目开发方案批复文件。
（4）安全预评价及环评报告批复（备案）文件。
（5）项目年度投资计划下达文件。

（6）开发方案调整及投资调整批复（下达）文件。

（7）地面工程初步设计审查意见及批复文件。

（8）地面工程开工报告批复文件。

（9）投产运行总结报告结论。

（10）钻井投资决算审计意见书。

（11）地面工程决算审计意见书。

（12）总体竣工验收意见书（包括环保、消防、职业卫生、劳动卫生、安全设施、工业卫生和档案资料等专项验收意见）。

（13）项目竣工决算到后评价时点这一阶段内，项目新增工程量、安全环保及节能减排等投资，或其他追加投资的批复（下达）文件。

（14）项目投产至后评价时点，分年度下达的生产考核指标和年度生产总结报告。

（15）开发动态监测报告结论，主要生产调整措施总结报告结论，其他与生产相关的专题研究报告结论等。